水库大坝建设与管理中的技术进展

——中国大坝协会2012学术年会论文集

主 编 贾金生 陈云华

黄河水利出版社

·郑 州·

图书在版编目(CIP)数据

水库大坝建设与管理中的技术进展:中国大坝协会2012学术年会论文集/贾金生,陈云华主编.—郑州:黄河水利出版社,2012.9

ISBN 978-7-5509-0357-9

Ⅰ.①水… Ⅱ.①贾… ②陈… Ⅲ.①水库-大坝-水利工程中国-2012-学术会议-文集 Ⅳ.①TV698.2-53

中国版本图书馆CIP数据核字(2012)第218560号

出 版 社:黄河水利出版社

地址:河南省郑州市顺河路黄委会综合楼14层 邮政编码:450003

发行单位:黄河水利出版社

发行部电话:0371-66026940、66020550、66028024、66022620(传真)

E-mail:hhslcbs@126.com

承印单位:河南省瑞光印务股份有限公司

开本:787 mm×1 092 mm 1/16

印张:27.5

字数:636千字 印数:1—1 000

版次:2012年9月第1版 印次:2012年9月第1次印刷

定价:98元

主办单位: 中国大坝协会

承办单位: 二滩水电开发有限责任公司

协办单位: 中国水利水电科学研究院

四川省水利厅

中国华能集团公司

中国大唐集团公司

中国电力投资集团公司

中国长江三峡集团公司

中国水电工程顾问集团公司

中国南方电网调峰调频发电公司

华能四川水电有限公司

中国华电集团四川公司

国电大渡河流域水电开发有限公司

华能澜沧江水电有限公司

中国水利水电第七工程局有限公司

中国水利水电第八工程局有限公司

四川大学水利水电学院

中国大坝协会2012学术年会组织机构

组织委员会

主　席：

汪恕诚　水利部原部长、中国大坝协会理事长

副主席：

晏志勇　中国电力建设集团公司副董事长、中国大坝协会副理事长

匡尚富　中国水利水电科学研究院院长、中国大坝协会副理事长

陈云华　二滩水电开发有限责任公司总经理

陈　飞　中国长江三峡集团公司总经理

孙继昌　水利部建设与管理司司长、中国大坝协会常务理事

委　员（按姓氏笔画排序）：

史立山　国家能源局可再生能源司副司长、中国大坝协会常务理事

张丽英　国家电网公司总经理助理、中国大坝协会副理事长

张晓鲁　中国电力投资集团公司副总经理、中国大坝协会副理事长

孙洪水　中国水利水电建设集团公司总经理、中国大坝协会副理事长

申茂夏　中国水利水电第七工程局有限公司总经理

朱素华　中国水利水电第八工程局有限公司执行董事兼总经理

杨　淳　长江水利委员会副主任、中国大坝协会副理事长

严　军　国电大渡河流域水电开发有限公司副总经理

周建平　中国水电工程顾问集团公司副总经理、中国大坝协会副秘书长

郑爱武　华能澜沧江水电有限公司副总经理

胡　云　四川省水利厅副厅长

晏新春　中国华能集团公司基建部副主任

高福友　华能四川水电有限公司主任

程念高　中国华电集团公司副总经理、中国大坝协会副理事长

廖义伟　黄河水利委员会副主任、中国大坝协会副理事长

顾问委员会

主　席：

陆佑楣　中国工程院院士、中国大坝协会荣誉理事长

副主席：

矫　勇　水利部副部长、中国大坝协会副理事长

张　野　国务院南水北调办公室副主任、中国大坝协会副理事长

曹广晶　中国长江三峡集团公司董事长

委　员（按姓氏笔画排序）：

马洪琪　中国工程院院士、中国大坝协会常务理事

王　浩　中国工程院院士、中国大坝协会常务理事

王　琳　中国大唐集团公司副总经理

王雄志　华能四川水电有限公司副总经理

付兴友　国电大渡河流域水电开发有限公司总经理

朱伯芳　中国工程院院士、中国大坝协会常务理事

李菊根　中国水力发电工程学会常务副理事长兼秘书长

刘炎生　中国水利水电第八工程局有限公司咨询

吴中如　中国工程院院士、中国大坝协会常务理事

张建云　中国工程院院士、中国大坝协会副理事长

张超然　中国工程院院士、中国大坝协会常务理事

张楚汉　中国科学院院士、中国大坝协会常务理事

陈厚群　中国工程院院士、中国大坝协会常务理事

陈祖煜　中国科学院院士、中国大坝协会常务理事

杨清廷　中国华电集团公司总经理助理

林　皋　中国科学院院士、中国大坝协会常务理事

郑守仁　中国工程院院士、中国大坝协会常务理事

钟登华　中国工程院院士、中国大坝协会理事

寇　伟　中国华能集团公司副总经理、中国大坝协会副理事长

谭靖夷　中国工程院院士、中国大坝协会常务理事

技术委员会

主　席：

高安泽　水利部原总工程师、中国大坝协会副理事长

副主席：

周大兵　中国水力发电工程学会名誉理事长、中国大坝协会副理事长

岳　曦　武警水电指挥部主任

林初学　中国长江三峡集团公司副总经理、中国大坝协会副理事长

贾金生　中国水利水电科学研究院副院长、国际大坝委员会荣誉主席、中国大坝协会副理事长兼秘书长

刘志广　水利部国际合作与科技司副司长、中国大坝协会常务理事

吴世勇　二滩水电开发有限责任公司副总经理

委　员（按姓氏笔画排序）：

王柏乐　中国水电工程顾问集团公司设计大师

艾永平　华能澜沧江水电有限公司总工、中国大坝协会理事

刘志明　水利部水利水电规划设计总院副院长、中国大坝协会副理事长

曲　波　中国大唐集团公司总工程师、中国大坝协会副理事长

向　建　中国水利水电第七工程局有限公司总工程师、中国大坝协会理事

张国新　中国水利水电科学研究院结构材料研究所所长、中国大坝协会副秘书长

张宗富　中国国电集团公司副总工、中国大坝协会副理事长

吴晓铭　国电大渡河流域水电开发有限公司代理总工程师

陈洪斌　中国水利电力对外公司党委书记、中国大坝协会副秘书长

陈　涛　中国南方电网调峰调频发电公司副总经理

初日亭　大唐四川分公司党组副书记

杜鹏侠　华能四川水电有限公司副主任

林　鹏　中国华能集团公司基建部副处长、中国大坝协会理事

郭　军　中国水利水电科学研究院副总工程师、中国大坝协会理事

徐泽平　中国水利水电科学研究院教高、中国大坝协会副秘书长

高季章　中国水利水电科学研究院原院长、中国大坝协会常务理事

涂怀健　中国水利水电第八工程局有限公司总工程师、中国大坝协会理事

梁　军　四川省水利厅总工程师

温续余　水利水电规划设计总院副总工、中国大坝协会副秘书长

序　言

水库大坝建设和水利水电发展是我国“十二五”规划的重要组成部分。水库大坝在当今我国工业化、城镇化、现代化不断加快和深入的进程中，起着不可替代的作用，是支撑经济社会发展、调节气候变化的影响、保障防洪安全、供水安全、能源安全、粮食安全和生态安全的重要基础设施。为了总结和回顾重大水利水电工程的建设管理经验，讨论坝工界关注的大坝安全管理、新的筑坝技术等内容，中国大坝协会定于今年10月在成都召开2012学术年会暨第一届理事会第六次会议。

本次学术年会的主题是：水库大坝建设和管理中的技术进展。在各专家、学者及有关单位的大力支持下，经过专家评审，结集了55篇论文正式出版。在此，我谨代表中国大坝协会对大家的支持与配合表示衷心的感谢！

论文集主要涉及以下几个方面：

(1)水库大坝综合问题探讨；

(2)高坝工程建设关键技术；

(3)水库大坝风险分析、除险加固和安全运行；

(4)水利水电工程施工及新技术、新产品。

展望21世纪的未来发展，我国水库大坝还面临极为艰巨的建设任务和管理工作，因此需要在积极应对经济社会发展提出的新的要求的同时，积极探讨新的技术、新的结构、新的材料、新的工艺，尤其是要积极吸取数字化、智能化发展成果，全面提升水库大坝的建设水平和管理水平。希望本论文集为研讨会的成功召开奠定良好的基础。

这次会议由二滩水电开发有限责任公司承办，同时得到了中国水利水电科学研究院、四川省水利厅、中国华能集团公司、中国大唐集团公司、中国电力投资集团公司、中国水电工程顾问集团公司、中国南方电网调峰调频发电公司、华能四川水电公司、中国华电集团四川水电公司、国电大渡河流域水电开发有限公司、中国水利水电第七工程局有限公司和第八工程局有限公司等单位的大力支持，在此一并表示感谢！

中国大坝协会理事长
水利部原部长
中国大坝协会2012学术年会组委会主席

2012年9月于北京

目　录

第三篇　水库大坝风险分析、除险加固和安全运行

第四篇　水利水电工程施工及新技术、新产品

第一篇

水库大坝综合问题探讨

将核电站反应堆置于地下

陆佑楣

（中国长江三峡集团公司，湖北　宜昌　443002）

日本福岛核电站核泄漏事故是因地震、海啸导致电站失电、循环泵停运、堆心融化而引起的，如果把核电站的反应堆置于山体内（即地下），因岩体和钢筋混凝土是良好的抗辐射介质，若发生核泄漏，可将其封闭在地下硐室内，起到防止核泄漏扩散的目的。

地下核电站的总体布置为：核岛部分（安全壳及其相伴的安全厂房）置于地下（山体内），常规岛（汽轮发电机）置于地面，核岛产生的高温高压蒸汽管道可通过隧道输向常规岛（属分体布置形式）。如果山体地质条件允许，也可把常规岛部分一并置于地下，视综合效益而定。地下核电站安全壳设想示意图见图1。

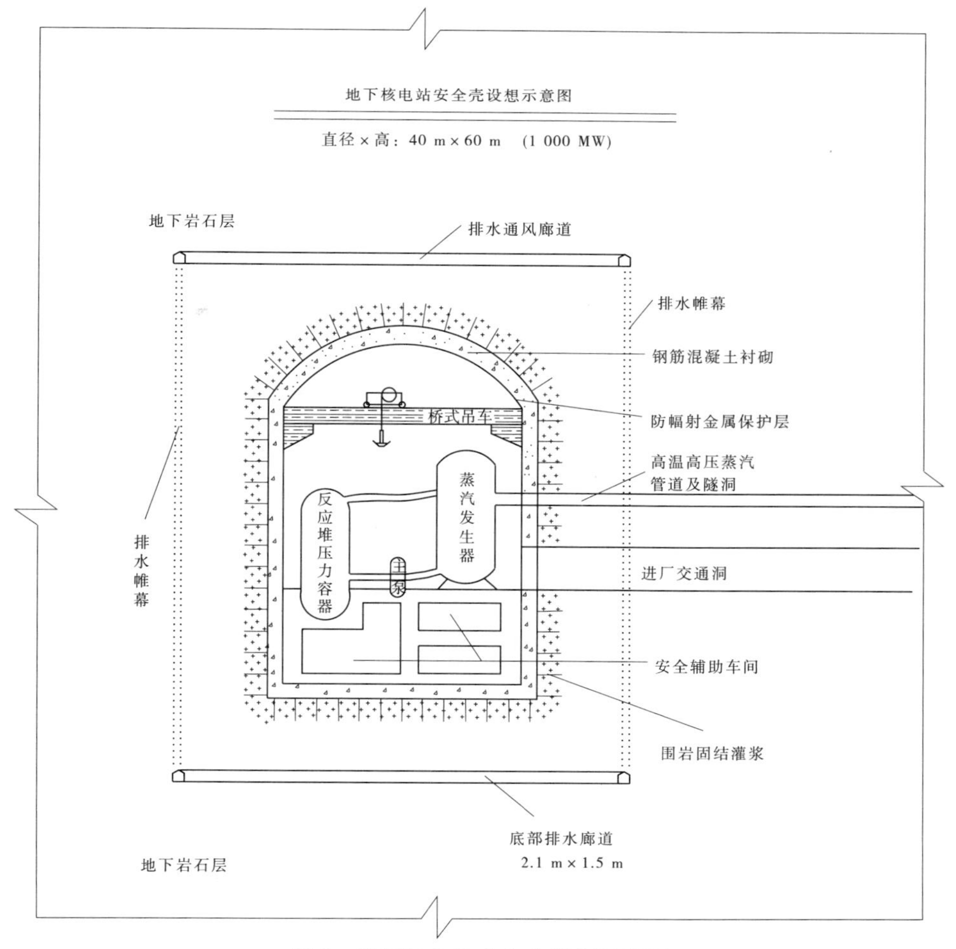

图1　地下核电站安全壳设想示意图

1　地下厂房工程实例

由于当今水电站的厂房大部分置于地下，因此联想将核电站置于地下的可行性。以下列举几个地下水电站实例：

(1)长江三峡水电站有6台70万kW总计420万kW的发电厂置于大坝右岸的地下（山体内），厂房跨度32.6 m，长度311.3 m，开挖高度87.24 m，现已有3台投入运行，计划2012年6台机组全部投产（见图2、图3）。

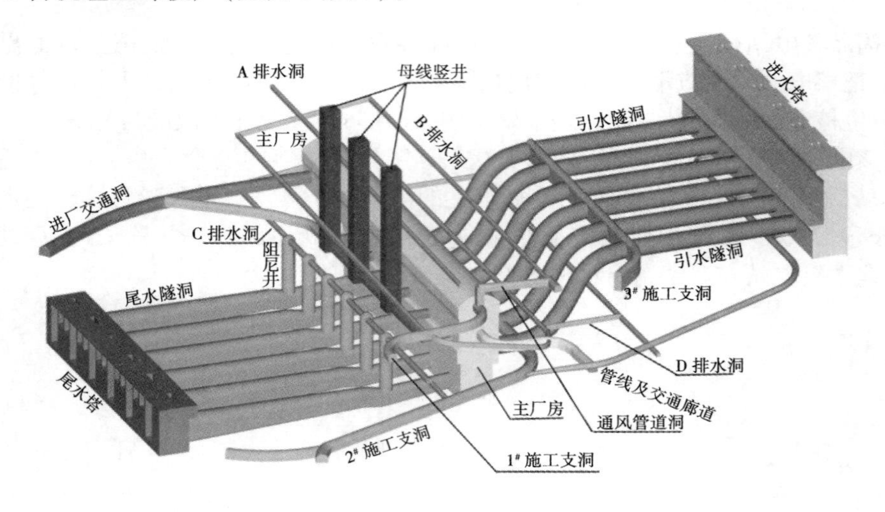

图2　三峡地下电站主体部分三维效果图

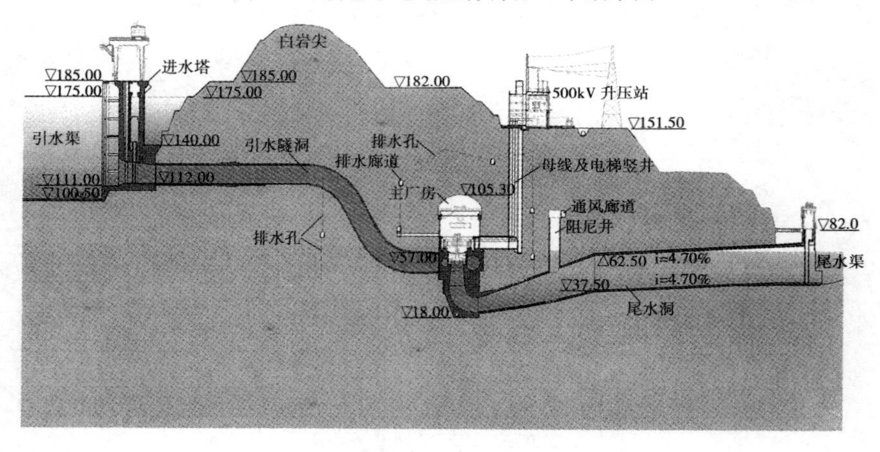

图3　三峡地下电站输水管路纵剖面图

(2)金沙江向家坝水电站有4台80万kW总计320万kW的发电厂置于右岸山体内，厂房跨度33.4 m，长度255.4 m，开挖高度88.2 m，现已开始机组安装，计划于2012年分批投产运行（见图4）。

(3)金沙江溪洛渡水电站左右岸各有9台（共18台）77万kW总计1 386万kW的发电厂全部置于山体内，厂房跨度31.9 m，长度444 m，开挖高度75.6 m。厂房开挖及土建工程已全部完成，现正进行机组安装，计划于2013年分批投产运行（见图5）。

(4)澜沧江小湾水电站右岸有6台70万kW总计420万kW的发电厂全部置于山体

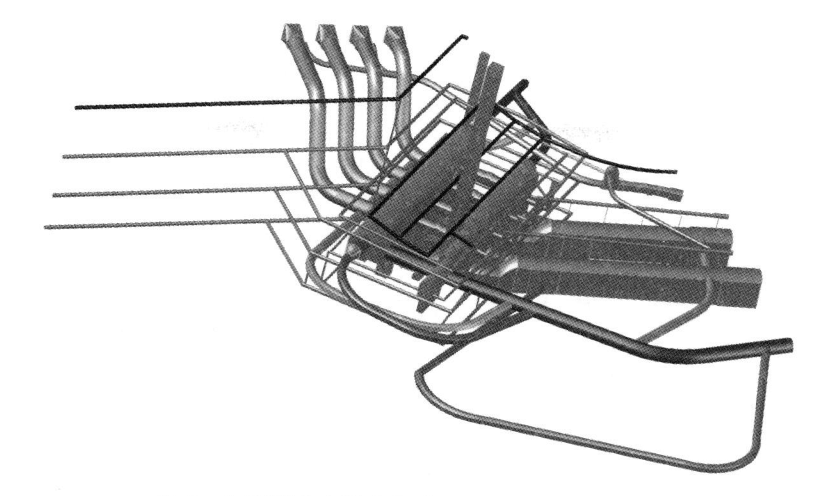

图 4　向家坝水电站右岸地下厂房系统三维效果图

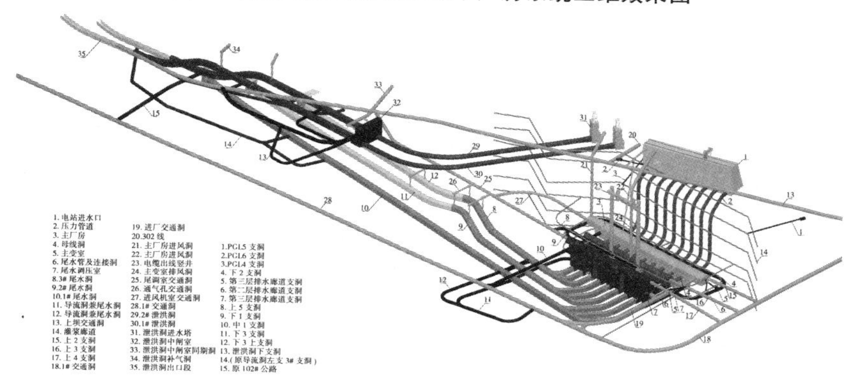

图 5　溪洛渡水电站左岸地下厂房系统及泄洪洞三维效果图

内，厂房跨度 29.5 m，长度 326 m，开挖高度 65.6 m，2010 年已全部投产运行。

(5)雅砻江二滩水电站左岸有 6 台 55 万 kW 总计 330 万 kW 的发电厂全部置于山体内，厂房跨度 25.5 m，长度 280.29 m，开挖高度 65.38 m，2000 年已全部投产运行。

(6)正在做前期工作的金沙江白鹤滩水电站设计有左右岸各 7 台共 14 台 100 万 kW(总计 1 400 万 kW)的发电厂全部置于山体内(见图 6)。

图 6　白鹤滩水电站左岸引水发电系统纵剖面图

还有很多已建、在建、和设计过程中的水电站把发电厂房布置在山体内(地下)，主要原因是水电站大都位于深山峡谷中，大坝(挡水建筑物)占据了主河道，坝体内要留出泄洪孔的位置，很难再为发电厂房留出空间，转而设计于山体内(地下)。这也是国内(特别是西部山区)大部分水电站基本的设计模式,是安全经济的选择。地下发电厂房在长期的建设实践中积累了丰富的地下工程施工经验,在技术上具有完全的可操作性。

2 可行性分析

2.1 造价

表1为已建和在建部分水电站地下厂房的基本参数和造价情况。

表1 部分水电站地下厂房基本参数和造价

水电站名称	地下厂房装机总量(万kW)	主厂房尺寸 宽×高×长(m×m×m)	洞挖方量(万m^3)	地下厂房造价(亿元)			水电站总投资(含移民/亿元)
				机电设备及安装	土建工程	合计	
三峡水电站	420	32.6×87.3×311.3	153	34.5	11.3	45.8	1 800
向家坝水电站	320	33.4×88.2×255.4	156	21.9	13.6	35.5	434.24
溪洛渡水电站	1 386	31.9×75.6×444	791	71.2	48	119.2	503.4
小湾水电站	420	30.6×82.0×298.1	222	20.5	17	37.5	429
二滩水电站	330	25.5×65.38×280.29	295.7	26.2	44.8	71	279.1

(1)地下厂房造价在水电站总投资(含大坝主体工程、移民等)中所占比重较小,溪洛渡水电站为23.68%;小湾水电站为8.7%;二滩水电站为16%(以上3个水电站的发电厂房均为地下厂房)。

(2)地下厂房造价中,硐室开挖、混凝土工程、支护、灌浆等土建工程造价会受水电站所处地理位置、地形地质条件、物价水平等因素影响,其在地下厂房总造价中所占比重在40%~60%。2000年投产的二滩水电站地下厂房土建工程造价占总造价的63%,2010年投产的小湾水电站为45.3%;而将于2012年蓄水发电的向家坝水电站地下厂房土建工程造价占总造价的比重下降为38%,将于2013年蓄水发电的溪洛渡水电站也仅有40%;三峡水电站地下厂房土建工程造价占总造价的比重较小,为25%。

(3)地下厂房硐室单位体积土建工程造价在0.06亿~0.15亿元/万m^3。二滩水电站单位体积土建工程造价约为0.152亿元/万m^3、三峡水电站约为0.074亿元/万m^3、向家坝水电站约为0.087亿元/万m^3、溪洛渡水电站约为0.060亿元/万m^3、小湾水电站约为0.077亿元/万m^3。

2.2 岩体结构安全性

通过详细的地质勘探、选择良好的岩体、避开岩体内较大的断层、裂隙和软弱带,并设计良好的厂房体型,地下硐室的围岩应力是很小的。同时,核电站的核岛(安全壳)无论是二代还是三代EPR或AP1000都是直径40 m左右的圆筒形结构,对降低围岩应力极为有利。

2.3 抗(地)震性能

事实证明,地下建筑物的抗震性能远优于地面建筑物,已建和在建水电站的地下厂房抗震设计烈度均在7～8度。

2.4 厂房起重设备能力

水电站地下厂房因要起吊发电机的定子、转子(70万～100万kW级的发电机转子质量约2 000 t),均采用2×1 250 t的桥式起重机抬吊,具备起吊核电站反应堆压力容器的能力。

2.5 地下水污染问题

若将核反应堆置于地下,存在污染地下水的可能性。而根据地下水电站的施工经验,地下厂房四周及周边岩体内均可通过固结灌浆和帷幕灌浆来阻隔地下水,形成封闭的、独立的空间,以确保放射性物质处于全封闭的状态。

2.6 地下厂房密闭性

核电站的地下安全壳及相伴的辅属厂房与地面设施之间将设有各种连通通道(交通洞、压力管道、电缆管道、信息仪表通道、通风竖/斜井等),为确保发生核泄漏等事故时地下厂房的密闭性,可在上述通道口设计密闭闸门,紧急情况下予以关闭。核反应堆的乏燃料和低放射性排放物都可在地下设计专门的储存室予以保存。

2.7 选址

内陆核电站的选址是非常困难的,电站建设需要大面积平坦的土地,难免要占用农耕用地、影响居民生活。我国有大量的崇山峻岭和不可耕种或生活的山地,将核电站置于此类地区的地下,避免破坏地表,可节约农耕用地,减少对居民生活的影响。

2.8 冷却水

核电站的常规岛汽轮机需要大量的冷却水。若将核电站建在山区,可在山沟内配合修建小型水库,以提供冷却水,是完全可操作的。

更进一步地设想,可把水电站与核电站组合在一起,利用河流梯级水电站的库水作为冷却水,可以节省水循环的耗能。水电站与核电站都是高效的能源利用电站,将其组合在一起,核电站承担电力负荷基本负荷,水电站承担电力负荷曲线中的腰荷和峰荷,从而形成强大的、无排放的清洁电源。

我国能源的需求,必将还有一个增长的过程、为减少CO_2排放,真正有效的措施,还是要更多发展核电站,因此不能因日本福岛核泄漏事故而使我国核电发展止步不前。在公众看来,核电发展的问题是如何把核电站建得安全可靠,即便发生事故时也有相应的应急手段,从而防止核辐射、核污染影响的扩大,地下核电站则是个可取的选择。

关于水电回报率与经济社会发展协调性及发展理念探讨

贾金生[1,2]　徐　耀[1,2]　马　静[1]　郑璀莹[1,2]

（1. 中国水利水电科学研究院流域水循环模拟与调控国家重点实验室，北京　100038；
2. 中国大坝协会，北京　100038）

【摘要】　本文论述了国际社会对水电发展的最新共识，探讨了能源回报率与碳排放量比较；阐述了我国水电百年发展的四个阶段特点，提出了用水电开发度与人类发展指数的关系研究水电与经济社会发展总体是否协调的思路，阐述了未来发展需重视大坝安全和转变理念等问题。
【关键词】　回报率　人类发展指数　发展理念

1　投资水电就是投资绿色经济

面对人口持续增长、经济社会不断发展、全球气候变化加剧以及能源安全形势日益严峻等形势，国际社会不断重新审视并日益重视水电开发问题，在国际权威性会议或论坛上，都强调水电是可再生能源，提倡大力科学开发。世界银行明确表示世界水坝委员会（WCD，World Commission on Dams）的时代已经成为过去，WCD 报告的使命已结束，需要用发展的可持续的导则指导实践。投资水电就是投资绿色经济这一观点是世界新的主流共识，在第六届世界水论坛上不断得到强调，也是世界银行等国际投资机构经过反思后积极支持的观点，可从其近年来投资图中反映出来，见图 1[1]。国际大坝委员会签署了《储水设施与可持续发展》世界宣言[2]，强调发展水电不仅是发展可再生能源，同时也是增加储水设施，从而对保障水安全及减轻洪灾、旱灾等自然灾害具有战略意义，强调投资水电就是投资绿色经济。宣言中指出：化石能源存在污染和温室气体排放，且储量有限；核能仅限于掌握核技术的工业化国家，且核安全引起人们的担忧；风能、太阳能和其它间歇性可再生能源非常重要，需要开发，但由于费用高昂，对解决世界电力需求未来只能继续作为补充。在这种情况下，水电必将在应对气候变化、保障可持续发展能源供应等方面发挥更加重要的作用。因此，呼吁各国及各涉水组织加快水电的科学开发。

目前，水电提供了世界约 16% 的电力[3]。全球有 65 个国家的水电占全国用电量的 50% 以上，有 32 个国家占 80% 以上，有 13 个国家几乎占 100%。但目前全球仅仅开发了 30% 的水能资源，许多国家还有巨大的开发潜力，不少国家都把水电作为优先的发展目标，制定了宏伟的发展规划。世界上有 165 个国家已明确将继续发展水电，其中 110 个国家规划建设规模达 3.38 亿 kW。发达国家已基本完成水电开发任务，目前重点是水电站的更新改造、增加水库泄洪设施、加强生态保护和修复等，如北美、欧洲等不少国家；发展中国家多数制定了 2025 年左右基本完成水电开发的规划，如亚洲、南美地区的发展中国家等；欠发达国家和地区，虽然多数有丰富的水电资源，限于资金、技术等制约因素，大力开发水电仍然有

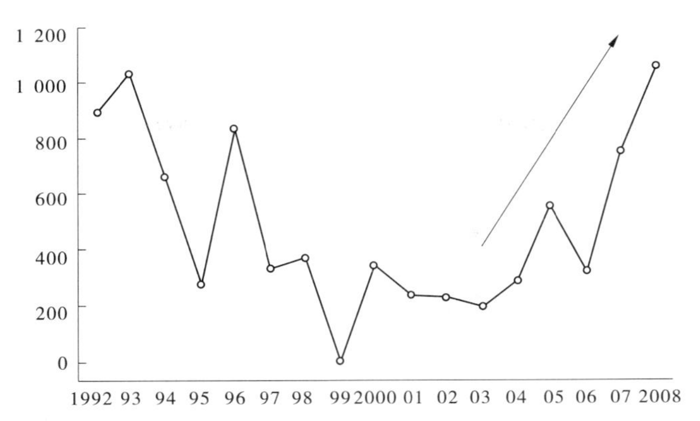

图 1　世界银行有关水电开发的投资图(按批准年分划分)

很多困难,如非洲的不少国家等;还有一些政局不稳的国家,虽然急需发展水电,但限于国力等条件,推进非常缓慢。但总的形势看,加快水与水能资源利用是新的大的发展趋势。

2　水电是回报率最高、碳排放量极低的能源

要回答为什么西方发达国家比较早就完成了水电开发的问题,需要引用能源回报率[4-6]的概念。以一个火力发电站为例,能源回报率是指在运行期内发出的电力与它在建设期、运行期为维持其建设和运行所消耗的所有电力的比值。根据盖哥农(Gagnon)的计算[7],各种能源开发方式的能源回报率见图 2,CO_2 排放强度见图 3。

水电的能源回报率远高于其他能源,而碳排放量极低。发达国家之所以比发展中国家早 30 多年优先完成了水电的开发任务,一方面说明本身具有资金、技术和市场等方面的优势,另一方面也说明了水电自身具备的优势及其战略重要性。

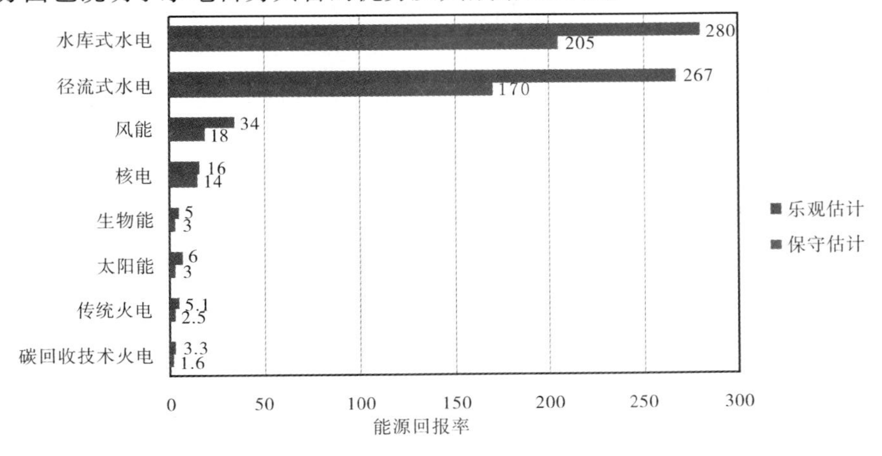

图 2　各种能源开发方式的能源回报率

3　我国水电百年发展的阶段性及与经济社会发展的协调性

我国水电百年发展大体可分为四个阶段,即艰难创业的第一阶段,从第一座水电站建设至新中国成立,特征是国力衰微,事事艰辛,在建设的量和质方面都处于起步阶段。1949 年以前,我国高于 15 m 以上的水库大坝只有 21 座(含台湾地区),洪灾、旱灾是心腹大患。

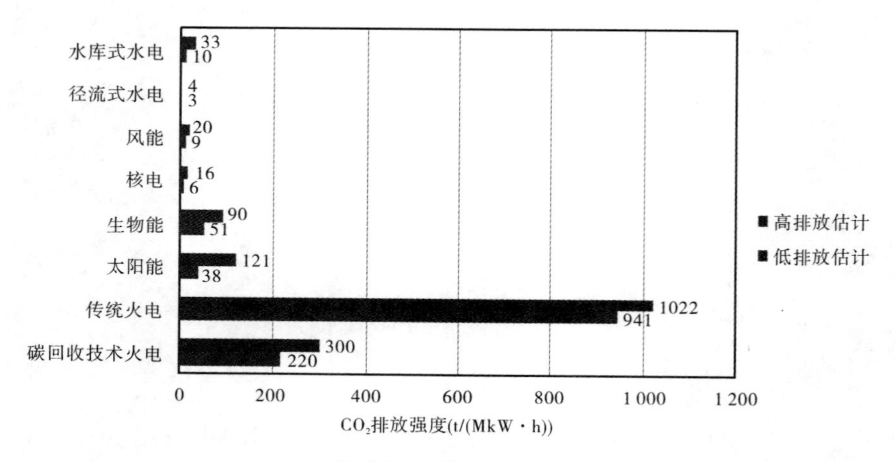

图3　各种能源的碳排放强度计算结果

虽然有大力发展水电的需要,但极难推进。第二阶段可从新中国成立算至改革开放开始。我国在这一阶段修建了大量的水库大坝,是国际上修建水库大坝最活跃的国家,15 m以上的大坝由21座到了11 760座,水电装机由54万kW到1 867万kW(含台湾地区),水库大坝建设的主要目的是防洪、灌溉等,水电由于建设周期长、投资大、技术难、见效慢等原因,总体上发展缓慢。第三阶段可从改革开放算至三峡、小浪底、二滩等特大型水库大坝建成。我国水电发展在这一阶段实现了质的突破,由追赶世界水平到很多方面居于国际先进和领先,不少水库大坝工程经历了1998年大洪水、2008年汶川大地震的严峻考验。这一阶段水电站为世界所称道的突出特点是设计质量高、施工速度快、大坝安全性好、普遍实现了预期效益。以小湾拱坝、龙滩碾压混凝土重力坝、水布垭面板坝等不同坝型的世界最高坝的建成运行为标志,我国进入了自主创新、引领未来的第四发展阶段。这一阶段需要充分利用后发优势,通过技术创新、建立环境友好的技术体系、促进区域发展和社会和谐等,走出具有中国特色的新路。

截至2011年年底,我国水电装机容量达2.3亿kW,占技术可开发量的42%。为了更好地说明我国水电与国民经济发展的协调性,提出了水电经济开发度和联合国人类发展指数相关性的概念,为此整理了全球90个国家2011年人类发展指数与2010年水电经济开发度的关系[8-9]。人类发展指数是一个反映GDP、人均寿命、教育水平的介于0和1之间的数,数值越接近于1,表示人类发展水平越高。HDI大于0.8的国家多为发达国家,如挪威(0.943);HDI介于0.7~0.8的国家多为较发达的发展中国家,如俄罗斯(0.755)、巴西(0.718);HDI介于0.5~0.7的国家多为亚洲、非洲、拉丁美洲的发展中国家,如中国(0.687)、埃及(0.644);HDI小于0.5的国家多为欠发达国家,如尼日利亚(0.459)等。图4比较了不同类别国家的平均水电经济开发度与人类发展指数的相关关系。结果表明,发达国家水电开发程度高,而发展中国家、欠发达国家依然任务艰巨。我国人类发展指数为0.687,水电经济开发度为45%,基本符合发展中国家的指标,说明我国的水电发展与国民经济社会发展的水平大体是协调的。需要指出的是,也存在不少例外情况,如布基纳法索水电经济开发度达54%、澳大利亚水电经济开发度仅38%、挪威水电经济开发度为57%,原因是布基纳法索总量较低,易于开发,澳大利亚由于煤炭资源丰富开发迫切性不高,而挪威水电已占了全国电力供应的95%,已满足需求。

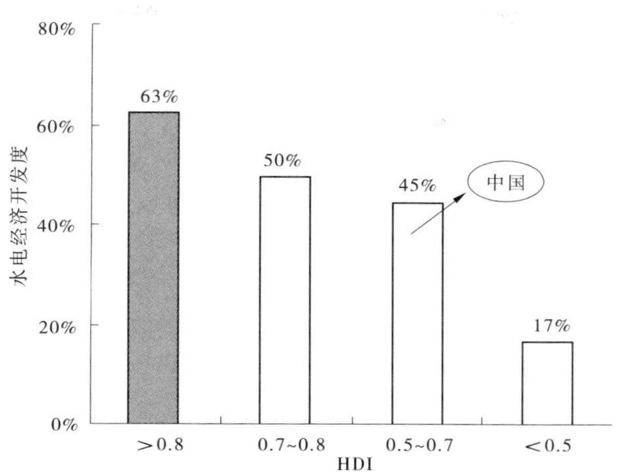

图4　不同类别国家的平均水电经济开发度与人类发展指数的相关关系

4　水电发展需要高度关注大坝安全问题

历史资料表明,世界上今天存在的每1 000座水库大坝,对应失事的水库大坝有10座之多,水库大坝的失事概率,尤其是早期的水库大坝,是很惊人的[10]。早期各国虽然建设了不少水库大坝,但存续下来的大坝极其有限。据不完全统计,1900年以前,各国修建的水库达数万座,而由于技术的限制,坝高超过15 m的大坝总数不到百座,多数都因建设和管理缺陷而溃决,只有少数几座依靠不断维修加固而存在。到2010年,世界已建在建大坝超过5万座,其中包括60多座200 m以上高坝,由此可见在过去的百年中,科学技术的发展和作用都是极其显著的。

高坝建设虽然依靠技术的不断进步取得了前所未有的成就,但在安全方面仍然面临很多挑战性的问题。前苏联及欧、美国家等,在发展的历史上都因为对发展中的问题未能及时正确认识从而付出过昂贵的学费,有过沉痛的教训。如奥地利柯恩布莱因200 m高拱坝,竣工后前后三次放空水库大修,修补加固费用与新建坝相差无几。再如美国提堂大坝、法国马尔巴塞拱坝溃决以及意大利瓦依昂拱坝库区滑坡事故等,都造成了巨大的损失和影响。目前我国既有管理8万多座水库的艰巨工作,又有建设众多新的世界最高大坝的繁重任务,需要通过不断创新研究,提高对安全形势的科学认识。

(1)大坝安全管理在过去60年,尤其是改革以后的30年取得了巨大的成就。新中国成立60年来,特别是改革开放30年来,因应发展需要,我国逐步完成了100 m级高坝、200 m级高坝和300 m级高坝建设的技术多级跨越。不少水库大坝工程经历了1998年大洪水、2008年汶川大地震的严峻考验。这一方面说明虽然我国大坝建设和管理存在很多不完善、不理想的方面,但对于设计的荷载作用下,总的情况是好的,在国际、国内经验和教训基础上建立起来的技术规范以及工程建设和管理体系是行之有效的。

(2)不少特高坝建设已超出国内、国际经验,技术上的不确定性有可能导致不可承受的隐患存在,需要认真研究。我国正处于水利水电开发和大坝建设的高峰期,已建在建200 m以上特高坝14座,还有不少300 m级特高坝处于设计阶段。这些工程的建设规模大,不少大坝的坝址位于非常复杂的地形、地质区域,工程建设和安全运行管理所面临的一些技术挑战是世界性的,现有的国内、国际经验难以完全覆盖,需要高度关注。

（3）我国是多地震国家，在地震区甚至强震区建设工程无法避让，但地震导致大坝溃决则也是难以承受的，需要长期研究、认真对待。紫坪铺、沙牌、碧口、宝珠寺 4 座坝高 100 m 以上的高坝及 2 000 多座水库，经受了 2008 年汶川强震的考验，证明了我国在大坝抗震设计、施工和运行维护等方面的水平是比较高的，但这并不能说明大坝抗震安全问题就已经完全解决，相反，需要长期研究，认真对待。一方面原因是地震本身具有极大的不确定性，如台湾发生过断裂带横穿大坝导致大坝剪断的情况，另一方面是 300 m 级特高坝在强震时的性态还是一个需要不断探索的科学问题，本身还具有一定的不确定性。

（4）水库群安全与防恐安全需要高度重视。水库群安全和防恐安全是世界性难题，我国水库大坝也面临类似风险。1975 年 8 月由于板桥等水库溃决导致的系列溃决事件和次生灾害仍然需要认真研究，以防止类似事件的发生。我国不少水库大坝没有放空设施或者存在难以在应急情况下将水库水位降至安全水位以下的手段，如何适应新的形势，寻求改善的措施是需要认真研究的问题。

5 水电发展需要探索新的理念

在全球水电迎来前所未有的良好发展机遇的同时，需要更加深刻认识现在建设一座水电站已不仅仅是单纯的工程问题，其活动的全过程涉及面更宽、更受关注，需要更加公开和透明，需要更加安全和可靠，需要采用更加和谐、平衡和可持续的方式推进，尽可能将各种因开发所造成的不利影响降到最低。欧美一些发达国家基于大坝建设对河流生态影响、河流生态恢复等方面的工作，建立了一些技术标准和认证体系，其中具有代表性的有瑞士的绿色水电认证[11]、美国的低影响水电认证[12]以及国际水电协会的可持续性水电认证[13]，都有可借鉴的价值。我国大坝建设和水电发展还有一个比较长的时期，面临如何发挥好已建工程的作用和修建好新的工程两方面的任务，需要积极转变观念，支持相关研究，尽早建立起符合我国国情的绿色水电认证机制。观念的转变主要有以下四个方面：

（1）认识上需要从强调改造、利用自然转变到既强调改造、利用自然，又强调保护和适应自然。

（2）决策上需要从重视技术上可行、经济上合理转变到既重视技术上可行、经济上合理，又重视社会可接受、环境友好的发展要求。

（3）运行管理上需要从重视实现传统功能转变到既重视传统功能实现，又重视生态调度、生态安全和生态补偿。

（4）效益共享上需要从重视国家利益、集体利益转变到既重视国家利益、集体利益，又重视受影响人的发展要求。

本文得到中央水资源费项目（资水资源费 1013）以及中国水利水电科学研究院优秀青年科技人员科学研究专项（电集 1119）资助。

参考文献

[1] 世界银行集团．水电发展方向[R]．2009.

[2] 国际大坝委员会，国际灌溉排水委员会，国际水电协会，等．储水设施与可持续发展[R]．2012.

[3] International Hydropower Association. Advancing sustainable hydropower – 2011 Activity Report. 2011.

[4] Gagaon, L., Belanger, C., Uchiyama, Y. Life – cycle assessment of electricity generation options: The status of research in year 2001. Energy Policy 30, 2002, 1267-1278.

[5] Gagaon, L. Civilization and energy payback. Energy Policy 36, 2008, 3317-3322.
[6] Gagnon, L. Energy payback trends: A guide for future development. Proceedings of Hydro 2009, Lyon, France, 2009.10.
[7] Gagnon, L. Energy Payback Ratio. Hydro - Québec, Montreal, 2005.
[8] 联合国开发计划署. 人类发展报告[R]. 2011.
[9] Word Atlas & Industry Guide 2011. The International Journal on Hydropower and Dams. London, UK.
[10] Robert B. Jansen. Dams and Public Safety. United States Government Printing Office. 1980.
[11] Christine Bratrich and Bernhard Truffer. Green electricity certification for hydropower plants - Concept, procedure, criteria. 2001.
[12] Low Impact Hydropower Institute. Low impact hydropower certification program: Certification package. 2004.
[13] International Hydropower Association. Hydropower sustainability assessment protocol. 2011.

我国高坝大库建设及运行安全问题探讨

郑守仁

（长江水利委员会，湖北　武汉　430010）

【摘要】 大坝水库是防止洪水旱灾，开发利用及保护水资源、发挥综合效益的重要工程措施。我国是世界上建设大坝水库最多、各种坝型高度最高的国家，高坝大库安全问题关系到人民生命财产安全和国家经济社会可持续发展，成为社会各界关注的热点问题。通过分析我国高坝建设情况、运行现状、安全存在的问题，借鉴世界各国部分高坝水库失事破坏的经验教训，探讨了我国高坝大库安全防范对策措施。

【关键词】 高坝　大型水库　安全　对策　探讨

1　引言

水资源主要指与人类社会生活、生产和生态环境密切相关而又能不断补给更新的淡水（包括地表水和地下水）资源，大气降水是其主要补给源。根据20世纪80年代初水利部对全国水资源的评价资料，我国多年平均降水量为61 889亿 m^3，河川径流总量为27 115亿 m^3，浅层地下水量8 288亿 m^3，由于河川径流量的基流部分是由地下水补给的，而地下水补给量中又有一部分为地表水入渗，扣除两者之间的重复计算水量7 279亿 m^3，我国多年平均水资源总量为28 124亿 m^3。按1997年人口统计，我国人均水资源量为2 220 m^3，仅为世界平均值的1/4。预计到2030年我国人口增至16亿时，人均水资源量将降到1 760 m^3，接近国际公认的警戒线。按国际上现行的标准，人均水资源量少于1 700 m^3 为用水紧张的国家，因此我国未来水资源的形势是严峻的[1]。我国人均水资源不足，而且时间、空间分布不均，受大陆季风影响，降水量年内分配极不均匀，各地降雨主要发生在夏季，大部分地区每年汛期连续4个月降水量占全年的60%～80%，致使江河洪水流量与枯水流量相差悬殊，易形成春旱夏涝。降水量年际剧烈变化，造成江河特大洪水和严重枯水，频繁出现洪水及干旱灾害，特大洪水严重威胁我国江河两岸人民生存和地区经济社会发展，成为中华民族的心腹之患。1949年10月新中国成立以来，我国政府高度重视江河治理和保护，开展了大规模水利工程建设，取得了举世瞩目的成就。在江河干流拦河筑坝，形成蓄洪水库、调节河川径流，防止洪水及干旱灾害，开发利用及保护水资源，发挥防洪、发电、灌溉、供水、航运等综合效益，是维护江河健康、人水和谐共处、促进经济社会又好又快发展的重要工程措施。

大坝高度在70 m以上的为高坝，我国水电工程拱坝高度超过100 m定为高坝，水利工程拱坝仍按高度大于70 m定为高坝。水库库容大于1.0亿 m^3 为大型水库。高坝大库可有效调蓄洪水，利用和保护水资源，为人类带来巨大的利益，但也存在安全风险，有极少数水库，因大坝设计、施工存在质量缺陷，加之运行管理不当，遭遇极端天气强降雨或突发性地震地质灾害，致使大坝出现重大事故甚至溃坝失事，严重危及大坝下游人民的生命财产安全和地区经济社会发展。为此，确保高坝大库安全是关系国计民生的重大问题，必须要求水利水电工程精心设计、精心施工，严格监理，保证工程质量；同时加强对已建高坝大库的安全风险管理，建立健全水利水电工程安全保障体系，确保高坝大库安全，做到万无一失。

2 我国高坝大库建设及运行现况

2.1 我国高坝大库建设情况

1950 年根据国际大坝委员会统计世界各国大坝登记资料，坝高 15 m 以上的大坝 5 196 座，其中我国只有 22 座，可见旧中国修建水库大坝的落后程度。新中国成立以后，特别是 1978 年改革开放以来，我国的水利水电工程建设蓬勃发展，大坝建设和筑坝技术取得巨大成就。1951 年到 1977 年，世界其他国家平均每年建坝 335 座，我国年均建坝 420 座，大坝建设以数量多而突出。1982 年根据国际大坝委员会统计世界各国已建坝高 15 m 以上的大坝 34 798 座，我国为 18 595 座，占世界大坝总数的 53.4%。20 世纪 90 年代以来，我国大坝建设在世界各国中不仅数量上居首位，而在大坝高度也明显增长。2005 年世界在建坝高大于 60 m 的大坝 393 座，分布在 47 个国家，其中我国 98 座，伊朗 61 座，土耳其 55 座，日本 43 座，印度 17 座，我国为正在修建高坝最多的国家。截至 2009 年，我国已建、在建坝高 100 ~ 150 m 的大坝 124 座，坝高 150 ~ 200 m 的 27 座，坝高 200 ~ 300 m 的 12 座，坝高大于 300 m 的 1 座[2]。我国已建成运行的水布垭面板堆石坝（坝高 233 m）为世界最高的混凝土面板堆石坝，龙滩碾压混凝土重力坝（坝高 216.5 m）为世界最高的碾压混凝土重力坝，沙牌碾压混凝土拱坝（坝高 132 m）为世界最高的碾压混凝土拱坝，小湾双曲拱坝（坝高 292 m）为世界最高的双曲拱坝。正在建设的锦屏一级双曲拱坝（坝高 305 m）为世界在建最高的双曲拱坝，双江口土石坝（坝高 314 m）仅次于塔吉克斯坦在建的罗贡土质心墙土石坝（坝高 335 m）。目前，我国已建、在建坝高 200 m 以上的超高坝列入表 1。

表 1 我国已建和在建坝高超过 200 m 的超高坝汇总

序号	坝名	河流	省县	坝型	坝高 (m)	库容 (亿 m^3)	装机容量 (MW)	建设情况
1	双江口	大渡河	四川马尔康	砾石土心墙堆石坝	314	31.15	2 000	在建
2	锦屏一级	雅砻江	四川盐源	双曲拱坝	305	77.6	3 600	在建
3	两河口	雅砻江	四川雅江	心墙堆石坝	295	120.31	2 700	在建
4	小湾	澜沧江	云南凤庆	双曲拱坝	294.5	150.43	4 200	蓄水发电
5	溪洛渡	金沙江	云南永善 四川雷波	双曲拱坝	285.5	126.7	12 600	在建
6	糯扎渡	澜沧江	云南思茅市	心墙堆石坝	261.5	237.03	5 850	在建
7	拉西瓦	黄河	青海贵南	双曲拱坝	250	10.79	4 200	完建
8	二滩	雅砻江	四川攀枝花	双曲拱坝	240	58.0	3 300	完建
9	长河坝	大渡河	四川康定	心墙堆石坝	240	4.00	2 400	在建

续表 1

序号	坝名	河流	省县	坝型	坝高（m）	库容（亿 m^3）	装机容量（MW）	建设情况
10	水布垭	清江	湖北巴东	面板堆石坝	233	45.80	1 600	完建
11	构皮滩	乌江	贵州余庆	双曲拱坝	232.5	55.64	3 000	完建
12	江坪河	溇水	湖北鹤峰	面板堆石坝	219	13.66	450	在建
13	龙滩	红水河	广西天峨	碾压混凝土重力坝	216.5	272.7	5 400	蓄水发电
14	大岗山	大渡河	四川雅安	双曲拱坝	210	7.42	2 600	在建
15	光照	南盘江	贵州关岭	碾压混凝土重力坝	200.5	32.45	1 040	完建

根据中国大坝协会2009年统计，截至2008年年底我国已建各类水库87 151座（未计港、澳、台地区），水库总库容7 064亿 m^3，为我国河川总径流量的26%，仅次于美国、巴西、俄罗斯，居世界第四位，占世界已建水库总库容的9.9%。但我国人均库容仅484 m^3，低于世界平均水平[2]。我国水库按库容大小划分，大(1)型为库容超过10亿 m^3 的水库，大(2)型为库容1亿～10亿 m^3 的水库；中型为库容1 000万～1亿 m^3 的水库；小(1)型为库容100万～1 000万 m^3 的水库，小(2)型为库容小于100万 m^3 的水库。我国已建大型水库500多座，目前已建在建库容大于50亿 m^3 的超大型水库列入表2。

2.2 我国高坝大库运行现况

我国各级政府高度重视高坝大库运行安全工作，1987年原水利电力部颁布了《水电站大坝安全管理办法》，规定由大坝安全监察中心负责实施水电站定期检查（简称定检），对每座大坝的安全状况定期进行检查并作出大坝安全等级评价，同时采取多种措施对大坝存在的隐患进行加固处理，以保障安全运行。1991年3月国务院颁布《水库大坝安全管理条例》，使我国水库大坝安全管理走上法制轨道。根据该条例规定，1995年水利部制定颁布了《水库大坝定期检查鉴定办法》、《水库大坝注册登记办法》，并开展了全国水库大坝注册登记工作，1998年完成了大型水库登记。水利部大坝安全管理中心对全国大中型水库进行了定检工作，1998年检查出大型病险水库100座，中型病险水库800多座，并进行了除险加固处理。

1996年原电力工业部颁布了《水电站大坝安全注册规定》，1997年电力系统开展了水电站大坝安全注册工作，1998年国家电力监管委员会大坝安全监察中心完成了电力系统96座大坝第一轮定检工作，摸清了20世纪80年代末以前投入运行的大坝安全现状，检查出2座险坝、7座病坝，其余87座为正常坝。2005年完成了电力系统120座水电站大坝第二轮定检工作，查出病坝7座，其余113座为正常坝[3]。检查出的险坝和病坝存在病害及安全隐患严重，正常坝下也不同程度存在一些缺陷及影响安全运行的因素。对病险坝及时进行了除险加固处理，对正常坝存在的缺陷问题进行了缺陷修复、补强加固和安全监测设施更新改选工作，将一些病险坝加固处理清除异常病害隐患使其成为正常坝，并使正常坝的缺陷得到不同程度的消除和修复，提高了安全度。

表2 我国已建在建库容超过50亿 m^3 的超大型水库汇总

序号	工程名称	河流	省县（市）	总库容（亿 m^3）	坝型	坝高（m）	装机容量（MW）	建设情况
1	三峡	长江	湖北宜昌市	450.0(393.0)	重力坝	181	22 500	蓄水发电
2	丹江口	汉江	湖北丹江口	339.0(290.5)	宽缝重力坝	117	900	加高扩建
3	龙滩	红水河	广西天峨	298.3(272.7)	碾压混凝土重力坝	216.5	5 400	蓄水发电
4	龙羊峡	黄河	青海共和	276.3	重力拱坝	178	1 280	完建
5	糯扎渡	澜沧江	云南思南市	237.03(217.49)	心墙堆石坝	261.5	5 850	在建
6	新安江	新安江	浙江建德	220.0(178.4)	宽缝重力坝	105	662.5	完建
7	小湾	澜沧江	云南凤庆	150.43(145.57)	双曲拱坝	294.5	4 200	蓄水发电
8	水丰	鸭绿江	辽宁丹东市	147.0(121.1)	重力坝	106	765	完建
9	新丰江	新丰江	广东河源	138.96	大头坝	105	315	完建
10	溪洛渡	金沙江	云南永善 四川雷波	126.7(115.7)	双曲拱坝	285.5	12 600	在建
11	小浪底	黄河	河南洛阳市	126.5	土斜心墙堆石坝	154	1 800	完建
12	两河口	雅砻江	四川雅江	120.31	心墙堆石坝	295	2 700	在建
13	丰满	松花江	吉林省吉林市	107.8(81.2)	重力坝	90.5	1 004	完建
14	天生桥一级	南盘江	贵州安龙 广西隆林	102.6	面板堆石坝	178	1 200	完建
15	锦屏一级	雅砻江	四川盐源	100.0(77.6)	双曲拱坝	305	3 600	在建
16	东江	耒水	湖南资兴	91.5(81.2)	双曲拱坝	157	500	完建
17	柘林	修水	江西永修	79.2(50.1)	土石坝	63.6	180	完建
18	构皮滩	乌江	贵州余庆	64.55(55.64)	双曲拱坝	232.5	3 000	完建
19	白山	松花江	吉林木华甸	62.15	重力拱坝	149.5	1 500	完建
20	二滩	雅砻江	四川攀枝花市	61.8(58.0)	双曲拱坝	240	3 300	完建
21	刘家峡	黄河	甘肃永清	61.2(57.0)	重力坝	147	1 138	完建
22	百色	右江	广西百色市	56.6	碾压混凝土重力坝	130	540	完建
23	瀑布沟	大渡河	四川汉源	53.9(50.64)	砾石土心墙堆石坝	186	3 300	完建
24	向家坝	金沙江	云南水富 四川宜宾	51.63(49.77)	重力坝	161	6 000	在建

注：（ ）内数字为正常蓄水位以下库容。

水利部1991年统计资料显示，截至1990年年底全国已建水库82 848座，其中大型水库

358座，占水库总数的0.43%；全国水库溃坝失事总数3 242座，其中大型水库溃坝失事2座，占总溃坝数的0.06%。大型水库溃坝失事的为河南省板桥水库和石漫滩水库。板桥水库大坝河床段为黏土心墙砂壳坝，最大坝高24.5 m，两岸滩地为均质土坝，坝顶长1 700 m；水库库容4.9亿 m^3。石漫滩水库大坝为均质土坝，最大坝高25 m，坝顶长500 m，水库库容0.918亿 m^3，溃坝时实际库容1.17亿 m^3。我国1991年前溃坝失事的最大坝高55 m，尚无高坝溃坝失事记录。1993年8月，青海省沟后水库溃坝失事，该坝为混凝土面板砂砾石坝，最大坝高71 m，是我国至今溃坝高度最高的大坝，但沟后水库库容仅300万 m^3，属小(1)型水库。上述资料说明我国高坝大库运行安全状况总体良好。

3 我国高坝大库建设及运行安全存在的问题

3.1 我国高坝大库工程的特点

(1)我国高坝大库大多位于西部地区，已建、在建坝高大于150 m的高坝35座，有28座位于长江及黄河上游干支流和澜沧江、红水河、南盘江；库容大于50亿 m^3 的特大型水库25座，有17座位于西部各省(自治区)、市。

(2)我国西部大多为崇山峻岭地区，高坝坝址地形地质条件复杂，不良地基及滑坡崩塌体处理难度大，大坝及电站厂房等水工建筑物布置困难，且存在高陡边坡稳定和地下电站大型洞室群高地应力围岩稳定问题。

(3)我国西部地区为强地震区，高坝设计地震烈度高，强震对高坝大库的安全影响至关重要，高坝抗震安全问题突出。

(4)我国西部地区尤其是西南地区河流径流量较大，高坝大库泄洪流量大，高坝泄流孔和两岸泄洪洞泄洪能量集中，消能防冲难度大。

(5)我国西部地区高坝大库坝址河谷狭窄，覆盖层深厚，施工场地及道路在陡峻岩体劈山凿洞，施工难度大。高坝建设期间，坝址大型洞室群施工和两岸高陡岩石开挖及高坝施工安全风险大。

上述高坝大库工程的特点，成为我国高坝设计施工的难点，对我国水利水电工程建设和科学技术水平的提高是机遇，也是挑战。

3.2 我国高坝大库工程存在的问题

3.2.1 高坝大库工程设计

我国水利水电勘测设计研究院在高坝大库工程设计中，遵照国家颁布的水利水电工程勘测设计规范规程，进行了大量勘测规划设计和科学试验研究工作，并借鉴国内外水利水电工程实践经验，精心设计，设计成果达到了工程设计深度及精度要求，为高坝大库工程安全可靠、技术先进提供了支撑保障。但有的设计院对高坝大库工程投入的力量不足，造成工程勘测设计深度不够，重大技术问题的科学试验研究和设计分析计算深度不够，有的尚未达到国家规定的水利水电工程设计阶段工作深度的要求；有的工程设计采用的水文、地质、地震等资料及参数不准确，设计标准偏低；大坝基础开挖至设计高程，岩体不合要求，造成基岩二次开挖；有的拱座岩体缺陷较多，致使加固处理量增加，严重影响工程进度。河南省板桥水库和石漫滩水库按水库的库容大小所确定的防洪标准并不偏低，但因限于当时水文资料系列短，所计算的设计和校核洪水流量偏小，以致相应配套的水库泄洪能力偏低，成为导致溃坝失事的主要原因。说明水利水电工程设计是保障高坝大库安全的前提，设计质量问题将给工程留下隐患，直接影响高坝大库工程运行安全。

3.2.2 高坝大库工程施工

我国西部地区高坝坝址山洪和滑坡、崩塌、泥石流等地质灾害频繁，严重威胁参加建设的人员生命财产安全，增加工程施工难度。在高坝工程建设过程中，施工企业克服各种困难，保证了工程建设顺利进行。绝大多数施工企业严格执行国家颁布的水利水电工程施工规范和相关施工标准，按设计院提供的设计图和施工技术要求，精心施工，创建了一批优质高坝工程。但也有极少数施工企业的质量管理体系不健全，工程项目施工层层转包，有的承包单位未按设计要求和相关施工规范控制质量，出现的施工质量事故较多；有的承包单位在坝基灌浆等隐蔽工程项目施工中偷工减料，伪造灌浆资料，留下安全隐患；有的工程使用不合格的原材料而产生重大质量问题；有的工程金属结构及机电设备加工制造工艺粗糙，安装误差超标导致质量事故等。青海省沟后混凝土面板砂砾石坝溃决失事后检查发现面板顶止水设一道橡胶止水带，该橡胶止水带施工质量低劣：橡胶止水带为搭接，没有与坝顶防浪墙底板紧密结合，有的被拉脱；橡胶止水带没有浇入防浪墙底板混凝土内，起不到止水作用；橡胶止水带黏接较好处被撕裂，上述检查情况表明面板顶部水平接缝的橡胶止水带施工存在质量问题，水库水位超过该水平接缝后直接进入砂砾石坝体，使上部坝体很快饱和并出现渗透破坏，上部坝体发生多次局部滑动后，面板失去支撑在自重和水荷载作用下折断，最终在库水直接冲刷下大坝溃决。说明水利水电工程施工存在的质量事故和缺陷，将给工程遗留病害隐患，危及工程运行安全，工程施工质量是高坝大库运行安全的基础。

3.2.3 高坝大库运行管理

我国高坝大库运行设有专门的管理机构，运行管理较规范，水库调度和大坝监测检查及维护检修规章制度较完善。但有的水库管理机构，运行管理机制不健全，有的水库未编制运行规程；有的水库大坝未埋设监测设施或已埋设的监测设施损坏，不能满足安全监测要求；有的水库溢洪道闸门及启闭机年久失修不能正常使用；有的高坝没有设置水库放空设施，尚不具备干地检修条件，例如湖南省白云水电站大坝为混凝土面板堆石坝，坝高 120 m，库容 3.6 亿 m^3，1996 年竣工，2011 年发现大坝下部漏水严重，因没设放空洞，致使检修加固难度增大；部分水库随着使用年限的增长，大坝筑坝材料老化、劣化，金属结构及机电设备损坏，水库泥沙淤积侵占调节库容，地震地质灾害影响等，使水库大坝失事风险增加，水库安全问题突出。1991 年统计全国水库大坝因“重建轻管”、管理经费未落实，维护运行不良、工程年久失修，管理不当、调度失误而引起失事的占 8.2%，说明水库大坝建成投入运行后，运行管理、监测检查、维护检查等工作是保障水库大坝安全的重要手段。

3.2.4 水库泥沙淤积问题

我国江河泥沙含量较高，尤其是北方多沙河流中修建的水库泥沙淤积较为严重，有的水库大坝未布置排沙设施，水库因泥沙淤积侵占调节库容，导致水库功能降低，部分水库被泥沙淤满而报废。黄河三门峡水库大坝为混凝土重力坝，最大坝高 106 m，设计正常高水位 350 m，运行水位不超过 340 m，大坝坝顶高程 353 m，库容 159 亿 m^3。1960 年 9 月蓄水运行后水库泥沙淤积严重，至 1964 年 10 月，水库高程 330 m 以下库容损失 62.9%，严重影响水库的功能，被迫将坝体已封堵的 8 个导流底孔混凝土堵头拆除打开改建成排沙孔，并增建 2 条排沙洞和改建 4 条发电引水钢管为排沙钢管，水库水位 315 m 时，总泄流能力达 9 064 m^3/s，超过原设计大坝泄流量的 2 倍，使水库泥沙淤积得到缓解。水库调度采用“蓄清排浑”(汛期泄洪排沙,汛末蓄清水)运行方式,将水库淤积的泥沙尽量冲排至坝下游,使高程330 m以下保持有效库容30亿 m^3 左右,但水库防洪及发电功能大为降低,装机容量由原设计1 160 MW减至400 MW;库区泥沙淤积,使陕西省渭河下游成为地上悬河,防洪防涝任务艰巨,治理难度大。有些水库运行几年后,泥沙淤积占侵有效库容超过50%,严重影响高坝大库功能的发挥。有的水库失去调节径流功能,使其防洪标准降低,对大坝安全构成隐患,并危及到大坝度汛安全。

4 高坝大库安全防范对策探讨

4.1 世界各国大坝水库失事破坏的经验教训

4.1.1 地质勘探深度不够导致大坝水库失事破坏

法国马尔帕塞坝为双曲拱坝,最大坝高66.0 m,1954年9月建成,1959年12月大坝溃决失事。该坝地质勘探仅在河床内打2个钻孔,孔深分别为10.4 m和25.0 m,对坝址没有提出完整的地质报告,大坝溃决失事后补充勘探发现左岸拱座岩体有软弱夹层,拱座受力后产生不均匀变形而滑移,导致坝体溃决失事[4]。

意大利瓦依昂拱坝为双曲拱坝,坝顶高程725.5 m,最大坝高262.0 m,坝顶弧长190.5 m,坝基属中侏罗系石灰岩层,坝址河谷狭窄,水平拱作用明显。该拱坝沿两岸拱座设连续周边缝、使拱的两端支承在两岸垫座上;坝体设4道水平缝,每间隔12 m设径向横缝;底部垫座最大高度近50 m,其厚度略大于坝体。水库总库容1.69亿 m^3,于1960年3月开始蓄水,至1963年9月库水位分3段(650 m、700 m、710 m)抬升。1963年9月28日~10月9日,连降2周大雨,库水位升至710 m,坝上游左岸滑坡体长1.8 km、宽1.6 km,体积达2.7亿 m^3,在30~45 s内全部下滑填满坝上游长1.8 km的水库,堆料高出水库水面150 m,离坝最近处仅50 m。该坝挡水仅3年半时间,因地质勘探不充分,对近坝库岸地质评估失误而导致事故,造成水库和大坝报废[4]。瓦依昂水库失事后,世界各国在大坝建设中,高度重视水库库岸稳定问题。

4.1.2 设计不当导致大坝水库失事破坏

美国提堂坝为厚心墙(低塑性粉土)土石坝,最大坝高93.0 m,水库总库容3.18亿 m^3。大坝河床部位覆盖层开挖截水齿槽深度达30 m,底宽9.1 m,两侧坡比1:2,从基岩面回填防渗土料,基岩布设帷幕灌浆防渗。1975年10月水库开始蓄水,1976年6月右岸坝肩出现严重渗漏,漏洞迅速扩大,数小时后大坝溃决失事。分析溃坝的主要原因是设计不当和施工质量控制不严所致[4]。防渗心墙土料的内部冲蚀没有采取保护措施,心墙土体挡水后发生水力劈裂,逐步形成管涌而导致土石坝溃决失事,坝体土料三分之一被冲失。

奥地利柯恩布莱因坝为双曲拱坝,坝顶高程1 902 m,最大坝高200 m,坝顶弧长620 m。河谷宽高比为3.1,坝顶厚7.6 m,坝底厚36.0 m,两岸拱座最大厚度42.0 m,坝体厚度高比为0.18。水库库容2.1亿 m^3。大坝混凝土量160万 m^3,1977年建成,蓄水至水位1 852 m,拱坝承受55%的额定荷载,检查渗水量很小,坝基扬压力小于允许值。1978年蓄水至水位1 860~1 892 m,大坝出现异常情况,通过钻孔取芯、孔内电视和水库放空检查发现:河床13~19号坝段扬压力接近全水头水位;坝踵处出现拉裂剪损区,垂直裂缝深8~9 m,发现至廊道处,缝宽大于2 mm,并出现斜裂缝,由坝面裂至基岩;上游坝面距基岩以上18 mm处见1条裂缝,其长度达100 m;排水孔渗水量突增至200 L/s,坝顶位移从 −25 mm突增至 +110

mm，增幅达 135 mm。拱坝裂缝使坝基扬压力上升至全水头，导致拱坝失去设计的承载能力，最后采取在拱坝下游侧修建高 70 m、底部厚 65 m 的重力拱支撑加固，混凝土量 46 万 m^3。分析该坝破坏的主要原因：柯恩布莱因拱坝是目前已建 200 m 以上高拱坝中最薄的拱坝[$(H/B)_{tm}=6.5$]，而基岩约束（$E_r/E_c=2$）最大；坝址河谷宽阔，且下部平缓，使坝体难起拱作用，拱坝形状和几何尺寸形成不利条件的组合，作用在坝上的总水荷载达 54 GN/m，拱坝最薄而承受的水荷载较大，其抗滑稳定偏低；在高水位时，河床坝体承受的水平剪力最大值达 70 MN/m，相应的平均剪应力为 2 MPa，已接近混凝土的极限抗剪强度；坝体垂直断面倒向上游，以致仅在自重作用下使下游面产生拉应力，导致开裂，而坝体横缝灌浆又会增加坝体向上游变形，增大拉应力使裂缝向坝内延伸，削弱坝体承载能力；河床坝段的垂直力不断减小，底部水平剪力增大，在剪应力和正应力组合下，形成斜向主拉应力，使坝踵产生斜向裂缝，与下游水平裂缝结合，导致坝体底部剪断破坏[4]。

4.1.3 施工质量差导致大坝水库失事破坏

意大利格莱诺坝为混凝土连拱坝，坝高 35 m，坝顶长 224 m。该坝设计为重力坝，施工时未经设计许可就将上部改为钢筋混凝土连拱坝，下部圬工砌体直接铺砌在基岩面，坝基岩体未进行灌浆，也没有修筑截水墙，基岩与砌体间黏结差，几处出现宽达 6 mm 裂缝，砌体采用石灰浆代替水泥砂浆砌筑；混凝土骨料未清洗，胶结差，架空孔隙强渗水，钢筋为用过的残料，整个大坝施工质量极差，1923 年建成蓄水后，坝体开裂、沉陷而失事破坏[4]。

4.1.4 运行管理不善导致大坝水库失事破坏

巴基斯坦塔贝拉坝为心墙土石坝，覆盖层厚达 210 ~ 230 m，其上用长 1 740 m 的防渗铺盖，端部厚 1.5 m，至心墙处增至 12.8 m。最大坝高 143 m，坝顶长 2 740 m。水库库容 137 亿 m^3，电站装机 3 478 MW，年均发电量 115 亿 kWh。右岸布置 4 条隧洞，1、2、3 号洞径 13.3 m，4 号洞径 11 m。1、2 号洞用于发电，3、4 号洞用于灌溉。1974 年 7 月 4 日开始蓄水，8 月 21 日 2 号洞发生大崩塌，带出大量岩块和混凝土块，随即放空水库。发现防渗铺盖有裂缝和 362 个沉陷坑，修复时将铺盖加长加厚，铺盖长达 2 347 m，最小厚度 4.5 m。1975 年再次蓄水时，通过水下探测，又发现沉陷坑 429 个，采用船抛土 67 万 m^3 之后，铺盖逐步稳定。检查事故原因，发现隧洞闸门操作系统的机械故障，导致高速水流引起气蚀造成隧洞崩塌事故。法国马尔帕塞拱坝失事的主要原因是地质问题，但该坝建成运行 4 年内，未对大坝进行检查，坝内没有埋设观测仪器，说明运行管理存在问题[4]。通常大坝失事前有预兆，若在该坝上设置观测系统，坝体不均匀变形引起坝内应力重分布的过程在失事前反映，及时发现问题并进行处理，可防止大坝失事。

上述世界各国部分大坝水库失事破坏的经验教训，表明大坝水库地质勘探工作的重要性，坝基和近坝库岸失稳而导致大坝水库失事；设计不当，施工质量问题以及运行管理不善是大坝水库失事破坏的主要因素。

4.2 高坝大库建设及运行安全防范对策

（1）高坝建设期应把施工安全放在首位，落实各项预防措施，确保参建人员安全。

我国高坝大库多数位于高山峻岭地区、地形地质条件复杂，施工难度大。高坝建设期，各参建单位要把施工安全放在首位，建立健全工程施工安全监管机构，制定坝址高陡山体滑坡、崩塌、泥石流等地质灾害和山洪预防措施，确保施工区人员生命财产安全。坝址大型洞室群施工相互干扰，进出洞口高陡边坡多；两岸陡峻岩体开挖支护及高坝施工中存在高空垂直交叉作业,安全风险大,各施工单位要制定预案,加强监测,落实各项安全措施,防患于未然,确保施工人员安全。

(2)设计可靠先进是高坝大库运行安全的前提,施工质量优良是其安全的基础。

水利水电工程设计是高坝建设的龙头,其工程设计采用的水文、地质、地震等基础资料要准确,勘测深度及范围应满足高坝设计及其水库的要求,库区地质环境和坝址地质问题要查清。高坝设计方案及其重大技术问题应通过设计计算分析和科学试验研究,并借鉴国内外已建类似高坝工程的实践经验,深入进行对比分析优选,精心设计,务必做到高坝设计安全可靠、技术先进,为其安全提供技术支撑,是保障高坝大库安全的前提条件。水利水电工程施工质量关系到高坝工程的成败,要建立健全水利水电工程质量保证体系,做到每道工序严格监理,精心施工。应用新技术、新工艺、新材料,依靠科技创新提高工程施工质量和金属结构及机电设备制造安装质量,创建优质水利水电工程,为高坝大库运行安全奠定可靠基础。

(3)高坝水库蓄水分段实施,为高坝运行安全提供可靠依据。

高坝水库蓄水位抬升大多超过100 m,蓄水位可分段逐步抬升,适时监测坝体及坝基变形、应力应变、渗流渗压变化情况。各项监测资料与设计计算成果对比,分析高坝挡水工作性态,评价其安全状态,相机抬升水位。对坝基存在地质缺陷及坝体存在施工质量缺陷,并按设计要求进行补强加固处理的高坝尤为重要,分阶段抬升水位,加强安全监测,以验证设计,弥补人为判断的不确切性,为高坝运行安全提供可靠依据。发现问题,及时处理,防患于未然,做到万无一失。

(4)精心管理,加强监测和维护是保障高坝大库运行安全的重要手段

高坝大库建成运行后,首先要精心维护,大坝及电站、通航等建筑物自身及基础受运行条件及自然环境等因素影响,随运行时间增长会逐渐老化、劣化,需要经常进行维护;其次要完善高坝大库安全监测系统,安全监测是了解大坝等水工建筑物工作性态的耳目,为评价其安全状况和发现异常迹象提供依据,以便制定水库调度运行方式,研究大坝等建筑物检修加固处理措施,在出现险性时发布警报以预防大坝水库失事破坏、减免其造成的损失,高坝大库布置的安全监测设施应有专班进行观测,并适时更新改造监测设备,完善安全监测系统,实现监测自动化;第三要经常例行检修,高坝大库运行过程中要建立健全定期检查和维护检修制度,对安全监测和巡视检查发现大坝等建筑物异常状况及缺陷问题,及时进行检修,并采取补强加固处理,消除异常病险。通过精心维护、监测、检修等重要手段,及时消除隐患,以防患于未然,保障高坝大坝运行安全。

(5)定期安全检查鉴定是保障高坝大库运行安全的重要支撑。

水利部大坝安全管理中心和国家电力监管委员会大坝安全监察中心分别对全国水利工程水库大坝和水电工程电站大坝进行安全定期检查和注册工作,对规范我国水利工程水库大坝和水电工程电站大坝安全管理,加强对大坝等水工建筑物运行状况监测和综合评价、检查监控异常部位安全隐患、及时进行加固处理、保障高坝大库运行安全发挥了重要作用。我国水利水电工程投入运行后,对大坝等水工建筑物进行定期(5年)安全检查鉴定,通过大坝等建筑物外观检查和对监测资料的分析,诊断其实际工作性态和安全状况,查明出现异常现象的原因,对其重点部位及施工缺陷部位进行系统排查,摸清影响大坝水库安全的主要问题,制定维护检修和处险加固处理方案,为控制水库运行调度提供依据;通过对水库合理控

制运用，在保证高坝大库安全的前提下进行大坝补强加固处理，使其缺陷得到修复，消除异常及病害隐患，从而提高大坝的耐久性，延长大坝水库使用年限，为保障其运行安全提供重要支撑。

5 结语

我国已成为当今世界建设大坝水库数量最多、各种坝型高度最高的国家。高坝大库建设及运行安全直接关系到人民生命财产安全和国家经济社会可持续发展，已成为社会各界关注的热点问题。水利水电工程项目业主、设计、施工、监理、运行单位要本着对国家负责、对历史负责、对工程负责的精神，精心组织、精心设计、精心施工、严格监理，依靠科技创新，做到高坝设计可靠，确保高坝工程质量，高标标准严要求建设优质高坝工程。各级主管部门及高坝大库运行管理部门要认真贯彻执行国务院颁布的《水库大坝安全管理条例》等水利水电工程法规，强化高坝大库安全管理，对高坝大库运行状况适时监控，发现病害及潜在隐患及时处理，消除病害隐患，加强高坝大库运行安全风险分析工作，提高对其安全风险预防和控制能力，确保高坝大库建设及运行安全。

参考文献

[1] 钱正英，张光斗. 中国可持续发展水资源战略研究综合报告及各专题报告[M]. 北京：中国水利水电出版社，2001.
[2] 中国大坝协会秘书处. 中国大坝协会 2011 年学术年会参阅资料[R]. 2011.
[3] 郑守仁. 我国水利水电工程设计使用年限问题探讨[J]. 水电能源科学，2008，26(2)：1-6.
[4] 刘宁. 国内外大坝失事分析研究[M]. 武汉：湖北科技出版社，2002.

水电工程建设管理问题与思考

晏志勇[1]　周建平[2]　杜效鹄[2]

（1. 中国电力建设集团有限公司，北京　100120；
2. 中国水电工程顾问集团公司，北京　100120）

【摘要】 我国水能资源得天独厚，列世界之冠。大力开发水电是缓解能源供应紧张、改善能源结构、减少温室气体排放的必然选择。本文分析了我国水电建设管理特点，从建设体制和管理机制两方面，深入剖析了目前水电工程建设中存在的主要问题，提出了加强政府监管、规范市场竞争、强化项目管理、优化资源配置等对策措施。水电企业面临国际化发展机遇，应积极参与国际水电等可再生能源的开发与建设。

【关键词】 节能减排　水电开发　建设体制　项目管理　国际化发展

1　引言

2015 年我国非化石能源占一次能源消费总量的比重为 11.4%，2020 年为 15%，分别相当于 4.8 亿 t 和 7.6 亿 t 标准煤。其中水电发电量折合 3.0 亿 t 和 4.5 亿 t 标准煤，占非化石能源发电量的比重在 60% 以上[1]。因此为实现既定目标，在大规模发展核电、风电和太阳能光伏发电等新能源的同时，还必须加快水电开发。预计到 2015 年，全国常规水电装机容量 2.8 亿 kW，年发电量 9 000 亿 kWh，2020 年，常规水电装机容量 3.5 亿 kW，年发电量 11 800 亿 kWh。水电迎来新的发展机遇，建设重点是西南水电基地。

西南水电基地建设，面临诸多新的挑战。如地质环境复杂，生态环境脆弱，移民安置难度大，工程技术难度高，施工环境条件差，技术问题和社会问题前所未有。当前，西南地区复杂的工程地质条件和建设环境，还未引起有关方面应有的重视。一些重大工程，疏于管理、随意变更设计方案、任意压缩建设周期，已经成为导致工程建设质量隐患的重要诱因。对复杂工程技术问题缺乏深入研究论证、随意、武断、甚至草率的决策，也极易导致工程质量下降、安全隐患增加，水电工程建设安全和质量控制形势严峻。

西南水电建设面临工程安全、生态环境和移民安置三大难题。解决这些难题，首先需要转变水电开发的观念，贯彻安全第一、以人为本、构建和谐社会的科学发展理念；其次要加强重大工程技术问题的研究、水电环境影响研究以及移民安置规划研究；第三需要健全水电开发管理体制，完善水电建设监督机制，加强水电工程建设管理过程控制。构建观念创新、体制合理、机制完备、措施保证的水电建设新秩序，才能从根本上解决水电开发面临的社会问题和技术问题，水电事业得以健康可持续发展。

2　我国水电建设管理特点分析

2.1　建设管理体制趋于统一

目前，水电开发推行项目法人责任制、招标投标制、建设监理制和合同管理制，形成了以政府宏观调控为指导、项目法人责任制为核心，招投标制和建设监理制为服务体系，监管部门依法监督的水电建设管理体制。按照公司法，水电开发企业都实行了股份制，股东方解决建设资金，融资责任按各股东注册资本出资比例承担。按照有限责任公司章程，设立董事会、监事会，并聘任总经理。作为工程建设的项目业主，全面负责工程建设，以及建成后的经营、管理、还本付息和资产的保值增值。水电建设产权结构清晰，项目业主地位和职责明确。

实践证明，以项目法人负责制、招标投标制、建设监理制和合同管理制为中心内容的水电建设管理体制绩效明显。这和在旧体制下进行的水电建设形成鲜明的对比。如青海龙羊峡水电站，从正式开工到第一台机组发电历时10年，总工期达12年，而在新体制下，以“五朵金花”为代表的水电工程建设，从开工到投产发电只用5～7年时间，其中广州抽水蓄能电站工期仅用4年。与自营式工程建设工程相比，劳动力人数减少1/2～1/3，劳动生产率提高1～3倍，工期缩短1～2年，投资得到控制，工程质量提高，取得了显著的经济效益。水电工程建设管理由经验上升到理论，从探索试验的多样化逐步趋于统一，建设管理体制向制度化、规范化和法制化发展。

2.2 项目管理机制呈现多样性

项目业主的出资方，基本由电力局改制而成，管理不免带有明显的计划经济特点；勘测设计有水电和水利两大系统，水电系统设计院已全面市场化，水利系统设计院属水利部管理，形成各自的设计风格；监理单位由各水电勘测设计辅助企业组成，专业化、规范化程度不一；施工企业的前身是水电工程局，在市场化竞争中形成各自的技术特点。水电项目参建各方的特点和风格，使得水电项目管理呈现多样化。整体而言大型水电工程项目管理规范化程度高，中小型水电工程项目管理还需要加强。

即使是大型水电工程项目，由于项目业主构成的不同，也有各自的管理特点和风格。设计院系统构成的项目管理人员，偏重于设计方案的优化；施工企业系统构成的项目管理人员，则重视施工方案的可实施性。技术力量强的项目业主，项目管理中强势而弱化设计和监理；技术力量弱的项目业主，决策中倚重参建其他各方。

3 水电建设管理存在问题及对策

水电开发企业按照市场化原则已全面采用“四制”管理模式，但在项目管理中，存在投标与施工、招标与管理脱节，投标竞争激烈导致无序竞争甚至恶性竞争等问题；建设过程中技术决策随意化，设计变更与工程变更量大；工程监理不够规范和专业；工程安全、质量和进度的辩证统一等问题。尤其我国市场化条件并不十分成熟，完全依赖市场可能导致市场失灵，仍然需要政府部门和行业的监督管理。在遵循市场客观规律的前提下，建立合理竞争机制提高效率，规范市场机制体现公平，强化监督管理以保证公共安全。

3.1 招标投标的管理脱节问题

在工程建设领域进行招投标，目的是充分利用市场资源，选择优秀企业参与工程建设，保证工程建设质量，提高投资效率。我国施工企业众多，在投标过程中竞相压低价格，导致无序竞争甚至恶性竞争。目前普遍的现象是：低价中标，高价索赔，造成建设过程中合同变更管理困难，建设工期和工程质量难以保证。

施工企业为了中标，委派专业投标队伍编制标书，中标后另派施工队伍承建，投标与施工分离；投标人员和施工人员都不能深入考察工程实际、了解工程建设条件，评估承包风险，致使前期投标简单化、后期履约复杂化。项目业主招标管理与建设管理也是两套人马，招标时低价选择施工企业，而忽视施工企业的能力与业绩的考核。招投标制中的管理脱节，造成建设过程中合同变更量大，投资增加，效率降低。

水电工程建设管理始于招标，终于合同。因此，对于项目业主，在招标过程中就需要考虑工程建设的复杂性，选择合理价格而不是最低价格；对于施工企业，编制投标价格需要考虑工程实际情况和履行合同能力。市场经济中，企业追求利润是其本性，也是自身做强做大的基础。微利和无利不是施工企业投标的初衷。健康的招投标环境、健全的招投标机制有利于行业的良性发展。培育健康的招投标环境和健全的招投标机制，需要以成熟的市场条件和健全的法制环境为前提，也需要企业、行业自律，还需要政府、社会的监督，只有这样，才能达到规范竞争和有序竞争。

3.2 工程建设中的设计"优化"问题

客观世界的复杂性，决定了人类认识自然的过程性和渐进性。大型水电工程除具有矛盾的普遍性，更具有矛盾的特殊性。水电工程不同设计阶段，有限的地质勘探，以点代面、以线代体、以局部推求整体的地质判断方法，决定了开挖后揭示的地质条件，一般较前期都有不同程度的变差。例如三峡、小湾等工程，坝基开挖后，建基面高程都有降低。因此，考虑不确定的地质因素，设计时留有一定的安全裕度是必然的。

由于建设管理过程中的考核机制，项目业主将设计方案优化数量及优化工程量作为绩效考核的一项重要内容，项目管理者争相对设计方案进行修改和调整，以降低工程投资。有的放弃枢纽部分综合利用功能，有的取消单体建筑物，有的无视地质条件，有的抬高坝基建基高程，有的减少和变更边坡的支护设计等……，不一而足。这种所谓"优化"是以降低工程建设标准和安全储备为代价的，不值得提倡，且应加以禁止[5]。

施工阶段设计方案的调整要严肃，重大设计方案调整须原审查单位审查或备案。但目前普遍的做法是先调整实施，后行程序补手续。水电工程建设缺乏过程监督。监理单位是建设者，本质上属于工程利益相关方，只负责质量控制，对方案调整，并没有监督权利和责任。项目业主只能承担工程利益的有限责任。对于涉及公共利益和公共利益的方案调整，需要引入政府或第三方进行过程监督控制，而不只是在安全鉴定或蓄水验收前补手续。

3.3 设计变更与工程变更问题

随着工程建设进展和对工程认识的不断深化，对设计方案进行动态调整不可避免，一些也是合理和必要的。但是，由于施工组织发生变化、合同变更、业主行为引起的工程变化，尤其是投资变化，最终打包由设计单位提出设计变更方案，是不科学的。例如对渣场防护或度汛，为了施工方便或存在侥幸心理，擅自取消渣场防护措施或降低防洪度汛标准，极易造成泥石流影响施工安全。发生事故后，又归因于不可抗力的天气因素或者不可预见、不可认知的地质因素，这都是不可取的。

一些设计变更或工程变更是因为不同设计阶段的深度要求而产生的，一些是因为设计边界条件和基础资料的变化导致的，还有一些是人为因素或领导意志决定的。无论何种原因引起的设计变更和工程变更，均应经过认真的分析论证、科学的加以决策。决策失误导致的经济损失巨大、引起的质量隐患贻害无穷。目前施工辅助设施、施工道路、边坡与地基处理是施工过程中工程量变更的主要部分，也是质量控制的难题之一。影响因素包括地质的因素、设计深度以及施工条件的变化等。对此类问题，设计者应根据客观条件认真分析，及时修改完善设计方案和施工技术要求，按照质量管理要求提供设计变更文件，履行设计管理的职责，保证设计变更的严肃性，而不应根据建设单位的要求和意志，随着工程变更而随意变更设计。

3.4　工程建设监理的规范化问题

建设监理制是工程建设的基本制度之一。早期监理人员大都是来自设计院、施工单位的经验丰富的技术骨干。目前，监理公司趋于专业化，但监理项目多而监理人员少，加上监理人才流失，造成监理行业整体水平和素质有所下降，在实践中缺乏权威性，已经难以满足大规模水电建设的要求。

早期经验丰富的监理工程师，一部分走向领导岗位、或流向业主单位，还有部分返回设计院或退休；稍有经验的监理人员，亦流向其他单位，新鲜血液得不到补充，只能从社会招聘临时工。一些刚走出院校的毕业生，在取得职业资格证后便从事监理工作，对施工过程中出现的异常情况缺乏基本判断。工程质量和工程量审核等原始记录都依赖于一线人员的经验和诚信。一线旁站监理员工作条件差、待遇低，因此流动性很大。基层监理人员的不稳定，给项目管理造成很大困难，也给工程质量控制和投资控制带来一定的不确定性。

目前，急需提高监理行业基层监理人员的工资待遇，同时强化监理队伍的行业管理和职业道德建设；在水电行业建立监理公司的商业信誉和监理工程师个人职业道德信誉等级评价体系；监理工程招标考查时，不仅需要考察其从业资质，更要考察商业信誉；在行业内防止建设监理投标的恶性竞争。

3.5　水电建设安全质量与进度的问题

安全、质量控制是工程建设的首要责任，进度是水电建设管理追求经济效益的主要目标。安全、质量和进度之间的协调统一，是水电工程建设期间的难题之一。“加快进度”、“提前发电”作为股东方考核项目公司绩效的主要指标，由此引起的潜在工程安全、质量风险增大。

工程安全、质量和进度本质上是对立统一。需要掌握其客观规律，把握好尺度，力求协调统一，要抓质量保安全，靠安全促进度，凭进度提效益，才能把工程建设做到既好又快。

质量是安全的基础，用质量的管理理论和指导方法解决安全问题，控制好材料质量、工艺质量和操作质量，安全问题就会迎刃而解。管理严格，安全防护到位，施工人员专注于质量和进度，保证工程进度按最佳工期进行。质量与安全管理认识的提高，减少返工消耗的时间和补救工序施工成本，使进度提高、成本降低，促使企业的效益最大化。综合考虑工程安全、质量和进度的影响因素，做出详细的策划，制定周详的措施，对可能出现的各种事故做出预见性分析，提出处理方案。

大型水电工程仍然需要从国家层面加强安全与质量的过程监督[6]，更需要水电建设各方制定科学的进度目标奖励和安全质量的奖惩制度，尤其需要制定对称的安全质量奖惩制度。事后惩治的威慑作用固然重要，事前的防范和奖励更为重要。

4　水电建设管理体制改革的几点建议

通过30余年的探索，水电建设管理体制改革推动了我国水电行业勘测、设计、施工、科研及管理水平的整体提升。水电勘测设计、施工企业经历了由小到大、由弱到强的跨越发展。目前，我国不仅已是世界水电大国，而且也逐渐居于世界水电强国。管理体制改革就是理顺生产关系，推动生产力的发展；生产力的发展又对生产关系改革提出了新的要求。为了适应未来水电开发建设的新的形势，大型水电工程建设的管理体系还需要不断充实、完善和创新。对此，提出如下几点建议。

4.1 建立水电建设工程质量监管体系

建设工程质量监督是我国工程建设质量管理的一项基本制度。然而，在水电工程建设中，质量监督体系形同虚设，监督活动流于形式。因为制度不健全，管理职责不清，一些地方和企业盲目追求进度、压低投资，质量监督管理不严的现象在工程建设中均有不同程度的存在，工程质量事故多发频发。大型水电工程属于国家基础产业，工程安全涉及公众利益和公共安全，影响社会稳定和经济发展，一旦出现事故，后果不堪设想。因此，建立并完善水电工程建设质量监督管理体系实在必要且迫在眉睫。

水电建设工程质量监督管理体系包括三个层面，一是项目法人负责的质量监督管理，二是行业技术管理部门的监督管理，三是国家层面（行业主管部门）的行政监督管理。质量监督是行业主管部门对工程质量实施监督管理的重要手段，贯穿工程建设全过程，不可或缺。水电前期工作，建设单位委托勘察设计单位完成勘察设计报告，并经过一系列专题审查、设计审查和项目审批核准程序，通过国家层面的审查把关和监督管理，勘察设计质量能够保证。而工程建设过程中，缺少政府层面的有效质量监督管理。建设单位、设计单位、施工单位和监理单位现场施工质量管理体系不健全，职责不落实，存在野蛮施工、偷工减料和弄虚作假的现象，造成工程安全和质量隐患。杜绝此类现象、解决此类问题，行业主管部门的有力监督管理必不可少。

4.2 建立市场竞争监督管理机制

如前所述，水电设计、施工和监理项目的招标投标，在规范体制和建立监督评价体系的同时，更需要引入合理的监督机制。监督机构是与企业利益无关的第三方或者具有审批职能的行业主管部门。在招投标阶段，监督机构监督招投标程序的合法性和规范性，在宏观尺度上把握企业利益、行业利益和国家利益的关系。

《建设工程安全生产管理条例》和《建设工程质量管理条例》规定了设计、施工、监理和业主各自的职责和工作内容。而由于水电开发企业与参建各方在项目管理风格的差别和特点，往往在履行其职责中存在此消彼长的情况，权责混淆，出现问题后又彼此推卸责任。在工程建设过程中，监督机构监督参建各方的权利、责任和管理内容是否明确，同时对于涉及工程安全和公共安全的重大设计方案和施工方案，工期和投资变化的必要性、合理性进行评估，有利于保证工程安全和质量。

4.3 建立适应国际化发展的建设体制

水电勘测设计、施工企业，通过多年的市场竞争和实践，设计、施工技术水平有了跨越式发展，但设计、施工分离的局面造成水电辅业企业单纯发展技术水平，综合实力与国际化公司还有一定差距。目前水电施工企业参与国际水电资源开发中占有一定的市场，但仅限于低端的工程承包。勘测设计企业在国际竞争中尚处于起步阶段。电力设计、施工一体化重组将整合勘察设计与施工企业，可以实现资源的优势互补、技术交流与融合，有效促进设计、施工技术升级，大大增强企业综合竞争实力，十分有利于开拓国际市场。

国际上知名的工程公司大多是综合性集团公司，不仅有很强的设计咨询能力，而且还有丰富的施工组织能力，能够实现工程设计、咨询、监理、施工、建造等完整的业务链和工程总承包业务的开展。国际化发展的龙头是工程咨询业,以咨询业带动勘察、设计、施工、设备成套供应和工程管理等业务的发展。因此,咨询业需要进一步专业化、规范化和市场化。从国家层面,需要制定有利于咨询企业走向国际的政策法规。而工程咨询业需要工程技术、工程经济、国际金融、财务管理、法律事物和公共关系等学科的支撑。在企业层面,人才建设非常重要,需要培养或引进既懂技术又懂经济、具有处理公共关系和协调不同利益群体的复合型人才,增强开拓国际市场的能力,加快实现“走出去”战略。

5 结语

西部水电建设环境复杂,建设任务艰巨,安全质量问题更为突出,因此需要进一步建立健全水电开发管理体制机制,强化政府监管,规范市场秩序,提高项目管理水平并优化技术资源配置;需要从体制上明确政府、开发企业、设计、施工、监理、运行等各方的职责,明确水电开发(包括移民安置和环境保护)有关前期工作、工程建设、工程验收等工作程序和安全质量责任。从机制上协调上述不同利益体的关系,确保得到有效执行;需要进一步理顺审查、评估、审批、核准的相互关系和工作程序,保证水电工程设计方案的科学决策。

水电开发企业、勘察设计和施工企业应该走国际化发展战略,积极参与国际市场竞争,在争取国家政策支持的同时,更需要企业强化内部管理和人才队伍建设。

参考文献

[1] 晏志勇. 我国水电开发面临的问题及对策建议[J]. 中国电力报,2009(12).
[2] 陈东平. 水电建设体制的改革与发展机遇,中水力发电年鉴第八卷(2003年)特载[M]. 北京:中国电力出版社,2003.
[3]《二滩水电站工程总结》编委会. 二滩水电站工程总结[M]. 北京:中国水利水电出版社,2005.
[4] 杜效鹄,周建平. 水利水电工程风险及其应对思路的探讨[J]. 水力发电,2010(8).
[5] 国家发展和改革委员会等七部委. 关于加强重大工程安全质量保障措施的通知,发改投资〔2009〕3183号.

和谐理念下的大渡河水电开发关键技术问题前期论证与研究

段　斌　陈　刚

（国电大渡河流域水电开发有限公司，四川　成都　610041）

【摘要】 大渡河水能资源丰富、地质条件差、移民数量多，环保制约大，由此造成了大渡河水电开发面临的关键技术问题众多且复杂。针对这些关键技术问题，国电大渡河流域水电开发有限公司坚持和谐开发理念，进行了深入、细致的前期论证和研究，解决了大渡河水电开发面临的关键技术问题，这不仅促进了水电工程技术进步，有利于水电开发与环境协调友好、与社会和谐发展。

【关键词】 和谐　大渡河　技术　前期　论证

1　引言

我国的水电资源丰富，总量居世界第一，理论蕴藏量装机约6.94亿kW[1]。截至2011年年底，全国水电装机约2.3亿kW，占理论蕴藏量的33%，水电开发潜力巨大。从20世纪90年代开始，我国日益成为世界水电开发的中心和前沿，特别在水力资源特别丰富的西南地区，正在建设或即将建设一批具有世界水平的水电工程[2]。在我国西南地区建设水电工程，面临地形地质条件复杂、工程规模巨大、筑坝施工难度大、移民安置困难、环保要求较高等技术难题。这些技术难题直接挑战着我国现有水电建设，成功解决这些难题将对确保工程安全，增强水电建设能力具有重要作用。所以，水电工程开工前的论证和研究是十分必要和紧迫的。水电工程前期论证涉及范围很广，工作内容很多，在前期论证和研究过程中，采取何种理念和思想来解决这些关键技术问题，值得大家深入探讨。由于大渡河流域的历史、宗教和民族文化底蕴深厚，开发条件受到了自然环境和社会环境的极大制约，在大渡河水电开发的前期论证和研究中，以和谐水电开发理念为指导，为科学、合理解决水电开发涉及的关键技术问题进行了有益的探索和实践。

2　大渡河水电开发特点

2.1　水能资源丰富，开发主体明确

大渡河是长江上游重要支流之一，干流全长约1 062 km，天然落差4 175 m，年径流量470亿m^3，其干流和主要支流水力资源蕴藏量占四川省水电资源总量的23.6%，在我国十二大水电基地中位居第五。根据大渡河干流梯级电站最新的规划和设计成果，自上而下布置29个梯级，总装机容量达到2 700万kW。自2006年四川省实行投资多元化以来，有多家企业参与大渡河水电开发。根据开发规划和实际情况，大渡河干流由国电大渡河流域水

电开发有限公司（简称国电大渡河公司）负责开发的18个梯级中，已投产电站为龚嘴、铜街子、瀑布沟、深溪沟，在建电站为大岗山、猴子岩、枕头坝一级、沙坪二级，正在开展前期工作的电站为双江口、金川、安宁、巴底、丹巴、枕头坝二级、沙坪一级、老鹰岩一级、老鹰岩二级、老鹰岩三级等，约占大渡河水电总装机的2/3。因此，国电大渡河公司成为大渡河水电开发的主体。

2.2 地质条件差，工程技术难题多

由于大渡河地形地质条件复杂，存在河床覆盖层深厚、地震烈度高、地质灾害较多等复杂的地质问题，由此导致大渡河梯级电站建设将面临多项世界性的技术难题，如双江口是目前有望建成的世界第一高坝，大岗山是国内高地震烈度地区上正在修建的最高拱坝，瀑布沟大坝是我国已建成的深厚覆盖层上最高的砾石土心墙堆石坝，丹巴是国内超过100 m的覆盖层上修建的最高闸坝，猴子岩是在窄河谷、高烈度区建设的国内第二高面板堆石坝，金川是国内首座在厚度超过50 m的覆盖层且含砂层透镜体地基上修建的面板堆石坝，沙坪二级采用目前国内单机容量最大的灯泡贯流式机组，此外丹巴还有世界罕见的17 km软岩成洞问题和减水河段大规模地质灾害等难题，安宁、巴底等项目也是在结构复杂、厚度较大的覆盖层上建坝。由于大渡河梯级电站技术的复杂性和高难度迫切需要在前期论证和研究过程中解决筑坝的各项关键技术问题。

2.3 移民数量多，环保问题制约大

大渡河地处四川腹地，跨越四川“三州两市”，是四川水电的“一环路”。受社会经济条件影响，水电开发引起的淹没损失较大，移民搬迁总量约14万人，特别是瀑布沟电站移民约10.5万人，双江口需搬迁藏区移民约6 000人。一方面，大渡河流域沿岸土地后备资源有限，传统的农业安置方案施行难度很大，特别是多个地处藏区的电站，民族宗教问题突出，环境容量十分有限。因此，大渡河水电开发的移民安置难度非常大。另一方面，大渡河梯级电站涉及深溪沟国家级地质公园、丹巴国家级遗产古碉群，贡嘎山自然保护区和风景名胜区，严波则也、墨尔多山、金汤孔玉等自然保护区；涉及泸定桥、安顺场等红军长征遗址；涉及多个城镇、工业区及军工企业等敏感对象；涉及红豆杉、岷江柏、虎嘉鱼等珍稀动植物。因此，在国家越来越重视环保生态的形势下，大渡河水电开发需要在前期论证和研究中制定切实可行、科学合理的环保方案和措施。

2.4 协调难度大，经济指标较差

由于水电开发涉及面广，直接关系企业、移民、地方和国家的利益，在利益分配面前，各种关系十分复杂，协调起来十分困难。同时，由于大渡河梯级电站规模较小，淹没损失较大，关系复杂，这些先天条件使得大渡河梯级电站经济指标总体较差。按照目前的研究成果，大渡河梯级电站的平均单位千瓦动态投资已超过13 000元/kW的水平，平均单位电度动态投资已超过3.0元/kWh，平均上网电价已超过0.45元/kWh；个别项目单位千瓦动态投资甚至超过18 000元/kW的水平，单位电度动态投资超过4.00元/kWh，上网电价超过0.6元/kWh。这些经济指标明显劣于雅砻江、澜沧江、金沙江等同类型流域梯级电站。因此，在大渡河水电开发前期论证与研究工作中，需要高度重视设计优化和技术创新，切实优化电站经济指标。

3 几个典型技术问题的前期论证与研究

3.1 水电开发方式

2003 年审查通过的《四川省大渡河干流水电规划调整报告》指出，部分梯级开发方案还存在一些问题，需要在下阶段工作中进一步研究：一是丹巴梯级仅靠丹巴县城上游，且近坝库岸存在巨型滑坡体，工程地质条件较差；二是老鹰岩梯级除地质条件较差外，将淹没红军安顺场渡口、纪念馆等文物保护单位；三是枕头坝梯级除涉及大渡河峡谷国家地质公园，库区已建有永乐电站的进水口工程外，今后开发需协调好环保、景观和已建电站的关系；四是沙坪梯级涉及淹没成昆铁路 11 km，其开发价值和开发方式有待今后进一步研究论证。为了加快水电开发，合理利用水力资源，合理布置水电梯级，处理好水电开发与水库淹没、生态环境保护、地方经济发展、移民搬迁安置、文物古迹保护等方面的关系，尽可能减少和避开对成昆铁路、重要文物古迹、城镇、自然保护区的影响，并尽量保护库周其他重要影响对象，需要研究大渡河局部河段的水电开发方式。国电大渡河公司组织设计单位开展了规划研究，从水能利用及发电效益、工程地质、建设征地和移民安置、环境影响、枢纽布置及建筑物、工程施工、经济效益等多方面综合比较，金川至丹巴河段（包括原巴底、丹巴梯级）开发方式确定了安宁梯级 + 巴底梯级坝式开发 + 丹巴梯级混合式开发方案；龙头石至瀑布沟（包括原老鹰岩梯级）确定了老鹰岩一级 + 老鹰岩二级 + 老鹰岩三级开发方案；深溪沟至沙坪河段（包括枕头坝、沙坪梯级）确定了枕头坝一级 + 枕头坝二级 + 沙坪一级 + 沙坪二级开发方案。开发方式完成后的大渡河梯级布置见图 1。通过开发方式研究，大渡河总体水能利用指标略有下降，经济指标有所降低，水库淹没明显减少，移民安置难度降低，不利的环境影响显著减小。事实证明，上述开发方式较好地解决了规划遗留的问题，有效地规避了敏感因素，促进了水电开发与经济社会协调发展。

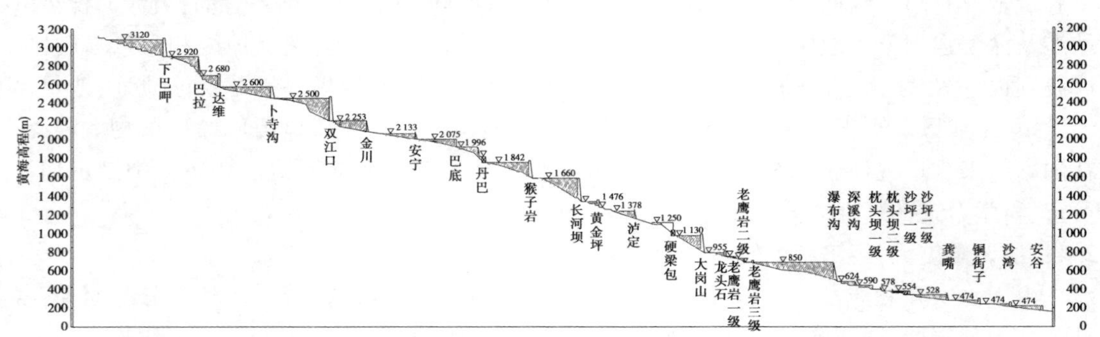

图 1 大渡河干流水电梯级开发方案剖面图

3.2 正常蓄水位与坝址选择

3.2.1 双江口水电站正常蓄水位选择

双江口水电站是大渡河上游控制性水库，具有年调节能力，设计装机容量 200 万 kW，电站建成后对下游梯级电站的补偿调节作用明显，对改善四川电网的电源结构意义重大。由于双江口水电站年调节性能必然要求相应的调节库容，需要提高正常蓄水位；同时，由于电站地处四川阿坝嘉绒藏族聚居区，土地资源珍贵，移民安置环境容量有限，库区淹没对电站建设十分敏感，需要适当降低正常蓄水位；因此，需要合理确定双江口水电站正常蓄水位，以使电站的经济效益和淹没损失达到一个合理的平衡点，合理解决多目标决策的难题。在预可行性研究阶段，初选 2 510 m 作为双江口水电站正常蓄水位。在可行研究阶段，考虑水库淹没、梯级衔接、地质条件、筑坝技术、水能资源利用、调节库容需求及南水北调影响等因素，拟订了多个方案进行正常蓄水位选择。由于库尾淹没影响敏感对象为松岗集镇，它是藏民集中区，也是马尔康县未来重点开发的工业区和旅游区，对地方经济发展具有重要作用。因此，从满足调节库容需要、控制筑坝技术难度、减轻水库淹没和环境影响、促进地方经济发展等方面综合比较，双江口水电站正常蓄水位选定为 2 500 m，较原方案降低 10 m 水头，避开了对松岗镇的淹没，减轻了对当地人民群众的影响，获得各方的认可和肯定。

3.2.2 猴子岩水电站坝址选择

猴子岩水电站设计装机容量 170 万 kW，采用最大坝高 223.5 m 的面板堆石坝。从水能利用角度，猴子岩大坝坝址应与下游长河坝电站尾水衔接，即采用下坝址，这将淹没下坝址以上的孔玉乡。从减少移民和减轻对周边环境影响的角度，坝址应往上移，选用上坝址，避开孔玉乡。经过比较研究，下坝址与上坝址相距 3.1 km，下坝址较上坝址多利用水头 6.78 m，装机容量多 6 万 kW，多年平均发电量多 2.47 亿 kWh，移民多 300 余人，土地多淹没 5 000 多亩，投资多 2.8 亿元，从经济指标上看，下坝址明显优于上坝址，但综合考虑各方面因素，特别是权衡技术、经济、社会和环境等影响因素，在坝址选择时放弃了经济效益较好的下坝址，选定上坝址作为猴子岩电站坝址。

3.3 筑坝技术

3.3.1 双江口 300 m 级土质心墙堆石坝关键技术研究

双江口水电站坝址地形为两岸较陡的 V 形河谷，河床覆盖层深厚，最大厚度达 67.8 m，大坝设防烈度为Ⅷ度，最大坝高达到 314 m，已超过我国现有规范规定，且国外也仅有努列克 300 m 级心墙堆石坝的工程经验。因此，开展双江口 300 m 级土心墙堆石坝关键技术研究是十分必要和迫切的。在可行性研究阶段，通过策划和研究，确定了双江口 300 m 级土质心墙堆石坝关键技术五大研究课题：一是筑坝材料及坝基覆盖层特性研究，二是静力应力变形分析和稳定分析方法研究，三是坝体结构及分区设计研究，四是坝体动力反应分析及抗震措施研究，五是渗流分析及渗控制措施研究。国电大渡河公司与设计院组织国内多家科研单位和高校开展了这五大课题和若干子题的研究工作，取得了丰富的研究成果。这些研究成果已运用到双江口工程设计中，解决了制约 300 m 级土质心墙堆石坝设计和建设的关键技术难题，目前可行性研究阶段的枢纽设计方案已经完成，得到了国内水电行业技术主管单位的高度认可，进一步推动了我国高土石坝领域的科技进步。双江口坝体典型横剖面图见图 2。

3.3.2 金川混凝土面板堆石坝筑坝关键技术研究

金川水电站设计装机容量 86 万 kW，在预可行性研究阶段，金川水电站采用黏土心墙堆石坝，最大坝高 111.5 m。由于金川水电站位于藏区，耕地资源十分有限，而黏土心墙堆石坝所需的土料较多，将占用大量的耕地，使得需要生产安置的人数较多。为了减少耕地占用，降低安置难度，需要选用更为经济、适用的坝型。为了解决坝型选择的难题，在可行性研究阶段，国电大渡河公司与设计院组织国内高水平研究单位对有利于节约耕地、经济性较好的混凝土面板堆石坝进行了科技攻关。由于金川水电站坝址区河床覆盖层深厚，最大厚度为 65 m，物质组成复杂，并含有砂层透镜体；同时两岸岩体卸荷强烈，用于坝体填筑的石料

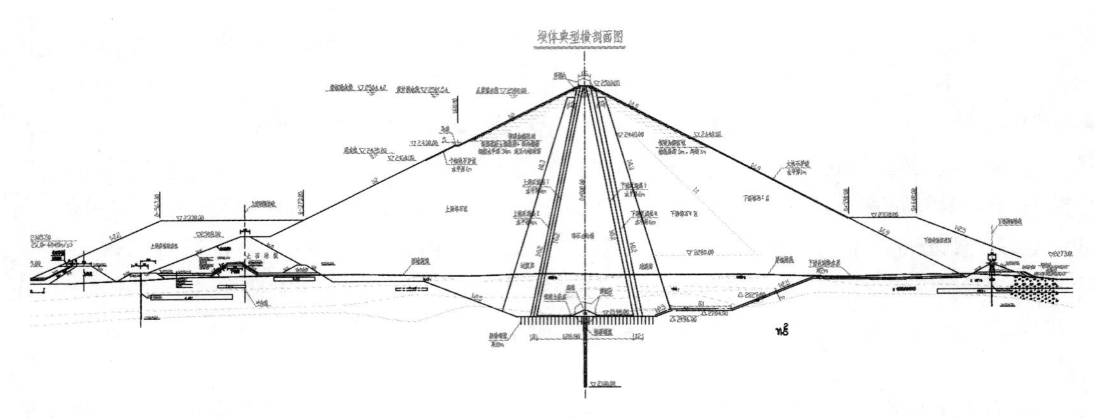

图 2　双江口坝体典型横剖面图

岩性软硬相间。此外，由于目前国内外尚无在厚度超过 50 m 的覆盖层且含砂层透镜体地基和卸荷岩体上建成混凝土面板堆石坝的工程实例。因此，采用面板堆石坝筑坝的技术难度相当大。为此，有关各方围绕深厚覆盖层和强卸荷岩体利用、坝料特性、坝体应力变形、渗流控制等混凝土面板堆石坝筑坝关键技术问题开展了深入细致的科研工作，取得了大量研究成果，提出了切实可行的工程措施，并运用到工程设计中，获得了水电工程技术主管单位的高度认可，解决了深厚覆盖层上修建混凝土面板堆石坝的技术难题。

3.3.3　大岗山工程抗震关键技术研究

大岗山水电站设计装机容量 260 万 kW，采用最大坝高 210 m 的混凝土双曲拱坝，坝址区设计地震加速度为 557.5 cm/s^2，抗震设防烈度为Ⅸ度。由于大岗山水电站坝高超过 200 m，地震设防水平高，已超现行抗震规范，类似工程设计经验较少，大坝在遭遇强烈地震时的抗震安全问题极为重要，抗震难题能否成功解决成为工程设计的控制性关键因素，需要在前期勘测设计工作中，特别是在可行性研究阶段进行全面系统的工程抗震专题科研，以确保工程安全可靠。围绕大岗山工程抗震难题，国电大渡河公司与设计院组织科研单位开展了外围区域断裂及坝区小断层活动性评价、水库诱发地震危险性预测研究、大坝抗震安全分析与抗震措施研究、大坝非线性地震反应特性及抗震措施研究、大坝整体抗震分析、大坝结构动力模型试验、校核地震作用下双曲拱坝抗震复核等科研工作。通过大量的科研、试验，大岗山水电站工程抗震设计的难题在可行性研究阶段已基本明确，针对抗震问题采取的方案和措施也能够满足工程抗震要求，抗震设计方案通过技术审查。

3.3.4　丹巴高闸坝筑坝和软岩成洞关键技术研究

丹巴水电站设计装机容量 119.66 万 kW，采用混合式开发，电站引水隧洞长约 17 km。由于丹巴水电站坝址处河床覆盖层最大厚度为 127.66 m、最大坝高约 42 m，是目前国内深厚覆盖层上建设的最高闸坝，相关工程经验缺乏；同时，由于丹巴水电站引水隧洞长，有约 3 km长的隧洞处于二云英片岩这种软岩中，最大埋深达 1 220 m，目前国内外特别缺乏对软岩的力学特性、成洞条件、围岩稳定性研究。针对丹巴水电站工程特点，公司联合设计院组织开展了河床深覆盖层及高闸坝基础处理研究、长大深埋软岩引水隧洞及软岩大型调压室稳定性研究两大课题的重大科研工作。这两大课题包括河床深厚覆盖层蠕变特性、砂土液化及动参数研究，坝基高压喷射注浆试验研究，坝基固结灌浆试验研究，闸坝及闸基渗流分析及渗流—应力耦合研究，闸坝及闸基三维静、动力特性研究，深厚覆盖层加固处理前、后强度变化及上坝基稳定试验研究，软岩流变特性研究，洞室软岩变形规律研究，地下洞室软岩工程地质特性及岩体质量工程地质分类研究，长大深埋软岩引水隧洞围岩稳定研究，软岩大型调压室围岩稳定研究等 11 个子题。目前，丹巴水电站重大科研工作进展顺利，将于 2012 年底取得阶段性成果，这必将推动我国水电工程技术不断进步。

3.4 移民安置

瀑布沟水电站是大渡河中游控制性水库，设计装机容量 360 万 kW，是大渡河最大的水电工程，是国家重点工程和西部大开发标志性工程。瀑布沟水电站需搬迁约 10.5 万移民，移民数量不仅是大渡河之最，在我国近期水电工程建设中移民规模仅次于三峡（约 113 万人）、小浪底（约 18.9 万人），且移民数量主要集中在汉源县（约 9.3 万人）一个县内，移民搬迁安置难度十分巨大[3]。因此，为解决好移民搬迁安置工作，非常有必要在实施搬迁安置之前对相关工作开展深入的论证与研究。国电大渡河公司与政府部门、设计院等有关单位一道，系统论证和研究了科学合理的补偿补助制度、严密高效的移民工作管理制度，特别是率先研究了业主主动介入移民工作的管理方式、提高水电工程移民补偿补助标准和范围、实物指标认定、移民安置和后期扶持的程序和方式、移民资金管理等重大技术问题，为规范、有序地实施移民搬迁安置奠定了扎实的技术基础。事实证明，瀑布沟移民搬迁安置工作取得了成功，多项成功做法和经验被推广到国内其他水电工程移民搬迁安置工作中，如将耕地年产值补偿标准提高到 16 倍、房屋补偿中考虑装修费用、补偿范围扩大到移民无法带走的实物指标、后扶资金直接发放给移民、业主参与援建移民工程、建立企业与地方的轮值协调会制度等。

3.5 环境保护

大渡河河谷深切，山高坡陡，水土流失严重，生态环境脆弱。为了保护本来就脆弱的生态环境，在大渡河水电开发前期论证与研究过程中，国电大渡河公司组织设计院开展了环境保护方面的专项研究，一是为了弄清水电开发对环境的影响，在规划阶段国内率先开展了流域水电规划环境工作；二是系统研究了大渡河水生生物保护方案，制订了大渡河鱼类增殖放养方案，在枕头坝一级、沙坪二级水电站可行性研究中在大渡河上率先设置鱼道，在双江口可研设计中制订了分层取水方案，以利于鱼类繁衍。三是论证和研究了珍稀植物保护措施，在双江口水电站可行性研究中制订了红豆杉、岷江柏等珍惜植物的保护措施。枕头坝一级水电站鱼道效果图见图 3。

4 和谐水电开发理念的涵义与体现

和谐水电开发与我国正在积极倡导的和谐社会建设是一脉相承的。和谐水电开发是指为了水电开发和满足社会经济发展的需要，经过科学论证并能为水电工程的各方利益相关者普遍带来收益或发展机会、促进人与自然整个生态系统和谐发展而开展的[3]。和谐水电开发应具备以下特征：一是合理开发利用水能资源，二是水电开发与环境协调友好，三是水电开发与社会和谐发展。正是在和谐水电开发理念的指导下，通过前期论证和研究，国电大渡河公司组织有关方面成功解决大渡河水电开发关键技术问题。

4.1 合理开发利用水能资源

在大渡河水电开发关键技术问题的前期论证与研究中，既考虑了国家当前对水电资源

图3　枕头坝一级水电站鱼道效果图

的需求，也考虑了地方社会经济发展面临的困难；既考虑了大渡河水电开发的当前利益，也考虑了环境的承载能力，以及水电开发给流域自然环境和社会环境带来的长远影响。对于涉及重要集镇、文物、企业等敏感对象的河段，选择了放弃开发或降低水头开发，使得水电开发不单纯追求经济效益，而尽量减少移民搬迁的数量和难度，尽量避免或减少对环境的不利影响，尽量减少对自然和社会环境的扰动，使得大渡河水电开发规划设计理念从原来的"充分开发利用水能资源"转变为"合理开发利用水能资源"。

4.2　水电开发与环境保护协调友好

在大渡河水电开发关键技术问题的前期论证与研究中，国电大渡河公司坚持和谐水电开发理念，使得水电开发与环境保护协调友好。例如，在大渡河环境保护方案和措施的前期论证和研究中，为了保护生态环境，设计了专门的方案和措施，虽然增加了工程投资，但有利于鱼类生存，枕头坝一级、沙坪二级水电站因建设鱼道而增加投资约 2 亿元。另外，金川混凝土面板堆石坝筑坝关键技术研究不仅解决了制约工程建设和设计难题，面板堆石坝方案的成立还节约了藏区大量珍贵的耕地资源。这些例子充分体现了大渡河水电开发对环境保护的重视，也说明只有在保护环境的基础上才能更有效地进行水电开发，两者必须相辅相成，协调友好。

4.3　水电开发与社会和谐发展

一方面，水电工程曾因技术瓶颈而面临暂时无法开发的窘境，清洁优质的水能资源无法尽早为社会发展服务。随着双江口 300 m 级土质心墙堆石坝、大岗山工程抗震、金川混凝土面板堆石坝筑坝、丹巴高闸坝筑坝和软岩成洞等水电工程关键技术取得突破，使得电站得以早日建成发电，这将为社会发展提供清洁可再生能源，促进地方经济社会发展。另一方面，水电开发必须充分考虑移民、环保、土地等因素的影响，切实做好移民搬迁安置和生态环境保护，坚持以人为本的理念，勇于承担社会责任，才能实现各方共赢，才能实现和谐发展。这在瀑布沟移民安置对策措施研究、大渡河水电开发方式研究等工作中得到了充分体现。

5　结语

（1）大渡河水能资源丰富、地质条件差、移民安置和环境保护难度大，由此造成了大渡河水电开发涉及的关键技术问题众多且复杂。因此，必须用和谐水电开发理念来指导这些关键技术问题的前期论证与研究，才能实现水电开发与环境协调友好、与社会和谐发展。

（2）和谐水电开发理念已广泛、深入运用到大渡河水电开发前期论证与研究的各个方面，解决了大渡河水电开发面临的关键技术问题，促进了水电工程技术进步。

（3）和谐水电开发与我国和谐社会建设一脉相承，必将成为我国水电开发的实践方向，但由于现实中重工程、轻发展，重效益、轻保护的落后理念依然存在，使得和谐水电开发仍然任重道远，需要积极加快探索。

参考文献

[1] 晏志勇. 对我国水电发展的思考[J]. 水力发电，2008，34(12)：14-17.

[2] 陈宗梁. 世界超级高坝[M]. 北京：中国电力出版社，1998.

[3] 施国庆，郑瑞强. 社会和谐型水电工程建设探讨[J]. 人民长江，2007，38(12)：114.

[4] 王春云，严军，程陆军. 瀑布沟水电站移民安置特点及实施管理[J]. 水力发电，2010，36(6)：20-22.

[5] 付兴友. 科学开发大渡河建设和谐水电的实践和思考[J]. 中国电力，2007，40(1)：11-14.

[6] 段斌，王春云，严军，等. 大渡河梯级水电开发方式科学优化浅析[J]. 水电能源科学，2012，30(2)：155-158.

水库泥沙资源利用与河流健康

江恩惠　曹永涛　李军华

（黄河水利科学研究院水利部黄河泥沙重点实验室，河南　郑州　450003）

【摘要】 我国水库泥沙淤积问题非常严重，对库区上游、水库运行、水库下游河道及河湖关系等带来了许多不利影响。本文在对我国现有泥沙输送和泥沙资源利用技术初步总结的基础上，针对多沙河流和少沙河流不同的河流健康需求，提出了相应的泥沙资源利用模式，初步探讨了泥沙资源利用与河流健康的辩证关系，提出要维持河流健康，必须将泥沙处理和利用有机结合起来，逐步建立良性运行机制。

【关键词】 水库泥沙　泥沙资源利用　河流健康　运行机制

我国河流众多，水土流失严重，大部分河流上都修建有水利枢纽。这些枢纽除发挥"防洪、灌溉、供水、发电"等综合效益外，都将改变泥沙输送的边界条件，特别是多沙河流，人们更看重的是其拦沙减淤效益的发挥。

显而易见，多沙河流与少沙河流，就泥沙淤积而言，水库的作用、效益与后果，不能同日而语，同时人们对河流健康的定位也有一定差异。多沙河流，水少沙多，下游河道淤积严重，人们希望水库多拦沙，减少下游河道的持续淤积抬高，减轻下游防洪压力，而且为河流健康考虑，希望水库长期发挥其防洪减淤的效益；而少沙河流，因水多沙少（相对而言），为保证下游通航安全、引水安全、保持河口地区生态健康等，人们希望水库多排沙，避免滩地塌失，河槽下切和河口地区因缺少泥沙补给而萎缩。对水库泥沙的处理，是多沙河流水库运行、调度过程中面临的一个重要问题，关系到水库使用寿命、各项功能的发挥时效，一直以来备受关注。

随着经济社会的发展和对泥沙资源属性认识的加深，泥沙作为一种硅酸盐类资源，越来越受到相关科研机构及部门、社会各界人士的重视。近年来，随着技术的进步，对泥沙资源的利用，除了传统的采砂做为建筑材料运用外，其利用途径也逐渐增多，如利用泥沙制作环保建材、利用细颗粒泥沙淤土造田，利用粗泥沙陶冶提取有用金属等，社会需求量也逐年增大。

更主要的是，面对源源不断的泥沙，我们必须换一种思路来应对，变被动为主动。由于水流的自然分选作用，水库成为泥沙分选的天然最佳场所，为泥沙资源的开发利用提供了前提条件；泥沙资源利用技术的发展与经济社会对泥沙资源需求的增强，为水库泥沙资源的大规模利用提供了可能。水库淤积泥沙如果能得到合理地利用，将不同程度地遏制水库淤积的趋势，改善泥沙淤积部位，这既是解决水库泥沙淤积问题最直接有效的途径，也是充分发挥水库功能、维持河流健康的重大需求。泥沙资源利用作为水库泥沙处理的落脚点，是水库泥沙处理的升华和最终出路，不仅是充分发挥水库功能、维持河流健康生命的需要，同时也符合国家的产业政策，具有重大的社会、经济、环境、生态、民生意义。

1　我国水库泥沙淤积概况

我国水库的泥沙淤积非常严重，据统计，平均每年约淤损8亿 m^3 库容，水库平均年淤积率为2.3%，为美国水库淤积速度的3.2倍。

1.1　黄河流域水库泥沙淤积

黄河以多沙属性闻名于世，黄河上水库淤积速度之快，也令世人震惊，并由此带来了一系列严重的水库泥沙问题。黄河干流修建的第一座水利枢纽——三门峡水库建成运用后，因库区淤积严重，而被迫进行多次改建，并改变运用方式，使水库功能至今无法充分发挥。

1990～1992年黄河流域进行了一次全流域的水库泥沙淤积调查。至1989年全流域共有小(1)型以上水库601座，总库容522.5亿 m^3，已淤损库容109.0亿 m^3，占总库容的21%；其中干流水库淤积79.9亿 m^3，占其总库容的19%；支流水库淤积29.1亿 m^3，占其总库容的26%。至今，黄河流域许多水库淤积超过总库容一半以上，大大制约了水库效能的发挥，有的甚至失去应有的作用。如三门峡水库，总库容96.0亿 m^3，2005年已淤积71.0亿 m^3；青铜峡水库，总库容6.06亿 m^3，2005年已淤积5.83亿 m^3；盐锅峡水库，总库容2.20亿 m^3，2005年已淤积1.70亿 m^3；八盘峡水库，总库容0.50亿 m^3，2005年已淤积0.25亿 m^3；天桥水库，总库容0.70亿 m^3，2005年已淤积0.50亿 m^3。其他淤积较轻的水库，如龙羊峡水库，总库容247.0亿 m^3，2005年已淤积4.0亿 m^3；刘家峡水库，总库容57.0亿 m^3，2005年已淤积16.52亿 m^3；万家寨水库，总库容9.0亿 m^3，2005年已淤积0.90亿 m^3；2000年投入运用的小浪底水库，总库容127.5亿 m^3，至2011年已淤积26.3亿 m^3。

1.2　长江流域水库泥沙淤积

长江含沙量虽然仅0.54 kg/m^3，但由于水量丰沛，年沙量也近5亿t，因此长江流域水库也存在着因泥沙淤积而减少库容的问题。据1992年的调查资料，长江上游地区共建水库11 931座，总库容约为205亿 m^3；其中大型水库13座，总库容97.5亿 m^3；水库年淤积量约为1.4亿 m^3，年淤积率约0.68%，其中，大型水库年淤积率为0.65%。

与库区泥沙淤积类似，长江下游的鄱阳湖等湖区，在汛期也存在较严重的湖区泥沙淤积问题。如鄱阳湖入长江水道口附近长约7 000 m、宽约1 700 m的区域，因汛期长江水倒灌，淤积总厚达50～100 cm，淤积速率为1.6～3.1 cm/a。另据1954～1985年资料统计，通过鄱阳湖周边五条河流入湖的多年平均入湖沙量为2 419.8万t/a，其中有约一半淤积在湖区，淤积总量1 209.8万t/a，平均淤高湖区约为2.2 mm/a。

1.3　珠江流域水库泥沙淤积

珠江流域已建成大型水库共32座，中型水库共279座，小型水库则更多。这些众多的水库也不同程度上存在泥沙问题，影响着效益的发挥，有的甚至造成水库报废。

珠江流域的北江、东江含沙量较小，水库淤积造成的库容损失一般不是十分严重；西江虽属少沙河流，然而，由于其水量大，输沙量也大，多年平均输沙量为7 180万t，因此，水库淤积造成的库容损失仍然是严重的。如广西百色地区的百东河水库1958年建成，到1982年泥沙淤积量为1 181万 m^3，占有效库容的32%；融水县兰马水库因泥沙淤积损失有效库容的4/5，造成工程报废；岑溪县近10年来有1 400多座山塘被泥沙淤满而报废。贵州罗甸县边阳水库1958年兴建，设计有效库容80万 m^3，10年时间被淤积60万 m^3，造成垮坝再重建；贞丰县管路水库库容50万 m^3，建成12年后就淤满报废。云南陆良县响水坝水库建成

20多年,淤积泥沙712万 m^3,占有效库容的36%。以上水库都修建在西江水系上,由于设计上未考虑设置排沙设施,以致库内淤积泥沙无法排泄,造成有效库容严重损失。

1.4 其他河流水库泥沙淤积情况

国内其他地区,尤其是北方河流,大都发源或流经黄土地区,汛期多暴雨,水土流失严重,河流的含沙量都很高,因而河流上修建的水库,淤积也比较严重。

辽宁省境内,大凌河流域的白石水库,总库容16.45亿 m^3,2000年主体工程完工,至2004年库区淤积量已达3 293.4万 m^3,其中500万 m^3 淤积在支流库容中;太子河支流汤河干流上的汤河水库,总库容为7.07亿 m^3,从1991年以来,每年平均淤积28.28万 m^3。

松花江上的丰满水库,兴利库容61.7亿 m^3,由于毁林和陡坡开荒的影响,致使丰满水库的泥沙淤积明显呈上升的趋势,建库初期的年平均泥沙淤积量仅为145万t,现在已增加到623万t,是建库初期的4.3倍。

内蒙古的红山水库,万年一遇校核洪水位445.10 m,相应库容为25.6亿 m^3;正常蓄水位433.80 m,兴利库容为8.24亿 m^3;死水位430.30 m,死库容为5.1亿 m^3。自1960年末至1999年初的38年中,水库共淤积泥沙9.41亿 m^3,约占总库容的36.8%,其中死水位以下库容淤积3.46亿 m^3,淤损67.8%,兴利库容淤积1.73亿 m^3,淤损55.1%。

河北省永定河上的官厅水库,1950年至2000年共淤积泥沙8.42亿t,由于库区大量泥沙淤积,库区尾部永定河、洋河、桑干河河床不断淤高,原有的地下河变成"地上悬河",现状永定河丰沙铁路8号桥已淤高13.4 m,洋河夹河村处河底已淤高5 m,桑干河吉家营村处已淤高4 m,双树村处河底已淤高3.7 m,河床比堤外地面高出1.5~2 m。

海河流域的大黑汀水库,总库容3.37亿 m^3,有效库容2.24亿 m^3,水库1979年下闸蓄水,至2005年6月,累计淤积量为0.580 6亿 m^3,年均淤积量达223万 m^3。潘家口水库,总库容29.3亿 m^3,多年平均入库沙量1 720万 m^3,自1980年投入运用,截至1994年年底,水库共淤积泥沙 1.3×10^8 m^3,占水库总库容的4.5%,平均每年淤 865×10^4 m^3。

新疆叶尔羌河中游的依干其水库,设计库容为6 200万 m^3,1956年10月至1966年6月,蓄水10年共淤积444万 m^3 泥沙,平均库容年递减0.822%;至1989年6月,23年中又淤积了766万 m^3,平均库容年递减0.619%;至2003年8月,14年中又淤积了232万 m^3,平均库容年递减0.340%;现状库容为4 758万 m^3,有效库容为4 308万 m^3,死库容为450万 m^3,运行47年中库容平均每年递减0.574%。

湖北省的隔河岩水库,蓄水至2005年已运行近10年,200 m高程相应的库容减小了0.971亿 m^3,水库年平均淤积率约0.35%。

2 水库泥沙淤积带来的问题

泥沙在库区的大量淤积,给水库正常功能的发挥及河流健康带来较大影响,主要表现在以下几个方面。

2.1 对库区上游的影响

水库泥沙淤积过多,将造成水库淤积末端向上游延伸,使回水末端地区淹没、浸没损失扩大。如永定河官厅水库淤积末端向上游延伸了10 km,造成当地地下水位抬高3~4 m,使两岸盐碱地面积扩大了14倍。

同时,由于水库回水变动区泥沙的淤积,常常造成航深、航宽不足,影响通航,特别是一些大型水库，因水库水位变幅大，使回水变动区的河势处于一种不稳定状态，对航行不利。

2.2 对库区及大坝运行的影响

（1）水库库容减少。水库原定兴利目标不能实现，有些水库为减缓淤积，延长水库使用寿命，不得不改变水库运用方式。

（2）污染水质。泥沙是有机和无机污染物的载体，沉积在库区的泥沙对水质影响很大。

（3）影响坝前建筑物正常运用。泥沙淤积在电站进水口、上下游引航道及船闸闸室等坝前区域，有可能堵塞闸孔，威胁工程安全。

2.3 对下游河道及河湖关系的影响

（1）影响下游河道稳定。水库拦沙，下泄清水会使下游河道发生长距离冲刷，造成滩地的大量坍塌并使险情增加，多沙水库水库排沙，若水库调节不好，易发生“大水带小沙，小水带大沙”的不利局面，造成下游河槽的淤积，对防洪极为不利。

（2）影响下游河道的河湖关系。水库运用改变了进入下游的水沙条件，使下游河道的边界条件相应发生变化，进而影响与下游河道相连的一些湖泊的健康。如长江的鄱阳湖、洞庭湖等，随着三峡水库运用，下游河道冲刷严重，水位降低后，湖泊面积相应减少，对渔业生产、供水、航运等造成了较大影响。

（3）影响河湖及河口的生态环境。随着湖泊面积减少，其周围的生态环境将逐步恶化；对河口来说，特别是少沙河流，缺少泥沙补给后，将使河口地区受到严重的海岸侵蚀，盐水倒灌，影响河口地区的生态健康。

3 水库泥沙处理与资源利用技术综述

3.1 人工管道输沙技术

为泥沙资源利用提供保障的泥沙输送技术近期取得较大进展。黄河流域主要采用管道进行长距离输沙，黄河上的管道输沙技术自20世纪70年代以来，经过40多年的不断研究、创新、提高，也已经成为一项相对较为成熟的实用技术。管道输沙的动力已由以前的以柴油机为主发展为以高压动力电为主，由单级输沙到多级接力配合输沙，输沙距离由最初的1 000 m左右发展到12 000 m以上，单船日输沙能力最大达到5 000 m^3以上。

3.2 深水水库高效排沙和清淤技术

近几年来，黄河水利科学研究院通过国内外调研和各种渠道对深水水库的高效排沙和清淤技术进行了一定的探讨。

江恩惠等根据小浪底水库淤积特征、输沙规律和运用特点，在借鉴国内外清淤疏浚等有关成果的基础上，分别对自吸式管道排沙系统与射流冲吸式清淤系统在深水水库应用的可行性进行了论证、比选和整合。研究认为：自吸式管道排沙系统充分利用了天然能量，结构简单，数座中小型水库有成功应用结果，关键技术易于突破，采用管道式的方案进行小浪底库区的清淤作业具有一定的可行性，初步估算的综合清淤成本约1元/t；射流冲吸式清淤技术具有结构简单、生产成本较低，有成熟工程经验，大型射流泵技术与设备完全具有国内自主产权，在各种机械清淤技术中，是一种最为经济适用的方式，在最大作业水深80 m时，其排沙单价约为3元/t；利用潜吸式扰沙船，进行水库坝前扰沙、抽沙并依据虹吸原理将淤积在水库内的细颗粒泥沙排出库外，在不改造小浪底枢纽现有布置和结构建筑物条件下，最大作业水深70 m以上，年清淤1亿m^3，排沙单价约为3.8元/m^3，初始投资约2亿元，可延长小浪底死库容使用年限10年以上。

3.3 泥沙资源利用技术

长期以来，科技人员一直致力于黄河泥沙的资源化利用研究，除多年来黄河上普遍采用的淤背固堤、淤填堤河等技术外，黄河水利科学研究院根据黄河泥沙颗粒细、含泥量大的特点，研发了专用环保型固化剂，使黄河泥沙砖能够保持结构致密、强度高，提出了泥沙蒸养砖、泥沙烧结砖的生产工艺，并进行了样品制作与性能检验，研制出黄河抢险用大块石，取得了一定的综合利用黄河泥沙的经验。目前，黄河泥沙综合利用方面已经开发的产品主要有：黄河泥沙烧结内燃砖、黄河泥沙灰砂实心砖、黄河泥沙烧结空心砖、黄河泥沙烧结多孔转（承重空心砖）、黄河泥沙建筑瓦和琉璃瓦、黄河泥沙墙地砖、黄河淤泥黑陶、彩陶制品等，这些产品大多是国家基本建设中应用量大、面广的建筑材料。

此外，黄委科研人员通过理论分析和室内试验，近期又设计研发了拓扑互锁结构砖、免蒸加气混凝土砌块技术，并在利用黄河泥沙烧制陶粒、制备微晶玻璃、制作型砂、提纯加工高附加值的化学工业用原材料等方面进行了探索。

4 不同河流水库泥沙资源利用模式及其河流健康的辩证关系

4.1 河流健康对泥沙资源的需求

前文已指出，不同河流，根据其河流健康发展的需求，对水库拦截泥沙的处理目标是不同的。

多沙河流，为维持河流健康，一方面需要水库拦截泥沙，减轻下游河道淤积及相应带来的防洪压力；另一方面为长期发挥水库除减淤以外的其他防洪、发电等综合效益，需要尽可能长的维持水库有效库容，减少泥沙在库区的淤积。二者之间的矛盾，只有通过泥沙资源利用、将泥沙消耗掉来解决。

维持少沙河流的河流健康，一方面需要考虑保持水库下游河道稳定、引（取）水口及通航水位稳定、河湖与河口地区生态健康等，这就需要保持水库下游的泥沙供给；另一方面，水库同样需要尽可能减少库容淤损，以充分发挥其各项综合效益。二者之间不存在矛盾，需要解决的是水库拦截泥沙的下泄技术，特别是深水水库的高效排沙技术。

4.2 多沙河流泥沙资源利用模式

多沙河流水库泥沙的处理，以往的研究、实践都偏重于排沙出库或挖沙出库，对排出水库泥沙基本不利用。这种处理措施一方面需要国家投入大量资金，而创造的效益仅仅是延长水库使用寿命，同时排出的泥沙或淤积在下游河道加重防洪负担，或堆积在水库附近污染环境，附带有较大的负效应。这种机制一旦国家投入资金用完，各种处理措施就随即终止，无法实现良性的长久运行。因此，面对源源不断的泥沙，我们必须换一种思路来应对，变被动为主动，将水库淤积泥沙看做是一个宝贵的资源宝库，通过对水库泥沙进行合理的资源利用，实现延长水库使用寿命、减轻水库泥沙对下游防洪影响、减少环境污染以及创造可观经济效益等多赢的效果（尤其是增加的水力发电效益，这是最清洁的能源）。初步设想如下。

4.2.1 水库泥沙资源利用投资模式

水库泥沙资源利用将首先提高水库的防洪效益，延长水库使用寿命，因此作为公益性工程之一，国家应先期投入部分资金做为启动基金。在泥沙资源利用全面展开以后，其资源利用收益可作为维持长期运行的资金，包括泥沙资源利用技术的研发与完善；同时，基于水库泥沙资源利用延长了水库的使用寿命,作为企业应从发电增加的效益中返还一定比例资金,维持水库泥沙资源利用的持续推进。

4.2.2　水库泥沙资源利用途径

对水库淤积泥沙的资源利用,可以采取以下途径:对淤积在水库库尾的粗泥沙,在严格管理和科学规划的前提下,由于水深较浅,可以直接采用挖沙船挖出,做为建筑材料应用。对库区中间部位的中粗泥沙,可根据两岸地形及市场需求状况,采用射流冲吸式排沙或自吸式管道排沙技术,通过管(渠)道输沙输送到合适场地沉沙、分选,粗泥沙直接做为建材运用,细泥沙淤田改良土壤,其他泥沙制作蒸养砖、拓扑互锁结构砖、防汛大块石等;还可以将泥沙堆放到紧邻河道岸边的一些城郊沟壑,为城市发展提供建设用地;对于淤积在坝前的细泥沙,可以采用人工塑造异重流的方法排沙出库,直接输送至大海或淤田改良土壤。利用泥沙填充煤矿沉陷区,也是近期研究提出的泥沙资源利用的主要途径之一。

此外,还可以通过工程技术手段,改变水库对泥沙的分选效果,以更好地利用泥沙资源。如可在水库上游修建一些拦沙堰或橡胶坝,在高含沙洪水时拦蓄泥沙,洪水后加以利用。

4.2.3　水库泥沙资源利用成套装备

水库泥沙资源利用装备,特别是适用于深水水库的泥沙资源利用装备,是保证水库泥沙资源利用顺利开展的前提。在目前研究提出的自吸式管道排沙系统与射流冲吸式清淤系统的基础上,下阶段应选择专业生产厂家,对各种机械装备进行研制,特别要对淤沙起排装备、输移及控制装备进行机械设计,确保系统成品符合有关设计标准要求;对淤沙起排系统配套设备如水面操作船、动力机械等进行优化、选型;对起排系统的实时监控与调度管理设备进行选型、开发与研制。根据装备设计和运行性能,设计切实可行的施工工艺及作业方案,提出详细且可操作性强的调度方式与排沙流程。

4.3　少沙河流泥沙资源利用模式

从维持少沙河流的河流健康考虑,少沙河流上水库泥沙的处理,主要是保证水库下泄泥沙不因水库的修建而减少。水库下泄泥沙技术,除了常规的基流排沙与泄空排沙外,黄河小浪底水库近期开展的调水调沙、人工塑造异重流技术,也是通过水库调度下泄泥沙的一种较好方法。在利用机械排沙方面,自吸式管道排沙系统与射流冲吸式清淤系统,也具有较好的排沙效果。

此外,也可以考虑利用工程技术手段,对库区泥沙进行处理,如日本 Tenryu 河 Miwa 大坝,为减轻下游河道的冲刷、滩地塌失,日本在 Miwa 大坝库区尾部修建了两道拦河堰,在两道拦河堰之间的左岸山体,开挖了一条隧洞直通坝下游,通过两道拦河堰的调节,将泥沙通过隧洞直接输送至坝下游,避免坝前淤积,同时保证了下游的泥沙供给。

少沙河流泥沙处理的投资模式,仍应以政府公益性投资为主,水库发电效益补偿为辅的模式。在保证河流健康的前提下,多余泥沙进行资源利用。

4.4　泥沙资源利用与河流健康的辩证关系

河流泥沙的灾害性与资源性是伴生的一对矛盾,并且在一定的时空条件下可以相互转化。历史上,黄河的泛滥改道造成了巨大灾难,但灾难之后又淤筑了大量的良田。多年来,由于人口增加以及人类对大自然的不断索取,使河流泥沙(特别是多沙河流)的灾害性比较凸显,同时受制于泥沙资源利用技术的水平较低,因此人们以往对河流泥沙的认识,偏重于灾害性,在处理思路上,将其作为有害物质进行处理,没有加以利用,常常由于缺乏持续经费的支撑而达不到维持河流健康的目的。

随着经济社会的发展和人们对河流健康需求的提高,一方面泥沙的资源属性逐渐被认识提高,泥沙资源利用设备和产品被研发出来,并应用到社会生产和实践之中,泥沙的资源利用正逐步成为处理多沙河流泥沙的有效途径;另一方面,泥沙补给对维持少沙河流水库下游河道和河口健康的作用,也逐渐被人们认识。从这两个方面来说,泥沙将不再是"害",而是宝贵的资源。因此,我们必须换一种思路来应对。对多沙河流,泥沙资源利用将是维持河流健康的主要手段;对少沙河流,泥沙也将是维持水库下游河道与河口健康发展的宝贵资源,保持这些部位的泥沙补给,也是对泥沙的一种资源利用。

总之,泥沙对河流的健康举足轻重,泥沙过多或过少,都不利于河流健康的维持。以往的实践经验告诉我们,对河流泥沙的规划,单纯的处理或利用都无法长期维持河流健康,必须在现有泥沙输送、泥沙资源利用技术的基础上,根据维持河流健康的需求,将泥沙处理和利用有机结合起来,逐步建立良性运行机制,这是从根本上解决河流泥沙问题的重要手段,是河流泥沙处理的升华和最终出路,具有重大的社会、经济、环境、生态、民生意义。

5 结语

对水库泥沙的处理,关系着水库使用寿命、防洪发电等各种水库功能的调度运用方式、下游河道减淤、航运、供水安全、生态环境等河道治理的各个方面,需要从战略的角度进行关注。以前,人们将泥沙作为负担,认为它是一切灾害的制造者;随着经济社会发展需求的增多,以及泥沙资源利用技术的发展,水库淤积泥沙做为一种资源会逐渐被越来越广泛的利用,而且目前的国力、技术手段都可以实现泥沙的大规模资源利用,使泥沙变害为利。因此,从维持河流健康考虑,必须将泥沙的处理与利用有机结合起来,建立一套良性的运行机制,从根本上解决水库泥沙淤积问题,充分发挥水库功能,维持河流健康生命。

参考文献

[1] 姜乃森,傅玲燕. 中国的水库泥沙淤积问题[J]. 湖波科学,1997(3).
[2] 马逸麟,熊彩云,易文萍. 鄱阳湖泥沙淤积特征及发展趋势[J]. 资源调查与环境,2003(1).
[3] 杨洪润. 长江水能资源开发中水库泥沙问题的探讨[J]. 长江流域资源与环境,1993(3).
[4] 胡春宏,王延贵. 官厅水库流域水沙优化配置与综合治理措施研究Ⅱ——流域水沙优化配置与水库挖泥疏浚方案[J]. 泥沙研究,2004(4).
[5] 陈文彪,曾志诚. 珠江流域水库泥沙问题刍议[J]. 人民珠江,1997(5).
[6] 江恩惠,曹永涛,郜国明,等. 实施黄河泥沙处理与利用有机结合战略运行机制[J]. 中国水利,2011(14).
[7] 冷元宝,宋万增,刘慧. 黄河泥沙资源利用的辩证思考[J]. 人民黄河,2012(3).

第二篇

高坝工程建设关键技术

雅砻江流域水能资源开发进展

吴世勇　曹　薇　申满斌

（二滩水电开发有限责任公司，四川 成都 610051）

【摘要】 雅砻江是长江上游金沙江的最大支流，干流技术可开发装机容量约 3 000 万 kW。雅砻江中下游流域在全国规划的十三大水电基地中，装机规模排名第三，是我国水能资源的宝库。本文全面介绍了雅砻江流域水电资源及开发概况，针对流域水电开发特性，以雅砻江流域“一条江”开发模式实践为基础，分析了大型水电工程建设的相关问题，提出了建设性的建议，可为流域水电工程的建设与管理提供有益参考。

【关键词】 雅砻江　水能资源　流域　开发

1　雅砻江流域水力资源概况

雅砻江是长江上游金沙江的最大支流，发源于青海省巴颜喀拉山南麓，自西北向东南在呷依寺附近流入四川，此后，由北向南流经甘孜藏族自治州、凉山彝族自治州，于攀枝花市汇入金沙江。干流全长 1 571 km，天然落差 3 830 m，流域面积 13.6 万 km^2，年径流量 609 亿 m^3，具有丰富的水能蕴藏量，是我国水力资源“富矿”之一。

根据地形地质、地理位置、交通及施工等条件，雅砻江干流划分为上、中、下游三个河段。根据历次流域水能资源查勘、复勘资料和已经审定的中游、下游河段水电规划及河段开发方式调整报告、审定的项目预可研或可研专题报告，雅砻江干流呷衣寺至江口河段规划开发 21 级大中型相结合、水库调节性能良好的梯级水电站，技术可开发装机容量近 3 000 万 kW，技术可开发年发电量 1 500 亿 kW 时，占四川省全省的 24%，约占全国的 5%，装机规模位居中国十三大水电基地第三位。

上游河段从呷衣寺至两河口，河段长 688 km，目前正在开展河段水电规划。按照中间审定成果，初拟 9 个梯级电站开发方案，装机约 250 万 kW。

中游河段从两河口至卡拉，河段长 385 km，拟定了两河口（300 万 kW）、牙根一级（21.4 万 kW）、牙根二级（99 万 kW）、楞古（263.7 万 kW）、孟底沟（220 万 kW）、杨房沟（150 万 kW）、卡拉（98 万 kW）7 个梯级电站，总装机约 1 152 万 kW。其中两河口梯级电站为中游河段控制性“龙头”水库，具有多年调节能力。

下游河段从卡拉至江口，河段长 412 km。拟定了锦屏一级（360 万 kW）、锦屏二级（480 万 kW）、官地（240 万 kW）、二滩（330 万 kW，已建成）、桐子林（60 万 kW）5 级开发方案，装机容量 1 470 万 kW。其中锦屏一级水电站为该河段控制性水库，具有年调节能力。

雅砻江中下游流域区域地质构造稳定性较好，水库淹没损失小，开发目标单一，大型电站多，装机容量大，规模优势突出，梯级补偿效益显著，技术经济指标优越，为雅砻江近期重点开发河段。当两河口、锦屏一级、二滩为代表的三大控制性水库全部形成后，调节库容达

148.4 亿 m^3,联合运行可使雅砻江两河口及以下河段梯级电站实现多年调节,并使雅砻江干流水电站群平枯期电量大于丰水期电量,成为全国梯级电站技术经济指标最为优越的梯级水电站群之一。

2 流域开发战略及进展

2.1 “四阶段”发展战略

2003 年 10 月,国家发改委发文明确由二滩公司“负责实施雅砻江水能资源的开发”,“全面负责雅砻江流域水电站的建设与管理”,由此在国家层面上确立了二滩公司在雅砻江流域水电资源开发中的主体地位。二滩公司在认真总结国内外水电开发经验,深入分析国家电网发展与西电东送、流域水电开发与大型独立发电企业发展规律、四川经济发展态势与振兴少数民族地区经济发展需要等情况的基础上,提出了雅砻江流域水电开发“四阶段”发展战略:

第一阶段:2000 年前,开发二滩水电站,实现装机规模 330 万 kW。

第二阶段:2015 年前,建设锦屏一级、二级、官地、桐子林水电站,全面完成雅砻江下游水电的开发。二滩公司拥有的发电能力提升到 1 470 万 kW,规模效益和梯级水电站补偿的效益初步显现,基本形成现代化流域梯级电站群管理的雏形。二滩公司将成为区域电力市场中举足轻重的独立发电企业。

第三阶段:2020 年以前,继续深入推进雅砻江流域水电开发,建设包括两河口水电站在内的 3 ~4 个雅砻江中游主要梯级电站。实现新增装机 800 万 kW 左右,二滩公司拥有的发电能力达到 2 300 万 kW 以上,将迈入国际一流大型独立发电企业行列。

第四阶段:2025 年以前,全流域填平补齐,雅砻江流域水电开发全面完成。二滩公司拥有发电能力达到 3 000 万 kW 左右。

2.2 开发进展

二滩公司按照雅砻江水能资源开发“四阶段”战略要求全力推进实施雅砻江流域水能资源开发。目前,雅砻江下游梯级电站主体工程建设全面推进,将于“十二五”期间陆续投产;中游项目前期工作和筹建有序推进,主要项目列入国家“十二五”水电核准开工项目名单;上游主要项目前期工作也已启动。流域加速开发呈现出“全江联动、首尾呼应、多点开花、压茬推进”的良好态势。

2.2.1 雅砻江下游

雅砻江下游于 2000 年前建成了雅砻江上第一个水电站,也是我国 20 世纪建成投产最大的水电站——二滩水电站,实现了第一阶段战略目标。2003 年,二滩公司成立锦屏建设管理局,负责锦屏一级、锦屏二级水电站的建设管理。锦屏一级水电站最大坝高达 305 m,为世界第一高拱坝,2005 年工程核准开工,2006 年大江截流成功,2009 年开始大坝浇筑,计划于 2012 年 10 月导流洞下闸蓄水,2013 年 8 月实现首台机组投运。锦屏二级水电站采用引水式开发,4 条引水隧洞最大埋深约 2 525 m,平均长约 16.6 km,开挖最大洞径达 13 m,具有埋深大、洞线长、洞径大的特点,是目前世界埋深最大和规模最大的水工隧洞群。2007 年锦屏二级工程核准开工,2008 年大江截流成功,拟于 2012 年底实现首台机组投运。官地建设管理局于 2004 年成立,电站于 2010 年正式核准开工建设,1#、2#两台机组已于 2012 年 3 月、5 月先后顺利投产,二滩公司正式由单一电站管理迈进了多电站群运行管理的新时代,同时官地2#机组的投产也标志着四川省电力装机容量突破5 000万kW,成为四川电力历史上一个重要里程碑。桐子林水电站现场筹建机构于2004年成立,2010年工程核准开工,2011年大江截流成功,拟于2012年9月开始大坝浇筑,2015年6月实现首台机组发电。

2.2.2 雅砻江中游

雅砻江中游河段水电规划工作于2006年完成,输电规划工作于2011年完成。目前中游项目的预可研工作全部完成,可研工作按计划有序开展。龙头梯级两河口水电站心墙堆石坝最大坝高近300 m,属超高堆石坝,工程规模巨大。工程现场筹建机构于2005年成立,目前可研工作和前期筹建同步推进,初期导流洞已具备过流条件,移民安置规划大纲已完成审查。杨房沟水电站于2011年成立现场筹建机构,现已完成枢纽可研设计和移民安置规划大纲审查,与两河口水电站力争2012年内具备项目核准条件。卡拉水电站"封库令"正式下达,开始进行实物指标调查工作,拟于2013年完成可研工作。牙根二级水电站完成可研阶段枢纽部分技术论证工作,正积极申请下达"封库令",以加快推进移民安置规划工作。其余项目前期勘察设计工作有序推进。雅砻江中游主要项目均已列入国家能源发展"十二五"规划,将于2015年前完成可研工作并通过国家核准,开工建设。

2.2.3 雅砻江上游

二滩公司于2011年5月成立雅砻江上游现场筹建机构,超前开始开展前期工作,并启动了上游梯级电站输电规划等工作。

3 "一条江"开发模式

3.1 "一条江"开发模式的优势

传统水电开发以工程项目为主,导致一个流域存在多个项目业主,不同的利益主体由于"各自为政"带来了流域规划不尽合理、资源利用效率低下等问题。"一个主体开发一条江"的流域水电开发模式,能够站在统筹规划、统筹实施的高度,确保水电开发经济、社会、环保效益的最优化,从而实现水电又好又快地可持续发展。目前,国内外单一主体实施流域整体开发已取得了一定的成功实践。以美国田纳西流域、加拿大拉格朗德流域、新西兰怀卡托流域等为代表的国外流域,以及雅砻江流域、澜沧江流域、乌江流域和清江流域为代表的国内流域,均在开发的过程中逐步形成大量成功的流域开发模式和经验。其中,二滩公司完整开发雅砻江流域成为2002年底国家电力体制改革后唯一由国家授权开发一条江的公司。

已有的成功实践证明,单一主体进行流域水电开发,有利于结合电力市场发展要求,实现流域加速和最优开发;有利于统筹考虑电力接入系统和外送规划;可以统筹开展流域生态环境保护和移民工作,有利于水电科学开发与和谐开发;有利于节约投资,提高管理效率,加快开发进度;有利于梯级电站的联合优化调度,实现综合效益最大化;可以有效解决梯级补偿问题,促进龙头梯级电站建设,有利于改善电网特性。因此,单一主体实施流域整体开发符合水电资源开发的特点和规律,这种模式对实现水电开发的和谐与发展具有现实的指导作用,对实现我国水电资源的科学开发具有重要意义。

3.2 二滩公司"一条江"开发模式实践

二滩公司在雅砻江流域水电开发过程中,充分发挥一个主体开发一条江的优势,在工程建设管理、环境保护、移民安置、输电送出、集控调度等多方面统筹规划、统筹实施,取得了显著的成绩[1-2]。

统筹规划，实现科学高效开发。二滩公司充分发挥单一主体的优势，依据项目地理位置、开发时序和建设规模，整合项目现场建设管理机构。其中，锦屏一级和锦屏二级水电站，两河口和牙根一级、二级水电站，雅砻江上游梯级水电站分别统一设置了一个现场建设管理机构。同时，在项目施工总布置规划设计、建设管理中，依据工程特性、建设时序、地理位置等现场实际情况，对具备条件的项目进行对外交通统一规划、骨料料源、砂石加工系统等施工工厂设施共用、物资统供、大型施工设备循环利用、人力资源统筹循环使用。以上各项措施的实施，提高了管理效率，精简了管理和工程成本，促进了工程建设进度，是流域统筹在工程建设管理中的显著体现。

统筹兼顾，实现和谐开发。二滩公司从流域开发的角度对环境保护措施进行统筹规划和实施，避免了单项目环境保护的分割性和间断性，为环境保护与水电开发的和谐发展奠定基础。2011 年建成运行的锦屏·官地鱼类增殖站，以雅砻江下游锦屏一级、二级、官地水电站工程河段鱼类资源组成相似为基础，充分发挥了鱼类增殖站的规模效应，为目前国内水电行业投资最多、放流规模最大、工艺水平与工业化程度国内领先的鱼类增殖站。同时，在移民安置工作中，以流域统筹管理模式为基础，可对移民安置和补偿政策进行统筹安排，避免造成社会矛盾，维护国家、开发企业和当地群众的根本利益和长远利益，有利于社会稳定和水电的科学开发与和谐开发。

统筹调度，确保优质运行。二滩公司作为雅砻江流域的唯一开发业主，具有统筹协调实施梯级联合调度以及流域输电的明显优势。目前，二滩公司已成立了雅砻江流域集控中心，对雅砻江下游梯级水电站成功实现了远程集中控制。同时组织开展实施了流域水电智能化运行关键技术研究[3]、流域电力营销决策支持系统建设[4]、雅砻江下游梯级水电站投产并网若干重大问题研究[5]等多项专题研究，为雅砻江流域梯级联合优化调度奠定了良好的技术基础。在流域输电方面，在统筹规划流域梯级电站合理分组分段集中开发的基础上，结合电网需求，采用电站分组接入主网的形式，以简化电网接线，有效利用输电走廊资源，减小电网建设难度，降低电网投资。

二滩公司在雅砻江流域实施“一条江”开发模式的实践表明，一条江由一个有能力和经验的经济实体进行整体开发的“一条江”开发模式需要坚持和推广，以切实实现流域经济、社会和环境的协调、高效发展。

4　世界级水电工程建设

雅砻江流域属深山峡谷，河谷深切，地质条件复杂，以锦屏一级 305 m 世界第一高拱坝、锦屏二级世界最大规模深埋长大隧洞群、两河口 300 m 级超高土石坝为代表的一批世界级水电工程，其建设难度处于世界最高水平，面临着一系列世界级技术难题。对这些技术问题的研究解决，既关系到雅砻江流域开发的顺利推进，也将对我国水电科技进步起到极大的促进作用。

4.1　关键技术问题

锦屏一级工程区地处深山峡谷，地质条件复杂，高拱坝建设的关键技术问题包括超高拱坝设计和结构安全、工程高边坡安全、不良地质条件基础处理、混凝土高强度快速施工等相关问题；锦屏二级水电站将建设世界综合规模最大的深埋水工隧洞群，在高地应力、高压地下水条件下，岩爆和地下水处理问题成为制约工程建设的关键技术难题；两河口水电站最大坝高达295 m，属超高心墙堆石坝，结构稳定、筑坝材料特性、防震抗震设计以及施工质量控制是其关键技术问题。

4.2 应对措施

针对各项技术难题，二滩公司依据工程现场条件和工程特性，在专项分析研究的基础上，采取了针对性的工程处理措施。与此同时，通过加大科技攻关力度，并借力国内外高端咨询平台，以科技支撑，确保工程的顺利建设。以二滩公司与国家自然科学基金会共同成立的国家级科研平台——雅砻江水电开发联合研究基金为基础，组织全国优秀科研力量，开展完成了雅砻江流域水电开发过程中需要解决的包括工程技术、经营管理和环境保护等方面的重大课题研究；成立由国内顶尖水电设计、施工等领域的院士、专家组成的锦屏水电站工程特别咨询团；与中国水利水电建设工程咨询公司合作开展锦屏现场咨询；成立博士后科研工作站并依托国内重点高校及科研院所开展进行专项关键技术科研攻关研究；委托AMBERG、AGN、MWH等多家国际知名咨询公司开展国际咨询；整合国内水电科技领域顶尖科研力量，成立二滩公司雅砻江虚拟研究中心，作为我国水电行业首家"产、学、研"结合的科技创新虚拟平台，解决企业发展管理和流域水电开发面临的关键科技问题，开辟了我国水电科研模式的先例。由此通过多措并举，逐步攻克了雅砻江流域水电开发诸多的世界级难题，为雅砻江科学开发提供了强大的技术支撑。

4.3 关键问题解决进展

2008年，锦屏辅助洞工程全线贯通，创造了世界独头掘进距离最长、埋深最大的工程记录，这为锦屏二级引水隧洞施工积累了宝贵的经验；2011年底，锦屏二级水电站四条引水隧洞实现全面贯通，标志着深埋地下工程建设面临岩爆等难题得以解决。作为目前国内锚固力最大的边坡锚固工程之一的锦屏一级左岸坝肩边坡锚索工程在2008年实施完毕，工程进入大坝施工阶段，高边坡的安全稳定标志着复杂高边坡安全技术问题得到了较好的解决，为锦屏一级世界最高拱坝的顺利建设奠定了坚实的基础；2011年，锦屏一级水电站大坝月浇筑强度突破17万m^3，打破多项世界拱坝施工纪录；2012年，锦屏一级大坝浇筑高度达到230 m，没有对大坝结构产生影响的裂缝发生，标志着特高拱坝快速施工和混凝土温控防裂难题基本得到解决。随着有关关键问题的逐步解决，锦屏一级、二级水电站在复杂的地形地质条件下按期投产发电的目标即将顺利实现。

两河口水电站处于可研设计和"三通一平"等前期筹建工程并行阶段，目前公司已针对大坝筑坝材料、坝体结构及分区设计、抗震设计、施工质量监控等多项高土石坝设计施工关键技术问题组织高校、科研和设计等单位开展了一系列专题研究和优化工作，为工程可行性研究工作的顺利完成，重大设计方案确定奠定了良好的技术基础。

5 加快开发中的制约因素

按照我国政府节能减排承诺，将大力发展可再生能源，力争2020年非石化能源占一次性能源消费比重达到15%左右。水电作为清洁的可再生能源，目前的开发程度较低，为实现2020年节能减排目标，势必迎来一轮加速开发的发展时期。然而，目前水电开发中仍然存在部分制约因素，严重影响水电开发进程。

5.1 征地移民

征地移民是水电工程建设的重要组成部分，涉及政治、经济、社会、资源、环境、工程技术等诸多领域，是一项庞大的系统工程。目前，水电开发面临征地移民安置规划进度难以控制等问题。根据新的移民安置管理条例，移民安置规划工作内容复杂，需要协调的关系敏感，各环节审批程序繁复，工作周期较难控制，客观上导致可行性研究工作进度得不到保证。征地移民工作已成为制约水电工程前期工作和蓄水发电的关键环节。

5.2 环境保护

随着国家经济的快速发展，对生态环境保护的要求迅速提高。同时，近几年社会舆论有被国内外某些极端环保组织误导的现象，水电的形象时常被妖魔化，出现环保要求极端化、无理化的发展趋势，舆论的压力严重阻碍了水电正常发展。在此背景下，环境保护行政主管部门对水电工程环境影响报告书的审批决策格外慎重。近年来，大型水电项目的环境影响报告书审批受理前置条件严格，审批进程缓慢，对项目核准进程造成较大影响。

5.3 地方利益诉求

水电开发项目一般位于偏远的高山峡谷地区，经济基础薄弱。水电开发对于改善地方交通条件，增加就业，带动其他资源开发，从而加快产业结构调整，优化经济布局，有效拉动民族地区经济增长，共建和谐社会具有重要意义，成为撬动地方经济发展的一个重要支点。与此同时，项目业主在开发建设过程中，也面临着地方利益诉求过度的问题。

地方政府为当地社会经济发展需求，要求将支持地方发展的利益诉求反映到移民安置规划方案中，导致移民“三原”原则难以有效执行；经审批的移民安置规划和移民专项工程方案由于地方利益诉求存在频繁变更的情况，导致征地移民规划投资超概，制约水电开发正常进程。同时，地方政府因税收分配问题，也对流域开发公司提出项目就地注册的要求，影响到流域梯级统筹开发和管理。

5.4 项目核准程序复杂，周期长

大中型水电工程投资巨大，对国民经济和区域发展影响深远，项目核准涉及行政管理部门和管理程序复杂，核准周期长。据不完全统计，大中型水电项目在具备核准条件前，需要通过技术审查或政府主管部门审批的项目接近 50 项，且一些审批项目受理设置了严格的前置条件，这客观上拉长了项目前期工作和核准周期。目前，水电建设技术已不再是制约项目核准的关键因素，环保和移民审批已成为制约当前水电项目核准的首要问题。同时，大中型水电项目受国家宏观经济和产业政策等影响较大，即使已经具备核准条件，项目核准进程仍然面临较大的不确定性因素，2007 ~ 2009 年国家发展和改革委员会未核准一个大型水电项目。虽然 2010 年至今国家对水电核准进程有所加快，但是前期工作周期过长、核准程序复杂仍将制约水电加速开发。

6 有关建议

针对流域水电开发中出现的一系列问题，提出以下相关建议：

（1）建议国家加强征地移民管理，进一步简化工作程序，以促进相关工作的快速有序推进，同时严格执行相关政策和规范，切实做到依法办事，维护水电开发环境的公正公平；针对“先移民后建设”的水电开发新方针，建议相关业务主管部门进一步明确统一的政策和操作程序，并尽快出台先移民后建设专项工程的核准管理办法，以保证移民安置工作先行有序进行，落实先移民后工程的要求。

（2）针对水电开发日益提高的环保要求，一方面水电开发业主要积极做好各项环保工

作，树立企业良好的社会形象；另一方面，以“十二五”期间西南地区水电发展机遇为契机，水电行业相关部门和项目业主应该站在国家能源安全和可再生清洁能源的高度，加强舆论宣传，引导公众正确、客观的认识水电能源，努力争取扭转水电发展环保舆论片面化的局面。

（3）建议国家优化项目核准程序，适当合并缩减审批环节，合理缩短项目前期工作周期，对于已经列入国家能源发展规划的项目，进一步加快核准进程，以推动项目及时开工建设，为实现2020年节能减排目标发挥作用。

（4）水电作为可再生清洁能源，其推动社会经济发展、促进节能减排等综合效益正逐步被广泛认可。世界银行于2009年颁布新的水电政策，表明其将坚决支持可持续水电的发展；2012年3月，国务院总理温家宝在十一届全国人大五次会议作政府工作报告时明确提出“积极发展水电，提高新能源和可再生能源比重”。这都表明水电作为一种可持续性发展能源，将承担起我国能源结构调整的重任。在此背景下，建议国家和地方地府能出台促进水电开发的系列优惠政策，为水电开发创造一个良好的环境，进一步推动水电开发建设。

7　结论

雅砻江流域是我国水能资源的宝库，随着官地水电站投产发电，从2012年3月开始，下游梯级电站将陆续投产发电，流域水电开发重心已逐步由中下游向中上游转移，进入基建与运行并重的新时期，迎来电力生产“流域化”新纪元的开始。二滩公司针对流域水电开发的特性，坚决实施“一条江”开发模式，统筹规划、统筹实施工程建设、征地移民、环境保护和运行管理等相关措施，取得了初步成果，并积累了有关经验，可为有关流域开发公司参考借鉴。

雅砻江流域开发在我国大型流域梯级开发中具有一定代表性，针对水电开发面临的共性问题，特别是征地移民、环境保护、地方利益诉求、核准程序等目前主要制约水电加速开发的有关问题，提出了相应的建议，可为政府主管部门制定政策提供参考。

参考文献

[1] 陈云华. 单一主体实施流域整体开发有利于水电又好又快开发[J]，中国投资，2008(9)：52-55.

[2] 陈云华. “一条江”的水电开发新模式[J]. 求是，2011(5)：32-33.

[3] 二滩水电开发有限责任公司，四川大学. 流域水电智能化运行关键技术研究及应用技术报告[R]. 2010.

[4] 四川大学. 二滩公司电力营销决策支持系统建设第一期总结报告[R]. 2009.

[5] 中国水力发电工程学会，四川大学，二滩水电开发有限责任公司. 雅砻江下游梯级水电站投产并网若干重大问题研究报告[R]. 2010.

高坝工程风险分析与应对措施

周建平　杜效鹄

（中国水电工程顾问集团公司，北京　100120）

【摘要】 从实践论、认识论和辩证的观点分析，高坝工程风险具有普遍性、客观性和累积性。高坝工程的溃坝风险不可接受。在工程规划、设计、施工及运行的各个阶段，风险应对的主要内容是风险识别、风险分析、风险管理和风险控制，需要采取避让、防范、保证和应急预案等综合对策措施，尽量降低风险水平。风险水平控制，不仅需要从工程技术角度，更需要从国家、行业、企业和社会管理角度，分析风险因素形成的原因和后果的危害性，从技术和制度上加以评估、决策和控制。

【关键词】 高坝工程　风险分析　累进性　风险控制　安全管理

1　高坝工程风险特征

与中低坝比较，高坝溃坝的危害性十分严重，因此客观上要求高坝的安全储备更高。高坝工程除了一般工程风险的普遍性外，还有其特殊性。高坝工程风险的普遍性，是不以人的意志为转移的，贯穿于工程规划、设计、施工和运行的各个阶段，但通过风险识别和分析，采用风险防范、控制和应急措施，可以降低甚至避免风险损失。高坝工程风险的特殊性表现为发展性和累积性。在工程规划、设计和施工阶段存在的风险因素，若没有充分被识别，没有采取规避、控制或者转移措施，在运行阶段或迟或早会被诱发显现并放大，导致难以控制的事故和重大的损失。

高坝工程的风险因素具有自然和社会两重属性。自然属性的风险因素包括地质、洪水、材料与结构抗力的不确定性，是工程技术水平、管理水平所决定的。社会属性的风险因素包括风险意识，企业管理，国家政治、经济、文化、宗教以及风俗习惯等。社会属性的可接受风险水平是不断发展变化的，只有依靠国家经济基础和上层建筑的共同作用，才能加以控制、降低和转移。

2　我国高坝工程安全状况

我国是世界上筑坝数量最多的国家之一，现有各类大坝超过 8.6 万座。已建、在建高度超过 100 m 的大坝 145 座，超过 200 m 的 15 座。这些水库大坝在防洪、发电、灌溉、供水以及促进生态环境保护等方面发挥着重要作用，是我国防洪保安工程体系的重要组成部分，也是保障国民经济可持续发展的重要基础设施[1]。

但是必须清醒地看到，我国水库大坝，尤其是修建于 20 世纪 50 ~ 70 年代的大坝，建设标准偏低，施工质量较差，其中一些病险水库大坝，不仅难以发挥应有的工程效益[2]，而且极易酿成溃坝灾难，严重威胁下游人民生命财产、基础设施及生态安全。据统计，我国曾发生过 3 400 起各类溃坝事故。1975 年 8 月河南板桥、石漫滩两座大坝溃决，1993 年 8 月青海沟后坝溃决,均造成了人民生命财产的惨重损失。溃坝风险是社会和公众关注的热点和焦点问题。在当今经济社会发展条件下,社会已经无法承受大中型水库的溃坝损失,公众甚至无法接受小型水坝的溃决事件[3]。

水利部大坝安全管理中心登记注册水利大坝:包括343座大型水库、2 683座中型水库和大量的小型水库。从1995年开始,大坝安全管理中心对大型水库开展安全鉴定。由于水利大坝数量多,情况复杂,仅完成了部分大坝的安全鉴定。据水利部统计资料,全国病险水库近3万座,病险水库大坝的维修加固任务艰巨而且紧迫。

国家电力监管委员会大坝安全监察中心注册水电大坝233座。1991年首次定检96座大坝,查出7座病坝、2座险坝。2001年第二次定检130座大坝,查出病坝8座,无险坝。第三次定检于2011年开始。定检确定的问题大坝,除丰满大坝研究采用重建方案外,其余病、险坝维修加固后均恢复为正常坝。

5座高坝工程:紫坪铺面板堆石坝、宝珠寺重力坝、沙牌碾压混凝土拱坝、水牛家土心墙堆石坝、碧口心墙土石混合坝经受了"5·12"汶川特大地震的考验,没有发生溃坝事故,其中紫坪铺、宝珠寺和碧口经受了超过其设防烈度的强震,震损轻微[2]。

总结国内外溃坝事故,有两条教训值得吸取:①溃坝事故的发生虽然具有偶然性和突发性,但也有必然性和规律性;②工程设计和施工留下的缺陷加上管理维护不善,终究会以事故的形式表现出来。工作中微小的缺陷疏忽,都逃不过大自然的严峻考验,并将受到无情的惩罚。随着水利水电工程规模越来越大,而建设地点的自然条件越来越不利,对高坝工程的安全问题,规划、勘察、设计、施工以及运行管理的各方都不要心存侥幸,必须精心设计、精心施工、精心管理,对重要技术方案的决策,如无确切把握,必须留有余地,要有预案,慎之又慎[4]。

3　高坝工程风险因素及应对措施

高坝工程在规划、设计、施工和运行阶段,风险分析内容各有所侧重,对策措施不尽相同。工程规划阶段,主要是风险识别、重在避让;可行性研究阶段主要是风险分析、重在防范;施工阶段主要是风险监测、重在控制;而运行阶段则是风险管理、重在应急预案。

3.1　规划选址阶段,要采取避让措施

规划选址阶段,最大的风险是来自活动断裂和大型滑坡体。规划选址错误,尤其是在活断层上建坝,滑坡体上建坝,后期建设采取一切措施都可能于事无补。

美国加州的奥本双曲拱坝,坝高209 m,总库容28.4亿m^3,装机容量750 MW。工程于20世纪70年代初开工。1975年,该坝址西北方向约70 km处的奥洛维尔发生里氏5.8级地震。因怀疑坝区构造稳定性存在问题,1976年工程缓建。在停工2年期间,补充勘探发现在坝区及其附近存在多条活断层。连续7年观测与研究,断层上下盘相对错动速率为2.5 mm/a。在建筑物使用年限内,不同方法推算断层位移达到2.5~90 cm,亦即拱坝存在被错断的可能。1979年已耗资2.45亿美元的奥本坝被决定停建。这座著名的高拱坝因区域稳定性方面的工作疏漏而酿成全局性错误。

意大利东部阿尔卑斯山区瓦依昂河的瓦依昂拱坝,坝高265.5 m,水库总库容1.7亿m^3。工程于1956年10月开工,1960年3月蓄水。左岸上游与大坝仅"一沟之隔"的托克山滑坡体,在1963年4月初水库第三次蓄水过程中,2.7亿m^3的滑坡体骤然高速下滑,涌浪

高度超过坝顶 100 m,漫坝洪水冲毁了下游村庄,2 600 人丧生,水库报废。

瓦依昂大坝坝址河谷极其狭窄,坝肩抗力岩体稳定,大坝结构安全可靠。大坝混凝土施工质量良好,完全达到设计要求。但在工程前期工作和建设期间,工程师未对左岸紧邻大坝的托克山滑坡体给予应有重视,对滑坡机制的判断存在重大失误,库水位变化和强降雨叠加,终使这座巨型滑坡体由蠕滑逐渐演变为高速滑坡,酿成巨大灾难。

我国西南地区的雅砻江、大渡河、金沙江、澜沧江、怒江历史上都曾发生大型滑坡体堵江事件,溃堰所形成的洪水远远超过天然洪水。1967 年雅砻江中游的唐古栋大滑坡堵塞雅江,下游断流,形成罕见的天然坝和大水库。而这座天然坝溃决时,洪水肆虐横扫下游数百千米。对于此类地质风险,在规划选址阶段就应规避。

规划选址阶段,对于活断层采取避让措施可以最大程度地降低或避免风险损失。位于汶川地震灾区的大中型水电工程,虽然都遭受了超过其设防烈度的强震作用,但由于工程选址均避开了活动断层,大坝没有发生同震错断破坏,整体震损轻微[3]。例如,紫坪铺和沙牌水电站分别距地表破裂带为 8 km 和 32 km。汶川特大地震造成唐家山堰塞坝,使得下游两座小型水电站完全损毁。在如此巨大的地震灾害面前,两座小水电损毁而并未造成次生灾害,这与工程规模的正确选择是分不开的。

河流综合规划和水电规划的任务,绝不是仅仅考虑水资源和水能资源利用,更不是"嘴上说说、纸上画画",或者"纸上写写、墙上挂挂";论证"水利"的同时,更要评估"水害";规划高坝大库不仅考虑自然风险因素,更要研究人为风险因素。例如,龙头水库的洪水标准,必须考虑支流低标准水库溃坝洪水引起的风险。

以上工程实例说明,高坝选址,尤应重视坝区与库区活断层和滑坡体的地质勘察和分析判断。正确的坝址选择是远离活动断裂,避开滑坡体。在难以避开或远离不良地质构造和地质体的情况下,至少不应在这些河段设置高坝大库。潜在地质风险河段,首先采取避让措施,其次是控制工程规模。

3.2 可行性研究设计阶段,要采取防范措施

可行性研究阶段,选择坝型和枢纽布置要分析可能的各种风险、评估风险损失,通过优化建筑物设计以降低风险,提出设计安全指标以控制风险,编制科学的运行调度方式以管理风险,采取综合措施提高枢纽工程的抗风险能力。

从防范地质风险角度,应根据地形、地质条件选择合适的挡水建筑物型式。选择拱坝,要特别重视坝肩抗滑稳定问题;重力坝,要特别关注深层抗滑稳定问题;深厚覆盖层地基上修建当地材料坝,要特别研究坝基渗透稳定问题。从防范洪水风险角度,宜优先选择混凝土坝,利用坝身泄洪,解决窄河谷高水头大流量消能冲刷问题;选取当地材料坝,则应考虑消能区远离坝脚,避免冲刷坝基,增大枢纽泄洪能力以防止漫坝。从防范地震及地震地质灾害风险的角度,高山峡谷地区要优先选择地下厂房,上坝和进厂交通尽量采用隧洞布置方案;加强地面建筑物上部边坡工程地质条件勘察,采取措施防范危岩体和变形岩体可能对建筑物造成的危害。

吉尔吉斯斯坦纳伦河下游的托克托古尔水电站原设计为重力拱坝,最大坝高 227 m。工程 1962 年开工,由于未认识到两岸坝肩岩体强烈卸荷的影响,坝肩开挖十分困难,挖不胜挖,边坡处理难度极大,只好中途停工,被迫放弃原设计的重力拱坝而采用重力坝。在施工过程中,原枢纽布置方案和施工方案被全盘或基本全盘否定,工程建设耗时 17 年[5]。

漫湾水电站左岸边坡塌滑,致使工程建设几乎停顿一年[6]。按1989年价格水平核算,工程投资增加约1.4亿元(尚且不计工期延长引起的其他费用),首台机组发电工程拖延1年,减去发电厂房机组1台。后经补充勘察设计证实,原设计对边坡岩体结构和滑移破坏机制缺乏正确认识,边坡处理的深度及范围不够,边坡抗滑稳定安全系数不满足设计要求。

合适的坝型和合理的枢纽布置相结合,用以防范可确定的主要风险,对一些由于有限的地质资料引起的不确定风险,可通过提高建筑物或地基处理的设计指标或设计标准来控制风险。根据有关文献分析,坝基丧失稳定在重力坝事故中占34%,在拱坝事故中占37%,在当地材料坝事故中占30%。我国水利水电工程中,坝基失稳所占比例也较高。坝基处理质量引起的风险具有隐蔽性,后期补强困难,除了提出与建筑物相同的可靠度指标外,更要提出耐久性要求。

在大坝等主要建筑物的设计中,既要整体安全可靠,也要局部风险可控。要重视结构的局部高应力区和大变形部位的影响,努力降低应力超标开裂的风险和变形过大运行的风险。在地基及边坡的加固补强的设计中,既要重视预应力锚索、钢筋等的应力设计,更要关注锚索和钢筋引起的应力转移风险。按照凡事有利有弊的论点,地质缺陷的处理和建筑物补强同样有利有弊。对一切工程措施,设计与施工中,既要分析其有利的一方面,更要分析其不利的一面,要通过处理强度、处理时机、处理工艺和施工程序的合理设计与施工,最大限度地避免不利影响。

要高度重视采用新技术、新材料、新工艺或者新设备引起的风险。水利水电工程本质上是一门实践的科学。对于未经实践的新事物,可积极采用,但更需稳妥。任何新材料、新工艺既要考虑其有利的一面,又要评估其不利的一面;既要调研其成功的工程实践,又要吸取其失败的工程教训。新材料、新工艺的使用条件,在传统材料、工艺无法满足的前提下,积极采用;在传统材料、工艺可以满足的条件下,可以增加安全储备的前提下,可研究采用;如果效果一般,还给施工带来不利影响,则应慎重采用。

例如,高抗冲磨材料聚脲,在航空母舰的跑道上使用效果很好,但用在高速水流部位效果不佳。在小浪底泄洪冲沙孔、景洪消力池底板、溪洛渡导流洞等部位采用,均部分破坏或彻底破坏,无法发挥应有的作用[8]。水利水电工程不仅要求抗冲磨,更要求抗空蚀、抗空化。这就是水利水电工程具有一切工程风险的普遍性,更具有自身的特殊性。新技术在风险小的工程或者风险小的部位积极采用,经充分实践后推广使用。碾压混凝土技术首先在低坝、纵向导流围堰等次要部位成功应用后,逐渐应用于高坝。目前,已经成功建成高216.5 m龙滩碾压混凝土重力坝[9]。

3.3 工程施工阶段,要采取保障措施

施工阶段,需要落实设计提出的各项风险防范措施,加强风险控制。施工安全和质量控制是工程施工期间面临的两大风险,施工进度和工程质量均应列为工程建设的考核目标,后者甚至更为重要。

工程开挖时期,存在开挖揭示的地质条件与前期地质条件评价不一致引起的客观风险和参建单位重开挖轻支护的主观风险,因此在边坡及地下工程的开挖施工期,要加强现场地质工作和安全监测分析,做好地质风险的预测预报,开展动态设计,确保设计方案的适应性和针对性。施工单位尤应具有风险意识,若只是片面追求开挖进度,而忽视跟进支护,由此引起的后果,通常是安全、质量、工期以及投资都不可控。

混凝土浇筑或大坝填筑期间,工程风险由安全风险转向质量风险,由表观转向内部,由显像转向隐蔽,具有不可逆性。如果说开挖时期的变形过大,局部塌方,都可以通过仪器监测、巡视检查等得到验证,尚可通过增加支护等措施加以补救,而大坝填筑尤其是混凝土浇筑期间,施工质量风险若得不到有效控制,后期补强困难,运行期处理难度更大。

丹江口水利枢纽大坝1959年3月开始浇筑,同年5月坝基混凝土出现裂缝:较严重的有9#~13#坝段基岩破碎带回填混凝土楔形梁上的裂缝;18#坝段、3#坝段的基础贯穿性裂缝;和19#~28#坝段上游迎水面裂缝。研究补强处理方案导致停工4年,直至1964年冬,才进行补强施工和恢复主体工程施工[10]。1983年11月25日开始浇筑混凝土的东江双曲拱坝,在施工初期,当12#~19#坝段上升至高程151~160.5 m,发现裂缝136条。一些裂缝在顶面一旦出现,几天之内很快贯穿整个浇筑层,沿拱向近乎贯穿整个坝段或沿径向延伸长度大于1/2坝段宽。为了控制裂缝的发展,不得不采用爆破方式揭掉开裂的混凝土[11]。

对高坝工程来说,大坝和地基等材料的各项性能都已较充分利用,潜力有限,局部的缺陷和应力超标、不可逆转,并最终向更大范围的破坏方向发展。设计安全裕度很容易被施工质量缺陷吃掉。因此,对于高坝工程,大坝质量控制尤为重要。施工期的主要任务是风险控制,其目标是安全保证、质量合格。

3.4 工程运行阶段,要制定应急预案

建设期未彻底控制和避免的风险因素,在水库大坝运行阶段,尤其在运行初期会集中出现。分析56个国家1 609个溃坝案例,已知运行年代的629个溃坝案例中,238个发生在运行初期5年内,占38%,其中124个发生在投入运行的第一年内,此外,施工期和投入运行第二年的溃坝数量也较多。这些溃坝事件的发生符合一切事物的发展规律。在大坝生命周期内,规划、设计、施工是孕育大坝生命的过程,在投入运行后初期,孕育期存在的一些疾病如果得不到有效救治,往往容易夭折。即使规划合理、设计完美、施工质量优良的水利水电工程,从发展的观点审视工程风险,只能认为没有先天缺陷,后天的健康运行仍然需要维护和保养;从认识论的观点分析工程风险,客观世界的复杂性和人类认知的局限性决定了不可能完全消除一切风险。因此,大坝的风险管理,应该首先从思想上统一认识,将风险理念贯穿于工程运行的全过程,不断发现问题,研究问题,消除缺陷,始终使工程安全处于受控状态,直至工程退役。

大坝的风险管理,在组织上全面建立风险责任制,要明确责任主体。大坝风险责任制要以地方政府行政首长负责制为核心,按照隶属关系,逐库落实同级政府责任人、水库主管部门责任人和水库管理单位责任人,明确各类责任人的具体责任,并建立责任追究制度。强化各级责任人的风险理念。

大坝的风险管理,要制定应急预案、建立风险等级报告制度,为降低和避免风险损失提供制度保证。应急预案应包括组织体系、运行机制、应急保障和监督管理等内容。应急预案要注重实用性和基本要素的完整性、预防措施的针对性、组织体系的科学性、响应程序的操作性、保障措施的可行性。报告制度中要明确各类事故的报告主体、程序和时限,说明水库基本情况、发生事故的时间、地点、原因和发展趋势、危害程度、影响对象和拟采取的措施及落实情况。大坝风险管理的目的是最大程度地降低风险损失。

5 结语

高坝工程的风险是客观的、普遍存在的,但是经充分识别、分析并采取措施,也是完全能

够防止事故发生、避免风险损失或最大限度地降低风险损失。

高坝工程风险具有发展性和累积性。在某一阶段存在的风险因素,若不加以有效控制,则可能进一步累积发展并放大,具备一定条件时,则逐渐显现或突然发生。高坝工程在规划、设计、施工和运行阶段,风险分析内容各有所侧重,对策措施不尽相同。工程规划阶段,主要是风险识别、重在避让;可行性研究阶段主要是风险分析、重在防范;施工阶段主要是风险监测、重在控制;而运行阶段则是风险管理、重在应急预案。

高坝工程的风险因素包括自然风险和社会风险。自然属性的风险水平取决于工程技术水平和工程措施的有效性,而社会属性的风险水平则取决于国家行业主管部门、大坝建设管理者制定并执行更加科学严格的管理,才能控制、降低和转移大坝所带来的风险。

高坝工程的风险管理是一个集自然因素与社会因素复杂的系统工程,在风险识别、分析、评估、决策和控制各个环节,是一个动态管理过程,目的是最大限度降低风险水平。

参考文献

[1] 李雷,王仁钟,盛金保.大坝风险评价与风险管理[M].北京:中国水利水电出版社,2006.

[2] 晏志勇,王斌,周建平.汶川地震灾区大中型水电工程震损调查与分析[M].北京:中国电力出版社,2009.

[3] 周建平,杜效鹄.工程风险问题及大坝设计中的风险分析[C]//水利水电工程风险分析及可靠度设计研讨会论文集.北京:中国水利出版社,2010.

[4] 李瓒.特高拱坝枢纽分析与重点问题研究[M].北京:中国电力出版社,2004.

[5] 李瓒,方占奎.漫湾水电站左岸边坡塌滑问题[J].水力发电,1991(6):12-17.

[6] 周建平,魏志远,杜效鹄.关于丰满水电站大坝全面治理设计研究的思考[J].水力发电,2008,34(2):81-84.

[7] 水电水利规划设计总院.景洪水电站安全鉴定报告[R].北京:水利水电规划设计总院,2008.

[8] 孙恭尧,王三一,冯树荣.高碾压混凝土重力坝[M].北京:中国电力出版社,2003.

[9] 龚召熊.水工混凝土的温控与防裂[M].北京:中国水利水电出版社,1999.

[10] 曹希克,涂传林,葛辉.东江拱坝施工期裂缝及其处理[J].中南水电,1992(4):9-15.

[11] 张利民,徐耀,贾金生.国外溃坝数据库[J].中国防汛抗旱.2007(S)(12):1-7.

中国高面板坝的技术创新与发展

关志诚

（水利部水利水电规划设计总院，北京　100120）

【摘要】 我国拟建的250 m级高混凝土面板坝多位于偏远高山峡谷，工程地质地震背景复杂，自然环境和建设条件恶劣。本文根据我国近20年150～200 m级高面板坝设计、施工经验和运行检验成果，从已建高坝变形量和震陷量分析评价，认为以砂砾料（堆石）填筑坝体可以满足250 m级高坝建设要求；而对300 m级超高面板堆石坝防渗体系适应性与安全性有待商榷和进一步论证。

【关键词】 面板坝　建设　发展　检验　评价　技术

1　引言

21世纪我国水利水电建设进入了快速发展阶段，特别是在交通运输不便、经济不发达的西部地区，如黄河中、上游及新疆高山峡谷河段具有适宜修建超高面板坝的地形地质条件。已规划设计和进入建设准备期的有阿尔塔什（计入覆盖层墙体高度坝高为262.8 m）、茨哈峡、大石峡等面板坝工程（见表1），建设高度已达250 m级。

表1

工程名称	坝料	库容（亿 m^3）	坝高（m）	坝基覆盖（m）	坝长（m）	坝体工程量（m^3）	地震（gal）
阿尔塔什	砂砾石/白云质灰岩	22.4	164.8	98	795	2 560	320
大石峡	砂砾石/微晶质灰岩	12.2	251.0	7～10	598	2 025	286
茨哈峡	砂砾石/石方开挖料	44.74	254.0	砂岩/板岩		3 536	
玉龙喀什	砂砾石	5.34	229.5	20	484	1 487	350.5

中国已有近20座150 m级及以上的高坝（水布垭 $H=233$ m）的建设经验，其范围涉及各种地形地质和气候条件。根据已建工程处理各种复杂问题的技术经验，以现有施工技术、填筑质量控制、过程监测管理水平等，建设250 m级高面板堆石（砂砾石）坝在技术上是可行的，但仍经验性为主导。从已建高坝堆石体变形量和震陷量分析评价，300 m级超高面板坝防渗体系适应性与安全性有待商榷和进一步论证。250 m级大石峡、次哈峡面板堆石（砂砾石）坝所处坝基（岩基）与河谷形状较好，是重要的边界条件，阿尔塔什面板砂砾石坝坝高164.8 m，砂砾石基础覆盖层厚98 m，计入混凝土防渗墙复合坝高达262.8 m，从抗震安全角度也属同级别高坝。

一般情况下250 m级以下面板堆石坝比混凝土拱坝、心墙坝可节省工期和投资；而对

300 级超高坝,在建项目均选择混凝土拱坝和土质心墙堆石坝。

2 高面板坝存在的问题和安全性评价

2.1 存在的问题

目前,高面板坝在运用期不同程度的出现了面板沿垂直缝和水平向连续的挤压破坏、垫层坡面开裂、面板脱空以及震陷后的面板结构性破坏,国外同类高坝还发生过大级别集中渗漏和较严重面板结构性破坏,随着我国建坝高度和数量的增加,且待建工程多处在地形地质条件复杂或较高地震烈度区,面对开工建设的高坝(250 m 级)设计与施工,如何改善蓄水期面板的受力状况、预防低部位面板发生挤压破坏、避免由此而导致涉及大坝安全的较大规模渗漏量,将是所面临的重要的工程技术课题。

2.2 工程运行检验

我国已建的 150 ~ 200 m 级面板堆石坝运行情况总体良好,坝体沉降统计值为最大坝高的 0.6% ~ 1.2%,一般为坝高的 1%;由于混合料上坝、填筑次序、压实密度等,天生桥一级面板堆石坝属例外,沉降率达到坝高的 1.99%;根据水布垭(2012 年,最大沉降量 250 cm)和洪家渡坝体沉降监测资料分析,坝体沉降总体变形规律为沉降随堆石填筑高度的增加而增大,沉降趋势随时间的延续而减缓,与库水相关不显著,大部分沉降在施工期完成,约为总沉降值的 80% ~ 90%;堆石体后期 10% ~ 20% 的沉降主要是由堆石料自身蠕变和水荷载共同作用引起的,随着大坝高度的进一步增加,这种作用有所强化。通常面板挠度与坝高的平方成正比,与堆石的压缩模量成反比;施工期面板下部向上游变形,面板上部向下游变形;水库蓄水面板整体向下游变形后,挠曲变形基本处于稳定状态;以弦长比 n(面板挠度与面板长度比值)指标来看,控制在 0.2% 以内还是可以接受的;天生桥一级面板挠度最大值 $h = 81$ cm、$n = 0.26\%$(三期面板顶部)偏大;水布垭 $h = 57.3$、$n = 0.14\%$(一期面板中上部)。监测表明,已建高坝渗漏量大多能控制在 100 L/s 以内,部分工程在 220 ~ 400 L/s 量级(吉林台一级,九甸峡等)。少部分工程渗漏量偏大,但对坝体运行安全尚无实质性影响。而主堆区用砂砾石填筑的坝体沉降量较低。基于对大坝变形控制重要性的理解,主堆石料以砂砾石为填筑坝体,已建同类工程坝体变形监测成果均小于堆石体 20% ~ 40%,当坝高升至 250 m 级(含覆盖层),以砂砾石 + 堆石填筑体变形是可控的。

2.3 高面板坝安全性评价

我国面板坝设计技术和坝体施工质量控制标准总体是合适的。近期修建的高面板坝的硬岩堆石压缩模量值为 120 ~ 180 MPa,施工采用重型振动碾,碾压遍数 8 ~ 10 遍,体积加水量 10% ~ 15% 的措施已处在较高水平,已与新规范对接;再行提高坝体压缩模量,需进一步改善级配和减小孔隙率,或采用更薄的层厚以进一步增加压实功能;这样做对物料级配和工艺流程均有较大影响。基于坝体变形控制要求,与已往 100 m 级面板坝相比,2000 年后建设的几座高面板堆石坝,设计或实施后的主堆石区孔隙率在 18% ~ 20%,主堆和下游堆石区的孔隙率基本一致,压缩模量相差不大,坝体上下游堆石体变形比较均匀,变形量基本可控。从国内外高坝防渗面板运行经验看,面板挤压破坏后具有可修复性,只要处理及时,并有针对性采取可靠措施,总体上不会影响大坝安全。对于 200 ~ 250 m 级超高坝设计与建设首先应避免在较低部位发生面板挤压破坏而导致的有害渗漏;其次是防止中坝段集中变形区发生严重挤压破坏而导致难以恢复其防渗功能;目前已有针对性研究了填筑料适应性、实施过程控制手段、面板及其周边缝结构构造措施等。紫坪铺面板是按照现行技术标准和常规方法设计建设的高面板堆石坝，经受了超设计标准地震烈度检验（震陷约坝高0.64%，大坝体积量损约1.2‰），蓄水功能基本没有受到影响，坝体变形、抗滑和渗透稳定性能良好；说明该级别（150 m）面板坝具有良好抗震性能；但超高面板坝的面板和坝体震陷量级导致工程的安全性尚需深入研究。

3　高面板坝设计标准

面板坝坝址选择和枢纽布置首先是保证泄水安全，枢纽布置是各建筑相互间位置以安全、经济和效益最大化为原则确定的。由于面板坝对地形地质条件适应性强，抗震性能总体良好，当两岸边坡安全并具备高坝泄洪设施布置条件时，与其他坝型相比，其技术经济指标就表现为较优。

3.1　变形稳定和渗透稳定

对于200级高面板坝的变形稳定和渗透稳定，目前的设计准则和相关标准基本适用。变形控制的主要对策措施包括：合理选择筑坝材料、良好的材料级配、优化坝体分区、提高各料区压实密度、有效控制填筑顺序和施工工艺；要充分了解和掌握筑坝材料的变形特性，解决好大坝两相邻分区材料压实性能差别大、几何形状变化剧烈处的不均匀变形等问题。目前，在建高面板坝各料区压实密度已超过现行规范的要求，已与新规范对接。渗透稳定的基本要求是所有渗流出口的渗透比降均应小于材料的允许比降，控制的主要措施包括：合理的材料分区和互为反滤关系设计，防渗体发生裂缝和渗漏自愈功能的考虑，排水和坝下游防止颗粒移动的措施等。现行面板坝相关设计规范对于渗流量没有明确的定量控制要求，根据开发目标不同，以渗漏量不明显影响工程效益而定。

3.2　填筑标准

面板坝新规范规定砂砾石料以碾压参数和孔隙率（或相对密度）两种参数作为施工控制标准：坝高 $H<150$ m，$D_r=0.75\sim0.85$；150 m $\leqslant H<200$ m，$D_r=0.8\sim0.9$。对重要的高坝或筑坝材料性质特殊，已有经验不能覆盖的情况，其填筑标准应进行专门论证。如按目前设计参数和施工方法，当震动碾压机具≥25 t，一般在建工程砂砾石料压实填筑标准为 $D_r=0.85$，如肯斯瓦特（$H=129$ m）、乌鲁瓦提（$H=133$ m）面板砂砾石坝等；紫坪铺未挖除的原状砂砾石坝基 $D_r=0.82\sim0.85$；吉林台一级（$H=157$ m）砂砾石填筑体 $D_r\geqslant0.85$，阿尔塔什（$H=167$ m）$D_r\geqslant0.85$，基础覆盖平均相对密度 $D_r=0.85$。

3.3　坝基防渗墙安全标准

对混凝土防渗墙的结构安全性的评价方法，尚无可遵循的准则。由于其成墙施工过程和运行特点，定位于技术经验型是合适的。目前的认识是：防渗墙在自重和上游水压力作用下，墙体基本处于偏心受压状态，可以按现行水工钢筋混凝土结构设计规范核算结构构件强度，或采用有限元法计算墙体的应力变形值，并与混凝土抗压（抗拉）强度比较来判断墙体安全性。黄壁庄、冶勒、小浪底、察汗乌苏等工程监测成果表明，蓄水运用后，防渗墙体均属于小变形范畴；在有效控制施工质量和地层结构相对均匀情况下，变形不宜作为墙体设计的控制条件；即墙体处于级配良好的砂砾石介质中的材料强度满足要求时，其变形安全度亦可满足要求。

4 高面板坝技术创新与发展水平

高混凝土面板堆石坝关键技术中的基本原则与控制要素：建设200～250 m级面板坝应进一步提高堆石区整体压缩模量，以有效控制坝体变形，避免较低部位面板发生挤压破坏；分区堆石（砂砾石）颗粒级配应满足坝体渗流控制要求；应注重施工工艺与环节的过程控制，设置面板浇筑前预沉降时间，保证坝体压实度和变形控制在施工过程中加以实现；要制订合理的水库蓄水计划，有效提高面板防渗体适应性；要防止出现大级别震陷导致面板塌陷局部失效，防渗系统设计应考虑提高抗挤压破坏能力。

4.1 砂砾石筑坝料应用

正在进行施工准备的大石峡、阿尔塔什等9度设防高面板坝多以砂砾石料为主堆石区，已建成运行的吉林台一级、摊坑高面板坝也以砂砾石料为主要筑坝料。与堆石料相比，砂砾石料在较高围压下具有较高的抗压强度和变形模量，压缩变形较小；砂砾石料具有一定的级配，且颗粒磨圆度较好，易于压实；料源丰富，可就地就近取材，便于施工，造价较低；各料区间的应力变形易满足过渡条件；作为坝体内部组合填筑料区，砂砾石料与堆石坝抗震性能相当。而在低应力条件，由于砂砾石浑圆度影响其强度比堆石料低，地震荷载易于剪胀、松动，在料区设计上加以区分。采用砂砾石作为筑坝材料时要重视其颗粒级配特性，尤其是砾石含量和含泥量、细颗粒的充填程度等；应注意砂砾料是否存在级配的离散性、级配的不连续性、施工中的分离等问题。

4.2 坝基深厚覆盖层防渗墙处理技术

做好基础防渗处理是保证大坝安全关键之一，影响覆盖层基础混凝土防渗墙应力变形因素有覆盖层本身属性，防渗墙刚度和与基岩连接方式，施工时序与蓄水预压等。待建的阿尔塔什面板坝建基于98 m厚砂砾石覆盖层上，坝基采用一道垂直混凝土防渗墙全封闭防渗，墙厚1.2 m。其主要优点是在施工技术日趋成熟的条件下，防渗效果可靠和耐久性较好。参考国内外趾板建在覆盖层上的面板坝资料，通常用防渗墙允许的水力梯度（70～90）确定防渗墙体的设计厚度，实际上可以不太考虑允许梯度，而主要按强度准则设计。高坝深覆盖的防渗墙设计厚度多在0.8～1.2 m，最大墙深可达80～150 m。防渗墙配置钢筋各工程做法并不一致：有全断面、受拉区、墙顶部5～8 m范围内配筋形式；当墙体在中部出现拉应力区，只要材料强度满足要求，配置大量钢筋是不必要的。但对墙顶部特别是墙靠近河岸两侧，由于墙体埋深浅，连接段应力状态复杂，较易产生混凝土裂缝，配置不影响施工质量的结构钢筋是必要的。墙体设计强度指标选择，通常是根据工程地质条件、墙体与地基搭接形式、墙体深度与厚度、经必要的分析计算、按工程类比经验确定。对较均质低弹模材料、层间模量相差不大，可选择低强度混凝土设计指标C10～C15；当地基沉积层复杂、物料分布不均，水力梯度较大（中、高坝）应选用较高强度等级C20～C30。监测与取芯表明，防渗墙在蓄水后的工作状态与目前分析计算的成果出入较大，根据已建工程经验，墙体设计抗压强度不必要采用高于90 dC35等级。

4.3 坝体断面形式与坝料

200～250 m级面板坝坝料分区的原则是充分利用当地的适用材料，并满足稳定、渗流和变形控制的要求，达到安全、经济的配置。实践证明，下游堆石体变形不影响面板性状的传统观点已不适用于超高面板堆石坝；由于变形与坝高关系密切，超高面板堆石坝要求严格控制变形量和不均匀变形；应扩大主堆石区范围，主次堆石区的分界线应以一定坡度倾向下游；次堆石区也应压实到较高密度，使上下游堆石的模量差减至最小，即采用同层填筑，施工参数不加区别的措施；将砂砾石料置于上游和中心部位的高应力区，利用其高模量减少变形。当坝高超过 200 m 时应慎用软岩料，决策上不宜选用软岩料；利用的开挖料或具备骨架条件的混合料宜用于坝体上部干燥及应力较低的区域；坝体较低部位垫层区水平宽度宜加宽至不小于 5 m。

4.4 面板结构与防裂技术

防止坝体变形引起的面板结构性裂缝、增强面板混凝土自身的抗裂性能、从结构上增强面板适应变形的能力是至关重要的。有针对性应用技术包括：预防面板混凝土产生温度与干缩性裂缝已形成完整技术措施；优选混凝土配合比，必要时对混凝土进行改性，如采用膨胀剂、高效减水剂等；注重减小垫层对面板的约束，强调混凝土的养护；要求周边缝附近地基形态平顺，避免面板的应力集中；吸取高面板坝发生挤压破坏的经验教训，将部分垂直缝设计成可压缩性缝，以降低面板混凝土的压应力。高面板坝混凝土强度等级一般为 C25，考虑到自然环境因素也不宜超过 C35；面板混凝土抗渗等级统一为 W12 已经足够。面板混凝土抗冻等级与坝址区气温条件有关，一般地区采用 F100 的标准即可，对于长年暴露在外部的三期面板抗冻要求可稍高一点，对特别寒冷地区可将抗冻等级提高至 F200 及以上。应增加面板结构有效厚度，150 m 级以上高坝面板顶部厚度不小于 40 cm，并在现有条件下尽量增大面板承压面积，即适当降低压性纵缝铜止水鼻子的高度，铜止水底部的砂浆垫层嵌入挤压边墙内，以减少压性纵缝顶部的 V 形槽的深度等。面板的配筋有单层双向和双层双向两种配筋型式，纵横向配筋率均按 0.4% 左右控制；在面板受压区、垂直缝两侧、周边缝附近增加抗挤压钢筋，以提高面板边缘部位的抗挤压破坏能力。

4.5 抗震措施

我国西部建设高土石坝大多有高地震地质背景，震害表现在地震沉降降低坝顶高程，地震荷载引起材料抗剪强度降低而导致坝体局部失稳，地震变形裂缝可能导致集中渗漏等。根据国内外已建工程抗震检验，对大坝坡面较高部位采取坡面防护和坝坡加固措施：可选用浆砌石护坡、加筋混凝土格构梁、加筋土工织物、锚固筋或锚固混凝土梁等；亦可采取以上组合方式；坝坡附近一定厚度采用胶结式砂砾石料层，即砂砾料加拌水泥以提高坝顶结构和坡面的抗震性能；在坝坡附近应力较小区域设置碾压堆石区，对坝体砂砾石有所约束，有利于和保证大坝抗震稳定；应考虑面板连接柔性、周边缝止水的可靠性、板间缝材料吸收应变能性能。抗震措施是西部地区砂砾石坝建设必须要考虑的。要提高对工程抗震安全重要性的认识，加强管理和技术防御。具体设计中主要考虑的是防患于未然。

4.6 施工技术

面板堆石坝的发展离不开施工技术的进步，近 10 年面板坝坡面保护采用了喷混凝土、碾压砂浆、喷乳化沥青、挤压边墙、翻模砂浆固坡等新技术和新工艺；将振动碾自重和激振力提高到 25 t 级以上，部分工程还采用了冲碾压实机，击振力达到 200 ~ 250 t；开发了表层塑性止水填料的机械化施工设备及工艺；重视大坝上游面反渗水的控制和处理。在质量控制方面，采取了碾压施工“过程控制”和坝体质量检测“最终参数控制”相结合的质量控制方法；除常规的试坑法外，开发应用了大坝碾压 GPS 实时监控系统、填筑质量无损快速检测的附加质量法等先进技术。在施工过程中，对高坝面板浇筑前采取预沉降措施，坝体预沉降时间不应少于 3 个月，以 6 ~8 个月为宜。

5 结语

根据已建工程处理各种复杂问题的技术经验，以现有施工技术、填筑质量控制、过程监测管理水平等，建设 250 m 级高面板堆石（砂砾石）坝在技术上是可行的。设计和建设过程中的技术创新与控制要素包括：应进一步提高堆石区整体压缩模量，以有效控制坝体变形，避免较低部位面板发生挤压破坏；应减少主、次堆石模量比以控制运行期变形量，并设置面板浇筑前预沉降时间，减小堆石上游面拉应变梯度；分区堆石（砂砾石）颗粒级配应满足坝体渗流控制要求；注重施工工艺与环节的过程控制，保证坝体压实度和变形控制在施工过程中加以实现；应制定合理的水库蓄水计划，有效提高面板防渗体适应性；要防止出现大级别震陷导致面板塌陷局部失效，防渗系统设计应考虑提高抗挤压破坏能力。

参考文献

[1] 关志诚，等. 水工设计手册[M]. 2 版. 2012.
[3] 土石坝技术. 2010 年论文集. 北京：中国电力出版社，2010.
[4] 土石坝技术. 2011 年论文集. 北京：中国电力出版社，2011.
[5] 关志诚. 深覆盖混凝土防渗墙设计指标选择[J]. 水利水电技术，2009.
[6] 关志诚. 砂砾石坝建设进展[J]. 中国水利，2012.

溪洛渡高拱坝混凝土温控防裂理论与实践

周绍武　洪文浩　李炳锋　邬　昆

（中国长江三峡集团公司 溪洛渡工程建设部，云南 永善　657300）

【摘要】 大体积混凝土的温控防裂是混凝土大坝建设的难题，随着工程经验的积累、现代科学技术尤其是仿真计算技术的发展，以及建筑材料、施工方法的改进，大体积混凝土的温控防裂理论和技术得到了很大的提高，"全年全坝浇筑预冷混凝土浇筑、全过程制冷水冷却、全年保温养护"、"小温差，早冷却，慢冷却"的温控方法得到了普遍认可。高拱坝的建设条件和坝体结构的复杂性使得混凝土施工和温控防裂具有新的特点，使得温控施工难度进一步加大。溪洛渡混凝土拱坝为300 m级特高拱坝，与国内其他同类工程相比，坝身孔口多、结构复杂，且混凝土自身抗裂性能相对较差，由此产生了新的温控问题。基于现有的混凝土温控防裂理论和实践经验，针对高拱坝混凝土温控施工新特点和溪洛渡拱坝混凝土温控问题，加强了冷却设施建设，建立了溪洛渡"数字大坝"，做到了全过程的精细化通水冷却；通过"产学研"的紧密结合，开展了全过程的施工监测与仿真分析，不断增强了对混凝土温控规律的认识，协调解决了温控技术要求与现场施工之间的矛盾，采取了有效的温控防裂措施，防止了不利应力和温度裂缝的产生。

【关键词】 高拱坝　混凝土　数字大坝　温控防裂

混凝土裂缝主要与混凝土变形和受约束程度有关，在施工期引起变形的各项因素中，温度变化起主导作用，因此控制温度裂缝是解决混凝土施工期裂缝的关键。混凝土高拱坝运行期承受巨大的水推力，应力水平高，对大坝的整体性和防裂有更高的要求。拱坝施工一般采用通仓浇筑，低温封拱。对于高拱坝，由于坝体厚，基础约束、新老混凝土约束都将增强，应力控制难度大。另外，低温封拱要求在短期内将混凝土温度降至封拱温度，降温幅度大、速度快，加之上下层混凝土约束大，易出现超标拉应力。因此，高拱坝施工期的温控防裂任务更加艰巨。

1　混凝土温控防裂理论发展与现状

国外在大体积混凝土结构温度控制研究方面起步较早。美国垦务局在20世纪30年代兴建胡佛（Hoover）坝（原名波尔德坝）时发展了以水管冷却和柱状分块为主的混凝土坝温度控制方法，浇筑块长度控制在15 m左右，在实践中取得了成功。美国田纳西河流域管理局在修建海瓦希（Hiwassee）坝时采用了冷水拌和，使夏季混凝土入仓温度由25.6 ℃降低到22.2 ℃；美国垦务局在1940年修建胡里安特坝时使用拌和水加冰的方法，使夏季混凝土入仓温度降低到21.1 ℃；第二次世界大战后，美国陆军工程师团发展了一套预冷骨料、通仓浇筑的筑坝方法，在初期因技术不够成熟，混凝土入仓温度只降低到17～18 ℃；随着技术逐渐改进，即使在夏天也能把入仓温度降低到7 ℃[1]。至60年代初，逐渐形成了比较定型的设计和施工模式，包括采用水化热较低的水泥和高水灰比混凝土、限制浇筑层厚度和最短的浇筑间歇期、人工冷却降低混凝土的浇筑温度、预埋冷却水管和对新浇混凝土进行保温并延长养护时间等措施。到70年代，苏联在建造的托克托古尔重力坝时采用了“托克托古尔法”，其核心是用自动上升的帐篷创造人工气候，冬季保温，夏季遮阳，自始至终在帐篷内浇筑混凝土，在温控防裂方面获得了成功[1]。

我国的大坝混凝土温控防裂起步相对较晚。20世纪50年代，响洪甸拱坝首次采用了水管冷却、薄层浇筑，建成后裂缝不多。60年代，丹江口水电站在兴建初期曾出现大量裂缝，随后采取了一系列的温控措施，包括严格控制基础温差、新老混凝土上下层温差和内外温差，严格执行新浇混凝土的表面保护，提高混凝土的抗裂能力等，取得了良好的效果。在建设东风双曲拱坝时，对高混凝土坝的裂缝与防治进行了较系统的研究，包括混凝土最优配合比、混凝土断裂参数及过程；混凝土裂缝无损检测仪器、低温混凝土生产工艺、新型保温保湿材料和通水冷却改性胶管等[2]。90年代初，三峡工程首创二次风冷技术，并取得了巨大的成功，在后续大坝工程中广泛使用。在特高拱坝的温控防裂研究方面，张国新等[3]总结出“表面保温、低温浇筑、通水冷却”三大手段为主的温控防裂体系，并对冷却过程、温度梯度的设置等进行了深入的探讨。

材料性能优化和水管冷却是大坝混凝土温控防裂的重要措施。通过二滩、三峡水电工程的兴建，使得“中热水泥高掺优质粉煤灰、高效减水剂与引气剂联掺、低水胶比低坍落度、突出耐久性与抗裂性要求”等的配合比优化设计理念被广泛接受和采纳。此外，MgO微膨胀混凝土筑坝技术近年来也受了到广泛关注，吴中伟在膨胀混凝土的性能、补偿收缩原理及模式和膨胀混凝土的应用设计方面提出了许多独特见解和理论方法[4]。纤维混凝土在抗拉、抗弯和抗剪性能方面相对普通混凝土都有所提高，且随着掺量的增加，抗裂性能也逐渐提高，目前在抑制由于收缩等因素引起的早期开裂中得到了一定应用。水管冷却始于美国垦务局于20世纪30年代在欧维希（Owyhee）坝上进行的混凝土水管冷却试验，后来在胡佛坝上成功应用，并在全世界得以推广应用。冷却水管的材质通常为铁管，近年来塑料冷却水管也逐渐在工程中得到应用，二滩拱坝采用高强塑料管获得了成功。如何把水管冷却用好是坝工界关心的一个热点，国内外研究者均对冷却水管在实际工程中的应用方式进行了探讨，朱伯芳[5]结合冷却水管使用过程中的利弊分析，提出了采用“小温差、早冷却、慢冷却”的建议。

为了量化各种影响因素对混凝土裂缝产生和发展的影响，预报施工期大坝应力和温度变化，从而采取更有效的温控防裂措施，需要采用数值仿真方法来定量描述工程现场的实际情况。第一个温度场有限元仿真程序DOT-DICE是1968年由美国Wilson教授研制的，并成功应用于德沃夏克坝（Dworshak）的温度场计算。此后，混凝土温度场及应力仿真成为大坝混凝土温控防裂的重要工具。朱伯芳为大体积混凝土结构温度控制和设计建立了整套理论，他所领导的团队开发了混凝土坝温控防裂全过程仿真分析程序Saptis[5]得到了广泛应用。

混凝土坝裂缝绝大多数是表面裂缝，但其中一部分可能发展为深层裂缝甚至贯穿裂缝，表面保护也是防止混凝土坝裂缝的重要措施。美国在建设胡佛坝时就对新浇混凝土采取过表面保温措施，朱伯芳在文献[5]中指出应在坝体上下游表面采取泡沫塑料板长期保温。我国在20世纪的60、70年代，草袋和草帘是混凝土坝施工中广泛采用的表面保温材料，由于它们受潮后保温能力锐减，且易腐烂，不耐用；干燥时又极易燃烧，易引起火灾。目前混凝土坝的表面保温目前主要采用泡沫塑料。

2 高拱坝混凝土温控施工新特点

随着中国“西电东送”战略的实施，目前西南水电开发已进入高峰期，高拱坝成为西南大型水电站的常用坝型。对于坝高大于200 m的高拱坝，由于其建设规模和结构的复杂性，一般的施工和温控方法已不适用，应对有关问题作专门研究论证。通过综合研究国内高拱坝建设情况，结合溪洛渡拱坝建设管理实践，高拱坝混凝土施工和温控具有以下新特点：

（1）高拱坝混凝土施工和温控具有全坝约束的特点。一般认为，距离基岩面高度为0～0.4*L*（*L*为浇筑块边长）范围内的区域为基础约束区；基础约束区开裂风险大，温控防裂要求高。对于高拱坝，由于其多位于高山峡谷，水平向的基础约束效应明显，使得坝体应力状态复杂，加上接缝灌浆的连续进行，上部混凝土受拱圈和岸坡基础的约束，坝体拉应力区增大，基础约束区的概念逐渐向全坝约束的概念转变。换言之，对于高拱坝而言，全坝均需从严控制基础温差。

（2）高拱坝混凝土需进行全年连续通水冷却。工程实践和研究分析均表明，在一期冷却控制混凝土最高温度和二期冷却将混凝土温度降低至封拱温度期间，采用中期冷却防止温度回升、减小二期冷却温度降幅、降低混凝土内外温差是温控防裂的重要手段。由于高拱坝在满足条件的情况下全年进行接缝灌浆，同时为了减少混凝土温度波动带来的不利应力，应采用“小温差、早冷却、慢冷却”的方式，进行全年连续通水冷却。

（3）高拱坝对垂直方向温度梯度控制要求严格。温度梯度是产生温度应力的直接原因。由于拱坝具有全坝约束的特点，且封拱温度一般较低，因此在进行接缝灌浆时，在上部设置同冷区、过渡区和盖重区，以形成合理的温度梯度。研究表明，同冷区高度对施工期温度应力有一定影响，对于超高超长拱坝，适当提高同冷区高度可提高安全裕度、降低开裂风险。因此，在实际施工过程中，已封拱区与最低浇筑块之间应至少包含拟灌浆区、同冷区（以2倍灌浆区高度为宜）、过渡区、盖重区，区间高度为5倍灌浆区高度。

（4）高拱坝孔口多，结构复杂，不利于全坝均衡上升，悬臂高度控制难度大。高山峡谷地区建设高拱坝一般采用河床断流、隧洞导流、全年施工、分期蓄水的方式，施工导流程序复杂，需在坝体中设置多个临时导流底孔；同时，运行期也以坝身泄洪为主，因此需在坝体中设置多个泄洪孔洞。孔洞部位结构复杂，施工进度缓慢，其上升速度往往滞后于其他坝段，从而制约接缝灌浆施工进度。如前所述，已封工区与最低浇筑块之间至少有5倍灌浆区高度，加上其他坝段与最低坝段之间的高差，使得悬臂高度往往较大，给拱坝施工期应力带来不利影响。

（5）高拱坝横缝工作性态复杂，给接缝灌浆和整体应力状态带来影响。一般而言，通过通水冷却，混凝土从最高温度降低到封拱温度，可以使横缝张开以满足接缝灌浆要求。对于高拱坝而言，由于部分坝段悬臂高度较大，同一横缝在不同高程呈现不同的开合状态；随着坝体的升高，大坝逐步体现出三维结构特征，河床坝段与陡坡坝段横缝性态的差异性也将日趋明显，影响横缝开合的因素较复杂；随着接缝灌浆区域逐渐增长，通水过程可能会对已接缝区域产生影响，从而影响拱坝整体应力状态[6]。因此，要从浇筑施工和温度过程控制两方面综合考虑，控制横缝张开时机，并避免已封拱横缝的再次拉开。

3 溪洛渡拱坝混凝土温控施工问题

3.1 溪洛渡拱坝简介

溪洛渡水电站位于四川省雷波县和云南省永善县交界处的金沙江干流上，挡水大坝为混凝土双曲拱坝，由31个坝段组成，建基面最低高程为324.5 m，坝顶高程为610 m，最大坝高为285.5 m，是1座300 m级的特高拱坝，坝体混凝土总量约为650万m^3，规模巨大；坝顶拱冠厚度为14 m，坝底拱冠厚度为60 m，最大中心角为95.58°，顶拱中心线弧长为681.51 m，厚高比为0.210，弧高比为2.387。坝身设置10个导流底孔、8个泄洪深孔、7个泄洪表孔，并布置有5层共6条廊道，另外沿两岸建基面设置了两条爬坡廊道，结构复杂；坝体不设纵缝，通仓浇筑，最大仓面面积达到1 900 m^2，浇筑仓面大且浇筑强度高。坝址位于中亚热带亚湿润气候区，年平均气温为19.7 ℃，极端最高气温为41 ℃，极端最低气温为0.3 ℃。

根据拱坝应力分布、坝体结构布置特点及混凝土强度、耐久性、抗冲刷、抗侵蚀、施工期抗裂等要求，对坝体混凝土按强度等级分为4个区。A区混凝土分布在基础部位和深孔、表孔周边，B区混凝土分布在各坝段基础以上一定范围，C区混凝土分布在6号~10号、21号~24号坝段上部高程，另有孔口和闸墩区混凝土。各区混凝土主要设计指标见表1。

表1 溪洛渡拱坝混凝土主要设计指标

序号	混凝土分区	强度等级	最大水胶比	最大粉煤灰掺量(%)	设计极拉值($\times10^{-4}$)	抗冻等级	抗渗等级
1	A区	$C_{180}40$	0.41	35	1.00	F300	W15
2	B区	$C_{180}35$	0.45	35	0.95	F300	W14
3	C区	$C_{180}30$	0.49	35	0.90	F300	W13
4	孔口和闸墩	$C_{90}42$	0.38	20~25	1.00	F300	W15

溪洛渡拱坝混凝土设计龄期采用180 d，以充分利用混凝土后期强度；粗骨料采用玄武岩、细骨料采用灰岩，具有弹模高、徐变和极限拉伸偏低、自身体积变形收缩较大等特点（自身体积变形设计指标要求收缩变形不大于20×10^{-6} μm，弹性模量$E_{180}=40\sim48$ GPa，徐变系数为0.3~0.4）。与小湾、锦屏、拉西瓦、二滩等国内同类工程的混凝土性能相比，溪洛渡拱坝混凝土弹模大、极拉值和徐变小，综合抗裂性能相对较差，见图1。

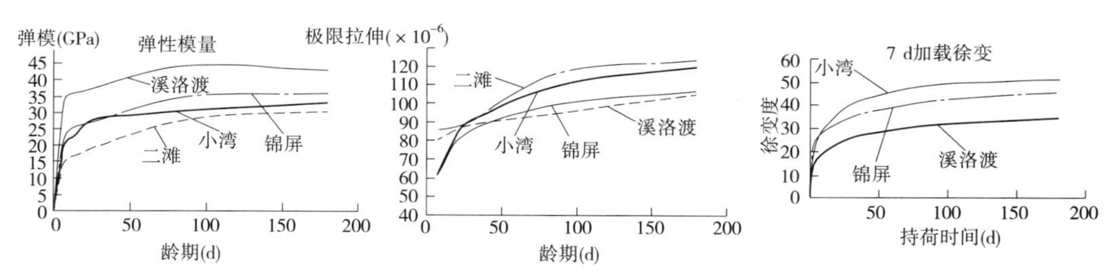

图1 几个工程的材料特性参数对比

3.2 溪洛渡拱坝混凝土温控施工问题

溪洛渡拱坝属于300 m级特高拱坝，具有如前所述的高拱坝混凝土温控施工新特点，加上混凝土性能指标对温控防裂不利，需制定科学、严格的温控要求，并采取合理、可行的温控措施，以避免出现温度裂缝对坝体整体结构和工作性态造成不利影响；同时，严格的温控技术要求给现场施工带来诸多制约，反过来又影响温控技术要求的实施，由此产生了新的温控问题。

（1）最高温度控制问题。基于全坝约束的理论，溪洛渡拱坝混凝土最高温度控制要求从约束区的 29 ℃和脱离约束区的 31 ℃提高到全坝按 27 ℃控制。对于 A、B、C 区混凝土而言，非高温季节浇筑时，通过混凝土预冷和通水冷却，可以满足最高温度控制要求；但对于孔口和闸墩区域的 $C_{90}42$ 混凝土和高温季节浇筑的低级配 $C_{180}40$ 而言，由于外界气温和自身水化热均较高，最高温度难以控制在 27 ℃。

（2）通水冷却过程控制问题。基于“小温差、早冷却、慢冷却”、全年通水冷却的理念，溪洛渡拱坝提出分一期冷却、中期冷却、二期冷却等三个时期进行混凝土冷却降温的混凝土温控技术要求，如图 2 所示。“三个时期、九个阶段”的全年通水冷却同时包括了最高温度控制、降温速率控制、温度变幅控制等要求，增大了通水量和通水水温、流量控制难度，采取传统的控制手段难以满足设计要求。

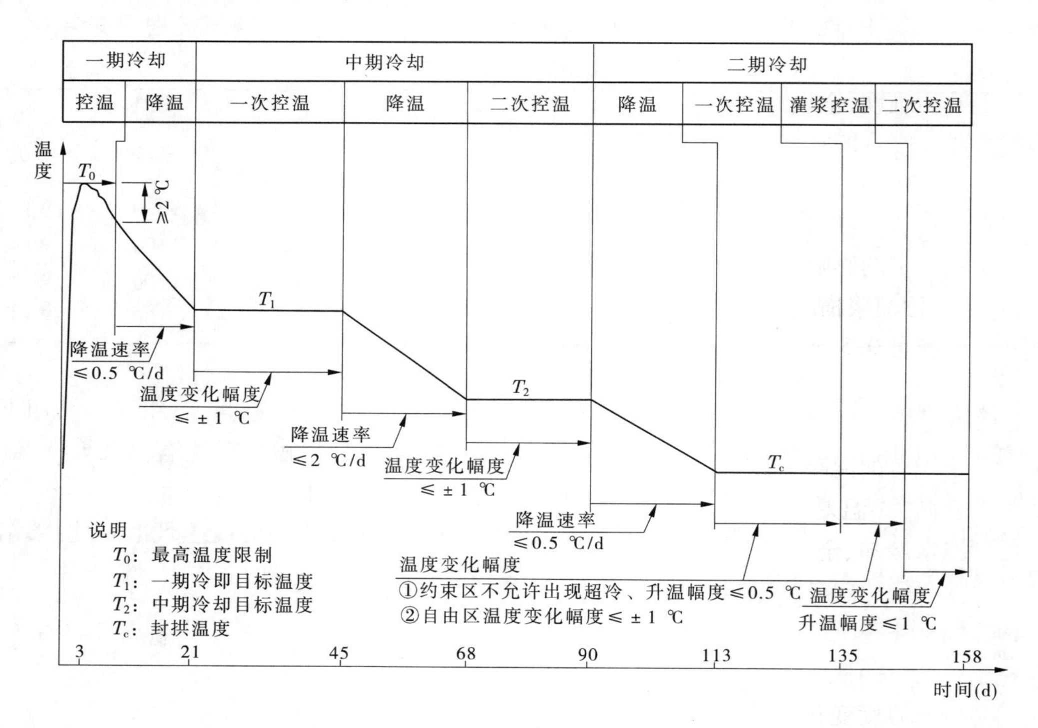

图 2　溪洛渡拱坝混凝土冷却过程

（3）温度梯度与悬臂高度控制问题。为减小混凝土梯度温度应力，防止混凝土出现开裂现象，溪洛渡拱坝各坝段在施工过程中，自下而上分为已灌区、灌浆区、同冷区、过渡区和盖重区等五区，确保接缝灌浆时上部各灌区温度及温降幅度形成合适的温度梯度，见图 3。

同时，温控技术要求提出，在高程 410 m 下，最大悬臂高度控制在 80 m 以内；在高程 410 m 以上，孔口坝段悬臂高度控制在 50 m 以内，非孔口坝段控制在 60 m 以内。

从图 3 可知，从灌浆区到盖重区的高度为 45 m；而溪洛渡拱坝坝身孔口多，提高了拱坝

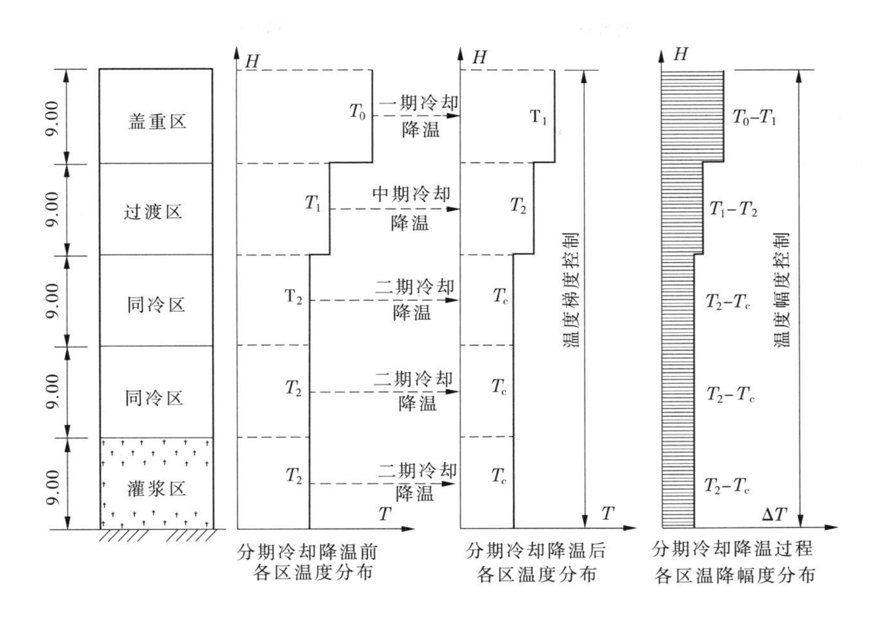

图 3　溪洛渡拱坝并缝灌浆温度梯度控制

均衡上升的难度，全坝高差一般在 24 m 以上，虽满足不大于 30 m 的设计要求，但两者相加，最大悬臂高度一般在 69 m 以上，两者之间的矛盾难以协调。

（4）横缝工作性态控制问题。溪洛渡拱坝最高温度控制相对较低，中冷和二冷温降幅度有限，再加上实际最高温度控制一般要低于设计允许最大值，故横缝的开度及张开的时机都会受到一定的影响，溪洛渡拱坝第一批次冷却横缝开度偏小；而在后续的接缝灌浆冷却过程中，存在已灌浆横缝被重新拉开的情况。横缝工作性态的控制，一方面要保证接缝灌浆时横缝开度满足 0.5 mm 的设计要求，另一方面要避免已封拱横缝被拉开。

4　基于“数字大坝”的溪洛渡拱坝混凝土温控实践

基于现有的混凝土温控防裂理论和实践经验，针对高拱坝混凝土温控施工新特点，溪洛渡拱坝遵循“小温差，早冷却，慢冷却”的指导思想，采用“全年全坝浇筑预冷混凝土浇筑、全过程制冷水冷却、全年保温养护”的做法进行混凝土温度控制[7]。同时，针对溪洛渡拱坝混凝土温控问题，加强冷却设施建设，建立了溪洛渡“数字大坝”，做到全过程的精细化通水冷却；通过“产学研”的紧密结合，开展全过程的施工监测与仿真分析，协调解决温控技术要求与现场施工之间的矛盾，并不断增强对陡坡坝段、孔口部位、夏季高温和冬季气温骤降等条件下混凝土温度变化规律的认识，采取浇筑施工和温控防裂措施，防止不利应力和温度裂缝的产生[8]。

4.1　溪洛渡“数字大坝”建设情况

基于全寿命周期管理理论，按照“统一模型、平台和接口，数据准确、全面、及时、共享，直接面向生产需求，重在预测预报预警，应用操作简单，直观逼真”的原则，联合相关科研院校，建设了溪洛渡“数字大坝”系统，如图 4 所示。

溪洛渡“数字大坝”系统分为两大部分：施工监测系统和仿真分析系统。施工监测系统重点是对现场设计信息、进度信息、质量信息、施工监测信息等信息资料进行收集和展示，对

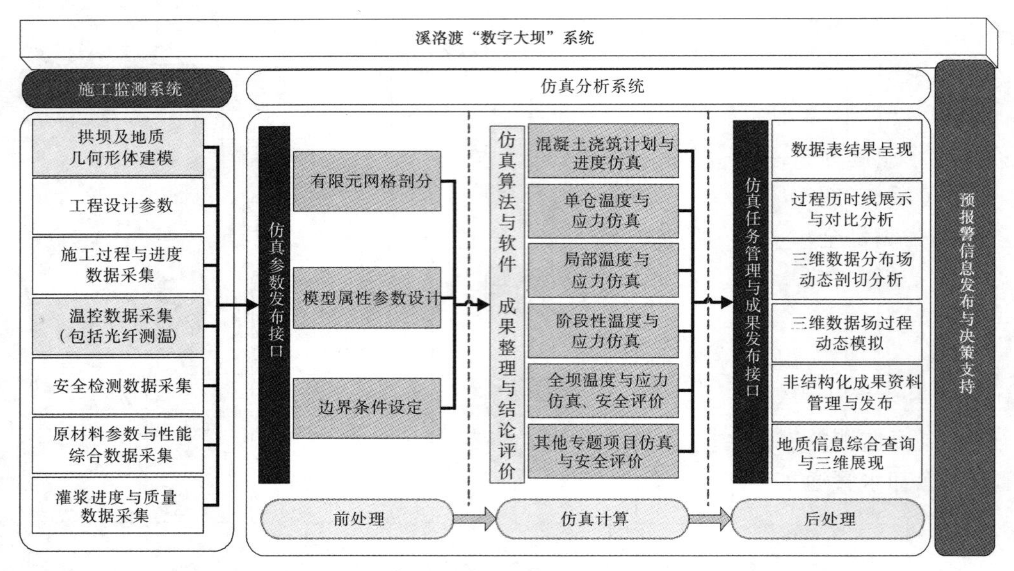

图 4　溪洛渡"数字大坝"模型示意图

混凝土浇筑计划、原材料检测、混凝土生产、混凝土运输、现场浇筑、混凝土温控等数据进行全面收集,全面覆盖大坝施工的全过程,是参建各方的信息共享与工作平台。仿真分析系统在对施工监测系统数据进行分析的基础上对大坝的整体安全状态、应力状态、开裂风险、施工技术难题等进行分析,对三维地质模型、计算边界条件、网格剖分、应力、应变计算结果等进行收集和展示,并针对即将施工部位特点和已施工部位应力状态提出预警和预控措施,使现场数据采集的及时性与仿真分析的超前性得到融合,对施工提出超前指导和预判,从而保证施工过程坝体应力状态得到有效控制,避免裂缝产生。

溪洛渡"数字大坝"系统实施以来,积累了大量的各类数据,通过统一的平台和接口,发挥了设计与科研单位的作用,通过科研院校的现场跟班和后方支撑,现场大量的技术难题得到了超前研究并解决,为溪洛渡大坝混凝土浇筑的顺利进行和温控防裂提供了技术支撑。

4.2　基于"数字大坝"的溪洛渡温控实践

4.2.1　最高温度控制

目前,采取制冷手段拌制低温混凝土、采取措施降低运输过程混凝土温度回升、加强仓面喷雾降低浇筑环境温度、预埋水管进行通水冷却是控制混凝土最高温度的常规手段,这些手段在溪洛渡拱坝中也得到了很好的应用。

基于"数字大坝"和仿真计算,溪洛渡拱坝对混凝土最高温度实行"双控预警":控制升温过程、控制最高温度。通过数值计算,取得实际浇筑条件下的混凝土理论温升曲线,导入"数字大坝"系统后与实测温升曲线进行对比,及时调整通水流量和(或)通水温度,控制混凝土温升过程,从而控制最高温度。"双控预警"有助于控制最高温度超标导致基础温差过大,也可以避免最高温度过低带来的不利影响。

同时,溪洛渡拱坝通过仿真分析,在保证拱坝抗裂安全的情况下,局部调整最高温度控制标准:脱离约束区后,夏季浇筑的混凝土最高温度控制标准允许放宽 1 ~2 ℃;两岸陡坡坝段基础约束区抗裂安全系数较小,全年浇筑的混凝土最高温度均按不高于 25 ℃控制。同时,在开裂风险较大的陡坡坝段基础约束区、孔口坝段长间歇仓号浇筑掺加 PVA 纤维的混凝土,以进一步提高抗裂安全系数。

4.2.2 冷却过程控制

(1)管网建设。遵循“小温差、早冷却、慢冷却”的原则,溪洛渡拱坝建设了两套冷却通水管网,通水温度为8~10 ℃和14~16 ℃,分别用于混凝土的一期冷却、中期降温、二期降温和中期控温、二期控温,以便在有效控制混凝土温度的同时避免冷却水管周边局部温差过大。同时,为满足全年通水冷却的要求,溪洛渡拱坝在2011年高峰期配备了10台冷水机组,冷水生产能力在2 800~3 300 m^3/h,同时对535仓混凝土进行通水冷却,平均1 m^3混凝土的通水量约为招标阶段的1.5倍。

(2)温度过程智能监控。为了满足“三个时期、九个阶段”的降温速率和温度变幅控制要求,在每仓混凝土内均埋设温度计,全面监测混凝土内部温度;2010年后采用的数字温度计提高了温度监测的准确性和工作效率。同时,运用“数字大坝”采集、分析混凝土内部温度变化和冷却水管通水情况,对温度异常情况进行预警、报警,以及时调整通水流量和通水温度,从而达到最高温度、降温速率、温度变幅不超标的温控目的,使温控过程满足设计要求。溪洛渡拱坝混凝土温度控制通水冷却过程监控和实时调整过程见图5。

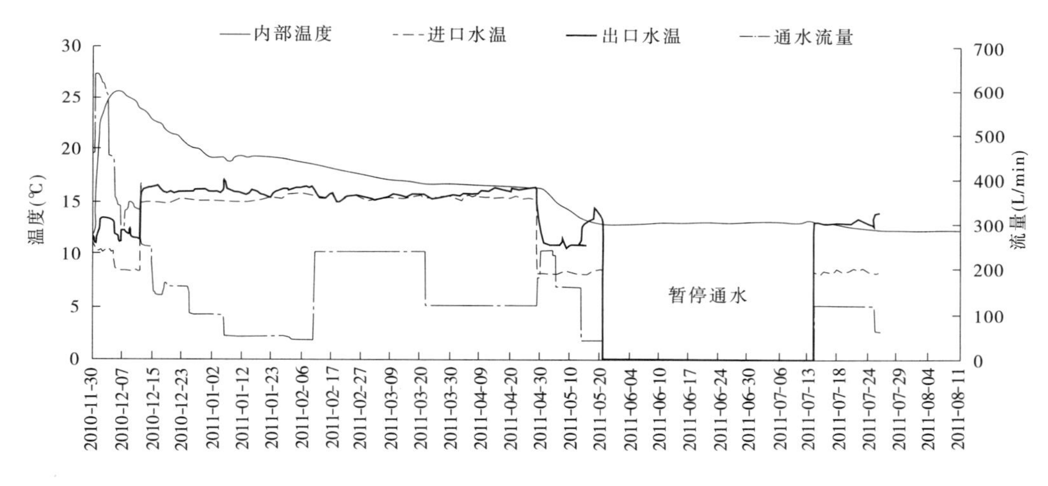

图5 溪洛渡拱坝混凝土通水冷却过程监控和实时调整过程(16-034仓)

(3)个性化调整冷却过程。基于“数字大坝”的仿真分析成果,对高温季节浇筑的孔口周边混凝土,一期冷却按照“慢冷却”的原则分三个阶段进行,避免混凝土开裂。第一阶段目标温度按25 ℃控制;第二阶段将混凝土温度控制在25 ℃左右,并保持5~7 d;第三阶段将混凝土缓慢降温至20~22 ℃。一期冷却降温速率按不超过0.3 ℃/d控制,总时间在30 d以上。

4.2.3 悬臂高度控制

如前所述,基于拱坝施工实际情况,溪洛渡拱坝温控技术要求的温度梯度控制与悬臂高度控制存在矛盾。为缓解该矛盾,一方面要求现场合理安排施工计划,加强资源投入和施工组织,加快复杂坝段浇筑速度,降低全坝高差,使拱坝均衡上升;另一方面,根据不同施工阶段的拱坝形象面貌,通过仿真计算进行拱坝应力对悬臂高度的敏感性分析,在不致给拱坝应力带来影响的情况下适当放宽部分坝段的悬臂高度控制标准,从而为现场合理安排施工进度控制提供了灵活性。

4.2.4 横缝工作性态控制

影响横缝开度的因素包括冷却幅度、相邻高差、横缝两侧混凝土黏结强度等,为确保后期冷却时大坝横缝张开并具备较好的可灌性,仿真分析提出了提高一期冷却目标温度、提高非约束区最高温度、改进冲毛工艺减小横缝黏结强度、超冷 1 ~ 3 ℃、加强上、下游表面保温等综合措施,横缝面处理做到“净除乳皮”即可。

通过对横缝张开数据的统计分析,并在此基础上进行反演分析,结果表明,为避免上部灌区的冷却使已封拱横缝突然张开从而产生不利影响,应通过合理安排各灌浆区的冷却过程,使得拟灌区上部有 3 个灌区的横缝处于张开状态。

4.2.5 保温与养护

(1)保温材料。在不同保温材料现场试验的基础上,确定上、下游坝面分别采用厚 5 cm 与 3 cm 的挤塑聚苯乙烯泡沫板(XPS),仿真计算结果表明,陡坡坝段基础约束区在低温季节拉应力较大、抗裂安全系数较低,因此在该部位下游面也采用 5 cm 的挤塑聚苯乙烯泡沫板(XPS);横缝面采用厚 5 cm 的聚乙烯保温卷材(EPE);水平仓面采用厚 4 cm(2 cm × 2)的保温卷材;坝体孔洞内壁喷涂聚氨酯进行保温,厚度为 2 ~ 4 cm,且封闭上、下游孔口。

(2)保温时机。低温季节水平仓面随冲毛施工及时跟进且须在收仓后 3 d 内完成保温,若遇气温骤降,须在混凝土终凝后全面覆盖保温;横缝面和上下游面在拆模后 3 d 内完成保温。

(3)养护要求。高温季节,横缝面和水平仓面以养护为主。上下游坝面采用挂花管流水养护方式,除基面处理、保温施工暂停养护外,其余时间均需流水养护;横缝面采用挂花管流水养护方式,除低块混凝土浇筑期间改为洒水养护外,其余时间均需流水养护;水平仓面初凝前采取喷雾养护,其后旋喷养护;对于浇筑高强度等级、低级配混凝土区域,为控制最高温度,采用了制冷水进行流水养护。

4.3 溪洛渡拱坝混凝土温控防裂初步成果

2009 年底,溪洛渡拱坝河床坝段固结灌浆完成,混凝土进入连续浇筑阶段。2010 ~ 2011 年,溪洛渡大坝混凝土浇筑完成 1 060 仓,总方量为 370 万 m^3,最大日浇筑量为 9 239.50 m^3,最大周浇筑量为 5.01 万 m^3,最大月浇筑量为 21.59 万 m^3。通过采取有效的温控措施,溪洛渡拱坝混凝土温控情况良好,各冷却阶段的目标温度、降温速率符合率较高,温控过程曲线满足设计要求,连续浇筑的大坝混凝土尚未发现温度裂缝。

(1)浇筑温度控制。共进行了 21 899 次浇筑温度测量,符合率为 95.8%。

(2)最高温度控制。共对 978 仓大坝混凝土进行测温,埋设温度计 1 655 支,共出现超温仓 44 个,超温点 81 个,仓次符合率 95.5%,测点符合率 95.1%。

(3)降温速率控制。共进行 44 560 次一期降温监测,平均日降温速率 <0.5 ℃/d 的占 97.2%;共进行 19 366 次中冷降温监测,平均日降温速率 <0.2 ℃/d 的占 91.0%;共进行 26 209 次二冷降温监测,平均日降温速率 <0.5 ℃/d 的占 98.2%,降温速率总体满足设计要求。

4 结语

(1)大体积混凝土的温控防裂是混凝土大坝建设的难题,随着现代科学技术尤其是仿真计算技术的发展,以及建筑材料、施工方法的改进,大体积混凝土的温控防裂理论和技术得到了很大的提高，“全年全坝浇筑预冷混凝土浇筑、全过程制冷水冷却、全年保温养护”、“小温差、早冷却、慢冷却”的温控方法得到了普遍认可。

(2)高拱坝的建设条件和坝体结构的复杂性使得混凝土施工和温控防裂具有全坝约束、全年连续通水、悬臂高度控制、横缝工作性态复杂等新的特点，高拱坝温控施工需在现有理论和实践的基础上进一步提高认识、改进方法。

(3)溪洛渡拱坝属于300 m级特高拱坝，加上混凝土性能指标对温控防裂不利，因此制定了严格的温控要求，同时，严格的温控技术要求给现场施工带来诸多制约，反过来又影响温控技术要求的实施，由此产生了新的温控问题。

(4)基于现有的混凝土温控防裂理论和实践经验，针对高拱坝混凝土温控施工新特点和自身温控问题，溪洛渡拱坝加强冷却设施建设，建立了溪洛渡“数字大坝”，做到了全过程的精细化通水冷却；通过“产学研”的紧密结合，开展全过程的施工监测与仿真分析，不断增强对混凝土温控规律的认识，协调解决温控技术要求与现场施工之间的矛盾，采取了有效的温控防裂措施防止不利应力和温度裂缝的产生。2010～2011年，溪洛渡拱坝在基础固结灌浆完成后浇筑的约为370万 m^3 混凝土未发现温度裂缝。

参考文献

[1] 朱伯芳. 大体积混凝土温度应力与温度控制[M]. 北京:中国电力出版社,1999.

[2] 潘家铮,何璟. 中国大坝50年[M]. 北京:中国水利水电出版社,2000.

[3] 张国新,刘有志,刘毅,等. 特高拱坝施工期裂缝成因分析与温控防裂措施讨论[J]. 水力发电学报,2010,29(5):45-50.

[4] 吴中伟. 补偿收缩混凝土[M]. 北京:中国建筑工业出版社,1979.

[5] 朱伯芳. 高拱坝结构安全关键技术研究[M]. 北京:中国水利水电出版社,2010.

[6] 胡昱,李庆斌,周绍武,等. 高拱坝工程施工期冷却问题的探讨[C]//大坝技术及长效性能国际研讨会论文集. 北京:中国水利水电出版社,2011.

[7] 朱伯芳. 小温差早冷却缓慢冷却是混凝土坝水管冷却的新方向[J]. 水利水电技术,2009,40(1):44-50.

[8] 朱伯芳,许平. 混凝土高坝全过程仿真分析[J]. 水利水电技术,2002,33(12):11-14.

三峡水库库区蒸发损失水量估算

孙志禹[1]　刘晓志[2]　李　翀[1]

（1. 中国长江三峡集团公司科技与环境保护部，北京　100038；
2. 中国水利水电科学研究院水电可持续发展研究中心，北京　100038）

【摘要】　依据实测水文和气象数据，本文估计三峡库区水面蒸发的折算系数，结合水库的运用估算了水库截流后的水面蒸发年损失水量。根据三峡水库的调度规程，以 1961～2002 年水库来流为情景，模拟了长序列三峡水库运行的蒸发损失水量。2011 年三峡水库的年蒸发损失水量为 3.35 亿 m^3，假设的 1961～2002 年水库来流情景下的多年平均年蒸发损失水量为 3.12 亿 m^3。成果可为三峡水库的水资源开发利用提供参考，能为三峡水库的运行管理提供支持。

【关键词】　库区水面蒸发　损失水量　三峡水库

水库库区水面蒸发是水库修建后水库水量损失的主要途径之一。近年来，随着全球气温的逐渐升高，大气环流运动受到人类的影响越来越大，导致区域内降水年际年内的分布不均加剧，南方部分地区出现枯水期供需矛盾紧张局面，人们对南方枯水期水资源的消耗过程关注增加，相应的研究成果也逐渐增多[1-4]。三峡水库作为长江上游重要的调节控制工程，其防汛、航运和发电功能突出，研究三峡库区成库后水量损失，对于水库水资源管理具有重要意义。

本文依据实测水文和气象数据，估计三峡库区水面蒸发的折算系数，结合水库的运用估算了水库截流后的水面蒸发年损失水量。根据三峡水库的调度规程，以 1961～2002 年水库来流为情景，模拟了长序列三峡水库运行的蒸发损失水量。

1　数据与方法

1.1　数据来源

基础数据包括三峡水库水文气象观测资料。水文观测资料有三峡水库出入库水量资料（1951～2003 年）、库前水位资料（2003～2011 年）、水位—水面面积关系曲线。气象资料为位于库区的湖北省巴东站（N 110.3°，E 31.0°，Z 334 m）1961～2006 年的日观测气温、降水、相对湿度、蒸发等观测数据。

1.2　水面蒸发计算

气象站使用 20 cm 口径小型蒸发皿观测蒸发数据，与库区大型水体实际的蒸发是不一致的，一般通过换算公式 $E_{水}=KE$ 将蒸发皿观测蒸发值 E 测折算到大型水体的蒸发能力 $E_{水}$，K 为折算系数。K 的估算可以通过由 Penman－Monteith 公式计算的水面蒸发力与蒸发皿观测蒸发值的相关关系确定。根据确定的 K 值，就可以将气象站蒸发实测资料换算得到库区水面蒸发能力，并与不同时期的水面面积相乘即得出水面蒸发量。

1.3　水库蒸发损失水量

在相同的气象条件下，水库的蒸发损失水量，为水库相对于原天然河道增加水面面积的水面蒸发量，扣除对应部分陆面蒸发量[5-6]。计算公式为：

$$\nabla W_E = W_{建库后水} - W_{建库前陆} - W_{建库前河道} \quad (1)$$

式中：∇W_E 为由于水库修建所增加的蒸发损失量；$W_{建库后水}$ 为建库后库区水面蒸发量；$W_{建库前陆}$ 为建库前淹没面积的陆面蒸发量；$W_{建库前河道}$ 为原有河道对应水面蒸发量。

其中，水库修建前原有河道对应水面蒸发量 $W_{建库前河道}$ 由河道所占面积乘以相对时期的水面蒸发得到；陆面蒸发量 $W_{建库前陆}$ 由建库后各时期水库的水面面积与原有的河道所占面积相减得出淹没面积，与相应的陆面蒸发能力相乘得到的。陆面蒸发能力本文采用宜昌站以上控制面积的多年平均降水量与相应多年平均径流深相减得出，约为 394.4 mm。

2 结果分析

2.1 库区水面蒸发的折算系数

本文根据 1961 ~ 2006 年日观测气象资料，采用 Penman - Monteith 公式计算了参考作物蒸发蒸腾量（水面蒸发力）ET_0。计算参考作物蒸发蒸腾量的 Penman - Monteith 公式以能量平衡和水汽扩散理论为基础，在理想稳定条件下，即温度、大气压和风速分布近似符合绝热条件，也就无热量交换，这与大型湖泊、水库的水面蒸发的机理条件类似。建立了参考作物蒸发蒸腾量与库区气象站蒸发皿观测值的相关关系（见图 1），二者高度相关，相关关系可以用 $y = 0.58x$ 的直线关系描述。

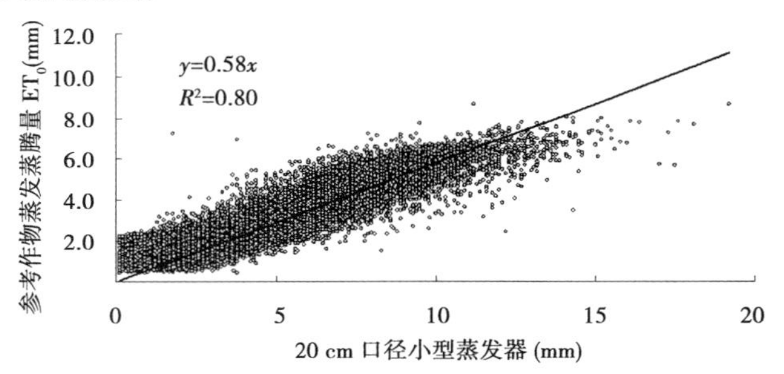

图 1　日参考作物蒸发蒸腾量与小型蒸发器蒸发观测值对比

表 1 为三峡库区月均参考作物蒸发蒸腾量、小型蒸发器蒸发、降水量统计表。从参考作物蒸发蒸腾量占小型蒸发器观测值的比例可以看出，年参考作物蒸发蒸腾量占小型蒸发器观测值的比例约为 59.0%（即 K 值为 0.59）；两者在降水较为充沛的 5 ~ 8 月，所占比例的数值较大，表明此时段由于降雨较多，空气湿润，参考作物蒸发蒸腾量和小型蒸发器观测值相差不大。奚玉英（2002）[7]基于金沙江流域小得石蒸发站的资料分析得出，由 20 cm 口径蒸发皿所测蒸发量折算到大型水体蒸发量时的折算系数多年平均值为 0.58，与三峡库区的 ET_0 占小型蒸发器观测数值比例 59.0% 相近，且年内分布趋势相似。基于上述原因，本文选定三峡库区的水面蒸发折算系数为 0.59，具体年内分布也取 ET_0 占小型蒸发器观测数值比例。

2.2 三峡水库蓄水运行后库区蒸发损失水量

根据三峡水库自 2003 年 6 月运行调度以来的实测资料，按照公式（1）计算了 2003 年后各年库区水面蒸发的相关要素（见表 2）。自 2003 年截流运行以来，随着水库水位的逐渐升高，淹没陆地面积、水面面积逐年增大，由于陆面变水面而新增蒸发损失水量由 2003 年的 0.93 亿 m^3 增加到 2011 年的 3.35 亿 m^3。三峡水库正常运行的两年（2010 年、2011 年），水面蒸发损失水量分别为 3.34 亿 m^3 和 3.35 亿 m^3。

表 1　三峡库区月均参考作物蒸发蒸腾量、小型蒸发器蒸发、降水量统计　（单位:mm）

时间	1 月	2 月	3 月	4 月	5 月	6 月	7 月	8 月	9 月	10 月	11 月	12 月	全年
小型蒸发器观测值	69.1	79.3	116.7	146.5	165.1	177.6	206.1	231.3	160.6	109.3	74.5	64.9	1 601.1
ET_0	34.7	42.9	69	94.1	113	124.4	140.5	140.3	94.6	61.3	38.7	31.5	985
ET_0 占小型蒸发器观测数值比例(%)	50.2	54.1	59.1	64.2	68.4	70.0	68.2	60.7	58.9	56.1	51.9	48.5	59.0
降水量	14	26.8	49.9	92	142	150	174.4	140.3	125.9	94	44.6	19.2	1 073.4

表 2　三峡水库 2003 年蓄水运行后年库区水面、淹没陆地、河道蒸发结果

年份	水面面积（km^2）	淹没陆地面积（km^2）	库区水面蒸发水量（亿 m^3）	淹没陆地蒸发量（亿 m^3）	原河道蒸发水量（亿 m^3）	蒸发损失水量（亿 m^3）
2003	816.3	364.3	4.14	0.88	2.33	0.93
2004	842.1	390.1	7.32	1.50	3.95	1.88
2005	842.9	390.8	7.89	1.50	4.27	2.13
2006	879.4	427.4	8.63	1.58	4.58	2.48
2007	967.9	515.9	9.17	1.94	4.37	2.86
2008	1 000.8	548.8	9.38	2.03	4.37	2.98
2009	1 058.1	606.1	9.83	2.21	4.37	3.24
2010	1 072.5	620.5	10.00	2.29	4.37	3.34
2011	1 084.2	632.2	10.01	2.29	4.37	3.35
平均值	958.1	506.1	8.49	1.80	4.11	2.58

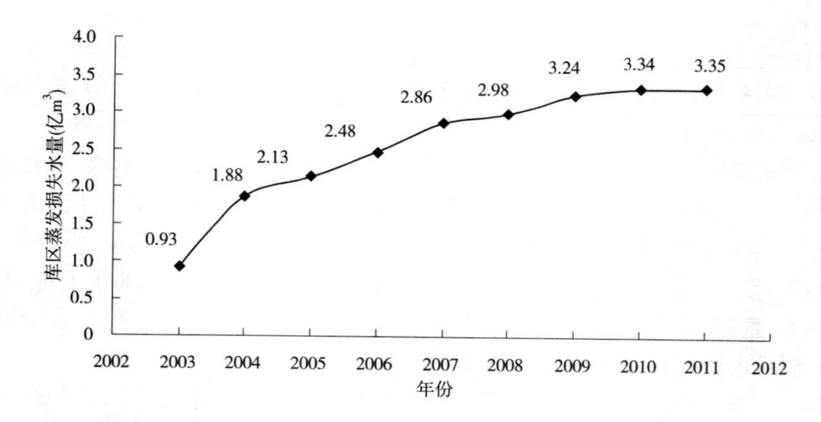

图 2　三峡水库 2003 年截流蓄水运行后库区蒸发损失水量过程

表 3 为三峡水库 2003 年蓄水运行后 2004 ~ 2011 年各月平均蒸发损失统计，从表 3 中可知，水库蒸发损失水量以 4 ~ 9 月为大，其中最大为 6 月，达到 33.6×10^6 m^3。

表 3　三峡水库 2003 年蓄水运行后各月平均库区蒸发损失

月份	水面面积 (km^2)	淹没 陆地面积 (km^2)	水面 蒸发水量 ($\times 10^6$ m^3)	淹没陆地 蒸发水量 ($\times 10^6$ m^3)	河道 蒸发水量 ($\times 10^6$ m^3)	蒸发损失 水量 ($\times 10^6$ m^3)
1	1 014.0	562.0	29.1	8.4	12.9	7.9
2	997.0	545.0	35.9	9.3	16.0	10.6
3	973.3	521.3	54.9	13.1	25.3	16.5
4	958.7	506.7	74.9	16.0	35.0	23.9
5	940.0	488.0	87.9	17.4	42.1	28.4
6	874.3	422.3	102.5	16.9	52.1	33.6
7	882.2	430.2	106.9	19.4	54.3	33.2
8	890.1	438.1	103.3	22.3	51.7	29.3
9	908.4	456.4	84.8	16.2	42.1	26.5
10	987.8	535.8	56.6	13.1	25.7	17.8
11	1 041.6	589.6	37.3	9.8	15.8	11.7
12	1 040.4	588.4	28.6	8.6	12.2	7.9

2.3　三峡水库多年平均库区蒸发损失水量

根据三峡水库的调度规程，以 1961 ~ 2002 年水库来流为情景，通过水库调节计算，模拟出三峡水库库前水位，然后根据水位—水面面积关系曲线插值得到模拟运行时的水面面积，再乘以相应的水面蒸发能力，即可计算出长系列三峡水库多年运行时的水面、河道蒸发水量，而后得到长序列的三峡水库运行的蒸发损失水量（见表 4、图 3）。从表 4 中可知，三峡水库多年运行后，库区的水面面积平均为 1 024.4 km^2，其中淹没陆地面积多年平均为 572.4 km^2，约占全部库区水面面积的 55.9%；由于水库运用而带来的年均蒸发损失水量约为 3.12 亿 m^3。

表 4　三峡水库多年平均库区水面、淹没陆地、河道蒸发估算结果

年份	水面面积 (km^2)	淹没 陆地面积 (km^2)	水面 蒸发水量 (亿 m^3)	淹没陆地 蒸发水量 (亿 m^3)	河道 蒸发水量 (亿 m^3)	蒸发 损失水量 (亿 m^3)
均值	1 024.4	572.4	9.7	2.1	4.5	3.12

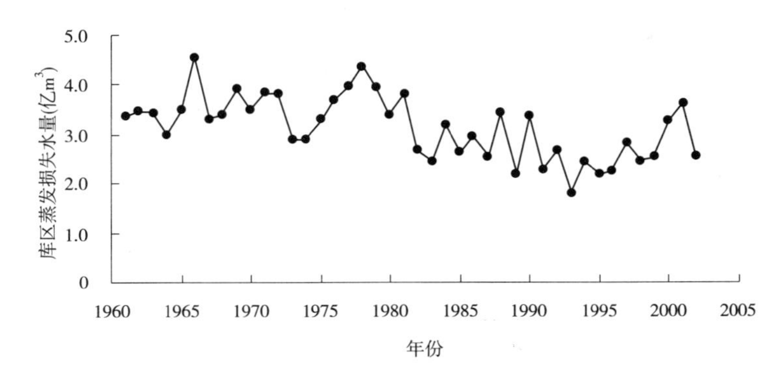

图 3　三峡水库 1961 ~ 2002 年来水情景下库区年蒸发损失水量过程

由三峡水库1961～2002年来水情景下各月平均库区蒸发损失(见表5)可知,水库蒸发损失水量以4～9月为大,其中最大为7月,达到42.8×10⁶ m³。

表5 三峡水库情景模拟时各月平均库区蒸发损失

月份	水面面积(km^2)	淹没陆地面积(km^2)	水面蒸发水量($\times10^6$ m^3)	淹没陆地蒸发水量($\times10^6$ m^3)	河道蒸发水量($\times10^6$ m^3)	蒸发损失水量($\times10^6$ m^3)
1	1 124.2	672.2	39.08	11.65	15.70	11.73
2	1 059.6	607.6	46.37	11.02	19.79	15.56
3	973.3	521.3	67.45	15.26	31.32	20.86
4	934.8	482.8	89.39	17.15	43.31	28.93
5	923.8	471.8	106.36	19.51	52.05	34.80
6	917.0	465.0	115.93	20.01	57.14	38.77
7	918.1	466.1	131.62	24.05	64.78	42.79
8	919.7	467.7	132.05	27.08	64.93	40.05
9	1 007.2	555.2	96.38	21.59	43.56	31.23
10	1 157.0	705.0	66.38	19.29	26.00	21.09
11	1 195.1	743.1	46.60	13.41	17.62	15.57
12	1 161.3	709.3	36.64	11.53	14.26	10.85

3 结论

三峡水库多年运行后,库区的水面面积平均为1 024.4 km^2,其中淹没陆地面积多年平均为572.4 km^2,约占全部库区水面面积的55.9%。由于水库建设及运用带来的蒸发损失水量多年平均为3.12亿 m^3,相对于三峡坝址处的长江多年平均径流量4 500亿 m^3,库区蒸发损失量仅占比0.07%。分月平均库区蒸发损失水量以4～9月为大,其中7月最大为42.8×10^6 m^3。

参考文献

[1] 王志明. 长江宜昌段枯水期河水扩散特征[J]. 水资源保护,1999, 56(2):35-37.
[2] 滕培宋. 南宁水文站近年来枯水期水量偏小原因分析[J]. 人民珠江,2006(6):48-50.
[3] 王萍. 珠江流域枯水期流量周期特征及影响因素分析[J]. 水利学报,2007(1):379-382.
[4] 李若男,陈求稳,蔡德所,等. 漓江枯水期水库补水对下游水环境的影响[J]. 水利学报. 2010, 41(1):7-16.
[5] 张祎,牛兰花,樊云. 葛洲坝蓄水以后库区蒸发水量的计算与分析[J]. 水文,2000, 20(3):33-35.
[6] 田景环,崔庆,徐建华,等. 黄河流域大中型水库水面蒸发对水资源的影响[J]. 山东农业大学学报,2005, 36(3):391-394.
[7] 奚玉英,陈国春. 由20 cm蒸发皿资料和风速计算水库库面蒸发量[J]. 水电站设计,2002, 18(2):76-78.

“数字大坝”朝“智能大坝”的转变
——高坝温控防裂研究进展

张国新　刘有志　刘　毅

（中国水利水电科学研究院，北京　100038）

【摘要】 本文在对高坝工程混凝土材料、温控防裂计算理论、模型与方法及防裂措施研究进展进行系统回顾的基础上，对目前这些研究领域仍存在的问题和未来的发展方向进行了展望。认为混凝土材料配比方面仍有进一步发展的空间，可尝试实现人工控制混凝土热、力学参数的配比实验方法；应当正确认识混凝土的真实抗裂特性和目前规范中几个温差控制标准的适用性和局限性，研究进一步提高大坝抗裂安全系数和温差控制标准的可行性；应全面实现施工、温控和监测等信息数据采集的自动化，推动水管冷却降温过程的智能控制，实现“数字大坝”朝“智能大坝”的转变；有必要基于高坝真实工作性态仿真理论与方法，建立适合于高坝工程安全评估的新理论体系与新方法。

【关键词】 高混凝土坝　温控防裂　抗裂安全系数　数字大坝　智能大坝　安全评估

1　引言

随着我国经济实力的迅速增长，对能源尤其是清洁能源需求的大大增加，西部水利资源得到了进一步的开发和利用，预计在今后一二十年内，一批高 200 m 乃至 300 m 以上的混凝土高坝将陆续在西南、新疆和西藏修建。随着坝高的增长、施工进度的加快以及施工质量要求的提高，在大坝研究、设计和建造过程中将会遇到许多新的问题和新的挑战[1]。

施工期温度应力控制和裂缝预防一直是其中最为重要的问题之一[2]，长期以来，混凝土坝开裂都是非常普遍的现象，有“无坝不裂”的说法。就如何解决混凝土裂缝问题也一直是众多国内外学者长期关注的焦点，并在材料[2-3]、理论方法[4]以及温控防裂措施[5-12]等方面取得一系列卓有成效的成果。近年来，我国学者全面总结了混凝土坝的设计、施工和科研的经验和成果，提出了“全面温控，长期保温，结束无坝不裂的历史”的构想[11]，更是反映了我国在混凝土坝防裂限裂的应用基础理论研究和工程技术上的长足进步。随着现代计算方法和信息技术手段的不断进步与完善，基于“数字大坝”理念的安全控制管理模式[13]正在大坝工程温控防裂实践中发挥越来越大的作用，而“数字大坝”往“智能大坝”方向的转变则使得高坝的温控防裂技术和管理水平有望迈上了一个新的台阶。

2　混凝土材料抗裂特性研究进展

充分利用坝址区混凝土原材料资源，运行材料科学新技术，优化配合比，降低混凝土水化温升、提高施工期混凝土抗裂性，一直是大坝材料研究混凝土的重点方向[3]。

从 20 世纪 30 年代开始，人们已经从改善配合比的角度来提高混凝土的材料抗裂性能。包括应用减水剂、掺用混合材料、改善自生体积变形、选用膨胀系数小的骨料等。减水剂的应用使得在水灰比和坍落度不变的条件下,用水量明显减少,从而降低水泥用量和绝热温升;掺用混合材料可在后期强度不变的条件下减少水泥用量和绝热温升,目前混凝土坝多数掺用粉煤灰,少数掺用矿渣,粉煤灰掺用率常态混凝土拱坝为15% ~35%，常态混凝土重力坝内部已用到40%；碾压混凝土坝为50% ~60%；混凝土自生体积变形通常为收缩,为了改善自生体积变形，一种办法是掺用混合材料(如掺粉煤灰)，另一种办法是改变水泥的矿物成分。氧化镁型水泥膨胀变形出现较晚,可以比较有效地补偿温度应力,我国最早在白山拱坝得到成功使用,但考虑了氧化镁混凝土在力学性能及膨胀变形控制等方面的不稳定性,目前氧化镁筑坝技术只在一些小型低坝中有成功的应用。

另外,人们曾经希望能在水泥用量不变的条件下,提高混凝土的极限拉伸及抗拉强度,但由于受力之前混凝土内部已含有大量微细裂纹,受力之后,微裂纹迅速扩展而导致破坏,因此在这方面收获不大。人们也曾经希望在水泥用量不变的条件下，降低弹性模量或增加徐变，收获也不大。弹性模量与骨料品种有关,但受料源限制,骨料品种选择余地不大[7]。

从20世纪70年代开始的100 m级混凝土坝到80年代以后的200 m级混凝土坝,我国大坝混凝土材料技术取得快速发展,混凝土水胶比降到0.6以下,用水量降到100 kg以内,普遍采用Ⅱ级粉煤灰和减水剂。进入90年代,二滩、三峡水电工程的兴建进一步提升了大坝混凝土的技术水平。通过二滩、三峡水电工程的兴建,使得“中热水泥高掺优质粉煤灰、高效减水剂与引气剂联掺、低水胶比低坍落度、突出耐久性与抗裂性要求”等的配合比优化设计理念被广泛接受和采纳,目前我国在建的几座300 m级高拱坝的混凝土材料设计基本上沿用了三峡工程大坝混凝土的技术路线[3]。现在我国高混凝土坝的设计与施工技术已进入了300 m级时代。一些高拱坝混凝土的设计强度等级已提高到$C_{180}40$,水胶比降低到0.40 m以下,水泥用量大幅增加,绝热温升达到25 ℃以上,给高拱坝混凝土温控防裂造成很大困难。高贝利特水泥具备的高C_2S,低C_3S、低C_3A特性决定了其低水化热和平缓的水化放热特性,未来用利用高贝利特水泥(低热硅酸盐水泥)配制大坝混凝土有望缓解大坝混凝土高强度与温控防裂之间的矛盾,也是未来的发展趋势之一。此外,在水泥中掺入具有不同颗粒分布和活性(包括非活性)的细掺合料可以获得多元胶凝粉体材料,通过优化多元胶凝粉体的活性组分、含量和细度,调控其各组分胶凝反应的进程匹配,水化放热过程和强度发展过程,有望达到根据需要配置多元胶凝粉体,用于定制设计工程所需要的高性能混凝土也是未来重点的发展方向。

3　温控防裂计算理论与方法研究进展

3.1　建立了较为完整的温度场和应力场计算模型与理论体系

大坝的施工是一个动态的过程,温度应力的变化也是动态的,目前采用有限元方法对大坝施工全过程的温度场和应力场进行动态施工仿真这一技术已逐渐成熟。有限单元方法最早应用于混凝土温度应力分析中,始于20世纪60年代末,S. F. Wilson教授研制的二维温度场有限元仿真程序DOT - DICE,并成功应用于德沃夏克(Dworshak)坝的温度场计算。1985年工程师Tatro和Schrader进一步修改了该程序,将其用于美国第一座RCCD——柳溪坝(Willow Creak)的温度场分析,由于当时很难提出一个可靠的弹性模量和徐变随时间变化的关系,因此徐变应力场的分析仍无法给出。1988年第16界国际大坝会议上,Ditchey

E. J.(美)等介绍了利用微型计算机模拟 Monksville 碾压混凝土坝的施工过程,但只是用一维水平热流估算内部温度;Yonezawa. Takushi(日)等用二维模型计算了 Misogawa 堆石坝混凝土围堰的温度与应力分布,这两篇文章显示当时国外的温度和温度应力的仿真分析均已经考虑温度和温度应力随时间变化的情况,徐变影响则是通过减少混凝土弹模来考虑。

国内方面,以朱伯芳院士、潘家铮院士等为首的一批专家在这方面做了突出的贡献。朱伯芳院士是温度应力与温度控制学科的开创者,早在 1956 年就发表了"混凝土坝的温度计算"[14]一文,1972 年编制了我国第一个有限元温度徐变应力仿真程序,为葛洲坝、乌江渡、龙羊峡、三门峡改建等工程提供了大量的计算成果。其后一直对大体积混凝土温度应力与温控这一问题进行研究,提出了非均质体、徐变体的两个基本定理、在柱状浇筑块温度应力、气温变化引起的温度应力、重力坝温度应力、拱坝温度荷载及温度应力、氧化镁混凝土筑坝、抗裂安全及温控标准等多个方面进行了系统的研究,建立了水工混凝土温度应力和温度控制较为完善的理论体系,其大量研究成果集成于文献[15,4],编著的《大体积混凝土温度应力与温度控制》是本领域的经典,被广泛应用。

从有限元仿真计算的规模来看,直到 1996 年以前,仿真计算规模仍然受到当时计算硬件水平限制,许多计算模型只能采用二维或三维大尺寸单元才得以实现。"八五"、"九五"历时十年攻关,我国的科学家和工程师们提出了一系列有效的计算方法,如,朱伯芳院士提出的"扩网并层算法"[16]、武汉水利电力大学王建江提出的"非均质单元法"[17]以及河海大学朱岳明等提出的"非均质层合单元法"[18],还有西安理工大学陈尧隆等提出的浮动网格法[19],刘宁的子结构技术[20]以及黄达海等提出的"波函数法"[21]等。上述算法均以降低 RCCD 解题规模和提高计算速度为主要目标,就其计算结果而言都各有千秋。近年来,张国新领导的团队开发出的基于 OMP 和 MPI 并行算法的混凝土坝温控防裂全过程仿真分析程序 Saptis[22]目前已在国内众多的大坝工程中得到广泛应用,为我国大坝工程温控防裂水平的快速发展做出了重大贡献。

温度场和应力场仿真计算时材料特性参数的取值对计算结果甚为关键,但遗憾的是受现场施工条件、气象水文等多种环境因素的影响,目前绝热温升、弹模、自生体积变形、徐变等关键参数取值方法仍不够完善,大都仍然只是考虑时间因素的影响,且参数的获取都是基于室内标准养护条件所得,与现场的真实情况有一定差异。

比如描述混凝土绝热温升时,目前室内绝热温升实验由于受设备控温精度的影响只做到 28 d 为止,28 d 以后的温升值则根据 28 d 前的实验结果外推求得。根据目前的研究成果,某些粉煤灰实际发热量不低于水泥,但是其水化反应比水泥晚得多且反应缓慢,一般情况下粉煤灰的水化反应从 28 d 才开始,因此目前的室内绝热温升基本没有反映粉煤灰的发热。另外,水泥的水化遵从化学反应的一般规律,即温度越高反应越快,反之则越慢。室内实验采用标准养护,即浇筑温度 20 ℃,而目前几座在建的高拱坝的浇筑温度多为 10 ~ 12 ℃,且通低温水进行人工冷却。因此,实际混凝土的温度比室内低,抑制了水泥的水化,使得实际混凝土的水化热过程比室内试件慢。目前文献中张子明,朱伯芳也曾提出过考虑温度历程影响的绝热温升模型,但无法反映粉煤灰后期水化温升的规律,仅有水科院张国新提出的双绝热温升模型,可以考虑掺粉煤灰后的混凝土后期发热较大的特殊水化过程的影响[13]。

对于混凝土弹模,目前弹模取值也只是基于室内标准养护获取的典型龄期的弹模值,然后拟合而成,并未考虑自身温度历程变化对弹模的影响,且目前受测试仪器所限,早龄期(3 d 以内)混凝土弹模值的获取仍有困难,且较少有考虑初凝时间影响方面的研究,使得早龄期混凝土的弹模变化历程及应力过程模拟仍难以真正反映其实际规律。

关于混凝土自生体积变形模型,从 20 世纪 90 年代开始,研究人员在混凝土的自生体积收缩问题上投入了更多的精力,从实验测定,影响因素、产生机理、力学模型及预测方法等几个方面都做了大量的工作,并初步取得了一些有效的研究成果。在氧化镁微膨胀模拟方面,朱伯芳[23]、丁宝瑛[24]、张国新[25]和李承木[26]等提出了一系列的模型。但无论是混凝土的自收缩还是氧化镁膨胀力学模型、预测方法,还是测量仪器及技术,目前均处在进一步的完善过程中,很多模型都没有经过大量的试验验证,不同仪器得出测量结果也并不一致。因此,还需要在科学分析收缩变形产生机理的基础上,采用试验与理论分析相结合的方法,建立更为合理的自生体积变形的测试方法和预测模型。

3.2 抗裂安全指标与控制标准有待进一步修正和完善

3.2.1 混凝土的真实抗裂能力[5]

混凝土中裂缝的产生,是混凝土自身的抗裂能力与开裂动力——拉应力斗争的结果,当混凝土所受的拉应力超过其抗裂能力时,即产生裂缝。因此,裂缝控制应从两个方面入手:提高抗裂能力和减小拉应力。

混凝土的抗裂能力通常用极限拉伸值或抗拉强度描述。规范中抗裂安全系数用下式表示:

$$K_1 = \frac{E_c \varepsilon_p}{\sigma} \tag{1}$$

式中,E_c、ε_p、σ 分别为相应龄期的弹性模量、极限拉伸值和允许应力。

由于混凝土轴拉强度更能反应抗裂能力,且轴拉强度一般小于虚拟抗拉强度,$E_c \varepsilon_p$,试验结果也更为稳定,因此应用中应该用轴拉强度与拉应力的比值作为抗裂安全系数:

$$K_2 = \frac{R_c}{\sigma} \tag{2}$$

式中,R_c 为相应龄期的轴拉强度。

式(1)和式(2)中混凝土的参数都是 15 cm 立方体湿筛试件的室内试验结果。由于试件的尺寸效应和湿筛效应,室内小试件的极限拉伸值和轴拉强度都远大于全级配大试件的结果,因此采用湿筛试件结果,由式(1)和式(2)求出的安全系数并不是混凝土真实安全系数,而是夸大了混凝土的抗裂能力。

表 1 所示的国内三个大型工程全级配混凝土试件与湿筛试件的结果的比值表明,全级配试件的抗拉强度仅为湿筛试件的 51% ~61%,极限拉伸值为湿筛试件的 51% ~71%。当按式(1)、式(2)计算抗裂安全系数,按抗裂安全系数 $K = 1.8$ 进行抗裂设计时,考虑尺寸效应和湿筛效应后的实际抗裂安全系数见表 2。由表可以看出,按目前规范取 $K_1 = 1.8$ 进行抗裂设计时,混凝土的实际安全系数偏小,如果按轴拉强度进行设计,则小湾和二滩实际抗裂安全系数均小于 1。如果考虑实际施工中的质量离散性、实际施工混凝土的养护条件与室内养护条件的差异等因素,混凝土的实际抗裂安全系数更低。因此,实际工程中,混凝土出现很多裂缝,也就不难理解。

表 1　三个工程全级配混凝土试件与小试件抗拉能力的比值

工程	极限拉伸值	轴拉强度(MPa)
小湾(180 d) $w/c=0.4$	0.713	0.515
小湾(180 d) $w/c=0.5$	0.659	0.525
三峡(90 d) $w/c=0.5$	0.598	0.612
二滩(90 d)	0.511	0.551

表 2　按 $K=1.8$ 进行抗裂设计时考虑尺寸效应和湿筛效应后的实际抗裂安全系数

工程	K_1	K_2
小湾(180 d) $w/c=0.4$	1.283	0.927
小湾(180 d) $w/c=0.5$	1.186	0.945
三峡(90 d) $w/c=0.5$	1.076	1.102
二滩(90 d)	0.912	0.992

混凝土的实际抗裂能力比根据室内小试件的实验结果要低得多。为此，朱伯芳院士提出，当按室内小试件实验结果进行温控设计时，应提高安全系数。根据这一建议，《混凝土重力坝设计规范》(SL 319—2005)[27]已将抗裂安全系数由过去的1.3～1.8提高到1.5～2.0。在实际工程中，实际安全系数的控制还应综合考虑混凝土层间结合面等部位的安全风险而进行综合考虑。

3.2.2　温差控制标准、合理性分析

混凝土裂缝的产生一般是内部拉应力超出了其允许抗拉强度，施工期拉应力主要源自于温差以及温差变化过程中外在的约束作用。其中规范中提到的温差主要包括基础温差、内外温差和上下层温差。

3.2.2.1　基础温差控制的合理性分析

我国规范中目前温差标准是在总结国内外经验基础上而制定的，常态混凝土重力坝和拱坝基础允许温差见文献[28]，近30年的经验表明，按此标准控制基础温差可以有效防止基础贯穿性裂缝；对于碾压混凝土坝，按照碾压混凝土极限拉伸 0.70×10^{-4} 折算，建议碾压混凝土基础温差按文献[29]进行控制。而在实际工程中，由于碾压混凝土重力坝温度应力具有跟常态不一样的特点：①依靠自然冷却到达稳定温度场，需要几十年甚至上百年，徐变可以充分发挥，温度应力相对较小；②当坝体内部温度降至稳定温度场时，坝体早已峻工蓄水运行，所以温度、自重和水压力三种荷载叠加，这有利于减小坝内基础约束区引起的拉应力。因此，实际工程中，基础温差的控制大都突破了现有规范，如表3所示。

表 3　国内典型碾压混凝土坝工程实际基础温差控制标准

温控分区	工程			
	龙滩(℃)	鲁地拉(℃)	功果桥(℃)	武都(℃)
约束区(0～0.2L)	16	14	14	15
弱约束区(0.2～0.4L)	19	16	16	17
非约束区(>0.4L)	19	18	18	19

3.2.2.2 上下层温差控制的合理性分析

我国混凝土重力坝和拱坝设计规范都规定上下层温差为15～20 ℃,与浇筑块长度无关,这个规定不尽合理,上下层温差与浇筑块长度有密切关系。上下层温差的产生有三种情况,一种是长间歇,下层混凝土充分冷却后才浇筑上层混凝土,此时温度应力与基础混凝土浇筑块温度应力相似;二是气温年变化使得夏季浇筑的混凝土温度高而冬季浇筑的混凝土温度低,从而产生上下层温差;第三种情况是拱坝在冷却过程中,根据接缝灌浆的高度而分段冷却,这样在上下相邻两相灌区之间会形成上下层温差。有研究表明[7],当 $L=20$ m 时,只在基岩附近会产生较大温度应力,脱离基岩约束高度后,上下层温差引起的应力不到0.5 MPa,不起控制作用;当 $L>60$ m 后,上下层温差引起的拉应力有可能超过基础约束区引起的拉应力,实际工程也有由此施工期出现严重裂缝的例子。由此可见,对于通仓浇筑的常态混凝土和碾压混凝土坝,上下层温差是起控制作用的,不可轻视,设计阶段应通过仿真计算决定允许温差。

3.2.2.3 内外温差控制的合理性分析

混凝土表面裂缝多数发生在浇筑的初期,而初期的表面温度骤降导致内外温差过大是引起表面裂缝的主要外因。由于施工过程中往往是一次大寒潮后出现一批裂缝,因此长期以来人们只重视混凝土早期的表面保护,而忽略了后期的表面保护。文献[30]规定:28 d 龄期内的混凝土,应在气温骤降前进行表面保护。这里给人一种错觉,似乎28 d龄期以后的混凝土,除某些特殊情况外,一般不需要进行表面保护。实际情况并非如此,例如某重力坝在上下游面出现了较多裂缝,这些裂缝并不是28 d内出现的,而是在混凝土浇筑完后的第一、二年冬季产生的,该坝的仿真计算结果表明,在无保温的前提下,入冬时的表面最大拉应力均超出了其允许应力约1倍。对表面保护认识上的片面性,在国外同样存在,例如,德沃歇克重力坝,混凝土本身温度控制得非常好,全年入仓温度为4～6 ℃,几乎是恒温,基础约束区还采用了冷却水管,但表面保温做得不够好,以致大坝产生了严重的劈头裂缝。目前,朱伯芳院士提出了全年长期保温的概念,目前已在众多的高坝工程中得到广泛应用。

4 温控措施与方法得到进一步系统和完善

自混凝土19世纪诞生起,就一直有学者进行水工混凝土裂缝的研究。但是直到20世纪初期,由于水工混凝土的大量应用,混凝土的防裂研究才引起足够的重视。

在大体积混凝土结构温度场及温度控制系统研究方面,国外起步较早。20世纪30年代中期,美国修建当时世界最高的重力拱坝——胡佛坝时,对坝体温度状况就进行了系统的研究,取得了很多成果。之后,苏联、巴西等国对大体积混凝土的温度控制标准、温度控制措施及裂缝问题也做了深入的探讨。从美国"垦务局对拱坝裂缝控制的实施"(A. S. C. E. 1959.8)和"T. V. A 对混凝土重力坝的裂缝控制"(Power division(1960.2))中可以看出,美国在对水工大体积混凝土温控防裂方面,在20世纪60年代初已经逐渐形成了比较定型的设计、施工模式,其中包括采用水化热较低的水泥和高水灰比混凝土、限制浇筑层厚度和最短的浇筑间歇期、人工冷却降低混凝土的浇筑温度、预埋冷却水管和对新浇混凝土进行保温并延长养护时间等措施。到20世纪60年代末美国陆军工程师团建造的工程基本上做到不出现严重危害性裂缝;苏联到20世纪70年代建造托克托古尔重力坝时,采用了"托克托古尔法",也宣告在温控防裂方面获得成功。此法的核心就是用自动上升的帐蓬创造人工气候,冬季保温,夏季遮阳,自始至终在帐棚内浇筑混凝土。

我国的大坝混凝土温控防裂起步相对较晚。20世纪50年代,响洪甸拱坝首次采用了水管冷却、薄层浇筑,建成后裂缝不多。20世纪60年代,丹江口水电站在兴建初期曾出现大量裂缝,随后采取了一系列的温控措施,包括严格控制基础温差、新老混凝土上下层温差和内外温差;严格执行新浇混凝土的表面保护;提高混凝土的抗裂能力等。后期丹江口水电站施工没有再发现严重危害性裂缝或深层裂缝。在建设坝高168 m的东风双曲拱坝时,我国研究人员对高混凝土坝的裂缝与防治进行了较系统的研究,包括混凝土最优配合比、混凝土断裂参数及过程;混凝土裂缝无损检测仪器、低温混凝土生产工艺、新型保温保湿材料和通水冷却改性胶管等。20世纪90年代三峡工程的建设过程中积累了许多的实践经验,通过采用全面保温方案,至三期也基本上做到了没有裂缝。在特高拱坝的温控防裂研究方面,随着二滩、小湾、溪洛渡、锦屏一级等一批特高拱坝的建设,张国新等在深入分析高拱坝基础温差,上下层温差和内外温差致裂机理的基础上[10],总结出"表面保温、低温浇筑、通水冷却"三大手段为主的温控防裂体系,并认为水管冷却过程应考虑其时、空方面的温度梯度设置。近年来,朱伯芳院士在全面总结了混凝土坝的设计、施工和科研的经验和成果基础上,提出了"全面温控,长期保温,结束无坝不裂的历史"的构想,反映了我国在混凝土坝防裂限裂的应用基础理论研究和工程技术上的长足进步[11]。

此外,根据具体工程的实际需要,许多学者还提出了其他一些具有实际应用价值的成果,如:丁宝瑛等在温度应力计算中考虑材料参数变化的影响,比如温度对混凝土力学性能的影响、混凝土拉压徐变不相等时的影响等[31];刘光廷、麦家煊等提出将断裂力学应用到混凝土表面温度裂缝问题的研究中,利用断裂力学原理和判据来分析温度变化条件下混凝土表面裂缝性能和断裂稳定问题[32];刘有志对高拱坝一期冷却工作时间的优化方案进行了研究[33],张国新对碾压混凝土坝的温度控制问题进行系统研究[34],朱伯芳和张国新针对重力坝加高、氧化镁微膨胀特性对大坝混凝土温控防裂的作用等问题提出了新的思路和看法[35-36]。朱伯芳院士更是提出了基于半成熟龄期的提高混凝土抗裂能力[37]以及建立混凝土坝数字监控[12]等新的理念和新想法,提出的采用"小温差、早冷却、慢冷却"的建议更是成为国内众多拱坝遵循的方向[6]。牛万吉[38]等针对高寒地区碾压混凝土坝的温控防裂工作进行了一些尝试性研究;针对许多大坝施工期没有裂缝而运行期出现裂缝这一事实,朱伯芳院士认为是非线性温差和寒潮导致的结果,提出了适当增大抗裂安全系数和"永久保温"等方法[39],这一提法的实施有望结束我国坝工界"无坝不裂"的历史,大坝"永远不裂"有望成为可能[11]。

5 高坝整体安全控制未来发展方向

5.1 "数字大坝"理念的全面贯彻与施工信息化和数据管理系统软件的广泛应用

大坝的施工与建设管理模式经历了从简易工具时代、大型机械化时代,直到今天的信息化自动化、智能化时代。20世纪90年代开始,为了更好的控制裂缝,在做好常规温控防裂设计的同时,工程管理人员已经尝试从加强施工管理的角度出发来更有效的避免裂缝,开始逐步在工程管理中引进信息化技术手段,国内最早应用引入这种管理技术的是三峡工程,他们采用计算机数据库管理的模式将大坝施工期相关的信息进行系统收集和整理,但鉴于当时这一思想的引进处于工程建设的后期,且相关的配套技术的发展也尚未完全成熟,这种管理思想并未在工程应用中发挥实际作用，因此这一模式并未在随后的众多工程得到推广与普及。

近年来，随着数据库应用技术、互联网应用技术、数字自动监测技术及计算机仿真技术的飞速发展，传统的大坝施工及温控防裂管理模式及水平出现了跨跃式发展，“数字大坝”概念已成为现在大坝施工管理及安全控制技术重点发展方向之一，这一概念最先由朱伯芳院士 2007 年提出，“数字大坝”的核心思想是大坝施工与安全管理控制将“监测信息”与“施工反馈仿真”紧密结合在一起，即借助于施工期的监测数据及全坝全过程仿真分析技术，实时、动态跟踪反演施工期大坝的真实工作性态，实现对大坝施工全过程安全风险的全过程动态安全控制与管理，并开发了混凝土高坝施工温度控制决策支持系统[40]，这一成果集中体现了我国在混凝土坝温控防裂仿真计算的理论、方法、软件方面的世界领先水平以及水工结构与现代计算机技术的高层次的交叉与融合。这种新型的大坝温度控制与安全管理模式彻底摆脱了以往工程建设过程中数据监测与仿真计算分析不同步、甚至是完全脱离的现状。在这样一种理念的指导下，施工管理信息集成系统、数字化自动化监测系统等基于数据库、网络、自动化和计算机信息技术的配套软件系统得到了进一步的开发，且逐渐与工程管理紧密结合起来。目前，这种基于“数字大坝”理念的科学管理模式与工程安全控制方法在几个在建的特高拱坝如锦屏一级(305 m)和溪洛渡(287.5 m)中都得到真正的实用，鲁地拉碾压混凝土坝也在实现这一数字化管理模式。与同类工程相比，这些工程在施工过程中出现的裂缝均很少。

尽管如此，虽然目前大坝的施工信息数字化与工程安全管理体系取得了初步的进展，但在实际的应用过程中仍有较多的有待改进的地方，比如在施工管理信息集成系统的数据采集方面，很多现场的施工资料比如出机口温度、入仓温度、浇筑温度、冷却水温、通水流量、进出口水温等均只能采用人工记录的方式，而温度、应力应变、无应力计等监测信息等也是人工读取为主，然后再录入数据库系统，这种工作模式并没有减小传统数据管理方法中的实际工作量，而且由于人工的工作量仍非常大，现场实测数据的入库往往存在滞后现象，当监测数据出现滞后时，往往会失去对安全风险进行及时发现并及时决策的最佳时机，因此引进全自动仪器监测设备，温度等监测数据实现全自动导入施工管理信息系统，可以极大的减小人工工作量，且可完全避免“人为影响”等现象的出现，极大提高目前工作效率，工程风险与问题均可以在第一时间就从监测数据中得到体现，通过反馈分析可及时针对风险问题进行科学决策。

5.2 大坝水管冷却“智能控制”模式的推广与应用

作为大坝混凝土最重要的一项温控防裂措施水管冷却，在控制大坝最高温度、冷却速率、温度梯度和接缝灌浆进度等方面发挥了极其重要的作用。在以往的工程实践中，混凝土内部温降速率受到水管布置型式、冷却水温、通水流量、天气等多方面因素的影响，当出现温降速率超标时，往往只能凭人工经验对水管通水流量或者冷却水温进行调整，由于水管冷却的过程是一个由近及远逐渐变化的过程，施工期大坝内部埋设的水管往往多达上百、千条，仅仅依靠人工的方式进行调整往往很难避免降温过程偏离设计指导曲线的情况，这种传统的工作模式往往导致出现人为失误多、开裂风险大的问题。为了有效的控制这种人为风险，保证施工期温度做到温降可控、风险可知，同时又可摆脱通水冷却系统对大量人员的依赖，就必要开发一套能够实现自动通水、精确控温智能系统。在精确温度控制理论的支持下，通过系统的自主运行、自动控制,使得大坝施工期的温度过程完全按照设计要求的温降曲线或者温控技术要求进行降温,这样就可以将大坝水管冷却导致的开裂风险一直控制在设计允许的范围内,从而最终实现水管冷却“全自动智能控制”、保证混凝土大坝无缝出现这一目的。

目前,随着“数字大坝”数字化控制模式的逐渐完善以及“施工信息数据管理系统”的广泛应用,施工期大坝浇筑的所有施工信息、水管冷却等温控信息以及温度监测信息都可以在第一时间内自动从系统中获取,根据温度监测信息对大坝通水期间冷却水管的流量、冷却水温等参数进行全自动、封闭式动态控制,开发相关的自动控制软件及设备,完全可以做到大体积混凝土水管冷却全自动智能控制。目前这方面国、内外尚没有展开系统的研究工作,因此无论是从科学研究的层面,还是从国内重大工程的实际需求方面看,开展大体积混凝土智能通水及温度自动控制系统理论和应用的研究都成为一种迫切的工程需要。

5.3 高拱坝全坝全过程真实工作性仿真与安全评估

随着我国一批200~300 m级以上高坝的兴建,拉西瓦、构皮滩、小湾等拱坝正在接受初次蓄水的考验,溪洛渡、锦屏一级等300 m级别高拱坝正在建设,白鹤滩、乌东德、松塔、马吉等一批300 m的高拱坝已经提上日程,这些高拱坝的建设将突破现有的世界记录。如此众多大坝的兴建由此也带来结构安全与稳定等方面的一系列问题,相应的大坝的安全评估问题也逐渐提上议事日程。

高拱坝的安全评价涉及到三个方面的内容,一是基础——高拱坝体系的荷载因素,二是地基——混凝土系统的强度因素,三是安全评价方法,三者构成一个统一的有机体[41~43]。

然而,目前设计规范中规定所采用的拱梁分载法、极限平衡法及点安全度评估法等,还是20世纪30年代采用的方法,已无法满足现有工程的实际需要。一个最为突出的问题是现有的评估方法过于粗糙,不能反映大坝真实应力状态,本身也蕴含着不安全因素。水利水电工程巨大的工程投资与十分粗糙的安全评估方法相比十分不协调。研究现行混凝土坝设计规范中采用的安全评估方法可以看到存在着许多不足之处,基础与坝体的相互作用,施工期的温度残余应力、运行期非线性温差等都没有合理的进行考虑;对于运行期能够取得的观测资料包括变位、温度、扬压力等,对于判断大坝工作状态是否正常具有重要价值,但这些观测资料并不能告诉我们大坝的安全系数是多少,在运行期对大坝进行安全评估目前实际上也是采用设计规范中的方法,因而同样存在上述缺点。

近几十年来,为了应对300 m级高拱坝建设带来的挑战,采用有限元仿真计算技术对大坝结构安全进行评估,已成为一种非常重要手段,其重要性甚至已超过模型试验。因此,有学者充分利用这些技术来改进混凝土坝安全评估方法,其中最具代表性的是朱伯芳院士对现行规范中有关于拱坝安全度评价方面的建议。朱伯芳院士提出了混凝土坝安全评估的有限元全程仿真与强度递减法[41],简称SR法,S指全过程仿真(Whole Course Simulation),R指强度递减(Sequential Strength Reduction)。SR法综合利用了有限元全程仿真和强度递减两种方法的优点,通过有限元全程仿真求出混凝土坝的真实应力状态,通过有限元强度递减法求得合理的安全系数,与现有的混凝土坝安全评估方法相比,具有巨大的优势;朱伯芳院士还提出有限元等效应力法取代拱梁分载法。等效应力法可以较好的克服传统算法中坝踵出现应力集中等现象.

我国技术人员还发展了高拱坝真实工作性态仿真的理论与方法,并基于真实工作性态开展高拱坝安全评估、风险预报、预警工作。所谓高拱坝真实工作性态研究，就是以有限元仿真分析方法为基本方法，考虑水压、自重、温度、渗流等真实荷载[44,45]，运用温度、应变、位移等监测资料反演拱坝地基和混凝土的主要参数，仿真模拟拱坝从第一仓混凝土浇筑直至蓄水运行的全过程，全景再现拱坝自施工期到长期运行期的温度场、渗流场、位移场和应力场等工作性态，并用混凝土的真实强度来评价拱坝当前的工作性态。基于高拱坝真实工作性态，进行超载或降强的弹塑性有限元分析，以此可以得到高拱坝的施工至运行全过程的动态安全度变化过程。通过这种途径，大坝施工和运行过程中可能出现的一系列问题均能得到较好的反映，真实应力性态可以得到更好的体现，大坝的真实安全状态也可真实的得到反映，高坝的安全控制将得到有效保障。

6 结论与建议

我国目前高坝的建设规模前所未有，建设过程也遇到了一些史无前例的技术难题，通过这么多年的经验，大坝工程在混凝土材料、坝工施工和仿真技术方面均取得了一些突破性进展，为后继待建工程的顺利开发积累了宝贵的经验和财富。结合现状，展望未来，主要提出以下几点建议：

(1)继续开展混凝土材料的基础理论和热、力学特性方面专项研究，在现有成果的基础上，寻求一种可以人工控制混凝土各项热、力学特性的配比方法，避免当前工程中混凝土材料特性参数波动较大的现象。

(2)进一步完善混凝土温度控制基本理论、模型与方法，提出反映混凝土真实水化机理和变化历程的混凝土绝热温升模型、弹模曲线模型、自生体积变形变化模型等，并研制可以实现材料热、力学关键参数进行长龄期、精密测量的室内实验仪器。

(3)正确认识混凝土的真实抗裂能力，弄清湿筛试件与全级配混凝土热、力学和抗裂性能方面的差异，研究进一步适度提高大坝安全系数的可行性；对目前规范温差控制标准合理性进行系统分析研究，尝试建立新的混凝土抗裂设计和温差控制新标准和新规范。

(4)进一步完善“数字大坝”的数字管理模式，开发相关硬件和软件系统，全面实现施工、温控和监测等信息数据采集的自动化和智能化，推进水管冷却“智能通水”模式的理论与模型的开发与应用，实现“数字大坝”管理与控制理念朝“智能大坝”的转变。

(5)基于高坝真实工作性态仿真的理论与方法，建立高坝安全评估的新方法，为高坝工程的长期运行安全控制提供理论与技术支撑。

参考文献

[1] 张国新，谢敏，赵文光，等. 特高拱坝温度应力仿真与温度控制的几个问题探讨[A]. Hydropower 2006[C]. 昆明，2006:33-38.
[2] 杨华金，李文伟. 水工混凝土研究与应用[M]. 北京：中国水利水电出版社，2005.
[3] 陈改新. 大坝混凝土材料的研究进展[A]. 水工大坝混凝土材料与温度控制交流会论文集[C]. 成都，2009.
[4] 朱伯芳. 大体积混凝土温度应力与温度控制[M]. 中国电力出版社，1999.
[5] 张国新，艾永平，刘有志，等. 特高拱坝施工期温控防裂问题的探讨[J]. 水力发电学报，2010，29(5):125-130.
[6] 朱伯芳. 小温差、早冷却、慢冷却是混凝土坝水管冷却的新方向[J]. 水利水电技术，2009: 1-6.
[7] 朱伯芳. 混凝土坝温度控制与防止裂缝的现状与展望[J]. 水利学报，2006，37(12):1424-1432.
[8] 张国新，朱伯芳，等. 水工混凝土结构研究的回顾与展望[J]. 中国水利水电科学研究院院报，2008，6(4)，269-277.

[9] 张国新. 碾压混凝土坝的温度应力与温度控制[J]. 中国水利,2007(11):4-6.

[10] 张国新,刘有志,刘毅,等. 特高拱坝施工期裂缝成因分析与温控防裂措施讨论[J]. 水力发电学报,2010,29(5):45-50.

[11] 朱伯芳. 建设高质量永不裂缝拱坝的可行性及实现策略[J]. 水利学报,2006,37(10):1155-1162.

[12] 张国新,刘毅,解敏,等. 高掺粉煤灰混凝土的水化热温升组合函数模型及其应用[J]. 水力发电学报,2012.

[13] 朱伯芳. 混凝土坝的数字监控[J]. 水利水电技术,2008,39(2):15-18.

[14] 朱伯芳. 混凝土坝的温度计算[J]. 中国水利,1956(11):8-20.

[15] 朱伯芳. 朱伯芳院士文选[M]. 北京:中国电力出版社,1997.

[16] 朱伯芳. 多层混凝土结构仿真应力分析的并层算法[J]. 水力发电学报,1994(3):32-38.

[17] 王建江,陆述远. RCCD 仿真分析的非均质单元模型[J]. 力学与实践,1995(3):24-30.

[18] 朱岳明, 马跃锋,等. 非均质层合单元法[J]. 工程力学, 2006 (1):239-243.

[19] Yaolong Chen, Changjiang Wang, el, ct. Simulation analysis of thermal stress of RCC dams using 3 - D FEM relocating mesh method[J]. Advances in Engineering Software, 2001(32):667-682.

[20] 刘宁,刘光廷. 水管冷却效应的有限元子结构模拟技术[J]. 水利学报. 1997(12):43-49.

[21] 黄达海,殷福新,宋玉普. 碾压混凝温度场仿真分析的波函数法[J]. 大连理工大学学报,2003,40(2):38-43.

[22] 张国新. 大体积混凝土结构施工期温度场与温度应力分析程序包 SAPTIS 编制说明及用户手册, 2010SR056988 [P].

[23] 朱伯芳. 微膨胀混凝土自生体积变形的计算模型及实验方法[J]. 水利学报,2002 (12):18-21.

[24] 丁宝瑛,岳耀东,等. 掺 MgO 混凝土的温度徐变应力分析[J]. 水力发电学报,1991(4):45-55.

[25] 张国新,杨波,等. MgO 微膨胀混凝土拱坝裂缝的非线性模拟[J]. 水力发电学报,2004,23(3):51-55.

[26] 李承木. 掺 MgO 混凝土自生变形的温度效应试验及其应用[J]. 水利水电科技进展,1999,19(5):34-40.

[27] 丁宝瑛,王国秉,黄淑萍,等. 国内混凝土坝裂缝成因综述与防止措施[J]. 水利水电技术,1994(4):12-18.

[28] 刘光廷,麦家煊,张国新. 溪柄碾压混凝土薄拱坝的研究[J]. 水力发电学报,1997(2):32-39.

[29] 刘有志,等. 高拱坝水管冷却工作一期优选方案研究[J]. 水力发电学报, 2006:34-36.

[30] 张国新,刘光廷,刘志辉. 整体碾压混凝土拱坝工艺及温度场仿真计算[J]. 清华大学学报,1996,36(1):1-7.

[31] 张国新,杨卫中,罗恒,等. MgO 微膨胀混凝土的温降补偿在三江拱坝的研究和应用[J]. 水利水电技术,2006,37(8):20-23.

[32] 朱伯芳,张国新,杨为中,等. 应用氧化镁混凝土筑坝的两种指导思想和两种实践结果[J]. 水利水电技术,2005,(6).

[33] 朱伯芳,杨萍. 混凝土的半熟龄期 - 改善混凝土抗裂能力的新途径[J]. 水利水电技术,2008(5),30-35.

[34] 牛万吉, 张康, 王建平. 严寒干旱地区 RCC 重力坝保温防裂措施的研究与实践[J]. 新疆水利,2008:53-56.

[35] 朱伯芳. 混凝土拱坝运行期裂缝与永久保温[J]. 水力发电,2006,32(8):22-30.

[36] 朱伯芳, 张国新, 许平, 等. 混凝土高坝施工期温度与应力控制决策支持系统[J]. 水利学报, 2008, 39(1):1-6

[37] 朱伯芳. 混凝土坝安全评估的有限元全程仿真与强度递减法[J]. 水利水电技术,2007,38 (1):1-6.

[38] Zhang Guoxin, Liu Yi, Zhou Qiujing. Study on real working performance and overload safety factor of high arch dam [J]. Science in China, Series E: Technological Sciences, 2008(51):48-59.

[39] 张楚汉. 高坝 - 水电站工程建设中的关键科学技术问题[J]. 贵州水力发电,2005,19(2):1-4.

[40] 朱伯芳,张国新,郑璀莹,等. 混凝土坝运行期安全评估与全坝全过程有限元仿真分析[J]. 大坝与安全,2007(6):457-464.

[41] 张国新,刘毅,朱伯芳,等. 高拱坝真实工作性态仿真的理论与方法[J]. 水力发电学报,2012.

中国混凝土面板堆石坝的技术进步

郦能惠[1]　杨泽艳[2]

（1. 南京水利科学研究院，江苏　南京　210024；
2. 中国水电工程顾问集团公司，北京　100011）

【摘要】 本文首先阐述了我国20余年来混凝土面板堆石坝的发展概况，简要说明了已建和在建的94座坝高100 m以上的高混凝土面板堆石坝的主要技术特征，包括上下游坝坡、面板厚度、宽度和配筋率、趾板宽度、坝体分区、筑坝材料、填筑标准、接缝止水和工程用途，展示了我国在国际混凝土面板堆石坝工程领域的领先地位。接着阐述我国混凝土面板堆石坝筑坝技术所取得的进展，分别阐述了设计技术，施工和监测技术，筑坝材料（软岩和砂砾石）和防渗结构（面板和止水）关键技术，不利自然条件下（狭窄河谷、高陡岸坡、深覆盖层、地震区和高寒区）的筑坝关键技术以及计算和试验研究等方面的技术进步和创新，最后简述了未来超高面板堆石坝的挑战和展望。

【关键词】 混凝土面板堆石坝　技术进步　发展进程　主要特征　筑坝技术　创新　展望

我国自1985年开始学习和引进国外的技术与经验，同时重视自主创新的科学研究和技术开发，以西北口坝为试点工程开始混凝土面板堆石坝的建设。自国家“六五”计划开始，高面板堆石坝筑坝关键技术就被列入国家重点科技攻关项目、国家自然科学基金重点课题和水利水电行业重点科技项目，组织全国科技力量，勘测设计单位、科研院所、施工企业和高等院校联合起来，对现代混凝土面板堆石坝建设中的关键技术问题进行了大量的系统的科学研究，取得的科技成果不断应用于工程实践，解决了一系列重大技术难题，编制了设计规范和施工规范，及时总结了工程经验和教训，推动了水利水电行业科技进步和混凝土面板堆石坝工程的建设。这种坝型在实践中体现出来的安全性、经济性和适应性良好的特点，深受坝工界的青睐，经常成为首选的比较坝型。据不完全统计，到2011年底中国已建成、在建和拟建的混凝土面板堆石坝已达305座，其中坝高在100 m以上的高混凝土面板堆石坝有94座，高坝中已建成48座，在建20座，拟建26座，并且承接了马来西亚的巴贡（Bakun，坝高203.5 m）、苏丹的麦罗维（Merowe）、老挝的南俄二级（Nam Ngum Ⅱ）、厄瓜多尔的科卡科多·辛克莱（Coca Codo Sinclair）等大型混凝土面板堆石坝工程的技术咨询或设计施工。在面板堆石坝建设的过程中取得了筑坝技术的重大进步，实现了成功的超越。

1　发展历程和主要特征

我国已建高混凝土面板堆石坝和在建、拟建的部分高坝的坝高随建成与预期建成年份的分布如图1所示。对照国际大坝委员会不完全的统计，中国混凝土面板堆石坝的总数已经占全世界的50%以上，高混凝土面板堆石坝的数量已经占全世界的60%左右，中国混凝土面板堆石坝在数量、坝高、工程规模和技术难度等方面都居世界前列。在强地震区、深覆盖层、深厚风化层、岩溶等不良地质条件和在高陡边坡、河道拐弯等不良地形条件下建造了

高混凝土面板堆石坝,其中最具特点的是下列工程:

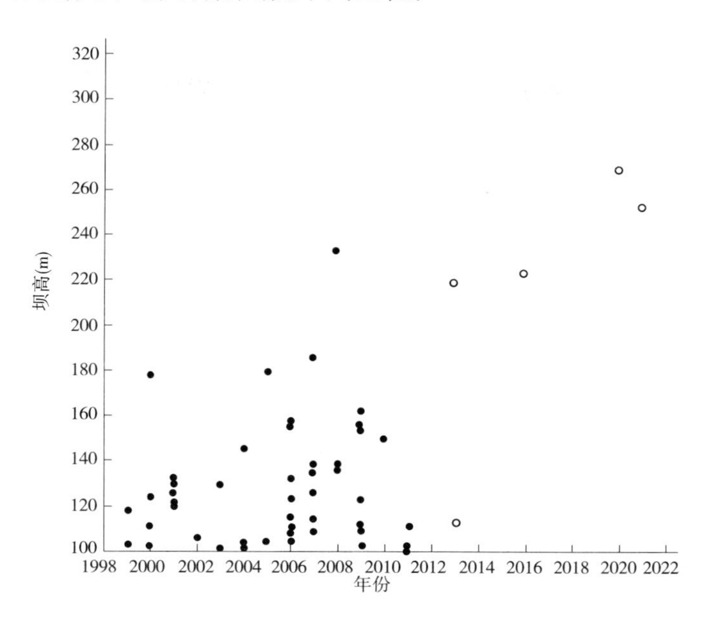

图 1 中国高混凝土面板堆石坝坝高与建成和预期建成年份分布

至今国内外最高的混凝土面板堆石坝是水布垭坝(湖北清江,坝高 233 m)。

至今堆石体积最大(1 800 万 m^3)、面板面积最大(17.27 万 m^2)的是天生桥一级坝(贵州南盘江,坝高 178 m)。

至今为强震区(设计烈度 9 度)最高的混凝土面板砂砾石坝是吉林台一级坝(新疆喀什河,坝高 157 m)。

已经受强震(汶川 8 级地震)考验的是紫坪铺坝(四川岷江,坝高 156 m),坝址地震烈度达 9~10 度。

河谷不对称且岸坡高陡(左岸趾板边坡高 310 m)的是洪家渡坝(贵州乌江,坝高 179.5 m)。

主体用砂岩和泥岩混合料填筑的高坝是董箐坝(贵州北盘江,坝高 150 m)。

河谷最狭窄(河谷宽高比 1.27)的高坝是猴子岩坝(四川大渡河,坝高 223.5 m)。

94 座坝高在 100 m 以上的混凝土面板堆石坝的主要特征有下列共同点:

(1)上游坝坡大多为 1:1.4,但是筑坝材料为砂砾石的坝坡较缓,为 1:1.5~1:1.7;地震区坝坡也较缓,为 1:1.5~1:1.8。

(2)下游坝坡大多为马道间 1:1.4,综合坝坡 1:1.5,视下游堆石材料抗剪强度的不同下游坝坡随之不同,滩坑坝料为火山集块岩,马道间下游坝坡为 1:1.25,茨哈峡坝料为砂岩和板岩,马道间下游坝坡为 1:1.6,地震区坝坡也较缓,综合坝坡为 1:1.8~1:2.0。

(3)面板厚度都采用 $0.3+\alpha H$ 公式,坝高 $H>150$ m 的坝大多采用 α 值为 0.003 5,坝高 $H<130$ m 的坝 α 值大多为 0.003。

(4)面板垂直缝间距大多为 12 m,部分高坝为 16 m 或 15 m,大多数坝面板受拉区的垂直缝间距为受压区的 1/2,即为 6 m 或 8 m。

(5)面板钢筋大多采用双层双向配置,水平向钢筋率为 0.3%~0.4%,垂直向钢筋率为

0.35% ~0.50%。

(6)垫层区水平宽度为2 ~4 m,大多为3 m,个别为2 m,坝高180 m以上为4 m。

(7)过渡区水平宽度大多为4 m,坝高150 m以上为5 m或上窄下宽,Bakun坝、洪家渡坝与猴子岩坝过渡区顶宽为4 m,底宽为10 m或11 m。

(8)主堆石区与下游堆石区分界线,只有天生桥一级坝是坝轴线,大多为向下游1∶0.2 ~1∶0.6的坡线,当下游堆石料较差时,分界线为向下游1∶0.7 ~1∶1的坡线。

(9)趾板宽度大都视地形地质条件和水头分别采用6、8、10、12 m,一些高坝采用了内趾板。

(10)筑坝材料大多是中硬岩和硬岩,包括灰岩、砂岩、玄武岩、花岗片麻岩和凝灰岩,下游干燥区用软岩填筑的是:天生桥一级坝为砂泥岩、鱼跳坝为泥质粉砂岩、盘石头坝为砂岩和页岩,主体用砂岩和泥岩混合料填筑的是董菁坝。

(11)除溧阳抽水蓄能电站外,坝高150 m以上的库容都在2亿m^3以上,工程用途大多为综合利用,包括发电、防洪、灌溉、供水、航运和休闲娱乐,几乎都有水力发电功能,装机容量300 MW以上占46%,坝高130 m以上的高坝工程中75%的装机容量在300 MW以上。

我国混凝土面板堆石坝近30年的发展过程中形成了中国自主创新的特征,主要是:

(1)改变了国外坝体分区设计概念,基于高坝变形安全的理念,提出了更为合理的坝体分区。

(2)改变了国外的坝体堆石填筑标准(10 t振动碾碾压4 ~8遍),21世纪建成与在建的高混凝土面板堆石坝(坝高>150 m)的主堆石区和下游堆石区的孔隙率分别提高到18.8% ~21%和19% ~22%。高坝坝体沉降特征值(S/H^2,S为坝体最大沉降值,H为坝高)已从0.95×10^{-4}降低到$0.28\sim0.54\times10^{-4}$,堆石坝体变形减小一倍,有利于高坝防渗体系——面板与接缝止水的变形安全和渗流安全。

(3)基于稳定止水设计理念,提出了高坝的周边缝止水结构,开发了GB型与SR型延伸率高、流动止水性能好的止水材料;提出了高坝压性垂直缝的可变形止水结构,有利于减轻或避免垂直缝两侧面板混凝土挤压破坏。

2 筑坝技术的进步

2.1 设计技术进步

2.1.1 坝体结构设计

在总结天生桥一级面板堆石坝的工程经验教训的基础上,针对不同的地形地质条件和筑坝材料等技术难题,在混凝土面板堆石坝坝体结构设计上取得了显著的技术进步,形成了具有中国特色的混凝土面板堆石坝坝体结构设计,主要是:①在坝体结构设计上充分利用建筑物开挖料和料场各种料源的同时重视坝体各区的变形协调;②高混凝土面板堆石坝采用较高的压实标准,即较小的孔隙率或较高的相对密度,采用重型碾压机械合理分层压实来实现,如猴子岩面板堆石坝垫层区、过渡区、主堆石区和下游堆石区的孔隙率分别是不大于17%、18%、19%和19%。③不同地形条件下采用不同的坝体分区,以达到坝体各区变形协调,如宜兴抽蓄电站上库面板堆石坝建在陡峻的山坡上,在427 m高程以下设置增模区,提高其变形模量以改善坝体变形性状和抗滑稳定性,如图2所示。

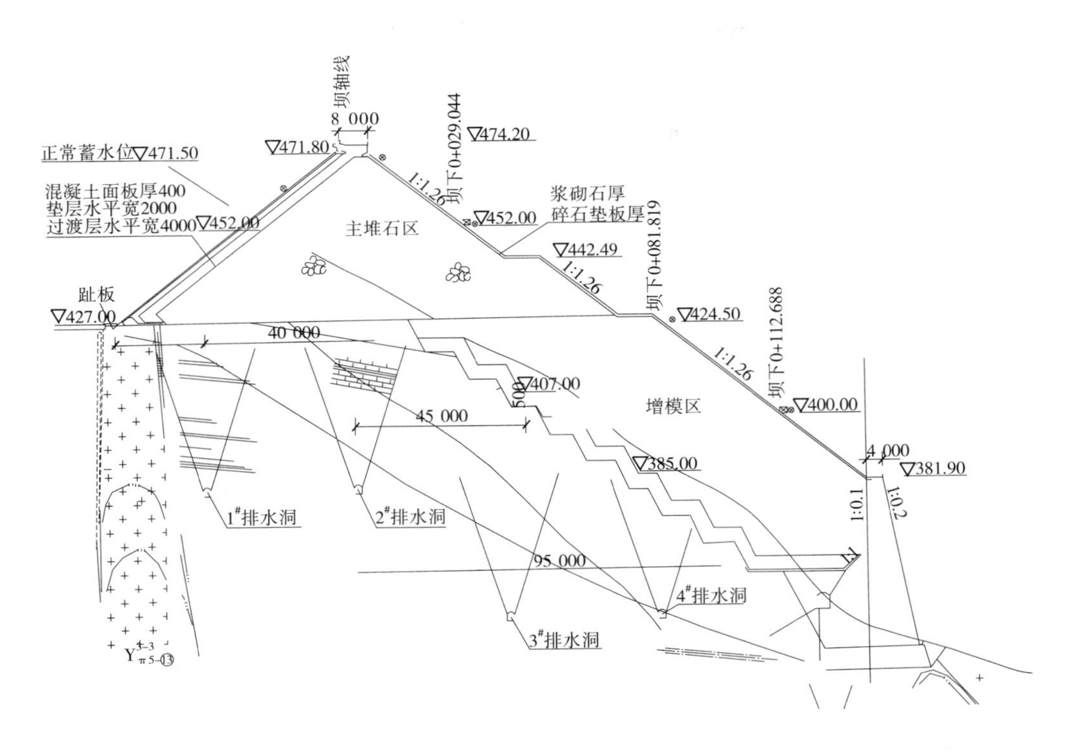

图 2　宜兴抽蓄电站上库面板堆石坝 0 + 381.02 m 断面图　(单位:高程,m;尺寸,mm)

2.1.2　变形协调理念与变形控制措施

总结和分析国内外高面板堆石坝存在垫层区裂缝、面板脱空和裂缝、面板挤压破坏和严重渗漏的原因,形成了面板堆石坝设计的变形协调理念,提出了变形控制措施,主要包括:①采用数值分析和土工离心模型试验等方法比较不同分区方案时坝体变形与面板应力变形性状,以坝体各区变形协调、面板工作状态良好来确定坝体合理分区,图 3 为变形协调设计的 Bakun 面板坝坝体分区图;②适当提高下游堆石区的填筑标准,若下游堆石料或建筑物开挖料的岩性、风化程度和颗粒级配较差,提高其填筑标准,使坝体各区的变形模量相近,达到

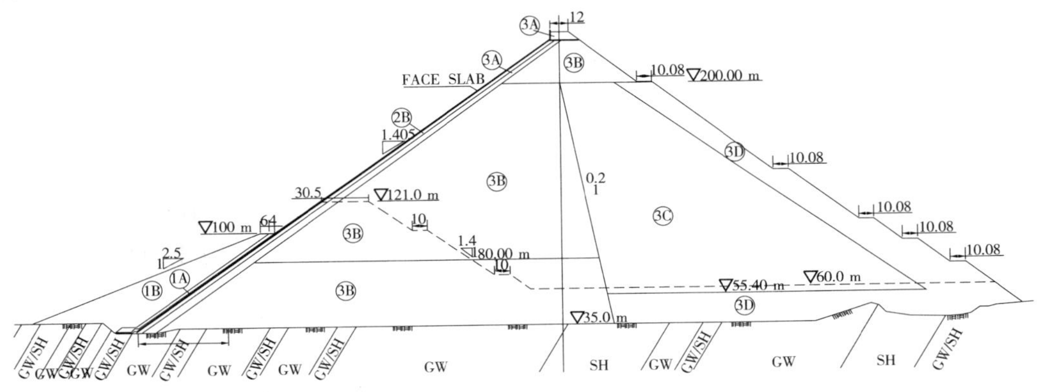

图 3　变形协调设计 Bakun 坝的坝体分区

坝体变形协调;③合理确定在纵剖面和横剖面上坝体填筑形象进度,合理组织筑坝材料开挖、储存和填筑,尽量做到坝体填筑全断面均衡上升,达到施工期坝体变形协调;④合理确定面板分期浇筑时间以及面板浇筑时已填筑坝体顶面与该期面板顶面之间的高差,即预沉降措施,使堆石坝体变形与面板变形同步协调;⑤提高堆石坝体填筑标准,减小堆石坝体在坝轴线方向的位移,减小面板与垫层之间的约束,减小两岸坝肩附近面板的拉应力以及河谷中央面板的压应力,避免两岸坝肩附近面板产生拉裂缝以及河谷中央面板挤压破坏。

2.1.3 渗流安全理念与渗流控制措施

总结和分析株树桥坝和国外多座面板堆石坝严重渗漏以及沟后坝溃决的原因,形成了面板堆石坝渗流安全理念,提出了渗流控制措施,主要包括:①自上游至下游坝体各区渗透系数和层间关系满足水力过渡原则,保证堆石坝主体处于非饱和状态并不产生渗透变形破坏;②减小与控制接缝位移,修正趾板建基面的地形和趾板下游的地形,提高周边缝附近特殊垫层区与垫层区的填筑标准,同时应使得周边缝附近的垫层区、过渡区和堆石区的填筑标准和变形模量彼此相近;③减小甚至避免面板裂缝;④适应大变形的接缝止水结构和止水材料;⑤研究在不同水头、不同渗流速度乃至止水破损条件下的垫层料和过渡料的渗透变形特性,研究和确定垫层料和过渡料的设计;⑥采取内趾板、截水槽、加深固结灌浆和反滤保护等措施处理不良地质条件趾板基础。

2.2 施工和监测技术进步

2.2.1 施工技术

我国自主建设了270多座混凝土面板堆石坝,形成了一支高水平的施工队伍和高面板堆石坝优质快速施工技术,主要包括:①做好料场规划和料源平衡,使料场开采与大坝填筑在规模和强度上相适应;②分别采用枯期围堰、过水围堰和全年围堰导流渡汛方式和全断面均衡填筑快速施工技术;③开发32 t重型振动碾;④采用冲击碾压施工技术;⑤开发垫层区翻模固坡技术和喷乳化沥青技术;⑥开发面板混凝土浇筑布料器、趾板混凝土滑动模板和防浪墙混凝土移动式模板台车等专业机具与配套技术。

2.2.2 质量检测与质量控制技术

我国混凝土面板堆石坝坝体填筑质量监测采用压实效果与施工参数双控,压实效果是指用试坑法在现场检测坝体堆石料的颗粒级配、干密度或孔隙率和渗透系数,施工参数是指铺层厚度、加水量、碾压机械、碾压遍数等。为了实时和全面控制施工质量,开发了大坝填筑GPS高精度实时监控技术、附加质量法快速检测堆石体密度的方法、挤压边墙质量检测方法和趾板灌浆抬动变形监测方法等。

2.2.3 安全监测设备与资料分析技术

通过“六五”、“七五”、“八五”、“九五”国家科技攻关项目开发了混凝土面板堆石坝安全监测仪器设备,广泛应用于国内外工程,主要包括:①堆石坝体内部变形监测仪器——水管式沉降计、电磁式分层沉降计和引张线式水平位移计、电位器式位移计;②面板变形监测仪器——固定式测斜仪;③周边缝位移监测仪器——三向测缝计,“九五”攻关项目开发了N2000型遥测遥控水平垂直位移计,主要性能达到国际领先水平,已应用于水布垭面板堆石坝工程;④形成了混凝土面板堆石坝安全监测资料分析技术,建立了坝体变形、面板应力和面板挠度等统计分析模型。

2.3 筑坝材料和防渗结构技术进步

2.3.1 软岩堆石料筑坝技术

在堆石坝体下游干燥区采用砂泥岩等软岩堆石料最高的是天生桥一级坝，坝高 178 m。除垫层区、过渡区和排水区外，堆石坝体都用砂岩和泥岩混合料最高的是董菁坝，坝高 150 m，其典型断面如图 4 所示。软岩筑坝技术进步主要是：①设置有足够排水能力的排水区，竖向排水尽量靠近上游，使软岩堆石区处于非饱和状态，有足够的抗剪强度和变形模量；②重视坝体分区的变形协调，提高软岩堆石区的压实标准，使软岩堆石区的变形与其他各区的变形比较协调；③研究软岩堆石料的压实特性和变形特性，针对不同岩性的软岩堆石料采用相应的压实施工参数和施工方法；④顶部面板最小厚度增加至 40 cm、减小底部止水凸起肋条高度、增设抗挤压钢筋等面板抗挤压破坏措施。

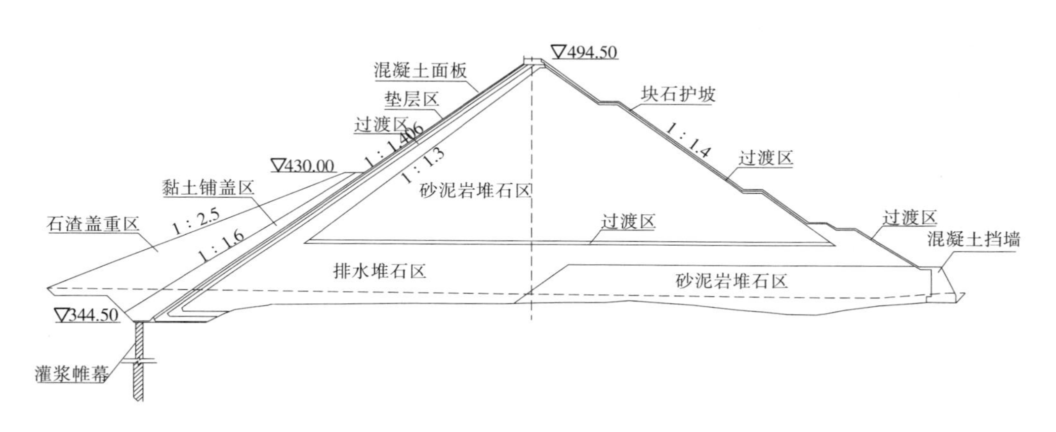

图 4 董菁面板堆石坝断面图 （单位：m）

2.3.2 砂砾石料筑坝技术

在分析沟后面板砂砾石坝溃决原因的基础上进行了面板砂砾石坝筑坝技术的系统研究，相继建成了吉林台一级（坝高 157 m，如图 5 所示）、乌鲁瓦提（坝高 131.8 m）和黑泉（坝高 123.5 m）等面板砂砾石坝，取得的技术进步主要是：①设置有足够排水能力的排水区，竖向排水尽量靠近上游，使砂砾石区处于非饱和状态；②通过大型足尺渗透变形试验等来研究

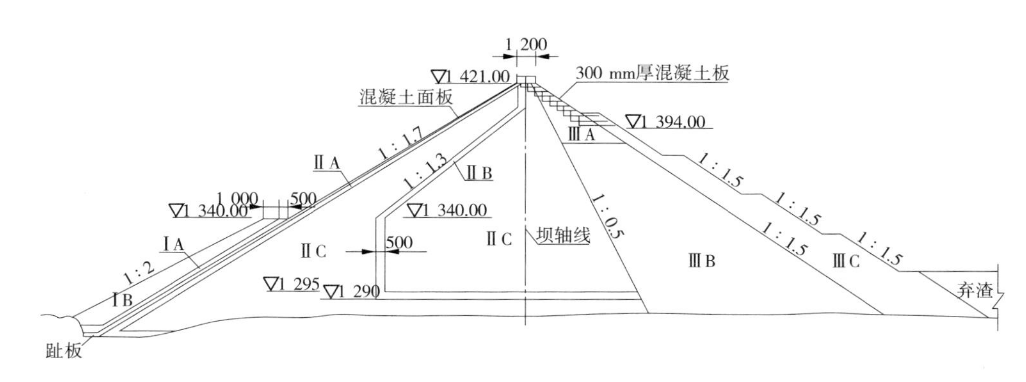

ⅡA—垫层料；ⅡB—垫层料；ⅡC—砂砾石料；ⅢA—过渡料；ⅢB—主堆石料；ⅢC—次堆石料

图 5 吉林台一级面板砂砾石坝断面图 （单位：高程，m；尺寸，cm）

砂砾石料的颗粒组成、渗透系数和渗透变形特性，合理设计垫层区、砂砾石区和排水区，使砂砾石坝体不发生渗透变形破坏；③吉林台一级、黑泉等多座面板砂砾石坝下游设置堆石区，以利抗滑稳定安全。

2.3.3 面板防裂技术

针对建设初期面板混凝土产生裂缝的技术难题，从面板混凝土材料、面板混凝土施工技术和面板工作条件全面地进行了混凝土面板防裂技术研究，取得的技术进步主要是：①复合外加剂与混凝土配合比优化；②掺加粉煤灰；③合成材料纤维混凝土，主要是掺加聚丙烯腈纤维；⑤钢纤维混凝土；⑥合理配筋；⑦合理分期浇筑；⑧采取喷乳化沥青、切断架立筋等措施，降低了垫层区对面板的约束；⑨及时保湿、科学保温养护；⑩合理选择面板混凝土浇筑时机和环境；⑪减免面板脱空；⑫改善面板应力状态。

2.3.4 止水结构与止水材料

国家“七五”、“八五”、“九五”科技攻关项目都将接缝的止水结构与止水材料立项进行了系统的试验研究，其中具有代表性并广泛应用的是 GB 系列的止水材料与结构和 SR 系列的止水材料与结构，主要性能都超过国际同类止水材料与结构。我国面板堆石坝除早期建设的株树桥坝和沟后坝外都没有因止水结构发生破坏而产生严重渗漏。取得的技术进步主要是：①形成了稳定止水设计理念；②高面板堆石坝普遍重视顶部止水，水布垭、Bakun、三板溪、洪家渡、吉林台一级等采用有波形止水带的塑性填料顶部止水；③三板溪、洪家渡、紫坪铺等高面板堆石坝取消了中部止水；④吉林台一级、天生桥一级等高面板堆石坝的顶部止水采用天然无黏性填料自愈止水；⑤Bakun 等坝面板受压区垂直缝嵌填可变形的止水材料以避免挤压破坏，如图 6 所示；⑥按周边缝要求设置面板顶部与防浪墙之间的水平缝的止水结构与材料；⑦塑性填料机械挤出嵌填技术。

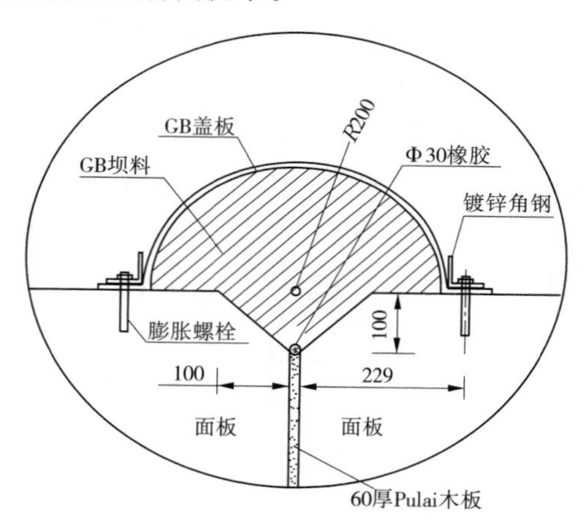

图 6 Bakun 坝面板压性垂直缝止水 （单位：mm）

2.4 不利自然条件下建坝技术

2.4.1 狭窄河谷与高陡岸坡坝址建坝技术

我国在狭窄河谷上在建最高的是猴子岩坝（宽高比 1.27，坝高 223.5 m），河谷最狭窄已建的是龙首二级坝（宽高比 1.3，坝高 146.5 m），河谷不对称且趾板边坡高陡的是洪家渡坝（左岸趾板边坡高达 310 m，宽高比 2.38，坝高 179.5 m），取得的主要技术进步是：①提高堆石压实标准，减少堆石坝体变形；②在与岸坡连接处设置变形模量较高的特别碾压区；

③合理确定坝体填筑顶面高程与面板浇筑高程的高差,以及合理确定面板浇筑时间与坝体填筑时间的预沉降期;④采用适应较大变形的周边缝止水结构和材料;⑤不利地形条件下采用高趾墙或便于与其他建筑物连接;⑥采用内趾板减少陡坡开挖量;⑦监测坝轴向坝体变形和面板垂直缝变形;⑧采取合理的边坡加固措施。

2.4.2 深覆盖层上建坝技术

坝基覆盖层最厚的是铜街子副坝,覆盖层厚达 73.5 m,坝高为 48 m;趾板建在覆盖层上最高的是九甸峡坝,覆盖层厚为 56 m,坝高为 136.5 m,河床覆盖层最宽厚的是察汗乌苏坝,坝高为 110 m,河床覆盖层宽为 96 m,厚为 46.7 m,察汗乌苏面板砂砾石坝典型断面如图 7 所示。取得的技术进步主要是:①采用钻孔、动力触探、面波测试、原位旁压试验和载荷试验等多种手段,查明覆盖层的组成和结构、软弱夹层和可能液化砂层的分布以及覆盖层的工程特性;②覆盖层采用混凝土防渗墙防渗;③采用连接板连接防渗墙与趾板,改善趾板的工作条件,用三维有限元法计算分析优化连接板长度与防渗体系设计;④研究防渗墙应力变形性状及其影响因素,提出改进工程措施。

2.4.3 地震区建坝技术

我国在 9 度强震区建造的最高面板堆石坝是吉林台一级面板砂砾石坝(坝高 157 m),如图 5 所示。按照场地地震基本烈度 7 度设计的紫坪铺面板堆石坝经受了汶川 8 级地震、10 度地震烈度的考验,这两座坝是我国面板堆石坝抗震设计的代表性工程。地震区面板堆石坝抗震设计与抗震工程措施主要包括:①坝顶超高应包括地震引起坝顶震陷和涌浪高度;②采用不能自由排水的软岩堆石料或砂砾石料填筑的面板堆石坝应设置合理的排水体;③挖除或加固处理坝基可能液化的覆盖层;④下游坝坡或上部坝体的下游坝坡变缓;⑤采用动力特性较好的尤其是动力变形特性较好的筑坝材料;⑥适当增加垫层区宽度,岸坡陡时适当延长垫层料与基岩接触区长度;⑦适当提高压实标准;⑧上部坝体用锚筋或土工格栅加筋来加固,提高其整体稳定性;⑨改善下游坝面护坡形式,增加坡面抗震稳定性;⑩适当增加坝顶宽度;⑪改善坝顶结构整体抗震性能、采用较低的防浪墙和整体式坝顶防浪墙结构;⑫适当增加某些部位(顶部)面板厚度和面板钢筋率;⑬采用适应接缝大位移,特别适应面板错台和挤压破坏的接缝止水结构和止水材料;⑭改善面板堆石坝与其他混凝土结构的连接形式和结构;⑮设置紧急泄流和放空建筑物;⑯加强大坝地震反应安全监测。

2.4.4 高寒地区建坝技术

在黑龙江、新疆和青海等高寒地区建成 20 余座混凝土面板堆石坝,其中的代表是莲花坝(坝高 71.8 m),取得的技术进步主要是:①采取薄层重型振动碾压实,合理增加碾压遍数,实现冬季堆石碾压施工不间断;②选择采取降低水灰比、掺加外加剂和保温养护等措施,提高面板混凝土抗冻性能;③适当增加面板钢筋含量,在水位变动区设置表层抗温度应力钢筋;④面板表面涂黑色憎水(憎冰)涂料,增加热交换,维持冰面和面板间有一层不冻水膜;⑤表面止水采用沉头螺栓等固定形式,避免表面止水被冰盖拔出破坏。

2.5 计算和试验技术进步

科研院所、设计院和高等院校在解决工程设计和施工技术难题的同时,在试验研究与计算分析方面也取得了技术进步,主要有:①研究筑坝材料试验的缩尺效应,提出用比较试验和反馈分析方法确定缩尺效应修正系数;②研究筑坝材料的流变特性,建立了流变模型,为实现面板堆石坝体的变形控制提供了基础;③采用原位测试(旁压试验、荷载试验)、室内大

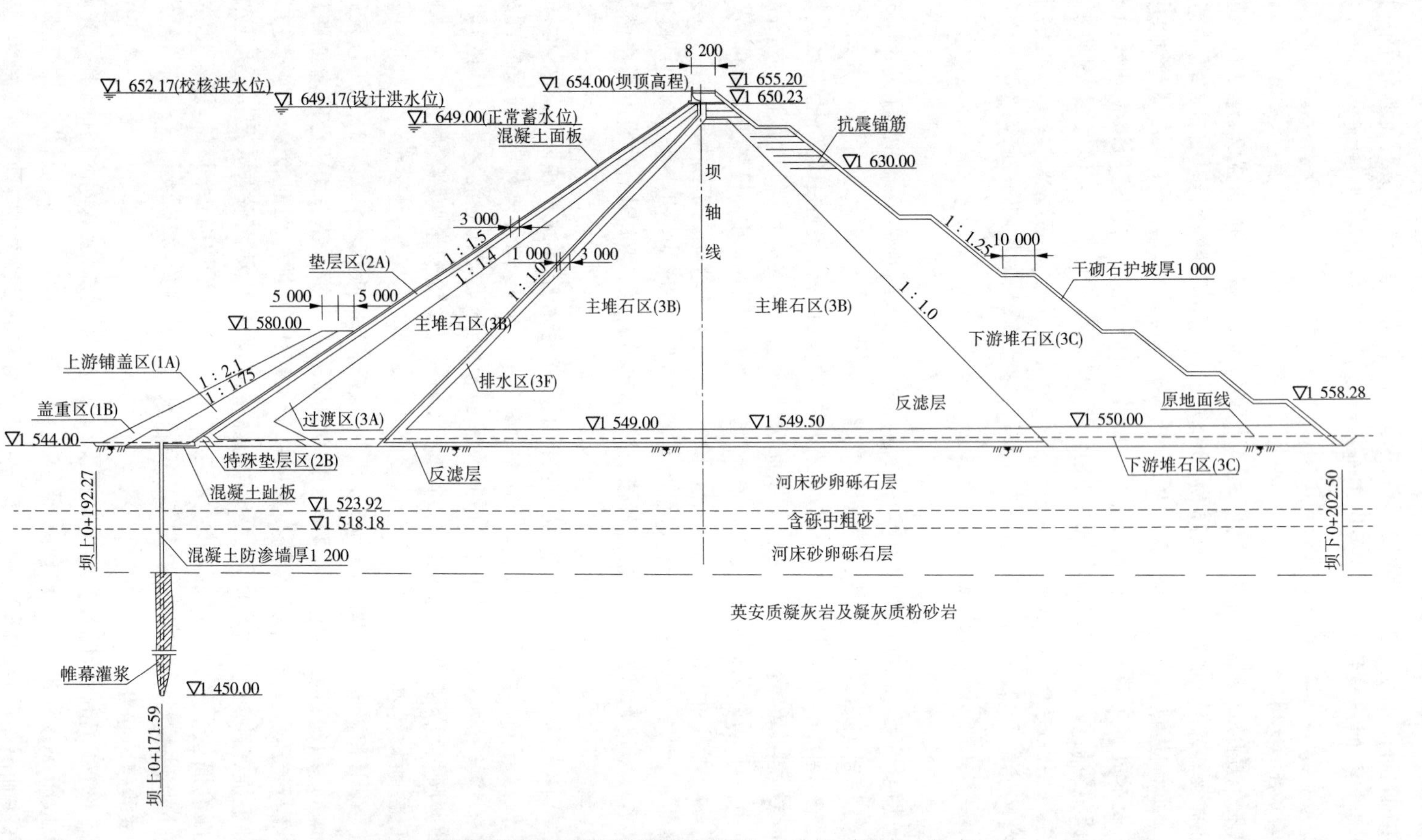

图7　察汗乌苏面板砂砾石坝典型断面图　（单位:高程,m;尺寸,cm）

型试验和反演分析相结合的手段确定覆盖层或筑坝材料的力学特性与计算参数;④建立了比较合理的筑坝材料本构模型,南水双屈服面弹塑性模型和 Duncan E－B 非线性弹性模型应用较广,提出了有限元应力变形计算方法,100 m 以上高坝大多进行应力变形计算,计算结果总体上能反映堆石坝体、面板和接缝的应力变形规律,为设计提供了依据;⑤采用土工离心模拟技术研究混凝土面板堆石坝应力变形性状,为宜兴上库、九甸峡等面板坝设计方案比较提供了手段,为宜兴上库、吉林台一级、察汗乌苏、小干沟、天生桥一级、九甸峡等工程解决复杂地形地质条件下建坝的技术难题提供了基础;⑥研制大型土工离心机上振动台,为研究地震时面板堆石坝的动力性状、采取抗震工程措施提供了手段,已应用于吉林台一级坝;⑦采用大型足尺模型试验研究并开发了新型止水结构与止水材料,如图 8 所示;⑧进行混凝土改性研究和掺合成纤维等研究,提高了混凝土的抗裂性能。

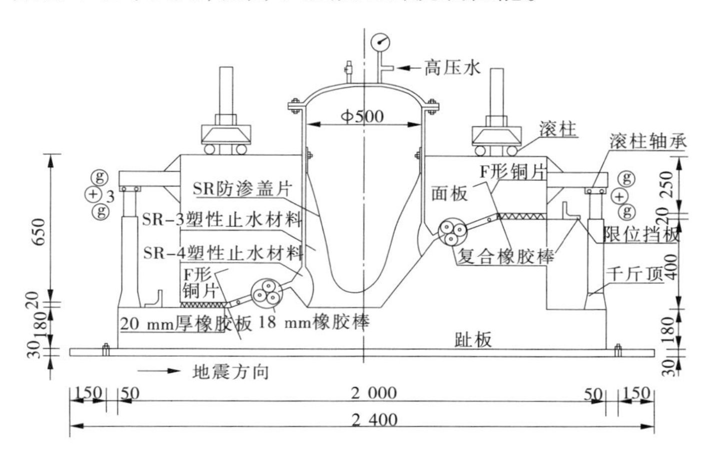

图 8　周边缝止水结构抗震模型试验　(单位:cm)

3　挑战和展望

我国西部有着丰富的水能资源,在金沙江、澜沧江、怒江、雅砻江、大渡河、黄河上游等江河上都要修建 300 m 级的高坝,形成龙头水库,以提高梯级电站的补偿调节性能,提高电能质量。但这些电站都位于经济不发达、交通闭塞的高山区,受对外交通条件、地形地质条件和筑坝材料等因素的制约,使得混凝土面板堆石坝成为最具竞争力的坝型。

新建这批坝高超过 250 m 的超高面板堆石坝给坝工建设者提出了巨大的挑战。200 m 级的 Campos Novos 坝、Barra Grande 坝和天生桥一级坝都发生了面板挤压破坏,水布垭坝的面板也有局部破损,Campos Novos 坝、Barra Grande 坝等多座高坝产生 600～1 300 L/s 的严重渗漏,这说明高面板堆石坝的变形安全和渗流安全更为重要,为了更好更省地建设超高面板堆石坝,有必要进行下列试验研究和设计施工技术的创新开发:①高应力与应力路径对筑坝材料特性影响的研究,建立更符合面板坝实际的可以考虑颗粒破碎、流变变形、湿化变形的本构模型;②缩尺效应对筑坝材料影响的研究,建立筑坝材料真实特性与计算参数的确定方法;③面板与垫层接触面特性试验研究,建立合理的接触面本构模型;④建立正确预测堆石坝体变形性状和面板应力变形性状的方法;⑤静力和地震时高面板堆石坝面板挤压破损机理分析研究,提出避免面板挤压破坏的工程措施;⑥面板堆石坝抗震安全标准和极限抗震能力计算方法研究；⑦超高坝超长距离坝体内部变形监测设施和深厚覆盖层变形和渗漏量监测设施的开发研制；⑧超高面板堆石坝的坝体分区、筑坝材料和填筑标准研究；⑨100 m以上深厚覆盖层渗流控制方案和防渗工程措施研究；⑩强震区（甚至地震动水平峰值加速度≥$0.4g$）超高面板堆石坝抗震工程设计与抗震工程措施的作用机理研究；⑪深窄河谷、高陡岸坡建造超高面板堆石坝的变形安全设计以及接缝和止水结构设计。

随着我们对高混凝土面板堆石坝工作机理的真实认识，在不远的将来完成一批超高面板堆石坝建设的同时，将形成我国自己的高混凝土面板堆石坝的设计理论。

参考文献

[1] COOKE J. B. Empirical design of concrete face rockfill dams[J]. International Water Power& Dam Construction,1998.

[2] 郦能惠.高混凝土面板堆石坝新技术[M].北京:中国水利水电出版社,2007.

[3] 中国水力发电工程学会混凝土面板堆石坝专业委员会.中国混凝土面板堆石坝25年[C]//混凝土面板堆石坝安全监测技术实践与进展.北京:中国水利水电出版社,2010.

[4] 杨泽艳,周建平,蒋国澄,等.中国混凝土面板堆石坝的发展[J].水力发电,2011,37(2):18-23.

[5] 蒋国澄.混凝土面板堆石坝的回顾与展望[C]//中国大坝技术发展水平与工程实例.北京:中国水利水电出版社,2007.

[6] 马洪琪,曹克明.超高面板坝的关键技术问题[C]//中国大坝技术发展水平与工程实例.北京:中国水利水电出版社,2007.

[7] 郦能惠.高混凝土面板堆石坝设计新理念[J].中国工程科学,2011,13(3):12-18.

锦屏一级拱坝建设关键技术问题

王继敏　段绍辉　郑　江

（二滩水电开发有限责任公司，四川　成都　610016）

【摘要】 锦屏一级水电站是雅砻江干流中下游河段的龙头电站，拱坝高 305 m，为目前已建和在建世界最高拱坝。工程规模大，地质条件复杂，技术难度高，工程建设面临巨大挑战。本文介绍了锦屏一级水电站工程建设进展和拱坝建设的关键技术问题及采取的多项创新性的解决方案，可为今后类似问题的解决提供技术借鉴，对特高拱坝建设技术研究具有重要工程意义。

【关键词】 锦屏一级拱坝　泄洪消能　骨料料源　整体安全性　高陡边坡　坝基处理　温控防裂

锦屏一级水电站为雅砻江干流下游河段的控制性梯级电站。电站开发河段河谷深切，滩多流急，不通航；沿江人烟稀少，耕地分散，无重要城镇和工矿企业。工程的开发任务主要是发电，结合汛期蓄水兼有减轻长江中下游防洪负担的作用。电站装机容量 3 600 MW，水库正常蓄水位 1 880 m，死水位 1 800 m，正常蓄水位以下库容 77.6 亿 m^3，调节库容 49.1 亿 m^3，属年调节水库，对下游梯级电站的补偿效益显著。

锦屏一级水电站前期勘测设计工作始于 20 世纪 50 年代；2003 年 7 月，项目建议书评估通过；2003 年 11 月，可行性研究报告通过国家发展和改革委员会审查；2005 年 9 月，国务院正式核准开工建设。工程于 2004 年 1 月场内公路开工，开始筹建工程施工，2006 年 11 月导流洞施工完成；2006 年 12 月 4 日大江截流，2006 年 11 月开始坝肩开挖，2009 年 10 月 23 日开始大坝混凝土浇筑。

截至 2012 年 6 月底，锦屏一级水电站大坝最高浇筑至高程 1 809.5 m（最大坝高 229.5 m），接缝灌浆至高程 1 739 m，水垫塘及二道坝工程全部完工，高程 1 730 m 以下坝基灌浆和排水孔工程、两岸抗力体置换处理灌浆工程基本完成，下游河道清淤工作全部完成，引水发电系统工程土建施工接近尾声，机电安装工程全面展开。

计划左岸导流洞在 2012 年 9 月底至 10 月中旬根据来流量择机下闸，右岸导流洞将于 11 月下闸，2013 年汛期水库蓄水，2013 年 8 ~ 9 月首批机组发电，2015 年工程竣工。

锦屏一级水电站工程枢纽由双曲拱坝、坝身表中底泄水孔口及坝后水垫塘、右岸泄洪洞、右岸地下引水发电系统等建筑物组成。工程地处深山峡谷地区，施工条件差，地质条件复杂，其工程技术条件的显著特征是“五高一深”即特高拱坝、高水头泄洪消能、高山峡谷、高陡边坡、高地应力、深部裂隙，尤其是高 305 m 的世界第一高拱坝，其建坝技术处于世界前列。工程建设主要关键技术问题有高山峡谷中特高拱坝施工布置、复杂地质条件高陡边坡稳定与处治、复杂地质条件地基处理、特高拱坝整体安全性、特高水头大流量窄河谷泄洪消能与雾化影响、特高拱坝高性能混凝土及原材料、特高拱坝温控防裂及高强快速施工等，这些复杂技术问题使得锦屏工程建设极具挑战性。本文就其中几个主要问题和解决方案做简要介绍。

1　复杂地质条件高陡边坡的稳定与处治

锦屏一级枢纽区河谷为深切“V”形峡谷，边坡地形高陡，谷底以上高差1 400余m，左岸边坡坡度45°~65°，右岸边坡坡度43°~90°，局部倒悬，呈梁沟相间的微地貌特征。左岸边坡为典型反倾向坡，断层与节理裂隙发育，边坡上部岩体倾倒拉裂变形严重，边坡岩体破碎，边坡局部稳定和整体稳定问题突出；河谷地质结构上软下硬、地层反倾、上部开阔下部狭窄，处于下蚀迅速和区域高应力背景的特定条件下[1]。右岸边坡为典型顺层边坡，岩层间有绿片岩夹层，主要断层有f_{13}、f_{14}、f_{18}及煌斑岩脉（X），主要节理裂隙有4组，右岸边坡的稳定问题主要是沿顺层节理及顺层发育的绿片岩夹层局部滑动问题，不存在整体稳定问题。

左岸坝肩边坡高程1 810~1 830 m以上为砂板岩，边坡坡度45°左右，以下为大理岩，坡度50°~65°。砂板岩岩体断层、节理等构造发育，岩体破碎，倾倒、拉裂变形严重，发育有深部卸荷裂隙。中下部的大理岩岩体较完整。左岸坝肩边坡主要发育有f_2、f_5、f_8、f_{42-9}断层、煌斑岩脉（X）及深部裂隙（SL）等主要结构面，主要节理裂隙有4组，左岸坝肩主要地质结构面示意见图1。左岸坝肩及缆机平台开挖形成230余m的人工高边坡，加上坝基开挖形成305 m高拱肩槽高边坡，坝肩和坝基开挖形成高达535 m的人工高边坡。左岸人工边坡局部稳定问题是小断层或层间挤压错动带与节理裂隙组成的局部小块体，经过锚喷支护处理满足稳定要求。控制左岸坝肩边坡整体稳定的是以断层f_{42-9}为底滑面、以深部裂隙SL_{44-1}为上游边界、以煌斑岩脉X为后缘边界组成的潜在滑动大块体[2]，潜在滑动大块体组合平面示意见图2。

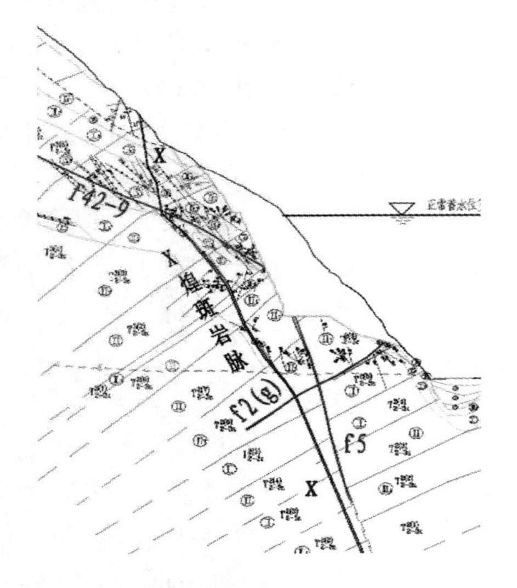

图1　左岸坝肩主要地质结构面示意图

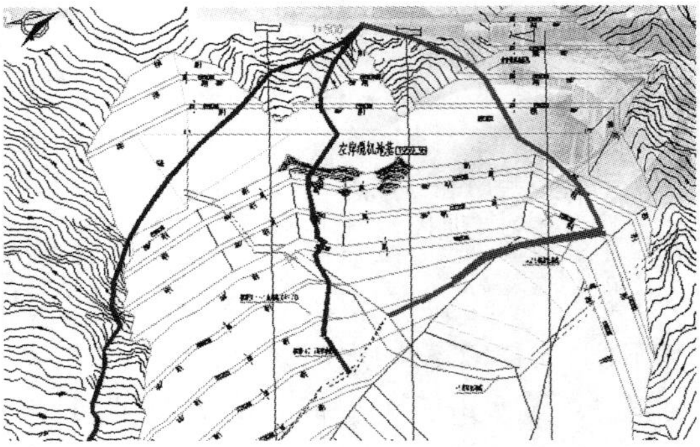

图2　潜在滑动大块体组合平面示意图

1.1　左岸坝肩“大块体”稳定性及加固处理

左岸坝肩整体稳定三维非线性有限元强度折减法计算采用了$PHASE^2$及FINAL两种有限元程序分别进行了计算。两种程序计算分析成果表明，天然状况和开挖至坝顶时边坡是稳定的；拱肩槽开挖完成后，$PHASE^2$程序和FINAL程序计算的安全系数分别为1.05和

0.95,不满足要求,需要采取加固措施。f_{42-9}断层对潜在滑体的稳定起着关键性控制性作用,为提高底滑面的抗剪阻滑作用,分别在高程 1 883 m、1 860 m、1 834 m 布置三层抗剪传力洞;并在坡面设置深层锚索穿过部分 f_{42-9}断层,提高潜在滑体的整体稳定性;最终形成坡面喷锚支护、深层锚索与抗剪洞及系统排水的潜在滑动大块体综合加固方案。综合处理后左坝肩边坡安全系数达到 1.344,满足规范要求。

1.2 岩质边高边坡稳定实时监控和预警技术

左岸开挖边坡加固采用了网喷混凝土、系统锚杆、锚筋束、200 ~ 300 t 的大吨位长 40 ~ 80 m 的锚索和 4 m×4 m 框格梁进行系统支护,左岸锚索及框格梁加固体系见图 3。由于左岸边坡上部岩体破碎,开挖成型及钻孔成孔困难,边坡开挖采用了预灌浆技术、锚索成孔灌浆技术。为监控边坡开挖安全,确保开挖质量,边坡开挖施工期间,跟踪开展边坡地质条件研究、实时安全监测预警预报、安全监测反馈分析、爆破振动监测与反馈、微震监测与预警等科研工作;其中安全监测系统共布置内观仪器 252 套(支),水平和垂直位移观测点各 72 个,是一个门类齐全的安全监测系统;通过完整的安全监测系统和一系列科研工作,建立了一套水电工程高陡岩质边坡稳定实时监控和预警机制。通过参建各方建立"动态设计、科研跟踪、快速反应、信息化动态治理"的理念和机制,跟踪分析开挖不断揭示的地质情况,实时安全监测与预警预报,科研跟踪研究,有针对性的优化设计和施工方案,保证了设计快速反应,施工安全可控,工程质量优良。

图 3　左岸锚索及框格梁加固体系

左岸坝肩边坡工程 2005 年 9 月开工,2009 年 8 月 20 日全部开挖支护完成。安全监测资料分析表明,各内观仪器监测成果已全部收敛,除开口线外边坡倾倒蠕变仍有少量变形外表面变形监测全部趋于收敛,大块体典型监测过程线见图 4、图 5;左岸工程边坡处于稳定状态。

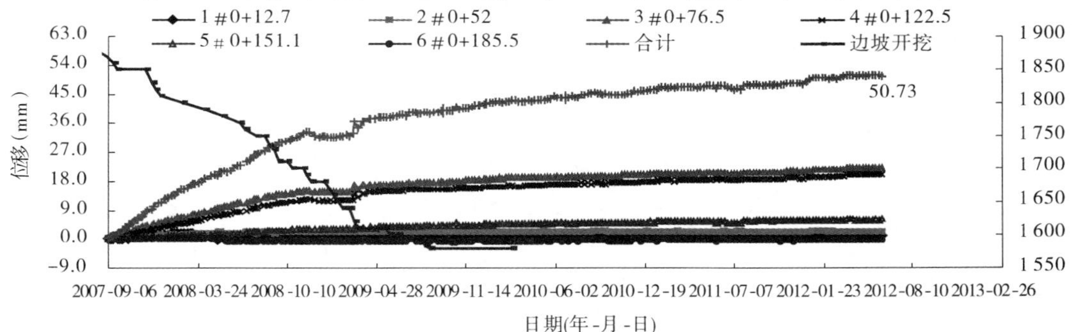

图 4　PD44 平硐前期安装的石墨杆收敛计位移历时曲线

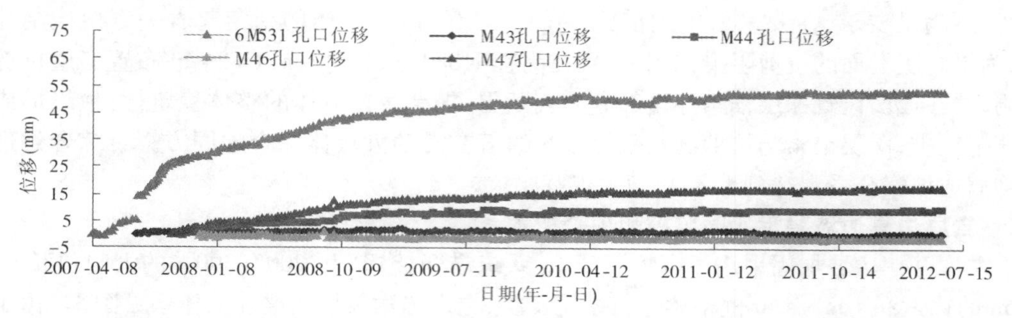

图5　高程 1 885 m 以上边坡煌斑岩脉及 f_{42-9} 断层各测点孔口位移历时曲线

2　复杂地质条件坝基处理技术

锦屏一级坝址两岸自左至右发育有 f_5、f_8、f_2、f_{18}、f_{14}、f_{13} 等主要断层，同时存在层间挤压错动带、煌斑岩脉（X）、绿片岩等卸软弱构造带、溶蚀性节理及左岸坝肩发育的深部荷裂隙，这些断层及软弱构造带均斜穿河谷，为顺河向构造，对拱坝坝基防渗、特高拱坝抗力体受力均会产生较大影响[3]。为此，必须进行处理，以提高坝基及抗力体的承载能力与抗渗能力。处理方法除采用了常规的坝基固结灌浆（37 万 m）、坝基帷幕灌浆（100 万 m）、坝基及抗力体排水孔（65 万 m）外，还大范围采取化学灌浆，大范围采取刻槽置换、大垫座置换、地下洞井混凝土框格置换并结合高压固结灌浆、高压冲洗置换等方法进行全面系统的处理。

2.1　右岸坝基不良地质体处理

右岸坝基的 f_{13} 断层自坝顶高程 1 885 m 至 1 601 m 设置防渗斜井进行置换处理。f_{14} 断层在坝基处采用置换处理，坝基下部设 3 层置换平硐、5 条置换斜井进行混凝土框格置换，并加密固结灌浆处理。f_{18} 断层及其伴随发育的煌斑岩脉采用深槽置换及固结灌浆处理。右岸建基面出露的绿片岩全部刻槽置换处理，对绿片岩埋深较大且在帷幕线上游的部位采取化学灌浆处理。

2.2　左岸坝基不良地质体处理

左岸坝基高程 1 740 m 以上，卸荷裂隙发育，强卸荷发育深度 50 ~ 80 m，弱卸荷发育深度 80 ~ 120 m，在深处并发育有深部卸荷裂隙。左岸大理岩深卸荷底界水平深度一般 150 ~ 200 m，左岸砂板岩深卸荷底界水平深度 200 ~ 330 m，左岸坝肩主要地质构造有煌斑岩脉（X）、f_8、f_5 和 f_2，其性状差。其处理方案主要为：左岸坝基高程 1 730 m 以上 f_5 断层及大部分Ⅴ级和Ⅳ_2 级岩体全部挖除，采用高 155 m 的混凝土大垫座进行置换处理消散坝基荷载，其混凝土工程量达 56.02 万 m^3。

2.3　左岸抗力体加固

左岸抗力体部位在高程 1 885 m、1 829 m、1 785 m、1 730 m 和 1 670 m 布置基础置换平硐和高压固结灌浆平硐，煌斑岩脉在 1 829 m、1 785 m 和 1 730 m 设置换框格，f_5 在 1 730 m 和 1 670 m 设置换框格。混凝土垫座往抗力体在高程 1 730 m、1 785 和 1 829 m 分别设有 2 个、2 个和 1 个抗剪传力洞。左岸抗力体基础处理洞挖 37 万 m^3，固结灌浆 69 万 m，帷幕灌浆 29 万 m，衬砌混凝土 13 万 m^3，微膨胀回填混凝土 13 万 m^3。左岸坝基与抗力体软弱构造带及深部裂隙处理方案见图 6。

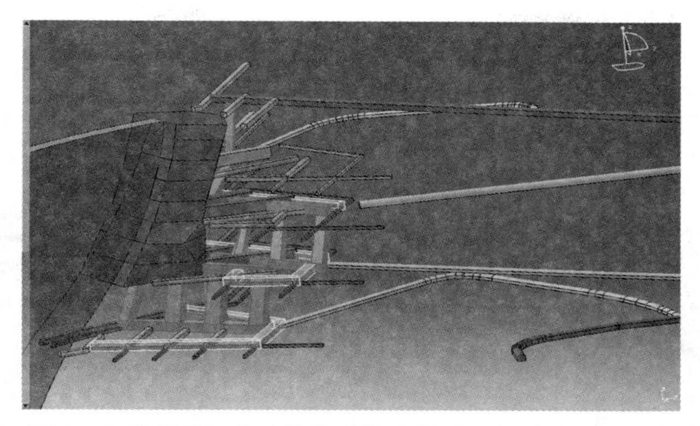

图 6　左岸坝基与抗力体软弱构造带及深部裂隙处理方案

2.4　水泥－化学复合灌浆技术

针对断层及煌斑岩脉的高压水泥固结灌浆试验成果表明：通过一般水泥灌浆难以提高其物理力学指标，断层破碎带中存在的糜棱岩和夹泥也影响了固结灌浆效果。因此，现场选择规模大、性状差的 f_5 断层及强风化煌斑岩脉进行水泥－化学复合灌浆试验，研究水泥化学复合灌浆在技术上的可行性、效果上的可靠性、经济上的合理性；了解经化学灌浆处理后其整体性、变形稳定性、渗透稳定性、耐久性和力学强度指标提高的幅度。经过水泥化学复合灌浆后，其单孔声波、孔内变形模量、岩体完整性系数检测成果及钻孔全景录像表明：岩体中张开的裂隙和松弛的碎块角砾间得到了水泥较为有效填充，在化学灌浆的复合处理后，充填胶结得到进一步强化，完整性得到了改善。

为加强坝基抗变形能力及防渗耐久性，对一些常规水泥灌浆后仍无法满足设计要求的部位采取化学灌浆处理。根据水泥灌浆成果、现场地质条件及断层所处位置，最终在 f_2 及层间挤压错动带、f_{18} 及煌斑岩脉、flc_{13} 等坝基部位以及煌斑岩脉、f_5、f_2、f_{18}、f_{14}、f_{13} 等断层帷幕部位采用了水泥－化学复合灌浆处理，目前采用的化学灌浆工程量达 4 万余 m。

2.5　高压对穿冲洗置换技术

2.5.1　f_2 断层处理高压对穿冲洗技术

左岸坝基 f_2 断层及上下盘各 2 个层间挤压错动带宽 0.1～0.3 m，充填糜棱岩、碎裂岩、岩削并夹泥，虽经坝基刻槽置换处理，但担心拱坝荷载作用产生变形，设计要求进一步进行坝基对 f_2 及层间加压错动带进行高压冲洗置换处理。冲洗孔深 30 m，沿 f_2 断层及挤压带孔距在帷幕处为 1.5 m、其余部位为 2.0 m，冲洗水压力 20～30 MPa，风压 0.6～0.7 MPa。经高压风水冲洗后，将 f_2 断层及挤压带中的充填物冲洗出来（见图 7），形成了直径约 270 mm 的空腔体，用水泥浆充填。经高压冲洗后进一步进行固结灌浆。

2.5.2　左岸坝基 f_5 断层处理高压对穿冲洗置换技术

左岸抗力体高程 1 670 m、1 730 m f_5 断层置换平硐在进行固结灌浆孔施工过程中沿断层多数孔段出现无返水或返水中夹杂大量粗颗粒黄、黑色泥泥砂，特别是靠河侧钻孔过程中，返水含砂量较大，成孔困难。为探索 f_5 处理方法，在 2# 与 3# 置换斜井之间现场进行了高压风水联合冲洗，湿磨细水泥灌浆，高压旋喷灌浆等试验，但都难以有效地提高断层发育带的声波值及变模值。后利用高程 1 670 m 和 1 730 m 置换平硐打对穿孔，利用对穿孔进行高压风水冲洗置换处理试验。经高压水对冲冲洗出来的泥渣见图 8，沿洞轴线长约 10 m，经高压冲洗出泥渣约 1 600 m^3，回填自密实混凝土 1 260 m^3 后进一步进行固结灌浆。经压水检测，透水率平均值为 1.01 Lu，Ⅳ2 级大理岩声波波速 5 313 m/s，较处理前提高 3.2%；地层透水性显著降低，混凝土与断层上、下盘紧密结合，补强加固处理效果明显。

图 7　f_2 断层高压水冲洗返渣

图 8　f_5 断层高压水对穿冲洗泥渣

3　特拱坝高性能混凝土骨料料源选择和碱活性抑制

3.1　料源选择

锦屏一级工程区没有天然骨料，可做大坝混凝土人工骨料的母岩只有大理岩和变质砂岩。拱坝坝高 305 m，对拱坝混凝土性能要求高（设计最高抗压强度为 40 MPa，极限拉伸值 $\geqslant 1.1\times10^{-4}$，自身体积变形 -10×10^{-6} ~ $+40\times10^{-6}$），但大理岩岩石强度只有 50 ~ 70 MPa，强度偏低，且加工人工骨料石粉含量高达 40%，运输跌落过程中二次破碎较严重；变质砂岩强度满足要求，但存在碱硅酸盐活性。为此，经过大量试验研究[4]，锦屏一级拱坝混凝土采用组合骨料，即采用大奔流沟砂岩粗骨料和三滩大理岩细骨料。与全砂岩骨料混凝土相比，混凝土中采用大理岩人工细骨料替代砂岩人工细骨料，并通过对配合比优化减少混凝土的用水量及胶凝材料用量，提高混凝土的抗压强度以及早期的抗拉强度，可以减少混凝土的干缩变形以及自生体积收缩变形，降低大坝混凝土的绝热温升值以及减少大坝混凝土的线膨胀系数，改善大坝混凝土的耐久性能；改良后的混凝土强度高，变形指标和耐久性满足设计要求。

3.2　骨料整型技术

大奔流沟砂岩系变质砂岩，岩石变质后结晶发生定向排列而呈各向异性，致使加工后各级成品骨料针片状指标控制困难，粒形较差，特别是特大石针片状含量一度高达 25%；经多次现场和场外加工试验，采用反击破整形等工艺后，粗骨料针片状指标及骨料粒型得到明显改善，满足设计及规范要求。三滩大理岩强度总体满足要求，但中间夹有 20% ~30% 的强度偏低的白色中粗晶大理岩条带，且分布不均匀，料源均一性较差，开采时难以剔除，加工性能不理想，跌落损失大，造成大理岩制砂石粉含量超过 50%，废弃料多，且剔除难度大；为此，经加工工艺试验研究和设备改进，确定采用风选工艺筛选石粉，细骨料经选粉机风力分级控制石粉含量，全加工系统采用干法生产，细骨料加工质量控制稳定，石粉含量一般控制在 13% ~19%，细度模数一般控制在 2.2 ~2.8，含水量控制在 3.5% 以内。

3.3　碱活性抑制

针对砂岩骨料碱活性，开展了大量混凝土碱活性抑制试验研究工作。试验研究成果表明掺粉煤灰可有效抑制砂岩骨料混凝土的碱活性反应，其有效最低安全掺量为 20%。最终确定的锦屏一级拱坝混凝土原材料控制标准为：水泥的碱含量控制在 0.5% 以下，减水剂碱含量在4%以下,粉煤灰掺量35%,混凝土总碱含量控制在1.5 kg/m³以内。

4 特高拱坝整体安全性

4.1 影响拱坝整体安全性的不利条件

锦屏一级拱坝坝址处存在影响坝体整体安全性的多项不利条件:①左右岸地质条件不对称,左岸上软下硬,右岸上强下软,存在众多断层(坝址工程地质剖面见图9);②左右岸地形不对称,右岸高高程部位存在平缓垭口,下部为陡崖,左岸相对平顺;③坝基抗变形能力左右岸不对称,左岸上部整体刚度低于右岸,下部高于右岸;④左右岸拱坝拱梁作用不对称,右岸建基面陡峻,坡度陡于左岸,左岸由于建基面较右岸平缓,拱坝梁的作用强于右岸。

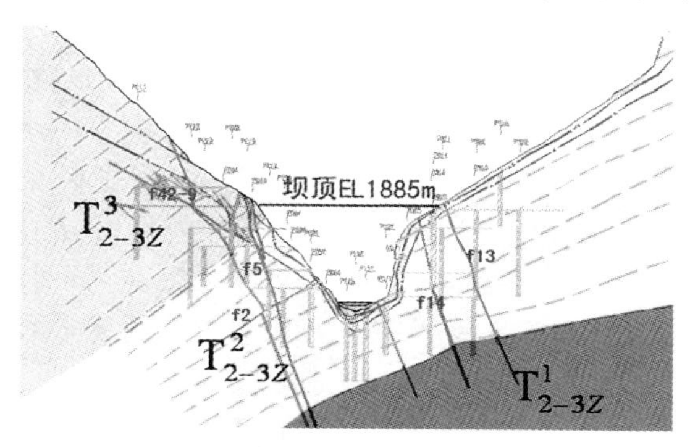

图9 坝址工程地质剖面图

4.2 整体安全性评价

根据坝址区地形地质条件,拱坝加固的原则为进一步调整拱坝体形的对称性,改善坝体的应力与变形状态,增强坝体对基础条件的适应性,提高右岸坝肩的抗滑稳定性,降低坝体的应力水平,并适当留有余地,增加拱坝的安全度。具体措施主要为增加坝后贴脚混凝土,提高坝体混凝土强度,对断层等软弱结构采取刻槽置换和灌浆处理、加大坝体厚度等。

委托科研单位针对天然坝基和加固后的坝基分别进行了模型试验研究,模拟拱坝坝基降强和超载过程。首先对模型进行预压,然后加载至一倍正常荷载,在此基础上进行强度储备试验即升温降低坝肩岩体断层f_5、f_2、f_{13}、f_{14}、煌斑岩脉X的抗剪断强度[5]。三维地质力学模型综合法试验研究成果及与类似拱坝工程同种试验方法安全度对比见表1,由表中数据可以看出,锦屏一级拱坝整体安全性进一步提高,综合法试验安全度K_c达到5.2~6.0,在国内同类工程中属安全度较高的。

表1 类似拱坝工程三维地质力学模型综合法试验安全度对比

序号	工程名称	坝高(m)	弧高比	降强系数K_s	坝肩起裂时超载倍数	超载系数K_p	综合法试验安全度K_c
1	小湾拱坝(加固坝基最终方案)	294.5	3.06	1.2	1.8	3.3~3.5	3.96~4.2
2	大岗山(天然坝基)	210	2.96	1.25	2.0	4.0~4.5	5.0~5.6
3	白鹤滩拱坝(天然坝基含扩大基础)	289	2.38	1.2	1.5~1.75	3.5~4.0	4.2~4.8
4	锦屏拱坝(天然坝基含左岸垫座)	305	1.86	1.3	2.6~2.8	3.6~3.8	4.68~4.94
5	锦屏拱坝(加固坝基)	305	1.81	1.3	2.6~2.8	4.0~4.6	5.2~6.0

5 特高水头大泄量窄河谷泄洪消能与雾化影响

锦屏一级水电站工程拱坝高305 m，泄洪时水头高达230 ~ 240 m，1 000 年一遇设计洪水和5 000 年一遇校核洪水相应洪峰流量分别为13 600 m^3/s 和15 400 m^3/s。泄水建筑物由拱坝坝身4 个泄流表孔、5 个泄流深孔和2 个放空底孔，右岸1 条有压接无压的"龙落尾"形式泄洪洞构成；消能建筑物为坝后水垫塘。因为锦屏一级的下泄水头高，入水流速大，河谷狭窄，泄洪雾化特别严重；特别是其狭窄河谷两岸边坡卸荷裂隙发育，雾化强降雨将加大渗压荷载而容易引起边坡失稳。因此，锦屏一级水电站工程高水头、大流量泄洪消能及减少雾雨强度问题、强卸荷窄河谷边坡的强雾化防治问题十分突出。

5.1 可研和招标阶段泄洪消能方案

锦屏一级泄洪建筑物参考二滩拱坝的布置及消能工进行布置，坝身"表、深孔分层出流，水舌空中碰撞，水垫塘消能"；右岸"龙落尾"式泄洪洞出口采用常规"斜截式"挑流消能工。水力学及雾化模型试验研究成果表明，该布置方案表、深孔水舌空中碰撞进入下游水垫塘后，雾雨强度极大，在渲泄设计和校核洪水时最大雾雨强度分别达972. 58 mm/12 h 和1 653. 39 mm/12 h，水垫塘最大冲击压力为9. 6 m 水柱；高240 m 水头经泄洪洞出口的"斜截式"挑流水舌直冲狭窄河谷对岸坡脚，水舌落点没有落于河床中间区域，冲淘范围大而深(冲坑最深点高程为1 593 m，深约25 m)，岸边流速达14 ~ 16 m/s。坝身孔口泄洪产生如此极强雾雨，势必对雾化区两岸边坡稳定产生危害；泄洪洞挑流直冲狭窄河谷对岸势必造成边坡稳定破坏。

5.2 施工阶段泄洪消能方案

针对可研及招标阶段锦屏一级工程泄洪消能水力学与雾化模型试验研究发现的问题，对拱坝坝身孔口挑流消能方案和泄洪洞挑流消能方案进行了多方案优化试验研究。经多方案试验优化，首创提出了坝身"表、深孔窄缝挑流穿插入水，水舌空中无碰撞，水垫塘消能"的消能方式，解决了特高拱坝、大流量、窄河谷泄洪消能雾化问题。4 个表孔、5 个深孔出口采用窄缝消能工形式，4 股表孔水舌从5 股深孔水舌间插入而避免了碰撞，大大降低了泄洪雾化强度；设计和校核工况下最大雾雨强度为273. 26 mm/12 h 和321. 35 mm/12 h，仅为招标阶段方案的28% 和19% ，极大地降低了雾雨强度，提高了雾化区工程边坡的安全性。各泄洪工况下，水垫塘底板最大冲击压力为3. 60 m 水柱，降低了水垫塘底板结构设计难度，提高了水垫塘运行安全性。模型中表孔、深孔联合泄流流态效果见图10。对右岸泄洪洞出口消能工形式进行多方案反复试验研究，首创采用了"燕尾坎"新型挑流消能工形式。"燕尾式"挑坎的水舌纵向拉伸明显，呈"一字"形。正常蓄水位1 880. 00 m 泄洪时，下游河床左岸波浪高度仅约3 m，左岸最大岸边流速为8. 13 m/s，右岸最大岸边流速为10. 00 m/s，冲坑最深点高程为1 606 m(深约12 m)，位于河道中心偏右侧，解决了直冲狭窄河谷对岸问题，泄洪洞"燕尾"挑坎泄洪流态试验效果见图11。泄洪洞出口采用"燕尾坎"新型挑流消能工形式，降低了狭窄河谷的冲刷，提高了泄洪洞挑流区边坡的安全性。

5.3 雾化区边坡防护方案

对泄洪雾化区两岸边坡，进行了雨雾强度及分布分析，采取避让与保护相结合的原则，在强雾化区内，不布置建筑物，并对泄洪雾化区边坡采取贴坡混凝土、喷混凝土、锚杆、锚索及坡内排水等措施进行防护。将原布置在右岸坝顶平台的开关站移至主变洞内。根据泄洪时坝身泄洪雾化强度的预测值及泄洪雾化区边坡防护标准，确定坡面贴坡混凝土（厚度约50 cm）和喷混凝土范围，同时配套坡面截、防、排水系统和地下排水系统，增强边坡稳定。由于右岸水垫塘边坡层面倾向河床，坝0+280桩号往上游为倒悬体，表层大理岩强卸荷带内顺坡向结构面卸荷拉裂显著，空间贯通程度较高，采取挖除倒悬体成直立坡，同时对整个右岸水垫塘边坡贴坡混凝土及喷混凝土区域均采用系统锚杆加固，局部采用预应力锚索加固。

图10　表、深孔联合泄流流态试验效果

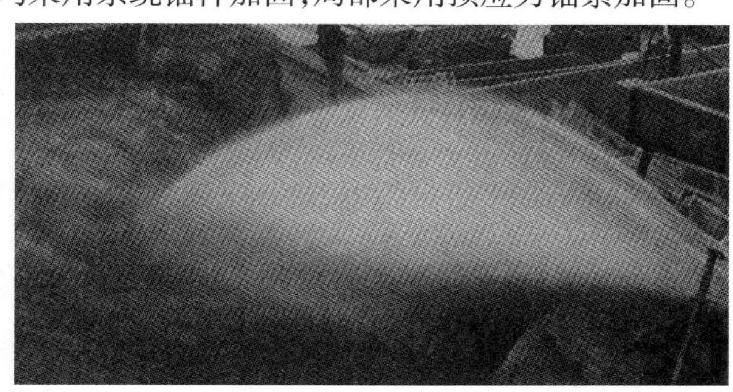

图11　泄洪洞“燕尾”式挑坎泄洪流态试验效果

6　特高拱坝混凝土施工关键技术

6.1　全过程全坝段混凝土信息化温控防裂技术

锦屏一级作为特高拱坝，具有坝体厚度大（拱冠梁底宽63 m，加上下游贴脚厚达78 m，在相同灌区高度条件下，约束系数增加[6]、坝基两岸坡度陡（43°～70°）、结构孔洞多（坝身布置有4个表孔、5个深孔、2个放空底孔和5个导流底孔）、坝区昼夜温差大、冬季干燥等不利条件，温度边界条件对温控防裂不利，混凝土原材料抗裂性能不优等特点，温控防裂难度大。因此，在拱坝混凝土温控防裂工作中，贯穿并实现了“早冷却、慢冷却、小温差”的温控理念，采用“精细化、科学化、动态跟踪”管理，从混凝土骨料料源开采与加工、混凝土试验检测、骨料冷却、出机口温度、浇筑温度、浇筑层厚、最高温度、降温幅度、降温梯度、内部温差、冷却通水、保温养护、间歇期等全过程量化跟踪控制，有设计标准严格按照设计标准，设计没量化标准的制订标准，严格按照高标准温控管理，每月一次温控领导小组会议，每周一次温控工作组会议，评价、协调、决策温控工作与问题。同时，委托两家科研单位平行开展4.5 m浇筑层厚温控防裂关键技术研究、委托一家科研单位常驻现场跟踪开展温度应力实时仿真分析和实施方案温度防裂安全性评价。委托一家科研单位研发并实施了锦屏一级拱坝施工实时控制系统，实时将拱坝混凝土浇筑、温控和基础处理灌浆施工信息上传至系统，实施信息化管理。

6.2　施工期混凝土温度自动化控制技术

6.2.1　混凝土温度自动采集系统

坝体混凝土内部用于温控的温度计数量极其庞大（到大坝完工，预计埋设温度计3 600支左右），温控观测的频次非常高，为了更加高效、准确和及时的掌握混凝土内部温度，研发并实施大坝施工期混凝土温控监测实施自动化监测系统。温控监测自动化系统由塔式服务器、通信光纤、信号转换设备、DAU2000分布式数据采集单元、NDA数据采集模块、自动化监测专用电源线及RS485通信线组成，实现了温度数据的自动采集、传输和网络化管理，混凝土浇筑块中的稳定计在埋设12 h内接入自动化监测系统，进行实时监控。

6.2.2　大坝混凝土冷却通水智能测控系统

为监控大坝混凝土冷却通水的效果，首创实施锦屏一级拱坝混凝土浇筑实时监控系统，首创实施拱坝混凝土浇筑温控自动化控制技术（温度监测自动化、冷却自动通水信息采集自动化及控制自动化）。通过分析大坝内部温度与通水流量、通水温度之间的关系与规律，建立大坝温度与冷却通水之间的数值模型，通过模拟各浇筑块温度场自动制定通水计划并全自动控制通水流量。针对不同浇筑块的情况进行个性化通水；针对不同的浇筑仓位和通水时段，采用不同水温和流量等个性化措施，使混凝土温度按照设定的不同时段目标温度、降温速率、降温幅度进行控制，最终保证混凝土温度应力控制在设计允许的范围内，从而有效防止混凝土开裂。

6.3　拱坝混凝土浇筑层厚4.5 m突破

为加快拱坝混凝土浇筑速度，经进度分析和温度应力仿真分析，锦屏一级拱坝采用4.5 m浇筑层厚是必要的和可行的，为进一步验证4.5 m层厚浇筑块稳定场，提炼4.5 m施工工艺，锦屏建设管理局组织开展了现场浇筑试验。开展浇筑试验工作前，参建各方对从4.5 m升层模板设计制作、入仓温度控制、冷却水管布置、缆机备置、坯层覆盖时间限制、机械和人员配置要求到后期温控的各环节进行精细化分析与准备，于2010年5月和7月在拱坝15#和11#坝段进行大坝混凝土浇筑4.5 m层厚试验，并及时进行试验总结，完善施工工艺后，将4.5 m升层逐步推广至其他坝段。2010～2011年锦屏一级大坝混凝土浇筑4.5 m升层主要运用于孔口坝段非结构仓，边坡坝段非基础约束区的区域。2012年4.5 m升层主要用于解决由于孔口坝段孔口结构部位和岸坡坝段基础约束区（涉及基岩面处理）施工备仓时间长导致相邻坝段高差较大的坝段，在脱离基础约束区和结构部位后采用4.5 m升层以减少相邻坝段高差。

4.5 m浇筑层厚采用专用的4.5 m模板，浇筑过程采用薄层浇筑，加强模板值班等措施，根据现场对大坝163个仓进行抽检的2 670个点的数据分析，体型偏差不超过±10 mm的占58.9%，±10～±20 mm（含20 mm）的占34.9%，考虑体型以直代曲的特点，体型控制整体满足要求。

通过对浇筑时间以及最高温度出现时间相近的151个3 m和4.5 m层厚的浇筑仓最高温度情况对比，从统计数据可以看出：3 m层厚平均浇筑历时34.2 h，4.5 m层厚平均历时41.6 h，平均浇筑历时长7.4 h，3.0 m浇筑层厚浇筑温度平均合格率为96.8%，4.5 m层厚浇筑温度平均合格率为96.7%，两者没有实质性区别。最高温度出现的时间晚1～3 d，4.5 m层厚最高温度和3 m层厚对比，数据波动性较大，总体规律是4.5 m层厚最高温度略高于3 m层厚浇筑仓，平均高0.05 ℃左右。从温度过程来看，4.5 m层厚温度过程与3 m层厚温度过程没有实质差别。

截至2012年6月底，拱坝已浇筑360万m^3混凝土，垫座浇筑45万m^3混凝土，除早期因坝基固结灌浆发现少量浅表裂缝外，没有发现有危害的温度裂缝。典型仓温度过程曲线见图12、图13。

7　结语

锦屏一级水电站的建设难度在水电界是罕见的，一些难题甚至超出了我们已有的认知

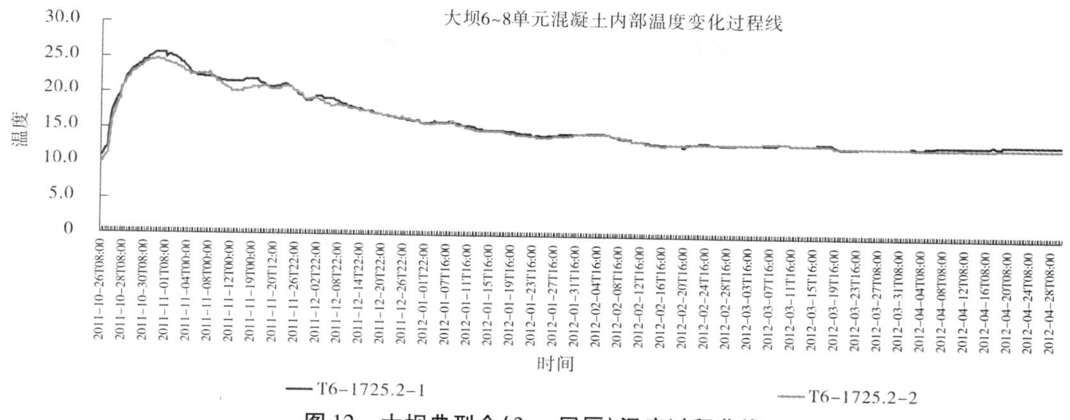

图 12　大坝典型仓(3 m 层厚)温度过程曲线

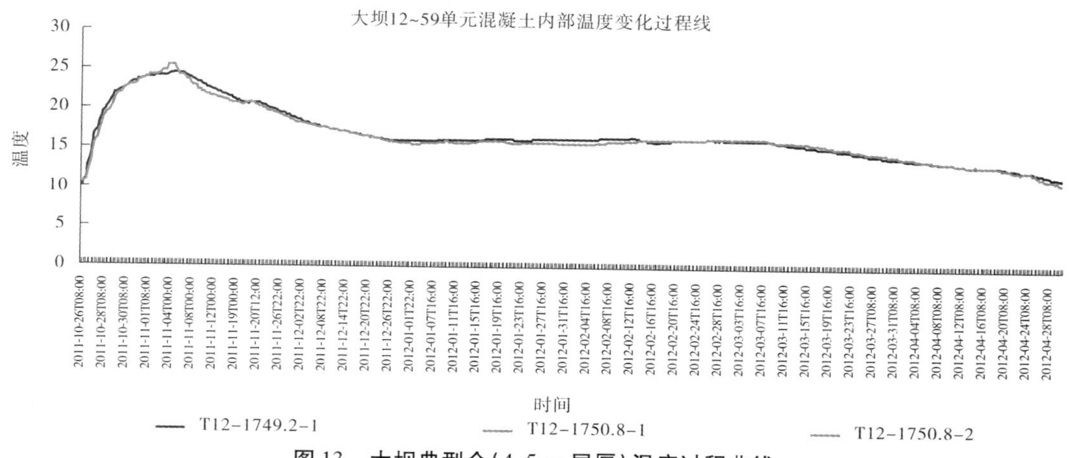

图 13　大坝典型仓(4.5 m 层厚)温度过程曲线

和经验范畴。通过多年的研究和 8 年的建设实践,在我国顶尖水电专家的关心和指导下,在参建各方的共同努力下,锦屏工程主要技术难题相继被攻克,工程建设按计划推进。大坝蓄水是本工程各种技术实施效果的考验,参建各方将做好大坝下闸蓄水观测资料的分析与反分析工作,进一步丰富总结锦屏拱坝关键技术,同时为国内外同类工程提供借鉴。

参考文献

[1] 荣冠,朱焕春,王思敬. 锦屏一级水电站左岸边坡深部裂缝成因初探[J]. 岩石力学工程学报,2008(S1).

[2] 中国水电顾问集团成都勘测设计研究院. 左岸边坡稳定性分析及加固措施研究[R]. 成都:中国水电顾问集团成都勘测设计研究院,2010.

[3] 牟高翔,陈岗,刘荣丽. 锦屏一级拱坝左岸基础处理加固措施研究[J]. 水电站设计,2009,25(2):7-13.

[4] 中国水电顾问集团成都勘测设计研究院. 锦屏一级大坝混凝土材料试验研究[R]. 成都:中国水电顾问集团成都勘测设计研究院,2010.

[5] 四川大学水利水电学院. 雅砻江锦屏一级水电站拱坝及地基整体地质力学模型综合法试验研究[R]. 成都:四川大学水利水电学院,2012.

[6] 张德荣,刘毅. 锦屏一级高拱坝温控特点与对策[J]. 中国水利水电科学研究院学报,2009,7(4):270-274.

积石峡面板坝实测沉降分析与研究

苏晓军[1]　权　全[2]　张　雷[3]　薛伟伟[1]　沈　冰[2]

(1. 黄河上游水电开发有限责任公司,青海　西宁　810008;
2. 西安理工大学水利水电学院,陕西　西安　710000;
3. 中国水电顾问集团西北勘测设计研究院,陕西　西安　710000)

【摘要】 本文对积石峡面板坝实测沉降进行整理分析,大坝变形监测仪器工作正常,坝体实测沉降分布规律合理,最大沉降小于可行性研究报告的1%。与公伯峡大坝相比,积石峡后期变形明显小,而且坝体沉降收敛速度明显要快,坝体浸水加速坝体沉降变形效果显著。

【关键词】 混凝土面板堆石坝　浸水期　沉降分析

1　概述

1.1　工程概况

积石峡水电站位于青海省循化县境内积石峡出口处,是黄河上游干流"龙青段梯级规划"25座水电站的第11座水电站,是继龙羊峡、拉西瓦、李家峡、公伯峡等大型水电站之后的第5个大型水电站,该工程总库容2.94亿m^3,最大发电水头73 m,总装机容量1 020 MW。积石峡水电站工程枢纽建筑物由混凝土面板堆石坝、左岸表孔溢洪道、左岸中孔泄洪洞、左岸泄洪排沙底孔、左岸引水发电系坝后厂房组成。工程规模为二等大(2)型,大坝为Ⅰ级建筑物,泄水建筑物、引水发电及厂房均为Ⅱ级建筑物。工程的主要任务是发电。电站主体建筑物大坝采用混凝土面板堆石坝,坝顶高程为1 861 m,坝顶长度为355. 5 m,坝顶宽度为10 m,最大坝高为103 m,趾板开挖最低高程为1 761 m,上游坝坡坡比为1∶1. 4,下游坝坡综合坡比为1∶1. 71。坝体从上游到下游依次分黏土铺盖区、盖重区、混凝土面板、垫层区、特殊垫层区、过渡区、主堆石区、下游堆石区。

工程于2005年开始筹建,2007年3月实现截流,2008年10月开始填筑大坝,2009年9月大坝主体填筑完成,2010年5月面板混凝土施工完毕,2010年10月14日下闸蓄水,2010年11月9日1号机组正式并网发电,至2010年12月12日3台机组全部投产发电。

1.2　坝体填筑过程与浸水过程概述

积石峡混凝土面板堆石坝从2008年10月开始填筑,采用全断面填筑方式。2009年8月初坝体填筑到防浪墙底部高程(1 857.00 m高程),2011年5月中旬填筑到1 860.0 m高程。坝右0 + 167.36 m断面坝轴线附近坝体填筑过程线见图1。

积石峡水电站大坝两岸地形不对称,为了减小左右岸坝体沉降变形的量差,加速坝体沉降的速率,2009年9月6日对坝体EL1785高程以下进行了浸水,浸水高度25 m。浸水前坝体沉降1. 57 mm/d,浸水过程中坝体沉降6. 9 mm/d,是浸水前沉降速率的4. 5倍,坝体沉降明显。9月25日坝前水位蓄到1 787. 3 m高程, 9月27日开始抽水,坝前水位在11月5日抽完。水位过程线见图2。

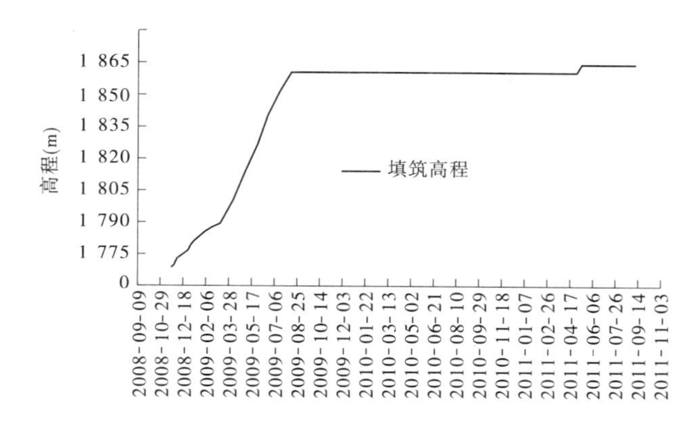

图1　大坝填筑过程线(坝右0+167.36 m坝轴线)

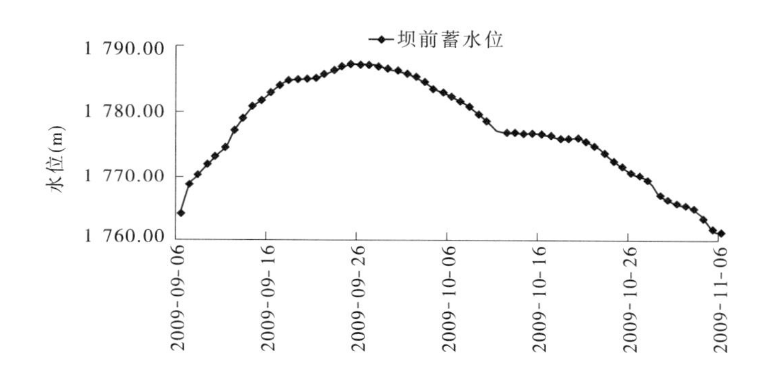

图2　浸水期坝前水位过程线

1.3　水库蓄水情况概述

积石峡水电站于2010年10月14日正式下闸蓄水,库水位变化大致可分为二个阶段:第一阶段为水位上升阶段,从2010年10月14日20:00时水位从1 792.0 m开始升起,至2010年10月23日4:00时水位上升至1 840.95 m高程止;第二阶段为水位变化平缓阶段,从2010年10月23日开始,库水位基本保持在1 841 m高程左右。上、下游水位变化过程线见图3。

2　监测设计简介

2.1　大坝变形监测

根据《土石坝安全监测技术规范》(SL 60—94)等标准和规范的要求,并结合工程本身的特点,坝体内部垂直、水平位移大致布置3个监测断面(坝右0+088.50、坝右0+167.50、坝右0+248.50),在监测断面内分层(高程1 800.00 m、1 820.00 m、1 840.00 m)布置水管式沉降仪和钢丝水平位移计,监测坝体内部垂直、水平位移以及坝基沉降。

水管式沉降仪和电磁式沉降管同时用来监测堆石坝坝体沉降变化,水管式沉降仪分别布置在坝右0+088.36 m、坝右0+168.36 m和坝右0+248.36 m3个观测断面,1 800 m、1 820 m和1 840 m3个高程上布置7套31个观测点来监测坝体内部沉降。电磁式沉降管一共布置了4套仪器。其中,一套埋设在坝右0+167.36 m断面的中心坝轴线上,编号为

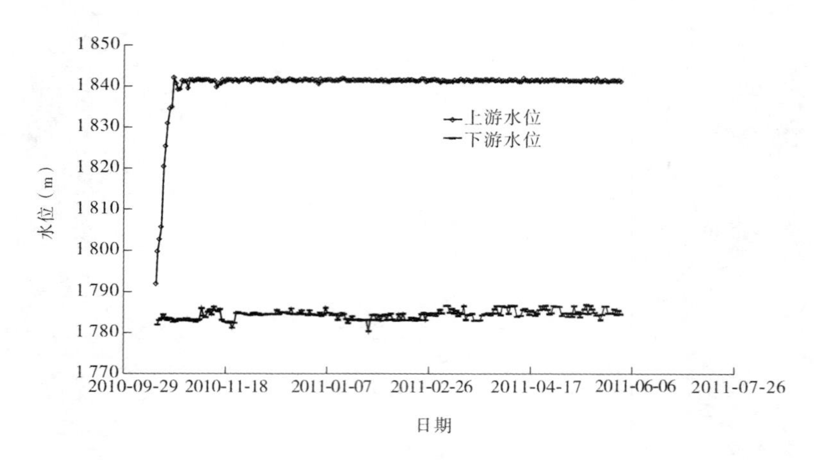

图 3　上、下游水位变化过程线

ES1，设有 16 个测点；一套埋设在坝右 0 + 167. 36 m 断面，坝轴线下游 34. 5 m 处，编号 ES2，设有 14 个测点；一套埋设在坝右 0 + 167. 00 m 断面，坝轴线上游 30. 0 m 处，编号 ES4，设有 13 个测点；最后一套埋设在坝右 0 + 166. 70 m 断面，坝轴线上游 58. 0 m 处，编号 ES5，设有 12 个测点。电磁式沉降管能监测几乎整个坝体高度范围内的坝体沉降，并且测量结果可以与水管式沉降仪互补。电磁式沉降管测线沿垂直方向大约每 7 m 设置一个测点。沉降仪分层布置见图 4。

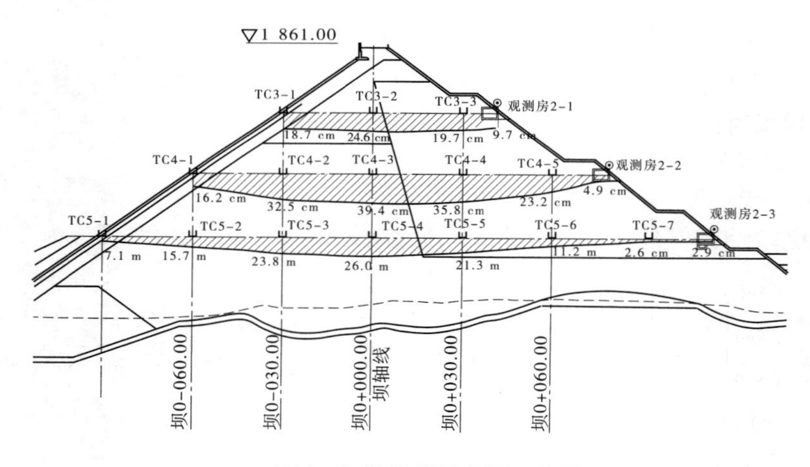

图 4　沉降仪分层布置示意图

3　坝体实测沉降分析

堆石坝的沉降主要是由堆石料的压缩变形产生的[1]。堆石料的压缩变形，初期主要是颗粒的位移与结构调整并伴有少量的颗粒棱角破碎，这是变形较快的主压缩阶段[2]；其后，随着颗粒破碎的增加，将进入次压缩阶段，并趋于平稳。

在坝体填筑阶段，坝体沉降随坝体填筑高程的升高逐渐增大。2009 年 9 月初测点沉降速率有较明显的增大趋势，这主要与大坝浸水有关。浸水期最大沉降 10 cm。

ES4 沉降管位于坝右 0 + 167. 00 m 断面、坝上 0 – 030. 00 m，沉降管随坝体填筑安装。

2009 年 2 月 14 日,ES4 沉降管开始观测。ES4 沉降管测点沉降过程线见图 5。

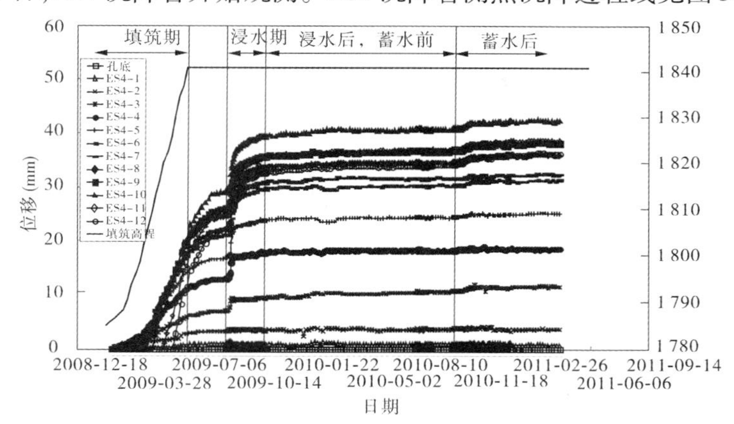

图 5　ES4 沉降管测点沉降过程线

填筑期:在坝体填筑阶段,各测点随坝体填筑高程的升高沉降逐渐增大。

浸水期:浸水期测点沉降速率有较明显的增大趋势,主要受 2009 年 9 月 ~2009 年 11 月堆石体预沉降浸水影响。该阶段测点最大沉降 10. 3 cm。

浸水后,蓄水前:浸水后,沉降量随时间缓慢增大。蓄水前最大沉降量为 40. 9 cm,发生在坝体中部 1 804. 86 m 高程的 ES4 - 10 测点。

蓄水后:大坝蓄水后,位于沉降管下部的 ES4 - 1 ~ ES4 - 4 测点沉降变化不大,位于中上部的测点变化显著。从沉降管下部至顶部沉降增幅逐渐增大。截止 2011 年 5 月 31 日,最大沉降为 42. 4 cm,发生在坝体中部 1 804. 86 m 高程的 ES4 - 10 测点。蓄水后最大沉降增幅为 1. 8 cm,发生 1820. 99 m 高程的 ES4 - 12 测点。目前,各测点沉降变形基本稳定。

4. 1　与计算结果对比分析

根据电磁式沉降管实测资料,绘制坝右 0 + 167. 00 m 断面左右坝体沉降等值线图如图 6 所示(2011 年 5 月 31 日)。中国水利水电科学研究院积石峡三维非线性有限元静力计算坝右 0 + 160. 00 m 断面满蓄期坝体沉降成果(考虑堆石体流变)见图 7。

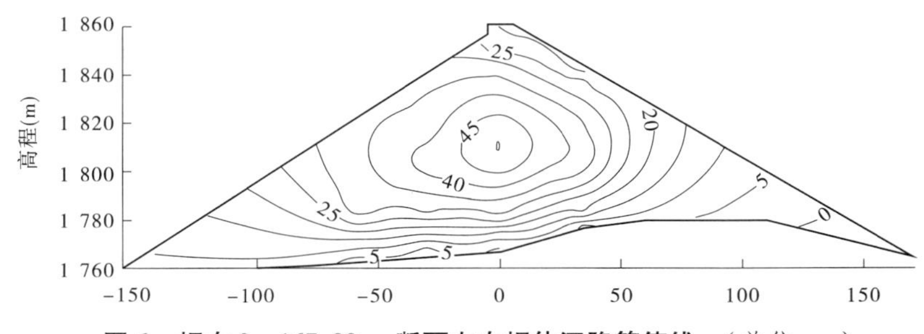

图 6　坝右 0 + 167. 00 m 断面左右坝体沉降等值线　(单位:cm)

通过实测值与有限元计算成果对比可知:坝体沉降变形规律与有限元计算成果基本一致。实测坝体最大沉降 49. 7 cm,远小于有限元计算成果(80 cm 以上);实测坝体最大沉降发生位置在 1 810. 00 m 高程左右、坝轴线附近,与有限元计算成果基本一致。

4. 2　与公伯峡大坝沉降对比分析

公伯峡水电站位于积石峡水电站的上游,也是混凝土面板堆石坝,坝顶高程 2 010. 00 m,最大坝高 132. 20 m,坝顶长度 429. 0 m,顶宽 10. 0 m;与积石峡大坝相似。公伯峡大坝沉

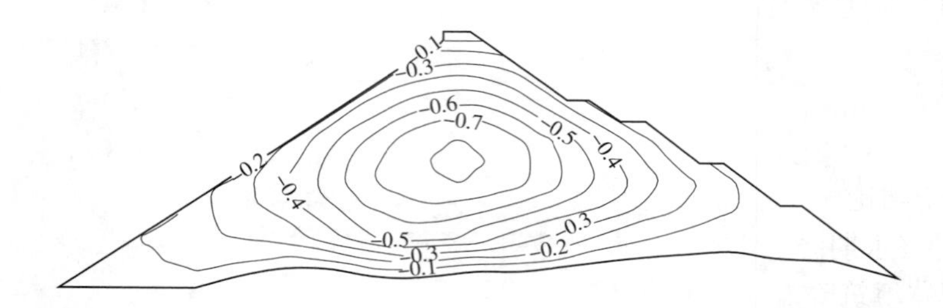

图7　满蓄期坝右0+160.00 m断面坝体沉降计算成果(考虑流变)　(单位:m)

降过程线见图8,蓄水后沉降过程线见图9。

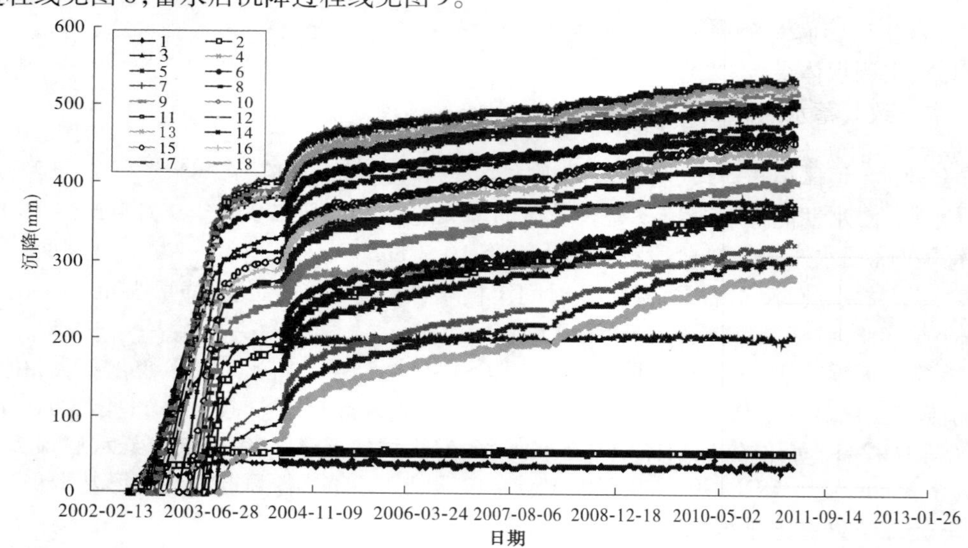

图8　测点沉降过程线

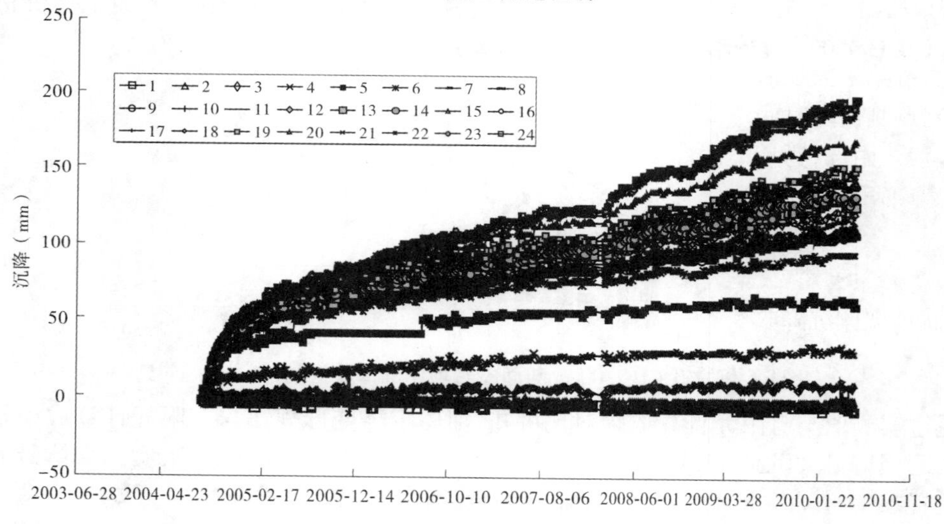

图9　蓄水后测点沉降过程线

公伯峡大坝最大沉降53.9 cm，与积石峡相当，但公伯峡大坝蓄水后沉降较大；到2011年4月（2004年8月8日下闸蓄水）蓄水后各测点沉降最大值为21.3 cm，且仍未趋于稳定。积石峡大坝蓄水后沉降最大3.5 cm，且基本趋于稳定。大坝浸水期最大沉降12 cm；大坝浸水明显加速了坝体沉降，减小大坝后期，尤其是蓄水后坝体沉降变形效果非常显著。

3.3 主要分析结论

各沉降管浸水期和蓄水后沉降变形见表1。

（1）在坝体填筑阶段，坝体沉降随坝体填筑高程的升高逐渐增大。

（2）浸水期，测点沉降明显增大；该期间最大沉降12 cm。浸水后，测点沉降速率明显减小。

（3）蓄水后，到2011年5月31日，坝体最大沉降49.7 cm，远小于有限元计算成果（80 cm以上）；实测坝体最大沉降发生位置在1 810.00 m高程左右、坝轴线附近，与有限元计算成果基本一致。蓄水后最大沉降3.5 cm。

（4）与公伯峡大坝相比，积石峡后期变形明显小，而且坝体沉降收敛速度明显要快；坝体浸水加速坝体沉降变形效果显著。

表1 浸水期和蓄水后测点沉降统计

沉降管	桩号	浸水期沉降（cm）	蓄水后沉降（cm）
ES1	坝0+000.00 m	12.0	蓄水后测值有误
ES2	坝下0+034.50 m	8.5	0.8
ES4	坝上0-030.00 m	10.3	1.8
ES5	坝上0-058.00 m	8.3	3.5

4 结论

从坝体变形资料来看，积石峡水电站实施的浸水方案效果非常显著，大大加速了大坝的预变性，对减小大坝后期变形取得了较好的效果。电磁式沉降管的工作状态良好，运行正常，各测点测值随时间平稳增长。蓄水后，在水荷载的作用下，累计最大沉降量为50.2 cm，发生在坝体中部，为坝高的0.487%，小于可行性研究报告的1%，主要由于在施工过程前坝体流变变形很小，而且目前坝体变形已趋于稳定。大坝蓄水180天后，流变变形增加的沉降量为3 mm，是可行性研究报告中6 cm的5%。主要由于在施工期采取了合理的施工参数和施工期浸水时坝料变形较大，后期随时间变化较小。与公伯峡大坝相比，积石峡后期变形明显小，而且坝体沉降收敛速度明显要快；坝体浸水加速坝体沉降变形效果显著。

参考文献

[1] 蒋国澄，傅志安，风家骥. 混凝土面板坝工程[M]. 武汉：湖北科学技术出版社，1997.
[2] 唐晓玲，叶明亮. 天生桥一级电站面板堆石坝稳定性分析[J]. 贵州工业大学学报，2003，32(1).

我国水工技术发展与展望

杨泽艳　赵全胜　方光达

（中国水电工程顾问集团公司，北京　100120）

【摘要】　对国内外水工发展进行了简要回顾，将我国水工技术发展大致划分为“艰难起步、曲折发展、借鉴发展、突破发展”等四个阶段。我国水工专业基本形成了较为完整的技术体系，已建成世界上最高的混凝土拱坝、碾压混凝土坝和面板堆石坝，水电站装机容量和建筑物泄洪规模是世界上最大的，超高筑坝、大流量泄洪、超大洞室、复杂地基及超高边坡处理等技术已达国际先进水平。水工技术将向特高筑坝技术与标准，高坝泄洪消能关键技术，复杂地质条件下大型地下洞室群稳定性评价与控制标准，深埋长大隧洞围岩稳定性评价及地质超前预报，超大深厚复杂地基处理，超高边坡稳定分析方法与安全评价体系及风险分析与防范等方向发展。

1　国外水工发展简况

水工技术伴随着水利工程和水力发电工程的发展而发展，最具代表性的莫过于坝工技术的发展。历史上最早见于记载的坝是公元前2900年埃及人在尼罗河上修建的考赛施干砌石坝，坝高15 m。早期人们多以土石筑坝，19世纪后期随着水泥生产工艺的成熟和质量的提高，开始用混凝土筑坝。最早的水电站于1878年在法国建成，最早的抽水蓄能电站于1882年诞生在瑞士的苏黎世。

国外高度200 m以上的超级高坝工程多在1980年前后建成。目前，国外已建最高的重力坝是1962年瑞士建成的大狄克逊坝，高285 m；已建最高的拱坝是1980年苏联（今格鲁吉亚）建成的英古里坝，高271. 5 m，拟建最高的是伊朗巴哈提亚瑞坝，高315 m；已建最高的碾压混凝土重力坝为2002年哥伦比亚建成的米尔1级坝，高188 m，在建最高的是缅甸的塔桑坝，高227. 5 m；已建最高的碾压混凝土拱坝是1990年南非完建的沃勒威当坝，坝高70 m，在建最高的是巴基斯坦的高摩赞坝，高133 m。已建最高的土心墙堆石坝是1980年前苏联建成的努列克坝，坝高300 m；已建最高的面板堆石坝是2008年马来西亚建成的巴贡坝，高202 m，在建最高的是墨西哥拉耶什卡坝，高210 m，拟建最高的是菲律宾阿格布鲁坝，高234 m；近年来兴起的硬填料坝最大坝高已超过100 m。

国外已建最大的水库为1963年津巴布韦与赞比亚合建的卡里巴水库，库容1840亿m^3。已建最大的水电站为1991年巴西完建的伊泰普水电站，装机14 000 MW。已建最大的抽水蓄能电站是2010年日本建成的神流川抽水蓄能电站，装机容量2 700 MW。已建泄洪量最大的工程是1988年巴西建成的图库鲁伊水电站，泄量约10万m^3/s；泄洪功率最大的工程是巴西伊泰普水电站，泄洪功率约50 GW。已建水头最高的水电站是1998年瑞士建成的大狄克逊－克留逊水电站，水头1 883 m。已建跨度最大的地下厂房是日本的神流川和葛野川抽水蓄能电站地下厂房，开挖跨度达34 m。最长的引水隧洞是2008年冰岛建成的卡拉努卡尔水电站的引水隧洞，长40 km。

国外已建水头最高的单级船闸是苏联1953年建成的乌季卡缅诺戈尔斯克船闸，水头42 m。级数最多的船闸是前苏联1966年建成的卡马船闸，共六级。

自从有筑坝史开始溃坝就时有发生，多以低坝为主。国外最早于1852年就有溃坝记录。目前，国外溃决最高的坝是美国1976年6月5日溃决的堤堂土心墙土石坝，最大坝高93 m。

2 国内水工发展及历程

2.1 国内水工简况

我国筑坝可追述到公元前598～前591年在安徽寿县修筑堤坝形成的芍陂灌溉水库，距今已有2600多年历史。中国大陆第一座水电站云南石龙坝水电站始建于1910年7月。最早的抽水蓄能电站为1963年建成的河北岗南小型混合式抽水蓄能电站。

据有关报道，至2011年中国约有87 000多座大坝，约占世界大坝数量的一半。高度200 m以上的超高坝多在2000年以后建成。目前，我国已建最高的常态混凝土重力坝是2008年完建的三峡大坝，高181 m；已建最高的碾压混凝土重力坝是2009年完建的光照大坝，高200.5 m，拟建最高的是黄登坝，高203 m；已建最高的拱坝是2009年完建的小湾双曲拱坝，高294.5 m，在建最高的是锦屏1级坝，高305 m；已建最高的碾压混凝土拱坝是2009年完建的大花水坝，高135 m，在建最高的是万家口子坝，高167.5 m；已建最高的土心墙堆石坝是2010年完建的瀑布沟土心墙堆石坝，高186 m，在建最高的是糯扎渡大坝，高261.5 m，拟建最高的是双江口大坝，高314 m；已建最高的面板堆石坝是2008年完建的水布垭坝，高233 m，拟建最高的是茨哈峡、大石峡等250 m级高坝。中国的混凝土拱坝和碾压混凝土坝、面板堆石坝均是世界上最高的坝型。硬填料技术仅应用于围堰。我国高坝与国外高坝发展的对比见图1。

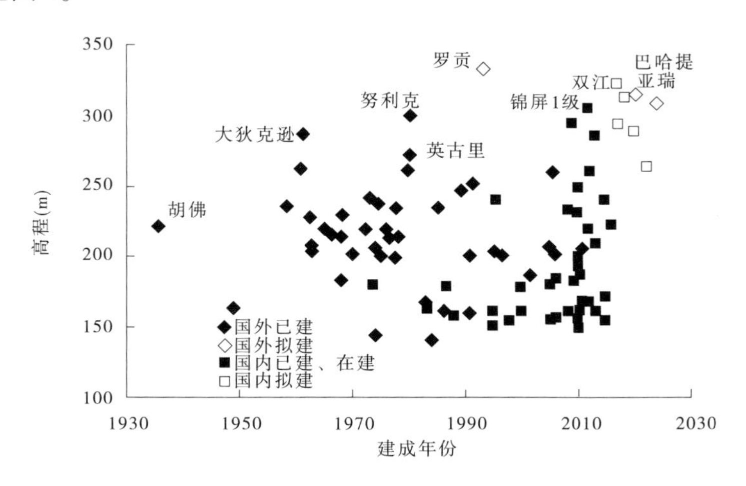

图1 国内外高坝发展情况示意图

我国已建最大的水库为三峡水库，总库容450.44亿m^3，在全球各类大型水库的排名中居第22位。已建最大的水电站为三峡水电站，总装机容量22 500 MW，也是世界上装机容量最大的水电站。已建最大的抽水蓄能电站是2000年完建的广州和2008年完建的惠州抽水蓄能电站，装机容量均是2 400 MW。

我国已建泄量最大的工程是1988年完建的葛洲坝枢纽工程，最大泄量达11万 m^3/s，泄洪功率最大的工程是三峡工程，泄洪功率约98 GW，其泄洪流量和功率均是世界上最大的。已建水头最高的水电站是2011年完建的苏巴姑水电站，水头1 175 m。已建跨度最大的地下厂房是三峡地下厂房，开挖跨度达32.6 m，在建最大的是向家坝地下厂房，开挖跨度达33.4 m。最长的发电引水隧洞是2004年完建的福堂水电站引水隧洞，长19.3 km。锦屏二级水电站引水隧洞埋深超过2 500 m，是世界上埋深最大的水工隧洞。

我国三峡双线五级连续梯级船闸总水头113 m，单级最大水头45.2 m，设计单向通过能力5 000 t，可通过万吨级船队。三峡船闸的总水头、单级水头、通航吨位均位居世界第一。

我国历史上也有多次以低坝为主溃坝的记录。“75.8”大洪水中共计60多个水库相继发生垮坝溃决，引发了一次世界上最惨烈的水库垮坝事件。目前，我国溃决最高的坝是青海1993年8月27日溃决的沟后面板堆石坝，坝高71 m。

2.2 发展历程

从20世纪初开始，纵观我国的水工技术发展历程，以筑坝高度的发展为代表，大致可划分为艰难起步、曲折发展、借鉴发展、突破发展等四个阶段（见图2）。

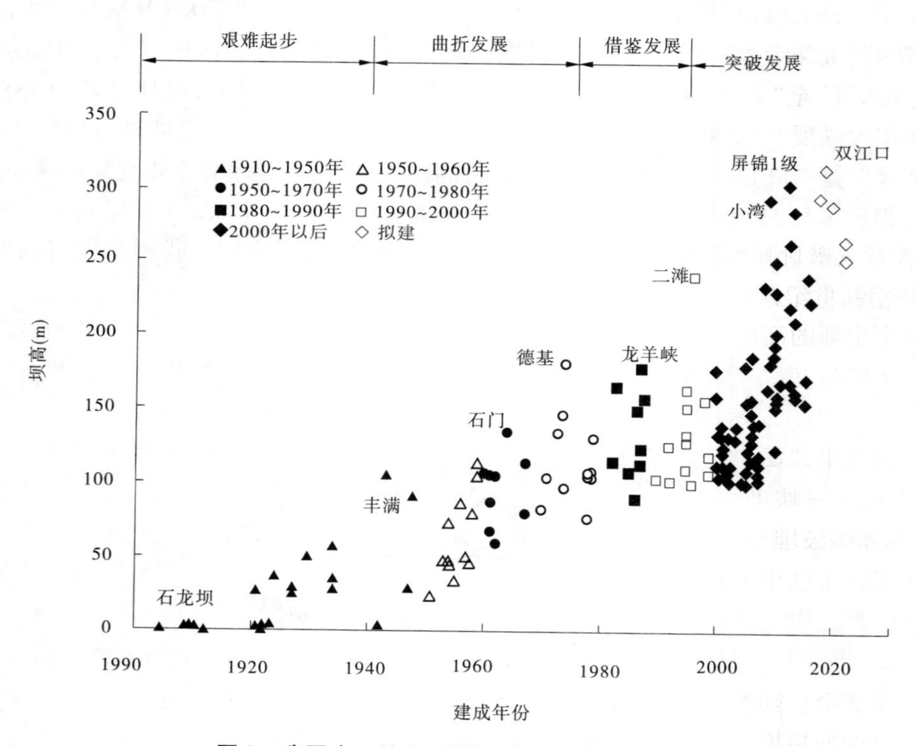

图2 我国水工技术（坝高）发展阶段划分示意图

2.2.1 艰难起步阶段（1949年以前）

这一阶段从20世纪初到新中国成立，时间跨度约50年。1910年大陆开工建设、1912年投产的第一座水电站石龙坝水电站应为这一阶段的里程碑工程。日本占领我国东北期间，为掠夺资源、服务侵略战争还修建了水丰、丰满等百米级混凝土重力坝工程。本阶段由于饱受列强欺辱和战争创伤，全国水工发展极其缓慢。特点可归结为现代筑坝技术引入中国、工程屈指可数、技术落后、质量较差。

2.2.2 曲折发展阶段(1950～1979年)

这一阶段从新中国成立到改革开放初期,时间跨度约30年,经历了苏联援建、大跃进、三线建设、“文化大革命”等历史时期,水工专业技术得到了初步发展,成功修建了一批100 m级高坝,解决了100 m级高坝的关键技术问题,但后期发展速度明显减慢。期间基本建成了三门峡水利枢纽,建成了两座小型抽水蓄能电站,坝高150 m以上的乌江渡和龙羊峡等水电站开工建设。里程碑工程有第一座库容超100亿m^3的新安江水电站,第一座装机容量超过1 000 MW的刘家峡水电站。这一阶段也是台湾水工技术发展的黄金时期,建成了多座100 m以上高坝,其中德基拱坝高180 m。本阶段的特点可归纳为自主创业、道路曲折、标准欠缺、体制待善。

2.2.3 借鉴发展阶段(1980～1999年)

这一阶段从1980年前后至1999年左右,时间跨度约20年,经历了改革开放等大好历史时期。工程建设开始制度创新,业主负责、工程招投标、建设监理、合同管理等四项制度基本建立。鲁布格、二滩、小浪底、天生桥一级等工程采用国外贷款,由外国公司参与设计或施工。这期间三峡工程开工建设,还开工建设了广州、十三陵等抽水蓄能电站工程;建成了乌江渡、龙羊峡、宝珠寺等水电站;引进了碾压混凝土筑坝、现代混凝土面板堆石坝等技术;国家安排了“六五”至“九五”科技攻关,在200 m级高坝、泄洪消能、地下工程、碾压混凝土等方面取得重大进展。二滩水电站最大坝高达240 m、装机容量达3 300 MW,为这一阶段的里程碑工程。这一阶段的特点可归纳为引进资金、借鉴学习、稳步发展、技术进步、标准完善、制度建全。

2.2.4 突破发展阶段(2000年以后)

2000年新世纪开始,国家开始实施“西电东送”、“南水北调”工程,我国水利水电发展进入了一个全新的高速发展阶段,陆续开工并建成了龙滩、水布垭、小湾等一大批高坝大库及超大型水电站,南水北调西线工程基本完工,溪洛渡、向家坝等巨型水电站正在紧张建设中,南水北调中线工程相继开工,白鹤滩、乌东德等巨型水电站和南水北调西线工程前期设计也在推进之中,“藏电东送”规划提上议事日程。新建了泰安、惠州等1 000 MW抽水蓄能电站10余座。三峡工程装机容量为世界上最大的水电站,为这一阶段的里程碑工程。水力冲填、抛填和爆破堆石类土石坝,支墩、空腹和宽缝类混凝土坝,狭窄河谷坝后式厂房类枢纽布置等水工技术已很少采用。超高筑坝、高水头大泄量、复杂地基处理、大容量多级船闸、超高边坡处理等建设水平均达到世界领先水平,高拱坝、高碾压混凝土坝、高土心墙堆石坝、高面板堆石坝等成为主力坝型。坝址坝型及枢纽布置选择等重大技术问题决策可靠,技术标准体系基本建全。随着中央企业“走出去”战略的实施,我国水工先进技术已走出国门,国外已建最高的面板堆石坝和拟建最高的拱坝都以我国技术人员为主施工或设计。这一阶段的特点可归纳为高速发展、技术领先、标准更新、体制完善、走向世界。

3 主要技术及发展

3.1 超高坝筑坝技术

我国不仅是超高坝大国,也是超高坝强国。我国已建、在建和拟建200 m以上高坝统计见表1。从表中可见,超高坝主要以混凝土拱坝和重力坝、土心墙堆石坝和混凝土面板堆石坝等四类坝型为主。

表1 我国已建、在建和拟建200 m以上高坝统计

序号	工程名称	河流	坝型	坝高（m）	库容（亿 m^3）	装机容量（MW）	建设情况
1	双江口	大渡河	土心墙堆石坝	314	29.42	2000	拟建
2	锦屏一级	雅砻江	双曲拱坝	305	77.6	3 600	在建
3	两河口	雅砻江	土心墙堆石坝	295	108	3 000	拟建
4	小湾	澜沧江	双曲拱坝	294.5	150.43	4 200	2010
5	白鹤滩	金沙江	双曲拱坝	289	206.02	14 000	拟建
6	溪洛渡	金沙江	双曲拱坝	285.5	126.7	13 860	在建
7	乌东德	金沙江	双曲拱坝	265	74.05	9 600	拟建
8	糯扎渡	澜沧江	土心墙堆石坝	261.5	237.03	5 850	在建
9	拉西瓦	黄河	双曲拱坝	250	10.79	4 200	2010
10	二滩	雅砻江	双曲拱坝	240	58	3 300	1996
11	长河坝	大渡河	土心墙堆石坝	240	10.75	3 900	在建
12	水布垭	清江	混凝土面板堆石坝	233	45.8	1 840	2008
13	构皮滩	乌江	双曲拱坝	230.5	64.55	3 000	2010
14	猴子岩	大渡河	混凝土面板堆石坝	223	7.04	1 700	在建
15	江坪河	溇水	混凝土面板堆石坝	219	13.66	450	在建
16	大岗山	大渡河	双曲拱坝	210	7.42	2 600	在建
17	黄登	澜沧江	碾压混凝土重力坝	202	16.13	1 900	拟建
18	光照	北盘江	碾压混凝土重力坝	200.5	32.45	1 040	2009
19	龙滩	红水河	碾压混凝土重力坝	192 （216.5）	162.1 （298.3）	4 900 （6 300）	2008 （远景）

注：表中“拟建”指已完成预可行性研究，正在进行可行性研究的工程。

混凝土重力坝对地质条件的适应性较好，坝身可布置泄水和引水设施，结构受力明确，抗震性能较好，安全可靠性高。复杂地质条件下的坝基深浅层抗滑稳定是重力坝的关键技术问题，是风险防范的重点，一般采用多种方法研究论证。坝体应力应变计算分析，坝体混凝土温控、碾压混凝土层间结合及坝面防渗等关键技术基本成熟。重力坝由于材料强度不能充分发挥，坝体断面尺寸较大，相应水泥用量多，外来材料运输量大，且温度控制难度大，工程投资较高，制约了超高重力坝的大规模发展。

拱坝以结构合理和体型优美而著称，坝身还可泄水，抗震性能好，在狭窄河谷修建拱坝是既经济又安全的坝型。拱坝设计的关键在于查清拱座地质条件，控制拱座稳定是风险防范的重点。合理的建基面选择、大坝体型优化调整、坝体应力控制等关键技术基本成熟，超高拱坝的抗震安全措施需深化研究。拱坝对地质条件要求高，勘察工作量较大、周期较长，复杂地质条件下的拱座和边坡处理工程量大，高拱坝温控与防裂要求高，施工期坝体应力控制复杂，这些问题一定程度限制了高拱坝的选型。

土心墙堆石坝几乎适应于任何坝址，尤其是对于河床覆盖层深厚、设计地震烈度高等不利自然条件，是一种安全和经济的选择。土心墙堆石坝建设的关键在于防渗土料的质量、储量勘察与评价，抗滑稳定和渗透稳定是风险防范的重点。心墙土料设计、改性措施、坝体填筑工艺和质量监控等关键技术基本成熟，近年来高坝开始重视变形及裂缝控制。土心墙堆石坝的体积较大，心墙料开采占地较多，土料施工受气候影响较大。

面板堆石坝以其在实践中体现出来的安全性高、经济性好和适应性强而深受坝工界的青睐，经常成为首选的富有竞争力的坝型。面板堆石坝渗透稳定及坝体过大变形是风险防控的重点。堆石料设计和填筑、面板防裂控制及接缝止水结构等关键技术取得丰富经验，近年来超高变形控制引起重视，我国已探索建立变形控制集成技术。受到试验手段的限制，堆石填筑料的力学性能很难通过室内试验准确把握，坝体变形预测仍是超高堆石坝的技术难题，尚待深入研究。

3.2 高坝泄洪消能

新中国成立以来，我国在高水头大流量泄洪消能方面进行了大量、系统的研究，取得了丰硕的成果并应用于工程实践。高水头、大流量、大泄洪功率、大单宽流量、复杂地形地质条件下的消能防冲是我国近年高坝大库工程的显著特点。泄洪建筑物防空蚀、防冲刷破坏是风险防控的重点。泄洪消能建筑物布置多采用分散泄洪、分区消能，因地制宜地发展了适应不同工程特点的挑流、底流、戽流及宽尾墩台阶溢流联合等消能方式，在工程中成功采用了各种新型消能工结构，对高速水流空蚀问题、掺气减蚀方法、抗冲耐磨材料和底板抗冲指标等也进行了深入的研究，取得了经验或理论数据。目前，超高坝高流速泄洪消能设施运行经验不多，有待实践检验。

3.3 大规模地下洞室

我国已建或在建世界上装机规模最大的水电站地下厂房。大跨度、浅埋深或高地应力是近年我国地下厂房的主要特点。一般厂址选择中注意避让重大地质缺陷，根据坡地形地质条件、水力过渡过程、进出厂条件等在首部式、中部式或尾部式中优选布置形式，结合主要结构面、地应力方向和进出水流条件等选择轴线方位，结合围岩稳定性和施工次序优选洞室间距、设计吊车梁布置和支护形式。

近年来水工隧洞向大长度、深埋藏、大断面等方面发展，一般采取综合措施预报不良地质条件、高地下水和高地应力，采取“短进尺、弱爆破、强支护、勤观测”来处理软弱围岩，按“以堵为主，堵排结合”的原则处理地下水，采用“导洞开挖、应力解除孔、快速锚杆、挂网喷护、辅以格栅拱”等综合措施降低岩爆等级及危害。隧洞衬砌采取限裂设计。围岩及支护稳定性控制是大规模地下洞室风险防控的重点。

3.4 复杂地基处理

我国已有多座高堆石坝建在深厚覆盖层地基上，已建一次造孔最深的防渗墙深 110 m，在建最深的防渗墙为 150 m，试验最大深度达 220 m。坝基抗滑稳定、渗透稳定及防止沙层地震液化是风险防控的重点。高坝探索出了能适应较大变形和较高水头作用的防渗墙与大坝防渗体联合的防渗结构形式，超深造孔机械和施工工艺的发展为建设超深防渗墙提供了技术保障。

我国在复杂岩石和岩溶地基处理方面也积累了丰富的经验。软弱或透水岩石地基处理的主要采取补强和防渗两方面措施。首先是详查后尽量避让,无法避让时或适当扩大坝基并采取结构措施改善坝体受力条件,或采取跨越及置换等补强措施提高建筑物基础岩体承载力和抗变形能力,或采取高压灌浆及增设铺盖等方式增强防渗能力,或采取锚固措施提高坝基软弱结构面抗剪强度等。

3.5 高边坡处理

我国实践表明"水利水电工程从筹建准备开始,碰到的首要工程技术问题是边坡问题",其特殊性和复杂性是在其他行业难得见到的,主要特点表现在"工程规模大、地质条件复杂、全方位稳定分析、针对性工程治理、信息化建设和管理"。边坡抗滑稳定和变形控制是风险防控的重点。我国已形成了系统的水工边坡分类体系及安全控制标准,滑坡边界条件、岩土指标、滑动成因、滑坡机理和稳定模式的判断经验丰富,采取多种方法进行稳定分析和验证,边坡综合治理措施主要包括优化坡型、减载压脚、内外排水、浅层支护和深层锚固等。

4 发展展望

"十二五"时期,我国水资源利用、水电可再生能源开发将迎来新一轮的快速发展,热点向西部高海拔和寒冷地区转移,发达地区抽水蓄能电站也将进一步发展,工程所处自然条件将更加恶劣,技术难度进一步增大。高坝大库、高水头大装机容量电站、长距离输水等工程建设给水工技术带来前所未有的机遇和严峻挑战。"十二五"期间,南水北调工程将深化建设,溪洛渡、向家坝、锦屏一二级等一批巨型、大型工程将相继发电或竣工,乌东德、白鹤滩、两河口、双江口等大型水电站也将核准进入建设期,黄登、松塔、古水等一批大型电站将完成可行性研究设计并逐步进入筹建或在建阶段,怒江上游、金沙江上游、澜沧江上游、雅鲁藏布江下游水电规划的主要工作也将完成。上述大部分工程处于高寒、偏远、深山峡谷地区,将面临更加复杂的地形地质条件、高地震烈度、深厚覆盖层、高陡边坡、深埋长大地下洞室、环境地质灾害等工程技术问题,技术难度不断加大,需要针对性地开展重大关键技术问题的研究,通过技术创新,攻克水电工程关键技术难题。

水工技术将向300 m级高拱坝、高土心墙堆石坝的技术标准,300 m级高面板堆石坝、250 m级高碾压混凝土重力坝、深厚覆盖层上250 m级高土石坝、150 m级高碾压混凝土拱坝的筑坝技术,300 m级坝泄洪消能关键技术,超高边坡稳定分析方法与安全评价体系,复杂地质条件下大型地下洞室群稳定性评价与控制标准,深埋长大隧洞围岩稳定性及地质超前预报,超大深厚复杂地基处理等方向发展。

5 结语

(1)国内外水利工程已有几千年的历史,水电工程也有上百年的历史。在漫长的历史进程中,水工技术伴随着水利工程和水力发电工程的发展而发展,取得了丰富的工程设计和建设经验。

(2)纵观我国百年来的水工技术发展历程,大致可划分为"艰难起步、曲折发展、借鉴发展、突破发展"等四个阶段。百年水工技术的发展表明,"社会经济发展和实践经验积累是工程技术发展、变革的强大推动力。"

(3)水工专业基本形成了完整的技术标准体系。我国的混凝土拱坝、碾压混凝土坝和面板堆石坝是世界上最高的,装机容量和泄洪规模是世界上最大的,超高筑坝、高大泄洪、超大洞室、复杂地基、超高边坡等水工技术已达到世界先进水平。

(4)水工技术将向特高筑坝技术与安全控制,高水头大流量泄洪消能关键技术,超高边坡分析与安全评价系统,复杂地质条件下大型地下洞室群安全评价与控制标准,深埋长大隧洞围岩稳定分析及超前预报技术,超大深厚复杂地基处理技术等方向发展。

(5)水工专业在技术发展、质量状况和人才队伍等面方面均是优势与挑战并存。仍需要加强技术交流与标准修制订和宣贯,加强风险辨识与避让、分析与防范、检测和控制、管理及应急等研究,加大科技投入和成果的推广应用,提高服务质量和管理水平,加强人才队伍建设和人才培养。

参考文献

[1] 陈宗梁. 世界超级高坝[M]. 北京:中国电力出版社,1998.

[2] 潘家铮,何景. 中国大坝50年[M]. 北京:中国水利水电出版社,2000.

[3] 中国水力发电工程(水工卷)[M]. 北京:中国电力出版社,2000.

[4] 王柏乐. 中国当代堆石坝工程[M]. 北京:中国水利水电出版社,2004.

[5] 彭程. 21世纪中国水电工程[M]. 北京:中国水利水电出版社,2005.

[6] 周建平,杨泽艳,陈观福. 我国高坝建设的现状和面临的挑战[J]. 中国水利,2006(12):1433-1438.

[7] 贾金生,袁玉兰,等. 中国水库大坝统计和技术进展及关注的问题简论[J]. 水力发电,2010(1):6-10.

[8] 杜效鹄,周建平. 水利水电风险及其应对思路的探讨[J]. 水力发电,2010(8):1-4.

高拱坝建基岩体松弛卸荷的不利影响及其对策措施

方光达[1] 党林才[2]

(1. 中国水电工程顾问集团公司,北京 100000;
2. 水电水利规划设计总院, 北京 100120)

【摘要】 高拱坝建基岩体受爆破开挖、高地应力、建基面暴露时间过长等影响,不同程度地出现了松弛卸荷问题。本文总结了高拱坝工程建基岩体松弛现象,分析了其在抗滑稳定、抗渗稳定、应力变形等方面对高拱坝安全及建设产生的不利影响,提出了建基岩体松弛控制及岩体质量恢复的有关对策与措施,为高拱坝建设及设计提供了参考建议。

【关键词】 高拱坝 岩体松弛 不利影响 对策措施

1 高拱坝建基岩体松弛卸荷现象

国内目前已建在建及拟建的200 m高度以上超高拱坝达9座(见表1),这些拱坝在坝基开挖完成后,受狭窄河谷地形、高地应力、坝基地质缺陷、施工爆破方法、开挖后建基面临空时间过长等因素影响,多数工程建基面以下岩体出现了松弛卸荷现象,特别是浅表层岩体松弛卸荷强烈,出现浅表层低波速带,声波波速明显降低(见图1)[1],导致岩体物理力学指标明显降低,渗透性明显增大。

表1 国内超高拱坝工程

序号	工程名称	河流	坝型	坝高(m)	库容(亿 m^3)	装机容量(MW)	建设情况
1	锦屏一级	雅砻江	双曲拱坝	305	77.6	3 600	在建
2	小湾	澜沧江	双曲拱坝	294.5	150.43	4 200	2010
3	白鹤滩	金沙江	双曲拱坝	289	206.02	14 000	拟建
4	溪洛渡	金沙江	双曲拱坝	285.5	126.7	13 860	在建
5	乌东德	金沙江	双曲拱坝	265	74.05	9 600	拟建
6	拉西瓦	黄河	双曲拱坝	250	10.79	4 200	2010
7	二滩	雅砻江	双曲拱坝	240	58	3 300	1996
8	构皮滩	乌江	双曲拱坝	230.5	64.55	3 000	2010
9	大岗山	大渡河	双曲拱坝	210	7.42	2 600	在建

岩体松弛卸荷主要表现为原有构造裂隙张开,局部表面岩体轻微剥离、开裂及松动,局部"葱皮"现象等。在深度上可分为松弛带(或称强松弛带)、过渡带(或称弱松弛带)和基本正常带。松弛带主要为岩体的变形模量和抗剪强度下降;过渡带岩体无宏观松弛表现,主

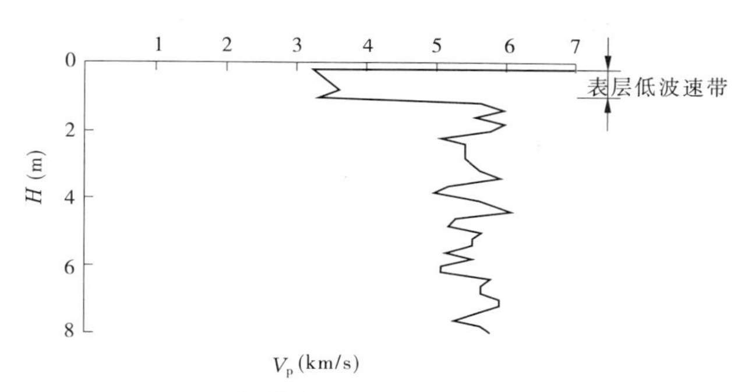

图 1　坝基表层岩体低波速带示意图

要表现为岩体整体卸荷回弹，声波值下降；基本正常带岩体声波值及变形模量、抗剪强度无明显降低。

坝基岩体松弛卸荷现象增加了工程的处理难度、延长了工期、增加了工程投资。为保证工程安全及建设进度，降低工程处理难度及工程投资，高拱坝特别是超高拱坝工程，应重视坝基岩体松弛卸荷的不利影响问题，并采取有效的对策及处理措施。

2　建基岩体松弛的工程实例

2.1　小湾水电站

拱坝建基面于 2005 年 11 月开挖完成，坝基岩体主要为微风化及新鲜的黑云花岗片麻岩和角闪斜长片麻岩，岩体完整性好、强度高，声波波速多在 5 000 m/s 以上。在建基面开挖至河床底部时，附近岩体初始地应力最高超过 30 MPa，两岸坝肩、特别是河床部位坝基岩体出现了强烈的卸荷及松弛现象。松弛带位于开挖面浅表，主要表现为岩体明显卸荷松弛回弹，节理裂隙发育，波速降低明显，声波纵波速度一般小于 3 500 m/s。高程 975.00 m 以上松弛带主要在 5.0 m 深度以内，高程 975.00 m 以下主要集中在深度 2.0 m 以内。卸荷松弛深度随时间而增加，一般在爆破后 60 ~ 90 d 增幅最大，90 ~ 180 d 增幅减缓，180 d 后趋于平稳。

开挖后形成的松弛岩体，坝基岩体浅表层裂隙张开明显，变形模量和抗剪强度明显降低，达不到建基面岩体质量要求，最终最大超开挖深度达 2.5 m，拱坝最终高度增加 2 m，给工程设计方案、建设进度及资金投入造成了很大的不利影响。

2.2　拉西瓦水电站

拉西瓦水电站坝址区为高应力地区的狭窄河谷，坝基开挖深度较深，右岸坝肩最大开挖水平深度一般 80 m 左右，河床基岩下挖深度 5 ~ 18 m。声波测试成果反映，左岸松弛深度一般在 2.6 m 以内，局部达 6.4 m；右岸松弛深度一般在 3 m 以内，局部达 7 m。河床坝基岩体松弛带深度绝大部分小于 2.2 m，最厚约 4 m。松弛带岩体平均纵波速度小于 3 500 m/s，以 2 000 ~ 3 000 m/s 居多。拱坝平均松弛带深度 0 ~ 3 m，过渡带深度 3 ~ 10 m，深度 10 m 以下基本为正常岩体带。

坝基开挖岩体松弛度（松弛带岩体波速降低值与原岩波速的百分比）最大 49.6%，最小 5.2%，左岸平均松弛度 28.2%，右岸平均松弛度 16.6%，两岸平均松弛度 22.4%。开挖后岩体的应力调整大部分在开挖爆破后 9 天内完成。

2.3　大岗山水电站

大岗山拱坝坝基岩性整体以花岗岩为主，穿插部分辉绿岩脉，天然岩体质量主要为Ⅱ级、$Ⅲ_1$级岩体。2009年1月左右岸坝肩边坡开挖到坝顶高程，8月右岸拱肩槽开挖到1 070 m高程，拱肩槽开挖工程于2011年6月结束。2011年9月下旬开始大坝混凝土浇筑，截至2012年3月，已浇筑大坝混凝土占大坝混凝土设计总量的4.2%。

由于坝基花岗岩为古老的澄江期侵入岩体，受构造作用强烈，蚀变较普遍，隐微裂隙发育，岩体本底弹性波速较低。同时，坝基开挖较深，建基面开挖后暴露时间较长，建基岩体呈现出松弛程度及深度大、持续时间长等特点。最大松弛深度近20 m，表层5 m深度岩体松弛明显。表2为左岸建基岩体的松弛情况。

表2　左岸建基岩体松弛平均衰减率情况

孔深(m)	观测时间 3个月以内	观测时间 6个月以内	观测时间 12个月以内	观测时间 24个月以内
0~4.0	8.10%	14.02%	17.79%	18.06%
4.0~8.0	5.58%	9.34%	13.43%	14.68%
8.0~12.0	4.23%	6.70%	8.60%	10.15%
12.0~16.0	4.21%	6.03%	7.97%	9.96%
16.0~20.0	3.74%	4.08%	5.98%	6.21%

2.4　二滩水电站

二滩拱坝坝基岩体，因爆破松动和开挖面暴露时间过长，表层2~3 m范围内岩体也出现了应力松弛影响，给固结灌浆及基础处理增加了难度。

物探检测表明，两岸建基面以下存在着相对低波速带，左坝基一般深度为0.5~1.5 m，右坝基则为1.5~3.0 m，声波波速为2 000~4 000 m/s，小于设计要求的4 500~5 000 m/s。由于开挖后暴露时间长，如右岸30号坝段建基面以上长达近4年，故右坝基玄武岩沿陡倾节理张开、脱空，在33号坝段以上较为普遍，声波波速<3 500 m/s的分布深度一般为5~10 m，部分大于10 m。左坝基正长岩中也常出现沿缓倾角节理松弛脱空。

对处理后的建基岩体，最终确定的验收控制标准为：

(1)在临近坝基面5 m的范围内，能接受的最小平均波速为4 000 m/s。

(2)在建基面以下5 m至1/4倍坝底宽范围内，能接受的最小平均波速，正长岩为4 500 m/s，玄武岩为5 000 m/s。

2.5　溪洛渡水电站

坝基开挖后，其建基岩体表层普遍分布一层声波低速带，波速值以小于3 000 m/s为主，集中分布在2 200~3 400 m/s的区间内；右岸低波速带厚度略大于左岸，平均波速也较左岸低。和未松弛岩体相比，波速降低幅度最大达62.8%。表层低波速带的厚度一般以小于1 m为主，部分1~2 m(约占20%)，局部在2 m以上(约5%)[1]。

2.6　锦屏一级水电站

锦屏一级拱坝左岸混凝土垫座建基面、右岸大坝建基面分别于2007年7月和6月开始从坝顶高程开挖，2008年11月左岸开挖至高程1 710 m，右岸开挖至高程1 670 m。锦屏一级坝基爆破开挖后，也发现建基面岩体一定程度上出现了松弛卸荷现象。

左岸高程 1 885 ~ 1 730 m 混凝土垫座建基面及槽坡，右岸高程 1 885 ~ 1 710 m 拱坝建基面的爆破松弛卸荷深度检测结果如下：左岸垫座建基面（高程 1 885 ~ 1 730 m）为 1.0 ~ 3.0 m，高程 1 730 m 水平建基面为 1.6 ~ 4.0 m；右岸建基面（高程 1 885 ~ 1 710 m）为 0.4 ~ 2.2 m。建基面 1 m 处爆破前后的声波衰减率情况为：左岸垫座建基面高程 1 885 ~ 1 735 m 范围声波衰减率小于 10% 的占 59.4%，左岸高程 1 730 m 水平建基面声波衰减率小于 10% 的占 25%，右岸高程 1 885 ~ 1 710 m 建基面范围的声波衰减率小于 10% 的占 73.9%。

左、右岸高程 1 730 m、1 710 m 以下的坝基开挖工程分别于 2008 年 9 月 27 日和 2008 年 8 月 15 日开工，至 2009 年 8 月 20 日开挖至设计最低高程 1 580 m。左岸高程 1 730 ~ 1 580 m 大坝建基面、右岸高程 1 710 ~ 1 580 m 大坝建基面的爆破卸荷深度监测成果如下：左岸建基面爆破松弛深度界于 1.0 ~ 3.4 m，一般为 1.0 ~ 2.0 m，爆后声波波速主要集中在 3 500 ~ 5 000 m/s 范围；右岸建基面爆破松弛深度为 0.8 ~ 3.0 m，主要集中在 1.0 ~ 2.0 m，爆后声波波速主要集中在 4 000 ~ 5 000 m/s 范围。建基面以下 1 m 处爆破前后的声波衰减率情况为，左岸坝基声波衰减率小于 10% 的占 67.6%，右岸坝基声波衰减率小于 10% 的占 62.7%。

3 坝基岩体松弛的不良影响

松弛带岩体卸荷松弛强烈，声波纵波波速比完整岩体降低，可达 25% 以上，浅表岩体裂隙发育，基岩变形模量低，完整性与均质性受到较大破坏，将影响坝基的岩体强度、应力和变形特性，从而影响到浅层抗滑稳定及拱坝坝肩稳定；并且会改变拱坝的应力、变形分布条件并带来不利后果；过渡带岩体受到一定程度的扰动和损伤，大体上与应力、应变分析中的塑性区相对应，岩体纵波波速与完整岩体相比下降约 15%。基本正常带岩体受到轻微扰动和损伤，岩体较完整，性质和强度基本保持不变。由于坝基浅层岩石松弛带的存在，导致岩体完整性及抗渗能力受到破坏，对坝基岩体的变形、应力、点安全度及抗渗能力的影响趋势较为明显，如果处理措施不当或处理效果不好，将在以下几方面对拱坝安全产生不利影响。

3.1 降低坝基岩体抗变形能力

高拱坝建基面附近岩体在天然状态下，以微风化 - 新鲜岩体为主，岩体完整性好、强度高，如小湾的坝基变形模量一般在 16 ~ 22 MPa，局部为 12 ~ 16 MPa。坝基开挖后岩体结构松弛，结构面张开，岩石体积扩容，松驰带岩体变形模量离散性大，岩体质量极不均一，岩体变形模量较天然状态下大幅度降低。如 2005 年对小湾坝基松驰带岩体进行的 27 点现场变形试验成果表明：声波波速小于 4 000 m/s 的占到 55%，小于 3 500 的约占 50%（见图 2）[3]。

变形模量降低，导致坝基压缩变形增大，同时坝体顺河向位移增大明显。大岗山拱坝对坝基变模敏感性分析表明，在松弛岩体不处理的情况下，坝顶拱冠梁处顺河向位移增加到约为未卸荷情况的 2 倍左右，坝基及坝体位移明显增大可能会带来坝基及大坝整体变形失稳问题，而对此目前尚无明确的评判方法。

二滩平面有限元计算结果表明：有松弛带时的拱向坝基面最大 y 向（径向）位移比无松弛带时增幅为 47.4%，坝基面最大 z 向（拱向）位移增幅为 40.1%；梁向坝基面最大 y 向（顺河向）位移增幅为 50.2%，最大 z 向（铅直向）位移增幅为 39.4%。从位移的方向看，y 向位移的增加普遍大于 z 向位移，因此合位移方向与河床的夹角进一步减小，向下游方向滑动的

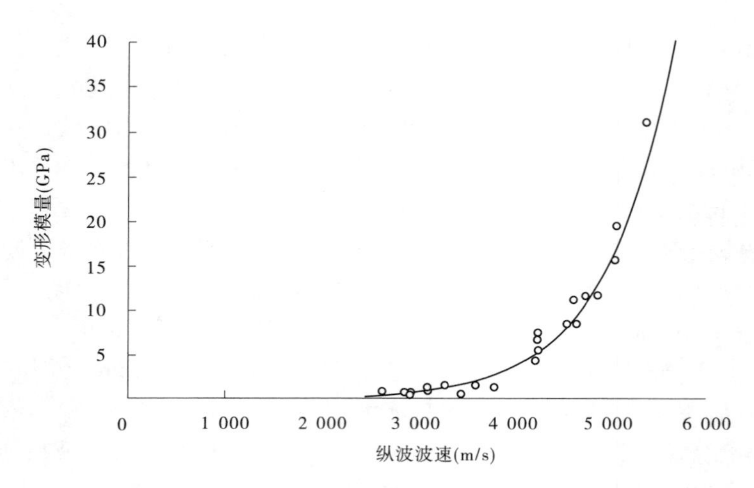

图 2　坝基岩体变模 E_0 ~ 声波波速 V_p 的关系曲线

可能性加大;从位移的分布上看,主要是整个坝基面及其松弛带的位移增幅较大;这些均对拱坝坝肩稳定产生不利影响[2]。

3.2　降低了坝基岩体抗压承载能力

现行拱坝规范对坝基岩体允许抗压设计强度,未像重力坝规范一样提出较为明确的要求,仅提出“具有足够的强度和刚度”的原则性要求。由于拱坝和地基是一个整体系统,坝基松弛岩体抗压强度明显降低后,会因高压应力造成坝基岩体压屈,并可能出现大变形导致坝或地基破坏的整体安全问题,引起不可预见的不良后果,需引起注意。

二滩应力分析表明:由于松弛带的影响,坝基岩体的主拉应力有所减小,但主压应力有所加剧。上游拉应力区域缩小了 10 m 左右,压应力区域向上游扩展了约 10 m 范围,坝基岩体被压屈破坏的可能性增加。

3.3　浅表层局部安全性降低

坝基浅表部岩体由于受开挖卸荷的影响,抗剪强度显著降低,主要表现为以下两个方面:一是岩体结构变得松弛,据相关工程研究成果,松弛岩体较原岩 f' 降低一般在 5% ~ 10%,c' 值可达 30% ~50%;二是产生了部分新的张开裂隙,该部分强度由岩体抗剪强度降低至张开结构面抗剪强度,降低显著,即使后期进行固结灌浆,也难以恢复到天然岩体抗剪强度水平。

小湾坝基岩体在天然状态下,微风化及新鲜块状结构岩体的抗剪强度为:$f'=1.3$ ~ 1.5,$c'=1.5$ ~ 2.0 MPa;但现场取充填水泥结石的 2 组结构面扰动样室内试验成果,摩擦系数仅达到 0.7。根据坝基三个分带的连通率及强度参数建议值,自上而下各带的综合强度指标大致为:0 ~2 m 松弛带,$f=0.77$,$c=0.27$ MPa;2 ~6 m 过渡带,$f=0.98$,$c=0.78$ MPa;基本正常带 6 ~20 m,$f=1.19$,$c=1.29$ MPa。与混凝土基岩接触面抗剪断强度建议值对比,分别相当于混凝土与Ⅳa 类下限、Ⅳa 类上限和Ⅲa 类岩体接触面的强度。很明显,坝基下浅层松弛带抗剪强度明显降低。

二滩点安全度分析成果表明:无松弛带与有松弛带的拱向坝基面岩体点安全系数分别为 2.16 ~3.50、0.95 ~2.42;无松弛带与有松弛带的梁向坝基面岩体点安全系数分别为 2.05 ~4.50、1.21 ~1.79。坝基岩体点安全度降低幅度大,岩体松弛使坝基岩体的稳定安全度下降。

坝基岩体卸荷导致完整性、均质性及抗剪强度降低，对坝基浅层抗剪的局部安全性影响相对显著，导致坝基点抗剪安全度及面抗剪安全度降低，影响坝基浅层稳定安全性。当坝基岩体松弛卸荷强烈，抗剪强度大幅度降低时，在不处理情况下，如果点安全度低值范围偏大时，浅层抗滑稳定将会成为突出问题，会降低大坝的整体安全度，需作进一步分析研究。

3.4 降低了岩体抗渗能力

坝基松弛岩体裂隙发育，松弛卸荷深度大，透水强烈，大岗山松弛岩体灌前压水试验透水率达 100 Lu 以上，给坝基固结灌浆及防渗处理带来较大难度，增加了工程投资。由于灌浆工程为隐蔽性工程，施工质量控制难度相当大，如恢复坝基完整性及抗渗能力的处理措施达不到预定效果，则会恶化坝基渗流条件，导致渗漏量加大、渗透坡降加大、渗透压力增加等渗透安全问题，并影响坝基岩体的物理力学性质，对大坝永久安全运行带来隐患。

另外，由于建基岩体松弛卸荷问题，加大了工程处理难度，对建设工期控制、投资控制等方面也带来了不利影响。

4 坝基岩体松弛控制及岩体质量恢复措施

4.1 选择合适的建基设计标准

传统经验认为，高拱坝的建基面往往必须为新鲜完整的岩体，然而工程实践表明，新鲜完整岩体的建基面埋深大、地应力水平较高，开挖容易产生卸荷松弛，岩体质量及完整性急剧降低，反而不能满足建基面岩体质量要求。因此，建基面的选择应充分考虑开挖卸荷松弛的影响，不能一味追求Ⅰ、Ⅱ级岩体。对于地应力水平偏低的岩性河床，一般其风化底界线低于卸荷底界线，建基面宜开挖至弱风化层；对于高地应力岩性的河床，其卸荷深度往往大于风化深度，建基面可确定于弱卸荷或者微新岩层，并希望最大主应力小于 20 ~ 25 MPa；同时允许建基面岩体有不张开、不贯通且无风化夹泥的裂隙存在，裂隙开度小于 3 ~ 5 mm；容许岩体有一定的透水性，透水率可在 10 ~ 20 Lu，但固结灌浆试验应能表明灌后岩体强度及变形模量满足建基面要求。

如锦屏一级拱坝工程的钻孔岩芯表明，1 555 ~ 1 560 m 高程段饼芯明显，虽为微新岩层，但地应力过高，从而将建基面确定在 1 580 m 高程（为弱卸荷层，裂隙面有锈染但无风化夹泥且开度不大）较为合理，开挖后也表明河床建基面的卸荷松弛并未如预料的强烈。

4.2 采取预留保护层及预裂爆破等合理开挖方式

（1）建基面开挖采取预留 5 ~ 10 m 保护层措施，一方面避免开挖爆破对建基面岩体质量的过度损伤；另一方面可以在保护层中布置物探监测孔加强测试和监测，及时了解河床建基面下的岩体情况和地应力水平，并可视实际情况适当抬高原设计建基面高程。

拉西瓦拱坝原设计建基面高程为 2 210 m，为避免建基面岩体的爆破损伤和卸荷松弛，对 2 215 m 高程以下坝基确定采用保护层开挖方式，并根据 2 215 m 坡脚布置的大量物探孔检测资料，将原设计建基高程上抬 2 m，实际开挖至 2 212 m。由于在开挖中注重开挖方式和工艺并及时锚固，现场发现开挖后岩体裂隙大部分闭合，剥离程度轻微，钻孔波速下降幅度较小，对控制开挖卸荷松弛及保证建基面岩体质量起到了较好的效果。

（2）对坝基开挖采用开槽预裂爆破的开挖方式，可最大限度地减小爆破对岩体的扰动和损伤。在河床部位及接近河床建基面某些区段可适当进行分层小梯段开挖，以尽量缓和开挖卸荷松弛程度。

锦屏一级大坝建基面开挖采用自上而下分层开挖方式。左岸高程1 730～1 650 m段建基面采用预裂爆破施工;高程1 650～1 630 m段开挖区分内外侧采用预裂爆破开挖;高程1 630～1 610 m段开挖区除采用内外侧开挖外,对内侧块采用先挖后锚、小块开挖、及时支护的开挖方式;高程1 610～1 585 m段开挖区预留保护层,采用先锚后挖开挖方式;高程1 580 m水平建基面采用预留保护层、先锚后挖、开先锋槽水平预裂的开挖方式。右岸高程1 710～1 620 m段建基面采用预裂爆破开挖;高程1 620～1 600 m段开挖区预留保护层,采用分两层小梯段、先挖后锚的开挖方式;高程1 600～1 580 m段建基面采用预留保护层、先锚后挖、开先锋槽水平预裂的开挖方式。大坝建基面采用的开挖分区、钻孔爆破、锚固措施等施工方法,使施工质量处于受控状态。

4.3 调整开挖体型避免应力集中

河床与两岸的坡脚衔接部位宜开挖成弧形,不宜开挖成尖角以避免应力集中引起岩体强烈卸荷松弛。拉西瓦大坝基础、水垫塘及二道坝基础,为限制开挖卸荷松弛变形,减少基础岩体浅表层的卸荷回弹、松动变形等,均采用反拱形开挖形式。

4.4 对建基面岩体采用预锚措施

预锚对于限制岩体松弛裂缝的张开扩展具有一定作用,因此可视施工条件在河床部位实行先锚后挖的施工时序,先挖后锚的部位也应及时支护以限制裂纹时效扩展。

小湾拱坝在建基面浅表部位岩体出现开挖卸荷松弛现象后,对高程975.00 m以下建基面的开挖进行了优化调整。设计制定了先超前锚固、开挖后再进行预应力锚固、其后清基的开挖顺序,减轻了岩体松弛卸荷作用。小湾拱坝严格清除了坝基浅层开挖卸荷强松弛岩体,并对松弛岩体进行了必要的锚固和铺设钢筋网,坝基面清挖前采取超前锚杆、锚筋桩等预锚措施,清挖后采用预应力锚杆、砂浆锚杆及时加固。

4.5 加强固结灌浆措施

固结灌浆是恢复坝基松弛岩体完整性及均质性,以及增加岩体抗渗透、抗变形、抗压、抗剪能力的重要手段。

首先应在确定坝基松弛卸荷深度前提下,确定固结灌浆的深度、孔排距及灌浆压力,固结灌浆深度宜深入到基本正常带岩体中,对断层、裂隙、岩脉等不良地质发育部位更应加深灌浆深度。如大岗山最大松弛深度达20 m,系统固结灌浆深度一般达到20 m,间排距达1.0 m×1.5 m。对过渡带及以下松弛岩体可采用无压重灌浆施工方式,对浅表层强松弛带宜采用有压重灌浆以保证灌浆质量。对个别孔段灌浆效果不能满足设计要求的,应采取坝后贴角有压重引管补充灌浆等措施。

坝基固结灌浆后除进行压水试验成果检查外,应注重声波检测及钻孔取芯检查,以确保灌浆质量效果。应同时以压水试验、声波波速及相应的变模指标作为坝基松弛岩体固结灌浆质量的验收标准,同时注重第三方独立监测成果,以确保固结灌浆质量和处理效果,确保大坝安全。

4.6 尽早进行坝体混凝土浇筑增加建基面压重

在大坝混凝土浇筑后,坝基岩体卸荷回弹受到抑制,应力状态部分恢复。小湾变形监测表明:河床坝段混凝土厚约10 m、斜坡坝段厚为20～30 m时即能抑制坝基岩体继续回弹;大坝混凝土厚为30～40 m时,岩体呈现压缩趋势。固结灌浆前声波测试孔0～2 m深度内纵波速度均已达到5 000 m/s左右。河床坝段在未覆盖混凝土前,在深度10 m以下波速较高,有饼状岩芯分布。混凝土浇筑后,基岩面以下5～10 m即现饼状岩芯,说明坝基岩体应力得到一定程度恢复。尽早浇筑大坝混凝土,有利于减轻松弛卸荷的进一步发展,并为固结灌浆提供盖重,同时使坝基岩体恢复三向受力状态。

4.7 增加坝基抗剪及抗渗辅助措施

(1)小湾拱坝,为减小坝基浅表开挖卸荷松弛岩体影响,提高浅层抗剪安全性,在12号至32号坝段有盖重固结灌浆孔内均设置了锚筋桩,基本剖面和贴角部位共实施了4 720根锚筋桩;加上高程975.00 m以下二次开挖中设置的2 000根超前锚筋桩,共计6 720根。线弹性有限元计算其面抗剪安全度,不计锚筋桩时为1.43,计锚筋桩后为1.61。计算表明锚筋桩对坝基浅表部的抗剪作用较为明显,坝基浅层松弛岩体在布置锚筋桩后,浅层验算截面的抗剪安全系数比无锚筋情况有所提高。

另外,在坝趾贴角混凝土上布置贴角锚索502根,总计加固力27.4万t。右岸1~14号坝段、左岸31~40号坝段按设计要求在建基面布设钢筋网,并尽快覆盖混凝土。这些措施有效提高了坝基浅层抗剪安全性。

上游面高拉应力区采用了坝面喷涂聚脲和坝前回填粉煤灰等防渗淤堵措施;两岸坝肩及抗力体布设了完善的渗控系统。

(2)拉西瓦拱坝,右岸坝肩建基面低波速区位于7号、8号坝段高程2 240.00~2 259.00 m范围内,为裂隙密集的卸荷岩体,设计采取了挖除卸荷岩体后浇C_{180}32的混凝土置换处理措施。处理时先布置了Φ28长4 m间距2 m入岩3.8 m的锁口锚杆,沿开口线共布置3排,在锁口锚杆施工完毕后,进行卸荷低波速岩体的清挖。清挖后,高程2 240.00~2 246.00 m声波平均波速由处理前的1 920 m/s提高至3 680 m/s,高程2 250.00~2 260.00 m声波平均波速由处理前的3 020 m/s提高至3 600 m/s,表明右坝肩低声波区卸荷松弛岩体已被基本挖除。对挖除部位建基岩体,按间排距2 m×2 m布置Φ28长4.5 m入岩3.5 m的系统锚杆,并在岩面铺设钢筋后浇筑置换混凝土,共计铺设钢筋122.3 t,置换C_{180}32W10F300混凝土6 388 m^3。

5 结语

(1)高拱坝坝基岩体松弛卸荷,导致岩体完整性及抗变形能力、抗剪强度、抗压强度、抗渗能力明显降低,浅表层的松弛带降低更加明显,对拱坝整体结构安全性及抗渗安全造成了不利影响,需在拱坝建设过程中给予充分关注。但在采用合理的建基标准、开挖设计体型、施工方法及预先锚固、彻底清除松动严重的岩块,固结灌浆、尽早浇筑大坝混凝土等措施后,可以有效解决坝基岩体松弛带来的不利影响,提高坝基岩体的力学指标和稳定安全度,以确保大坝的安全。

(2)建议拱坝规范中对建基岩体质量提出明确要求,并将声波纵波波速作为建基岩体质量及固结灌浆验收的主要控制指标。

(3)为减轻高拱坝坝基岩体开挖后的松弛卸荷现象及其不利影响,建议规范对此提出明确的开挖、锚固支护等具体设计要求。

参考文献

[1] 李攀峰.高拱坝坝基表层低波速带岩体的工程性状探讨[J].水电站设计,2010(9).
[2] 汤献良,等.小湾拱坝坝基开挖卸荷松弛岩体工程特性研究[C].水电2006国际研讨会.
[3] 陈秋华,吴志勇,杨宏昆.开挖爆破对二滩坝基岩体的影响[J].水电站设计,1995(3).

溪洛渡拱坝混凝土温度控制与防裂施工

于永军

（中国水电八局有限公司，湖南　长沙　410007）

【摘要】 本文简要介绍了溪洛渡拱坝混凝土浇筑过程中所采用的温度控制和防裂技术，从混凝土预冷、混凝土浇筑温度控制和混凝土通水冷却到表面保温，按照混凝土施工周期依次叙述施工方法和管理措施，并对在工程实施中遇到的一些问题进行了简单的分析阐述。

【关键词】 溪洛渡　拱坝　混凝土　温控防裂

1 概　述

溪洛渡水电站位于金沙江下游，距宜宾市 184 km（河道里程），左岸距四川雷波县城约 15 km，右岸距云南永善县城 8 km。工程枢纽由拦河大坝、泄洪建筑物、引水发电建筑物及导流建筑物组成。拦河大坝为混凝土双曲拱坝，最大坝高 285.5 m，坝顶高程 610.00 m，顶拱中心线弧长 681.57 m；坝身布设 7 个表孔、8 个深孔和 10 个临时导流底孔。

2 溪洛渡拱坝混凝土温度控制标准和要求

坝体混凝土内外温差控制≤16 ℃。大坝全坝段允许最高温度控制标准统一为 27 ℃。相邻坝段高差原则上不应大于 12 m，整个大坝最高和最低坝块高差控制在 30 m 以内。孔口坝段允许悬臂最大高度≤50 m，非孔口坝段允许悬臂最大高度≤60 m。大坝混凝土封拱温度 12 ~ 16 ℃。

为将施工期混凝土温度降低至封拱温度，根据拱坝混凝土温控防裂特点，分一期冷却、中期冷却、二期冷却等三个时期进行混凝土冷却降温，如图 1 所示；温度梯度控制坝段各灌区在施工过程中，应按照分期冷却要求进行逐步冷却，进行温度梯度控制，使各灌区温度、温降幅度形成合适的梯度，以减小混凝土梯度，温度梯度控制示意图见图 2。

3 混凝土温度控制与防裂措施

3.1 混凝土浇筑温度控制

大坝混凝土浇筑温度统一控制为 12 ℃。降低混凝土浇筑温度措施从降低混凝土出机口温度和减少运输途中及仓面的温度回升两方面考虑。

3.1.1 混凝土出机口和入仓温度控制

对混凝土骨料，采用一、二次风冷等措施进行预冷，并采取加片冰、加制冷水拌和等措施以降低混凝土出机口温度，混凝土最低出机口温度按 7 ~ 9 ℃控制，大坝混凝土浇筑入仓温度按 9 ~ 11 ℃控制。

加强混凝土运输过程中的控制，协调好缆机与侧卸车转料过程，避免侧卸车过长的等候缆机时间，缩短混凝土运输时间；对混凝土罐车等料和下料运输线路范围采取不定时洒水和临时喷雾等措施，降低环境温度对混凝土罐车的影响。

仓面上每 1 h 测温一次，如发现超温点，应加大测量密度，对超温点所对应部位混凝土进行逐罐测量，如连续 3 罐超温，查明混凝土入仓温度超标原因并采取措施纠正。

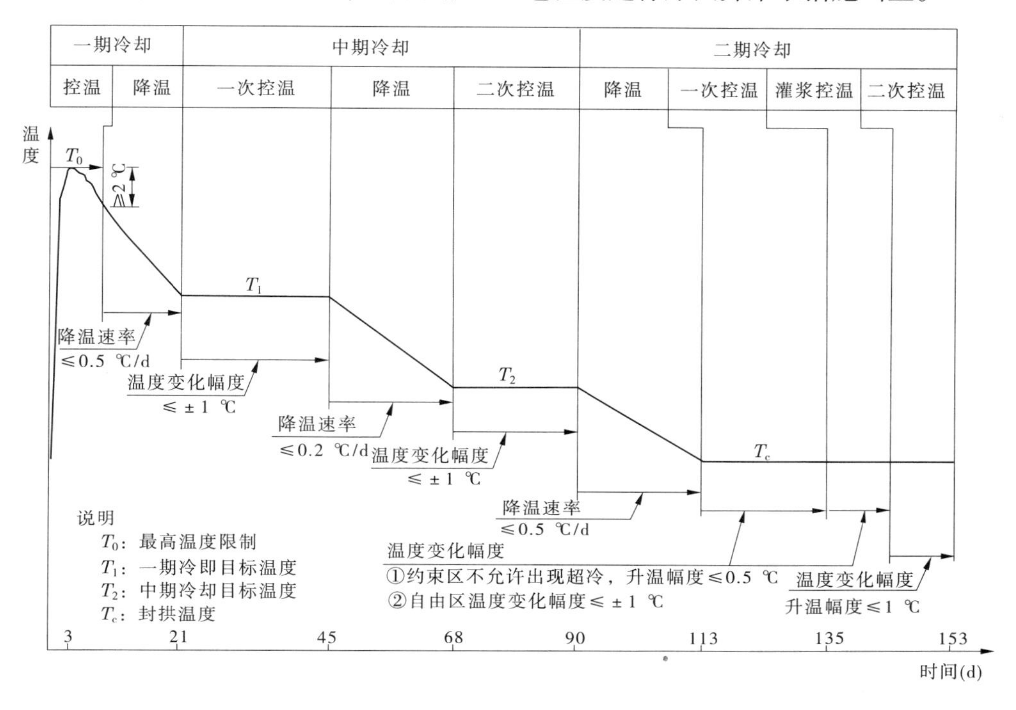

图 1　分期冷却降温过程示意图

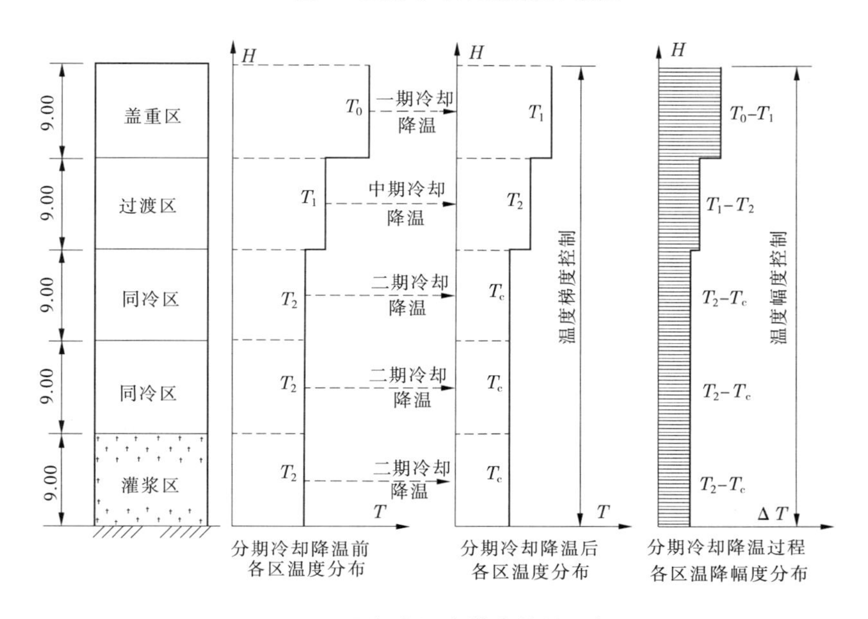

图 2　混凝土温度梯度控制示意图

3.1.2 仓面内温度回升控制

仓面振捣作业时温度回升主要是夏季高温时控制降低环境温度的影响，一方面控制坯层暴露时间，另一方面采取措施降低仓内小环境温度。

(1)高温季节浇筑混凝土时拟在仓面喷雾，降低仓面气温；采用C25型喷雾机交叉布置在浇筑仓面的两边，使每个喷雾机的喷雾区域相互连接。

(2)严格控制混凝土运输时间和仓面浇筑坯覆盖前的暴露时间，加快混凝土入仓速度和覆盖速度。在混凝土浇筑过程中，混凝土振捣密实后立即用保温被覆盖，减少太阳辐射热及外部环境温度倒灌。合理安排开仓时间，高温季节浇筑时，将混凝土浇筑尽量安排在早晚和夜间施工，尽量避开在每天10:00～17:00之间温度最高时段开仓浇筑混凝土。

3.2 混凝土通水冷却

大坝混凝土从开浇后通水开始，直至横缝接缝灌浆完成后，采取通水控温或降温，对坝体混凝土进行不间断通水控温。

3.2.1 冷却水管管网布置

为满足图1、图2所要求的温度控制过程，布置按两套独立的供水系统管路。其中，8～10℃冷水主要供给坝体一期控温和二期降温及二期控温用水，14～16℃冷水主要供给坝体一期降温和中期控温及中期降温用水。

供水主管从冷水站引出后，贴边坡引致坝后栈桥附近，与布置在栈桥上的坝后主管相连。坝后主管布置在坝后栈桥上，每一层栈桥布置两套坝后主管，坝后主管左、右岸分开布置。坝后水平桥主供水管上设置供水包，以供给坝体冷却用水。在供水包和供水包上的支接头设置闸阀、减压阀、流量计和压力表，来控制坝内埋管管路的压力和流量。供水包采取相对独立设计，单个供水包连接单根供水主管，以形成闭合回路；同时，通过闸阀控制，将两种水温的供水包支接头相互连通，以方便仓面快速进行水温转换。

坝体内预埋供水立管按同时预埋四个灌区的通水立管，坝内埋管接头全部在水平栈桥上接引，测温等工作均直接在水平栈桥上进行。

3.2.2 冷水站布置

采用约克公司生产的移动式冷水站系列产品，其中A型机组额定制冷容量180 m^3/h，B型机组额定制冷容量415 m^3/h。大坝制冷水站由冷水箱、回水箱和冷水机组组成。机组制冷水先进入冷水箱后，由冷水箱统一向坝后主供水管供水，经主供水管和供水包进入坝体进行冷却通水，回水经坝后主供水管回流至回水箱后，进入冷却机组进行制冷，以形成循环通水。

3.2.3 仓面冷却水管

仓面冷却水管采用蛇形布置，一般上下游方向分成3个支路，3个支路并联在同层回路上，每个回路通过上引管引至坝后栈桥上，实现在坝后栈桥对每个回路直接控制。冷却水管间距一般为1.5 m×1.5 m(行距×间距)，在特殊部位间排距调整为1.0 m×1.5 m(行距×间距)。

坝内上引管采用直径43 mm钢管，每升层采用丝头连接。回路主管和支路蛇形管采用塑料管，直径分别为40 mm和32 mm。在布置有固结灌浆钻孔等一些对管路定位精度要求高的部位采用直径25 mm的钢管。

3.2.4 通水冷却

为避免混凝土浇筑时把冷却水管压扁或打破时无法发现影响通水，采取在开始浇筑时就通水方式。在浇筑过程中发现管路破损漏水时，立即挖开混凝土修补。

从图1温度控制过程曲线可以看出，在不同阶段应该采用不同的水温和流量，以保证混凝土内部温度实现缓慢冷却的目的。为实现这个要求，大坝混凝土通水冷却采取了动态管理方法，即根据季节、混凝土内部温度和阶段目标温度要求，采用不同的通水流量和温度。一期冷却控温阶段是确保混凝土最高温度，采用8～10 ℃的冷水，流量在50 L/min左右，其他阶段在20 L/min左右。

3.3 混凝土保温及养护

3.3.1 混凝土养护

夏季浇筑混凝土时，须对混凝土表面进行养护，溪洛渡大坝混凝土夏季主要采取旋喷养护方式，在每个浇筑仓号内布置3～4个旋转喷头，对仓面进行不间断旋喷养护保湿。横缝面及大坝上、下游面采取在悬臂大模板上水平铺设花管进行流水养护，以确保横缝面保湿。

3.3.2 低温季节混凝土外露面保温

冬季施工时，须对大坝上、下游面、横缝面及浇筑仓面等混凝土外露面进行保温施工，以降低混凝土内外温差及防止寒潮冲击，减少混凝土表面裂缝，防止产生深层裂缝。

（1）横缝面保温。大坝横缝面保温材料为聚乙烯卷材，大模板支腿底部采用聚乙烯卷材标准块进行保温，标准块随模板提升而提升。利用大模板定位锥孔，在定位锥孔内打入木楔以便固定保温被。

（2）水平仓面保温。混凝土浇筑仓面冲毛处理后，采用两层聚乙烯卷材保温被进行保温。根据低温季节仓面保温施工经验，当仓面计划间歇时间不大于5 d时，仓面不进行保温施工，计划间歇期大于5 d的，必须进行仓面保温施工。仓面保温时，不定期在保温被上适量洒水，保证仓面湿润。上、下游止水部位或其他边角部位，采用聚乙烯卷材切割后进行保温覆盖。钢筋密集区及锚索套管埋件等区域，均采用聚乙烯卷材按照现场地形情况，切割后进行保温覆盖，拼缝要严密，以确保保温效果。进行备仓作业时，根据备仓施工项目及施工部位，分部位有序地对施工影响区域的保温被进行拆除，待仓面清基验收前，才全部揭开保温被。

（3）坝面保温。大坝上、下游坝面采用粘贴保温板方式保温，一般是随着仓面上升采用人工挂绳梯方式粘贴施工。保温材料为挤塑聚苯乙烯泡沫塑料板。

4 结语

4.1 混凝土间歇期对温控防裂的影响

坝基基础固结灌浆采用有盖重固结灌浆工艺时，往往期望利用混凝土层间间歇期进行固结灌浆。实际施工时，很容易造成间歇期超过预计时间，而且在固结灌浆的仓面上，钻孔容易打坏埋设的冷却水管，给混凝土冷却带来很多问题。灌浆施工产生的废渣废水造成混凝土保温工作几乎无法实施，混凝土开裂的风险大大增加。因此，在考虑固结灌浆施工时要尽量减少或避免在混凝土仓面内进行施工。

4.2 形成灌区温度梯度和最大悬臂高度的矛盾

溪洛渡大坝灌区高度为9 m，为了形成灌区合理的温度梯度，在最低坝块和拟灌浆区有

5个灌区,加上最低坝块和最高坝块之间的30 m高差限制,理论上的悬臂高度为75 m,已经远远突破了设计要求的50～60 m高度。为解决这个矛盾,一方面要严格控制大坝均衡上升,减小最大高差;另一方面要特别注意对全坝段最低坝块的控制。由于孔口坝段施工工作量远远大于其他坝段,在施工时往往成为制约全坝均衡上升的关键部位,因此要特别注意和重视孔口坝段的施工组织,避免影响全坝最大悬臂高度。从另一个角度来说,确定合理的最大悬臂高度,协调和灌区温度梯度的矛盾,是需要进一步研究的课题。

4.3 溪洛渡大坝混凝土温控防裂的几个条件

为实现溪洛渡大坝混凝土高标准的温控防裂技术要求,以下几个条件必不可少:双管路两种水温的冷却水供应系统,埋设大量的混凝土内部数字温度计,个性化的温控手段和动态的温控管理措施使每一块混凝土均处于受控状态,持续的高强度混凝土浇筑产量保证了坝体短间歇均衡上升,精细化的保温措施确保混凝土在低温季节不开裂。

溪洛渡大坝混凝土温控控制和防裂难度大,按照“早冷却,慢冷却,小温差”的温控指导思想,通过优化温控工程曲线,采取双管路双温度冷却水进行混凝土通水冷却,以大坝数字信息管理系统为平台,对混凝土施工温度数据全程实现施工信息数字化管理,实现个性化和动态控制的精细化管理,取得预期的效果。

小浪底水电站堆石料流变特性试验研究

张　雯[1]　李海芳[2]　葛克水[1]　张茵琪[2]

(1. 中国地质大学(北京)工程技术学院,北京　100083;
2. 中国水利水电科学研究院岩土所,北京　100048)

【摘要】 流变性质是岩石材料的重要力学性质,本文以小浪底水电站混堆石料为例,采用 SR-4 型大型高压三轴蠕变仪,对所制试样进行等比例加载三轴流变试验,探讨其流变机理及流变模型。小浪底堆石料的轴向流变和体积流变与时间在双对数坐标中基本上呈线性关系,轴向流变速率和体积流变速率与时间在双对数坐标中也基本上呈线性关系,因此采用幂函数 $\varepsilon = a\left(\frac{t}{t_0}\right)^b$ 来拟合堆石料的流变量与时间的关系,模型参数可以通过三轴流变试验获得。

【关键词】 流变特性　三轴试验　围压　应力比　流变模型

1　概述

小浪底水电站位于河南省洛阳市孟津县小浪底镇,北距河南省济源市 30 多千米。小浪底大坝是高 160 m,长 1 667 m 的黏土斜心墙堆石坝。通过安全监测表明,堆石体存在明显的流变现象,导致坝体的长期变形,因此堆石料流变越来越受到人们的关注。

针对堆石料的流变特性,许多学者都对其进行了单轴或三轴流变特性试验[1-5],但实施的单轴或三轴蠕变特性试验往往只限于单级加载,在很多堆石坝工程中,堆石料受到的荷载或围岩应力的改变一般是随着施工进度或程序逐级增加(减少)的,而分级加载条件下的流变特性试验又往往只限于单轴[6-9],这两种试验虽然能揭示堆石料的流变特性,但与实际工程中堆石料所受的荷载条件有所差别。本文对小浪底堆石料进行试验分析,研究其在分级加载条件下的三轴流变特性。

描述材料流变变形特性通常有两类方法:①用流变力学元件组合形成土体流变模型;②根据室内流变试验测得的曲线提出经验公式。前者模型中所指的弹塑性变形,往往是理想弹塑性变形,主要针对的是一般材料的力学行为,有一定适用范围,不完全符合堆石料的变形特性。后者符合堆石料的实际,更便于在工程中应用。本文通过对小浪底堆石料进行室内三轴流变试验研究其特性,采用幂函数经验关系模拟流变变形与时间的关系。

2　试验仪器、内容和试验方法

2.1　试验材料

采用小浪底水电站堆石料,由于试样颗粒不均匀,颗粒尺寸大小相差悬殊,原型级配的大颗粒尺寸较大,而大三轴试样的允许最大粒径仅为 60 mm[10],故根据试验规程对各组原型级配进行了缩尺。缩尺方法采用混合法,先比例缩尺,后等量替代。试验的制样干密度采用施工平均干密度 2.13 g/cm^3。

2.2 试验仪器

试验采用SR－4型大型高压三轴蠕变仪。其主要技术指标为:试样尺寸为ϕ 300×700 mm;最大周围压力4 MPa;轴向压力系统的最大出力1 000 kN。采用半自动砝码系统加荷,通过液压传动和油水交换系统提供轴向压力与周围压力,设计最长恒载稳定时间能够达6个月。

2.3 试验内容

按试验模拟级配配料,并按含水量要求配水拌和均匀,制样控制材料干密度,试料分5层人工夯实制样,采用静水头饱和,然后开始对试样进行三轴流变试验。

对饱和后的试样施加周围压力进行固结,各级围压据坝高确定。待试样排水稳定后施加轴向压力,并保持轴向压力与周围压力的稳定。在本级周围压力和轴向压力下流变变形稳定后,不拆试样,施加下一级的周围压力和轴向压力,继续进行流变试验。依次逐级施加周围压力和轴向压力,并继续进行流变试验至结束。

2.4 试验方法

本试验采用的分级加载方式是等比例加载,即轴向荷载比围向荷载是一个定值。确定围向压力和应力比后,算出相应的轴向压力。根据小浪底最大坝高确定流变试验围压分别为1.0 MPa、1.5 MPa、2.0 MPa、2.5 MPa、3.0 MPa,应力比分别为1.5、2.0、2.5。

流变变形稳定标准大多以轴向变形和体积变形两个指标作为判别依据。本设备的轴向变形由设备内电子传感器测得,体积变形由饱和试样向体变管排出的水量得出。本试验中,根据设备中传感器的精度,定义每级流变试验结束的时间为7 d。

3 试验结果分析

3.1 试验结果曲线

由于难以确定荷载产生的瞬时变形和长期变形的界线,流变变形的起点一直没有准确定义。根据对试样流变试验结果分析,本试验将1 h作为弹塑性变形与流变变形的分界点,并侧重分析1 h后试样的流变变形部分。

根据试验所得数据,绘制堆石料流变变形与时间的关系曲线。图1为应力比为1.5时堆石料流变变形与时间的关系曲线,其他应力比时的曲线图类似。

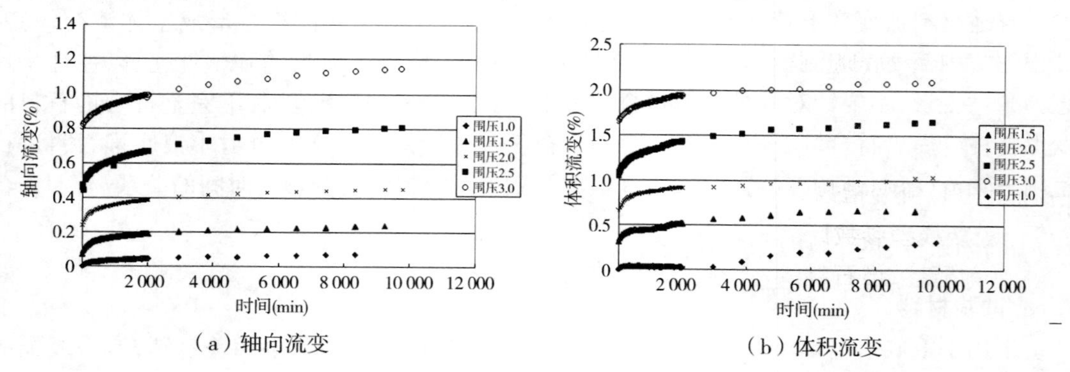

(a) 轴向流变　　　　(b) 体积流变

图1　堆石料流变变形与时间关系(应力比＝1.5)

3.2 试验结果分析

对试样施加轴向荷载较短时间内，堆石料的轴向变形发展迅速，在堆石料进入流变变形后，即上述定义的加载 1 h 后，轴向流变速率逐步降低，趋于稳定，且在后期变形速率相当小，进入流变稳定期，围压越小，进入流变稳定期需要的时间越短。

由于体积变形的测量涉及饱和度及剪胀性等因素，误差往往较大，因此试验中绘制的堆石料的体积流变与时间的关系图不如轴向流变与时间的关系图有规律，但也符合从初始流变到稳定流变的过程。

4 流变模型分析及参数拟合

4.1 流变模型建立

对小浪底堆石料流变试验结果分析发现，在双对数坐标中，堆石料的轴向流变和体积流变与时间基本上呈线性关系。进一步的研究表明，在双对数坐标中，堆石料的轴向流变速率和体积流变速率与时间也基本上呈线性关系。图 2 描绘了应力比为 1.5 时堆石料轴向流变和轴向流变速率与时间的双对数坐标图。

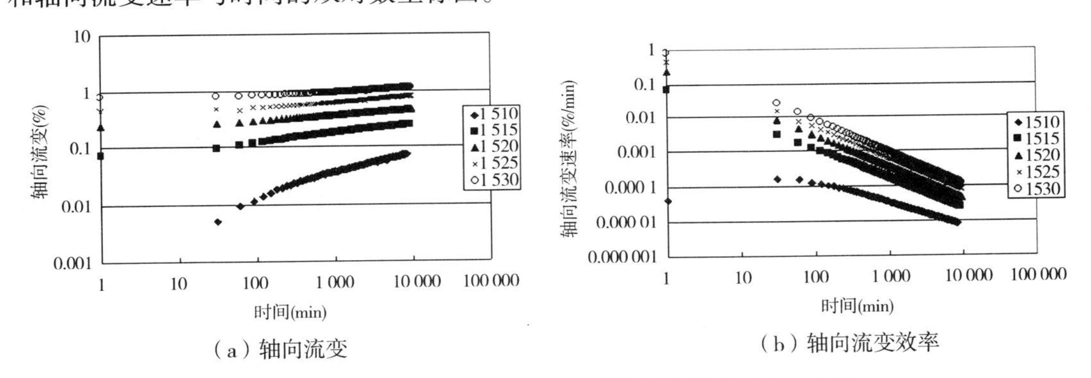

（a）轴向流变　　（b）轴向流变效率

图 2　堆石料流变变形与时间关系的散点图(应力比 = 1.5)

因此，本文采用幂函数表达式来拟合堆石料的流变量与时间的关系，即

$$\varepsilon = a\left(\frac{t}{t_0}\right)^b \tag{1}$$

该函数在双对数坐标中为直线，其一阶导函数在双对数坐标中也为直线。式(1)中，t_0 可取流变试验历时中的某一时间点，a 为该时间点的试样流变变形，称为轴向(或体积)初始流变；b 为该时间点至试验结束之间拟合曲线的斜率，表征了此后试样的流变速率，称为轴向(或体积)流变指数。

4.2 流变模型参数计算

如前所述，堆石料的轴向流变特性可以用式(1)来描述，式(1)中包含了 2 个模型参数。为了避开流变试验初始段复杂因素的影响，采用 1 d 后的试验数据，取 t_0 = 1 441 min，即 $\varepsilon = a\left(\frac{t}{1\,441}\right)^b$，$a$ 即为加载 1 441 min 时的试样流变变形，它与围压 σ 的关系如图 3 所示。随着围压的提高，轴向初始流变增大，围压相同的情况下，应力比 k 的增长也会引起轴向初始流变的增大。进一步分析表明，可以用幂函数描述它们的关系，即

$$a = (0.1597k - 0.1947)\sigma^{(-0.2882k+3.3122)} \tag{2}$$

轴向流变指数 b 与围压 σ 的关系如图 4 所示。随着围压的提高，堆石料的轴向流变速率基本呈减小趋势。进一步分析表明，可以用幂函数描述它们的关系，即

$$b = (-0.2312k^2 + 0.8870k - 0.5449)\sigma^{(0.3696k^2-1.2680k+0.0158)} \tag{3}$$

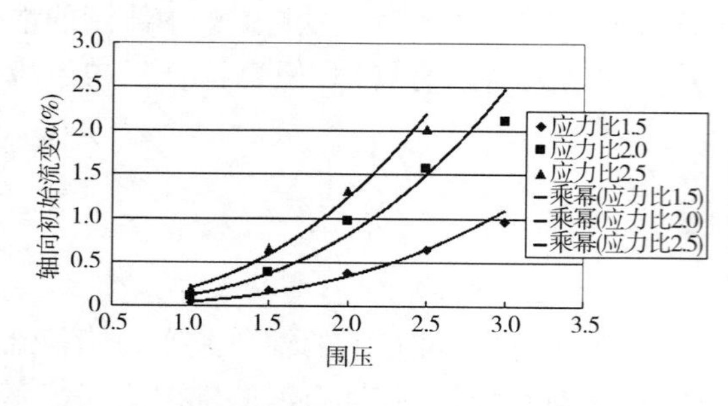

图 3　轴向初始流变 a 与围压的关系

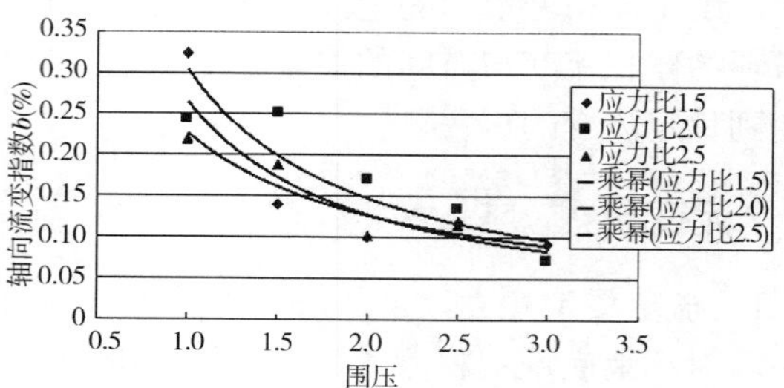

图 4　轴向流变指数 b 与围压的关系

因此，对于小浪底堆石料，其轴向流变 ε_a 可采用下式计算：

$$\varepsilon_a = (0.1597k - 0.1947)\sigma^{(-0.2882k+3.3122)}\left(\frac{t}{t_0}\right)^{(-0.2312k^2+0.8870k-0.5449)\sigma^{(0.3696k^2-1.2680k+0.0158)}} \tag{4}$$

式(4)中，围压 σ 的单位为 MPa，时间 t 的单位为 min，k 为应力比。图 5 为堆石料轴向流变试验数据点与拟合曲线的对比图，曲线表明，试验数据点与按式(4)计算出的拟合曲线比较接近，此流变模型的拟合效果较好。

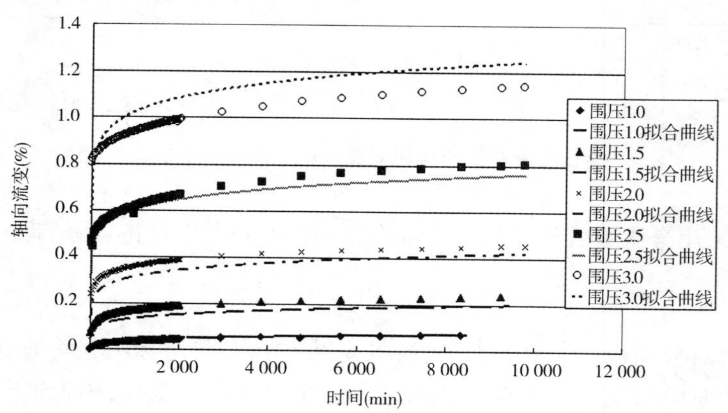

图 5　轴向流变试验数据点与拟合曲线对比(应力比 = 1.5)

同样的方法，可以分析堆石料体积流变与时间的关系。图 6 为 t_0 = 1 441 min 时体积初始流变 a 与围压 σ 的关系，随着围压的提高，体积初始流变值大体呈线性增长，进一步分析，可以用线性函数描绘两者间的关系。

图 7 为体积流变指数 b 与围压 σ 的关系，围压的增长引起堆石料的体积流变速率减小，但是当应力比为 2.5 时，减小得不明显。经分析，用乘幂函数描绘两者关系。

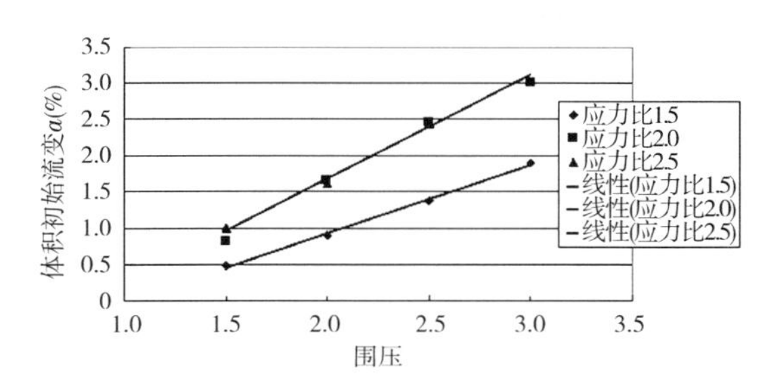

图 6　体积初始流变 a 与围压的关系

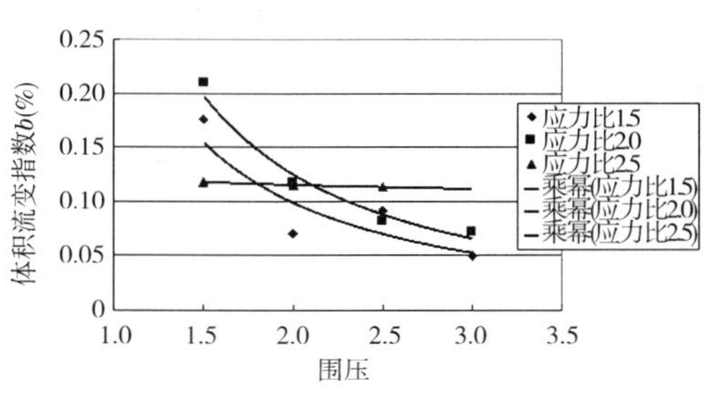

图 7　体积流变指数 b 与围压的关系

由以上数据可以得出,对于小浪底堆石料,其体积流变 ε_v 可采用下式计算

$$\varepsilon_v = [(1.0439\ln k + 0.5659)\sigma - 0.4799\ln k - 0.7924]\left(\frac{t}{t_0}\right)^{(-0.6822k^2+2.5609k-2.0167)\sigma^{(2.7402\ln k-2.9135)}} \tag{5}$$

式(5)中,围压 σ 的单位为 MPa,时间 t 的单位为 min,k 为应力比。图 8 为堆石料体积流变试验数据点与拟合曲线的对比图。由于围压为 1.0 时的试验数据有误差,拟合效果相对较差,因此图中未给出围压为 1.0 时的拟合曲线。曲线表明,试验数据点与按式(5)计算出的拟合曲线比较接近,此流变模型的拟合效果较好。

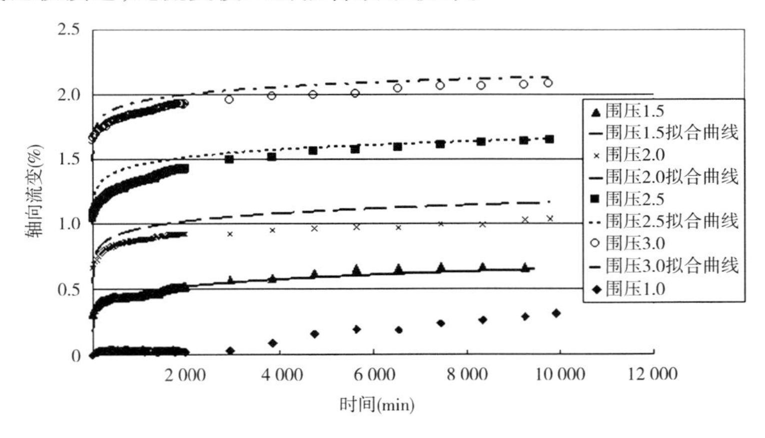

图 8　体积流变试验数据点与拟合曲线对比(应力比 = 1.5)

5　结语

堆石料的流变特性是高堆石坝中的一个重要课题。本文通过大型三轴流变试验,对小浪底水电站堆石料流变与时间、应力状态等的关系进行了试验结果分析,得到了以下结论:

(1)小浪底堆石料在轴向压力施加 1 h 左右,轴向变形和体积变形速率逐步降低,可以定义为流变起始时间。

(2)堆石料的轴向流变和体积流变与时间在双对数坐标中基本上呈线性关系,堆石料的轴向流变速率和体积流变速率与时间在双对数坐标中也基本上呈线性关系,因此采用幂函数 $\varepsilon = a\left(\frac{t}{t_0}\right)^b$ 来拟合堆石料的流变量与时间的关系。

(3)随着围压的提高，轴向初始流变增大，围压相同的情况下，应力比 k 的增长也会引起轴向初始流变的增大。

(4)随着围压的提高，体积初始流变值大体呈线性增长，应力比 k 对它的影响性较小。

参考文献

[1] 范庆忠，李术才，高延法．软岩三轴蠕变特性的试验研究[J]．岩石力学与工程学报，2007，26(7)：1381-1385.

[2] 陈渠，西田和范，岩本健，等．沉积软岩的三轴蠕变试验研究及分析评价[J]．岩石力学与工程学报，2003，22(6)：905-912.

[3] 张向东，李永靖，张树光，等．软岩蠕变理论及其工程应用[J]．岩石力学与工程学报，2004，23(10)：1635-1639.

[4] 刘光廷，胡昱，陈风岐，等．软岩多轴流变特性及其对拱坝的影响[J]．岩石力学与工程学报，2004，23(8)：1237-1241.

[5] 万玲，彭向和，杨春和，等．泥岩蠕变行为的试验研究及其描述[J]．岩土力学，2005，26(6)：924-928.

[6] 袁海平，曹平，万文，等．分级加卸载条件下软弱复杂矿岩蠕变规律研究[J]．岩石力学与工程学报，2006，25(8)：1576-1581.

[7] 谌文武，原鹏博，刘小伟．分级加载条件下红层软岩蠕变特性试验研究[J]．岩石力学与工程学报，2009，28(增1)：3076-3081.

[8] 赵延林，曹平，陈沅江，等．分级加卸载下节理软岩流变试验及模型[J]．煤炭学报，2008，33(7)：748-735.

[9] 张忠亭，罗居剑．分级加载下岩石蠕变特性研究[J]．岩石力学与工程学报，2004，23(2)：218-212.

[10] 中华人民共和国行业标准编写组．SL 237—1999 土工试验规程[S]．北京：中国水利水电出版社，1999.

组合骨料在锦屏一级水电站高拱坝混凝土中的应用

李光伟

（中国水电顾问集团成都勘测设计研究院，四川　成都　610072）

【摘要】 选择性能优良的骨料是保证拱坝混凝土具有良好的抗裂能力的先决条件。锦屏一级水电站所在的区域内的大理岩和石英砂岩两种岩石加工的骨料在性能上均存在着不足，鉴于锦屏一级水电站的实际情况，拱坝混凝土采用砂岩作为粗骨料，大理岩作为细骨料的组合人工骨料。试验研究表明：采用组合骨料可以提高拱坝混凝土的体积稳定性和抗裂能力，在高拱坝混凝土中应用组合骨料是可行的。

【关键词】 水工材料　组合骨料　锦屏一级水电站　拱坝　体积稳定性　抗裂能力

1　问题的提出

由于拱坝具有优良的力学性能和造价的经济性，使得拱坝特别是高拱坝在水电工程中得以大量应用。骨料作为一种经济性的填充材料是拱坝混凝土的主要组成部分，占混凝土总量的85%左右，骨料的品质对水工混凝土的技术性能及经济效益的影响是不言而喻的。理想的骨料应该是耐久、坚固、抗碱、不透水以及尺寸稳定的，但近坝址选择骨料料源是水工混凝土施工的原则，工程当地区域的地质构造，骨料料场的易开采性，骨料料场的储量等使得拱坝混凝土在理想骨料的选择上存在着挑战。

锦屏一级水电站装机3 600 MW，枢纽主要建筑物为高305 m的混凝土双曲拱坝，拱坝混凝土约595万m^3，需要骨料约1 440万t。由于工程所在河段为深山峡谷，天然骨料质次量少，因此拱坝混凝土只能考虑利用当地天然岩石，用机械破碎的方法制造成人工骨料。在工程所在的区域内，有大理岩和石英砂岩两种岩性的岩石可作为人工骨料的料源，骨料的选择是锦屏一级水电站拱坝混凝土设计的关键。在大量的勘探试验的基础上，通过综合性能对比，推荐当地具有潜在碱硅反应活性的石英砂岩作为拱坝混凝土的人工骨料料源[1]。鉴于碱骨料反应造成的混凝土开裂破坏难以阻止其继续发展和修补，为了减少由于砂岩的活性而引起的拱坝混凝土的膨胀变形，拱坝混凝土采用大理岩砂替代砂岩砂作为细骨料的组合骨料，因此组合骨料在锦屏一级水电站拱坝混凝土中的应用是设计者十分关注的问题。

2　采用组合骨料对拱坝混凝土体积稳定性的影响

混凝土的体积变形稳定性是指混凝土硬化后在非荷载条件下保持其初始几何尺度的特性。由于混凝土内部水分的改变，水化反应以及环境温湿度的变化等因素，硬化后的混凝土的体积在非荷载作用下依然会产生变形。在变形受到限制的状态下，混凝土会产生裂缝，从而影响混凝土结构的承载能力和耐久性能[2]。水工混凝土的体积稳定性主要包括混凝土碱骨料反应变形、收缩变形以及温度变形等。

锦屏一级水电站拱坝混凝土采用具有一定潜在碱活性的石英砂岩作人工骨料实属不得已,为了减少拱坝混凝土中活性骨料的成分,采用大理岩砂替代石英砂岩砂作为拱坝混凝土的细骨料。由不同骨料粒径混凝土棱柱体碱活性膨胀变形试验结果(见图1)可以看出:采用大理岩砂替代石英砂岩砂,其混凝土的碱活性膨胀值要低于石英砂岩骨料混凝土碱活性的膨胀值,混凝土一年碱活性膨胀变形可以减少39.5% ~46.5%。

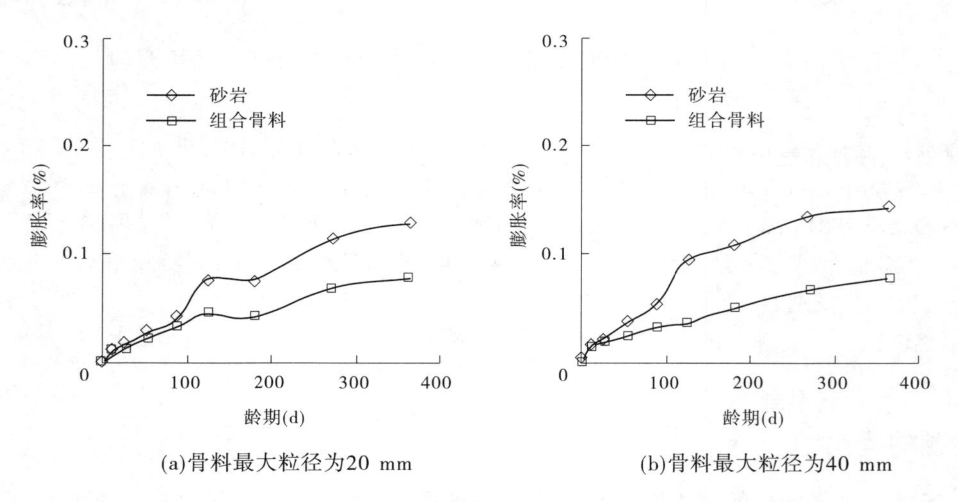

图1　骨料种类对拱坝混凝土碱活性膨胀变形的影响

不同种类骨料对拱坝混凝土收缩变形的影响见图2,由试验结果可以看出:采用大理岩砂替代石英砂岩砂,可以有效地减少拱坝混凝土的收缩变形,其中混凝土180 d的干缩变形可以减少33.6%,混凝土180 d自生体积收缩变形可以减少49.4%。其主要原因在于:大理岩砂的粒形要好于石英砂岩,可以减少拱坝混凝土的用水量(1 m^3 混凝土可以减少用水量7~9 kg);另外,石英砂岩砂的吸水率大于大理岩砂的吸水率,骨料较大的吸水率会使砂

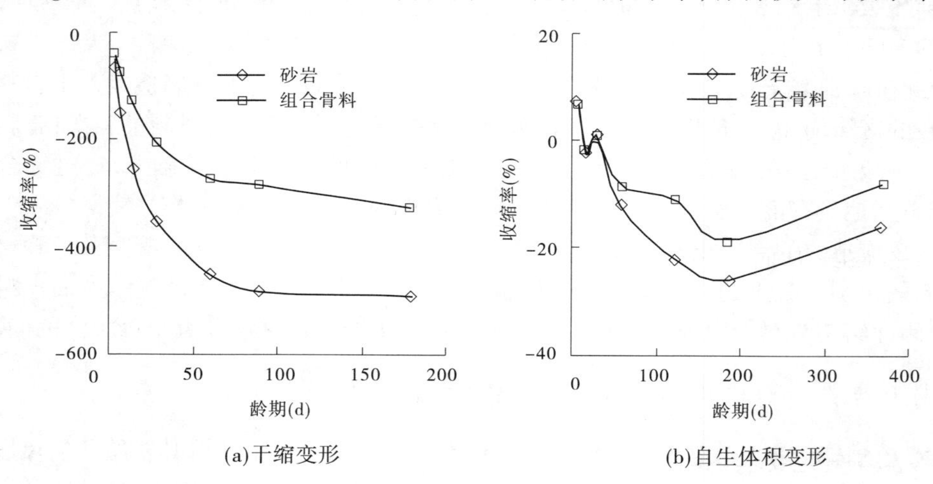

图2　不同种类骨料对拱坝混凝土收缩变形的影响

浆不断地失去水分,也会增加混凝土的收缩变形[3]。

混凝土随环境温度的升降而产生的膨胀或收缩变形称为温度变形,混凝土的温度变形除取决于环境温度的升高或下降的程度外,还取决于混凝土的线膨胀系数。将大理岩砂替代石英砂岩砂后,拱坝混凝土的线膨胀系数从 10×10^{-6}/℃降为 8.4×10^{-6}/℃,这是由于大理岩岩石的线膨胀系数低于石英砂岩岩石的线膨胀系数的缘故。表明在外部相同的温差条件下,采用组合骨料可以减少拱坝混凝土约16%的温度变形。

与采用全砂岩骨料混凝土相比,采用组合骨料减少了混凝土的碱活性的膨胀变形、收缩变形以及温度变形,从而可以提高拱坝混凝土的体积稳定性。

3 采用组合骨料对拱坝混凝土抗裂性能的影响

混凝土的裂缝是由多种因素综合作用的结果，它包括外荷载所产生的拉应力；混凝土硬化时的干燥收缩及自缩受到约束产生的收缩应力；混凝土内水化热温升及环境温度变化所引起的不均匀温度变形等。水工混凝土的抗裂能力主要是指抵抗混凝土温度变形导致裂缝的能力,其影响因素主要是:混凝土的抗拉强度、弹模、徐变、自生体积变形、干缩变形、线膨胀系数和水化温升等。

分别采用砂岩和组合骨料进行了拱坝混凝土基本性能比较的试验研究结果(见表1)表明:采用组合骨料混凝土强度高于砂岩骨料混凝土,表明组合骨料混凝土的强度特性优于砂岩骨料混凝土。与砂岩骨料混凝土相比,采用组合骨料可以降低混凝土的绝热温升值，减小混凝土的线膨胀系数,从而可以改善混凝土的热学性能。但采用组合骨料混凝土同时也存在着弹性模量大、徐变变形小的不足。

表1　不同种类骨料拱坝混凝土性能相对指标(龄期180 d)

骨料种类		抗压强度	劈拉强度	弹性模量	徐变	干缩	自变收缩	绝热温升	线膨胀系数
粗骨料	细骨料								
砂岩	砂岩	100	100	100	100	100	100	100	100
砂岩	大理岩	102	101	105	76	66	50	97	84

采用混凝土的抗裂变形指数[5]对不同种类骨料混凝土的抗裂能力进行综合评价,混凝土的抗裂变形指数越大,说明混凝土的抗裂能力越强。综合评价结果表明:采用大理岩砂替代砂岩砂后混凝土的抗裂变形指数提高了17.1%。这是由于采用大理岩砂替代砂岩砂后,降低了拱坝混凝土的绝热温升和线膨胀系数,减少了拱坝混凝土的收缩变形,提高了拱坝混凝土的抗拉强度,从而提高了拱坝混凝土的抗裂能力。

4 结语

锦屏一级水电站工程区域内出露的岩石主要为大理岩和砂岩,两种岩石加工的人工骨料在性能上各自存在着不足,石英砂岩为具有潜在碱活性的骨料,大理岩无法加工出满足水工混凝土施工规范要求的粗骨料[1],鉴于工程区域内无法选择单一品种满足要求的人工骨料实际情况,锦屏一级水电站拱坝混凝土采用组合人工骨料。

在锦屏一级水电站拱坝混凝土中采用组合骨料不仅能降低拱坝混凝土中活性骨料的成

分,减少砂岩混凝土的碱活性膨胀,减少拱坝混凝土的收缩变形和温度变形,提高拱坝混凝土的体积稳定性;同时还可以减少拱坝混凝土的绝热温升和线膨胀系数,提高拱坝混凝土的抗拉强度,从而改善和提高了拱坝混凝土的抗裂能力。工程实践表明:采用砂岩作为粗骨料、大理岩作为细骨料的组合骨料在锦屏一级水电站高拱坝混凝土中应用是成功的。

参考文献

[1] 李光伟. 高拱坝混凝土人工骨料的选择[C]//水工大坝混凝土材料和温度控制研究与进展. 北京:中国水利水电出版社,2009.

[2] 姚武. 基于体积稳定性的混凝土综合抗裂模型[J]. 同济大学学报,2007(5):649-653.

[3] 汪澜. 水泥混凝土组成、性能、应用[M]. 北京:中国建材工业出版社,2005.

[4] 李光伟. 混凝土抗裂性指标及人工骨料混凝土抗裂能力评价[J]. 四川水力发电,2000(2):67-69.

构皮滩高拱坝温度控制设计和实践

袁建华　杨学红

（长江水利委员会长江勘测规划设计研究院，湖北　武汉　430010）

【摘要】 高拱坝温度受外界环境影响显著，温度变化引起的混凝土变形受到外界的约束，会产生较大的温度应力，对坝体结构不利。针对不利条件采取相应的温控措施，采用有限元法对拱坝温度场及温度应力进行仿真计算，综合分析和预测可能出现的裂缝成因及其发生的时间空间点，提出相应的温控措施。工程实测资料验证本文提出的温度控制措施是合理的、可行的，对同类工程有借鉴意义。

【关键词】 构皮滩水电站　拱坝　温度控制　有限元

随着水利水电技术的发展和提高，在西部地区相继或即将建设一批高拱坝，由于高拱坝相对较薄，坝体温度受外界环境影响显著，除坝顶为自由边界外，其他各面都受到基岩的约束。在坝高范围内，温度变化引起的混凝土变形受到外界的约束，会产生较大的温度应力，加上不可避免在高温季节浇筑基础强约束区混凝土，使得高拱坝温控措施较复杂且对拱坝的安全运行至关重要。

针对各种不利条件采取相应的温控措施，如在基岩面埋设冷却水管降低基岩温度防止温度倒灌，适当加大斜坡块浇筑层厚和采用无盖重灌浆避免薄层长间歇以及在坝体不同部位采用不同水管间距以期坝体内形成有利于坝体结构的温度梯度等手段改善坝体应力，是当前设计、施工中研究的重点。利用有限元法对拱坝温度场及温度应力进行仿真计算，综合分析和预测可能出现的裂缝成因及其发生的时间空间点，提出相应的温控措施，可有效预防裂缝的产生和发展。本文结合构皮滩工程的条件，吸收了国内外的先进技术和成功经验，在深入研究坝区自然条件的基础上，开展了大量的试验及计算分析，制定了一套切合实际的大坝温度控制技术措施。工程实测资料也验证本文提出的温度控制措施是合理的、可行的，对同类工程有借鉴意义。

1　工程特性及基本资料

1.1　工程特性

构皮滩水电站是乌江干流水电开发的第5个梯级，混凝土双曲拱坝最大坝高232.5 m，水库总库容64.51亿m^3，装机容量3 000 MW，多年平均发电量96.67亿kWh。大坝为喀斯特地区世界最高的薄拱坝，最低建基面408.0 m，河床溢流坝段顺流向最大长度50.28 m，两岸非溢流坝段顺流向最大长度58.43 m。除1#坝段宽21.61 m、26#坝段宽17 m、27#坝段宽16.48 m外，其余坝段宽度均为20 m，混凝土总量为277.66万m^3。每个坝段均采用不设纵缝通仓浇筑。

1.2　气象特点

构皮滩坝区气象资料统计见表1，气温骤降资料统计见表2。坝区气温四季较分明，风速不大,混凝土浇筑温度控制较有规律,但气温骤降较频繁,最大降温幅度也较大,容易使混凝土表面开裂,需重视混凝土浇筑后的表面保护和养护。夏季时间较长,白天日照强烈,需加强防护和防裂,采取有效的温控措施。

表 1　构皮滩坝区气象资料统计

时间	1月	2月	3月	4月	5月	6月	7月	8月	9月	10月	11月	12月	全年
月平均水温(℃)	10.9	10.2	11.5	14.9	18.8	20.8	22.6	23.0	22.2	19.7	17.0	13.6	17.1
月平均最大风速(m/s)	2.0	2.7	3.6	3.3	3.3	2.9	4.2	4.1	3.2	2.1	2.8	1.9	6.1
月平均气温(℃)	5.4	6.8	11.3	16.7	20.9	23.9	26.0	25.3	22.2	17.2	12.4	7.6	16.3

表 2　气温骤降资料统计

时间	1月	2月	3月	4月	5月	6月	7月	8月	9月	10月	11月	12月	全年
2~3 d降温大于6 ℃次数	1.74	1.62	2.86	2.65	2.4	0.81	0.2	0.23	1.19	1.15	1.66	1.83	18.34
2~3 d降温最大值(℃)	19.7	19.4	19.5	16.4	13.2	10.3	8.5	5.9	9.6	13.9	19.0	11.2	19.7
一次降温最大值(℃)	20.2	19.4	20.6	17.4	13.2	10.3	8.5	5.9	9.6	15.8	20.7	17.4	20.7

1.3　混凝土施工配合比

基础约束区混凝土标号为 $C_{180}35$,脱离基础约束区混凝土标号为 $C_{180}30$,混凝土施工配合比见表3。

表 3　混凝土施工配合比

标号	级配	水胶比	粉煤灰掺量(%)	用水量(kg/m³)	水泥用量(kg/m³)	粉煤灰用量(kg/m³)
$C_{180}30$	四	0.42	30	87	132	57
$C_{180}35$	四	0.46	30	86	144	61

1.4　混凝土热学性能

混凝土热学性能见表4。

表 4　混凝土热学性能

水泥品种	骨料品种	导热系数(W/(m·℃))	比热(J/(kg·℃))	导温系数(m^2/h)	线膨胀系数(10^{-6}/℃)
贵普42.5	灰岩人工料	2.44	1 004	0.003 3	7.1

1.5　胶凝材料水化热

胶凝材料水化热见表5。

表 5　胶凝材料水化热

序号	掺灰量	ZB－1A	1 h	2 h	3 h	24 h	50 h	72 h	90 h	120 h	140 h	168 h
1	0	0.5%	18.7	21.0	21.3	124	193	222	238	256	262	268
2	20%	0.5%	17.0	18.8	19.6	72	150	180	197	219	228	238
3	30%	0.5%	13.7	14.8	16.7	85	153	178	192	209	219	228
4	40%	0.5%	11.2	12.2	13.2	46	123	149	162	177	184	191

1.6　坝址基岩物理力学性能

坝址基岩物理力学性能见表 6。

表 6　坝址基岩物理力学性能

岩石名称	容重（kN/m^3）	泊松比	变形模量（GPa）	弹性模量（GPa）	湿抗压强度（MPa）
灰 岩	26.5	0.25	30.0	35.0	60～70

2　温控标准

2.1　温度控制标准

2.1.1　基础允许温差

根据有关规范及工程经验，经计算分析拟定大坝基础混凝土（$C_{180}35$）允许温差见表 7。填塘、陡坡部位基础允许温差应根据所在部位结构要求和陡坡、填塘特征尺寸等参照本表中基础约束区温差标准区别对待。混凝土浇平相邻基岩面，应停歇冷却至相邻基岩温度后，再继续上升。

表 7　基础允许温差标准　　（单位：℃）

控制范围	长边尺寸			
	＜25 m	26～35 m	36～45 m	＞45 m
基础强约束区 0～0.2L	22～25	19～22	17～19	16～17
基础弱约束区 0.2L～0.4L	25～28	22～25	20～21	19～20

2.1.2　坝体设计允许最高温度

坝体设计允许最高温度见表 8。对于老混凝土约束区和陡坡、填塘部位，可参照上述基础约束区混凝土的标准或适当加严执行。

2.1.3　上下层温差标准

在龄期 28 d 以上的老混凝土上继续浇筑新混凝土，在新浇筑混凝土连续上升条件下，新老混凝土在各自 0.25L 高度范围内的上下层温差为 16～18 ℃。当新浇混凝土不能连续上升时，该标准应适当加严。

表 8　坝体设计允许最高温度　　（单位:℃）

坝段	部位	12 月～次年 2 月	3、11 月	4、10 月	5、9 月	6～8 月
溢流坝段 （11#～17#）	基础强约束区	24	27	29～30	29～30	29～30
	基础弱约束区	24	27	30	32	32
	脱离基础约束区	24	27	30	33	36
非溢流坝段 1#～5#、24#～27#	基础强约束区	25	28	32	32	32
	基础弱约束区	25	28	32	34	35
	脱离基础约束区	25	28	32	34	38
非溢流坝段 6#～10#、18#～23#	基础强约束区	25	28	29～30	29～30	29～30
	基础弱约束区	25	28	32	32	32
	脱离基础约束区	25	28	32	33	38

2.1.4　*表面保护标准*

新浇混凝土遇日平均气温在 2～3 d 内连续下降 6～8 ℃时，对基础强约束区及特殊要求结构部位龄期 3 d 以上，一般部位龄期 5 d 以上混凝土，必须进行表面保护。中、后期混凝土受年气温变化和气温骤降影响，视不同部位和混凝土浇筑季节，结合中、后期通水情况，采取必要的表面保护。

2.2　应力控制标准

施工期混凝土基础浇筑块水平温度应力采用有限元法计算，混凝土最大水平温度应力一般发生在中期或后期通水结束时，此时前期的坝体应力与通水冷却产生应力叠加。基础混凝土安全系数为 1.8 时的最大允许水平应力：$C_{180}30$ 混凝土 28 d 龄期为 1.73 MPa，90 d 龄期为 2.14 MPa；$C_{180}35$ 混凝土 28 d 龄期为 1.96 MPa，90 d 龄期为 2.23 MPa。

3　混凝土温度及温度应力

3.1　水库水温分析

库表水温年平均值取 18 ℃，库表水温年变幅取气温年变幅 10.2 ℃，考虑到坝体设有泄洪中孔，水库变温水层深度取 75 m，下游水面年平均水温为 17 ℃，年变幅为 10.2 ℃，下游底部年平均水温为 14 ℃。坝体下游混凝土表面年平均温度为 19 ℃，年变幅为 11.7 ℃，在溢流面等不受日照影响的部位，混凝土表面温度按气温取值，即年平均温度为 16.3 ℃，年变幅为 10.2 ℃。坝顶及上游水面以上坝面气温参照下游坝面气温取值。

3.2　稳定温度场

基础强约束区混凝土运行期准稳定温度在 12～14 ℃之间，基础弱约束区准稳定温度在 12～16 ℃之间。坝体上下游面主要受水温和气温影响，温度变化较大，而坝体各高程内部温度在 14～17 ℃之间，基本趋于稳定。

3.3　封拱温度

根据坝体稳定温度场的分析和计算结果，构皮滩拱坝接缝灌浆封拱温度如下：高程 615.0～640.5 m 之间 15 ℃，高程 545.0～615.0 m 之间 13 ℃，高程 408.0～545.0 m 之间

12 ℃。

3.4 施工期温度

混凝土出机口温度11~3月采用自然入仓,4~10月出机口温度为7 ℃。选取8#、11#和17#坝段基础约束区的计算和实测值进行分析,其限元仿真计算和坝体实测温度如表9所示。从计算和实测结果可以看出,计算结果和实测值基本一样(见图1),除个别混凝土早期最高温度略超过设计允许的标准外,其他均满足允许的最高温度控制标准。

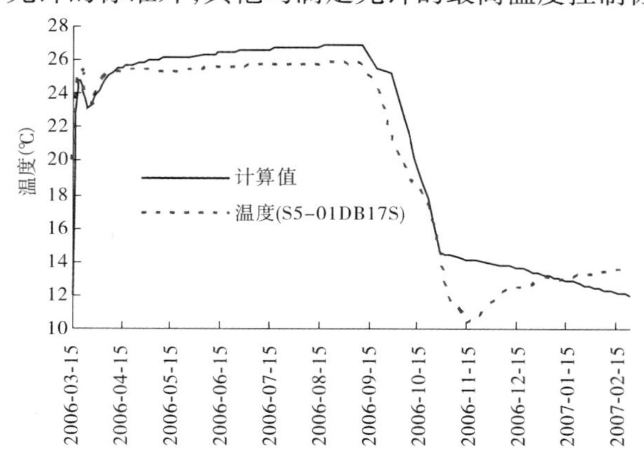

图1 典型部位温度计算值与实测值对比图

3.5 施工期温度应力

有限元计算的坝体基础约束区最大水平温度应力为0.84~1.39 MPa,实测的坝体基础约束区最大水平温度应力为0.51~1.79 MPa,计算结果与实测值基本接近(见图2,拉应力为正),各坝段的最大水平温度应力均小于允许应力2.23 MPa,说明采用的温控措施基本合理,计算方法可信。

表9 典型坝段基础约束区最大水平温度及温度应力

仪器编号	高程(m)	浇筑年月(年-月)	设计允许最高温度(℃)	计算最高平均温度(℃)	实测最高平均温度(℃)	允许应力(MPa)	计算最高温度应力(MPa)	实测最高温度应力(MPa)
S5-01DB11	424	2006-02	25	22.0~24.3	25.15	2.23	1.37	1.02
S5-02DB11	424	2006-02	25	22.0~24.3	24.64	2.23	0.84	0.51
S5-01DB17	420.4	2006-03	27	26.0~27.2	25.24	2.23	0.85	0.57
S5-02DB17	420.4	2006-03	27	26.0~27.2	24.16	2.23	1.39	1.79
S9-01DB8	515	2007-05	30	27.3~28.3	29.62	2.23	1.28	1.27
S9-02DB8	515	2007-05	30	27.3~28.3	29.37	2.23	1.02	1.31

4 温控措施

4.1 混凝土原材料与配合比优化

选用强度等级为42.5级的中热水泥,并掺30% Ⅰ级粉煤灰降低水泥用量。采用后期

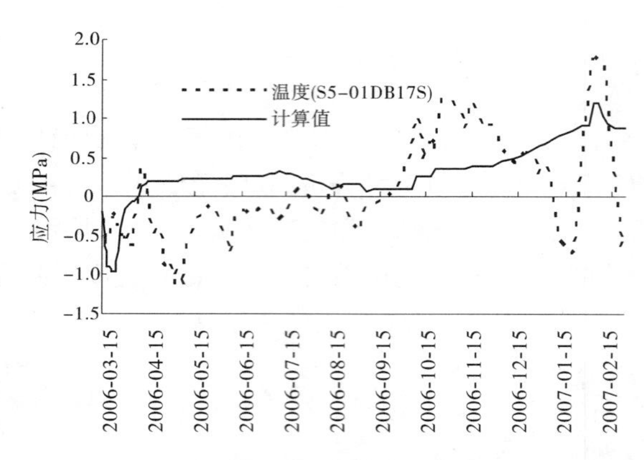

图2　典型部位温度应力计算值与实测值对比图

有一定的微膨胀水泥,可以一定程度减少后期混凝土温降产生的徐变温度应力,有利于防裂。优选弹性模量较小、极限拉伸系数适中、热膨胀系数较小灰岩作为混凝土骨料。

4.2　提高混凝土抗裂能力

混凝土配合比设计和混凝土施工应保证混凝土所必需的极限拉伸值(或抗拉强度)、施工匀质性指标和强度保证率。由于温控防裂设计的安全储备远小于结构设计,而现有实际施工水平有时达不到设计要求的施工匀质性指标,所以在施工中,除应满足设计要求的混凝土抗裂能力外,还宜改进施工管理和施工工艺,改善混凝土性能,提高混凝土抗裂能力。

4.3　合理安排混凝土施工程序和施工进度

合理安排混凝土施工程序和施工进度是防止基础贯穿裂缝、减少表面裂缝的主要措施之一。施工程序和施工进度安排应满足:基础约束区混凝土短间歇连续均匀上升,不得出现薄层长间歇;其余部位基本作到短间歇均匀上升;相邻坝段高差应符合设计允许高差要求;尽量缩短固结灌浆时间。

4.4　降低浇筑温度,减少水化热温升

降低混凝土浇筑温度可从降低混凝土出机口温度和减少运输途中及仓面浇筑过程中温度回升两方面考虑。降低混凝土出机口温度主要采取预冷骨料及加冰拌和等措施,使4~10月浇筑基础约束区混凝土时混凝土出机口温度达到7 ℃,6~8月浇筑脱离基础约束区混凝土时混凝土出机口温度不高于14 ℃,同时控制混凝土从机口至仓面混凝土温度回升系数在0.25以内,高温季节尽量利用夜间浇筑混凝土。降低水化热温升主要靠采用发热量低的大坝水泥及控制胶凝材料用量;选择较优骨料级配、掺优质粉煤灰和高效缓凝减水外加剂,以减少胶凝材料用量和延缓水化热发散速率。

4.5　合理控制浇筑层厚及间歇期

浇筑层厚根据温控、浇筑、结构和立模等条件选定。对于大坝基础约束区浇筑层厚采用1.5~2 m,脱离基础约束区浇筑层厚采用2.0~3.0 m。层间间歇期应从散热、防裂及施工作业各方面综合考虑,分析论证合理的层间间歇,不能过短或过长。对于有严格温控防裂要求的基础约束区和重要结构部位,应控制层间间歇期5~10 d。

4.6　通水冷却

初期通水冷却主要是高温季节削减浇筑层水化热温升。气温较高季节(4~10月)浇筑温控要求较严的部位,通8~10 ℃制冷水15 d左右。中期通水用于削减坝体内外温差,每

年10月开始通江水使坝体越冬时内部温度不高于20～22 ℃。后期通水是使坝体冷却至接缝灌浆温度进行接缝灌浆的必要措施。根据计算分析结果,构皮滩水电站拱坝下部需采用6～8 ℃制冷水通水降温,上部可采取通江水和通制冷水相结合的措施,以满足大坝不同部位分期分批通水冷却达到灌浆温度。在基岩面埋设冷却水管进行通水冷却,降低基岩面温度,防止温度倒灌。为使坝段上下游形成有利于坝体结构温度梯度,可以将各坝段上游部分冷却水管的水平间距加密,下游部分适当放宽水平间距。

4.7 表面保护

混凝土表面保护是防止表面裂缝的重要措施之一。应根据设计表面保护标准确定不同部位、不同条件的表面保温要求。尤其应重视基础约束区、上游坝面及其他重要结构部位的表面保护。基础约束区及重要结构部位保温后混凝土表面等效放热系数不大于1.5～2.0 W/(m^2·℃),一般部位不大于2.0～3.0 W/(m^2·℃)。

5 结语

构皮滩水电站拱坝混凝土温度控制设计是根据坝区的气象条件、混凝土原材料以及配合比等参数通过计算等手段得出的,具有一定的先进性和科学性。根据基础约束区实测的温度和温度应力与计算的结果进行比较,两结果基本符合,说明构皮滩水电站的温控措施基本合理。但是,高拱坝基础块尺寸较大,基础允许温差小,尤其不可避免在高温季节浇筑约束区混凝土,温控措施要求非常严格,在高温季节的温控措施还有待进一步研究。

构皮滩水电站大坝混凝土施工仿真研究

杨学红　袁建华　杨谢芸

（长江水利委员会长江勘测规划设计研究院，湖北　武汉　430010）

【摘要】 施工仿真是验证施工方案和施工进度的手段之一。大坝混凝土施工是一种典型的离散事件动态系统（DEDS），系统内相互作用较复杂，很难用一个数学解析模型来表达。本文利用数值建模方法，建立了构皮滩水电站双曲拱坝混凝土施工过程模型。并进行了仿真计算，仿真结果表明大坝混凝土施工过程仿真建模方法是可行的，仿真成果是可信的。

【关键词】 大坝施工　系统建模　计算机仿真

1 引言

水利水电工程是一项复杂的系统工程，一般工程规模庞大、技术和自然条件复杂，在设计和施工过程中，又常常受到许多不确定性因素的影响，工程设计和施工组织设计任务繁重。因此，施工过程难以用解析方法计算的数学模型来描述，计算机模拟成为建筑施工进度分析的有力工具。通过修改参数获取大量对照方案，进行仿真试验，预测不同施工方案的执行结果，通过方案比较得到一个或者数个优选方案。同时，通过大坝施工过程计算机仿真，可以验证大坝控制性节点是否满足要求，机械生产率和机械配置是否合理等，从而对施工方案和施工进度进行调整，得出较合理的施工方案和施工进度，为施工组织设计提供参考。

构皮滩水电站位于贵州省中部余庆县境内的乌江上，是乌江干流中游河段的梯级电站，电站以发电为主，兼顾航运、防洪和其他综合利用。电站由双曲拱坝、左岸泄洪建筑物、右岸地下式电站厂房和左岸三级通航建筑物（缓建）等组成。大坝坝顶高程640.5 m，正常蓄水位630 m，相应库容55.64 亿 m^3，调节库容31.54 亿 m^3，属年调节水库。大坝最大坝高232.5 m，电站装机3 000 MW，多年平均发电量96.67 亿 kWh，是乌江上最大的水电站，也是西电东送的龙头电站和黔电东送的标志性工程。大坝左右侧为基本对称布置的非溢流坝，各分为10 个坝段，坝体材料均为实体混凝土，混凝土总量为272.5 万 m^3。

2 仿真模型建立

2.1 仿真系统分析

大坝浇筑是一个离散的动态过程，按施工约束条件和施工程序、方法和浇筑施工的工艺顺序来安排机械作业，随着各工序的实施，记录各种工序状态随时间变换的情况，模拟钟进程就跨前一步，如此反复进行安排工序的工作时间进程，同时也就安排出了整个大坝施工的动态进程，从而实现对大坝混凝土浇筑的动态仿真。对大坝施工过程而言，只有采用符合施工特点的模拟方法才可能得到符合实际情况的的仿真结果和方案参数。由于大坝混凝土浇筑施工是典型离散动态事件系统，各事件在某一时间点上状态是不变的，因此采用事件步长法来推进系统模拟的时间进程。

2.2 仿真模型

2.2.1 模型构成

混凝土坝浇筑施工是一个随着时间变化的动态过程,随着大坝混凝土浇筑工作的开展,坝体逐步升高,浇筑方量增加,时间逐渐流逝,直到各坝块浇到设计高程。只要按大坝施工总平面部署满足各种约束条件与规则,安排出大坝分块分层浇筑顺序,随时间记录大坝施工进程的各项指标,就确定了大坝的浇筑过程。在大坝浇筑的过程中,混凝土浇筑入仓设备对大坝浇筑进程起主要作用,它依次为各浇筑块的浇筑工作提供服务,是仿真模型的核心动力所在。另外,大坝各浇筑块可以进行浇筑的条件又受施工工艺、各辅助作业的配合以及当时大坝浇筑状态等条件的制约。因此,大坝浇筑系统可看成是由浇筑入仓设备特定的排序规则分别为大坝浇筑块服务的特殊服务系统[1-2]。

根据以上分析,可将混凝土坝浇筑系统模型的构成定义如下:

(1)系统界定。

空间:建立一施工坐标系,坐标轴垂直或平行于坝轴线,据此确定各坝段各浇筑块及浇筑设备的空间位置数据。

实体(对象):浇筑系统内部组成部分,包括一般作为活动主体的浇筑设备和活动客体的坝段等。

(2)状态。

浇筑系统中由于各项活动的结果,引起浇筑施工状态的变化。浇筑系统包括三个状态变量:

各坝块的浇筑状态 Status(I,J)(其中 I、J 分别为坝块的坝段号和仓位号)该状态变量包括:仓面的高程和浇筑层的厚度;仓面的浇筑状态(基础块、未浇、不存在、已浇、在浇和已经终凝但是等待时间未到);开仓时间和浇筑完成时间;浇筑机械编号(浇筑机械联合状态)。

各浇筑设备的状态参数 Machine(ID)(其中 ID 为浇筑设备号):机械完成当前任务的时间;机械浇筑的仓面;机械已经浇筑的方量;机械已经工作的时间。

浇筑控制参数统计包括:大坝累计浇筑方量 V;分月浇筑强度;分月坝体平均上升高度;分月机械利用率。

(3)活动。

对于离散事件系统而言,活动可以定义为在活动持续的时间内某对象的状态不随时间变化,而该对象的状态只在这段时间的开始和结束的时候才变化。如某一浇筑块的浇筑混凝土的时间过程可以称为一项活动。另外,对某一台浇筑设备而言,在它工作过程中,某时段因坝面的限制或其他原因一时找不到可浇的浇筑块而被迫停歇,这个停歇时间也视为一项活动。活动是由系统实体相互作用而引起的。

(4)事件。

标志一项活动的开始或结束,即某一浇筑块的浇筑工作开始或结束的瞬间时间点。事件与活动、状态密切相关,某一事件的发生总是标志着施工状态的改变。

2.2.2 模拟流程

大坝浇筑过程仿真采用事件步长法,根据最小时间事件法,最小时间事件最先被服务,包括最小浇筑块时间和最小机械时间,具体流程为:

(1)模拟开始时,将模拟时钟值及各浇筑设备的子时钟值均置为大坝浇筑开工时间。

(2)按最小子时钟值原则,选择浇筑设备 *ID*。

(3)按浇筑设备 *ID* 的时间状态 *T*(*ID*),根据各种约束条件确定可以浇筑的块(I_0,J_0)。如果按浇筑设备 *ID* 的时间状态 *T*(*ID*)找到可浇筑的浇筑块,则进行可浇筑仓位优选(即择仓),从中选出一个当前评判条件下最优的可浇筑仓位;如果未能找到可浇筑的浇筑块,则浇筑设备 *ID* 应停歇 *TD* 一段时间,其时钟值向前推进一段时间,然后转至(2)。

(4)根据找到的可浇筑块 Block(I_0,J_0),则依浇筑方法计算方量 Volume 和浇筑时间 Time_Last,并图形显示当前块的浇筑。

(5)将上述浇筑方量、时间和浇筑块高度分别加到三个状态变量中,更新系统状态状态。

(6)判断浇筑设备 *ID* 是否需要检修,如需检修则停歇检修需要的时间,然后进行下一步。

(7)检查所有仓面的浇筑高程 *HE*(*I*,*J*)是否达到了完建高程 *HT*(*I*,*J*),如果达到则模拟结束;否则,转至(2)。

大坝浇筑过程仿真流程如图 1 所示。

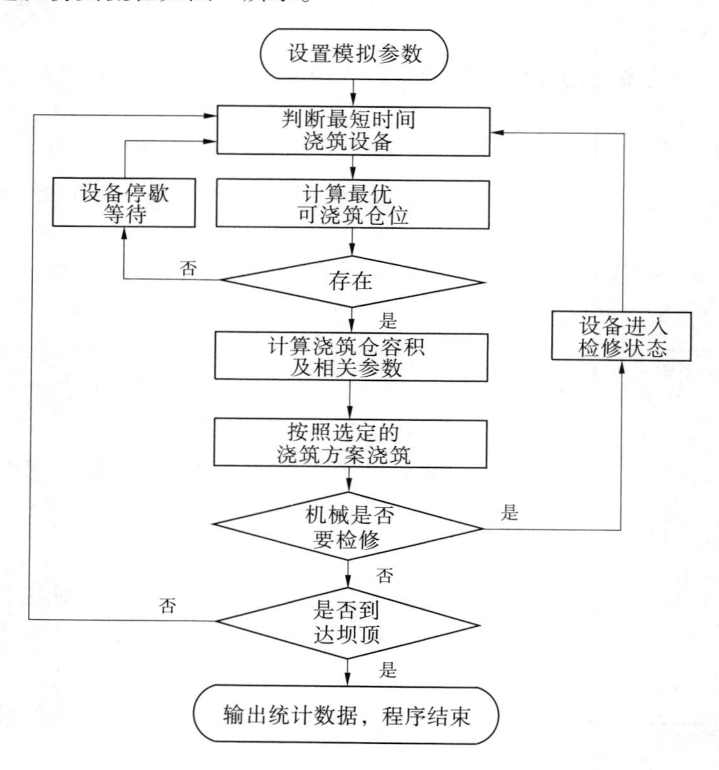

图 1　大坝浇筑过程仿真流程

2.2.3　坝体浇筑行为的模拟规则

浇筑块开仓必须具备一定的条件,模型中主要考虑了以下条件:

(1)满足层间间歇期的要求。

(2)满足特定施工工艺要求。模型中对施工工艺较为复杂的部位(如导流底孔、泄洪深孔、表孔),通过设定间歇时间方式进行模拟。

(3)一定的施工面貌条件，考虑到拱坝混凝土浇筑方便，模型设定了根据坝段号确定柱块间的高差控制。

(4)相邻块高差和干扰控制条件，包括不允许相邻块同时开仓和相邻块必须满足最大和至少高差控制。

(5)与已浇筑块的机械保持一定的安全距离及仓面必须的覆盖移动距离要求等。

3 仿真边界条件

构皮滩水电站大坝混凝土施工仿真时，必须输入仿真边界条件对仿真模型进行约束，以达到仿真的目的。根据施工及规范等要求考虑如下的仿真边界条件。

3.1 施工参数

基础强约束区($<0.1L$)混凝土浇筑层采用1.5 m，脱离基础强约束区混凝土浇筑层采用3.0 m。特殊部位采用1.5 m浇筑层，主要是有牛腿倒悬及孔口部位。混凝土坯间允许覆盖时间夏季按3 h、春秋冬季节按4 h考虑。

3.2 时间参数

综合考虑构皮滩水电站地区的降水、大雾天气和浇筑机械的性能，系统分析了大坝混凝土施工浇筑的特性以及水利水电工程的工程特点，把大坝混凝土浇筑每月不停工天数确定出来，即大坝混凝土浇筑的有效施工天数。构皮滩大坝混凝土浇筑有效施工天数如表1所示，大坝混凝土浇筑总的有效施工天数为288 d[3,4]。

表1　月有效施工天数

月份	1	2	3	4	5	6	7	8	9	10	11	12
日历天数	31	28	31	30	31	30	31	31	30	31	30	31
施工天数	26	25	28	23	23	22	22	23	23	24	24	25

3.3 浇筑层厚及间歇时间

根据设计资料的温控和防裂措施，避免出现贯穿性裂缝，大坝混凝土采用了如下的浇筑层厚和混凝土浇筑层最小间歇期。

强约束区($0\sim0.1L$)浇筑层厚度1.5 m，混凝土浇筑层最小间歇期4～6 d；

非约束区($>0.1L$)浇筑层厚度3.0 m，混凝土浇筑层最小间歇期9～11 d；

特殊部位(上下游牛腿倒悬及孔口部位)浇筑层厚度采用1.5 m，混凝土浇筑层最小间歇期5～7 d。

对于底孔、中孔以及表孔等特殊部位，具体浇筑层厚和间歇时间见表2。

表2　孔口部位浇筑层厚度及层间间歇时间

孔洞类型	底部等待时间(d)	浇筑层厚度(m)	浇筑层等待时间(d)	顶部等待时间(d)	说明
导流底孔	15～17	1.5	8～10	15～17	
放空孔	15～17	1.5	8～10	15～17	
泄洪中孔	20～25	1.5	13～15	20～25	有钢衬
泄洪表孔	13～15	1.5	8～10	8～10	

3.4 高差控制

相邻坝段允许最高高差为 10 ~ 12 m,相邻仓位最小高差为 4 m,整个大坝最高与最低坝段高差控制在 21 m 以下。

3.5 进度控制

大坝混凝土从 2005 年 10 月开始浇筑,至 2007 年 5 月之前全线达到高程 518 m 以上,导流底孔和放空孔具备过水条件,坝体具备挡百年一遇洪水(高程 516. 10 m)条件。汛期坝体可继续浇筑,2009 年 6 月底浇至坝顶高程 640. 5 m。

3.6 其他边界条件

其他边界条件见表 3。

表 3 施工模拟参数

项目	数值	项目	数值
固结灌浆时间(d)	20	缆机供料点平台高程(m)	640. 5
模板安装定额(m^2/h)	30	强约束区对浇筑仓长度的比例	0. 1
日有效工作时间(h)	20	缆机运行干扰系数	0. 9
混凝土浇筑铺层厚度(m)	0. 5	缆机运行管理折减系数	0. 95
坝顶高程(m)	640. 5	缆机强度恢复正常历时月份	4
坝底高程(m)	408. 0	缆机强度初始折减比例	0. 6
没有浇筑块等待时间(h)	8		

4 仿真结果及分析

4.1 浇筑机械参数

构皮滩水电站大坝混凝土浇筑机械采用三台 30 t 高速平移式缆机,缆机浇筑混凝土过程中除牵引小车水平、垂直移动外,其他辅助工作包括缆机的等待、装料、仓面对位、卸料、满罐微升和大车行车等工序。缆机的运行参数及辅助作业时间如表 4、表 5 所示。

表 4 缆机运行参数

项目	参数值(m/min)
满载上升	132
满载下降	180
空载上升或下降	180
牵引小车最高横移速度	450
主、副塔行走速度	12

表 5　浇筑机械缆机辅助作业持续时间

工序	平均值(s)	标准差	最小值(s)	最大值(s)
装料吊罐对位	25	3.3	20	30
运输车对位	20	2.8	18	25
装料	15	1.9	12	18
满罐微升	10	1.3	8	12
加减速	15	2.8	12	20
卸料对位	25	3.3	20	30
卸料	30	6.1	22	40
大车移位	6	2.2	4	10

4.2　浇筑方案

构皮滩水电站根据规范和施工要求确定混凝土浇筑方案，具体浇筑方案如下：

(1)方案一(基本方案)：基础强约束区及孔口牛腿倒悬部位采用 1.5 m 浇筑层厚度，其余采用 3.0 m 浇筑层厚度。

(2)方案二：基础强约束区采用 1.5 m 浇筑层厚度，其余采用 3.0 m 浇筑层厚度。

(3)方案三：河床坝段基础强约束区、两岸岸坡坝段基础约束区及孔口牛腿倒悬部位采用 1.5 m 浇筑层厚度，其余采用 3.0 m 浇筑层厚度。

4.3　仿真结果

对大坝混凝土施工过程进行仿真计算，不仅得到了合理的施工进度、各机械的生产强度和生产率，也得到了各坝段和各浇筑块的仓面浇筑信息，并显示各月浇筑的仓位和上升高度、各仓浇筑时间、浇筑机械和浇筑强度等，同时显示各机械的月浇筑强度图和机械利用率图。各月上升高度、浇筑仓位及各仓位浇筑机械如图 2 所示，月浇筑强度柱状图和累计浇筑曲线如图 3、图 4 所示。通过仿真得到了该大坝基本方案混凝土浇筑总的工期为 45 个月，即 2005 年 10 月开始施工，到 2009 年 6 月完成大坝混凝土施工。大坝月平均浇筑强度为

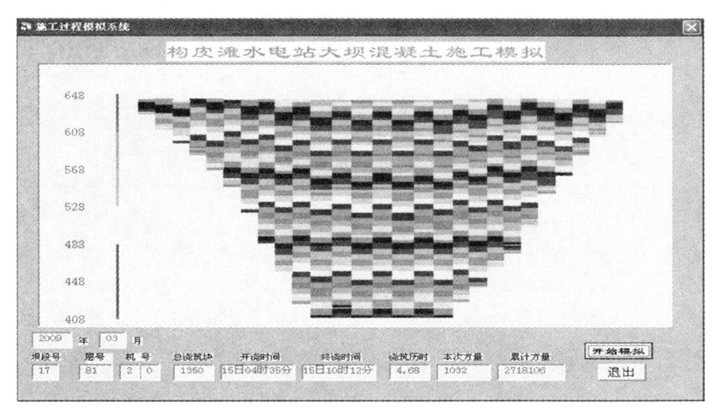

图 2　动态施工模拟过程

6.18 万 m^3，最高月浇筑强度为 9.7 万 m^3，发生在 2007 年 5 月，最高年浇筑强度为 84.8 万 m^3，发生在 2008 年。单台机械月最高浇筑强度及月最高利用率如表 6 所示。仿真模拟结果满足控制性施工进度控制点，且能满足导流、度汛、导流底孔封堵及第一台机组发电等控制性目标。针对施工中可能出现的施工参数改变对大坝施工进度的影响做了施工仿真，施工参数的改变见方案二和方案三。仿真结果与大坝控制性进度的对比见表 7。

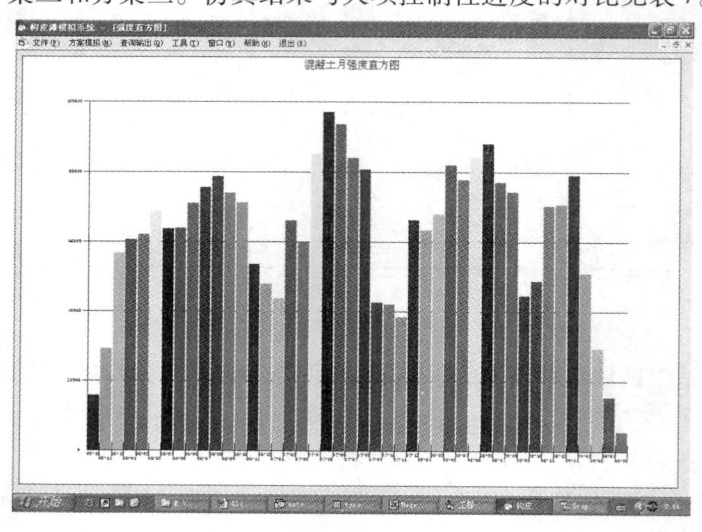

图 3　模拟月强度直方图

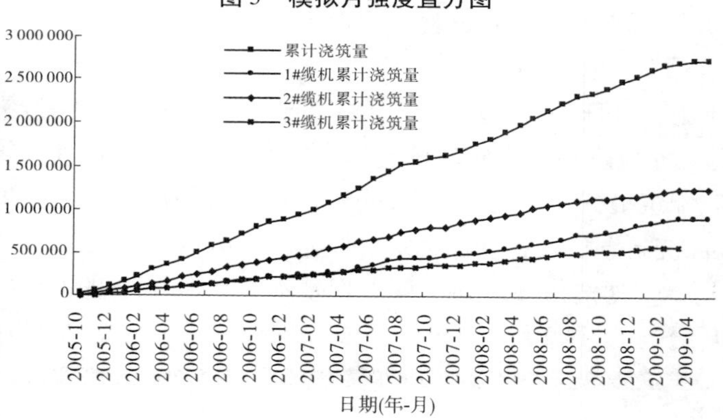

图 4　累计浇筑曲线图

表 6　缆机月最高浇筑强度及月最高利用率

名称	月最高浇筑量（万 m^3）	发生时间（年-月）	月最高利用率（%）	发生时间（年-月）	月平均浇筑量（万 m^3）	月平均利用率（%）
1#缆机	4.14	2007-06	61.04	2007-06	2.07	29.00
2#缆机	4.25	2007-08	67.99	2006-08	2.80	41.98
3#缆机	2.02	2008-03	33.6	2006-06	1.37	19.73

表 7 仿真结果与大坝控制性进度对比

坝段范围	控制性进度	模拟计算结果	是否满足要求	说明
方案一	2007 年 5 月底浇至高程 518 m	2007 年 5 月底浇至高程 519 m	是	牛腿倒悬和孔口部位采用 1.5 m 浇筑层厚度
	2009 年 6 月浇至高程 640.5 m	2009 年 5 月浇至高程 640.5 m	是	
方案二	2007 年 5 月底浇至高程 518 m	2007 年 5 月底浇至高程 520 m	是	牛腿倒悬和孔口部位采用 3 m 浇筑层厚度
	2009 年 6 月浇至高程 640.5 m	2009 年 3 月浇至高程 640.5 m	是	
方案三	2007 年 5 月底浇至高程 518 m	2007 年 5 月底浇至高程 516 m	基本满足	岸坡坝段基础约束区采用 1.5 m 浇筑层厚度
	2009 年 6 月浇至高程 640.5 m	2009 年 6 月浇至高程 640.5 m	是	

5 结语

从模拟结果与设计要求看，仿真模型和仿真结果具有可信性，浇筑机械的最高浇筑强度和浇筑利用率都在合理的范围内，施工进度与设计基本吻合，满足接缝灌浆和控制性进度的要求。采用计算机仿真技术可以减少劳动强度，科学安排工期和进度。

参考文献

[1] Aerill M Law, W David Kelton. Simulation modeling and analysis[M]. New York:McGraw – Hill,Inc. ,1987.
[2] 孙锡衡，齐东海．水利水电工程施工计算机模拟与程序设计[M]. 北京：中国水利水电出版社，1997.
[3] Jerry Banks，John Carson. 离散事件系统模拟[M]. 侯炳辉，张金水，译. 北京：清华大学出版社，1988.
[4] William G Bulgren. Discrete system simulation[M]. Englewood Cliffs:Prentice – Hall,Inc. ,1982.

构皮滩水电站拱坝设计

胡中平　曹去修　王志宏

（长江水利委员会长江勘测规划设计研究院，湖北　武汉　430010）

【摘要】 构皮滩拱坝坝高 232.5 m，坝基地质条件复杂，坝身孔口多、规模大，拱坝规模和技术难度均超出现行拱坝设计规范的控制。通过借鉴国内外高拱坝设计经验和最新研究成果，采用多种分析方法和模型试验，结合工程类比，对构皮滩拱坝体形、应力、坝肩稳定、整体安全度、抗震和基础处理等进行了研究分析，使拱坝设计最终达到安全可靠，技术可行，经济合理。

【关键词】 混凝土拱坝　拱坝体形　拱坝设计　构皮滩水电站

1　工程概况

构皮滩水电站位于贵州省中部余庆县境内乌江上，是乌江干流梯级开发规划中最大的水电站 。工程以发电为主，其次为航运、防洪及其他综合利用。水库正常蓄水位 630.00 m，总库容 64.51 亿 m^3，电站装机容量 3 000 MW，设计年发电量 96.67 亿 KWh 。电站由混凝土双曲拱坝、坝身泄水建筑物、水垫塘、泄洪洞、地下厂房、通航建筑物（预留）及防渗帷幕等组成。

坝址河谷断面为 V 形对称峡谷，河床高程一般为 410.00 ~ 425.00 m，覆盖层厚 2 ~ 8 m，两岸高程 550.00 m 以上，岸坡坡度 30° ~ 40°，以下为 55° ~ 65°，部分近直立。坝址出露地层从上游至下游为二迭系下统至寒武系中、上统，岩层走向与河流近乎正交，一般为 NE30° ~ 35°，右岸向东偏转为 NE40° ~ NE50°，倾向 NW（上游），倾角 45° ~ 55°。坝基主要坐落在茅口组下段（P_{lm}^{1}）灰岩上，岩体抗压强度较高，其湿抗压强度一般在 70 MPa 左右，变形模量为 15 ~ 30 GPa。坝基主要不利地质构造有规模不大的顺河向断层，NW、NWW 向陡倾裂隙，产状与层面一致的规模较大的层间错动软弱结构面，顺层发育的风化—容滤带及溶蚀洞穴等。坝址区基本地震烈度为 6 度。

2　拱坝体形设计

2.1　建基面选择

拱坝建基面的选择主要决定于坝基岩体的承载力和滑动稳定性。构皮滩拱坝坝基主要坐落于茅口组下段（P_{ml}^{1}）灰岩上。两岸拱座岩体存在明显卸荷带，其水平宽度随高程降低而减小，一般在 460.00 m 高程以下水平深度小于 15 m，460.00 m 高程以上则多在 20 m 以上。地震波测试，卸荷带岩体地震波速 2.1 ~ 4.6 km/s，完整系数为 0.2 ~ 0.48，属于Ⅳ类岩体，不能作为坝基岩体，应予以挖除。

大坝两岸建基面确定原则是：挖除卸荷带岩体，对溶蚀断裂带等地质缺陷采用局部处理而不控制嵌深，局部范围内考虑体形的周边平顺变化以及拱座抗滑稳定需要适当予以调整。

据此，最终确定两岸下游拱端嵌入深度为 27 ~ 43 m，河床坝段建基面选定为 408.00 m 高程。

2.2 拱坝体形设计

拱坝体形设计主要考虑了以下因素：

(1)结合地形地质条件，对拱坝拱圈线形进行比选。

(2)拱坝孔口多，规模大，坝体厚度不宜太薄，应有足够的刚度，以保证大坝整体稳定，同时有利于泄水建筑物布置。

(3)拱圈适当扁平化，使拱推力尽量指向山里，以改善坝肩抗滑稳定条件。

(4)有利于施工，控制坝体最大厚度和倒悬度，不设施工纵缝。

根据上述原则，首先对拱坝拱圈线型进行比选。

在相同的设计条件下，采用三心圆拱、抛物线拱、椭圆线拱、对数螺旋线拱和混合线型拱五种拱型分别进行体形设计，结果表明：

(1)工程量方面，各方案坝体混凝土工程量及坝基岩石开挖量比较接近，无太大差别。

(2)坝体应力方面，五种拱型优化体形的应力特征值均能满足应力控制标准，但对数螺线拱、椭圆线拱和混合线型拱，其最大主拉应力值达到或接近应力允许值的部位稍多，抛物线拱则相对有较大的余度，有进一步优化调整的潜力。

(3)坝肩抗滑稳定方面，在高程 500.00 m 以下，抛物线拱、椭圆线拱、对数螺线拱、三心圆拱四种拱型的拱端推力角相当，而混合线型拱的拱端推力角明显偏小。综合考虑，五种拱型均能适应构皮滩地质地形条件，无本质差别，抛物线型拱适应能力相对更强些，故构皮滩拱坝选择抛物线拱圈型式。

在确定拱坝拱圈线型的基础上，经多次优化，修改设计，结合拱坝对基础的各种因素的适应能力分析，最终推荐的抛物线双曲拱坝，其体形特征参数见表 1。

表 1　构皮滩拱坝体形参数特征值

项目	参数
坝顶高程(m)	640.5
坝高(m)	232.5
拱冠顶厚(m)	10.25
拱冠底厚(m)	50.28
最大拱端厚度(m)	58.43
顶拱中心角(°)	79.25
最大中心角(°)	88.56
顶拱上游面弧长	552.55
弧高比	2.38
厚高比	0.216
顶拱中心线拱冠处平均曲率半径(m)	298
上游倒悬度	0.19
下游倒悬度	0.30
柔度系数	12.1
坝体混凝土量(万 m^3)	242.00

3 拱坝应力分析

3.1 拱坝应力控制标准

根据《混凝土拱坝设计规范》(DL/T 5346—2006)要求,构皮滩拱坝应力控制指标应专门研究。参照国内外高拱坝设计和建设经验,结合构皮滩拱坝的工程特点,提出了构皮滩拱坝相应于拱梁分载法的应力控制标准,见表2,有限元法(等效应力法)的应力控制标准见表3。

表2 拱梁分载法拱坝的应力控制标准

荷载组合		容许应力值(MPa)		混凝土抗压安全系数
		主压应力	主拉应力	
基本组合		8.50	1.20	4.00
特殊组合	无地震	9.50	1.50	3.50
	有地震	11.00	2.00	3.00

表3 有限元法拱坝的应力控制标准

荷载组合		容许拉应力系数	抗压安全系数
基本组合		0.08	4.00
特殊组合	无地震	0.09	3.50
	有地震	0.13	3.00

3.2 拱梁分载法坝体应力分析

拱坝应力计算以拱梁分载法为主,对构皮滩拱坝,以 ADCAS 程序(浙江大学编制)为主要工具进行了各种工况的应力计算分析,并采用 RCT 程序(北京勘测设计院编制)和 SAADPV 程序(长江科学院编制)进行了对比计算,主要结论如下:

(1)基本荷载组合下,坝体最大主拉应力和主压应力由正常蓄水位温升组合控制,其值分别为 1.17 MPa、7.45 MPa;特殊荷载组合(无地震)下坝体最大主拉应力和主压应力分别为 1.37 MPa、7.95 MPa;坝体应力满足应力控制标准要求,应力分布比较均匀,左右岸对称性好。

(2)模拟施工过程的坝体应力计算结果为:各阶段遭遇施工期洪水时,最大主压应力为 5.35 MPa,最大主拉应力为 0.86 MPa,应力均在控制标准之内,拟定的施工程序是合适的。

(3)拱坝动力计算的主要结果为:坝体第1阶振型为反对称振型,空库基频为 1.85 Hz,满库基频 1.35 Hz;坝体最大主拉应力为 2.01 MPa,最大主压应力为 8.64 MPa,基本满足设计要求。

(4)不同程序对比计算表明:各程序计算的坝体应力分布规律基本一致,最大主应力较为接近,基本荷载组合下,最大主拉应力为 1.0 ~ 1.38 MPa,最大主压应力为 7.45 ~ 8.60 MPa;特殊荷载组合(无地震)下,最大主拉应力为 1.09 ~ 1.37 MPa,最大主压应力为 7.95 ~ 8.66 MPa。

3.3 有限元法坝体应力分析

采用 P 型有限元程序 FIESTA 对构皮滩拱坝进行了三维有限元应力分析。为消除截面上、下游点应力集中现象，整理 FIESTA 拱端应力时，采用沿坝体厚度方向积分求等效内力的等效应力法。计算结果表明，坝体最大主拉应力在基本荷载组合下为 1.55 MPa；特殊荷载组合下为 1.71 MPa。最大主压应力在基本荷载组合正常水位温升下为 8.93 MPa，特殊荷载组合下为 10.09 MPa，根据构皮滩拱坝坝体混凝土标号分区的划分，坝基高压应力区采用 $C_{180}35$ 混凝土，其 180 d 龄期抗压标准强度为 35.0 MPa，由此可得出最大主压应力在基本荷载组合和特殊荷载组合工况下，抗压安全系数分别为 3.92 和 3.47，基本满足应力控制标准要求。

3.4 坝身孔口对坝体应力的影响分析

构皮滩拱坝设有 6 个表孔、7 个中孔、2 个放空底孔，孔口较多且尺寸均较大。受坝体自重、水压力和温度等荷载的作用，加上自身结构因素，孔口部位存在局部应力集中、受力状态复杂等问题。对孔口尺寸、布置方式等对坝体应力的影响，采用三维有限元法进行了研究分析。结果表明，坝身在孔口附近存在较为明显的应力集中现象，随着至孔口距离的增加，坝身开孔对坝体应力的影响迅速减小，坝面最大主应力出现在拱端附近，距孔口较远，受坝体开孔的影响较小。

3.5 坝体应力敏感性分析

构皮滩拱坝坝基地质条件十分复杂，在拱坝设计中对地基变形模量变化对坝体应力的影响进行了敏感性分析。根据坝址实际地质情况，在进行地基敏感性分析时，将坝基简化分为上、中、下 3 段，各段变形模量按同一幅度进行变化，变化幅度为 ±40%。按各分段变形模量的变化组合，分析其对坝体应力的影响。

计算分析结果表明，构皮滩拱坝体形对坝基的适应性较强，坝体应力仅对中段变形模量变动较为敏感，由于中段坝基岩体受层间错动及风化—溶滤带等软弱结构面的影响，其综合变形模量较低，对其进行适当的加固处理是十分必要的。

4 坝肩稳定分析

坝肩稳定分析以刚体极限平衡法为主，并辅以有限元法进行验证，综合评判坝肩稳定性。

4.1 坝肩抗滑稳定分析

坝肩抗滑稳定进行了平面抗滑稳定和块体抗滑稳定分析，以块体抗滑稳定分析为主。根据构皮滩坝肩地质条件，在抗滑稳定分析时采用两种计算模式：第一种模式假定上游脱开面为沿坝踵的铅垂柱面，侧滑面为通过在拱座附近走向与拱端推力方向相近的小断层组成的不连续切割面，底滑面为水平面，其高程根据小断层的产状及其分布偏安全选定，下游临空面为地表坡面；第二种模式把位于坝肩下游顺层发育的规模较大的软弱结构面作为临空面，其余假定同模式一。

计算成果表明，由于坝址为横向谷，岩体倾向上游，倾角 40°~50°，缓倾向地质构造不发育，不能构成滑移块体的底滑面；侧滑面也均为小断层组成的不连续切割面，故对于第一种计算模式，坝肩抗滑稳定安全系数均大于 3.5，满足规范要求。对于第二种计算模式，由于将坝肩下游顺层发育的软弱结构面作为临空面，滑移块体的底滑面和侧滑面均很短，抗力体较小，坝肩抗滑稳定安全系数小于 3.5，不能满足《混凝土拱坝设计规范》（DL/T 5346—2006）要求，需对构成临空面的软弱结构面进行加固处理，增强其传力效果。

4.2 坝肩变形稳定分析

坝肩岩体中顺层发育的规模较大的软弱结构面的存在，势必会对拱坝的应力、变形及稳定造成一定的影响，采用平面及三维线性、非线性有限元法进行了研究分析。主要结论如下：

（1）若软弱结构面的综合变形模量达到2.0 GPa，则不论它与拱坝的相对位置如何，可不进行处理。

（2）当软弱结构面位于坝踵上游侧时，对拱坝的应力与变形影响较小，若它对大坝的防渗等不造成影响时，可不进行处理。

（3）处于坝基面上的软弱结构面，当其综合变形模量为1.0～2.0 GPa时，只需进行4 m深的浅层处理；当其综合变形模量小于1.0 GPa，处理深度需40 m深左右，使其综合变形模量提高到2.0 GPa。

（4）处于坝基面下游的软弱结构面，需要进行40～100 m深左右的深层处理，使其综合变形模量提高到2.0 GPa。

（5）采用混凝土传力柱处理软弱结构面，能有效地提高传力效果。

5 拱坝整体安全度分析

结合国家"八五"、"九五"科技攻关成果和二滩、小湾等高拱坝设计经验，采用三维非线性有限元法、工程类比法和地质力学模型试验进行了拱坝整体安全度分析。

5.1 三维非线性有限元法

为研究拱坝安全度、超载能力和坝肩软弱结构面的处理效果，采用三维非线性有限元进行了研究分析，结果表明：坝肩软弱结构面进行加固处理后，大坝及地基相应的安全度有所提高，特别是右岸坝肩提高明显，从1.5～2提高到2～3；加固后左右岸的安全度接近，对称性增强；大坝超载系数加固前为(6.0～7.0)P_0，加固后达(8.0～9.0)P_0。

5.2 工程类比法

采用工程类比的分析方法进行了坝踵裂缝稳定性研究，利用二滩完建后蓄水运行的观测成果与坝踵接缝变形数据，对构皮滩拱坝坝踵开裂的可能性进行评估，结果表明，构皮滩拱坝坝踵的主拉应力虽然略大于二滩拱坝，但开裂后缝端主拉应力的衰减速率优于二滩拱坝，两座拱坝坝踵抗裂的能力基本上在同一个水平。即使假定二滩拱坝坝踵已处于开裂的临界状态，则据此推断构皮滩坝踵开裂深度的上限也只有1.0～1.25 m，不致破坏防渗帷幕，坝体运行安全是有保证的。

5.3 地质力学模型试验

三维地质力学模型试验成果表明，构皮滩拱坝属于强度破坏，拱坝弹性超载系数为2.2，破坏超载系数为8.5，具有较高的超载能力。

6 拱坝抗震分析

坝址区地震基本烈度为6度，按照大坝设防标准，对应100年基准期内超越概率0.02的地震水平动峰值加速度为0.06g，处于较低水平，地震荷载不构成拱坝应力和坝肩稳定的控制因素。但由于构皮滩拱坝坝身孔口多，规模大，坝身泄洪量居国内外高拱坝前列，泄洪振动是拱坝设计中须研究的主要问题之一，为此进行了拱坝泄洪水弹性模型试验和数值反

演分析,成果表明:

(1)拱坝自振频率低,相邻振型密集,拱作用明显,其在空库和满库下基频分别为2.0 Hz、1.67 Hz。

(2)拱坝泄洪振动只有低阶振型参与,振动呈“拍振”状态。

(3)最大动位移均方根值受表中孔联合泄洪控制,为173.0 μm,比二滩(185.0 μm)和小湾(193.0 μm)小,属有感振动。

(4)泄洪振动产生的动应力量级很小,对结构不会产生破坏性危害。

7 基础处理

7.1 坝基固结灌浆和防渗帷幕

坝基坐落于茅口组下段(P_{1m}^1)灰岩上,主要由Ⅰ、Ⅱ、Ⅲ类岩体组成。根据坝基不同部位的应力情况及地质条件,固结灌浆范围扩大至坝基轮廓以外5~10 m,固结灌浆深度河床坝段为12 m,左岸及右岸坝段为15~25 m。为加强帷幕的防渗效果,防渗帷幕前布置两排深固结灌浆孔,孔深25~35 m。

防渗帷幕在河床部位沿大坝基础廊道布置,出坝肩延伸一定范围后折向下游接两岸隔水岩体。坝基及其附近设两排帷幕,防渗标准为基岩透水率小于1.0 Lu;其他部位设一排帷幕,防渗标准为基岩透水率小于3.0 Lu。防渗帷幕后均设排水系统。

7.2 坝基及坝肩地质缺陷处理

为确保拱座岩体的稳定,减小不均匀变形对大坝的不利影响,针对坝基及坝肩地质缺陷进行了加固处理。对于坝基面出露的地质缺陷以及溶洞、勘探平洞和勘探孔,主要采用混凝土回填的处理措施。对于影响坝肩抗滑稳定和变形稳定的规模较大的层间错动等软弱结构面,进行系统的深层处理,分高程沿地质缺陷结构面走向每隔15~20 m设置水平置换洞,并在水平置换洞间沿地质缺陷结构面倾向(或视倾向)方向适当设置斜井,使置换洞形成“井”形布置,以增强岩体整体传力效果。

8 拱坝混凝土及温度控制

8.1 坝体混凝土

根据拱坝应力控制标准、坝体浇筑周期及蓄水时间,确定拱坝混凝土的强度标准为:180 d龄期的最大抗压强度为35 MPa,强度保证率为85%。根据坝体应力分布及坝身孔口布置,将坝体混凝土分为3区,混凝土设计强度分别为35 MPa、30 MPa、25 MPa,基础高应力部位及孔口部位采用$C_{180}35$,坝体低应力区采用$C_{180}25$,其余部位采用$C_{180}30$。

8.2 混凝土温度控制

根据坝身孔口布置和坝段施工要求,拱坝布置26条横缝,共计27个坝段,不设纵缝,通仓浇筑,最大浇筑仓面1 380 m^2,加之坝体混凝土设计强度较高,大坝混凝土温控防裂难度较大。通过专题研究,确定了混凝土温度控制标准,包括基础允许温差、上下层温差和坝体设计允许最高温度等。对通仓浇筑技术进行了深入研究,提出了主要温控技术指标:基础约束区浇筑层厚1.5 m,脱离基础约束区浇筑层厚3 m,出机口温度7~14 ℃,浇筑层间歇期5~9 d,初期通水冷却,中期通水冷却,后期通水冷却,混凝土表面保护等。

9 结论

（1）在构皮滩拱坝设计中，根据坝址地形地质条件，结合拱坝建基面选择和坝身泄洪建筑物布置，进行了拱圈线型比选和体形优化设计，推荐的抛物线双曲拱坝体形经敏感性分析、不同程序和多种方法验证，具有工程量较省、整体可靠性高和适应能力强等优点。

（2）参照国内外高拱坝设计和建设经验，结合构皮滩拱坝的工程特点，提出了构皮滩拱坝相应于拱梁分载法和有限元法的应力控制标准，拱坝应力分析表明，该应力控制标准对于构皮滩拱坝是适宜的。

（3）采用三维非线性有限元法、工程类比法和地质力学模型试验对构皮滩拱坝进行了整体安全度分析，表明构皮滩拱坝具有较高的整体安全度。

（4）采用水弹性模型试验和数值反演分析方法，对构皮滩拱坝泄洪水激振动进行了研究分析，表明构皮滩拱坝泄洪振动为有感振动，振动产生的动应力量级很小，对结构不会产生破坏性危害。

小湾料场200 m深竖井结构设计与运行管理

朱红敏

（中国水利水电第八工程局有限公司六分局，云南　昆明　670000）

【摘要】 为满足小湾水电站大坝混凝土23万m^3/月的高峰强度的骨料需求，在孔雀沟石料场布置两个深度约为200 m、直径为6 m的溜渣竖井，按2 000 t/h的输送能力向左岸砂石加工系统供应毛料用于加工砂石骨料，为建设小湾电站粮仓奠定了坚实的基础。

【关键词】 毛料运输　竖井　导井　扩挖　运行

1　概况

小湾水电站工程左岸砂石加工系统承担大坝工程855.53万m^3混凝土所需砂石料的生产任务。砂石加工系统原料绝大部分采用孔雀沟石料场Ⅲ料区开采出的毛料，少部分利用其他工程开挖的有用渣料。孔雀沟石料场开采范围约0.22 km^2，该范围内分布岩石主要为黑云花岗片麻岩和角闪斜长片麻岩。料场总开采量约为1 659.9万m^3，其中有用料储量约1 101.1万m^3，剥离量约为558.8万m^3，终采高程面积约为400 m^2 ×340 m^2。小湾大坝混凝土高峰强度为23万m^3/月，经计算，对应的毛料运输能力需达到2 000 t/h。

孔雀沟料场是一个只有一面临空的陡峻山体，料场范围小，开采深度大（450 m），开采运输条件差，山脚上游约700 m附近布置有砂石加工系统。毛料开采若采用常规公路运输方案存在运距长（运输距离约3.0 km）、公路坡陡、车辆长距离重载下行、安全隐患多、运输成本高、生产强度难以满足要求等问题，因此必须采用其他可靠方法。综合考虑孔雀沟料场具有采区面积小、山体高差大、运行可靠性要求高及离加工系统近的特点，结合孔雀沟石料场的地形地质条件，借鉴美国德沃歇克和国内矿山的成功经验，综合比较溜槽、斜井、竖井的优缺点后，确定本工程料场毛料垂直运输采用竖井运输工艺。

2　竖井结构设计

为避免由于竖井降段或其他无法预知的因素造成溜渣竖井停产的局面，确定在料场中心对称布置2个深溜渣竖井，竖井中心距离为80 m。这样料场上水平运输距离相对较短，每个竖井所通过的石料量基本均衡。又能保证至少有一个溜渣竖井能正常运行，确保料场的顺利开采。

为了减少竖井的井壁磨损，防止堵料，本料场采用单段式垂直竖井、底部带储料仓的结构形式。该结构形式具有磨损较低、构造简单、使用可靠及管理方便等优点，且特别适用于地形陡峭的高山型料场。竖井设计位置避开大的断层切割破碎带，选择岩层坚硬、整体性好的部位进行布置。根据覆盖剥离完成后毛料出露的地形地质条件，结合料场设计开采储量以及砂石加工系统的进料高程，确定竖井底部破碎机洞室的地面高程为1 309 m，给料机底板高程为 1 311 m,储料仓底板高程为 1 318 m,两个溜渣竖井井口地面高程为 1 512 m,井深 194 m(其中 EL. 1 338 m ~ EL. 1 318 m 为 20 m 高的储料仓结构)。为了减少竖井下部出料溜口处的堵塞,减少仓压,储存一定数量的石料,以调节采石场的出料量,在两个竖井的下部均设置储料仓。按竖井断面尺寸适当放大后确定储料仓的断面直径为 12.0 m,并根据底部放料溜口的宽度和储料仓的断面尺寸确定储料仓高度为 20.0 m,单个竖井储料仓容积约 2 000 m^3。由于圆形断面具有断面利用率高,受力条件好,石料对井壁的磨损较均匀等优点,因此两竖井均采用圆形断面,断面尺寸定为 φ6.0 m。溜渣竖井结构尺寸详见图 1。

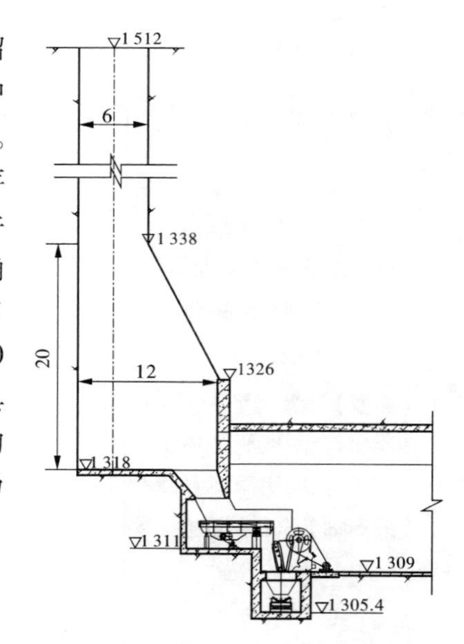

图 1　溜渣竖井纵断面图

3　竖井施工

3.1　导井开挖

竖井施工前,先将底部的粗碎车间开挖完成,以具备出渣条件。因竖井深度约 200 m,直径为 6.0 m,借鉴国内的施工经验,采用 LM－200 型反井钻机进行竖井导井的开挖。导井的作用是溜渣、排水、通风、要有足够的断面,保证扩挖时不致堵塞。导井直径过小,除容易堵塞外,还增加了扩挖时打眼和出渣工作量,降低了扩挖速度;导井直径过大,成本大大增加。因此,导井断面选择必须合理,一般按表 1 选择。根据本工程的特点,竖井穿过的岩层坚硬完整,故选择导井直径为 1.4 m。

导井位于竖井中央部位,其钻进开挖施工程序是:先用三牙轮钻头从上往下钻进小直径导孔,一直钻透至底部的储料仓,导孔直径为 216 mm,钻孔时采用高压洗井液(泥浆或清水)将岩屑带出;然后在底部将φ1 400 mm 的钻头安装好,再从下往上进行直径为 1 400 mm 的导井扩孔,扩孔时采用滚刀将岩石破碎,碎石靠自重落入底部的出渣洞中,用 3 m^3 侧卸装载机配 20 t 自卸汽车出渣。在反井钻机施工过程中,如遇不良地质构造带(主要是指破碎洞穴以及断层等),可以采用提钻灌注水泥浆、砂浆等办法处理。

受地质条件限制,φ216 mm 的导孔施工进尺约 9 m/d,φ1 400 mm 导井扩孔施工进尺约 2 m/d。

表 1　导井断面尺寸选择

扩挖直径(m)	打眼放炮人工施工的导井(木垛、吊罐和爬罐法等)		反井钻机施工的导井	
	坚硬岩石(>100 MPa)	较软岩石(<100 MPa)	坚硬岩石(>100 MPa)	较软岩石(<100 MPa)
<5	1.5 m×1.5 m	1.5 m×1.5 m	φ1.0 ~ 1.4	φ1.0
5 ~ 8	2 m×2 m	1.5 m×1.5 m	φ1.4 ~ 1.8	φ1.2 ~ 1.5
>8	2.4 m×2.4 m	2 m×2 m	φ1.8 ~ 2	φ1.5 ~ 1.4

3.2　全断面扩挖

导井贯通后，竖井扩挖自上而下进行，因为导井采用反井钻机进行施工，导井井壁比较光滑，在扩挖时只要控制好爆块料径，一般不会发生卡井现象，故采用手风钻全断面由ϕ1.4 m的导井直接扩挖成ϕ6.0 m的井筒。

井口以下10 m范围内，施工人员由钢爬梯上下竖井，设备、材料人工用绳索吊运；10 m以下范围施工时，为保证人员、设备安全快速到达工作面，布置载人卷扬机作为上下通行工具。鉴于溜渣竖井较深，为保证竖井扩挖时的安全施工，需解决载人卷扬机、深井起爆方案、井壁支护等问题。

3.2.1　载人卷扬机布置

针对本工程施工的特殊性，卷扬机的选择和设计至关重要。本工程共布置三台卷扬机，其中一台为载人卷扬机。根据《矿山井巷工程施工及验收规范》(GBJ 213—90)的要求，专为升降物料的钢丝绳安全系数为6.5；专为升降人员的为9；升降人员和物料时，升降人员时为9，升降物料时为7.5。稳绳及罐道绳的张紧力，井深每100 m不得小于1 t，故三台卷扬机钢丝绳额定拉力及钢丝绳直径分别为：1#卷扬机：30 kN，ϕ15.5 mm；3#卷扬机：50 kN，ϕ11 mm，2#卷扬机为载人设备，吊重为100 kN，ϕ24 mm。

1#卷扬机布置在竖井正中心，人工焊接一个稍大于导井断面的井盖(2.0 m×1.6 m)，用角钢和钢板加工而成，用于封闭及开启导井。当工人在工作面上钻孔装药与支护时，将导井封闭，防止人员从导井坠落；在人工扒渣时将井盖提升约50 cm，开启导井以利于下渣。

2#卷扬机为载人设备，下设一个2.0 m×2.0 m的吊笼，考虑其安全系数大于10，其钢丝绳额定拉力为100 kN，钢丝绳为ϕ24 mm，最大运行速度为9.5 m/min。为防止吊笼在运行过程中打转，2#卷扬机布置在竖井井壁，吊笼在靠井壁侧布置四个滑轮，使吊笼离井壁有一定距离，既可防止因井壁的开挖不平而发生侧翻现象，又可在吊笼发生晃动向井壁撞击时起缓冲作用。

3#卷扬机布置在吊笼两侧，其钢丝绳一端固定在竖井井口的桁架上，设一个可以滑动的配重，形成一个U形结构，吊笼的两侧壁通过导向滑轮分别固定在U形钢丝绳上，即利用3#卷扬机的U形钢丝绳作为软轨道，从而限制吊笼在运行过程的侧向晃动及转动。

由于竖井施工时，载人卷扬机布置在地面，吊笼则在井中，地面卷扬机操作工和吊笼里的风钻工互不相见，无法直接对话，完全依靠电话、电铃及事先约定好的信号实现地面到吊笼相互间的联系。因此，针对该工程的特殊性，对载人卷扬机设置专门的信号联络，即采用电铃作为信号，信号约定按铃响次数为：一停、二上、三下。为避免信号太多对载人卷扬设备产生误操作，其他诸如风、水、电等的联络方式则直接采用对讲机进行联络。

3.2.2　深井起爆方案

采用在井口起爆的方式进行爆破作业。施工人员在井底将爆破网络布置好，在导火索中插入一节500 W的电阻丝，电阻丝两端接到电线上，爆破人员检查网络后，乘卷扬机上至井口，推上闸刀，接通电源后2～3 s断开电源，即可点燃导火索起爆。

3.2.3　井壁支护方案

井口5 m范围采用钢筋混凝土进行锁口，形成井台，布置卷扬系统的钢立柱及桁架，5 m以根据围岩情况进行初期支护，Ⅱ、Ⅲ类围岩：扩挖直径6.2 m，素喷C20混凝土10 cm，在节理发育部位，适当增设ϕ25，$L=3$ m的随机药卷锚杆。Ⅳ类围岩及破碎带：扩挖直径6.3 m，

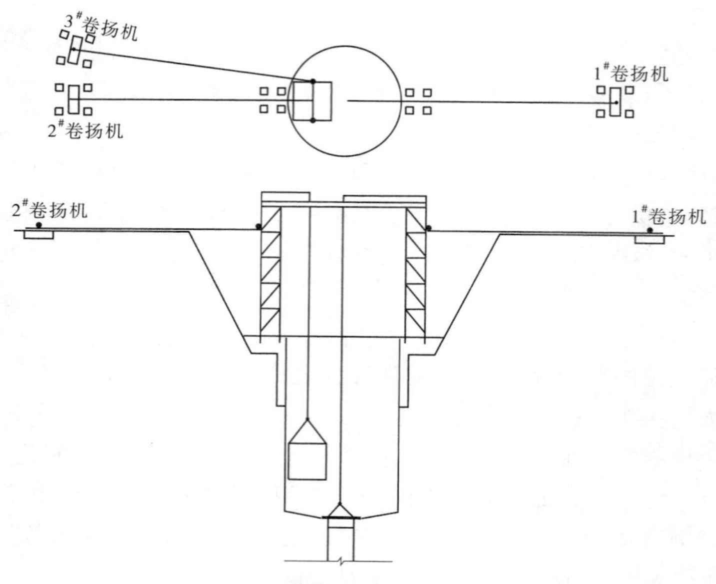

图 2　溜渣竖井扩挖卷扬机布置图

采用系统锚杆 + 花拱架 + 挂网喷护 15 cm 进行封闭。

4　竖井运行管理

4.1　第一次下料

溜渣竖井高差较大，为减少石料对井底的冲击，第一次下料前先下粒径小于 80 mm 的砂石料，厚度要求达到 15 m 以上，作为一个缓冲柔性垫层，然后才可下料。必须注意的是，第一次下料严禁下含泥量较大的混合料，否则，后期所下石料对前期下的混合料反复夯击，极易形成类似于浆砌体的致密柱状结构，增加堵井的概率。

4.2　满井运行

运行时严禁将竖井内的石料放空，一般从井口下降 20 m 左右即须补偿下料，满井运行，以减少对竖井井壁的磨损，同时可以减少高落差下料对竖井井壁产生击破坏。竖井下料时，严禁在一个方位长时间下料，经常更换下料点可以减少骨料集中现象，降低堵井的概率。

4.3　竖井降段

竖井降段直接关系到竖井能否安全可靠运行和满足生产强度需要。两个竖井降段应相互错开，随时保证有一个竖井能正常运行。虽然是满井运行，但相对于周边岩体来说，竖井仍是一个临空面，在竖井降段爆破过程中，爆轰波很容易将下一梯段的竖井井口炸塌，形成漏斗状，从而可能存在部分超径石随竖井运行而降至竖井底部无法出料，导致堵井，因此竖井降段始终应贯彻“弱爆破、少扰动”的施工原则。

当梯段开挖掌子面接近竖井时即进行竖井的降段施工。以竖井为中心直径为 25 m 的范围采用减弱爆破作用的梯段爆破法进行降段，钻孔直径 115 mm，梯段高度 12 m，孔排距 3.0 m×2.5 m，采用ϕ70 药卷间隔装药，起爆方式采用孔间微差，爆破方向为竖井中心。起爆前必须保证竖井满仓，爆后开机放料。降段爆破的石料全部用推土机从该竖井运走。如竖井降段遇岩层破碎带，可将竖井降段梯段高度由 12 m 减为 6 m 分两次进行降段。

4.4 堵井处理

堵料发生点一般发生在以下两处:①为储料仓与竖井相交处,高度一般在离井底20~25 m的位置,此时竖井直径由6 m逐渐变大至12 m,在该处易产生骨料分离,小颗粒状垂直落至井底,大颗粒状在边上,加上竖井施工时设置的一些锚杆易卡在该部位,在该处堵料;②为给料机下料口,竖井降段时产生的超径石易在该处堵料。

在①处堵料时,采用爆破振动的方式进行疏通,即采用氦气球(直径3 m)吊炸药浮至堵料点爆破。

在②处堵料时,施工人员站在给料机上采用手风钻造孔,将超径石解小,该方法应严格控制药量,一般为1/4~1/2节ϕ32药卷,否则容易破坏振动给料机及下料口结构。

5 结语

总结小湾水电站孔雀沟料场深溜渣竖井的结构设计和施工实践,提出以下意见仅供参考:

(1)成功地应用溜渣竖井方案解决毛料运输问题,实现了变毛料水平运输为垂直运输,并确保竖井运输方案具有可靠性、安全性和经济性,为狭小、陡峻的料场开采运输提供实践经验。

(2)在竖井设计时,井底储料仓采用平底结构,利于施工,但平底结构易造成死容积,该处石料在长期受到夯击的作用下易板结,增加了堵井的发生概率,建议可适当调整成缓坡结构。

(3)深溜渣竖井的导井施工建议采用反井钻机进行,该方案具有安全、快速、精度高等特点,成形的导井非常光滑平整,后期扩挖不易堵井。在孔雀沟石料场的导井施工平均进尺缓慢,主要是由于不良地质条件引起的,但在中部岩层较为完整的井段,导井施工进尺最快可达到5 m/d。

(4)载人慢速卷扬机的应用,在矿山开采中使用较多,而在水电站的施工仍需持谨慎态度。在孔雀沟石料场溜渣竖井施工过程中,严格按照卷扬机的操作规程进行设计及操作,采用三台卷扬机的布置方案取得成功,为水电施工行业类似工程起到借鉴作用。

猴子岩面板堆石坝关键技术问题及建设进展

朱永国　张　岩

（国电大渡河猴子岩水电建设有限责任公司，四川　康定　626005）

【摘要】　猴子岩面板堆石坝最大坝高223.5 m，同时具有河谷狭窄、覆盖层深厚（约80 m）、地震烈度较高等不利条件。在工程可行性研究和招标设计阶段，针对狭窄河谷坝体变形控制、面板止水结构等关键技术问题，开展了一些专项研究，制订了相应的工程技术方案。目前，猴子岩面板堆石坝已进入施工阶段，大坝趾板开挖进展顺利，基坑初期抽排水完成，基坑开挖施工启动，计划2013年6月开始大坝填筑施工。

【关键词】　猴子岩面板堆石坝　狭窄河谷　深厚覆盖层　强震区　建设进展

1　工程概况

猴子岩水电站位于四川省康定县境内，是大渡河干流梯级开发规划“三库22级”的第9级电站。坝址控制流域面积54 036 km^2，占全流域面积的69.8%，多年平均流量约774 m^3/s。正常蓄水位1 842 m，相应库容6.62亿m^3，水库总库容7.042亿m^3。电站装机容量1 700 MW，主要枢纽建筑物包括混凝土面板堆石坝、地下厂房、放空洞、溢洪洞与泄洪洞等。

2009年11月，设计单位完成猴子岩水电站可行性研究阶段的勘测设计工作、编制完成《猴子岩水电站可行性研究报告》并通过国家水电水利规划设计总院和四川省发改委联合主持的审查。猴子岩面板堆石坝坝高223.5 m，为国内外已建和在建第二高面板堆石坝。可行性研究设计阶段，猴子岩面板堆石坝坝体典型断面如图1所示。

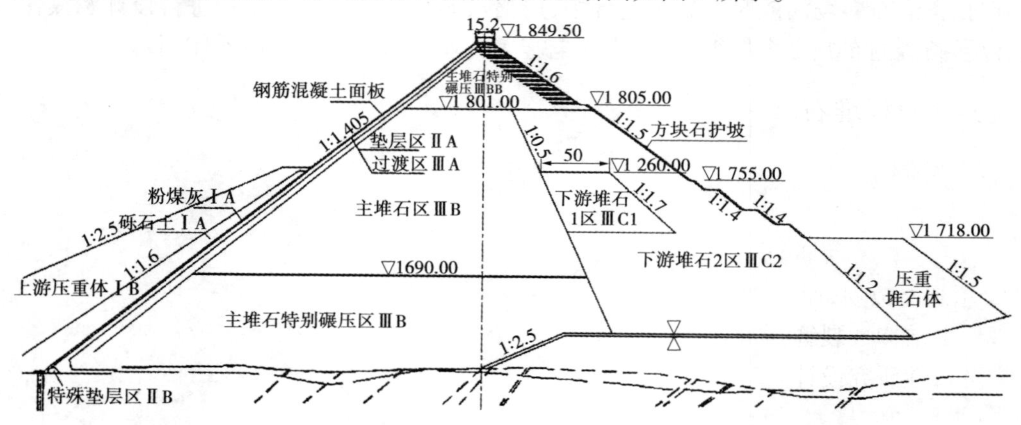

图1　猴子岩面板坝可研阶段坝体设计典型断面与坝体分区图

2011年10月，猴子岩水电站获得国家核准并于2011年11月开始主体工程施工。2011年，猴子岩面板堆石坝完成招标设计。招标设计阶段，设计单位对坝体设计断面与坝体填筑材料分区进一步优化。

2 地形地质情况

坝址区域河谷狭窄，呈“V”字形，枯水期河面宽60～65 m，坝轴线位置正常蓄水位1 842 m处相应河面宽265 m，河谷系数不足1.3，属于典型的狭窄河谷。

坝址两岸山体出露岩层为变质灰岩、白云质灰岩、白云岩，夹少量钙质绢云母石英片岩、绢云母变质灰岩、薄层钙质石英片岩。坝址区岩溶不发育。

坝址处河床覆盖层厚40～75 m，自下而上分为四层：第①层为含漂(块)、卵(碎)砂砾石层，厚度10～40 m不等，结构较密实，透水性强。第②层为黏质粉土，在河床中部连续分布，厚度及分布变化大，一般为13～20 m，最薄处仅1 m左右，最厚近30 m，颗粒组成以粉粒为主、黏粒次之，未固结，微透水，为可能液化土层，对坝坡稳定和大坝的应力变形影响较大。第③层为含泥漂(块)、卵(碎)砂砾石层，分布于河床中上部，厚度为5.8～26 m，结构稍密实，局部有架空现象，透水性较强。第④层为孤漂(块)卵(碎)砂砾石层，分布于河床上部，厚度为3～15 m，结构较松散，局部具架空结构，强透水[1]。河床覆盖层分层特性见图2。

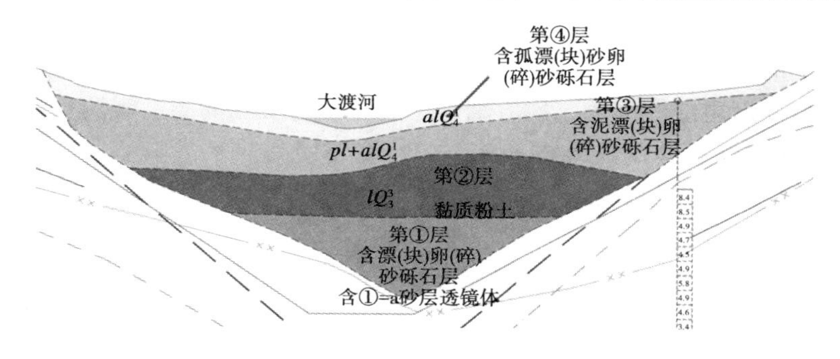

图2 河床覆盖层分层特性

坝址区地震基本烈度为7度，根据《水工建筑物抗震设计规范》(DL 5073—2000)的规定，大坝抗震设计烈度为8度[1]。

3 猴子岩面板堆石坝关键技术问题

3.1 变形控制

控制堆石体变形，为面板提供较好的支撑条件，防止面板发生大的变形而开裂，是所有面板坝的关键技术问题，更是超高面板堆石坝共同的难题。猴子岩面板堆石坝坝高223.5 m，属于超高面板坝，而且河谷特别狭窄，如何有效针对拱效应影响，控制坝体后期变形，防止面板发生结构性裂缝，保证堆石坝体和面板运行期安全，是本工程突出的关键技术难题。

在可行性研究设计阶段，设计单位委托大连理工大学、河海大学进行了大坝静动力计算与分析，预测坝体最大沉降1.52～1.61 m、向下游最大水平位移0.29～0.43 m，面板向下游最大挠度0.48～0.55 m，大坝变形总体上符合国内已建超高面板坝的变形规律，变形值在可控范围内[2]。但是猴子岩面板堆石坝坝址河谷极其狭窄，其后期变形将会超过同等规模的面板坝，本工程拟从材料分区、提高碾压密实度及河床深槽回填混凝土等措施控制坝体后期变形。

3.1.1 材料分区

对于200 m级面板堆石坝来说,国内外专家倾向于主、次堆石区分界线偏向下游,并尽量扩大主堆石区范围,提高面板堆石坝控制变形的能力[4]。目前,国内面板堆石坝专家正在开展300 m级超高面板堆石坝适应性及对策研究,特别指出对于超高面板堆石坝应尽量扩大主堆石区范围,条件允许的情况下坝体上下游可以全部采用主堆石区[5-7]。猴子岩面板堆石坝虽然坝高没有达到300 m级,但是其超窄河谷特点决定了坝体后期变形将会超过相同规模的面板堆石坝。

猴子岩面板堆石坝材料分区全部采用主堆石区,根据料源将主堆石区进一步细分为ⅢB1区(河床覆盖层开挖利用料区)、ⅢB2区(灰岩料堆石区)、ⅢB3区(流纹岩堆石区),如图2所示。

为减小狭窄河谷拱效应,充分利用砂砾石具有低压缩性、高压缩模量的物理特性,根据地形地质条件及坝料平衡分析,在河床基坑部位利用河床覆盖层第④层和第③层开挖料设河床覆盖层开挖利用料区。

3.1.2 提高填筑料密实度

高面板堆石坝的变形随着坝体高度的变化不是呈简单的线性增加的,而是与坝高的平方成正比例增加的,坝体高压缩性的有害影响以及因高面板堆石坝坝体的应力水平、分区堆石料造成的差异变形也随坝高的二次方增加。通过已建工程的原型观测资料统计分析也得出,变形量与坝高和堆石体的压缩模量有关,大致与坝高的平方成正比,与压缩模量成反比[8]。当坝高确定后,要想减少坝体和面板的变形量,只有提高堆石体的压缩模量,而压缩模量又与堆石体的密度密切相关。

猴子岩面板堆石坝狭窄河谷拱效应导致坝体后期变形明显增大,且大坝竣工后变形趋势发展在很长一段时期内都存在,因此必须提高坝体填筑初期的密实度,以减小后期坝体在高应力、高水头作用下的变形。水布垭面板堆石坝坝高233 m,其主堆石区的密实度也仅为2.18 g/cm^3。随着碾压机械功率的提高和碾压手段的改进,特别是2010年以后在建堆石坝的密实度指标都有所提高。猴子岩坝体上游灰岩堆石料密实度设计指标为2.25 g/cm^3,居国内在建和已建面板堆石坝密实度指标之首。

堆石体的密实度不仅与碾压参数有关,而且与岩性密切相关。对于硬岩堆石料来说,碾压方案经济、合理的情况下,密实度越高越好,但就堆石本身而言,其在一定压实功下密实度提高是有限度的,一般情况下密实度达到2.3 g/cm^{3}已经基本达到极限。

3.1.3 河床深槽回填混凝土

由于猴子岩面板堆石坝坝址两岸边坡高陡、地形狭窄,河床深槽部位水平段趾板长度仅30 m。根据以往面板堆石坝结构设计经验,河床部位面板宽度一般10~15 m,可研设计阶段河床水平段趾板上只布置2块面板。根据已建200 m级面板堆石坝运行现状,表明河床部位面板挤压破坏客观存在,河床部位趾板越窄,适应坝体变形协调和板间挤压破坏能力越弱。

在招标设计阶段对面板堆石坝应力应变特性进行系统计算分析,结果表明狭窄河谷面板堆石坝河床部位板间缝压应力指标较高而且应力梯度较大,与已建工程相比同样可能导致挤压破坏而且破坏范围、破坏程度会明显增大。

为缓解河床部位面板的应力应变状态、适应坝体变形协调,同时考虑到减小基坑涌水对河床段趾板施工的影响、改善河床基坑施工条件，对河床部位趾板布置进行了优化，在河床深槽部位回填 14 m 高碾压混凝土，趾板直接坐落在碾压混凝土上，河床水平段趾板长度增加到 57 m，能够布置 4 块面板，并在面板之间设置压性缝，板间缝中设置能够缓解挤压变形的填充料，有效改善趾板、面板应力状态，减小应力梯度，在一定程度上缓解挤压破坏和应力集中。

3.2　止水结构和止水材料

众所周知，周边缝与垂直缝是面板堆石坝防渗体系的关键，是面板坝运行安全的生命线。猴子岩面板堆石坝坝高、河谷狭窄的特点，决定了堆石坝体的变形，特别是后期变形必然较大，周边缝与垂直缝的止水结构与止水材料能否适应大变形的要求，也是猴子岩面板坝的关键技术问题。

超高面板坝的止水结构与止水材料要能够满足大坝在设计水头作用下、坝体与面板可能的最大变形位移情况下，仍然能够正常工作而不发生破坏。水布垭面板坝坝高 233 m，河谷狭窄系数约 2.6，通过对堆石体与面板的应力变形计算分析并参照其他面板坝的原型监测结果，要求周边缝止水结构能够承受 100 mm 沉陷位移、50 mm 张开位移和 50 mm 剪切位移以及 230 m 的水头作用。专门研制的 F 型止水结构通过国家“九五”科技攻关成果鉴定，并已经过水布垭面板坝的运行实践验证。

猴子岩面板堆石坝坝高与水布垭面板坝相近，但河谷形状更为狭窄。在坝型比选阶段，三维有限元的计算成果表明，面板周边缝部位最大沉降位移约 30 mm，最大张开位移约 30 mm，最大剪切位移 60 mm。说明猴子岩面板的止水结构应有其特殊要求，水布垭面板坝周边缝的止水结构难以适应猴子岩面板坝周边缝的最大剪切位移量要求。同时，近年来超高面板堆石坝的运行实践表明，面板垂直缝部位的挤压破坏应予以特别重视，面板垂直缝的止水结构与隔缝材料选择已成为超高面板堆石坝的关键技术问题。

目前，已建面板坝所用止水结构有相似性又存在差别，各种止水结构适应变形的能力和其优缺点并未进行横向比较，在今后的科研工作中将选取 2 ~ 3 种周边缝和面板垂直缝止水结构集中进行实体模型试验，研究不同止水结构在实际水头作用下，适应三向位移的极限能力及其不同形式的止水的破坏过程，为猴子岩面板坝最终选定止水结构提供依据。

3.3　深厚覆盖层

3.3.1　*覆盖层利用*

猴子岩面板堆石坝坝址河床覆盖层最大深度达 80 m，根据地质特性不同，分为四层开挖。河床覆盖层第①层厚度为 10 ~ 40 m，大坝基础顺河流方向全长 630 m。对于 200 m 级高面板堆石坝，趾板必须坐落在基岩上，对覆盖层全部挖除，势必会造成基坑开挖工程量大幅度增加，无法体现面板堆石坝的经济性。水布垭面板堆石坝经验表明，去除河床表面覆盖层，经过强夯处理后，下部覆盖层的密实度可以满足大坝填筑料压实标准的要求。如果仅对河床趾板和坝轴线上游堆石区 150 m 范围内的覆盖层部分挖除，保留坝轴线下游第①层覆盖层，可减少开挖量 50 万 ~ 60 万 m^3，初步估算可以节省工程投资约 1 000 万元、优化发电工期 1 个月。

通过一系列研究工作，猴子岩面板堆石坝基础覆盖层采取一定的处理措施，河床覆盖层

第①层部分保留的方案是可行的[3]。下一阶段,将根据开挖实际揭示的河床砂砾石料情况,并结合相关试验研究,进一步深入研究、优化河床覆盖层第①层的利用范围。

3.3.2 深基坑的施工

猴子岩面板坝的基坑开挖深度约75 m,基坑底部高程1 625 m。上游围堰高度约40 m,建基面为河床覆盖层。上游围堰设计挡水水位1 742.5 m,深基坑施工期的最高水头约120 m,再加上河床覆盖层第②层黏质粉土层的存在,深基坑施工期的稳定问题是重大技术问题。可行性研究设计阶段,设计单位通过深入的计算分析,通过提高围堰及围堰基础的防渗性能、放缓基坑开挖边坡、围堰堰脚与基坑开口线之间预留安全平台等措施,确保深基坑施工期的围堰与上游边坡稳定。

同时,针对狭窄河谷、深基坑的开挖,特别是河床第②层遇水易液化、透水性差,实现高强度开挖是本工程的关键技术问题与施工难点。根据施工计划安排,猴子岩深基坑开挖方量约450万m^3,开挖工期9个月,高峰期平均月强度约55.5万m^3,最高月强度将达到63.83万m^3。为满足深基坑开挖的高峰强度要求,经参建各方共同研究,针对深基坑开挖的道路布置、设备选择、河床第②层黏质粉土层的排水等,拟定了相应的措施。

3.4 抗震安全问题

混凝土面板是刚性结构,在地震荷载作用下很容易产生断裂。虽然紫坪铺面板堆石坝[8](156 m)经受住了强震的考验,但发生地震时的库容只占总库容的20%,满库运行条件下大坝的抗震安全还没有经历过实践考验。

猴子岩面板堆石坝坝址区50年超越概率10%基岩水平峰值加速度为141 gal,相应的地震基本烈度为7度,100年超越概率2%基岩场地水平峰值加速度为297 gal,大坝按基准期100年内超越概率1%的基岩水平峰值加速度401 gal进行校核,大坝抗震设计按照8度设防。

在可研设计阶段,设计单位高度重视大坝抗震设计,特别是坝坡、坝顶部位的抗震稳定问题。设计采取适当放缓下游坝坡并设置护坡、坝顶考虑地震超高、加宽坝顶宽度及采用整体式防浪墙结构、坝体顶部优选坝料、提高密实度、距坝顶50 m范围堆石体内设置抗震土工格栅等一系列工程技术措施,以保证大坝在设计地震荷载工况下的抗震稳定和安全。下一阶段,将根据设计地震工况下大坝满库运行的计算分析结果,对上述技术措施进一步细化与深化。

3.5 安全监测新技术

评价面板堆石坝运行期的稳定状态,最可靠的依据是大坝安全监测成果。猴子岩面板堆石坝由于地形条件复杂、河谷狭窄,坝体后期变形相对较大,采用先进的安全监测技术、选用可靠的安全监测仪器,准确监测堆石坝体与面板各部位的变形状态,也是猴子岩面板坝的关键技术问题。

伴随着混凝土面板堆石坝设计、施工水平的不断进步,面板堆石坝的安全监测技术已日益成熟。但是从水布垭或其他超高面板堆石坝的运行实践来看,针对超高面板堆石坝的安全监测技术、监测重点,还需要进一步研究或创新。一是关于面板挠度的监测。传统方法是利用在面板顺坡向布设固定式斜面测斜仪,以面板底部与底板接触点为不动点,根据各个测点的位置和倾斜值,以及各个测斜仪的仪器标距,对各个测点的测值进行计算和累计叠加,以获得面板的挠度曲线。实践表明，利用固定式测斜仪监测面板挠度，不仅计算复杂，而且监测值与实际值偏差较大。水布垭、董箐等面板坝采用光纤陀螺仪监测面板挠度的效果不错，以及采用活动式测斜仪监测绕度变形等新技术，均值得研究是否采用。二是关于坝体水平位移的监测。为评价超高面板堆石坝的运行稳定状态，坝体水平位移是重点监测项目，传统方法是利用引张线式钢丝水平位移计测量坝体内部的水平位移，但一些超高面板堆石坝的水平位移监测成果与坝体表面外观监测成果存在偏差，说明坝体水平位移的监测方法与监测仪器，有待进一步的研究和创新。三是关于面板垂直缝的变形或应力监测。近年来，超高面板堆石坝面板垂直缝的挤压破坏已备受关注，但以往针对面板垂直缝的应力或变形监测不够重视，也缺乏成熟的方法与监测仪器，对此需要重点进行研究。

3.6 面板混凝土防裂性能研究

猴子岩面板堆石坝河谷狭窄，坝体后期变形容易导致砼面板出现结构性裂缝。对此，提高坝体压实密度，减小坝体后期变形，同时研究进行合理的面板分缝分块、设置永久水平缝，提高面板对坝体变形的适应能力，避免出现面板结构性裂缝是工程建设成败的关键。同时，开展面板混凝土的防裂性能研究，提高面板混凝土的抗裂性能，也是猴子岩面板坝的关键技术问题。猴子岩面板坝所在地气候干燥，昼夜温差大，多风且风速较大，应重点研究防止产生温度裂缝与干缩裂缝的施工技术措施，特别是进行面板混凝土原材料与施工配合比研究，配制具有较强抗裂性能的混凝土。

3.7 高坝缺陷预处理

结合洪家渡、水布垭等工程施工实践经验，高陡岸坡部位坝体上游面开裂、面板顶部区域脱空已成为超高面板堆石坝难以避免的施工缺陷。对此，笔者认为，超高面板堆石坝的施工，应该研究制定针对高陡岸坡部位坝体上游面开裂、面板顶部区域脱空等施工缺陷的预处理措施或规范，就像隧洞混凝土衬砌施工针对顶拱脱空制定有回填灌浆的施工规范一样。水布垭面板堆石坝针对高陡岸坡部位坝体上游面裂缝、面板脱空，均采用灌浆进行处理，灌浆材料为水泥砂浆掺加膨润土和粉煤灰。坝体上游面裂缝的处理只能针对裂缝实际出露范围进行处理，而面板脱空的处理可以预先埋设灌浆管、待面板施工一段时间后进行处理。关于灌浆范围检测、灌浆管的埋设范围与深度、灌浆材料配比、灌浆压力与结束标准等，均可以预先研究确定或形成相应规范。通过制定缺陷预处理措施，可以减小后期缺陷处理的施工难度、加快施工进度，保证缺陷处理的施工质量。

4 猴子岩面板堆石坝建设进展

4.1 施工形象面貌

猴子岩面板堆石坝坝顶以上边坡开挖于 2011 年底基本完成。2012 年 3 月开始进行高程 1 848 m 以下两岸趾板开挖，至 2012 年 8 月底，左岸趾板已开挖至 1 708 m 高程，右岸趾板开挖至 1 750 m 高程，河床基坑于 7 月上旬完成初期抽水，随即开始基坑开挖，至 2012 年 8 月底，基坑下游区已开挖至 1 690 m 高程。左右岸趾板开挖形象面貌见图 3、图 4。

按照计划，右岸趾板于 9 月底开挖至 1 710 m 高程，河床深基坑开挖于 2013 年 5 月底完成，2013 年 6 月开始河床坝基深槽回填并开始进行大坝填筑。

图3 左岸趾板边坡

图4 右岸趾板边坡

4.2 坝体填筑及面板浇筑计划

坝体填筑分五期,其中2014年8月填筑至1 760 m高程,2015年12月底前坝体填筑至1 760 m高程以上,满足坝体汛期临时挡水度汛标准,2015年12月底坝体填筑到坝顶。

面板分三期浇筑,2014年10~12月浇筑一期面板,2015年11~12月浇筑二期面板,2016年9~11月形成三期面板。其中一期面板在1 765 m平台施工,二期面板和三期面板则在坝顶施工。

一期面板形成后,先行完成坝前一期铺盖及压重体施工,力争实现2015年11月导流洞下闸、2016年5月放空洞下闸、2016年7月首台机组发电的目标。

5 结语

猴子岩面板堆石坝坝高达223.5 m,坝址区河谷特别狭窄,河床覆盖层深厚,地处强地震区,设计、施工中必须解决诸多关键技术难题。经过前期大量的科研、论证工作,影响面板堆石坝安全、稳定的关键技术问题基本解决,工程进度顺利推进。猴子岩水电站2011年4月成功分流,2011年10月获国家核准,2011年11月正式开工。下一阶段,针对猴子岩面板堆石坝的特殊地形地质条件,系统分析已建高面板坝运行过程中出现的问题,依靠国内科研机构和面板坝专家,对关键性的技术难题开展更加深入、细致的研究工作。

参考文献

[1] 中国水电顾问集团成都勘测设计研究院.四川省大渡河猴子岩水电站可行性研究设计报告[R].成都:中国水电顾问集团成都勘测设计研究院,2009.

[2] 中国水电顾问集团成都勘测设计研究院.四川省大渡河猴子岩水电站防震抗震研究设计专题报告[R].中国水电顾问集团成都勘测设计研究院,2009.

[3] 黄发根,朱永国.猴子岩面板堆石坝设计的关键技术问题与思考[J].四川水力发电,2008, 5(10):83.

[4] 徐泽平,邓刚.高面板堆石坝技术进展及超高面板技术问题探讨[J].水利学报,2008(10):1228.

[5] 杨泽艳.300 m级高面板堆石坝适应性及对策研究简介[J].面板堆石坝工程,2007(4):15-22.

[6] 郦能惠,孙大伟,李登华,等.300 m级超高面板坝变形规律的研究[J].岩土工程学报,2009(2):155-160.

[7] 张岩.填筑分区分期和碾压密实度对高面板堆石坝应力变形特性影响研究[D].宜昌:三峡大学,2011.

[8] 张岩,燕乔,卢威.300 m级超高面板堆石坝若干问题的探讨[J].人民黄河,2010(11):48.

[9] 陈厚群,徐泽平,李敏.汶川大地震和大坝抗震安全[J].水利学报,2008(10):1158-1167.

第三篇

水库大坝风险分析、除险加固和安全运行

国内外水库工程洪水标准比较

刘志明

（水利部水利水电规划设计总院，北京　100120）

【摘要】 由于各国经济、社会、文化、道德观念、政治标准以及技术资源、洪水特性等国情和水情不同，对防洪标准的规定以及设计洪水的计算方法等都有一定的差别。本文首先总结了我国水库工程洪水标准的确定方法和等级划分，然后与国外相关的洪水标准进行对比，分析了我国水库工程洪水标准确定的合理性和适用性。

【关键词】 国内外　水库工程　洪水标准　比较

1　概述

水库工程的洪水标准是指为保障水工建筑物自身防洪和结构安全要求而设定的洪水指标，该指标的高低既关系到工程自身的安全，又关系到其下游人民生命财产、企业、基础设施和生态环境的安全，还对工程效益的正常发挥、工程造价和建设进度有直接影响，它的确定与国家经济社会的发展水平密切相关。

我国幅员辽阔，自然地理、气候条件复杂，是世界上洪涝灾害最严重的国家之一。在新中国成立以前，没有颁布过可满足工程设计要求的防洪标准。建国以后，国家非常重视防洪工程建设，并积极开展防洪标准的研究和制定。

我国防洪标准的制定经历了几个阶段，在 1949 ~ 1959 年期间，基本按照前苏联规范；1961 年制定《水库防洪安全标准》（草案），第一次将水库库容作为水库工程分等指标；1964 年制定《水利水电工程等级划分及设计标准》（草案）；1978 年颁布《水利水电工程等级划分及设计标准》（山区，丘陵区部分）（试行）（SDJ 12—78），区分了不同坝型的洪水标准；1987 年颁布《水利水电工程等级划分及设计标准》（平原，滨海部分）（试行）（SDJ 217—87）；1990 年对 1978 年标准作了补充规定；1994 年颁布《防洪标准》（GB 50201—94）；2000 年颁布《水利水电工程等级划分及设计标准》（SL 252—2000）。后两项标准一直沿用至今。

2　我国洪水标准确定的原则和方法

2.1　洪水标准确定的原则

洪水标准的确定与国家经济社会的发展水平密切相关。我国是发展中国家，与发达国家相比经济实力还较弱，考虑现阶段经济社会条件和可持续发展要求，并参照其他一些国家的防洪标准，水库工程洪水标准确定的原则：具有一定的安全度、承担一定的风险、经济上基本合理、技术上切实可行。

2.2　洪水标准确定的方法

水库工程洪水标准确定可分为等级划分法、经济分析法、风险分析法、综合评价模型法。

以等级划分为主体的方法是我国规范制定中采用的方法,已经取得了较好的应用经验,今后仍将是确定洪水标准的主要方法。后三种方法在理论概念上较好,但普遍存在基础数据获取难度大、指标定量化困难、人为决策因素对结果影响大、操作性较差的问题,在基础资料薄弱、技术力量较差时,其制订洪水标准的难度很大,但随着基本资料的积累和分析手段的提高,这些方法已在一些大型工程中得到应用。

2.3　等级划分法

工程等别确定。按水库规模、效益及在国民经济中的重要性将水库工程等别分为五等,见表1。

表1　水库工程分等指标

工程等别	工程规模	水库总库容（$\times10^8$ m^3）	防洪		治涝	灌溉	供水
			保护城镇及工矿企业的重要性	保护农田（$\times10^4$ 亩）	治涝面积（$\times10^4$ 亩）	灌溉面积（$\times10^4$ 亩）	供水对象重要性
Ⅰ	大(1)型	≥10	特别重要	≥500	≥200	≥150	特别重要
Ⅱ	大(2)型	10～1.0	重要	500～100	200～60	150～50	重要
Ⅲ	中型	1.0～0.10	中等	100～30	60～15	50～5	中等
Ⅳ	小(1)型	0.10～0.01	一般	30～5	15～3	5～0.5	一般
Ⅴ	小(2)型	0.01～0.001		<5	<3	<0.5	

水工建筑物分级。根据工程等别及水工建筑物在工程中的重要性将水工建筑物级别分为五级,见表2。

表2　永久性水工建筑物级别

工程等别	主要建筑物	次要建筑物
Ⅰ	1	3
Ⅱ	2	3
Ⅲ	3	4
Ⅳ	4	5
Ⅴ	5	5

洪水标准确定。根据水工建筑物的等级确定相应的洪水标准,见表3和表4。

表3　山区水库工程洪水标准　　（重现期(年)）

项目		水工建筑物级别				
		1	2	3	4	5
设计		1 000～500	500～100	100～50	50～30	30～20
校核	土石坝	可能最大洪水(PMF)或10 000～5 000	5 000～2 000	2 000～1 000	1 000～300	300～200
	混凝土坝,浆砌石坝	5 000～2 000	2 000～1 000	1 000～500	500～200	200～100

表 4　平原区水库工程洪水标准　（重现期(年)）

项目		永久性水工建筑物级别				
		1	2	3	4	5
水库工程	设计	300 ~ 100	100 ~ 50	50 ~ 20	20 ~ 10	10
	校核	2 000 ~ 1 000	1 000 ~ 300	300 ~ 100	100 ~ 50	50 ~ 20

3　不同水工建筑物的洪水标准

我国水工建筑物洪水标准的确定考虑了地域的差异和建筑物类型的差异。

3.1　地域差异

在地域上，分平原、滨海区（简称平原区）和山区、丘陵区（简称山区）两种情况。当永久性水工建筑物的挡水高度低于 15 m，且上下游最大水头差小于 10 m 时，其洪水标准一般按平原区标准确定，其他情况洪水标准按山区标准确定。

山区河流较窄，洪水峰高、量大，时段变幅也大，其水工建筑物挡水高度一般也较大。平原区水库一般位于河流中下游，与山区不同的是，平原区洪水缓涨缓落，河道宽，坡降缓，坝低，泄水条件较好，发生较大洪水时，一般易于采取非常措施。因此，对同一级别的水工建筑物，平原区的洪水标准要比山区的低。

3.2　建筑物类型差异

在建筑物类型上，分混凝土类和土石类两类。由于不同材料的坝型抗御洪水的能力是不同的，土坝、干砌石坝、堆石坝等没有胶结材料的土石坝，洪水漫顶极易引起垮坝事故，其洪水标准相对高一些；混凝土坝、浆砌石坝等有胶结材料的坝在洪水适当漫顶时不会造成垮坝事故，其洪水标准可相对低些。

3.3　洪水标准规定

3.3.1　水库工程等别

水库工程的等别根据其工程规模、效益及在国民经济中的重要性，按表 1 确定。

3.3.2　水库工程建筑物级别

水库工程的永久性水工建筑物的级别，根据其所在工程的等别和建筑物的重要性，按表 2 确定。

3.3.3　山区水库工程洪水标准。

山区水库工程洪水标准见表 3。

对土石坝，由于土石坝失事后垮坝速度很快，对下游相当大范围内会造成严重灾害，如河南板桥水库垮坝，下游数十公里被夷为平地，人民生命财产遭受到巨大损失。因此，当土石坝下游有居民区和重要农业区及工业经济区时，1 级建筑物校核洪水标准应采用范围值的上限，即采用可能最大洪水（PMF）或 10 000 年标准；2 ~ 4 级建筑物失事后将对下游造成特别大的灾害时，建筑物级别应提高一级，以策安全。

对混凝土坝、浆砌石坝，洪水漫顶将造成极严重的损失时，1 级建筑物的校核洪水标准，经过专门论证并报主管部门批准，可取可能最大洪水（PMF）或重现期 10 000 年标准。

由于可能最大洪水（PMF）与频率分析法在计算理论和方法上都不相同，在选择采用频率法的重现期 10 000 年洪水还是采用 PMF 时，应根据计算成果的合理性来确定。当用水文气象法求得的 PMF 较为合理时(不论其所相当的重现期是多少),则采用 PMF;当用频率分析法求得的重现期 10 000 年洪水较为合理时,则采用重现期 10 000 年洪水;当两者可靠程度相同时,为安全起见,应采用其中较大者。

3.3.4 平原区水库工程洪水标准

平原区水库工程洪水标准见表 4。

4 与国外有关标准的对比

由于各国经济、社会、文化、道德观念、政治标准以及技术资源、洪水特性等国情和水情不同,对防洪标准的规定以及设计洪水的计算方法等都有一定的差别。本文收集了世界上部分国家的水库工程洪水标准,并作对比分析。

4.1 美国

美国各政府部门、各州及私人企业还没有统一的设计洪水标准。20 世纪 30 年代以前,美国对大、中型工程普遍采用频率分析方法,从 1938 年开始逐渐采用水文气象法。美国陆军工程师团于 1974 年出版的《水库安全检查参考指南(手册)》提出设计洪水标准,按库容、坝高和失事造成灾害的风险程度对大坝进行分类,规定了不同溢洪道洪水标准,见表 5。

表 5 美国陆军工程师团大坝溢洪道设计洪水标准

工程规模			溢洪道设计洪水(重现期或可能最大洪水)		
分类	库容($\times 10^4\ m^3$)	坝高(m)	高风险	中等风险	低风险
大型	>6 170	>30	PMF	PMF	$\frac{1}{2}$PMF ~ PMF
中型	123 ~6 170	12 ~30	PMF	$\frac{1}{2}$PMF ~ PMF	100 年 ~ $\frac{1}{2}$PMF
小型	6 ~123	8 ~12	$\frac{1}{2}$PMF ~ PMF	100 年 ~ $\frac{1}{2}$PMF	50 年 ~100 年

4.2 俄罗斯(原苏联)

原苏联 1974 年建筑法规根据坝高、坝基地质、坝体材料和大坝失事后果,采用洪水频率确定水库的防洪标准,见表 6。如果水库下游有城市,Ⅱ、Ⅲ、Ⅳ级水库的防洪标准可提高 1 ~2级。

表 6 原苏联水库防洪标准

等级	地基	坝高(m)		防洪标准[重现期(年)]	
		土坝	混凝土坝	正常	非常
Ⅰ	岩基	>100	>100	1 000	10 000
	砂砾土硬黏土	>75	>50		
	塑性黏土	>50	>25		
Ⅱ	岩基	70 ~100	60 ~100	100	1 000
	砂砾土硬黏土	35 ~75	25 ~50		
	塑性黏土	25 ~50	20 ~25		

续表 6

等级	地基	坝高(m)		防洪标准[重现期(年)]	
		土坝	混凝土坝	正常	非常
Ⅲ	岩基	25~70	25~60	33	200
	砂砾土硬黏土	15~35	10~25		
	塑性黏土	15~25	10~20		
Ⅳ	岩基	<25	<25	20	100
	砂砾土硬黏土	<15	<10		
	塑性黏土	<15	<10		

2004 年《建筑法规》(33—01—2003)颁布以来,开始注意采用 PMF 方法,该规范指出:设计气旋活动地区的大坝工程时,推荐采用 PMF 法来估算安全校核洪水。

4.3 日本

日本水库设计洪水标准,主要是以频率统计法为基础,但只算到 100~200 年一遇,校核洪水采用加成的办法解决。日本 1957 年颁发的《坝工设计规范》及 1965 年修订后的标准见表 7。

表 7 日本的大坝设计洪水标准

类别	1957 年通商产业省标准		1965 年农林省	
	混凝土坝	土石坝	混凝土坝	土石坝
设计洪水(重现期(年))	100	200	100	100 洪水加成 20%
校核洪水	设计洪水加成 20%			

1978 年颁发的《坝工设计规范》对水库大坝设计洪水标准又作了修改规定:混凝土坝采用 200 年一遇洪水或历史记录最大洪水设计;土坝、堆石坝的设计洪水比混凝土坝大 20%。

4.4 英国

英国水库根据水库等级、溃坝危害程度和泄洪初始状态,规定其设计洪水标准,见表 8。

表 8 英国水库工程的设计洪水标准

分类		水库起始状况	大坝入库设计洪水		
等级	失事危害		一般标准	最低标准(允许稀遇洪水漫顶)	替代标准(经济上合理的)
A	危及大量生命	宣泄长期日平均入库流量	PMF	0.5PMF 或万年洪水(取大值)	不得使用
B	(1)不致造成重大人身伤亡,(2)造成大量财产损失	恰好蓄满(无溢流)	0.5PMF 或万年洪水(取大值)	0.3PMF 或千年洪水(取大值)	相当于溢洪道造价与损失之和为最小的设计频率洪水

续表 8

分类		水库起始状况	大坝入库设计洪水		
等级	失事危害		一般标准	最低标准(允许稀遇洪水漫顶)	替代标准(经济上合理的)
C	对生命威胁很小,财产损失有限	恰好蓄满(无溢流)	0.3PMF 或千年洪水(取大值)	0.2PMF 或 150 年洪水(取大值)	入库洪水不得低于最低标准,但可超过一般标准
D	不危及人身安全,损失极有限	宣泄长期日平均入库流量	0.2PMF 或 150 年洪水	不得使用	不得使用

4.5 德国

德国 1986 年制定的水库防洪标准见表 9。

表 9 德国水库设计洪水标准

负载条件	重现期(年)	
	小型水库	大中型水库
正常负载条件	100	200
非常负载条件	1 000	1 000

4.6 加拿大

加拿大在确定水库工程的设计洪水标准时,一般遵循美国土木工程学会(ASCE)建议的有关溢洪道设计泄量计算导则,见表 10。

表 10 加拿大溢洪道设计洪水标准

等级	库容与坝高		大坝失事的潜在威胁		溢洪道设计洪水
	库容($\times 10^6$ m^3)	坝高(m)	生命丧亡	损失	
大型(不容许失事)	>56.6	>18.3	大量	重大损失或造成政治影响	可能最大洪水(PMF);根据流域条件认为有可能产生的最严重洪水
中型	1.4~56.6	12.2~30.5	可能有,但数量不大	在所有者财力承受范围内	标准设计洪水;在最严重的暴雨或气象条件基础上得出的对该地区具有代表性的洪水
小型	<1.4	<1.52	无	相当于筑坝费用的某一量值	用频率法计算;50~100 年重现期

4.7 巴西

巴西对于重要的大坝,如失事会给下游带来严重损失(包括人的生命安全)时,强调采用可能最大洪水(PMF)作为溢洪道设计洪水标准;对于不重要的小坝、公共工程,采用 150~300年一遇的洪水;私有工程,采用 75~150 年一遇的洪水。

4.8 印度

印度的设计洪水标准与美国相似，主要以水文气象法确定设计洪水。要求土石坝按可能最大洪水(PMF)设计，其他按标准设计洪水设计。印度1995年颁布112233—1995BIS规范的水库设计洪水标准见表11。

表11　印度水库设计洪水标准

等级	总库容($\times10^6$ m^3)	水头(m)	设计洪水
小	0.5~10	7.5~12	100年一遇洪水
中等	10~60	12~30	标准设计洪水
大	>60	>30	可能最大洪水(PMF)

4.9 我国与其他国家洪水标准的比较

各国洪水标准的主要因素比较见表12。

表12　国内外洪水标准确定因素比较表

国家	比较因素					
	库容	坝高	坝型	坝基	保护对象的重要性	PMF
中国	√	√	√	—	√	√
美国	√	√	√	—	√	√
俄罗斯(前苏联)	—	√	√	√	—	—
日本	—	—	√	—	—	—
英国	—	—	—	—	√	√
德国	√	—	—	—	—	—
加拿大	√	√	—	—	√	√
巴西	—	—	—	—	√	√
印度	√	√	√	—	—	√

注："√"表示采用。

4.9.1 洪水标准的划分

美国、德国、加拿大、印度等根据水库库容和坝高将水库划分为大、中、小型，洪水标准一般分为三档。而我国是根据水库库容及保护对象的重要性将水库划分为大、中、小型，在此基础上，根据规模的不同将建筑物分为五级，相应洪水标准分为五档。但我国水库库容和坝高指标要高于这些国家的规定，如中国、美国、印度、加拿大分别以$10\ 000\times10^4\ m^3$、$6\ 170\times10^4\ m^3$、$6\ 000\times10^4\ m^3$、$5\ 660\times10^4\ m^3$作为大型水库库容分界线。

美国、英国、加拿大、巴西、印度等洪水标准采用一级，而中国、苏联、日本、德国等洪水标准采用了设计(或正常)和校核(或非常)洪水两级。

4.9.2 考虑的主要因素

美国、加拿大、印度和我国均将水库库容和坝高作为洪水标准确定的主要因素。美国、英国、加拿大、巴西等还将失事可能造成的灾害损失作为主要因素，而我国是将水库下游保护目标的重要性和规模大小列为主要因素。

4.9.3 洪水标准的表示方法

防洪标准是通过设计洪水数值的大小来体现的。在世界上,水库防洪标准的表示方法主要有两种:一种是频率洪水分析法;另一种是水文气象法。美国、印度、加拿大等以水文气象法为主,苏联、日本和我国等以频率分析法为主。

4.9.4 洪水标准的量值

美国、加拿大、巴西和我国等的洪水标准采用了范围值。美国和我国的洪水标准各等级间互衔接,而其他国家的各级别之间不相互衔接,呈台阶式变化。

美国、英国、加拿大、巴西、印度和我国等最高洪水标准采用最大可能洪水(PMF),俄罗斯自2004年以来,也开始注意采用PMF方法来估算安全校核洪水。美国、原苏联、日本、印度和我国等要求土石坝的洪水标准高于混凝土坝。

美国、加拿大、印度和中国取PMF时要求的库容下限分别为$123\times10^4\ m^3$、$5\ 660\times10^4\ m^3$、$6\ 000\times10^4\ m^3$、$100\ 000\times10^4\ m^3$,其中以美国要求的库容最小,中国的最大,且差距很大。四个国家对于大型水库均可取PMF,而美国对于高风险的小型水库也可取PMF,中国则要求库容达到10亿m^3、挡水坝为土石坝时方可采用PMF。

4.9.5 小结

综上所述,我国水库工程洪水标准取值稍低于英国、加拿大、巴西、印度等国的标准,但远低于美国的洪水标准,高于苏联、德国、日本等国家的标准。

5 结论和建议

我国的水库工程洪水标准划分比较系统和严密,确定洪水标准的做法基本合适,即先确定工程等别,再确定水工建筑物级别,然后根据建筑物所在地域、建筑物型式和建筑物级别确定相应的洪水标准,洪水量级标准基本符合我国经济社会的发展。

我国的等级划分标准中强调"在确定水利水电工程的等别、建筑物的级别和洪水标准时,应合理处理局部与整体,近期与远景,上游与下游,左岸与右岸等方面的关系",但如何确定尚没有明确的规定。具体来说,我国现行标准还存在两个方面的问题,一是在确定工程等别时,没有将失事后果作为重要影响因素,只是强调下游保护对象的重要性,没有给出相应指标;二是没有具体的梯级水库防洪标准,只有针对单一水库的防洪标准。

随着我国经济社会的发展和流域梯级水库建设越来越多,水库一旦溃坝造成的损失将越来越大,因此,提出如下两条建议:一是研究在设计洪水标准确定的方法上引入风险分析,根据工程规模和水库垮坝造成的危害程度(或风险高低)确定洪水标准;二是研究确定流域梯级水库的洪水标准,考虑上游水库溃坝风险对下游水库洪水标准的影响,支流水库溃坝对干流水库洪水标准的影响。

参考文献

[1] 中华人民共和国国家标准. GB 50201—94 防洪标准[S]. 北京:中国计划出版社,1994.

[2] 中华人民共和国行业标准. SL 252—2 000 水利水电工程等级划分及洪水标准[S]. 北京:中国水利水电出版社,2000.

[3] 牛运光. 水库土石坝防洪标准综述[J]. 人民珠江,1999(1).

[4] 周祥林,等. 国内外水库工程防洪标准分析[J]. 水力发电,2011,37(3).

安康水电站表孔消力池底板修复处理工程混凝土拆除爆破施工技术研究

田启超

（中国水利水电第三工程局有限公司，陕西　安康　725000）

【摘要】 安康水电站表孔消力池底板存在层间脱离等缺陷，曾先后五次修复处理，但未从根本上解决问题，本次修复将表层1.0 m厚的钢筋抗冲磨混凝土采用爆破拆除，0.1 m基础垫层混凝土采用人工凿除。新浇筑三级配C35钢钎维混凝土至原设计体形。

大型表孔泄流水电站消力池底板修复施工技术的研究成果将为我国水工混凝土建筑物在正常运行和确保周边永久建筑物的结构安全条件下进行大面积消力池底板混凝土拆除爆破和混凝土修复施工提供技术参考和指导，为今后类似工程施工积累了施工经验。

【关键词】 表孔消力池　钢筋混凝土拆除爆破　安全允许振速

1　引言

1.1　工程概况

安康水电站位于汉江上游，在陕西省安康市城西18 km处。下游距丹江口水电站约260 km，上游距喜河水电站约145 km。安康工程以发电为主，兼顾防洪、航运、养殖、旅游等。

安康水电站于1978年开工，1998年2月主体混凝土施工基本结束。1990年12月第一台机组发电，1992年12月第四台机组发电。

水库正常蓄水位为330 m，死水位为300 m。正常蓄水位以下库容为25.8亿m^3，可进行不完全年调节。水库预留3.6亿m^3防洪库容，可以削减5年至20年一遇洪水洪峰流量3 000～4 500 m^3/s。坝址多年平均流量为608 m^3/s，多年平均年径流量为192亿m^3/s，设计洪峰流量（$P=0.1\%$）为36 700 m^3/s，校核洪峰流量（$P=0.01\%$）为45 000 m^3/s。电站总装机容量为800 MW，保证出力为175 MW，多年平均发电量为28亿kWh，年利用小时数3 500 h。电站枢纽工程由拦河坝、泄洪消能建筑物、坝后式厂房和通航设施等建筑物组成。

安康水电站表孔消力池底板存在层间脱离等缺陷，曾先后于1996年、2000年、2002年、2004年和2007年进行过五次修复处理，但未从根本上解决问题，鉴于表孔消力池安全对整个枢纽工程正常运行的重要性，从工程的长远运行出发，本次将对消力池底板表面抗冲层进行彻底修复处理，以确保大坝的安全运行。

本次修复将表层抗冲磨混凝土全部拆除，浇筑新混凝土至原设计体形。新浇混凝土采用三级配C35钢钎维混凝土，内布置两层钢筋网。在消力池底板范围内布置锚筋，下端深入老混凝土，上端与上层钢筋网焊接。新浇筑的消力池底板纵横缝设置一道U形铜止水，周边需要在老混凝土上凿槽重新设置止水。

1.2 工程背景

安康水电站表孔消力池底板存在层间脱离等缺陷,曾先后五次修复处理,但未从根本上解决问题,本次修复将表层 1.0 m 厚的钢筋抗冲磨混凝土采用爆破拆除,0.1 m 基础垫层混凝土采用人工凿除。新浇筑三级配 C35 钢纤维混凝土至原设计体形。

不对周边永久建筑物结构安全产生较大影响的爆破拆除施工技术(即确定最优爆破参数)是该工程的技术重点和施工难点,也是决定表孔消力池底板修复工程成败的关键。

2 抗冲耐磨层钢筋混凝土爆破拆除技术研究内容

表孔消力池自 1989 年 3 季度进水,至今已长达 22 年。消力池底板混凝土经长期运行后,出现了不同程度的破坏,主要表现为底板混凝土纵横伸缩缝破坏、池底板混凝土裂缝、钢筋环氧脱落及冲蚀坑。电站正常运行条件下,对不对周边永久建筑物结构安全产生较大影响的爆破拆除施工技术(即确定最优爆破参数)的研究尤为重要。由于抗冲耐磨层钢筋混凝土爆破拆除工程量大,如何选用合理、最优的爆破参数才能在安全允许振速下既保施工安全和质量又能确保施工进度的施工技术需要进行深入研究。

3 工程实施情况

3.1 混凝土爆破拆除施工情况

此次表孔消力池底板混凝土爆破拆除施工自 2011 年 11 月 27 日开始,至 2012 年 1 月 1 日全部完成,历时 36 d,共爆破拆除 5 个坝段,25 个单元。其中:9 m × 18 m = 162 m^2 的 6 块,19 m × 18 m = 342 m^2 的 19 块,总面积约为 7 474.75 m^2,共完成 C30 钢筋混凝土拆除 8 786.14 m^3。共计进行 83 次爆破,钻孔约 15 000 m,最大孔深为 1.91 m,耗非电毫秒管 24 313枚,电雷管 167 枚,乳化炸药 6 864.2 kg,平均单耗 0.78 kg/m^3。拆除爆破工程施工安全、质量和工期全部满足合同要求。

3.2 混凝土爆破拆除难题与对策

3.2.1 爆破安全允许振速要求高

为保证拆除爆破振速控制在周围建筑物和机电设备正常运行的安全允许振速要求范围,对爆破参数选取的精度要求很高。消力池底板混凝土拆除爆破对各类建筑物爆破振动的质点振速值控制见表 1。

表 1 拆除爆破振动安全允许控制值

项目	质点振速(cm/s)	说明
水电站及发电厂中心控制室设备	0.5	运行中
水电站及发电厂中心控制室设备	2.5	停机
坝基帷幕灌浆及闸门	2.0	
新浇大体积混凝土一	2.0 ~ 3.0	初凝 3 d
新浇大体积混凝土二	3.0 ~ 7.0	龄期:3 ~ 7 d
新浇大体积混凝土三	7.0 ~ 12.0	龄期:7 ~ 28 d

为满足此要求,施工中必须对孔径、孔深、间排距及最大单响等参数进行严格控制,采取

的主要措施有：

(1)采用常规变径(连接套 $R45$、变径 $R38$,50 mm 钻头)HCR1200 – ED 液压钻机和 YT28 手风钻(42 mm 钻头)进行钻孔。

(2)孔底集中装药($\phi32$ mm 乳化炸药),尽量使炸药充满炮孔,形成耦合连续装药,增加堵塞长度,水中采用纸卷进行炮孔堵塞,并确保堵塞质量,提高爆炸气体的有效利用率,从而充分发挥炸药的能量来破碎混凝土和改善爆破质量。

(3)控制单孔装药量和最大单响药量即首先根据安全允许振速、爆心距保护对象距离和萨道夫斯基公式计算出最大单响药量,并根据振动监测数据随时进行调整。

3.2.2　采用先进的振速监测设备

为确保周边建筑物和机电设备的安全,使工程顺利进行,有针对性地对大坝基础帷幕灌浆及闸门、中控室机电设备和 4# 发电机组保护屏、开关站及尾水导墙进行实时爆破振动监测,及时提供爆破施工对已有建筑物和机电设备的影响情况,以便根据测试结果,随时调整优化爆破参数。

工程采用美国 IOTECH 公司生产的 StrainBook 综合数据采集仪 WBK18 模块,每个模块有 8 个通道,可以配置 8 个单向速度传感器或加速度传感器。通过 USB 接口与 PC 电脑进行数据通信,运用专业软件进行处理分析及成果输出等,现场直接设置各种采集参数,能即时显示波形、峰值和频率。爆破振动监测使用美国 CTC 公司 VE102 – 1A 速度传感器,可对微小振动及超强振动进行测量。

通过 36 d 的混凝土拆除爆破振速监测数据统计和分析,各测点爆破振速均在安全允许控制值范围内。

3.2.3　施工参数依据施工情况灵活调控

随着爆心距与受保护建筑物(4# 发电机保护柜)的距离越来越近,既要把爆破振速控制在安全允许范围,又要确保爆破效果,要求工程对单孔药量及最大单响药量等爆破参数必须精确控制。如果采用固定的爆破参数,必将形成爆破振速超标或无法达到爆破效果;若采取分层或者二次、多次爆破,势必会加大钻孔及爆破的作业量,从而加大了爆破施工成本,严重影响拆除爆破施工进度。因此,必须根据爆心距距受保护对象的距离、振动监测数据资料及爆破效果等情况,灵活调控,随时进行爆破参数的调整,以保证拆除爆破的安全、质量和进度能满足设计要求。

3.2.4　爆破安全防护措施

炸药爆破能量以应力波和爆轰气体膨胀压力的形式作用于介质并使其破碎,多余的能量使碎块获得足够的动能而抛射,其初速度有时达 100 m/s 以上,其中个别碎块抛射较远,形成飞石。

周围建筑物离拆除爆破施工部位距离较近,采用有效的覆盖材料及覆盖方法是控制爆破飞石的重点也是难点。

由于消力池底板钢筋混凝土属于薄壁结构,强度较高,爆破单耗较大,加之炮孔浅,自由面条件差,容易产生飞石,安全防护的覆盖质量要求高。爆破初期采用“单层运输带贴近覆盖法”进行爆破防护,开始效果较好,但经历数次爆破冲击后,运输带破损严重无法满足安全防护控制爆破飞石的要求。后又采用“钢管架覆盖竹夹板的间隙覆盖法”,仍难以满足要求。通过查阅资料和多种材料现场试验,最终确定采用成品炮被和废旧轮胎用钢丝绳串连的“贴近覆盖法”,有效地控制了爆破飞石,满足了拆除爆破施工期安全防护的要求。

3.3 混凝土爆破拆除设备投入情况

为满足施工需要,投入了2台HCR-12EDS液压钻机、1台神钢260-8液压反铲、1台日立225液压反铲、1台$3m^3$装载机、2个破碎锤和1台SY235C-8型液压反铲及15部YT28手风钻等开挖施工设备,见表2。

表2 主要拆除爆破施工设备

名称	型号	用途	台数
古河液压履带式钻机	HCR-12EDS	钻孔	2
神钢液压反铲	260-8	钢筋剥离、清渣	1
日立液压反铲	225	大块破碎、钢筋剥离	1
三一液压反铲	SY235C-8	大块破碎、钢筋剥离及清渣	1
装载机	$3\ m^3$	清渣	1
破碎锤		大块破碎、钢筋剥离	2
手风钻	YT28	钻孔	15
寿力螺杆式电动空压机		供压缩空气	1

3.4 混凝土爆破拆除取得的技术成果

36 d 83次爆破施工的效果和数据综合分析如下:

(1)采取梯段一次控制爆破的施工方法,爆破深度及块度大小和施工进度等均满足要求。

(2)各测点部位振速监测值均在安全允许范围内,未见超标现象,爆破参数选取及调整,满足设计允许的安全振速范围。

(3)得到的各部位测点振速监测数据与萨道夫斯基公式$R=\left(\frac{K}{V}\right)^{\frac{1}{\alpha}}Q^{\frac{1}{3}}$相一致,可以看出:当$R$为定值时,主频率随$Q$的增大而降低;当比例药量$Q$不变时,主频率随$R$的增大而降低,并具有明显的物理意义,而且和目前关于爆破振动频率衰减特性的研究结果相吻合,符合关于爆破振动频率衰减特性规律。

(4)爆破振动频率回归分析。由于单响药量较小,各测点离爆心距无规律且有些爆心距过大,以及所测爆破振速值较小。无法计算出准确的K、α值,或者计算值超出理论值范围,无可信度。对于其他爆破条件下的主频率进行预测时,K、α的取值需进一步研究。

(5)爆破后的效果及爆破后的宏观调查和电站运行管理监测数据表明,安康水电站表孔消力池底板修复处理工程的混凝土拆除爆破施工对周围已有建筑物的影响控制在安全范围以内,密集建筑物下施工的安全防护措施满足了爆破安全规范要求,对大型表孔消力池抗冲耐磨层钢筋混凝土分层爆破拆除施工积累了一些经验,为今后类似工程提供一些参考和借鉴。

3.5 混凝土爆破拆除的经济效果评价

《大型表孔泄流水电站消力池底板拆除爆破施工技术研究》课题是以安康水电站表孔消力池底板修复处理工程施工为依托开展的,经过研究人员和施工人员的共同努力,克服了爆破安全允许振速要求高、密集建筑物控制爆破飞石难度大、拆除爆破参数不易掌控和工期紧等诸多困难,拆除爆破取得了良好的效果,各部位测点爆破振速均在安全允许范围内,完全满足了爆破拆除施工要求。

通过爆破方案优化：原方案将厚度 1.0 m 抗冲耐磨钢筋混凝土消力池底板采用 2 层进行拆除，第一层钻 0.3 m 深孔进行爆破，第二层钻 0.7 m 深孔进行爆破，预留 0.1 m 底板保护层采用液压破碎锤凿除。优化后的方案将厚度为 1.0 m 抗冲耐磨钢筋混凝土消力池底板上部采用单层一次爆破的方法，预留 0.1 m 底板保护层采用液压破碎锤凿除。

原计划火工材料需用量：2# 岩石乳化炸药 12.6 t，非电毫秒雷管 150 000 枚；实际耗用量：2# 岩石乳化炸药 6.86 t，非电毫秒雷管 24 313 枚。节省 2# 岩石乳化炸药 5.74 t，非电毫秒雷管 125 687 枚，直接经济效果约 100 万元，大大节省了爆破拆除费用。

原计划爆破拆除工期 57 d，实际完成工期 36 d，爆破拆除工期提前了近 21 d，经济效果十分显著，为今后类似工程施工积累了丰富的经验。

4　结语

4.1　研究成果应用前景

水工混凝土建筑物规模宏大，对国家的经济建设和防汛等多方面有巨大的社会效益和经济效益，我国 20 世纪 80 年代以前建设的混凝土坝由于设计标准低、施工质量不良、管理不善等，导致大坝混凝土过早地出现了老化和病害，许多工程需要进行大修。另外，国内 20 世纪 50 ~ 80 年代修建的大坝比较多，一般经过 20 ~ 30 年以上的运行都会不同程度地存在质量问题，修复改造施工项目将逐渐增多，该项目的研究成果将为在正常运行条件下，对大型表孔泄流水电站消力池进行修复、改造总结出良好的施工经验，对今后老坝、病险坝的修复、改造施工及老化、病害水工混凝土建筑物的处理也提供了良好的借鉴经验。

4.2　研究成果效益分析

安康水电站表孔消力池底板修复处理工程，老混凝土拆除面积约为 7 474.75 m^2，按照招标文件，老混凝土拆除深度一般为 1.1 m，反弧段最大深度为 1.93 m，老混凝土拆除量为 8 786.14 m^3，通过对老混凝土拆除爆破方案及爆破参数的研究和优化，将原方案 1.0 m 抗冲耐磨钢筋混凝土消力池底板采用 2 层进行拆除，第一层钻 0.3 m 深孔进行爆破，第二层钻 0.7 m 深孔进行爆破，预留 0.1 m 底板保护层采用液压破碎锤凿除，优化为上部 1.0 m 采用一次爆破拆除到位，预留 0.1 m 底板保护层采用液压破碎锤凿除。节省工期近 21 d，直接经济效果约 100 万元，经济效果十分显著，为今后类似工程施工积累了丰富的经验。

通过混凝土施工技术措施的优化设计，获得在原枢纽工程正常运行和度汛条件下，工期紧、干扰大、混凝土施工强度高等不利条件下的混凝土施工技术措施，为我国大型表孔泄流水电站消力池底板修复工程施工提供技术支持，其经济效益不可估计。

参考文献

[1] 新编爆破工程实用技术大全．光明日报出版社，2002.
[2] 水利水电工程施工组织设计手册[M]．北京：中国水利水电出版社，1996.

洪家渡高面板堆石坝安全监测技术的应用

刘兴举

（贵州乌江水电开发有限责任公司洪家渡发电厂，贵州 黔西 551501）

【摘要】 洪家渡发电厂挡水建筑物为混凝土面板堆石坝，坝高 179.5 m。枢纽建筑物安全监测的重点为堆石体变形、面板变形、面板周边空间开合度变化、大坝及基础渗流量、坝肩开挖高边坡等。采用自动化监测及人工监测相结合的方式，分析大坝的运行情况，随时掌握大坝的状态，确保大坝安全。

【关键词】 安全监测 自动化 人工 分析

1 工程概况

洪家渡水电站位于贵州省黔西县与织金县交界的乌江北源六冲河下游，距省会贵阳市 154 km，是乌江梯级开发中具有多年调节性能的龙头水电站，以发电为主，兼有防洪、供水、养殖、旅游、改善生态环境和航运等综合效益。坝址以上控制流域面积 9 900 km^2，水库总库容 49.47 亿 m^3，调节库容 33.61 亿 m^3，具有多年调节特性，电站总装机容量 600 MW。水库正常蓄水位为 1 140.00m（相应库容为 44.97 亿 m^3），防洪限制水位 1 138.00 m，死水位 1 076.00 m（相应库容为 11.36 亿 m^3），设计洪水位为 1 141.34 m，校核洪水位为 1 145.40 m。工程属 I 等大（1）型。电站枢纽由混凝土面板堆石坝、洞式溢洪道、泄洪洞、发电引水洞和坝后地面厂房等建筑物组成，泄洪系统、引水发电系统及导流洞均布置于左岸。

混凝土面板堆石坝、洞式溢洪道、泄洪洞、导流洞堵头为 1 级建筑物，大坝按重现期 500 年洪水设计、最大可能洪水 PMF 校核，相应洪峰流量分别为 6 550 m^3/s 和 11 000 m^3/s，泄水建筑物总最大下泄流量 6 234 m^3/s。消能防冲工程按重现期 100 年洪水设计。

混凝土面板堆石坝坝顶长度 427.79 m，坝顶宽度 10.95 m，坝顶高程 1 147.50 m，防浪墙顶高程 1 148.70 m，最大坝高 179.5 m，上下游平均坡度为 1∶1.4。趾板地基大多为微风化、新鲜灰岩，局部弱风化，堆石地基为坚硬的灰岩和弱风化的泥页岩。

洞式溢洪道布置于左岸山体内，开敞式溢流堰顶高程 1 122.00 m，2 孔弧形工作闸门尺寸为 18.0 m×10.0 m（宽×高），设计水头 19.0 m，由 2×2 500 kN 液压启闭机操作。无压隧洞长 754.54 m，城门洞型断面，底宽 14.0 m，洞高 21.5 m，最大流速 37 m/s，最大下泄流量 4 591 m^3/s，出口采用曲面贴角挑流鼻坎。

泄洪洞与 1# 导流洞重叠布置，位于洞式溢洪道右侧 50.0 m，进口底板高程 1 056.00 m，首部竖井式闸门室设一道 6.8 m×9.0 m（宽×高）平板事故检修门，设计水头 86.4 m，由 3 600 kN卷扬式启闭机操作。有压洞段长 401.88 m，圆型断面，洞径 9.8 m，有压洞尾部闸室设有一道 6.2 m×8.0 m（宽×高）弧形工作门，开启水位为 1 141.34 m，设计水头 86.34 m，启闭设备为 5 000 kN/2 000 kN 摇摆式液压启闭机。在闸室工作段上下游均采用了钢板衬砌保护,衬砌总长约 27 m。下游无压洞段长 401.42 m,直墙拱城门洞型,断面尺寸为 7.0 m×12.6 m,最大下泄流量 1 643 m^3/s,出口采用曲面贴角挑流鼻坎。

2 大坝安全监测系统概况

洪家渡峡谷地区面板堆石坝的监测设计充分总结了已建工程的成功经验和教训,并考虑到洪家渡大坝工程的特点,在监测布置上力求有所创新、有所突破。针对不对称狭窄河谷,提出了合理监测布置方案,在监测布置中首次特设了纵向变形监测线;在洪家渡大坝由于左右岸的地质极不对称,估计脱空现象较突出,且分布规律较差,故在测点布置时不仅监测最大面板的脱空,还监测每期面板在沿坝轴线方向脱空位移的分布,对面板脱空这一现象进行了系统监测;由于不对称变形,渗漏来源比较复杂,左、右和坝基渗漏量各部位的大小也倍受关注,在两岸坝基设了两条渗流截水沟,对坝体及坝基的渗漏量实施分测,在国内属首例。

洪家渡水电站设置的监测项目主要有平面控制网、高程控制网、面板堆石坝(变形、渗流、面板应力应变及接缝开度、坝体内部应力、面板挠度、面板脱空)监测、边坡(变形、锚索力等)监测、地下洞室(溢洪道、泄洪洞、引水洞围岩变形、结构衬砌变形及渗压等)监测、电站厂房(1#机墩混凝土应力应变、钢筋应力等)监测、导流洞及4#施工支洞封堵(混凝土渗透压力、钢筋受力、接缝开度等)监测、环境量监测等,各监测项目及监测频次见表1、表2。

3 施工期安全监测成果分析

3.1 变形监测控制网监测成果分析

枢纽变形监测基准网于 2003 年 4 月建网,于 2004 年 4 月对该网进行了第一次复测,2005 年 10 月进行了第二次复测。

两次复测的稳定性分析表明,平面控制系统除首级网点 TNⅠ-01 和 TNⅠ-06 可能存在轻微位移迹象外,其余网点均较稳定。精密水准系统的沉降非常显著,其沉降变形与相应水准基点所处地理位置、地形地貌等客观环境密切相关。

3.2 混凝土面板堆石坝监测

3.2.1 变形监测

(1)大坝变形。

①大坝于 2004 年 10 月填筑完成,施工期坝体最大沉降量 132.1 cm(位于高程 1 055 m、L0+005 断面、D0-60 桩号),为目前坝高的 0.74%;

②通过等时段沉降分析,坝体的沉降与填筑区域密切相关,呈现主堆石区沉降小于次堆石区、中部沉降大于左右岸的规律性;

③大坝沉降量值较小,蓄水期间没有发生大幅度突增沉降,说明大坝填筑施工质量较好,坝体密实度较高。从坝轴线剖面测点沉降量分析压缩模量和分层压缩率,大坝平均压缩模量 147.6 MPa,平均压缩率 1.242%,可得出同样结论。

④目前,大坝最大水平位移量为 245.2 mm(向下游,位于 EL1105、L0+085 断面、D0-060 桩号),从量值上看,目前位移量较小。

⑤大坝水平位移大体上有如下规律:随坝体填筑高度上升,坝轴上游区域测点向上游位移,坝轴下游区域测点向下游位移。水库蓄水后,靠近上游面的测点受水压力影响,向上游

表1　大坝观测仪器分布(一)

位置		沉降仪(套)	水平位移计(套)	面板挠度(电平器)(个)	表面变形标点(个)	三向测缝计(支)	双向测缝计(支)	单向测缝计(支)	应变计(支)	无应力计(支)	钢筋计(支)	温度计(支)	土压力计组(支)	土压力计(支)	渗压计(支)	岸坡水位孔(个)	量水堰(个)
横左0+085	1 105	4	4	面板挠度四条测线(含基康仪器20支)	9条视准线	周边缝左岸4组12支河床1组3支右岸5组15支	面板与垫层脱空	垂直缝表面测缝计18支									
	1 080	5	4														
	1 055	5	4														
横左0+005	1 105	4	4										最大横断面和最大纵断面	面板与垫层料间	坝基及趾板区		
	1 080	5	4														
	1 055	7	4														
	1 025	8	6														
	1 000	9	6														
横右0-085	1 105	4	4														
	1 080	5	4														
	1 055	6	4														
纵向位移	1 080		7									3					
	1 105		7														
面板应力	0+085								8	2	10	6					
	0+035								9	4	12	11					
	0-085								7	2	10	6					
	0-175								5	1	6	4					
趾板								6		4		4					
合计		62	62	76	72	42	20	24	29	13	38	34	30	3	16	17	3

表2　大坝观测仪器分布(二)

位置		测斜孔(个)	多点位移计(套)	锚索测力计(台)	表面标观测点(个)	收敛测点(支)	测缝计(支)	锚杆应力计(支)	应变计(支)	无应力计(支)	钢筋计(支)	钢板应力计(支)	土压力计(支)	温度计(支)	渗压计(支)	量水堰(个)
边坡	大坝边坡	13	16	30	12		6	3								
	溢洪道进口	2	5	9												
	泄洪、引水洞进口	4	8		10											
	进水口抗滑桩						8		15	6	24		8	14	12	
	泄洪出口	10	12	22	12											
	厂房边坡	4	8													
	塌滑体	8	14	3	22		3		12	1	49		11		9	
	消能护坡						3		3	1	16		3		6	
	料场	15	14	6												
封堵	导流洞堵头						11			6	19		4	35	14	
	4#洞堵头						2		3	2	6			8	4	
洞室	溢洪道		21			111	12	13	30	11	38				16	
	泄洪洞		19			78	11		16	3	50				8	
	3#引水洞		7			65	23		18	6	48	20	6		20	
	2#引水洞(回填试验)						11		7	4		7		8		
	K40 排水洞														1	
帷幕	左岸帷幕														16	2
合计		56	124	70	56	254	90	16	74	40	250	27	32	65	106	2

的位移值略有减小。

⑥大坝纵向位移,左岸向右岸最大位移量为16.5 mm(1 080 m高程),右岸向左岸最大位移量10.4 mm(1 080 m高程右岸仪器于2004年9月损坏,该值为1 105 m高程最大位移值,其实际位移量应在12 mm左右)。总体来看,左岸纵向位移比右岸大。从测值过程线看,至大坝填筑完成后,纵向位移也逐渐趋于稳定状态,无继续发展的趋势。

(2)表面变形。

从视准线LD4~LD9实测位移过程线看,各向位移趋势与大坝垂直水平位移计、纵向水平位移计实测变化规律相吻合。最大沉降位于坝体中部测点,最大沉降量834 mm,坝体两岸呈向中部位移趋势,横向位移则呈现整体向下游位移趋势;面板顶部视准线LD3位移趋势呈现出中部和左岸向下游位移,右岸向上游位移,但量值均不大,横向累计位移量向下游最大为7 mm,向上游位移7 mm。纵向位移:面板整体位移向下游,量值较小,最大位移在中部,位移量12.9 mm。竖向位移:最大沉降出现在面板中部,最大16.9 mm;左岸沉降大于右岸。

(3)面板挠曲变形。

初期面板变形受大坝填筑水平挤压作用,面板向上游变形。2003年4月上游黄土铺盖开始填筑,在黄土压重影响下,990 m高程以下面板逐渐向下游变形,底部向下游的最大变形1.77 cm,990 m高程以上面板向上游变形,顶部向上游的最大变形2.13 cm。2004~2005年蓄水期间,随着库水位的不断上升,面板呈现出中部高程下凹,两端上凸的变形趋势。河床中部面板变形向下游,最大挠曲变形均集中在1 070~1 090 m高程区域,最大值16 cm位于1 088 m高程,至面板顶部位移量为8 cm;左岸面板中下部高程位移向上游,最大位移量35 cm出现在1 088 m高程,1 090 m高程以上向上游位移逐渐转向下游变形;右岸面板整体趋向上游变形,最大值29 cm出现在面板顶部。

(4)面板脱空变形。

一期面板1 023 m高程面板与垫层料之间初期产生一定脱空,随着黄土铺盖填筑后,变形逐步稳定,垫层料与面板一直处于闭合状态。

二期面板在库水位上升到1 100 m高程后,受面板弯曲影响,出现一定脱空和剪切,最大脱空4.5 mm,随着枯水期水位的下降,脱空逐渐减小至1 mm左右。

三期面板在河床中部L0+005桩号受面板变形影响出现脱空,但量值小,未超过6 mm;但剪切量值较大,最高水位时,面板相对垫层料向下最大剪切达到44 mm。后期随着水位的降低,剪切逐渐减小至10 mm左右。右岸脱空与剪切同中部相似,但量值只有中部的一半(22 mm左右)。

以上面板脱空、剪切变形量值不大,都在设计控制范围之内。

(5)周边缝变形。

左岸周边缝变形主要集中在1 070~1 090 m高程,随着库水位的上升,面板在水荷载作用下沉降、开合度和剪切也逐渐增大,初期蓄水时最大沉降为9.4 mm,在库水位达到1 092 m时最大开合度6 mm。由于水位较低,位于三期面板的两组测缝计实测各向位移无明显变化,周边缝处于闭合状态。

右岸最大变形集中在1 050~1 070 m高程,位移量值与左岸相比基本上只有其一半。周边缝的开合度不大,在设计允许范围之内。

（6）面板垂直缝变形。

一期面板垂直缝到目前基本上保持稳定状态。二期面板在蓄水后呈中部压缩，两岸展开状态。中部最大压缩量不到5 mm；右岸最大开合度为6 mm左右；左岸垂直缝变形较大，主要集中在面板左7和左8块间垂直缝，首次蓄水到达1 090 m高程后，目前该部位开合度为35 mm（其中28 mm为垫层裂缝和面板裂缝处理前的仪器张开度，新浇混凝土面板缝是闭合的，增开度不大）。三期面板1 138 m高程初期基本无变化，到2005年枯水期，随着水位的下降，左右岸开合度有所增加，最大开合度仅2.7 mm。

以上监测结果表明，面板垂直缝的开合度均在设计允许范围之内。

3.2.2　坝体应力应变和温度监测

（1）面板混凝土温度。

从1 000 m以上到目前库水位水面之间区域，水温变化与大气温度有一定相关性，夏季水温在13～20 ℃变化，冬季则降低至7～11 ℃。

（2）面板应力应变。

一期面板混凝土应变变化的主要因素是温度，990 m高程被黄土覆盖后受黄土压重影响，顺坡向应变范围45～－152 με，水平向变化保持在45～－32 με。2004年大坝蓄水后，压应变随水位上升而逐渐增加。

二期面板1 090 m高程在水位上下变动区，该高程混凝土应变受水位和温度的双重影响。顺坡向应变在100～－100 με变化。目前，该高程最大压应变－303 με，最大拉应变187 με。

三期面板1 138 m高程应变计组目前位于库水位以上，应变随温度变化，整体上应变量值较小，目前最大应变量－137 με。

混凝土应变受温度影响较大，实测最大压应变－163 με。混凝土自生体积变形在水化热从开始以来均变形较小，混凝土水化热变形也小于常规钢筋混凝土。

（3）面板钢筋应力。

无论上下层钢筋，无论顺坡向水平向钢筋，面板钢筋应力普遍呈现受压状态，其量值一般都在50 MPa以下。顺坡向钢筋应力一般小于水平向钢筋应力；目前，上下层钢筋应力相差不大，没有大的弯矩产生。

三期面板1 138 m高程4组钢筋计处于水位之上，钢筋应力只受温度影响，整体应力变化比较均匀，应力范围在－20～20 MPa。

（4）趾板混凝土温度和应力应变。

左岸1 046 m高程和1 054 m高程的无应力计反映，Ⅰ序块因水泥水化温度升高产生的最大膨胀变形97 με，Ⅱ序块为180 με。

右岸趾板Ⅰ、Ⅱ序块之间接触缝测缝计显示，该缝始终处于闭合状态；左岸1 047 m高程接触缝存在0.6 mm的温降收缩缝，在混凝土终凝后，各序块之间都处于稳定状态，开合度基本无变化，目前最大开合度仍然保持在0.5 mm左右。

（5）堆石体应力监测。

堆石体应力和坝体填筑的高度及密实度有关，随着坝体的不断上升，埋设在坝体内不同高程的土压力计应力也随着呈规律性增加，整个坝体的应力分布右岸最大，中部大于左岸，这可能因大坝填筑期间，所有上坝车辆均由右岸进入，造成右岸实际碾压密度大于中部和左岸。目前，实测最大铅垂应力为3.162 MPa，与该部位土柱自重应力基本相同。

3.2.3 渗流监测

（1）坝基渗流。

2004年蓄水期后，坝体内部水位有所上升，上升5 m左右；之后坝体水位一直稳定，变幅10 m左右。2005年底，浸润线水位约为982 m，坝体浸润线上下游水位差始终保持在50 cm左右。坝前渗压计随库水位变化，变幅达100 m以上。

监测资料说明趾板防渗帷幕、混凝土防渗面板阻水效果良好，堆石坝体排水通畅。

（2）坝体坝基渗漏量。

蓄水后实测渗流量很小，总量水堰最大测值58.78 L/s。

3.2.4 两岸绕渗监测（渗控工程）

（1）左岸防渗帷幕。

根据已埋设仪器观测成果，底层廊道帷幕后水头变化不大，主要受降水影响，大部分水头均表现为季节性变化。引水洞附近与山体内部的水头变化相对较大，主要是受降水影响，也受引水隧洞渗透水头作用所致。帷幕线其他桩号水位涨幅较为一致。在底层廊道0～76 m桩号曾发现涌水，已进行补灌处理，处理后量水堰实测渗流量很小，最大值仅1 L/s左右。中层廊道、上坝交通洞的观测主要与降水相关。

观测成果说明，左岸防渗帷幕效果良好。

（2）下游岸坡地下水位。

从实测资料看，左右岸坡地下水位在蓄水后变化很小，说明大坝及两岸防渗系统效果良好。

（3）右岸地质构造缺口防渗帷幕。

为了监测右岸构造缺口防渗体前后的水位变化情况，分别在0+885 m、0+800 m、0+600 m桩号处幕前幕后各设1个水位观测孔，并将原C9－T2、C9－T8、C9－T14物探孔改做永久水位观测孔。为了监测K40溶洞渗透量，在K40溶洞排水洞（5#排水洞）内布置1支渗压计测量排水洞内水位，并用明渠均匀流法计算渗透量。

3.2.5 大坝强震监测

2005年，记录并处理了大量触发地震事件，但没有水库诱发地震发生。监测到了2005年8月5日云南会泽5.3级地震，各测点记录和分析了峰值加速度、持续时间、卓越周期、反应谱值等。该地震距离坝址270 km，测到大坝最高峰值加速度0.086 7 gal（测点QZ2－3），大坝结构无异常。运行证明，该系统功能完善，仪器正常。

3.3 边坡监测分析

3.3.1 左坝肩边坡

各种观测资料显示，边坡内部水平位移不大、岩体间相对水平位移小；锚索应力未出现增大，裂缝开度不变，表面位移极小，说明左坝肩边坡处于稳定状态。

3.3.2 右坝肩边坡

各断面测斜孔监测成果表明，右坝肩岩体无明显滑动面，各孔深控制范围内岩体稳定，孔口累积位移测值变化很小，基本在10 mm以内。表面变形观测资料成果表明，向临空面最大位移7.0 mm，向下游最大位移5.2 mm，竖向最大沉降11.7 mm。

根据各种观测资料显示，边坡内部水平位移不大、岩体间相对水平位移小；锚索应力未出现增大、锚杆应力量值及变化小、裂缝开度稳定，说明右坝肩边坡处于稳定状态。

3.3.3 溢洪道进口边坡

A断面测斜孔从开始观测至今全孔深度范围内未发现明显滑动面，位移增量较小，孔口最大累积位移变化在20 mm以内。3组多点位移计测值都很小，向临空面最大位移0.74 mm，向后坡相对位移最大时2.5 mm左右，在溢洪洞洞口开挖结束后位移逐渐趋于平稳。

B断面测斜孔监测表明，在溢洪道开挖过程中，70~90 m深度段出现岩层间略有错动，但未形成滑动面，锚索测力计实测张拉力表明，张拉力均有不同程度损失，在3.6%~14.5%。从其过程线可以看出，锚索受力平稳，边坡岩体已趋于稳定。

3.3.4 引水及泄洪系统进口边坡

各测斜孔监测成果表明，各孔控制深度内无明显滑动面，孔口累积位移主要表现为边坡回弹变形，量值最大为13 mm。

目前，所有多点位移计实测岩体相对位移均不大，2003年以来测值变化较小，边坡处于稳定状态。

3.3.5 泄洪系统出口边坡

从多点位移计观测成果及过程线可看出，测孔各点位移变化均较小，深部测点位移量为0.01~3.2 mm，孔口最大位移为2.3 mm，各测点位移过程线也趋于平缓，说明边坡岩体变形基本趋于稳定，边坡变形较小。

从出口边坡锚索测力计观测成果总体来看，各锚索张力比较稳定，由应力过程线可以看出，泄洪系统出口边坡各锚索预应力基本上趋向平稳，各锚索预应力在一定范围内上下波动，预应力损失量为16.1~848.3 kN。

3.3.6 厂房后边坡

从锚杆应力计的观测资料看，目前9组锚杆应力大都表现为受拉，但量值小，普遍在10 MPa以下。自然坡表面岩层自身应力变化受温度的影响比较大，应力调整随温度而变化，而深层岩体受气温的影响较小，应力变化主要受岩体自身内部因素影响；整个区域在2003年8月出现个别最大拉应力(43 MPa)，大部分锚杆的应力变化幅度都比较小。

3.3.7 1#、2#塌滑体

抗滑桩的钢筋计、应变计和土压力计的监测成果表明，各项测值都比较稳定，变幅较小。钢筋基本处于受拉状态，最大值在35 MPa左右，应变计实测应变较小，抗滑桩工作状态正常。锚索测力计实测张拉力平稳，衰减在5%以内。

3.3.8 卡拉寨料场边坡

测斜孔观测资料表明，各孔控制深度内不同高程均出现了上下岩层略有相互错动的情况，但没有明显的发展趋势，累计位移曲线变化不大，孔口累计位移在15 mm以内。

从多点位移计监测资料看，从2003年初安装到8月中旬这一时段位移趋向临空面，该时段位移主要是由于岩层受爆破开挖的影响，以及岩体自身应力卸载产生变化。到8月中旬1 195 m以上高程开挖结束之后，三组仪器测值显示位移变化平缓，到2004年1月，2#断面基本无位移，3#断面略有收敛，1#断面略有向临空面发展的趋势，但增长的量值不大(0.2 mm以内)。开挖结束后，整体变形呈季节性变化，从整体上看，山体趋于稳定状态。

3.3.9 天生桥料场边坡

测斜孔观测资料表明，各孔所控制深度内无明显滑动面，监测前期受开挖影响，变形趋向临空面，后期岩体处于回弹变形，位移增量不大，累积位移曲线变化不大。

多点位移计监测成果表明，1#断面位移趋向临空面，最大位移4.37 mm，安装预应力锚索后，位移趋于平稳。2#断面、3#断面与1#断面相似，但位移量值较小。在开挖结束后，位移变化过程都比较平稳，呈季节性变化。

3.4 地下洞室监测

3.4.1 溢洪道

从溢洪道衬砌结构内观测成果可以看出，钢筋及钢筋混凝土受力基本表现为拉应力，压应力比较少出现，钢筋拉应力数值在40 MPa左右，量值比较小且比较稳定；混凝土拉应变数值较大，数值在50～250 με；围岩渗透压力（外水压力）在水库蓄水以后无明显增大趋势，渗透压力值为0.01～0.2 MPa；围岩与混凝土之间开合度变化较小，数值稳定。

3.4.2 泄洪洞

从泄洪洞衬砌结构内观测成果可以看出，钢筋及钢筋混凝土受力基本表现为拉应力，压应力比较少出现，钢筋拉应力最大值在66 MPa左右，量级较小；在K0+735.000 m监测断面，右边拱角混凝土拉应变接近200 με，右边墙混凝土拉应变超过260 με，在查明裂缝并采取措施进行处理后，应变逐渐变小了，基本上在12.19～167.05 με，其他监测断面混凝土拉应变一般也在此范围内。围岩渗透压力（外水压力）在水库蓄水以后有增大趋势，帷幕线之前渗透压力值一般在0.28 MPa左右，帷幕线之后渗透压力值稳定在0.03 MPa左右。围岩与混凝土之间开合度变化较小，在0.02～0.4 mm，数值稳定。

河床消能防冲建筑物监测断面各钢筋计应力的变化不大，基本处于受拉状态，拉应变数值在10.34～43.86 MPa，量级较小。混凝土应变变化不大，压（拉）应变数值在－69.08～51.51 με，表明该处混凝土受力不大。围岩与混凝土之间开合度为0.22 mm，数值稳定；围岩渗透水压力变化较小，渗透压力值均小于0.06 MPa，混凝土与围岩接触压力也不大，一般在0.07～0.15 MPa波动。

3.4.3 引水洞

从3#引水洞混凝土衬砌结构内观测成果可以看出，钢筋拉应力最大值不超过25 MPa，前期混凝土应变的变化不大，应变数值在－100～186 με，蓄水发电后，混凝土应变增大，最大值达300 με；围岩与混凝土之间开合度变化很小，为0.1～0.69 mm，数值稳定；围岩与混凝土之间接触压力为0.1～0.35 MPa，数值较为稳定。围岩渗透压力（外水压力）在水库蓄水以后均有增大趋势，在0.03～0.25 MPa。

从3#引水洞钢管衬砌结构内观测成果可以看出，围岩与混凝土以及钢管与混凝土之间开合度变化很小，为0.21～1.50 mm；钢管的应变变化较小，上平段为压应变，数值在－150～－70 με，斜井和下平段为拉应变，数值在10～190 με；混凝土拉应变变化不大，拉应变小于110 με；钢管上平段蓄水前后渗透压力变化不大，最大值约0.05 MPa，下弯段以后蓄水前后渗透压力变化较大，在0.12～0.25 MPa。

2#引水洞试验段混凝土各部位大都呈压应变，应变量在30～82 με，最大压应变为136 με；钢板计大都呈压应变，压应变量级在－40～－83 με，应变量不大；无应力计观测结果显示，混凝土自身体积变形具有先收缩后膨胀的特点。混凝土与围岩接触面上接触缝大都处于张开状态，但开合度很小，各测缝计开合度都在0.5 mm以内，压力钢管与混凝土接触缝大都处于闭合状态，但开合度较小，各测缝计开合度在0.15 mm以内。2004年10月18

日充水前后进行了观测,并与以前的观测数据进行了比较,结果表明,充水前后各观测数据变化不大,基本上不受充水试验的影响。

3.5 电站厂房监测

从整体观测成果上看,各高程钢筋计均基本上处于受压状态,压应力为21~105 MPa。在机组试验过程中,各高程钢筋计应力均基本上无明显变化,变化量在10~35 MPa,表明在机组试验过程中机墩钢筋受力变化较小。混凝土应变计及无应力计观测成果显示混凝土浇注后应变较大,但主要是受混凝土温度变化影响,由于混凝土凝固初期受水化热作用,温度变化较大,混凝土内部温度应力是造成应变较大的主要原因。

3.6 导流洞堵头及4#施工洞封堵监测

3.6.1 1#、2#导流洞堵头

1#导流洞堵头段混凝土水化热过程中出现的最高温升为43.1 ℃,历时5 d。到2005年4月,温度基本趋于稳定,堵头上游端保持在14 ℃左右,中部和下游端保持在16~18 ℃。混凝土自身体积变形因水泥水化温度升高产生的最大膨胀变形145.66 με,历时7 d;埋设的两只仪器测得混凝土达到最大膨胀变形的时间都为3 d左右,之后混凝土逐渐收缩;到目前混凝土最大变形量87 με。测缝计在水化热后一直处于稳定状态,最大开合度0.5 mm。堵头上游端施工缝渗透水头从蓄水后随水位而变化,渗透水头从上至下逐渐递减,目前最大渗透水头89 m,最下游端为54 m。加衬段帷幕前后埋设的渗压计显示,帷幕前水头随水位而变化,帷幕后水头较小,水头仅为帷幕前的0.3%左右。目前,帷幕前水头76.9 m,帷幕后1.6 m。

2#导流洞堵头段混凝土温度逐渐稳定,到2005年7月,温度基本达到恒温状态,温度保持在15 ℃左右。混凝土初期水化热呈膨胀变形,随着水化热的结束,混凝土逐渐处于受压状态,至2005年3月逐渐稳定,目前最大压应变为-130 με。堵头段上游端接触缝呈闭合状态,其余接触缝基本无张开现象,剪切位移向下游变化3.3 mm。与1#导流洞堵头一致,渗透压力随库水位变化而变化,目前最大渗透水头为133 m,最小为97 m。加衬段两支渗压计,帷幕前渗压计埋设处由于其附近施工时打有排水洞,所以一直无法测得帷幕前水头,目前实测最大0.27 m,帷幕后基本无水头。

3.6.2 4#施工洞封堵

钢筋计监测成果表明,钢筋应力变化与混凝土温度成反比关系,在混凝土水化温度上升到最大时,钢筋受到的最大压应力为78.1 MPa,水化热之后混凝土温度逐渐平稳略有下降,钢筋应力也随之呈规律性变化;从测值上看,两个断面均是顶拱部位钢筋应力大于左右两侧钢筋应力。库水位淹没后,钢筋应力趋于稳定,目前最大压应力为20 MPa。

混凝土应变与混凝土温度成正比关系,规律性很强;同样在水化温升达到最高时混凝土达到最大膨胀应变量,混凝土应变最大为50.12 με,自身体积变形为247.52 με;随着温度的逐渐下降,混凝土逐渐收缩。库水淹没后,应变逐渐稳定。目前最大收缩应变-176 με。

在封堵段前后监测断面的底板与顶部各布置2支渗压计,渗压计测值显示在蓄水后水头随水位而变化,目前最大水头51 m。

温度计监测成果表明,混凝土水化热过程中所达到的最高温度为53.4 ℃。库水淹没后逐渐趋于稳定,目前处于恒温状态,温度保持在18 ℃左右。

从测缝计的观测资料来看,封堵段接触缝初期开合度很小,量值均在0.15 mm左右,是

由混凝土水化后收缩变形产生。后期则处于闭合状态,库水淹没后无明显变化。

4 运行期安全监测系统建设

4.1 自动化系统组成

洪家渡水电站的监测自动化系统采用南瑞 DSIMS4 型大坝安全自动化监测系统,具有数据自动化采集、数据存储、处理等功能。系统共设置 22 个测站,安装 DAU 共 68 台。接入自动化的传达感器共计 1 007 支,其中振弦式传感器 698 个测点,差动电阻式传感器 70 个测点,电压信号传感器 129 支,坝体内部沉降及水平位移计 110 个测点。

监测自动化系统监测管理中心站设在设置在电站中控楼内,监测中心站内配置两台计算机及相应的外设,其中一台为采集计算机,用于日常数据采集和管理;另一台为数据库服务器,主要用于远程通信和监测资料分析,同时这两台计算机互为备用。此外,还配一台便携式计算机,用做临时网络监控站或现场维护、检查、调试、测试等。

系统数据采集网络采用总线拓扑结构,即以数据采集计算机作为中央节点用总线向外延伸,连接所有现场监测站内的测控单元。总线通信架构结构简单,具有良好的通用性和兼容性。

现场测控单元直接与传感器相接,每个测控单元在分布式网络结构中都是独立的,不需采集计算机指令,各测控单元有其自身的日历和时钟,可独立完成监测数据采集、A/D 转换、工程单位转换,同时可接受采集计算机的指令完成有关操作等。

各测站均采用光缆和前方监测管理中心站连接,为了增加通信的可靠性,连接采用并联的方式。同一监测站中若有两台及以上的测控单元,则该监测站内的测控单元间使用电缆连接。监测中心站预留与外部联络的 MIS 接口。

运行过程中,部分接入自动化的仪器损坏,至 2011 年 6 月 10 日,自动化在测测点共计 968 个,测量采集模块 83 个。

4.2 自动化系统运行管理

洪家渡大坝监测系统运行管理主要通过外委。2012 年洪家渡大坝监测系统运行管理通过公开招标,由贵州黔西华兴建筑工程有限公司中标,主要负责洪家渡大坝安全监测系统管理、自动化采集数据资料整编分析、包括系统人工数据录入、仪器运行检查分析、服务器缺数情况、故障仪器及失效仪器在服务器上的设置处理、系统数据与人工数据的对比分析、过程线缺数处理、服务器相关的其他设置。

5 枢纽建筑物安全监测分析

5.1 大坝

5.1.1 坝体沉降、水平位移

坝体沉降处于稳定状态,年变化量较小,在库水位达到 1 140 m 后,大坝沉降略有增长,高水运行后变化趋势变缓,目前大坝最大累计沉降为 1 378.90 mm。

水平位移整体变化较小,从现有资料看,在大坝首次正常高水位 1 140 m 时,大坝累计位移量为 291.25 mm,目前大坝最大累计位移量为 301.97 mm。

5.1.2 大坝渗压

坝体具有良好的透水性,从汛期的观测资料分析,坝体内部水位与帷幕前水位无明显相

关性。大坝浸润线整体水位与库水位成正比关系。

5.1.3 大坝渗流

大坝堰流量变化主要与降水相关性较强，库水位在高水位时对渗漏有一定影响，流量变化随库水位的上升而变化，从大坝基础及趾板渗流、左岸帷幕观测情况初步分析，大坝基础及趾板渗流要小于帷幕，降水对边坡渗流的影响较大。

5.1.4 坝体应力

从现有资料分析，坝体应力中部 > 右岸 > 左岸，这种应力分布在不对称河谷中属正常现象。历史最大铅垂应力为3.329 MPa，堆石体应力观测各方向应力变化均受库水位影响，应力变化较小，坝体应力变形稳定。

5.2 面板及趾板

5.2.1 面板混凝土应变

观测资料显示，前期面板混凝土应变变化的主要因素是温度，从后期应变资料看，在库水位下降期间其纵向和横向压应变随面板受力面降低而增加，水位下降后压应变逐渐减小，但变化量值并不大。历史最大压应变为454.56 με。

5.2.2 面板钢筋应力

面板钢筋应力大部分呈现受压状态，受温度影响，当钢筋收缩时，压应力随之衰减，当水位上升至1 140 m后压应力变形明显增加，受面板变形弯曲影响，面板中部顺向坡钢筋应力小于水平向钢筋应力，目前上下层钢筋应力相差不大，没有大的弯矩产生。历史最大压应力为 -119.77 MPa，历史最大拉应力为48.47 MPa。

5.2.3 面板周边缝

受两岸地形条件影响，整体变形呈左岸大于右岸，位移变化不会对左岸周边缝产生影响，右岸最大变形集中在1 050 ~1 090 m高程，且变形受库水位影响较小，历史最大沉降为5.27 mm，历史最大开合度为4.96 mm，最大剪切为 -18.66 mm。

5.2.4 面板脱空

面板与垫层料之间变形稳定，在坝体初次经历高水位时，上游荷载承载体区域在水荷载影响下产生了再次变形，最大脱空为65.20 mm。

5.2.5 面板垂直缝

垂直缝变形主要集中在面板左7和左8块间，在最高库水位时，实测开合度为7.5 mm，历史最大开合度为12.0 mm。

5.2.6 大坝表面位移

从大坝表面位移观测成果看，大坝视准线表面变形受库水位影响，最大纵向累计位移量为 -118.1 mm，最大横向累计位移量为261.42 mm，最大竖向累计位移量为878.60 mm。

5.3 坝肩

5.3.1 多点位移计与锚索测力计

从开挖至今的监测数据分析，左右坝肩的稳定性一直较好，左坝肩开挖边坡在爆破开挖结束后测值显示岩层间位移量很小，目前处于稳定状态，最大累计位移量为16.95mm。

5.3.2 左坝肩表面位移

从左岸边坡表面变形观测成果看，最大纵向累计位移量为 -22.0 mm，最大横向累计位移量为 -8.8 mm，最大竖向累计位移量为 -11.7 mm。

5.3.3 测斜孔

从现有观测资料来看,累计变化量均在 ±5.00 mm 以内,且位移方向大部分朝山体。

5.4 溢洪道进口边坡

从运行期观测资料看,进口边坡处于稳定状态,最大变化量位移均小于 0.11 mm。

5.5 引水及泄洪洞进出口边坡

5.5.1 多点位移计

从观测成果分析,引水系统进口边坡有向临空面发展的趋势,但变化量不大,最大累计位移量为 10.24 mm。

5.5.2 测斜孔

从现有观测资料来看,引水系统及泄洪洞进口测斜孔累计年变化量均在 ±5 mm 以内。

从现有观测资料来看,泄洪洞出口边坡测斜孔累计年变化量均在 ±5 mm 以内。

5.5.3 表面位移

从引水系统及泄洪洞进口边坡、泄洪系统出口边坡表面变形观测成果看,该部位处于稳定状态。最大纵向累计位移量为 -9.5 mm,最大横向累计位移量为 -18.6 mm,最大竖向累计位移量为 +9.2 mm。泄洪系统出口边坡最大纵向累计位移量为 +11.6 mm,最大横向累计位移量为 -9.7 mm,最大竖向累计位移量为 +11.2 mm。

5.6 厂房后边坡

5.6.1 多点位移计

通过厂房后边坡所安装仪器观测成果分析,多点位移计测值稳定,最大累计位移量为 10.33 mm,厂房后边坡目前处于稳定运行状态。

5.6.2 钢筋计

通过厂房后边坡所安装仪器观测成果分析,自然坡锚杆主要表现为受拉状态,测值稳定,在温度降低的影响下拉应力有所增大。最大拉应力为 42.05 MPa。

5.6.3 测斜孔

厂房后边坡测斜孔共有 4 个,分别为 INC1、INC2、INC3 及 INC4。从现有观测资料来看,引水系统及泄洪洞进口测斜孔累计变化量为 -8.48 mm,发生在 INC2 测点;其余测点累计变化量均在 ±5.00 mm 以内,位移方向朝山体方向。

5.7 帷幕

5.7.1 帷幕渗压

底层廊道根据底层廊道帷幕线水位孔观测资料看,除库水位外,降水同时对水头变化影响较大,从整个帷幕线水头变化情况看,0 +45 桩号和 0 -89、0 -230 桩号部位帷幕渗透水头较大。

中层廊道从整体水位变化情况看,水头涨幅比较明显,但从变化量值分析,整体变化处于正常范围以内。

对于上坝交通洞,从水位孔的水位变化来看,山体水位与库水位相关性不明显;近坝区至山体内部水头呈逐步递减趋势。

5.7.2 帷幕渗流

量水总堰:水位上升至 1 140 m 高程期间,流量逐渐增加,高水头作用下,帷幕线上局部仍然有渗水点出现,流量略有增大。

WEW－2 量水堰：水位上升到 1 100 m 后流量逐渐增加。廊道内部实际流量很小，无渗漏点出现。

WEW－1 堰流计：随着库水位下降，渗流量也下降。

5.7.3 5#排水洞

从观测资料可以看出，5#排水洞主要受降水量影响较大。最高库水位为 1 140 m，实测流量为 1.1 m^3/s；最大降水量 137.00 mm 时实测流量为 2.3 m^3/s，也是水库蓄水以来历史最大值。

5.8 厂房结构

5.8.1 钢筋应力

从观测成果上看，目前各高程钢筋计均处于受压状态，但应力变化不大，其应变与温度有一定相关性。

5.8.2 混凝土应变

从观测成果上看，最大拉应变为 249.30 $\mu\varepsilon$，其余应变计应变变化量多在 ±16 $\mu\varepsilon$ 以内，混凝土受力变化稳定，大部分混凝土应变呈压应变增大趋势。

5.9 溢洪道进口边坡锚索

预应力锚索与温度有较强相关性，最大拉力为 3 284.34 kN，溢洪道进口边坡锚索(3000kN 级)预应力大部分保持稳定且略有减小，岩体整体处于稳定状态。

5.10 溢洪道边坡衬砌

衬砌混凝土结构和压力钢管目前处于稳定变化状态，洞内应力应变和渗水压力与库水位变化相关性较强，在水位上升或下降速率较快时，其变形量值较大，但均在正常变形范围内，未出现异常现象。

5.11 进水口边坡抗滑桩

5.11.1 18－3#抗滑桩

从观测资料看，各项变形随库水位变化略有增加，但整体量值不大，年变形均处于比较稳定的状态。本部位渗透压力极小，且近期变化较小。土压力计压力近期略有减小，但变幅较小。

5.11.2 19－3#抗滑桩

综合观测成果看，抗滑桩均处于稳定状态，无异常变形出现。本区域渗压大部分呈下降趋势，变幅较小。

5.12 老鹰嘴边坡裂隙监测

老鹰嘴原布置 13 对金属对标，新增对标 15 对，从观测成果看，裂缝没有出现明显变化，该部位处于稳定状态。但近期从附近水准测量观测墩的水准观测显示，老鹰嘴部位倒悬岩体向临空面已有 6 mm 位移，随着时间增长，老鹰嘴岩体风化会进一步加重，卸荷裂隙会进一步加深。

5.13 泄洪洞及引水洞混凝土结构

5.13.1 泄洪洞

引水洞钢筋计和应变计则受温度与库水位双重影响，衬砌混凝土结构和压力钢管目前处于稳定变化状态，钢筋大多处于稳定状态，最大拉应变为 69.06 $\mu\varepsilon$。

5.13.2 引水洞

测缝计向收缩方向发展,最大开度为 6.19 mm,最大闭合为 -1.10 mm,渗压计最大压力为 0.378 MPa,钢筋计最大压应变为 69.59 με。

5.14 塌滑体观测

5.14.1 测斜孔

从现有观测资料来看,各测点累计变化较小,测点累计变化量均在 ±5.00 mm 以内,位移方向朝山体。

从现有观测资料来看,测点累计变化量均在 ±5.20 mm 以内,大部分测点位移方向均朝山体方向。

5.14.2 多点位移计

从观测资料看,1#、2#塌滑体多点位移计最大累计位移为 -4.63 mm,其余累计变化量较小。

5.15 4#施工支洞

堵头上游端施工缝渗透水头从蓄水后随水位而变化,渗透水头从上至下逐渐递减,最高水位时渗透水头为 104.77 m。

5.16 导流洞

堵头上游端施工缝渗透水头从蓄水后随水位而变化,渗透水头从上至下逐渐递减,测缝计变化量微小;最高水头时渗透水头为 150.37 m。

6 结语

洪家渡峡谷地区面板堆石坝的监测设计充分总结了已建工程的成功经验和教训,并考虑到洪家渡大坝工程的特点,在监测布置上力求有所创新,有所突破。针对不对称狭窄河谷,提出了合理监测布置方案,在监测布置中首次特设了纵向变形监测线;在洪家渡大坝由于左右岸的地质极不对称,估计脱空现象较突出,且分布规律较差,故在测点布置时不仅监测最大面板的脱空,还监测每期面板在沿坝轴线方向脱空位移的分布,对面板脱空这一现象进行了系统监测;由于不对称变形,渗漏来源比较复杂,左、右和坝基渗漏量各部位的大小也倍受关注,在两岸坝基设了两条渗流截水沟,对坝体及坝基的渗漏量实施分测,在国内属首例。

漫湾水电站水垫塘水下补强加固

简树明　郭　俊　褚彩菊　岳宏斌

（华能澜沧江水电有限公司漫湾水电厂，云南　云县　675805）

【摘要】 漫湾水电站水垫塘是电站唯一的消能建筑物，承担了大部分泄洪设施和2#～6#机组过水任务，关系到厂房、大坝和左岸边坡的安全。本文主要介绍了2002年至今水垫塘水下补强加固工程的设计、材料试验、施工过程，以及质量控制等方法。

【关键词】 水垫塘冲蚀　磨损　材料实验　补强加固　漫湾水电站

1　工程概况

漫湾水电站为澜沧江中游河段第一个开发的大型水电站，位于云南省云县和景东县交界的澜沧江中游河段上，总装机容量1 670 MW。电站坝址河道曲折如反S形，河谷狭窄，底部宽度约60 m，右岸河边有宽约60 m、长约400 m的基岩滩地。在高程1 000 m处河谷宽约420 m。左岸山体单薄，三面临江，岸坡陡峭，为40°左右的均匀山坡，其表面风化，顺坡向节理裂隙、断层及挤压面等构造发育，稳定性差。右岸山体雄厚，地形坡度20°～35°。

电站工程地区主要岩层为三迭系中统忙怀组流纹岩，岩性相对均一，坚硬成块状，无各相异性，无原生软弱夹层。后期的各类次生蚀变，虽对岩石强度有所削弱，但仍为水工建筑物的较好地基。

枢纽布置采用混凝土重力坝、一期坝后式厂房、二期地下厂房、厂前大差动挑流消能的重叠式布置方案，拦河坝为混凝土实体重力坝。坝轴线为直线，走向NE74°55′32.89，坝顶长418 m，共分19个坝段。长各为1号坝段23 m、8号坝段15 m、15号坝段24 m，非溢流坝段为20 m，溢流坝段为26 m。其中9～14号为河床溢流坝段，其余为非溢流坝段。最大坝高132 m，坝顶高程1 002 m。在9～13坝段布置有5个溢流表孔，溢流堰堰顶高程974 m，宽13 m，自右至左溢流表孔分长短孔间隔布置，其中1、3、5号为长孔，2、4号为短孔。长孔挑角35°，短孔挑角23°。在校核洪水位时，5表孔共可泄洪7 480 m^3/s。消能方式为厂前大差动挑流消能。为充分消能，保护厂坝基础与边坡安全，设计上采用了水垫塘布置方案。水垫塘紧接机组尾水出口布置，长宽约140 m，底板高程880.0 m，为有效改善流态和防止回淤，末端设有左右高中间低的尾坎。水垫塘底板混凝土厚度为2～3 m，即水舌主要冲击区为3 m，尾水出口段的静水区为2 m。底板分块尺寸为13 m×13 m，边坡防护厚度右岸为2 m，左岸为3～5 m，采用封闭式止排水结构形式，块与块之间设止水，内部设有排水沟和排水廊道，右岸布置集水井，左岸边坡设有破漩丁坝结构。

2　水垫塘底板冲蚀、磨损情况

漫湾水电站水垫塘承担大坝表孔溢洪道、左双底孔、左冲沙底孔、右冲沙底孔的泄洪及排沙的消能和全部机组尾水过流任务，工作条件异常艰巨。从 1993 年汛前第一台机组发电投入运行以来，至今已经过 18 个汛期的严峻考验，安全泄放了 2 000 多亿 m^3 水量，保证了厂、坝和左岸边坡的运行安全。

漫湾发电厂十分重视安全生产，1996 年曾委托昆明水电设计院测量了水垫塘水下地形，发现塘内积渣严重，局部区域发生冲刷。2002 年 1 月，在例行的安全检查中，委托专业潜水公司进行了潜水探查和水下录像，发现部分底板有冲蚀和磨损现象，特别是左双底孔水舌冲击区的护 7－7、护 7－8～护 9－7、9－8 和护 5－6～护 5－8 等块，底板面层混凝土均有不同程度的破坏，局部钢筋网已经外露，上层止水片被撕裂，冲磨深度一般在 20～30 cm，最大达 70 cm（底板厚度 3 m）；桩号 0＋223.00～0＋290.00 范围的底板与二道坝上游斜坡转折部位呈条状冲蚀现象，二道坝上游斜坡冲蚀高度约 70 cm，底板冲蚀宽度约 40 cm，深度约 35 cm，钢筋裸露。左侧靠近坡脚的水垫塘底板高程 880.00 m 与高程 881.50 m 之间的斜坡全被冲蚀，钢筋裸露甚至架空。底板的锚筋桩，尚无异常发现。经对底板下的排水廊道检查，在目前塘内水深约 15m 的情况下，除一处集中渗漏稍大外，其余部位渗水量均不大，排水系统处于良好工作状态，廊道结构尚完好。

3 水垫塘底板冲蚀、磨损原因分析

漫湾电厂对水垫塘底板的冲蚀、磨损的检查结果表明，冲蚀、磨损范围分布在水垫塘的左半部，在桩号坝纵 0＋236.00～0＋279.00 与坝横 0＋187.00～0＋260.00 范围内，分布有两个冲蚀磨损区。即：450 m^2 的扇形冲蚀区为①区，冲蚀深度 10～20 cm，钢筋半裸露；1 809 m^2 的半圆形冲蚀区为②区，多处紫铜片裸露或被冲断，局部 113 m^2 范围冲蚀稍深，钢筋裸露或架空，钢筋保护层以下冲蚀深度达 10～20 cm。此外，水垫塘左侧 881.50 m 高程的平台与底板（880.00 m 高程）连接的斜坡被冲蚀；二道坝与底板（880.00 m 的高程）连接处，底板冲蚀宽度约 40 m，二道坝上游面冲蚀高度约 70 cm，冲蚀深度约 35 cm，钢筋裸露或架空。

根据漫湾电厂 1994～2010 年期间的统计资料，各泄水建筑物的泄水累计时间为：左双底孔的长孔 14 692 h、短孔 9 089 h、左冲 1 971 h、右冲 991 h、2 号表孔 2 517 h、3 号表孔 517.2 h、4 号表孔 2 159 h。可见，左双底孔的泄水时间相对较长，相比 4 号表孔的泄水时间不算长。

根据 1990 年 4 月昆明电力勘测设计研究完成的《漫湾水电站枢纽整体水工模型试验研究报告》（厂前大差动挑流方案优化第三阶段）的试验成果分析，左双底孔的长孔水舌落点主要集中在坝横 0＋220.00～0＋245.00 范围的 881.50 高程平台及坡脚处；从该报告的水垫塘底板的压力等值线图分析，4 号表孔的水舌落点范围与目前电厂测得的②冲蚀区比较接近，且该范围的压力值较水垫塘底板的其他区域要大。从水工模型试验成果判断，如果水垫塘底板混凝土施工质量比较均匀，则②冲蚀区应该主要由 4 号表孔泄水引起，其次还受相邻的左岸双底孔及 3 号表孔的影响。

水垫塘左侧 881.50 m 平台与水垫塘底板连接的斜坡冲蚀和二道坝上游面与底板连接处的冲蚀机理较为复杂，前者在水工模型试验成果中其压力值与周围无明显区别，后者在水工模型试验成果中其压力等值线密集且相对较高。经分析认为水垫塘冲蚀磨损的主要原因如下：

(1)受水垫塘堆渣的磨损,在环状水流的推动下,堆渣受上述界面的约束,其对界面有磨损作用。

(2)界面转折面引起水流流线的改变,使水压力的冲击作用增大而引起冲蚀。

(3)直接承受泄水水舌的冲击引起的冲蚀同样承受下泄水舌的冲击,水垫塘左侧斜坡两侧的881.50 m高程平台及底板的冲蚀不明显,斜坡比两侧平台增加多大的压力,待今后进一步观察分析。

4 水垫塘冲蚀、磨损处理的必要性

漫湾坝址位于长约400 m的狭窄直线河段上,厂房后140 m接约50°的河道弯段,表孔溢洪道采用厂前挑流消能,冲坑位置距厂房较近,左岸自然山坡较陡,顺坡层节理、挤压面、小断层和卸荷裂隙极为发育,因此左岸边坡的整体稳定性较差;河床岩体破碎,并有F_{330}和F_{331}等7条断层分布,顺河向的F_{330}、F_{331}和F_{305}断层破碎带宽2 m左右,其两侧有Ⅱb类岩石约7 m宽,因此河床抗冲能力低;漫湾电站具有泄洪频繁且流量大、历时长及泄洪能量大等特点,大量的洪水要通过坝顶表孔和左泄双底孔宣泄,最大下泄功率约15 630 MW。

漫湾水电站的水垫塘就是针对本工程泄洪功率大和地质条件差的特点而设置的。它的主要作用就是在泄洪建筑物的下泄水流的冲刷坑范围形成水垫,以减小下泄水流对底板的冲蚀;在水垫塘底部和岸坡设置混凝土衬砌主要是防止在底部形成较大的冲刷坑而危及大坝、厂房和岸坡的安全。

影响水垫塘安全的因素较多,如底板混凝土的厚度、强度及所采取的加固措施;底部和两岸岩体的强度、完整性,断层及软弱带的分布情况;下泄水流在水垫塘内产生的流态、静水压力及动水压力;水垫塘的混凝土施工质量和泄洪建筑物的运行方式等。要想分析水垫塘局部破坏后对大坝和左岸边坡安全的影响程度是比较困难的,即使进行模型试验也难以合理模拟上述因素,况且在短时间内是不可能做到的。因此,对待水垫塘只能是定期检查,一旦发现问题就及时处理,对防止冲蚀、磨损的范围进一步扩大和加深是非常必要的。

5 处理方案研究

鉴于水垫塘安全对保证厂、坝和左岸边坡稳定有重要影响,针对水垫塘底板存在的问题,及时进行工程处理是必要的。考虑到漫湾电厂为云南电力系统的主力电厂,工程处理只能在电厂不停电的情况下进行。即方案拟定宜以电厂不停产、水垫塘有水、工期短为原则。

方案一:钢围囹木挡板围堰浇筑混凝土。

方案二:水下浇筑混凝土。

方案一:采用若干节挡土结构组成围堰,每节围囹体段主要由横梁、立柱、栏杆及木板构成。横梁、立柱采用槽钢、拉杆采用厚壁钢管,迎水面和背水面固定木板,围堰构架沉放就位后,中间回填黏土或风化砂等防渗土料形成围堰。由于设置了围堰,混凝土浇筑质量容易保证,但围堰结构制作稍复杂,存在围堰结构制作、就位、填筑防渗土料和拆除等问题,工期稍长,经研究不拟采用。

方案二:水下浇筑混凝土不需要围堰施工,工期稍短,但混凝土拌和物倒入水中,当其穿过水层时,骨料便和水泥分离,并沉入水底;水泥则部分被水带走,部分处于悬浮状态。当水泥下沉时已呈凝固状态,失去胶结能力。因此,混凝土浇筑质量难以保证,尤其在水流动状态更难以保证。借鉴一些工程经验和科研成果,在混凝土拌和物中加入不分散剂(絮凝剂),在水泥颗粒之间形成桥梁结构,增大了吸附力,提高了黏性,抑制了骨料的沉降和离析,从而使混凝土在水下硬化前获得一定程度的抗分散性,并且自流平,自密实,强度高,一般七天龄期就可使该水下混凝土的抗压强度达到 20 MPa 以上。由于不存在构筑和拆除围堰等问题,工期较短。故经研究,采用水下混凝土浇筑方案。

6 材料研究、试验

2002 年 3 月,经过充分调研,邀请国内水下不分散混凝土添加剂厂家到现场进行材料试验,重点进行 HK – NDC 水下不分散混凝土、PBM – 3 环氧树脂混凝土模拟水下试验(详见表 1 和 2),并成功浇筑 HK – NDC 水下不分散混凝土 39 m^3,PBM – 3 环氧树脂混凝土 11 m^3,修补面积约 300 m^2。经过一个汛期考验,2002 年 12 月,漫湾电厂对修补区域进行汛后检查,发现 HK – NDC 水下不分散混凝土大部分被冲毁,而 PBM – 3 环氧树脂混凝土则基本保持原样,说明 HK – NDC 水下不分散混凝土与原混凝土胶结力不能满足要求。

6.1 HK – NDC 水下不分散混凝土的抗压强度

水泥品种:低碱快硬硫铝酸盐水泥。

絮凝剂:HK – NDC 水下不分散剂。

抗压试件尺寸:10 cm × 10 cm × 10 cm。

换算系数:0.95。

表 1 HK – NDC 水下不分散混凝土的抗压强度

龄期(d)	荷载(kN)	平均荷载(kN)	抗压强度(×0.95 系数)(MPa)
1	172 175 168	172	16.3
3	282 270 290	281	26.7
7	336 305 312	318	30.2
28	388 397 400	395	37.5

6.2 PBM – 3 混凝土的抗压强度

水泥品种:钱潮牌 42.5 普通硅酸盐水泥。

树脂品种:PBM – 3。

引发剂和促进剂:PBM – 3 ×0.8%。

抗压试件尺寸:10 cm × 10 cm × 10 cm。

换算系数:0.95。

表 2 PBM – 3 环氧树脂混凝土的抗压强度

龄期(d)	荷载(kN)	平均荷载(kN)	抗压强度(×0.95 系数)(MPa)
1	364 368 374	369	35
3	510 510 516	512	48.6
28	650 650 670	657	62.4

由于漫湾水电站是云南电网主力发电厂，承担电网调峰和调压任务，加之水库调洪能力较弱，每天具备水下施工时间约为6 h，并且在水下不分散混凝土浇筑结束后1 h内机组即充水发电，施工环境复杂，施工技术要求高。为了找到适合漫湾水垫塘补强加固的材料，电厂又邀请了华东电力设计研究院、中国石油化工技术研究院、挪威斯瑞特建材公司专家到现场进行了多次试验。其中，UWB水下不分散混凝土添加剂具有较好的自流平、自密实性，可配制C15～C60水下混凝土，坍扩度可达20～25 cm，初凝时间为5～10 h，终凝时间为10～50 h，凝固时间可调，抗渗可达S20以上，抗腐蚀系数不小于0.85，不污染水域、不锈蚀钢筋。

2003年2～4月，漫湾电厂通过招标，分别由两家水下工程公司施工，浇筑由华东电力设计研究院生产的PBM－3环氧树脂混凝土和中国石油化工技术研究院生产的UWB水下不分散混凝土，共完成3个冲坑修补，其中UWB混凝土166 m^3，PBM环氧混凝土109 m^3，共计275 m^3。在汛后复查过程中发现，UWB水下不分散混凝土各项性能指标均满足设计，性价比超过PBM－3环氧树脂混凝土。

7 施工技术控制

7.1 水下测量

清除冲坑内的卵石、钢筋等杂物，由潜水员水下测量冲坑范围及损坏情况，通过水下录像、水下工具测量、电视监控等手段进行实测，在测点处打上铆钉或锚杆，用铁丝串联以形成边界，以便水面上定位、绘图、确定浇筑方案、确定切割边线，制作钢筋网。

7.2 冲坑钢筋清理、边缘及内部簿层混凝土切割撬挖、内部浇筑面凿毛、钢丝刷清洗

冲坏的钢筋如能恢复就留下，否则割除高于浇筑面以上的钢筋后再焊接恢复钢筋网，割除面低于原混凝土面10 cm，以保证保护层厚度不低于10 cm。

7.3 锚固筋布设

锚固筋采用直径25 mm的螺纹钢，间距100 cm，排距50 cm，锚固筋密度确保不少于2根/ m^2，交错布置，孔深50 cm，孔径4～5 cm。内部充填适量PBM树脂水泥砂浆锚固剂，锚固筋插到底后充填满钻孔，并进行拉拔试验（抽检），保证握裹力大于2 MPa。

7.4 水下焊接限裂钢筋网

水下布设锚固筋作业完毕，锚固砂浆达到一定强度后进行阶段性检查，合格后开始进行水下分布筋的焊接。考虑到水垫塘水温稳定，分布筋布置可不按原分块进行布置。纵横钢筋规格及密度为Φ12@50，保护层厚度为10～30 cm。限裂钢筋网与原钢筋网和锚固筋之间采用连接钢筋进行单面焊，焊缝长度4 cm，连接钢筋规格Φ12。限裂钢筋网与原钢筋网之间的连接筋布置为梅花形，间排距为100 cm，形状为两端带钩的槽钢形或“Z”字形钢筋。限裂钢筋网与锚固筋之间的连接筋为两端带钩的L形钢筋。限裂钢筋网布置焊接后须进行验收签证。

7.5 立模清洗

在处理好的基坑周边架立焊接钢板模，模板高度根据冲坑深度而定，底板不能高于原混

凝土面，即原钢筋网水平面以上 30 cm；斜坡面为了方便浇筑，可凸出原混凝土面 10 cm，周边立模必须密封，杜绝漏浆，在老混凝土面形成薄层混凝土。

7.6 浇筑前准备工作

UWB 水下不分散混凝土浇筑前必须再次用高压水进行基面清洗，确保基面干净，每个浇筑仓内预留出 5 ~ 10 根高于模板顶面（浇筑面）10 cm 的锚固筋（锚固筋均匀分布整个仓面），并在锚固筋上端焊接 10 cm 长的水平钢筋，高度与模板上表面平齐，作为混凝土浇筑顶面的控制线和确定冲蚀破坏的参照物。

7.7 混凝土试验及强度要求

采用二级配 C40 UWB 水下不分散混凝土浇筑，按现场试验的配比配制混凝土。取样试件应在接近水垫塘水温环境下养护。检测内容包括坍落度、扩展度、初凝时间、终凝时间、抗压强度及抗折强度等。

（1）新浇筑混凝土要求表面平整，新老混凝土胶接良好，高度不超过周围边坡和底板 10 cm。

（2）每次浇筑混凝土需进行仓内取样，每个冲坑取 3 组，每组 3 个；试件与浇筑的混凝土同等养护条件下 28 d 龄期抗压强度为 40 MPa。

8 质量评价

从 2002 年至 2010 年，漫湾水垫塘水下补强加固连续进行了九期，共计浇筑水下不分散混凝土 2 746.21 m^3，其中，NDC39 m^3，PBM213.49 m^3，UWB2 493.72 m^3。由于受到机组停机时间和水下施工难度限制，水下不分散混凝土配比按初凝 40 min、终凝 60 min、抗压强度大于 40 MPa、自流平、自密实设计，在施工过程中，漫湾电厂不断总结经验，优化工艺流程，施工效率逐年提高，混凝土浇筑质量也不断提升，但仍然存在以下不足。

8.1 钢筋工程

锚固筋锚固质量水下拉拔试验不能有效开展，锚固质量未完全达标；限裂钢筋网焊接未做到满焊。

8.2 模板工程

模板之间、模板与老混凝土浇筑面之间存在搭接不严，有漏浆现象；边模板未能做到 45°角，增加新浇筑混凝土冲刷机率。

8.3 浇筑工程

在沉箱法浇筑过程中，沉箱料斗出口高度未完全按要求实施，混凝土骨料经水洗后，强度降低；在导管法浇筑过程中，由于无法实现连续供料，存在导管反水现象，降低了混凝土质量；另外，水下浇筑采取自流平工艺，导致混凝土浇筑面平整度达不到要求。

8.4 保养工程

由于水下混凝土浇筑后，机组即开机发电，新浇筑混凝土马上受到水流冲刷，加之流态紊乱，尽管采取了钢板加薄膜的防冲措施，但冲刷仍然严重。

总之，经过多年努力，以及施工方法、工艺不断创新，漫湾水垫塘水下混凝土浇筑情况良好，混凝土表面平整光滑，与老混凝土结合密实，未出现掏空等现象，仅有局部接合缝出现少量冲刷，水垫塘底板混凝土修补质量是有保证的。

通过近几年对水垫塘检修廊道渗水量的观测，发现其渗水得到了有效控制，渗水量已基本稳定下来,有效地控制了冲坑的发展,测值详见图 1。

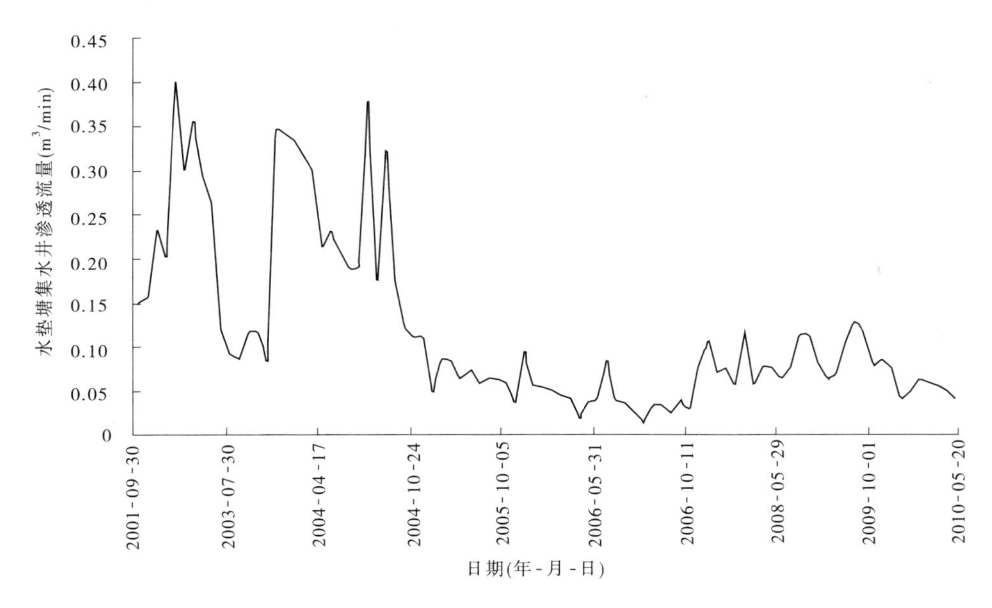

图 1　水垫塘周边廊道渗水过程线

9　结语

水垫塘是针对漫湾水电站枢纽工程泄洪频繁且流量大、历时长、泄洪功率大和地质条件差的特点而设置的,其主要作用是在泄洪水流的冲坑范围形成水垫,以减小水流对底板的冲蚀,在水垫塘底部和岸坡设置混凝土衬砌主要是防止在底部形成较大的冲刷坑而危及大坝、厂房和岸坡的安全。

漫湾电厂非常重视大坝安全管理,充分认识到水垫塘冲蚀磨损对大坝安全带来的隐患,投入大量资金进行补强加固,在连续 10 年的施工过程中,不断创新,积极调研新工艺、新材料,采取有效措施,遏制了水垫塘冲坑的进一步发展。随着漫湾二期、上游小湾电站投产发电,漫湾水电站泄洪时间和频次逐步减少,水垫塘运行环境不断改善。但是,漫湾电厂仍然关注水垫塘安全,委托昆明电力勘测设计研究院完成了彻底修补水垫塘冲坑的方案,并将创造条件促成方案的最终实现。

基于风险管理的贵州乌江东风水电站大坝中孔处理方案研究

张翔宇[1]　杨　松[2]

（贵州乌江水电开发有限责任公司东风发电厂，贵州　清镇　551408）

【摘要】 本文在介绍世界先进大坝风险评价与管理及溃坝洪水模型的基础上，进一步介绍了贵州乌江东风水电站大坝运行的气候与水文环境，同时对大坝运行性态进行了分析；然后根据包络原理，拟出可能的处理方案；针对每个方案，结合该电站建设中大坝存在的缺陷、现行设计规范和上游水（库）电站建成后的调蓄影响等进行技术经济分析与风险评价。最后，通过风险值Rr比较，提出该大坝中孔处理的最优方案，对即将进行的该大坝中孔处理方案可行性研究提供了极有价值的参考。

【关键词】 风险　溃坝　洪水模型　大坝中孔　处理　研究

1　引言

贵州乌江东风水电站（简称东风）位于乌江干流上游清镇市与黔西县的界河——鸭池河河段，距贵阳市88 km，是乌江干流水电站梯级开发的第二级。东风上游左岸是洪家渡水电站、右岸是引子渡水电站，下游为索风营水电站；东风最大坝高162 m，坝址控制流域面积18 161 km^2，总库容10.25亿m^3；电站距负荷中心较近，以发电为主，于1984年开工建设，1989年实现截流，1994年水库下闸蓄水，同年首台机组并网发电，1995年底全部机组投产运行，装机容量为51万kW；2004年，通过改造增容，将1号机由17万kW改造增容至19万kW，总容量增加为53万kW；至2005年底，将2、3号机由17万kW改增至19万kW，扩建的4号机容量为12.5万kW，于同年年底投入商业运行，至此总装机容量达69.5万kW。2011年8月22～23日，在东风大坝安全第二轮定检第三次会议召开期间，定检专家组的有关专家认为随着上游洪家渡、引子渡及普定水电站的建成投运，其调蓄作用大幅削减了东风洪水流量，建议封闭左、右中孔。

据统计，在我国，仅1954～2004年就发生了3 462起大坝溃决事件，其中有大型水库2座，中型水库124座，小（1）型水库668座，小（2）型水库2 668座。2座大型水库是河南“75·8”大洪水中溃决的板桥、石漫滩水库，由于遭遇了超标准洪水而溃决。在溃决事件中，洪水漫顶是最主要的一种溃坝模式，所占比例为50.6%，坝体质量问题引起的溃坝事件占38.0%，而管理和其他问题引起的溃坝事件仅占11.4%。2012年1月1日，我厂以厂发文（东电厂【2012】1号文）形式进一步明确开展东风大坝左、右中孔处理的可行性研究工作。结合有关工作安排，笔者于2012年1月开展了该课题的研究（详见《东风大坝中孔处理方案研究报告》，简称研究报告）。本文基于上述背景，从风险管理角度探讨东风大坝中孔处理方案的研究。

2 大坝风险管理与溃坝洪水模型

2.1 大坝风险评价与管理

大坝风险评价和风险管理技术是20世纪80年代发展起来的大坝安全管理技术，在生产力水平较高的国家已得到较广应用；如美国陆军工程师团（USACE）的Hagen于1982年最早提出的风险概念，用相对风险指数来判别大坝风险，相对风险指数用下式计算：

$$Rr = \prod_{i=1}^{3} O_i + \prod_{j=1}^{3} S_j \tag{1}$$

式(1)中有两大类风险因素，按项分别打分，共250分；即漫顶因素（占125分）和结构险情因素（占125分）：O_i 为洪水漫顶的第 i 项风险因素值，O_1 为溃坝危及的家庭数，O_2 为按现行洪水设计标准工程达到的防洪库容，O_3 为大坝抗御漫顶破坏的能力；S_j 为建筑结构的第 j 项险情（含地震及洪水）值，S_1 为溃坝危害的家庭数，S_2 为建筑物明显的损坏，S_3 为潜在地震活动性。O_i、S_j 值随风险的高低而相应增减。Rr 值高，则表明该工程危险。

2000年在我国召开的第20届国际大坝会议对我国坝工界具有十分重要的意义，这次会议的第76项专题就是大坝风险分析。此后，大坝风险逐渐发展成一种安全管理新理念。其最大的特点就是不仅关心大坝安全，而且关心大坝溃决对上、下游的影响。换言之，大坝风险就是大坝溃决概率和溃决影响的综合。大坝风险的理念对我国大坝安全与管理的影响十分巨大，实际上是将我国工程界历来重视的“工程安全”转换到“工程风险”的思路上来。工程安全和工程风险两种理念代表了两种不同的生产力发展水平要求。生产力水平较低时，人们满足于工程的安全。随着生产力发展，人们已不仅仅关注工程是否安全，而且更加关注与自己切身利益和生存有关的社会、环境等各种威胁。这就是为什么先进国家率先提出风险的理念，这也是为什么我国政府在21世纪提出了“以人为本”和全面、协调、可持续发展的战略决策。2003年，澳大利亚大坝委员会正式发布了《风险评价指南》，国际大坝委员会发布了《大坝安全管理中的风险评价》指南。2011年6月15日，为加强电力安全事故的应急处置工作，控制、减轻和消除电力安全事故损害，国务院第159次常务会议通过《电力安全事故应急处置和调查处理条例》（简称《条例》），已于2011年9月1日起施行；为贯彻落实《条例》，加强对可能引发电力安全事故的重大风险管控，国家电监会组织制定了《电力安全事件监督管理暂行规定》（简称《规定》），并于2012年1月12日印发、执行该《规定》，该《规定》明确将库水漫坝或者水电厂在泄洪过程中发生的消能防冲设施破坏、下游近坝堤岸垮塌列为国家电力监管部门重点监管的十项电力安全事件之一。

2.2 溃坝洪水模型

目前，国内外计算溃坝的洪水模型较多，通过对主要瞬间全溃模型的分析可以看出，里特尔公式与肖克列奇、波堰流相交公式适用条件是一致的，但在相同条件下，波堰流相交公式计算结果偏小，原因是其用堰流来反映坝址出流；正负波相交公式、斯托克公式及谢任之公式都考虑了下游水深对坝址出流有影响的情况，三者是等价的；波额流量公式虽然适用于任意断面形状的河槽，但河槽横断面面积不易给出，且计算结果可能存在偏大的问题。根据东风情况，本文采用里特尔公式作为东风大坝溃决洪水模型计算的主要理论依据。该公式早在1892年由德国的里特尔在平底无阻力矩形棱柱体河槽下游无水的情况下推出，为世界

上大坝溃决的第一套计算公式,通过下式计算坝址瞬间最大流量:

$$Q_{max} = \frac{8}{27} b \sqrt{g} H_0^{\frac{3}{2}} \tag{2}$$

式中:Q_{max}为水库溃坝最大流量,m^3/s;g 为重力加速度,取 9.8 m/s^2;b 为库区平均宽度,m,本文取 145 m;H_0 为溃坝前坝前平均水深,m,本文取 119.53 m。

利用式(3)进行水库溃坝最大流量沿程演进估算:

$$Q_L = \frac{W}{\frac{W}{Q_{max}} + \frac{L}{v_{max} K}} \tag{3}$$

式中:Q_L 为距坝址 L(m)控制断面最大溃坝演进流量,m^3/s;W 为水库总库容,m^3;Q_{max}为坝址最大流量,m^3/s;L 为控制断面距水库坝址的距离,m;v_{max}为特大洪水的最大流速,无资料时,山区统一取 3 ~ 5 m/s,本文取 4.3 m/s;K 为经验系数,山区取 1.1 ~ 1.5,本文取 1.37。

3 东风气候及水文

3.1 东风以上流域气侯与径流

贵州省乌江流域属于亚热带季风气候区,冬季受北方西伯利亚冷气流的影响,夏季受印度洋孟加拉湾的西南暖湿气流和西太平洋的海洋性气候影响,湿润多雨,地势较高的高原面与地势较低洼的河谷,气候有明显的差异。流域内雨量丰沛,东风以上流域多年平均降水量为 1 102.0 mm,降水年内分配极不均匀,5 ~ 10 月降水量约占全年的 83%。汛期多暴雨和阵雨,大暴雨多发生在 6 ~ 7 月。昼夜温差大,常形成夜雨,枯期降水量较少,冬季呈多阴雨气候特点。降水在地区上的分布很不均匀,西北部多年平均降水量不足 1 000 mm,东南部多年平均降水量均在 1 400 mm 以上。东风径流的年内变化较大,汛期枯期分明,汛期(5 ~ 10 月)径流量占全年径流总量的 82.0%,年最枯流量一般出现在 3 月。径流年内分配见表 1。

表 1 东风坝址径流年内分配

时间	5 月	6 月	7 月	8 月	9 月	10 月	11 月	12 月	1 月	2 月	3 月	4 月	全年
月平均流量(m^3/s)	327	731	803	605	482	356	194	120	97.1	94.2	88.0	129	335.5
径流量占全年比例(%)	8.2	18.1	19.9	15.0	12.0	8.8	4.8	3.0	2.4	2.4	2.2	3.2	100

3.2 东风洪水分析

3.2.1 暴雨的时空分布特点

乌江流域多年平均降水量 1 163 mm,东风以上多年平均降水量 1 102 mm,上游降水量自西北向东南递增,由乌江流域水系图可知,西北部的毕节、威宁、赫章一带年降水量不足 1 000 mm。东南部的安顺、平坝、普定及织金一带年降水量达 1 200 mm 以上,其中织金达 1 400 mm,珠藏达 1 600 mm,此为干流三岔河的暴雨中心,也是贵州省的暴雨中心之一,东风以上各区多年平均降水量见表 2。

表 2　东风以上各区多年平均降水量

各区域	多年平均降水量(mm)
东风以上	1 102
洪家渡以上	992
徐家渡以上	1 267

东风以上流域暴雨时空分布具有如下特点：年平均大雨日数(25 mm≤日雨量 <50 mm)为10.6 d，其中珠藏16.4 d为最多，六曲沟6.2 d为最少。年平均暴雨日数(50 mm≤日雨量)为2.3 d，其中珠藏4.9 d为最多，盐仓0.8 d为最少。大雨、暴雨分布为自流域地势较高的西北部向地势较低的东南部增加；最大日降水量为333.5 mm(1991年7月2日出现在大湾)，次大日降水量为248 mm(1991年7月8日出现在平坝)，其次为215.4 mm(1964年6月29日出现在普定)；一次暴雨在地区分布上常出现多个暴雨中心，且南北摆动，如1964年6月27日出现在洪家渡的最大日降水量为110.8 mm，而29日暴雨中心移至三岔河的普定，降雨面积大，持续时间长暴雨常发生，如“91·7”暴雨，暴雨过程从6月30日起至7月13日，历时14 d，其中灾害性的大暴雨及特大暴雨集中在7月2～10日这9 d，以2日、4日、8日三场特大暴雨最为严重。7月2日特大暴雨主要集中三岔河上游，8日特大暴雨主要笼罩在三岔河下游及猫跳河流域。每次暴雨中心位置均由西往东移动，造成下游洪水的遭遇，呈现多峰，促使洪峰更高。

3.2.2　东风洪水分析

根据流域的降水特性及暴雨的时空分布，洪水的地区组成主要指三岔河的洪水与六冲河发生的洪水叠加，其组成情况见表3。由表3可以看出，洪家渡以上集水面积占鸭池河集水面积的52.6%，但其三天洪量(除1964年外)所占比例均较小，而徐家渡的情况正好相反。由表3还可看出，1991年7月大洪水，洪家渡洪量所占比例尤其小，而徐家渡洪量所占比例远远大于集水面积的比例，这与其降水分布十分吻合。从洪家渡站1957年至今的资料来看，当洪家渡站三天洪量占鸭池河站的比例与其集水面积占鸭池河站的比例相差不大时，就会形成该站历年第一大洪水，如1964年6月洪水。

表 3　鸭池河以上洪水地区组成情况

地区	鸭池河		洪—徐—鸭区间		洪家渡		徐家渡	
面积比	18 187 km^2	100%	2 197 km^2	12%	9 559 km^2	52.6%	6 431 km^2	35.4%
项目	W_3(亿 m^3)	百分比(%)	W_3(亿 m^3)	百分比(%)	W_3(亿 m^3)	百分比(%)	W_3(亿 m^3)	百分比(%)
1961-10-24	7.87	100	0.91	11.6	2.8	35.6	4.16	52.8
1963-07-11	9.38	100	1.76	18.8	2.43	25.6	5.19	55.6
1964-06-28	13.46	100	1.35	10.0	6.9	51.3	5.21	38.7
1965-06-18	8.33	100	1.15	13.8	3.49	41.9	3.69	44.3
1990-06-24	9.00	100	2.48	27.6	2.6	28.9	3.92	43.5
1991-07-09	11.5	100	1.87	16.3	1.95	17	7.68	66.7

随着上游电站的建成，水库对洪水不同程度的调蓄影响，致使发生稀遇洪水时，上游三岔河的引子渡下泄与六冲河的洪家渡下泄发生遭遇的机率大大增加，对洪峰更是如此，如1964年洪水，三岔河与六冲河隔日发生大洪水。在天然情况下，洪水过程一般较为尖瘦，峰顶持续时间为1~2 h。据统计，徐家渡至鸭池河站间洪水传播时间为3 h左右，洪家渡至鸭池河站间洪水传播时间为5 h左右，由于峰现时间短，传播时间错开，两河洪峰叠加的机率很小。但建库后，上游发生稀遇洪水时，经调洪计算可知，水库对洪水过程削峰的同时，使下泄过程的峰现时间延长，对调节性能好的洪家渡水库更是如此，再则流域暴雨中心的走向与三岔河的走向一致，所以较天然情况下两河洪峰遭遇的机率加大。而东风水库是季调节，为洪峰控制，所以对洪峰遭遇应引起特别重视。

4 东风大坝运行性态分析

4.1 大坝变形情况分析

从安全监测资料可以看出，坝基、坝肩多年平均位移量仅 -0.78~1.86 mm，变形量不大，无异常变化；坝身除大坝挡水初期切向、径向向上游面的位移略超设计值外，坝身测点的其余变形均小于相应部位的设计值；水平位移、垂直位移分布合理，虽坝顶978 mm高程拱圈在高温组合中出现非对称性变形，但未发现大坝有塑性型趋势性异常变形。大坝横缝、接触缝空间分布合理，且横缝开合量在 -2.97~3.98 mm，量值较小，呈稳定状态，接触缝开合度在 -0.37~0.98 mm，变幅微小且趋稳定。

4.2 坝体温度分析

除945 m、915 m高程温降荷载的均匀温度变化 T_m 外，其余坝体温度及温度场分布未见异常且较稳定。

4.3 应力应变分析

应变具有明显的年周期性变化，与温度呈正相关，符合混凝土变化规律。

径向应变：除11#坝段914.0 m高程下游侧出现较小拉应变外，其余部位均为压应变，最大多年平均压应变为574.13 με，出现在11#坝段840.0 m高程的下游侧。

切向应变：除11#坝段840.0 m高程出现较小拉应变外，其余部位均为压应变，压应变多年平均最大值为273.48 με，出现在11#坝段914.0 m高程的上游侧。

垂直向应变：除4#坝段859.4 m高程出现较小拉应变外，其余部位均为压应变，压应变多年平均最大值为317.49 με，出现在11#坝段885.0 m高程的上游侧。

4.4 中孔孔口钢筋应力分析

钢筋应力多与温度具有良好的负相关性，即升温受压，降温受拉或压应力减少，在5~9月外界气温较高，坝体混凝土温度相应较高，此时大多数测点处于受压状态，11~12月温度急剧下降，大多数测点由压受拉或压应力快速减小。钢筋计实测最大应力的变化范围为 -11.43~93.78 MPa。

4.5 中孔裂缝变形分析

中孔裂缝开合度较小，处于闭合或者微开状态，裂缝基本处于稳定状态，无明显趋势性变化。

4.6 东风大坝运行性态结论

通过对东风大坝历年安全监测资料的分析可以看出，受坝身结构、溢洪道开挖、F_{38}断层溶洞的处理、坝前 F_7 断层及岩层防渗帷幕、局部施工质量等因素的综合影响，大坝局部有非对称性变形、中心线偏移和逆时针方向旋转等现象，但未发现大坝有塑性型趋势性异常变形，东风大坝目前运行稳定、运行性态良好。

5 东风大坝中孔处理方案优选

5.1 处理方案初选

根据包络原理，拟出各种可能的方案如下：

(1)方案1。将中孔全部进行封闭，冲砂由泄洪洞完成。

(2)方案2。不对中孔进行封闭，仅进行加固处理。

(3)方案3。仅对左、右中孔进行封闭，中中孔进行加固处理。

(4)方案4。仅对左中孔进行封闭，其余进行加固处理。

(5)方案5。仅对右中孔进行封闭，其余进行加固处理。

(6)方案6。仅对中中孔进行封闭，其余进行加固处理；冲砂由左中孔或右中孔完成。

(7)方案7。不对中孔进行封闭，也不进行加固处理。

5.2 处理方案技术经济分析与风险评价

5.2.1 技术分析

5.2.1.1 防洪能力及影响分析

东风水库以上现有已建成的普定水库、引子渡水库和六冲河上的洪家渡水库。东风、普定和引子渡水库具有季调节性能，洪家渡水库具有多年调节能力。因东风水库为季调节，洪峰起主要控制作用。东风上游来水采用引子渡下泄、洪家渡下泄及徐—鸭—洪区间洪水叠加。由《研究报告》知，经上游水库调蓄影响后的东风设计洪水成果见表4，各方案防洪能力见表5。

表4 上游水库调蓄影响后的东风坝址设计洪峰成果 （单位：m^3/s）

频率	方法	天然洪峰	调蓄后洪峰	削减百分数(%)
$P=1\%$	典型年	11 000	10 320	-6.2
	鸭、徐同频洪相应	11 000	10 510	-4.5
	鸭、洪同频徐相应	11 000	10 290	-6.5
$P=0.1\%$	典型年	14 400	13 120	-8.9
	鸭、徐同频洪相应	14 400	13 300	-7.6
	鸭、洪同频徐相应	14 400	11 850	-17.7
$P=0.2\%$	典型年	13 400	10 490	-21.7
	鸭、徐同频洪相应	13 400	11 578	-13.6
	鸭、洪同频徐相应	13 400	9 420	-29.7
$P=0.05\%$	典型年	15 400	12 195	-20.8
	鸭、徐同频洪相应	15 400	13 490	-12.4
	鸭、洪同频徐相应	15 400	11 195	-27.3

表5　中孔处理初选方案防洪能力成果　（单位：m^3/s）

频率	0.05%	0.1%	0.2%	1%	2%	5%	10%	20%
设计值	15 400	14 400	13 400	11 000	9 880	8 430	7 290	6 090
调蓄入库值	12 620	12 119	11 495	9 169	9 880	8 430	7 290	6 090
最大下泄值	12 195	11 987	11 125	8 105	8 161	7 587	6 560	5 480
方案1下泄值				9 845	8 161	7587	6 560	5 480
方案3下泄值			10 390	8 105	8 161	7 587	6 560	5 480
方案4、5下泄值		11 430	11 125	8 105	8 161	7 587	6 560	5 480
方案6下泄值		11 980	11 125	8 105	8 161	7 587	6 560	5 480
方案2、7下泄值	12 500	11 987	11 125	8 105	8 161	7 587	6 560	5 480

从表5可知：

（1）方案1。防洪能力可以达到百年一遇，仅满足《水电枢纽工程等级划分及设计标准（山区、丘陵区部分）》（SDJ 12—78）（简称旧规范）及其补充规定的设计洪水标准，但方案1防洪能力达不到500年一遇，不能满足《水电枢纽工程等级划分及设计安全标准》（DL 5180—2003）（简称新规范）的设计洪水标准，同时，若将中孔全部封闭，则当遭遇10年一遇及以上洪水时将开启表孔参与泄洪，导致两岸边坡易遭受冲刷而恶化边坡稳定条件，影响两岸边坡，特别是右坝肩下游边坡和左岸溢洪道边坡的稳定，极有可能加大右岸边坡面水下渗量而影响地下厂房发变组的正常运行。

（2）方案2、7。防洪能力可达500年一遇，基本达2000年一遇，满足新规范的设计洪水标准，基本满足新规范的校核洪水标准，且当遇500年一遇的新规范设计洪水标准时，只要调度得当可不开启表孔参与泄洪，从而减少对两岸边坡的冲刷，有利于两岸边坡的稳定。

（3）方案3。防洪能力可以达到百年一遇，满足旧规范的设计洪水标准，但该方案防洪能力达不到500年一遇，不能满足新规范的设计洪水标准，同时，若将左、右中孔封闭，则当遇20年一遇以上洪水时便需开启表孔参与泄洪，导致两岸边坡遭受冲刷而恶化边坡稳定条件，影响两岸边坡，特别是右坝肩下游边坡和左岸溢洪道边坡的稳定和地下厂房发变组的正常运行。

（4）方案4、5。防洪能力可达500年一遇，满足新规范的设计洪水标准，但不能满足新规范的校核洪水标准，且当遇近千年一遇及以上洪水但未达旧规范的设计洪水标准时便需开启表孔参与泄洪。

（5）方案6。防洪能力基本可达千年一遇，满足新规范的设计洪水标准，但不能满足新规范的校核洪水标准，且当遇近千年一遇及以上洪水时便需开启表孔参与泄洪。

5.2.1.2　结构影响分析

从前述大坝运行性态分析可知，东风大坝目前运行稳定、未发现异常，但由于大坝运行环境变化的复杂性和不确定性，尤其是工程建设中由于施工等原因存在质量、结构缺陷，削弱了大坝的安全储备，且自1994年下闸蓄水投运以来，东风大坝尚未经历设计正常蓄水位以上水位、烈度大于4.9的地震和库岸坍塌造成的巨大涌浪等运行条件的检验，因此从结构上讲，中孔封闭对提高大坝安全储备是有利的。封闭方案采用300号混凝土进行，加固方案采用钢衬、锚固和灌浆相结合；通过估算，各方案对大坝结构的影响情况统计表6。

表6　各方案安全储备贡献率　（%）

方案	方案1	方案2	方案3	方案4	方案5	方案6	方案7
储备贡献率	7.1	8.9	7.3	7.7	7.9	8.3	0

5.2.2　投资成本分析

根据上述封闭方案和加固方案，通过估算，各方案投资情况统计见表7。

表7　各方案投资情况统计　（单位：万元）

方案	方案1	方案2	方案3	方案4	方案5	方案6	方案7
投资	871.9	973.1	878.5	890.0	890.0	895.8	0

5.2.3　技术经济分析

由东风建设资料可知，若安全储备贡献率达7.0%，便可使大坝混凝土强度达设计安全储备，所以上述方案中除方案7外，其余均满足要求；但从上述防洪能力、结构影响和投资成本分析情况看，各方案都有其优缺点：从防洪能力看，方案2、方案7均优；从对安全储备的贡献情况看，方案2最优；从投资成本看，方案7最优；从防洪能力和投资成本看，方案7最优；从防洪能力和对安全储备的贡献情况看，方案2最优；从投资成本和对安全储备的贡献情况看，方案6最优。所以，采用传统方案优选法难以找到最优方案，还需引入风险概念。

5.3　风险评价

5.3.1　溃坝洪水影响计算

根据式(2)计算坝址溃坝最大流量为175 760 m^3/s。利用式(3)进行大坝溃决最大流量沿程演进与危及家庭数估算，结果见表8。

表8　东风水库溃坝洪水沿程演进与危及家庭数估算

地名	距坝址距离(km)	流量(m^3/s)	截面面积(m^2)	演进时间(s)	$O(S)$
坝址	0	175 760	40 875	0	21
代家沟	0.7	172 250	40 058	163	7
小街	1.1	170 310	39 607	256	5
老街、龙洞沟	1.5	168 410	39 165	349	3
瓦房寨	1.8	167 010	38 840	419	1
鱼田、苗寨	2.4	164 280	38 206	558	2
沙坡	3.0	161 650	37 592	698	1
河尾	3.5	159 510	37 095	814	1
忭家寨	34.7	87 440	20 335	8 070	16
索风营水电站	35.5	86 440	20 102	8 256	2
合计					59

注：1. 危及家庭数估算未考虑对坝址上游的影响，索风营水电站仅考虑近库区作业、交通部分；
2. 东风坝址下游3.7 km后至忭家寨间主要为河谷地貌，居民、农田较少。

5.3.2 风险指数 Rr 计算

根据美国陆军工程师团(USACE)的 Hagen 于 1982 年提出的风险理论,结合各方案的防洪能力、对结构的影响及抗御能力,估算各方案的 O_i、S_j 值,然后由式(1)计算各方案的风险指数 Rr(见表 9)。

表 9 风险指数 Rr 统计

方案	O				S				Rr
	O_1	O_2	O_3	合计	S_1	S_2	S_3	合计	
方案 1	59.0	32.7	1.5	93.2	59.0	3.8	4.6	67.4	160.6
方案 2	59.0	6.7	3.7	69.4	59.0	5.8	4.6	69.4	138.8
方案 3	59.0	27.2	2.3	88.5	59.0	4.3	4.6	67.9	156.4
方案 4	59.0	22.5	3.1	84.6	59.0	5.3	4.6	68.9	153.5
方案 5	59.0	22.5	2.8	84.3	59.0	4.9	4.6	68.5	152.8
方案 6	59.0	12.2	3.5	74.7	59.0	5.6	4.6	69.2	143.9
方案 7	59.0	6.7	5.3	71.0	59.0	6.8	4.6	70.4	141.4

6 东风大坝中孔处理优选方案

从表 9 可以看出,方案 2 的风险指数 Rr 最低,所以从大坝风险管理的角度考虑,东风大坝中孔处理优选方案为方案 2,即东风大坝中孔处理方案除综合考虑造价、结构等因素外,还考虑处理方案的风险值。

7 结语

(1)为尽可能减少风险产生的影响,建议在东风大坝右岸出线平台或原 978 拌和楼处增设地下厂房应急的中央控制室,同时增设大坝与出线平台间的便捷应急垂直通道。

(2)风险指数 Rr 以往采用专家经验评估值,本文还采用里特尔公式、新中国成立以来大坝溃决统计资料及东风大坝混凝土钻孔取芯检测统计资料等作为风险指数 Rr 部分定量评价依据,是对风险指数 Rr 评估方法的一种新尝试。

(3)随着贵州乌江梯级水电站的相继建成投产,各级工程技术管理人员对水库大坝的安全风险越来越重视,因为若水库大坝出不安全事件,极有可能引发多米诺骨牌效应,建议开展乌江梯级水电站水库大坝风险研究,采取必要应对措施。随着下游索风营水电站的建成投产,东风的瓶颈效应明显,为提高综合效益,建议适时开展增设东风防洪机组的可行性研究工作和中孔对东风大坝结构的影响研究。

参考文献

[1] 李雷,王仁钟,盛金保,等. 大坝风险评价与风险管理[M]. 北京:中国水利水电出版社,2006.
[2] 谢任之. 溃坝坝址流量计算[J]. 水利水运科学研究,1982.
[3] 谢任之. 溃坝水力学[M]. 济南:山东科学技术出版社,1993.
[4] 刘荣,李正平,颜义忠,等. 乌江东风水电站技施设计报告第二篇、第三篇、第五篇[R]. 贵阳:电力工业部贵阳勘测设

计研究院,1997.
[5] 曾正宾,赵温亮. 乌江东风水电站竣工验收工程安全鉴定混凝土质量检测试验专题报告[R]. 贵阳:电力工业部贵阳勘测设计研究院,1998.
[6] 戴峰,李文锦,诸建益,等. 乌江梯级水电站能量指标复核报告[R]. 贵阳:中国水电顾问集团贵阳勘测设计研究院,2010.
[7] 崔进,徐林,等. 乌江东风水电站第一次大坝安全定期检查大坝应力及稳定分析复核专题报告[R]. 贵阳:电力工业部贵阳勘测设计研究院,2005.
[8] 黄琼,范福平,等. 乌江东风水电站第一次大坝安全定期检查设计复核报告[R]. 贵阳:电力工业部贵阳勘测设计研究院,2005.

多层次模糊综合分析法在小型水库风险评估中的应用

马　婧　李守义　杨　杰　任　杰

（西安理工大学水利水电学院，陕西　西安　710048）

【摘要】 水库风险受多种因素的影响，具有模糊性和复杂性的特点，通过对小型水库风险特点分析和风险因子的有效识别，将模糊数学理论和层次分析法应用于小型水库大坝风险评估中。结合风险评价指标分类及分项的层次划分，构建小型水库风险综合评价体系，根据专家经验量化指标组合的权重关系，通过隶属度确定模糊评价矩阵进而进行风险综合评估，并应用于磨丈沟水库风险实例分析。结果表明，该方法能够较真实的反映水库大坝安全状态，对小型病险水库除险加固具有良好的指导意义。

【关键词】 层次分析　模糊理论　风险评估　小型水库

我国已建成的 8.7 万多座水库中，其中小型水库有 8.3 万多座，占水库总数量的 95.4%，其中多数为土石坝，且集中建设于 20 世纪 60～70 年代，由于历史环境问题存在先天不足、病患连连的情况。据新中国成立 60 多年来史料记载，全国各类水库垮坝失事 3 462 座，其中小型水库 3 336 座，占垮坝失事总数的 96.4%[1]。小型水库安全问题日益突出，已经成为我国水库大坝安全管理的难点和薄弱环节。

随着社会经济的快速发展，水库大坝安全管理正从安全管理向风险管理转变。水库大坝风险分析和评估能够结合工程判断深入研究大坝的缺陷，提高大坝失效原因及后果的认识，在有效减少大坝事故、规避大坝风险等方面起到良好的效果。

由于小型水库风险受多种因素的影响，具有模糊性和复杂性的特点，各级风险之间没有明确的边界，是一种模糊的表达[2]，较难用准确数据的量化。因此，本文针对小型水库运行期的风险，采用多层次模糊综合评判法对风险进行评估，以提高小型水库风险认定的准确性和可靠性，为除险加固提供决策依据。

1　小型水库风险评价体系构建

小型水库风险分析过程与大、中型水库风险评估过程基本相同。但由于小型水库基础资料匮乏又缺少资金，其风险评估需结合小型水库大坝自身的特点。根据我国对已失事的小型水库大坝资料统计，造成小型水库大坝失事的成因有以下几点：

（1）遭遇特大洪水、设计防洪标准偏低和泄流能力不足、闸门故障而引起洪水漫顶是造成小型水库失事的最主要原因。

（2）由于工程质量问题引起的小型水库失事事故，包括坝体坝基渗漏或坝体内透水通道导致坝体浸润线抬高发生渗透破坏、坝体滑坡失稳、坝体坍塌破坏、溢洪道衬砌质量差、放水洞堵塞失效、坝内埋管变形等。

(3)因为粗放管理、大坝安全监测设施落后以及维护运用不当如人工扒口等也是造成小型水库失事风险的因素。

(4)其他因素,如白蚁鼠类洞穴、地震等导致大坝失事的可能性。

根据小型水库风险特性,选取了11个有代表性的风险影响因子,建立了小型水库风险评价指标体系,如图1所示。该指标体系共3个层次,分为总目标层、准则层和指标层,各指标共同构成风险综合评估体系的因素集 E。

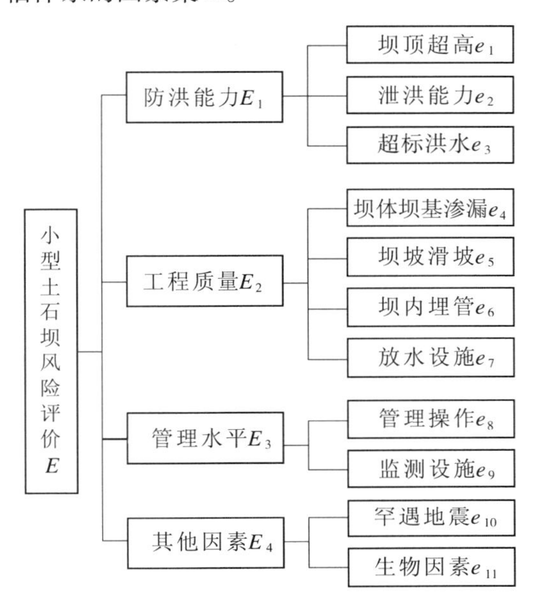

图1　小型水库风险评价指标体系

2　多层次模糊综合评价模型

2.1　评价集合构建

根据已建立的风险评价指标体系,将每种风险因素记作 $E_i(i=1,2,3,4)$;将指标层的每一风险事件记作 $e_i(i=1,2,\cdots,11)$。

建立评判集,将每一个评语适当的分成若干等级,以衡量其重要程度。针对小型水库风险特点,将风险等级简化分为低风险、中风险和高风险三个等级,分别代表"大坝安全可靠,能按设计正常运行;大坝基本安全,可在加强监控下运行;大坝不安全,属病险水库大坝"三种情况,记作 $V=\{V_1,V_2,V_3\}$,其中 V_1、V_2、V_3 对应的分值区间分别为[0,0.3]、(0.3,0.6]、(0.6,1.0]。

2.2　隶属度确定

由于每一风险事件的评判结果都是 V 上的模糊数集,即评价指标的级别边界存在模糊性,因此需采用建立各项指标分级隶属函数的方法予以表示[3]。对于定性的风险指标,根据相关规程确定相应的量化指标,如表1所示。

表 1　风险事件影响的量化

估值	程度/危险性	设备破坏
1	很安全	无
2	安全	较小
3	临界	较大
4	危险	严重
5	破坏	失效

对于每一个 $e_i(i=1,2,\cdots,11)$ 对每一个风险等级 $V_j(j=1,2,3)$ 都有一个隶属度，记作 r_{ij}。对于一个确定的 e_i，可以用一个模糊向量表示评判结果。当每个风险因子都被评定后，所有评语的模糊向量构成一组模糊关系[4]，即获得模糊评价矩阵 R：

$$R=\begin{bmatrix} r_{11} & r_{12} & \cdots & r_{1m} \\ r_{21} & r_{22} & \cdots & r_{2m} \\ \vdots & \vdots & & \vdots \\ r_{i1} & r_{i2} & \cdots & r_{im} \end{bmatrix}$$

本文采用梯形分布隶属函数确定评价矩阵指标的隶属度：

$$r_{i1}=\begin{cases} 1 & 0<x\leqslant u_1 \\ \dfrac{u_2-x}{u_2-u_1} & u_1<x<u_2 \\ 0 & x\geqslant u_2 \end{cases}$$

$$r_{i2}=\begin{cases} 0 & x\leqslant u_1 \\ \dfrac{x-u_1}{u_2-u_1} & u_1<x<u_2 \\ 1 & u_2\leqslant x\leqslant u_3 \\ \dfrac{u_4-x}{u_4-u_3} & u_3<x<u_4 \\ 0 & x\geqslant u_4 \end{cases} \tag{1}$$

$$r_{i3}=\begin{cases} 0 & x\leqslant u_3 \\ \dfrac{x-u_3}{u_4-u_3} & u_3<x<u_4 \\ 1 & x\geqslant u_4 \end{cases}$$

式中：x 为各风险指标量化后的值；u_1、u_2、u_3、u_4 为三种风险等级的边界值。

结合工程经验和专家打分来确定每一个风险因子对大坝风险等级的隶属度，将专家打分值带入风险因子关于风险等级的隶属函数，便可得到相应的隶属度。

2.3　基于多层次分析法的指标权重确定

由于在多种风险因子中，每种因子对大坝风险标准划分的影响程度不同，需给每个评语加上适当的权重 W，因此各指标的权重确定是小型水库风险分析中的关键问题。本文基于传统层次分析法(AHP)的思想,结合模糊数学理论方法,建立适合小型水库风险分析的多层次模糊综合评估模型。

层次分析法是通过对风险事件进行两两比较,按比较重要性大小形成一个判断矩阵。判断矩阵常用的标度在 1 ~9 的整数及其倒数间赋值,标度含义见表 2。

表 2　判断矩阵的标度及其意义

甲比乙	同等重要	稍微重要	明显重要	强烈重要	极为重要
标度	1	3	5	6	9

注:两相邻标度间的中值,其重要性分别为 1 ~3、3 ~5、5 ~7、7 ~9 时标度为:2,4,6,8。重要性相反则标度为倒数。

根据得到的判断矩阵之后采用方根法[5]计算相应的权重:

$$\bar{w}_i = \sqrt[n]{\prod_{j=1}^{n} e_{ij}} \quad (i = 1,2,\cdots,n)$$

$$W_{Ei} = \frac{\bar{w}_i}{\sum \bar{w}_i} \tag{2}$$

为避免其他因素对判断矩阵的干扰,需对判断矩阵进行一致性检验[6]:

$$CR = CI/RI$$

式中:CR 为一致性比例;CI 为一致性指标,$CI = (\lambda_{\max} - n)/(n-1)$;$\lambda_{\max}$ 为判断矩阵的最大特征根;n 为判断矩阵的行数;RI 为平均随机一致性指标。

通过对一致性检验后判断矩阵最大特征值向量即为风险事件的权重向量:

$$W = [W_{E1}, W_{E2}, \cdots, W_{Ei}]$$

2.4　模糊综合评价

由权重向量 W 和模糊评价矩阵可以得到模糊综合评价子集 Y:

$$Y = W \cdot R = [W_{E1}, W_{E2}, \cdots, W_{Ei}] \begin{bmatrix} r_{11} & r_{12} & \cdots & r_{1m} \\ r_{21} & r_{22} & \cdots & r_{2m} \\ \vdots & \vdots & & \vdots \\ r_{i1} & r_{i2} & \cdots & r_{im} \end{bmatrix} = [y_1, y_2, \cdots, y_i] \tag{3}$$

为避免最大隶属度判别丢失信息的不足,本文采用模糊加权法[7],根据评语集对应信息区间分值计算最终的综合评价系数 Z:

$$Z = \sum_{i=1}^{n} y_i V_i \tag{4}$$

根据综合评价系数 Z 所属的风险等级即可确定小型水库的风险等级。

3　实例应用

选取磨丈沟水库进行实例验证。磨丈沟水库位于商洛市丹凤县境内,控制流域面积 5.1 km^2,总库容 77 万 m^3,是一座以灌溉为主,兼顾防洪及供水的Ⅴ等小(2)型水库。水库主要由黏土心墙坝、侧槽式河岸溢洪道、放水卧管和坝下输水涵洞几部分组成。该水库建成于 1973 年,由于特殊历史时期,基本建设制度十分不健全,无竣工验收资料。由于水库一直粗放性管理,缺少相应水库大坝运行管理记录资料,也没有任何观测设施。由于运行多年工程年久失修，存在诸多安全隐患，长期以来磨丈沟水库一直超低水位运行，制约了水库正常效益的发挥。2007 年丹凤县水利局组织有关专家和技术人员对水库进行现场检查及安全评价，经鉴定磨丈沟水库属于三类坝。在 2012 年初开始投入资金进行加固，目前除险加固工程已接近尾声。

结合相关资料和工程经验，专家对磨丈沟水库原状和除险加固之后的风险评价指标进行打分，打分结果见表 3。

表 3 磨丈沟水库风险指标专家打分表

指标	坝顶超高	泄洪能力	超标洪水	渗漏	滑坡	坝内埋管	放水设施	管理操作	监测设施	地震	生物因素
水库现状	4	4	5	5	4	5	5	4	5	3	4
除险加固后	1	1	2	1	1	1	1	1	1	2	2

根据式(1)形成对应于图 1 的各层模糊一致性评价矩阵：

水库现状各层评价矩阵：$R_{E1}=\begin{bmatrix}0 & 0.154 & 0.846\\0 & 0.154 & 0.846\\0 & 0 & 1\end{bmatrix}, R_{E2}=\begin{bmatrix}0 & 0 & 1\\0 & 0.154 & 0.846\\0 & 0 & 1\\0 & 0 & 1\end{bmatrix}$

$$R_{E3}=\begin{bmatrix}0 & 0.154 & 0.846\\0 & 0 & 1\end{bmatrix}, R_{E4}=\begin{bmatrix}0 & 0.923 & 0.077\\0 & 0.154 & 0.846\end{bmatrix}$$

除险加固加固后各层评价矩阵：$R'_{E1}=\begin{bmatrix}0.846 & 0.154 & 0\\0.846 & 0.154 & 0\\0.077 & 0.923 & 0\end{bmatrix}, R'_{E2}=\begin{bmatrix}0.846 & 0.154 & 0\\0.846 & 0.154 & 0\\0.846 & 0.154 & 0\\0.846 & 0.154 & 0\end{bmatrix}$

$$R'_{E3}=\begin{bmatrix}0.846 & 0.154 & 0\\0.846 & 0.154 & 0\end{bmatrix}, R'_{E4}=\begin{bmatrix}0.077 & 0.923 & 0\\0.077 & 0.923 & 0\end{bmatrix}$$

根据水库安全鉴定资料同时结合专家经验，对磨丈沟水库风险因子进行两两重要性对比并评分，构造判断矩阵，见表 4。

表 4 准则层判断矩阵数值及权重

E	E_1	E_2	E_3	E_4	W
E_1	1	3	7	7	0.577 9
E_2	1/3	1	5	5	0.261 3
E_3	1/7	1/5	1	3	0.102 2
E_4	1/7	1/5	1/3	1	0.058 7

依次构造各指标层的判断矩阵，并由式(2)求出各层的权重值：$W=[0.5779, 0.2613, 0.1022, 0.0587]$，$W_{E1}=[0.4796, 0.4055, 0.1150]$，$W_{E2}=[0.4270, 0.4270, 0.0791, 0.0669]$，$W_{E3}=[0.50, 0.50]$，$W_{E4}=[0.8333, 0.1667]$。

根据计算得的各层权重和水库现状各层评价矩阵，由式(3)计算得：Y_{E1} = [0,0.136 3, 0.863 8]，Y_{E2} = [0,0.065 8,0.934 2]，Y_{E3} = [0,0.077,0.923]，Y_{E4} = [0,0.794 8,0.205 2]，因此磨丈沟水库现状综合评价矩阵 Y = [0,0.150 5,0.849 7]。根据评语集对应区间分值(0.2,0.5,0.8)，由式(4)计算综合评价系数 Z 为 0.755，属于高风险等级，计算结果与磨丈沟水库大坝安全鉴定为三类坝的结果一致，与实际情况相符合。

同理，由各层权重和除险加固后磨丈沟水库大坝各层评价矩阵计算得 Y'_{E1} = [0.757 6, 0.242 5,0]，Y'_{E2} = [0.846,0.154,0]，Y'_{E3} = [0.846,0.154,0]，Y'_{E4} = [0.077,0.923,0]，综合评价 Y' = [0.749 9,0.250 3,0]，综合评价系数 Z' 为 0.275 1，属于低风险等级，说明通过除险加固磨丈沟水库大坝风险已从高风险转移至低风险，消除了病险隐患，恢复了水库原有功能，确保水库下游人民生命财产安全。

4 结语

本文通过我国小型水库事故资料统计分析，对小型水库大坝破坏的风险因子进行有效识别，采用多层次模糊综合评价模型对大坝风险进行评估，有助于发现大坝的薄弱环节或险情，指导大坝安全管理工作，以确保大坝安全运行。经工程实例验证，该方法能够较真实的反映大坝安全状况，为科学合理地安排除险加固措施及资金，检验除险加固效果提供依据。

参考文献

[1] 盛金保，冯靖宇，彭雪辉．小型水库风险分析方法研究[J]．水利水运工程学报，2008，3(1)：28-35.

[2] 刘亚莲，周翠英．土石坝安全的模糊层次综合评价及其应用[J]．水利发电，2010，36(5)：38-41.

[3] 于少伟．基于区间数的模糊隶属函数构建[J]．山东大学学报，2010(6)：106-110.

[4] 王志涛，江超，姜晓琳，等．基于模糊理论的土石坝风险综合评价方法研究[J]．水利与建筑工程学报，2011，9(4)：27-30.

[5] 马福恒，刘成栋，向衍．水库大坝风险综合评价标准及其适用性[J]，河海大学学报，2008，36(5)：610-614.

[6] 李春雷，李晓璐．混凝土坝安全的多层次模糊综合评价研究[J]．水力发电，2010，36(10)：93-95.

[7] 陈东锋，雷英杰，潘寒尽．基于模糊加权法的雷达辐射源识别[J]．现代防御技术，2008，33(6)：57-59.

含软弱结构面重力坝坝基稳定与破坏机理研究

董建华　张　林　陈　媛　陈建叶

（四川大学 水力学与山区河流开发保护国家重点实验室 水利水电学院，四川　成都　610065）

【摘要】 针对含软弱结构面重力坝坝基稳定问题，本文以百色和武都重力坝为例开展研究，通过建立典型坝段坝基的地质概化模型，采用三维地质力学模型试验方法对其深层抗滑稳定问题进行了系统研究，试验对典型坝段的地形、地质条件，包括岩体、断层、节理等主要地质缺陷的特征进行模拟，根据岩体力学参数及软弱结构面力学参数，研制出适合工程地质条件的模型材料进行模型模拟。试验结果得到了坝体、坝基以及主要断层的变形特征，探讨了坝与地基整体失稳的破坏过程、破坏形态和破坏机理，获得了典型坝段的滑动破坏机理与稳定安全系数。在此基础上，对坝基加固处理措施进行了讨论，为典型坝段的深层抗滑稳定安全评价与基础加固处理设计提供了科学依据。

【关键词】　软弱结构面　重力坝　坝基稳定　地质力学模型试验

重力坝主要靠坝体自重产生的抗滑力来满足稳定要求，同时依靠坝体自重产生的压应力来抵消由水压力引起的拉应力，从而达到满足强度要求的目的[1]。坝基的抗滑稳定分析主要是为了核算坝体沿坝基面或坝基内部的缓倾角软弱结构面的抗滑稳定安全度，它是重力坝设计中的最为关键的内容之一[2-3]。

近年来，随着我国水电事业的不断发展，重力坝在我国的建设日益增多，其筑坝条件也越来越差，适合筑坝的均质坝基越来越少，越来越多的大坝座落在地质条件十分复杂的坝基上，譬如坝基中存在断层、节理、层间错动带等软弱结构面，对大坝的抗滑稳定极为不利。根据 1979 年的不完全统计，我国已建和在建的、坝基中存在软弱夹层或者较大断层的 90 余座重力坝中，因坝基中的软弱结构面未能及时发现和处理而更改设计、降低坝高、增加工程量或后期加固的大坝就达30 座之多，有的甚至因此而停工、更改坝址或限制库水位[4]。因此，对这些含软弱结构面的重力坝可能出现的不同失稳模式及对应的破坏机理展开研究具有十分重要的意义。

地质力学模型试验是研究重力坝抗滑稳定的一种重要方法，它是根据一定的相似原理对特定工程地质问题进行缩尺研究的一种试验方法。试验的主要目的是研究大坝与地基的极限承载能力，反映结构和地基的破坏形态，了解地基的变形分布特性，分析破坏机理，确定整体稳定安全度[5-8]。地质力学模型试验属破坏试验，其试验方法主要有 3 种：超载法、强度储备法、超载与强度储备相结合的综合法[9-12]。

本文以百色和武都重力坝为例，通过建立典型坝段的地质力学模型，分别采用地质力学

基金项目：国家自然科学基金资助项目（51109152）；博士学科点专项科研基金（20100181110077）。

模型综合和超载的试验方法对其深层抗滑稳定问题进行了系统研究，试验结果获得了典型坝段的滑动破坏机理与稳定安全度。在此基础上，对坝基加固处理措施进行了讨论，为该坝段的深层抗滑稳定安全评价与基础加固处理设计提供了科学依据。

1 百色重力坝坝基稳定模型试验

1.1 工程概况及坝基地质条件

百色水利枢纽位于右江上游，距百色市 22 km，是一座以防洪、发电、航运为主，兼顾供水、灌溉、水产等综合利用的大型水利枢纽。水库正常蓄水位 228 m，水库总库容 58.4 亿 m^3，其中防洪库容 16.4 亿 m^3。枢纽水工建筑物由碾压混凝土重力坝、泄水建筑物、电站进水口、发电引水渠道、电站及升船机等组成。重力坝最大坝高 128 m，电站装机容量 4 × 120 MW，年发电量 17.6 亿 kWh。

坝址区地层主要为泥盆系（D）中上统的罗富组（D_2L）和榴江组（D_3L），石炭系（C）以及华西期（β_μ）浸入的辉绿岩，如图 1 所示。岩体产状相对稳定，其走向为 N290° ~ 310°W，倾向南西（下游），倾角 50° ~ 60°，岩层走向与坝址河谷约呈 60°交角。百色重力坝主要坐落在榴江组与辉绿岩体上，榴江组共分 11 层，主要为硅质岩、泥岩、硅质泥岩、粉砂质泥岩、泥质灰岩等中等坚硬岩石。坝踵上游附近的辉绿岩体下游蚀变带及 D_3L^3 含洞穴硅质岩、D_3L^{2-2} 含洞穴的泥岩层等以 50°左右的倾角插入坝基。坝基各类岩体的物理力学参数值如表 1 所示。

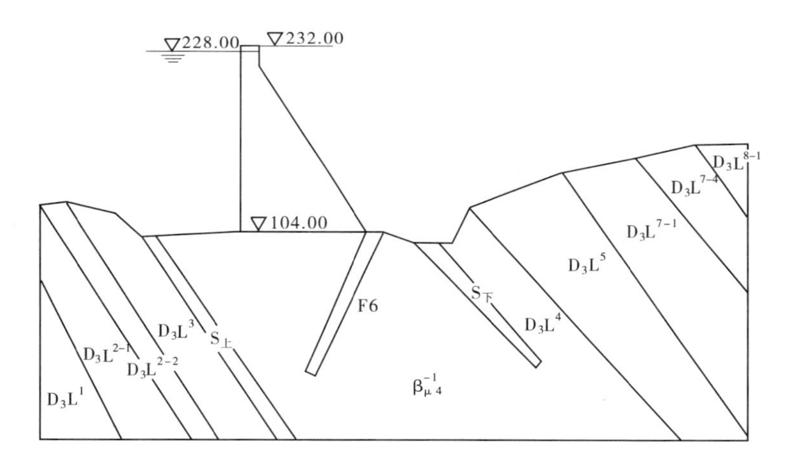

图 1 百色重力坝河槽坝段地质剖面图

表 1 坝基岩体物理力学参数建议值

岩体类别	块体干密度 (g/cm³)	抗剪断强度		变形模量
		f'	c'(MPa)	E(GPa)
D_3L^1	2.4	0.60	0.2	2.0
D_3L^{2-1}	2.5	0.75	0.3	2.5

续表 1

岩体类别	块体干密度 (g/cm^3)	抗剪断强度		变形模量
		f'	c'(MPa)	E(GPa)
D_3L^{2-2}	2.3	0.6	0.2	1.5
D_3L^3	2.5	0.75	0.5	6.0
$\beta_{\mu4}{}^{-1}$	2.8	1.10	1.0	23.0
D_3L^4	2.5	0.75	0.5	6.0
D_3L^5	2.4	0.60	0.2	2.0
D_3L^6	2.5	0.80	0.4	4.0
D_3L^{7-1}	2.4	0.60	0.2	2.0
D_3L^{7-2}	2.4	0.60	0.2	2.0
D_3L^{8-1}	2.5	0.75	0.5	3.0
D_3L^{8-2}	2.4	0.60	0.2	1.5
S 蚀变带	2.4	0.60	0.2	1.5
F_6 断层	2.3	0.40	0.05	1.5

1.2 三维地质力学模型试验

1.2.1 模型比尺及范围

根据试验目的，结合百色重力坝坝基的地质构造特点，并考虑到实验室的试验条件和试验精度要求等，最终确定模型几何比尺为 $C_L = 150$。

根据重力坝坝基内应力的分布规律及其影响范围，结合坝址区的地形地质构造特点，本次模型试验的模拟范围拟定为：坝踵上游地基延伸 130.5 m，坝址下游地基延伸 235 m；竖直向坝基以下延伸 134 m。三维模型边界采用 6 mm 厚的钢化玻璃进行侧面约束。

1.2.2 模型加载与量测系统

本次试验采用小型油压千斤顶加载，利用 WY－500 型五通道自控油压稳压装置为千斤顶供压。

在模型试验中，量测系统主要用于量测坝体与地基的表面位移和断夹层、蚀变带的相对位移。另外，为监控模型的破坏情况，在坝体及坝基一定范围内粘贴应变片，以监测应变的变化过程，应变的监测采用 UCAM－8BL 型多点数字式应变量测系统自动监测。

在模型坝体共计布置 15 个外部位移测点：在下游坝面的四个典型高程布置了 10 个位移测点，在坝体下游布置了 3 个位移测点，在断层 F_6 表面布置了 2 个位移测点。为监测坝体上下游蚀变带及断层 F_6 的相对变位，在上下游蚀变带中共布置了 8 支相对位移计，以全面监控其相对位移。

1.2.3 破坏发展过程及特征

本次试验采用综合法，即在一倍正常水荷载基础上，按照一定的倍数分级加载至 2.5～3.0 倍正常水荷载（根据坝基地形地质构造特性和模型荷载的传递特点，最终确定百色重力坝加载至 2.8 倍正常水荷载），然后保持该荷载值不变，再对坝基岩体持续升温以降低其抗剪强度,直至坝基发生失稳破坏。

由试验结束后模型的破坏形态可以看出,坝体未出现破坏,仅坝基岩体局部范围内出现一定破坏,其破坏过程是:

(1)当 $K_p<1.8$ 时,坝基未开裂,坝基岩体变位及软弱结构的相对变位均较小;

(2)当 $K_p=1.8\sim2.8$ 时,坝踵上游岩体首先出现拉裂缝,并由局部微裂逐渐向坝基深处扩展,局部区域延伸至60 m高程处,随后坝趾下游的基岩出现水平裂缝;

(3)试验进入强度储备阶段后,岩体由常温升至 T_3 后,其强度开始降低,由于竖向应力的作用,使得坝基原有的裂缝部分发生闭合,但是坝踵以下拉裂缝的张开程度反而有所增大;

(4)升温至 T_5 后,原有的裂缝进一步扩展,在坝踵及坝趾附近区域各出现了一条开度较大的裂缝,坝趾下游尾岩逐渐开裂,并有向河床转动的趋势;

(5)升温至 T_8 后,坝体的破坏范围进一步扩大,模型坝体在坝踵部位破坏较为严重,开裂较深,坝体主要沿着建基面以下带动4~5 m深的岩体发生浅层滑动。

1.2.4 综合稳定安全度评价

根据坝体与坝基外测位移、软弱结构面的相对位移及坝体应变变化过程,并结合坝基破坏发展过程综合分析可知,前期超载阶段并未引起坝基的失稳破坏,因此取超载系数 $K_1=2.8$;然后保持超载荷载不变,进入强储阶段,由室温分八级升温,坝基最终仍未发生失稳破坏,查坝基持力层(辉绿岩 $\beta_{\mu4}{}^{-1}$)的强储系数可知,$K_2=1.18$,故综合稳定安全系数 $K_s=K_1K_2=2.8\times1.18=3.304$,取 $K_s=3.3$。

1.3 对工程的加固处理建议

通过分析百色重力坝坝基破坏机理,可以看出,软弱结构面对坝基稳定影响较大,因此,对百色水利枢纽工程提出了如下加固处理建议:

(1)F_6 断层对坝基的稳定影响较大,对它的加固及防渗处理是十分必要的,建议对断层采取表部加混凝土塞、下部固结灌浆的加固处理措施。

(2)下游蚀变带距坝趾较近,对运行期坝基的稳定有一定影响,建议对下游蚀变带采用固结灌浆加混凝土塞的处理措施,并尽可能将混凝土塞作深一些,以增大坝基稳定安全度。

(3)虽然上游蚀变带距离坝踵一定距离,但它处于受拉区,因此对处于受拉区的软弱结构面进行加固处理也是十分必要的。对上游蚀变带除进行固结灌浆处理外,还应进行表面防渗处理,防止出现沿着软弱结构面的渗漏。

2 武都重力坝坝基稳定模型试验

2.1 工程概况及坝基地质条件

百色水利枢纽位于右江上游,武都水库位于四川省江油市境内的涪江干流上,是一座以防洪、灌溉为主,结合发电,兼顾城乡工业生活及环境用水等综合利用的大型骨干水利工程。水库的控制流域面积5 807 km^2,年径流量44.2亿m^3,多年平均流量140 m^3/s,水库总库容5.72亿m^3,其中防洪库容8 614万m^3,兴利库容35 289万m^3,电站装机3×50 MW。枢纽区主要建筑物由碾压混凝土重力坝、坝后式厂房及坝身泄水建筑物等构成。

武都碾压混凝土重力坝坝顶高程660.14 m,建基面最低高程541.0 m,最大坝高119.14 m。大坝坝顶长度727 m,共分为30个坝段。重力坝基本剖面为上游坝坡为垂线,非溢流坝段下游坝坡为1: 0.75,溢流坝段下游坝坡为1: 0.8。武都重力坝19#坝段是右岸最高的挡水坝段，也是武都大坝地质缺陷集中反映的典型坝段，其地质剖面如图 2 所示。

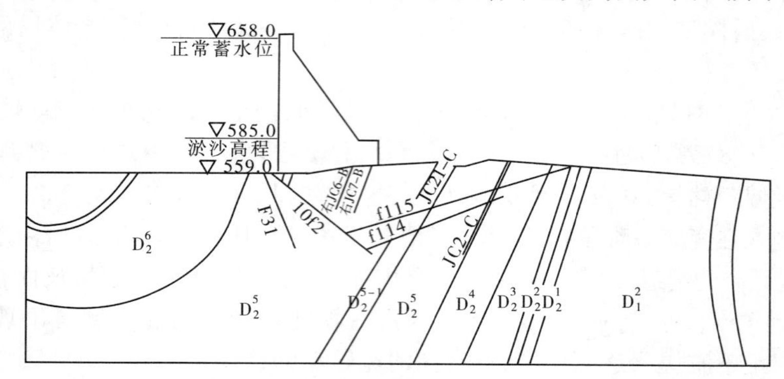

图 2　武都重力坝 19# 坝段地质剖面图

2.2　三维地质力学模型试验

2.2.1　模型比尺及模拟范围

根据武都重力坝的特点，结合试验场地规模等要求，同时为保证试验精度要求，最终拟定武都重力坝三维地质力学模型试验的几何比尺为 $C_L = 150$。

综合国内外有关试验的研究成果和实践经验，在研究坝基变形及破坏过程时，对于重力坝模型坝基模拟范围，上游坝基长度应不小于 1.5 倍坝底宽度或 1.0 倍坝高；下游坝基长度不小于 2.0 倍坝底宽度或 1.5 倍坝高。当坝基内有特殊地质构造时，则其模拟范围还须相应加大。根据武都重力坝坝基主要地质构造特性、试验研究的任务要求等因素综合分析，最后确定模型模拟的基本范围为：上游范围取 1.0 倍坝高，下游范围取 2.5 倍坝高，坝基模拟深度取 1.0 倍坝高。

2.2.2　模型材料研制

武都重力坝模型坝体材料采用重晶石粉为加重料，以少量石膏粉为胶结剂，以水为稀释剂，同时掺入适量的添加剂，按照材料的设计力学指标选定配合比，并依据各坝段的设计体形分别浇制成坝坯。各类基岩材料模型材料物理力学参数如表 2 所示，模型材料均采用以重晶石粉为加重料，高标号机油为胶结料，并根据岩类的不同而掺入一定量的添加剂等，按不同配合比制成混合料，再用 Y32-50 型四柱式压力机压制成块体备用。

表 2　坝体和岩体模型材料物理力学参数

序号	类别	层位	密度 (g/cm³)	抗剪断强度		变形模量 (MPa)	泊松比 μ
				f'	c' (10^{-3} MPa)		
1	坝体材料	混凝土	2.40	1.2	7.33	133	0.17
2	AⅢ$_1$	D_2^5	2.81	1.0~1.2	7.00	55	0.25
3	AⅢ$_1$	D_2^4、D_2^6	2.70	1.0~1.2	7.00	46.6	0.23
4	BⅣ	D_2^2	2.65	0.65	3.00	18	0.3
5	AⅢ$_2$	D_2^1、D_2^3	2.72	0.9	6.33	35	0.22
6	AⅢ$_1$	D_1	2.72	1.0~1.2	7.00	46	0.23
7	AⅢ$_1$	D_2^{5-1}	2.78	1.0	6.67	40	0.24

2.2.3 破坏发展过程及特征

本次试验采用超载法,具体试验过程为:首先对模型进行预压,然后逐步加载至一倍正常荷载,在此基础上对水荷载进行超载,每级荷载以 $0.2P_0 \sim 0.3P_0$(P_0 为正常工况下的荷载)的步长进行增长,直至坝与地基出现整体失稳破坏为止。

根据试验现场观测记录、坝体与基岩的外部变位、断层的内部相对变位等试验结果综合考虑,武都重力坝的破坏过程如下:

(1)在正常工况 $K_p = 1.0$ 时,坝体与地基的表面变位及断层面上的相对变位均较小,此时无开裂现象发生。

(2)当超载至 $K_p = 1.6 \sim 2.0$ 时,变位曲线出现拐点,测点变位开始明显增大,断层 f_{114} 的测点变位在 $K_p = 2.0$ 时产生波动,在坝基内和基岩表面,断层 F_{31}、$10f_2$、f_{114}、f_{115} 开始出现微裂纹。

(3)当超载至 $K_p = 2.0 \sim 2.4$ 时,变位曲线再次出现拐点或发生波动,测点变位的变化幅度进一步加大,断层 $10f_2$、f_{115}、f_{114} 的相对变位较大,坝踵开裂深度增大,下游左 JC2 出现微细裂纹,F_{31}、$10f_2$、f_{114}、f_{115} 的裂纹逐步沿着软弱结构面扩展。

(4)当超载至 $K_p = 2.4 \sim 3.0$ 时,基岩变形大,坝基破坏严重,坝体产生坝踵向上、坝趾向下的不均匀变形。最终出现的破坏特征是:坝踵附近的 F_{31}、$10f_2$ 开裂严重并完全贯通;坝趾附近的基岩产生较为明显挤压破坏;坝基下各软弱结构面均发生破坏;坝基内形成了由浅至深的节理裂隙区,坝与地基整体呈现出向下游发生深层滑动失稳的趋势。

2.2.4 综合稳定安全度评价

由破坏过程综合分析可知,当超载系数 $K_p = 3.0$ 时,坝体基岩发生大变形,坝基下的破坏区扩大并形成向下游滑动失稳的趋势,因此武都重力坝的超载安全度 $K = 3.0$。

2.3 坝基破坏机理

在超载过程中,坝踵部位最先出现拉裂缝,坝踵附近的断层 $10f_2$、F_{31} 开始破坏,随着超载系数的增大,断层 $10f_2$ 的破坏区逐渐向下游扩展。同时,位于坝趾附近的倾向上游的缓倾结构面 f_{115} 和 f_{114} 也发生剪切破坏,并向上游发展,坝踵附近的断层 $10f_2$ 完全开裂,坝基内各层间错动带发生破坏,坝趾附近产生压剪破坏。最终,坝基中的缓倾角双斜面结构面(断层 $10f_2$ 和 f_{115})完全开裂并互相贯通,组合形成坝体与地基深层滑动的滑移通道,使得坝基发生深层滑动失稳破坏。最终破坏形态如图 3 所示。

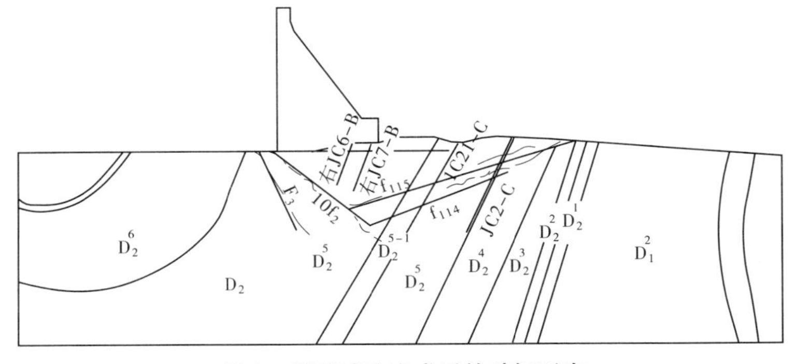

图 3　模型试验完成后的破坏形态

2.4 对工程的加固处理建议

由模型试验显示的破坏形态可见，坝基中倾向下游的断层 $10f_2$ 和倾向上游的缓倾角断层 f_{114}、f_{115} 对坝与地基的稳定起控制性作用；此外，断层 F_{31} 和层间错动带对坝与地基的变形也有一定的影响。因此，对武都水利枢纽工程提出了以下加固处理建议：

（1）将埋深较浅和分布范围较小的断层 JC6 – B、JC7 – B 等进行挖除置换的处理措施。

（2）对影响坝与地基变形和稳定较大的软弱结构面 F_{31}、$10f_2$、f_{114} 及 f_{115} 进行重点加固处理，可采取混凝土置换、抗剪洞塞、固结灌浆等加固处理措施，以提高坝基的刚度，阻隔断层破裂面的扩展和滑移通道的形成，提高坝基的深层抗滑稳定性。

（3）加强对地基处理的质量管理，以确保坝基处理效果，尤其对坝踵部位的加固处理应给予足够的重视，防止坝踵首先发生开裂；同时应做好帷幕灌浆和固结灌浆，加强防渗处理措施，使坝基具有良好的工作性态和可靠的整体稳定安全性。

3 结语

为研究含软弱结构面重力坝坝基稳定问题，本文以百色和武都重力坝为例，通过建立典型坝段的地质力学模型，采用三维地质力学模型试验方法对其深层抗滑稳定问题进行了系统研究，试验结果获得了典型坝段的滑动破坏机理与稳定安全度。在此基础上，对坝基加固处理措施进行了讨论，为该坝段的深层抗滑稳定安全评价与基础加固处理设计提供了科学依据。

参考文献

[1] 陆述远. 岩基重力坝抗滑稳定分析，水工建筑物专题（复杂坝基和地下结构）[M]. 北京：水利电力出版社，1995.

[2] Liu Jian, Feng Xiating, Ding XiuLi, et al. Stability assessment of the Three – Gorges Dam foundation, China, using physical and numerical modeling – Part Ⅰ: physical model tests[J]. International Journal of Rock Mechanics and Mining Science, 2003, 40(2): 609-631.

[3] 熊敬，张建海. 向家坝水电站重力坝深层抗滑稳定性研究[J]. 四川建筑科学研究，2009，35(4)：131-134.

[4] 朱双林. 重力坝深浅层抗滑稳定分析方法探讨及其工程应用[D]. 武汉：武汉大学，2005.

[5] 陈兴华. 脆性材料结构模型试验[M]. 北京：水利电力出版社，1984.

[6] FUMAGALLI E. 静力学与地力学模型[M]. 北京：水利电力出版社，1979.

[7] 沈泰. 地质力学模型试验技术的进展[J]. 长江科学院院报，2001，18(5)：32-35.

[8] 陈安敏，顾金才，沈俊，等. 地质力学模型试验技术应用研究[J]. 岩石力学与工程学报，2004，23(22)：44-48.

[9] Liu X Q, Zhang L, Chen J Y, et al. Geomechanical model test study on stability of concrete arch dam[C] // MARTIN W, Ren Qing W R, John S Y ed. Proceedings of the 4th International Conference on Dam Engineering. London: Balkema A A: Publishers, 2004: 557-562.

[10] Chen Y, Zhang L, He X S, et al. Evaluation of model similarity of induced joints in a high RCC arch dam[C] // Physical Modelling in Geotechnics – 6th ICPMG[s. L.]: [s. n.], 2006: 413-417.

[11] He X S, Zhang L, Chen Y, et al. Stability study of Abutment of JinPing – Ⅰ Arch dam by Geomechanical Model Test[C] // Physical Modelling in Geotechnics – 6th ICPMG[s. L.]: [s. n.], 2006: 419-423.

[12] 张林，费文平，李桂林，等. 高拱坝坝肩坝基整体稳定地质力学模型试验研究[J]. 岩石力学与工程学报，2005，24(19)：3 465-3 469.

变化环境下的洪水预报理论与方法

严忠祥[1]　潘华海[1]　郝春沣[2]　陆玉忠[2]

（1. 江西省电力公司柘林水电厂，九江　332000；
2. 北京中水科水电科技开发有限公司，北京　100038）

【摘要】 全球气候变化和人类活动使得流域防洪减灾面临更加严峻的形势，从而对流域洪水预报提出了更高的要求。传统的洪水预报理论和方法主要关注流域产汇流分析及流域出口流量过程，在此基础上，为了适应现阶段流域洪水预报的新特点，水文气象耦合模拟和梯级水库联合预报调度成为研究热点。本文主要研究在全球气候变化和人类活动影响双重因素导致的变化环境中，流域洪水预报面临的新问题及对洪水预报理论和应用提出的新要求，并探索未来流域洪水预报理论方法的发展方向。

【关键词】 变化环境　洪水预报　水文气象耦合模拟　梯级水库联合预报调度

1　概述

中国是世界上水旱灾害最为严重的国家之一，干旱和洪涝灾害的频发给人民生命财产安全、社会稳定和经济发展等带来了巨大的损失。在由工程和非工程措施构成的流域防洪减灾体系中，洪水预报占据十分重要的地位，即依据已知的水文、气象信息对未来一定时期内的洪水过程做出定性或定量的预测。20世纪以来，水利工程的大规模建设以及科学技术的进步促进了洪水预报在理论方法和系统应用等方面的发展和成熟。在国内应用较早的水情自动测报系统包括湖北黄龙滩水电厂水情测报系统、陕西安康水电厂水情测报系统以及吉林丰满发电厂水情测报系统等；在水调自动化系统方面，应用较早的包括湖北黄龙滩电厂水库调度综合自动化系统、江西柘林水库调度综合自动化系统及二滩电厂水库调度自动化系统等。由北京中水科水电科技开发有限公司研制的HR9000水情自动测报系统以及SD2008水调自动化系统已被应用在150多个大型水利水电工程中，取得了良好的社会效益和经济效益。

随着经济社会的快速发展，洪水预报的方法和技术水平也在不断提高。遥感技术（RS）、地理信息系统（GIS）、数字高程模型（DEM）及高速发展的计算机技术均被引入到洪水预报中，不仅保证了水文信息采集、传输和处理的准确和及时，也使洪水预报的精度得到了提高。近年来，人类活动对自然环境的影响逐渐加剧，特别是新建水利工程以及土地利用变化等对流域下垫面产汇流条件的改变，给流域实时洪水预报带来了新的挑战。同时，全球气候变化带来区域气温、降水等的变化，特别是极端气候事件频发，使得流域防洪减灾面临更加严峻的形势，从而对流域洪水预报提出了更高的要求[1]。因此，研究变化环境下的洪水预报理论与方法成为当前流域洪水预报面临的一个重要课题。而本文的研究重点，正是研究在全球气候变化和人类活动影响双重因素导致的变化环境中，流域洪水预报面临的新问题及其对洪水预报理论和应用提出的新要求，并探索未来流域洪水预报理论方法的发展方向。

2 洪水预报的一般理论与方法

现有的洪水预报方法可以分为数据驱动模型方法和过程驱动模型方法两大类[2]。

数据驱动模型，是不考虑水文过程的物理机制，以建立输入输出数据之间的最优数学关系为目标的一种洪水预报方法。数据驱动模型包括回归分析模型、时间序列模型、灰色系统模型、神经网络模型以及模糊数学模型等[3-6]。此外，小波变换与分析以及水文过程的分形与混沌特征等复杂数学方法在水文学研究中的应用也越来越多[7-9]。近年来，随着水文数据获取能力和计算能力的发展，数据驱动模型以其良好的适用性以及较稳定的预测效果在洪水预报中受到了广泛的关注。

过程驱动模型则以水文学概念为基础，对径流的产流过程与河道演进过程进行模拟，从而进行水文过程的预测。过程驱动模型通常将降水落地的时刻作为初始时刻，结合流域水文气象信息以及下垫面等要素，在进行产汇流计算的基础上，根据河道演进模型模拟未来一段时间的水文过程。过程驱动模型，特别是具有一定物理机制的水文模型，在20世纪及之后的时间里得到了快速发展，按其发展历程和模型原理可以分为经验统计模型，概念性水文模型和分布式水文模型。

经验统计模型也称为“黑箱”模型，即利用同期降水、气温及径流资料建立相关关系，以此实现对区域径流的模拟及预测。如Sherman的单位线法和Nash的瞬时单位线和线性水库法等，大都是采用降雨径流应答关系，即经验性的“黑箱”模型分析方法。经验统计模型的优点在于其计算简便，适用性强，且具有较好的预报效果。然而经验统计模型是基于历史资料建立的，用其预测未来情景时隐含了历史与未来情景的一致性要求，但事实上自然环境由于受到人类活动影响而发生着各种变化，因此这种方法有一定的局限性。

概念性水文模型也称为“灰箱”模型。它将一些具有物理机制的公式和经验公式结合起来，通过对产汇流物理过程的概化，描述降雨径流的转换过程及径流的河道演进过程。由于这类模型对流域资料的要求相对简单，同时又具有一定的物理理论基础和模拟精度，目前应用较为广泛。代表性的模型有美国的Standford模型[10]、日本的Tank模型[11]，以及我国开发的新安江蓄满产流模型[12]等。这些模型将整个流域作为研究单元，考虑流域蓄满产流、超渗产流及汇流等概念，并根据河川观测流量来率定模型参数、模拟流域产汇流过程。概念性水文模型有模型结构和模型参数两大部分组成。模型结构是把输入转变为输出的推演方法和步骤，它由一系列数学方程和逻辑判断组成，常用框图或流程图表示，一般包含蒸散发模块、产流模块、分水源模块和汇流模块。模型参数是一些定量表示流域水文特征的物理量，例如流域蒸散发系数、流域蓄水容量、流域下渗率以及各种汇流参数等，按照其确定方法的不同分为直接测量参数和率定参数。当模型结构和模型参数确定后，流域水文模型就完全确定了。概念性水文模型一般采用集总式处理方法，虽然比经验性的“黑箱”模型前进了一大步，但尚无法给出水文变量在流域内的分布，满足不了规划管理实践中对流域内各个位置的水位水量情报的需要。基于这样的认识，科学家们提出了基于水动力学偏微分物理方程的分布式水文模型“蓝本”。

分布式水文模型在20世纪80年代后逐渐成为研究的热点，模型根据地理要素对水文过程的作用机制，把流域内具有一定自然地理要素特性和水文特征的子流域看成一个独立的个体，将研究区域划分为大量的基本单元来考虑各种水文相应影响要素的空间分布，并以GIS、RS和雷达等空间分布的信息作为数据源，根据水文过程的形成机制计算不同子流域的水文过程，再根据空间分布格局和水文过程机制将子流域的水文过程联合起来得到流域水文过程。按对水循环要素过程描述方法的不同，分布式流域水文模型可分为分布式概念模型和分布式物理模型两类。分布式概念模型是将计算单元内的各要素过程进行集总式描述，模型参数虽有一定物理意义，但难以直接由介质的性质参数直接推算，需根据单元出口流量率定。分布式物理模型是将水运动的偏微分物理方程直接离散化，加上边界条件及初始条件，应用数值分析的方法进行求解，因此能考虑水循环的动力学机制和相邻单元之间的空间关系，模型参数基于介质的物理性质，可以测量或推算。由于水文现象的复杂性，概念模型与物理模型是相对而言的，物理模型中包含了经验性的东西（如达西定律和曼宁公式等）且计算时往往进行各种简化，真正意义的物理模拟是很难实现的。相对于集总式水文模型而言，分布式水文模型能更客观地反映气候和下垫面因子的空间分布对流域降雨径流形成的影响。同时，模型能够模拟和预测多个重要水文变量的时间和空间分布，对流域水质水量综合模拟评价以及流域水资源管理均有十分重要的意义。

3 变化环境下的洪水预报新特点

本文主要研究在全球气候变化和人类活动影响双重因素导致的变化环境中，流域洪水预报面临的新问题及其对洪水预报理论和应用提出的新要求，并探索未来流域洪水预报理论方法的发展方向。

气候变化作为一个全球性问题，已经受到国际社会的普遍关注。迄今为止，政府间气候变化专门委员会（IPCC）已经发布四次评估报告，对全球气候变化状况及未来可能的发展趋势作了研究和判断。中国也在这方面开展了广泛的研究。研究表明，未来中国的气候变暖趋势将进一步加剧，中国年平均降水量将呈增加趋势，极端天气与气候事件发生的频率可能增大[13]。这势必会引起水循环的变化，从而影响区域的降水及径流状况，特别是极端天气事件频发，给流域的防洪减灾和水库的调度运行带来了新的风险和挑战，而传统的洪水预报在预报精度和预见期等方面均难以满足要求。在这种情况下，水文气象耦合模拟被各国科学家广泛研究并寄予厚望，特别是数值气象模式和分布式物理模型的双向反馈和紧密耦合，被认为是深入研究水循环各个过程并提高水文预报和模拟水平的重要手段。

随着经济社会的快速发展，人类活动对水循环的影响也与日俱增，主要体现在水利工程的大规模兴建以及土地利用方式的剧烈改变。以丰满流域Ⅱ区五道沟控制站（入库站）以上流域统计结果为例[14]，该区的塘坝及各类型水库有千余个，控制面积占整个流域面积的62.15%，而由于监测技术及管理体制等方面的原因，丰满水库无法获得这些塘坝及水库的全部报汛资料，导致汛期洪水预报在很大程度上受到上游水利工程蓄泄结果的影响，从而增加了丰满水库洪水预报的难度。除此之外，土地利用方式的急剧改变也深深影响着流域的产汇流特性，以往采用概念性水文模型进行洪水预报的模型方法往往需要通过改进模型结果及重新调整参数来保证变化环境下洪水预报的准确率。由于人类活动对洪水预报的影响成因及过程比较复杂，当前又很难有完备的观测站点及数据来体现并验证其模拟方法，因此这方面的相关研究进展缓慢。针对这种情况，本文认为，一方面应当通过增加流域水文观测站点并完善上下游蓄泄信息的及时共享；另一方面，通过概化流域中塘坝及中小水库对研究区域的影响，并加强梯级水库群联合预报调度，将对流域水资源综合高效利用及洪水预报精度的提高起到重要作用。

4 变化环境下的洪水预报理论与方法

4.1 水文气象耦合模拟

水文气象耦合模拟，是将气象与水文相结合，在径流预报的基础上，引入降雨预报，将流域洪水预报的起始点提前，以期延长洪水预报预见期并提高洪水预报精度。

目前，降雨预报主要有三类方法，第一类是基于天气图、气象卫星和雷达的天气学方法，第二类是基于流体力学、热力学和动力气象学的数值天气预报方法，第三类是基于概率论和数理统计的统计预报方法。第一类和第二类方法属于确定性预报方法，认为天气现象的发生具有某种必然性，其预报结果是明确的时空降雨分布；而第三类则是概率性预报方法，认为天气现象的发生具有偶然性，仅给出可能出现的各种天气现象的概率分布。

在水文气象耦合模型中，水文模型和气象模式的耦合方式主要有两种。一种是单向耦合[15-16]，即气象模式只提供输出数据给水文过程，以气象模式输出的降水为纽带，对流域进行水文预报。陆桂华等[17]利用加拿大区域性中尺度大气模式 MC2 模拟的降水驱动集总式新安江模型，进行产汇流计算。在暴雨预报尺度上，近年来一些研究[18-19]采用高分辨率的数值天气预报模式耦合分布式水文模型的方法，用于改善实时径流模拟精度和延长预见期，加强流域暴雨洪水预警及敏感性分析。另一种是双向耦合[20-21]，气候模式不但提供输出数据给水文模型，同时接受水文模型的反馈。事实上，陆、气系统之间存在着相互作用，加强水文模型和大气模型的双向耦合可在一定程度上提高气象模式的输出精度，且有助于解决无资料地区水文预报以及建立区域洪水干旱预警系统等问题[22]。开发水文气象耦合模型，不仅有助于提高大气模式和水文模式的预报精度及延长水文模式的预报期，同时对实时洪水预报预警、水资源可持续利用、缓解水资源供需矛盾及促进区域经济规划和发展等方面具有重要的科学意义和广阔的应用前景。

如前所述，现有的洪水预报方法主要分为两类，一类是数据驱动模型，其主要原理是通过经验统计关系来实现对水文要素的预报，其预见期可长可短，预报精度主要依赖于预报因子及预报目标之间的统计相关关系；另一类是过程驱动模型，以水文学概念为基础，对径流的产流过程与河道演进过程进行模拟，从而进行水文过程的预测，主要包括河道演进模型、降雨径流模型以及水文气象耦合模型等。一般情况下，这三种模型随着其预见期逐渐延长而预报的相对精度则逐渐降低。水文气象耦合模型的预见期从“未雨绸缪”的某个时刻开始，通过气象模式的降雨预报和水文模型的产汇流预报，其预见期可延长至河道内洪水过程出现时刻为止，预见期最长。但是由于气象模式的降雨预报不确定性较大，因而其洪水预报的精度较为不稳定，一般仅用于对未来时段内可能出现的水文过程提供定性和量级等方面的参考。降雨径流模型的预见期一般从实测降雨开始，对研究区域进行产汇流计算，其预见期受到流域产汇流时间的限制，由于采用实测降雨作为模型的输入，因此这一阶段的洪水预报具有较好的精度。而河道演进模型采用上游河道的实测洪水过程来预测下游断面的洪水过程，精度最高，而预见期最短，对实际的防洪调度有重要意义。在洪水预报的实践中，三种模型方法通常会配合使用。水文气象耦合模型可以提供水文过程的定性参考信息，有利于提前采取防范措施，为洪水预警机制提供参考；在降雨发生过程中，降雨径流模型可以提供更加详细可靠的流域水文过程，相关水文测站可以有针对性地加密观测，以便获得更加准确完整的信息，为防洪调度提供参考；而河道演进模型在实际的防洪调度中最为重要，根据上游已经出现的洪峰、洪量的关键信息，准确预报下游断面水文过程，为防洪调度决策提供依据。

4.2 梯级水库联合预报调度

随着经济社会的快速发展，国内出现了大规模兴建水利工程的热潮，与此同时，人类活动对水循环的影响日益加剧。特别是梯级水库的修建，不仅提高了水资源的利用效率，而且提升了流域的防洪减灾能力。然而由于监测技术及管理体制等方面的原因，同一条河流上或者同属于一个大流域的梯级水库之间，很难实现水库蓄泄信息的及时共享，反而加大了对下游水库入流的预报难度，而且传统的水库调度以设计阶段的水库调度图为依据，其调度方式单一，缺乏灵活性，未能充分发挥水库的调节作用，从而导致许多水库，尤其是北方水库调洪过程受汛限水位的约束发生弃水，洪水过后又无水可蓄，造成洪水资源的浪费。随着各水库对气象云图分析系统、水雨情遥测系统、洪水预报调度系统等现代化水文预报调度方法的应用水平的不断提高，以及国家对梯级水库联合防洪及发电调度管理体制的深入改革和逐步完善，梯级水库联合预报调度成为研究热点，并逐渐应用于长江流域多个梯级水库群的运行管理中，成为提高流域水资源利用效率及提升流域防洪发电综合效益的重要手段，同时也推动了变化环境下洪水预报理论和方法的研究。通过概化流域各级水库对研究区域的影响，并加强梯级水库群联合预报调度，将对流域水资源综合高效利用及洪水预报精度的提高起到重要作用。

实时调度依据的信息比设计阶段更加丰富，不仅有基于随机理论的统计信息和基于成因分析的确定性信息，还有基于统计信息、确定性信息和调度经验的模糊信息。基于原设计洪水计算成果，改变洪水调度方式，即采用预报调度方式，研究选择“预报净雨、预报洪峰或降雨预报等”作为判断何时改变泄流量的规则指标，通过预报调度规划上浮原汛限水位，要求所选定的规则指标应具有外包功能，即能安全地调节各种频率洪水过程，仍然保持原设计安全度。实践证明，防洪预报调度方式既有理论价值又有经济与社会效益，预计将来会部分地替代常规调度方法[23]。

梯级水库联合预报调度在实际运行中仍然存在许多亟待解决的问题，包括水库水雨情测报系统、洪水预报方案的精度和可靠性分析，实时调度对水库防洪效益和兴利效益的影响及风险分析，对洪水级别的判断以及相应执行的调度方式等的方案分析，以及存在水力关联的水库间蓄泄信息共享及联合调度管理等。

5 结论与展望

在国家节能减排和科学发展的大背景下，水力发电作为一项清洁能源受到越来越多的重视。水电站对水资源的利用效率在很大程度上取决于水库自身特性及其调度方式，而水库调度的一项主要依据便是预报洪水过程。研究变化环境下洪水预报的理论方法和应用实践，对最大程度地降低洪灾风险并提高水电站的水资源利用效率具有十分重要的意义，同时也是水库群联合调度以及水库动态汛限水位研究等课题的基础。

参考文献

[1]《气候变化国家评估报告》编写委员会．气候变化国家评估报告[R]．北京:科学出版社,2007.

[2] 王文,马骏．若干水文预报方法综述[J]．水利水电科技进展,2005,25(1):56-60.

[3] 郝春沣,周祖昊,贾仰文,等．数据驱动模型在渭河流域来水预报中的开发和应用研究[J]．水文,2009,29(3):6-9.

[4] Garen D C. Improved techniques in regression-based streamflow volume forecasting[J]. J Water Res Plan Manage,1992,118(6):654-670.

[5] Mahabir C,Hicks F E,Fayek A R. Application of fuzzy logic to forecast seasonal runoff[J]. Hydrol Process,2003,17:3749-3762.

[6] Zealand C M,Burn D H,Simonovic S P. Short term streamflow forecasting using artificial neural networks[J]. J Hydrol,1999,214:32-48.

[7] 张济世,刘立昱,程中山,等．统计水文学[M]．郑州:黄河水利出版社,2006.

[8] 李辉,练继建,王秀杰．基于小波分解的日径流逐步回归预测模型[J]．水利学报,2008,39(12):1334-1339.

[9] Sivakumar B,Berndtsson R,Persson M. Monthly runoff prediction using phase space reconstruction[J]. Hydrol Sci J,2001,46(3):377-387.

[10] Crawford NH, Linsley R K. Digital simulation in hydrology: Stanford Watershed Model IV[M]. Tech. Rep. No. 39,Stanford Univ,1996.

[11] Sugawara M. Tank Model in V. P. Singh (Ed) Computer Models of Watershed Hydrology[M]. Littleton Colo. ,Water Resources Publication,1995.

[12] 赵人俊．流域水文模拟[M]．北京:水利水电出版社,1984.

[13] 中国气候变化国别研究组．中国气候变化国别研究[M]．北京:清华大学出版社,2000.

[14] 郭生练,王金星,彭辉,等．考虑人类活动影响的丰满水库洪水预报方案[J]．水电能源科学,2000,18(2):14-17.

[15] 戴永久,曾庆存．陆面过程研究[J]．水科学进展,1996,7(1):40-53.

[16] Kite G W, U. Haberlandt. Atmospheric model data for macroscale hydrology[J]. Journal of Hydrology, 1999 (217): 303-313.

[17] 陆桂华,吴志勇,Lei Wen,等．陆气耦合技术应用研究进展[C]//中国水文科学与技术研究进展．南京:河海大学出版社,2004:14-20.

[18] Benoit R, Pellerin P, Kouwen N, et al. Toward the use of coupled atmospheric and hydrological models at regional scale [J]. Monthly Weather Review,2000,128:1681-1706.

[19] Jasper K, Gurtz J, Lang H. Advanced flood forecasting in Alpine watersheds by coupling meteorological observations and forecasts with a distributed hydrological model[J]. Journal of Hydrology,2002,267:40-52.

[20] Xue, Y. K. , Sellers, P. J. , Kinter, J. L. , et al. A simplified biosphere model for global climate studies[J]. Journal of Climate, 1991, (4): 345-364.

[21] 孙岚,吴国雄,孙菽芬．陆面过程对气候影响的数值模拟:SSiB与IAP/LASG L9R15 AGCM耦合及其模式性能[J]．气象学报,2000,58(2):179-193.

[22] 杨传国,林朝晖,郝振纯,等．大气水文模式耦合研究综述[J]．地球科学进展,2007,22(8):810-817.

[23] 曹永强,殷峻暹,胡和平．水库防洪预报调度关键问题研究及其应用[J]．水利学报,2005(1):1-6.

第四篇

水利水电工程施工及新技术、新产品

胶凝砂砾石坝配合比设计及防渗保护层研究

贾金生　马锋玲　冯　炜　翟　洁

（中国水利水电科学研究院，北京　100038）

【摘要】 本文给出了胶凝砂砾石配合比设计参数，以及不同于常规混凝土点控制的配合比设计方法，即：由边界控制或面控制强度、级配和用水量的“配合比控制范围”设计方法，并提出了配制强度和最小强度的确定方法。另外，试验研究表明，变态胶凝砂砾石与富浆胶凝砂砾石均具有良好的力学性能和抗渗、抗冻耐久性能，抗渗可达 W12，抗冻可达 F300，可作为胶凝砂砾石坝上、下游防渗保护层及基础垫层。

【关键词】 胶凝砂砾石　配合比控制范围　变态胶凝砂砾石　富浆胶凝砂砾石

1　概述

胶凝砂砾石是利用胶凝材料和砂砾石料，经拌和、摊铺、振动碾压形成的具有一定强度和抗剪性能的材料，胶凝砂砾石坝是一种结合了碾压混凝土坝和混凝土面板堆石坝的优点发展起来的一种新坝型，是传统土石坝、砌石坝、混凝土坝等筑坝技术构成的筑坝技术体系的有益补充，其强调“宜材适构”理念，注重就地取材、减少弃料、快速施工、易于维护、节能环保和经济。

我国的胶凝砂砾石筑坝技术研究始于 20 世纪 90 年代，2004 年，中国水利水电科学研究院、福建省水利水电勘测设计院和中国水利水电第十六工程局等单位合作，建成了我国第一座胶凝砂砾石坝工程，即坝高 16.3 m 的福建尤溪街面水电站下游围堰。经过多年的研发与实践，我国已取得不少实质性的筑坝经验。目前，我国已建成多座胶凝砂砾石坝围堰，包括福建街面和洪口、云南功果桥、贵州沙沱、四川飞仙关等围堰工程。此外，最大坝高 60.6 m的山西守口堡水库胶凝砂砾石坝即将开工建设。

2　胶凝砂砾石配合比设计

胶凝砂砾石的配合比应满足工程设计及施工工艺的要求，确保工程质量且经济合理。配合比设计要求主要包括：施工过程中粗骨料不发生严重分离；工作度适中，拌和物较易碾压密实，表观密度较大；抗压、抗拉强度等性能满足设计要求。

胶凝砂砾石设计抗压强度一般采用按照标准方法制作和养护的边长为 150 mm 的立方体试件，在 180 d 设计龄期用标准试验方法测得的具有 80% 设计保证率的抗压强度标准值。试验方法可参照碾压混凝土试验的有关规定。

2.1　设计参数

胶凝砂砾石拌和物 *VC* 值的选取，根据已建胶凝砂砾石围堰施工经验及大量的碾压混凝土坝工程实践，控制施工现场 *VC* 值在 2 ~ 12 s 是比较合适的。由于砂砾石粒径及吸水率等波动比较大,施工中 *VC* 值应根据原材料情况及气候条件的变化及时调整,进行动态选用和控制。

天然级配的砂砾石原则上剔除 150 mm 超径颗粒后均可用于拌制胶凝砂砾石,当砂砾石级配很差时,可通过增加胶凝材料用量或通过掺配砂料或石料调整后仍可使用,具体调整措施应通过试验及经济性比较确定。

试验研究及工程实践表明,当胶凝材料用量低于 80 kg/m^3 时,胶凝砂砾石的浆砂比明显降低,可碾性、液化泛浆及层间结合等施工性能较差,对硬化后的胶凝砂砾石性能影响较大。另外,由于不同品种水泥其熟料含量相差较大,加之胶凝材料用量又较少,因此对永久工程,一般胶凝材料用量不宜低于 80 kg/m^3,水泥熟料用量不宜低于 32 kg/m^3。

胶凝砂砾石单位用水量及水胶比主要取决于砂砾石的天然级配、施工 *VC* 值、强度要求、以及外加剂使用情况等因素。由于砂砾石级配的变化很难使用水量保持固定,因此,不同于常规混凝土的级配和用水量均控制在一个固定水平,胶凝砂砾石的用水量及水胶比是随着级配的波动而波动的,均控制在一个适宜的范围内。

胶凝砂砾石振动液化,达到密实的条件是:由用水量、水泥用量、掺合料用量所组成的浆体(灰浆)应填满砂的所有空隙,并包裹所有的砂。由灰浆和砂组成的砂浆应填满石子的所有空隙,并包裹所有的石子。因此,配合比设计时,灰浆裕度 α 和砂浆裕度 β 值的最小值应不小于 1,同时也应考虑有足够的黏聚性,以防骨料严重分离。

国内几个胶凝砂砾石围堰配合比参数见表 1。

表 1　国内几个胶凝砂砾石围堰配合比

<table>
<tr><th rowspan="2">工程名称</th><th rowspan="2">设计强度</th><th rowspan="2">设计表观密度</th><th colspan="6">材料用量(kg/m^3)</th></tr>
<tr><th>用水量</th><th>水泥</th><th>粉煤灰</th><th>石粉</th><th>砂砾石</th><th>缓凝高效减水剂</th></tr>
<tr><td>街面</td><td>180 d 龄期 C7.5</td><td>≥2 300</td><td>80</td><td>45</td><td>45</td><td>0</td><td>2 340</td><td>0.63</td></tr>
<tr><td rowspan="2">洪口</td><td rowspan="2">28 d 抗压强度大于 4 MPa
28 d 抗拉强度大于 0.35 MPa</td><td rowspan="2">≥2 200</td><td>85</td><td>40</td><td>40</td><td>20</td><td>2 175</td><td>0</td></tr>
<tr><td>115</td><td>55</td><td>45</td><td>30</td><td>2 105</td><td>0</td></tr>
<tr><td rowspan="5">功果桥</td><td rowspan="5">90 d 龄期 C5W4</td><td rowspan="5">≥2 300</td><td>72</td><td>100</td><td>0</td><td>0</td><td>2 238</td><td>0</td></tr>
<tr><td>74</td><td>70</td><td>30</td><td>0</td><td>2 235</td><td>0</td></tr>
<tr><td>74</td><td>90</td><td>0</td><td>0</td><td>2 245</td><td>0</td></tr>
<tr><td>97</td><td>100</td><td>0</td><td>0</td><td>2 213</td><td>0</td></tr>
<tr><td>97</td><td>77</td><td>33</td><td>0</td><td>2 203</td><td>0</td></tr>
<tr><td rowspan="3">沙沱</td><td rowspan="3">28 d 抗压强度不低于 4 MPa
28 d 抗拉强度大于 0.35 MPa
180 d 抗压强度不低于 10 MPa</td><td rowspan="3">≥2 200</td><td>75</td><td>40</td><td>40</td><td>0</td><td>2 398</td><td>0.4</td></tr>
<tr><td>70</td><td>30</td><td>30</td><td>0</td><td>2 391</td><td>0.3</td></tr>
<tr><td>70</td><td>25</td><td>25</td><td>0</td><td>2 401</td><td>0.25</td></tr>
</table>

2.2　设计方法

首先应进行砂砾石料场勘察试验。砂砾石原则上不需要分级,由于级配变化带来用水量的变化将导致强度的变异,因此,胶凝砂砾石的配合比设计无法采用常规混凝土配合比的设计方法，必须充分考虑骨料级配的离散性及由此导致的强度的离散性。配合比设计前首先对料场砂砾石母材粒径进行筛分试验，得到剔除超径颗粒后的砂砾石最粗级配、最细级配及平均级配情况。由此，料场砂砾石级配将分布在最粗和最细粒径范围内。

进行不同胶凝材料用量下的"配合比控制范围"试验。根据胶凝砂砾石设计强度，选择不同胶凝材料用量，在每个胶凝材料用量下，分别按最粗级配、最细级配和平均级配的砂砾石比例，在较宽范围内选取不同用水量进行强度试验，建立不同级配下 28 d 龄期及设计龄期的抗压强度与用水量的关系，确定满足施工 *VC* 值要求的适宜用水量范围以及与之相对应的适宜强度范围，见图 1。不同级配的砂砾石，在某一区域内由于用水量过低、浆体少，胶凝砂砾石无法碾压密实从而获得充分的强度。相反，如果用水量过多，不仅强度降低，碾压工作性也将变差。可见胶凝砂砾石具有一个适宜的用水量范围，以及一个与之相对应的适宜的强度分布范围，即施工中配合比控制范围，允许用水量在控制范围内浮动。这不同于常规混凝土强度由级配和用水量固定的点控制方式，胶凝砂砾石强度是由面控制或边界控制，用水量与强度随着级配而变化。室内配合比试验时需将砂砾石按水工混凝土级配要求筛分后再按实际最粗级配、最细级配及平均级配比例分别称量、配制，以确保试验的准确性。

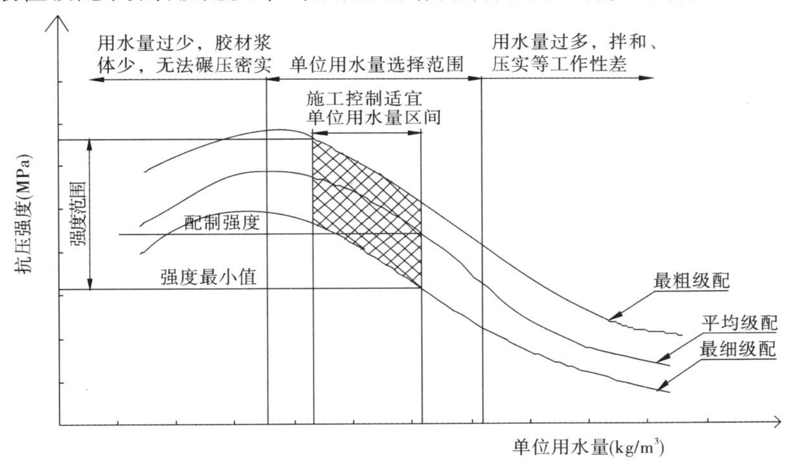

图 1　抗压强度与单位用水量的关系

确定适合的"配合比控制范围"，即胶凝砂砾石的配合比。确定方法："配合比控制范围"中平均级配胶凝砂砾石设计龄期强度最小值应满足配制强度要求，同时"配合比控制范围"中最细级配胶凝砂砾石设计龄期强度最小值不低于设计强度。因此，在此范围内不同用水量的任何级配的胶凝砂砾石均可以获得比设计强度更高的强度。若施工中将砂砾石级配控制在一个较窄范围内，或通过更准确的检测砂砾石的级配、吸水率及表面含水率，将用水量控制在较窄范围时，则胶凝砂砾石最低强度将会提高。如果以上原则能严格执行，能控制砂砾石级配和用水量为固定值，则砂砾石级配、用水量与强度的关系将为点控制，就这相当于普通混凝土的概念，即骨料清洗，级配筛分，用水量固定，从而获得最大的混凝土强度，体现了级配、用水量和强度的点对应关系。显然，边界控制或面控制级配和用水量是专门针对胶凝砂砾石的，这也是胶凝砂砾石和普通混凝土的最大区别之一。胶凝砂砾石临时工程的配合比设计相对简易粗放，基本以平均级配砂砾石料为主要试验材料，强度满足工程设计需要且没有保证率等要求。

由于胶凝砂砾石胶凝材料用量低，粒径超过常规碾压混凝土骨料分布范围，其强度经验较少。因此，有必要采用边长 450 mm 的立方体试件进行最大粒径 150 mm 的全级配胶凝砂砾石试验，以消除湿筛的影响，得出大、小试件的强度应用关系。根据《水工混凝土试验规程》(DL/T 5150—2001) 4.2.4 中，边长 450 mm 的立方体普通混凝土试件换算成边长 150 mm 立方体的试件，试验结果应乘以换算系数 1.36。中国水利水电科学研究院前期试验结果表明，该换算系数约为 1.31。

由于目前国内还没有胶凝砂砾石坝永久工程，实践中的胶凝砂砾石强度数据资料缺乏，为控制强度离散带来的问题，保证满足设计要求，因此提出以上对永久工程的配合比设计方法供借鉴。待实际工程的数据资料积累后，通过进一步的深入研究，完善胶凝砂砾石的配合比设计方法，以更科学可靠地指导此项筑坝技术的安全推广。

3 防渗保护层及垫层胶凝砂砾石研究

3.1 变态胶凝砂砾石试验研究

借鉴碾压混凝土坝采用变态碾压混凝土防渗的经验，试验研究采用变态胶凝砂砾石作为防渗保护层的可行性。即在胶凝砂砾石铺筑过程中，在其上、下游面一定范围内的胶凝砂砾石中添加一定的灰浆，用振捣棒振捣密实。这种方式的好处是避免了常态混凝土与胶凝砂砾石同时施工时的干扰。

由水、水泥、粉煤灰和外加剂组成的浆液必须具有良好的流变性、体积稳定性和抗离析性，浆液凝固后有较高的强度。浆液流动性采用 Marsh 流动度仪测定。由于胶凝砂砾石胶材用量低，为了提高变态胶凝砂砾石的力学性能，需要比碾压混凝土更多的浆液添加量，变态胶凝砂砾石浆液流动度适宜范围为 30 ~ 50 s，浆液在变态过程中能充分液化，具有良好的贯入充填空隙效应。

3.1.1 浆液配合比及加浆率

试验采用 42.5 级普通硅酸盐水泥、Ⅱ级粉煤灰、萘系高效减水剂及松香类引气剂（以下同），经不同组合试验得到的浆液配合比见表 1。

表 1 浆液配合比

试验编号	外加剂掺量(%)		浆液材料用量(kg/m^3)			Marsh 流动度(s)
	高效减水剂	引气剂	水	水泥	粉煤灰	
BT480	0.5	0.05	480	600	755	45

采用北京周边河卵石（最大粒径 150 mm，其中砂含泥量 6.3%）进行变态胶凝砂砾石仿真试验，胶凝砂砾石配合比见表 2。试模为带观察窗的 30 cm 立方体，胶凝砂砾石拌和物剔除 80 mm 以上骨料后，采用 ZX－50 型插入式振捣器振捣，研究加浆方法、加浆率（浆液与胶凝砂砾石的体积比率）和变态胶凝砂砾石振动液化形态。

表 2 胶凝砂砾石配合比 （单位：kg/m^3）

水泥	粉煤灰	水	砂	石子
40	40	60	592	1 841

由观察窗可以清楚观察到振动液化后浆液上浮和胶凝砂砾石颗粒排列整个过程的形态变化。从振动液化机理及施工工艺考虑,底层加浆效果最好(见图2)。适合的加浆率可以从试件表面泛浆分析判断,加浆率应与浆液的流变性相适应。试验可知,Marsh 流动度为(40±10)s 的浆液与其相适应的加浆率为 8%~10%,试件表面全部泛浆,振动时间大约 30 s(见图3)。加浆率过高,会在顶面形成一层浮浆,将降低层缝的抗剪黏聚力,也易形成渗漏通道。

图2　加浆率 8%,底层加浆,振捣 30 s 浆液上浮　　图3　加浆率 10%,底层加浆,振捣 25 s 浆液浮出

3.1.2　变态胶凝砂砾石性能

加浆后的变态胶凝砂砾石(加浆率为 10%)配合比见表3。变态胶凝砂砾石湿筛后成型进行性能试验,试验结果见表4 和表5。可见,变态胶凝砂砾石具有良好的力学性能和抗渗、抗冻耐久性能,抗渗可达 W13,抗冻可达 F300,可作为胶凝砂砾石坝上、下游防渗保护层。

表3　变态胶凝砂砾石配合比　(单位:kg/m³)

试验编号	加浆率(%)	材料用量(kg/m³)					坍落度(cm)	含气量(%)
		水	水泥	粉煤灰	砂	石		
GE－CSG	10	102	96	110	533	1 657	7.0	3.2

表4　变态胶凝砂砾石力学性能试验结果(180 d 龄期)

试验编号	抗压强度(MPa)			轴拉强度(MPa)	极限拉伸($\times10^{-6}$)	轴拉弹模(GPa)	轴压弹模(GPa)
	28 d	90 d	180 d				
GE－CSG	15.3	19.9	24.9	2.28	79	33.5	32.2

表5　变态胶凝砂砾石抗渗和抗冻性能试验结果(90d 龄期)

试件编号	抗渗等级	相对动弹性模量(%)/质量损失率(%)					
		50 次	100 次	150 次	200 次	250 次	300 次
GE－CSG	W13	87.6/0.02	83.3/0.08	80.0/0.15	73.5/0.68	67.1/1.22	63.5/1.53

2.2　富浆胶凝砂砾石试验研究

富浆胶凝砂砾石是指增加胶凝材料用量的胶凝砂砾石,工作性仍为干硬性,有利于现场碾压施工的连续性和便利性。

试验采用守口堡坝址河床砂砾石,最大粒径 80 mm,含泥量为 8.9% 和 3.2% 两种。富浆胶凝砂砾石配合比见表6,湿筛后成型进行性能试验,试验结果见表7。试验结果可见,富浆胶凝砂砾石具有良好的力学性能和抗渗、抗冻耐久性能。砂中含泥量高会降低富浆胶凝砂砾石的抗冻性,但采用较高的胶凝材料用量,控制含气量在5% ~6%,富浆胶凝砂砾石抗冻性可达到F300。富浆胶凝砂砾石可作为胶凝砂砾石坝上、下游防渗保护层及基础垫层。

表6 富浆胶凝砂砾石配合比

编号	含泥量(%)	砂率(%)	减水剂(%)	引气剂(%)	材料用量(kg/m³)						
					用水量	水泥	粉煤灰	砂	小石	中石	大石
N9	8.9	30	0.8	0.08	90	100	90	649	598	543	356
N3 - 1	3.2	30	0.7	0.015	80	100	90	645	594	539	354
N3 - 2	3.2	30	0.7	0.025	80	100	90	645	594	539	354

表7 富浆胶凝砂砾石性能试验结果(90 d龄期)

编号	湿筛容重(kg/m³)	*VC*值(s)	含气量(%)	抗压强度(MPa)	抗渗等级	相对动弹性模量(%)/质量损失率(%)			
						50次	100次	200次	300次
N9	2 389	5	4.6	22.3	W12	95.3/0.03	94.5/0.06	93.3/0.11	91.6/0.88
N3 - 1	2 355	3	3.9	28.8	W13	92.2/0.08	91.1/0.12	90.3/0.33	89.8/0.59
N3 - 2	2 340	3	6.8	26.9	W13	96.8/0.02	96.1/0.05	95.3/0.08	94.8/0.11

4 结语

(1)不同于常规混凝土点控制的配合比设计方法,胶凝砂砾石采用由边界控制或面控制强度、级配和用水量的"配合比控制范围"设计方法,并根据"配合比控制范围"确定配制强度和最小强度。

(2)变态胶凝砂砾石、富浆胶凝砂砾石均具有良好的力学性能和抗渗、抗冻耐久性能,抗渗可达W12,抗冻可达F300,可作为胶凝砂砾石坝上、下游防渗保护层及基础垫层。

参考资料

[1] Engineering Manual for Construction and Quality Control of Trapezoidal CSG Dam, Japan Dam Engineering Center Report, September 2007.

[2] 贾金生,马锋玲.胶结颗粒料筑坝技术导则征求意见稿[R].水利部水利水电规划设计总院等,2012.

[3] 贾金生,马锋玲,冯炜,等.胶凝砂砾石筑坝关键技术研究[R].中国水利水电科学研究院,2012.

[4] 贾金生,马锋玲,李新宇,等.胶凝砂砾石坝材料特性研究及工程应用[J].水利学报,2006.

[5] JIA, Jinsheng, MA, Fengling, LI, Xinyu, CHEN, Zuping, WANG, Xiaoqiang, Application of cement sand and gravel(CSG) dam in China and lab test on CSG material dissolution, Q. 84 Technical Solutions to Reduce Time and Costs in Dam Design and Construction, Transactions Vol. I, pp 1457 - 1464, the 22nd ICOLD Congress, Congress, Barcelona, Spain, 18 - 23 June, 2006.

桐子林水电站框格式地下连续墙三维非线性有限元分析

吴世勇　陈秀铜　姚　雷

（二滩水电开发有限责任公司，四川　成都　610051）

【摘要】 桐子林水电站位于四川省攀枝花市盐边县境内，为雅砻江下游最末一个梯级电站。电站导流明渠导墙下游基础位于深厚覆盖层区域，不具备开挖建基条件，设计采用基础连续墙，该种结构在国内水电行业尚未见到应用实例。本文通过建立桐子林水电站框格式地下连续墙三维非线性有限元计算模型，对框格式地下连墙槽段进行了施工全过程模拟，详细分析了结构在最不利工况下连续墙的应力与变形，并分析了最不利工况下结构的整体稳定性，论证了框格式连续墙这种地基处理方式在水电工程中应用的合理性与可行性，地下连续墙在应力变形及稳定方面能满足工程需要。

【关键词】 地下连续墙　三维非线性有限元　桐子林

在水电建设中，经常面临砂砾石深覆盖层或Ⅳ～Ⅴ类软岩的基础处理与加固问题。对于永久性水工建筑物，其地基处理的常规方式是将所在软弱基础材料全部开挖、置换成混凝土，以保证基础的承载力与建筑物的安全需要。混凝土置换方式加固基础的优点是施工过程简单易行，但带来的缺点是工期较长，开挖量大，同时也会给工程的临时导流布置方案造成困难，影响工程的建设周期，并使工程的经济性指标下降[1]。

地下连续墙自20世纪50年代在欧洲首先应用以来，以其刚度大、变形小、既能挡土又能挡水、相对安全度高等优点在全世界范围内迅速推广，特别是在工民建中被广泛应用[2]。在水电工程，地下连续墙也广泛应用于防渗或者基坑的临时支护。但框格式混凝土连续墙这种处理方式很少做类似结构使用，即使使用，也主要用于承担垂直向荷载，或者把框格中的覆盖层挖除后回填混凝土（类似于沉井），而直接把该结构用于承担水平向和垂直向荷载，且最高约54.0 m，目前国内水电行业尚未见到类似工程应用实例，故如何拟定该连续墙的结构存在较大难度。如果采用该结构，建筑物的施工、运行都可能存在一定的风险，因此有必要进行深入研究，尽量减少和规避其风险。

1　工程简介及地质条件

桐子林水电站位于四川省攀枝花市境内，距上游二滩水电站18.0 km，距雅砻江与金沙江汇口15.0 km，为雅砻江下游最末一个梯级电站。电站装机600 MW，水库正常蓄水位为1 015.00 m，总库容0.912亿m^3。电站于2010年9月获国家核准，2011年实现大江截流，计划2015年首台机发电。

桐子林水电站主要由由左右岸挡水坝、河床式厂房、泄洪闸等建筑物组成，施工采用右岸明渠导流方式，枢纽布置见图1。坝址岩体全强风化带主要分布于右岸谷坡及河床右侧滩地的内侧，其厚度自上游至下游逐渐增厚，一般厚度为 20 ~28 m，最大厚度达 37 m。导流明渠导墙 0 +220.000 下游基础位于深厚覆盖层区域，不具备开挖建基条件。拟在靠右河岸设计横河向一跨，顺河向 5 跨的基础连续墙，导墙设在连续墙上。连续墙横河向跨宽 15 m，顺河向跨宽 9.5m。导墙顶部标高为 1 004 m，连续墙顶部标高为 989 m，连续墙和导墙完建后，开挖右河岸至标高 984 m 形成过水明渠。明渠导流方案连续墙布置如图 2 所示。

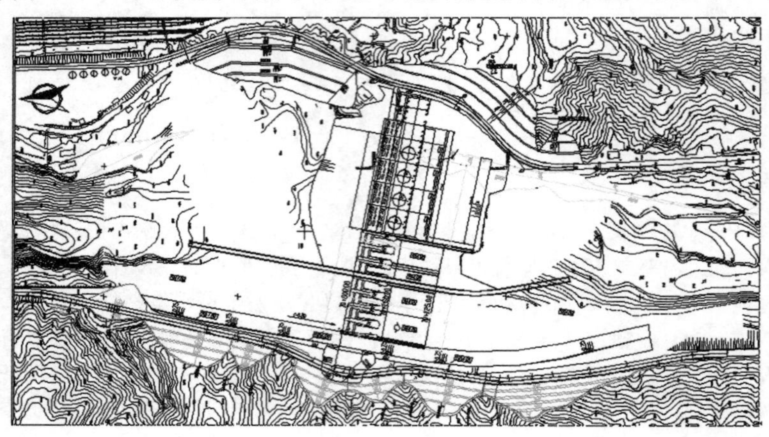

图 1　桐子林水电站枢纽布置

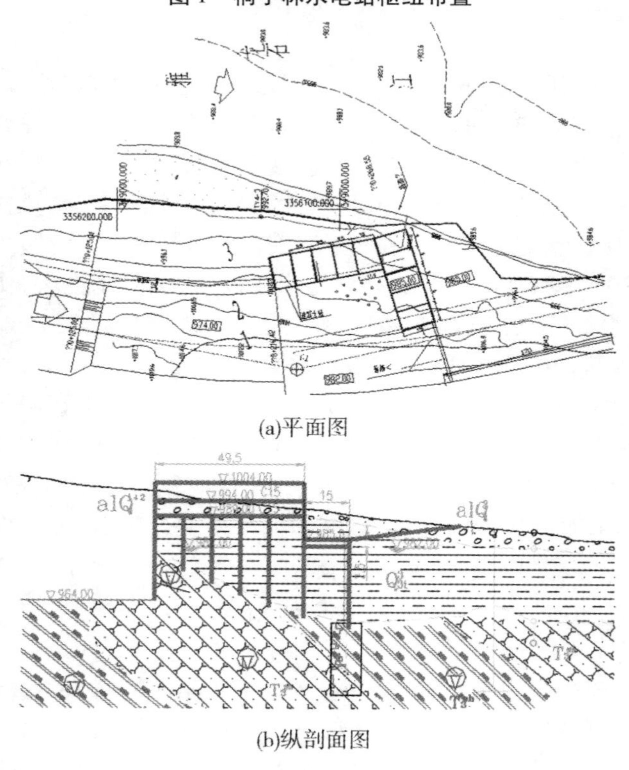

(a)平面图

(b)纵剖面图

图 2　明渠导流方案连续墙布置

2　三维非线性有限元计算

为了论证在桐子林水电站应用框格式地下连续墙的可行性，本文建立了三维非线性有限元计算模型。

2.1　计算模型

有限元模型主要参考导流明渠0+268.43断面，计算模型采用三维槽段模型，计算范围为顺河向的3个完整框格以及上下游两侧的各一个半格（即相当于4格完整框格的范围），有限元计算模型如图3所示。

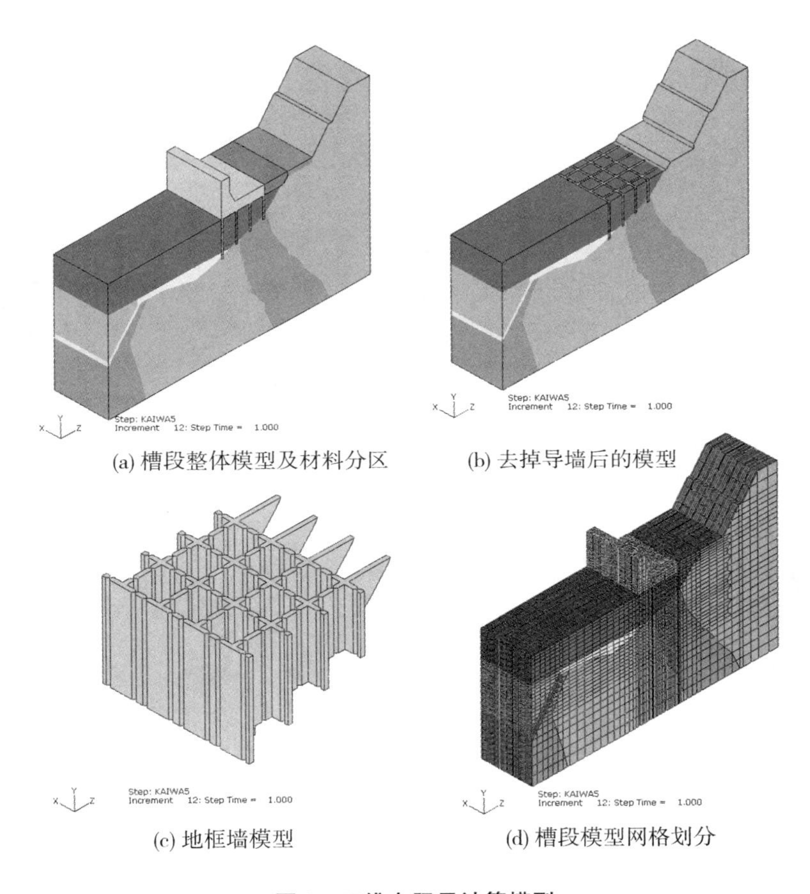

(a) 槽段整体模型及材料分区　　(b) 去掉导墙后的模型

(c) 地框墙模型　　(d) 槽段模型网格划分

图3　三维有限元计算模型

2.2　计算工况

本文主要计算导流明渠末端0+218.918～0+326.481在各施工导流期各工况运行下的应力与变形状况，计算工况主要包括了二期围堰完建期、二期围堰运行期、三期围堰运行期及永久运行工况等，计算采用过程模拟，模拟了结构在各工况下的施工过程。过程模拟以及各种工况下的荷载类型与组合分别见表1和表2。

表 1　过程模拟中荷载类型

荷载编号	荷载类型	作用部位
①	自重	覆盖层、砂卵砾层、Ⅱ ~ Ⅴ类岩石、破碎带、断层
②	自重	地框墙混凝土
③	自重	明渠左导墙混凝土
④	静水压力	导流明渠底板、明渠左导墙
⑤	静水压力	导墙河道侧覆盖层、导墙结构
⑥	围堰土压力	二期围堰土压力,作用于河道侧导墙以及覆盖层地基
⑦	围堰土压力	三期围堰土压力,作用于导流明渠左导墙

表 2　各工况过程模拟时荷载类型组合表

计算工况	各个荷载步中荷载组合		
二期围堰完建期	①②③	①②③④	①②③④⑥
二期围堰运行期	①②③	①②③⑥	①②③④⑥
三期围堰运行期	①②③	①②③⑦	①②③⑤⑦
永久运行	①②③	①②③④⑤	—

2.3　材料物理力学参数

覆盖层、混凝土、Ⅲ ~ Ⅴ类岩石、破碎带、断层材料物理力学计算参数如表 3 所示。

表 3　材料物理力学参数

材料类型	γ_d(kN/m^3)	E(MPa)	ν	c (MPa)	φ(°)
地框墙和导墙 C35 混凝土	25.00	30 000	0.167	—	—
III 类岩体	27.00	8 000	0.20	0.50	48.99
IV 类岩体	27.00	5 500	0.20	0.25	38.66
V 类岩体	27.00	800	0.26	0.15	33.02
F1 断层	23.25	1 000	0.25	0.01	17.74
M4、M5 等裂隙密集破碎带	25.00	2 500	0.22	0.10	30.96
第 1 层覆盖层(砂卵砾石)	23.25	55.0	0.33	0.008	27.69
第 2 层覆盖层(桐子林组)	19.15	17.5	0.35	0.010	19.77

3　计算结果及分析

根据模型对各种工况下地下连续墙的位移、应力及稳定性进行了计算分析,主要成果如下。

3.1　位移与应力计算结果与分析

各工况下地下连续墙位移等值线如图 4 所示 ,永久运行期工况下应力等值线如图 5所示。对于导流明渠末段导墙及地下连续墙，根据以上的计算可得出如下结论：

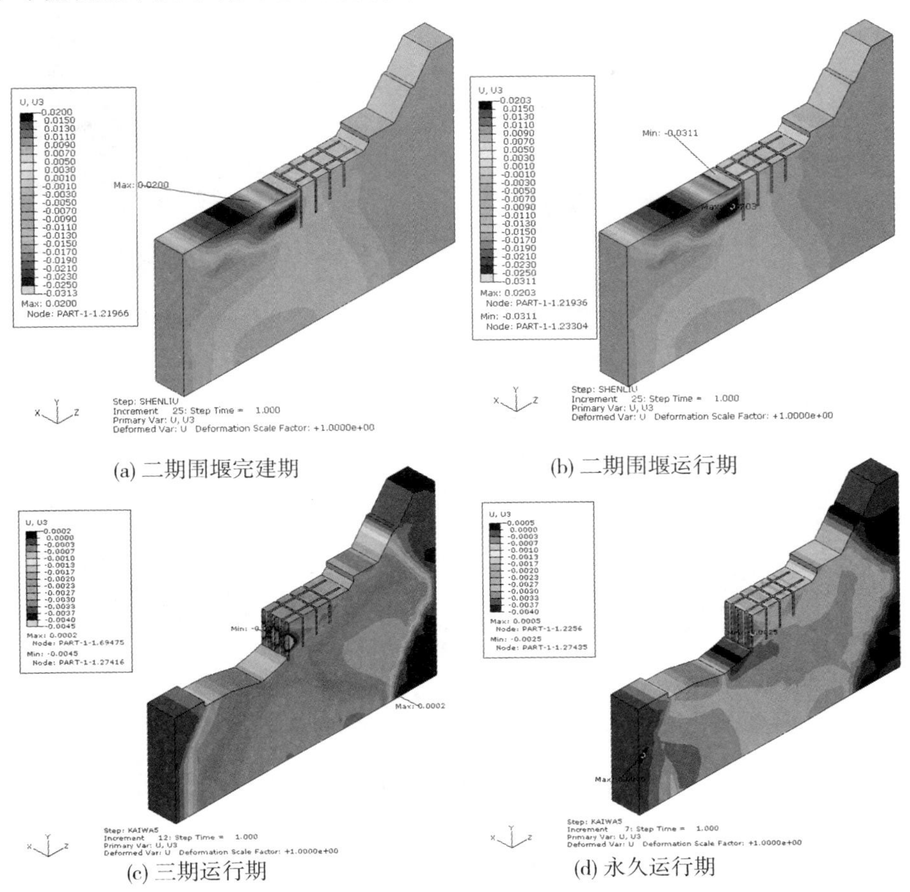

(a) 二期围堰完建期　(b) 二期围堰运行期

(c) 三期运行期　(d) 永久运行期

图4　地下连续墙位移等值线

(1)二期围堰完建期：地框墙位移都比较小，最大水平位移约 3.6 mm，最大垂直沉降约 5.58 mm，不均匀沉降最大约 3 mm；地框墙在 $1^{\#}$墙河道方向外侧与导墙底板连接的局部位置产生了约 0.74 MPa 的垂直拉应力（从左岸至导流明渠的地下连续墙编号依次为 $1^{\#}$ ~ $4^{\#}$），在导墙底板与明渠底板之间的分缝位置，底板厚度方向的中间部位产生了约 0.75 MPa 左右的垂直拉应力；导墙及地框墙的别的部位只受到压应力作用，最大约 3.66 MPa，产生于 $1^{\#}$墙底部；横河向的最大水平拉应力产生在 $1^{\#}$与 $2^{\#}$墙之间的横河向隔墙嵌岩端，约 1.75 MPa；在导墙底板与明渠底板之间的分缝附近产生了约 0.5 MPa 的水平拉应力；地框墙上的横河向水平剪应力最大约 2.6 MPa，出现于 $1^{\#}$ ~ $2^{\#}$之间的横河向隔墙嵌岩端施工接头处；$1^{\#}$地框墙河道方向外侧墙中间附近产生了约 6.03 MPa 的顺河向水平拉应力；$4^{\#}$地框墙明渠方向外侧嵌岩端附近产生了约 2.4 MPa 的顺河向水平拉应力；别的部位该应力均很小。

(2)二期围堰运行期：与二期围堰完建期相比，明渠中的水位增加，所以导致地框墙的水平位移相对减小，而由于变形的减小，使得 $1^{\#}$地框墙承受的压力增大，导致 $1^{\#}$墙外侧顺河向拉应力增大；

地框墙位移都比较小，最大水平位移约 3.5 mm，最大垂直沉降约 5 mm，不均匀沉降最大约 3 mm；地框墙在 $1^{\#}$墙河道方向外侧与导墙底板连接的局部位置产生了约 0.94 MPa 的

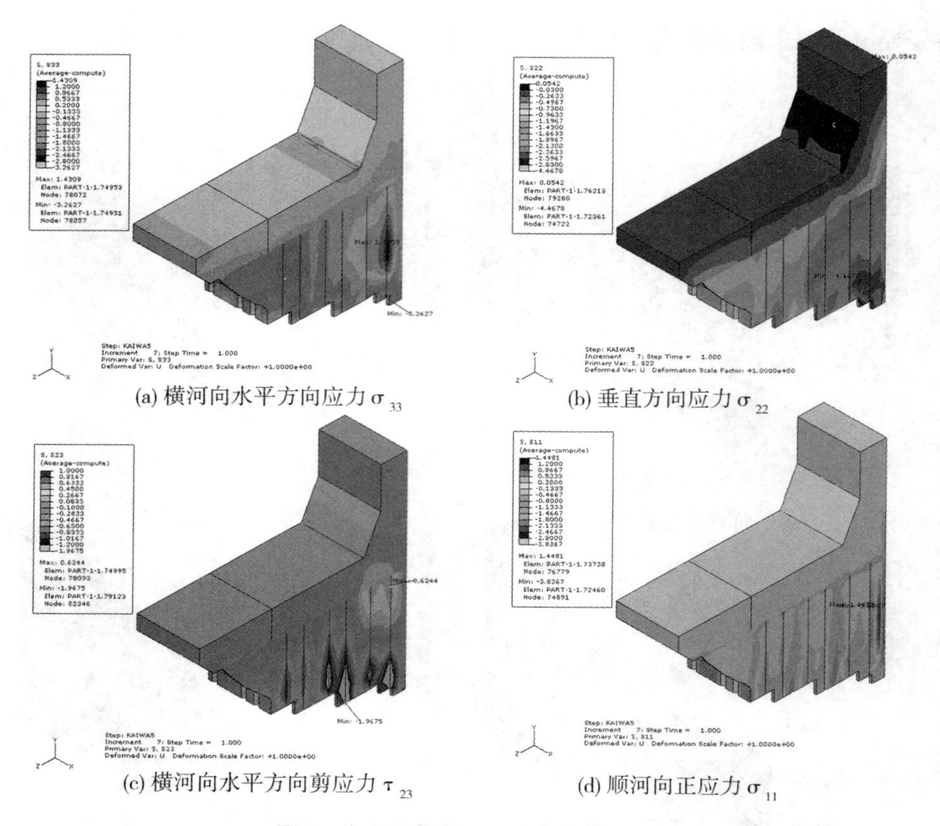

(a) 横河向水平方向应力 σ_{33}　(b) 垂直方向应力 σ_{22}

(c) 横河向水平方向剪应力 τ_{23}　(d) 顺河向正应力 σ_{11}

图5　永久运行期工况下应力等值线

垂直拉应力，在导墙底板与明渠底板之间的分缝位置，底板厚度方向的中间部位产生了约0.69 MPa左右的垂直拉应力；导墙及地框墙的别的部位只受到压应力作用，最大约3.47 MPa，产生于1#墙底部；横河向的最大水平拉应力产生在1#与2#墙之间的横河向隔墙嵌岩端，约1.96 MPa；在导墙底板与明渠底板之间的分缝附近产生了约0.5 MPa的水平拉应力；地框墙上的横河向水平剪应力最大约2.9 MPa，出现于1#～2#之间的横河向隔墙嵌岩端施工接头处；1#地框墙河道方向外侧墙中间附近产生了约6.32 MPa的顺河向水平拉应力；4#地框墙明渠方向外侧嵌岩端附近产生了约2.42 MPa的顺河向水平拉应力；别的部位该应力均很小。

(3)三期围堰运行期：在这个工况下，导墙在明渠方向受到比较大的三期围堰土压力作用，河道方向受到比较深的水压力的作用，同时，考虑到河道中的覆盖层被水淘空，由于明渠中荷载比河道中荷载大，所以使得导墙的变形趋势发生改变，整体想着河道方向侧移。

地框墙位移都比较小，最大水平位移约2.74 mm，最大垂直沉降约8.7 mm，不均匀沉降最大约3.9 mm；在导墙及地框墙上不存在垂直拉应力，而最大压应力约5.8 MPa，产生于1#墙嵌岩端附近；在4#河道方向侧的横河向隔墙嵌岩端产生了约2.0 MPa的横河向水平拉应力，而在1#与2#墙之间的横河向隔墙的中间位置产生了1.66 MPa的横河向水平拉应力；地框墙上的横河向水平剪应力最大约3.722 MPa，出现于2#墙与3#墙之间的横河向隔墙接头位置，总体来说各个横河向隔墙该应力均比较大，特别是1#墙嵌岩端有剪断的危险；顺河向剪应力相对比较小，最大只有1.4 MPa，产生于距离1#墙嵌岩端约4 m的位置，而在纵横墙体交接位置附近改应力比较小；1#墙明渠方向内侧上下方向的中部位置（纵横隔墙交界位置两侧约2.3 m的范围）产生了约1.84 MPa的顺河向拉应力，由于框墙中的土压力及渗透水压力和比河道侧水压力大，所以使得1#墙向河道方向鼓出，从而导致该应力产生。

（4）永久运行运行期：在该工况下，河道及明渠的水位均非常高，而且考虑了河道中的覆盖层被水淘空；而由于两侧均由于水的作用，与三期围堰运行中明渠中土水压力综合作用相比，此工况的位移均偏小。

地框墙位移都比较小，最大水平位移约1.35 mm，最大垂直沉降约5.54 mm，不均匀沉降最大约2 mm；在地框墙上不存在垂直拉应力，最大压应力约4.47 MPa，产生于1#墙嵌岩端附近；在1#与2#墙之间的横河向隔墙的中间位置产生了1.43 MPa的横河向水平拉应力；地框墙上的横河向水平剪应力最大约1.97 MPa，出现于2#墙与3#墙之间的横河向隔墙接头位置，而在各个接头处该应力均比较大；顺河向剪应力相对比较小，最大只有1.1 MPa，产生于距离1#墙嵌岩端约4 m的位置，而在纵横墙体交接位置附近改应力比较小；1#墙明渠方向内侧上下方向的中部位置（纵横隔墙交界位置两侧约2.3 m的范围）产生了约1.45 MPa的顺河向拉应力，由于框墙中的土压力及渗透水压力和比河道侧水压力大，所以使得1#墙向河道方向鼓出，从而导致该应力产生。

3.2 稳定性分析

根据强度折减法判断结构破坏的标准，下面对二期围堰运行期围堰段0+246.698 m断面进行分析，最后根据有限元计算的不收敛性作为主要的安全系数评价依据，以塑性区贯通作为依据对结构稳定性进行评价。结构破坏时的塑性区分布如图6所示。

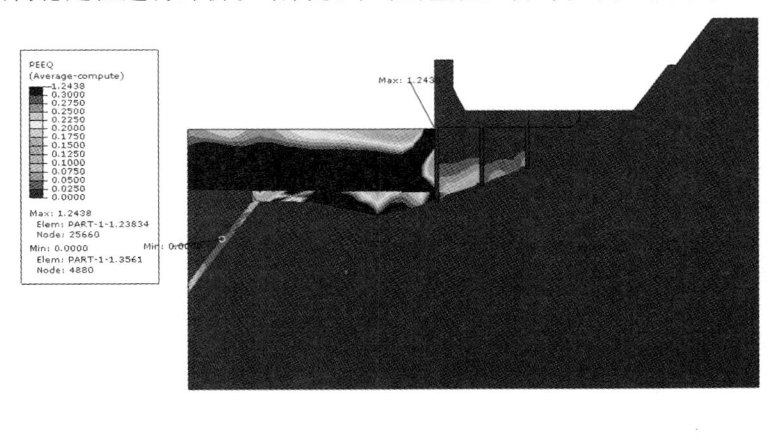

图6 二期围堰运行期结构破坏时的塑性区分布

根据以上的计算结果可以知道，地框墙的土岩体塑性区基本上在此状态下达到了贯通，而根据最后的有限元计算的不收敛可以判断，在二期围堰运行期结构安全系数为2.0，能够满足工程结构的稳定性需要。

4 结语

本文通过建立桐子林水电站框格式地下连续墙三维非线性有限元计算模型，研究了采用框格式地下连续墙与砂砾石深覆盖层或Ⅳ～Ⅴ类软岩组成复合基础作为水工建筑物永久基础的应力应变及稳定问题。框格式地下连续墙结构对施工环境和地质条件没有特殊要求,其加固基础的工作原理是通过分次开挖或冲击钻机连锁成孔,筑成桩排式或槽段式地下连续墙,施工工程与土坝混凝土防渗墙或坝基透水层的防渗帷幕相似,所不同的是框格式地下连续墙不仅可以起防渗效果,而且与砂砾石深覆盖层或Ⅳ～Ⅴ类软岩一起组成复合基础,共同承担上部结构传递的垂直与水平荷载。本文对框格式地下土地连墙槽段进行了施工全过程模拟,详细分析了结构在最不利工况下连续墙的应力与变形,并分析了该最不利工况下结构的整体稳定性,论证了框格式连续墙这种地基处理方式的合理性与可行性,地下连续墙在应力变形及稳定方面能满足工程需要。

参考文献

[1] 麦家煊,陈铁. 水工结构工程[M]. 北京:中国环境科学出版社,2003.
[2] 丛蔼森. 地下连续墙的设计施工与应用[M]. 北京:中国水利水电出版社,2001.

CFRD 混凝土结构施工的几项特殊工艺介绍

向　建

（中国水电七局有限公司，四川　成都　610081）

【摘要】 混凝土面板堆石坝是由趾板、面板及防浪墙等堆石体与混凝土结构组成的。其混凝土结构的主要功能是防渗、防漏。混凝土结构的施工质量是决定大坝防渗效果好坏的。在施工中也是关键工序之一，混凝土结构施工进展是否顺利同时也决定了整个大坝工程是否顺利。因此，面板堆石坝的混凝土施工工艺亦是 CFRD 的关键施工工艺。本文将介绍几种有关面板堆石坝混凝土结构的施工工艺。包括混凝土趾板、面板、防浪墙的施工工艺及其应用效果。供业内人士参考。

【关键词】 面板堆石坝　面板　趾板　防浪墙　混凝土结构　施工工艺

面板堆石坝的混凝土结构主要由防渗面板、趾板、趾板后的托板、坝体后的量水堰及其附属结构、坝体的观测室、坝顶的防浪墙组成。其中混凝土面板、趾板、防浪墙是面板堆石坝最重要的混凝土结构，其施工的质量水平直接决定大坝整体的质量水平。混凝土结构的施工速度亦影响着整个大坝工程的施工速度。而施工工艺的改善是实现优质快速施工的有效途径。以下介绍关于面板、趾板及防浪墙混凝土结构的施工工艺。

1　面板混凝土施工水平布料工艺

面板混凝土的结构特点是：①面板的结构形式为长薄混凝土板，且要求板与坝面间有一定的变形自由度。②堆石坝体的沉陷对面板混凝土有着较大的影响。③其结构缝的止水材料有其特殊性要求。④主要施工作业环境是在坝面斜坡上。⑤以混凝土溜槽为入仓手段，无规滑模为成型方式的混凝土施工方法。对混凝土的和易性、塌落度有一定要求。根据这一特点，其混凝土的入仓、浇筑成型施工工艺、各关键工序的质量保证手段、施工工序是关键。

在进行长度较大的面板堆石坝面板混凝土浇筑施工时，混凝土浇筑一般采用滑模进行施工，而其混凝土入仓均采用溜槽直接入仓。在单个仓号的宽度较大的情况下，一道溜槽的混凝土布料控制范围为 3 m 宽左右，无法保证整个仓面的混凝土铺摊均匀。其解决办法一般有两种：一种方法是增加仓号内溜槽道数，每隔 3 m 左右设一道溜槽，此种方法虽然能解决均匀布料的问题，但是由于每道溜槽的供料间断不连续，当停止供料后，溜槽中会残留部分混凝土，待重新供料时，原残留在溜槽中的混凝土已基本初凝，增大了溜槽表面的摩擦系数，阻碍新鲜混凝土的下滑，造成溜槽堵料。同时，此种方法需要很多溜槽，安装、拆除这些溜槽要耗费很多人工。另一种方法是根据仓号的宽度，在仓号内设置一定数量的主溜槽，主溜槽在临近混凝土浇筑面附近时再设一定数量的分支溜槽，此种方法虽然解决了均匀连续布料的问题，但是由于混凝土浇筑面要不停的向上推移，所以分支溜槽也就要随着浇筑面的推移而不停的拆除、安装，需要耗费大量的人工来完成此项工作。

针对上述的常用溜槽方案中供料间断不连续、容易发生堵料，安装、拆除溜槽所耗费人工较多的问题，在巴贡面板堆石坝应用了一种保证溜槽供料均匀连续，移动方便，不用频繁拆除溜槽的混凝土布料器。其技术方案如下：

它包括溜槽以及滑模，其关键技术是有一连接钢板，在连接钢板上固定2～4根支撑架，支撑架另一端呈发散状固定在滑模的前沿，在支撑架上靠近滑模的一端与支撑架交叉设有弧形轨道。在连接钢板上安装旋转溜槽与主溜槽相接，旋转溜槽另一端位于弧形轨道上。实际运用和设计平面布置图分别见图1和图2。

图1 混凝土布料器在巴贡工程的应用

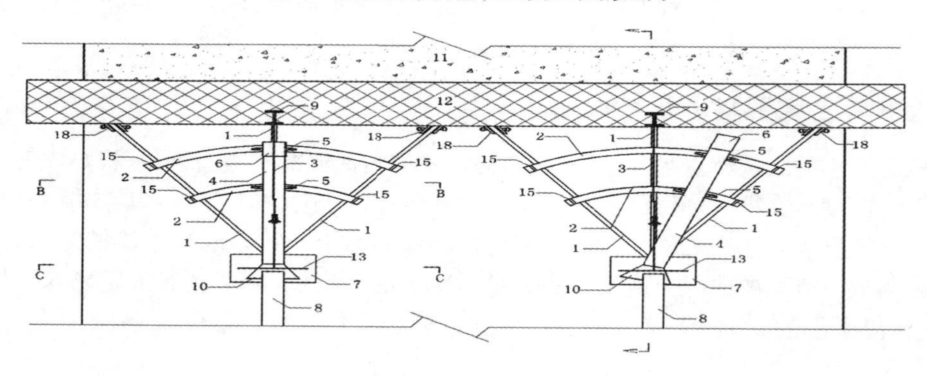

图2 混凝土布料器设计平面图

与原有技术相比的有益效果是：

（1）旋转溜槽的设置，可以保证主溜槽均匀连续不断的供料，进行混凝土摊铺，避免了溜槽堵料的可能性。

（2）取消了分支溜槽，减少了主溜槽的使用量，相对于现有溜槽，大大节省了安装、拆除溜槽所需要的人工投入。

（3）由于布料器设置于滑模上，移动时随滑模一同进行，移动方便，不需要专人负责，节约了程序，节约了人工。

溜槽断面形式的选择如下。

矩形断面与半圆弧形断面优劣对比：

假定1：这两种形式的溜槽同一过混凝土断面，且统一过混凝土断面高度，见图3。

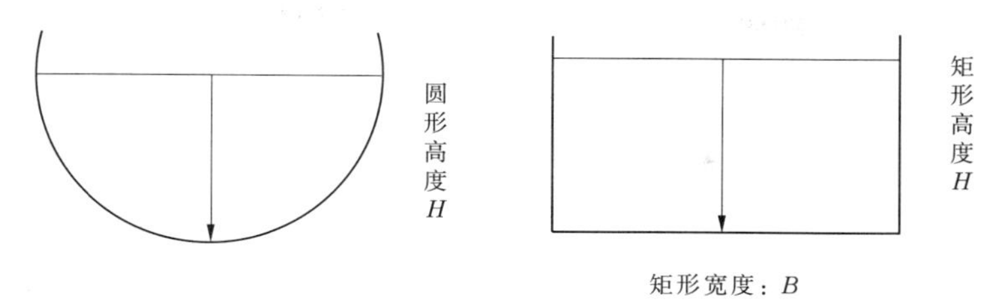

图3　圆形断面和矩形断面对比

假定2：圆形面积为 S，矩形面积亦为 S。

假定3：圆形半径为 H，矩形高度亦为 H。

矩形宽度为 B；混凝土与圆形溜槽接触面弧长为 L_1；混凝土与矩形接触面周长为 L_2

则：圆形面积 $S=\pi H_2$；矩形面积 $S=HB$；

$\pi H_2=HB$；$B=\pi H$；

$L_1=\pi H$；$L_2=B+2H$；$L_2=\pi H+2H$；

则：$L_1<L_2$；可知：同一断面，同一高度的圆形溜槽，混凝土与圆形溜槽接触面弧长为 L_1 小于混凝土与矩形接触面周长。其圆形断面溜槽与混凝土间的黏滞力小于矩形断面溜槽与混凝土间的黏滞力。

由此可知：溜槽断面制作成圆弧形优于制作成矩形。

2　趾板混凝土连续浇筑工艺

趾板是位于面板堆石坝面板基础部位的一种混凝土结构，一般按照15 m分段。目前，趾板浇筑大多采用传统常规施工方法，即每个仓号单独按照立模、浇筑混凝土、拆模的工序进行施工。如果在断面形式规则、线路变化不大的趾板施工中，也按照这种传统常规方法施工，就显得费时费力，而且在拆除模板之后必须对混凝土表明进行单独的缺陷修补。

针对现有技术的问题提出一种趾板混凝土连续浇筑装置，它克服了上述不足，并且使施工过程中结构缝/施工缝中的填缝材料如止水、分隔板等安装更方便、快速、准确。

趾板混凝土连续浇筑装置，由滑模结构体、行走机构、牵引装置组成，所述滑模结构体由滑模面板及滑模台车构成，滑模面板的形状及尺寸根据趾板的结构尺寸设计并固定在滑模台车上；滑模台车由钢构件构成，主要包括受料斗、施工平台，并与行走机构在台车底部连接，牵引装置的电动卷扬机的电动卷扬机安装在滑模台车内。

进一步滑模面板在趾板与面板止水处断开，上部采用角钢固定在台车钢构上，下部采用角钢固定在台车钢构上并贴厚橡胶皮，在止水上部及下部分别采用橡胶轮定位止水。

行走机构由轨道和安装在台车底部的轮组成，轨道由铺在平整地面的槽钢和焊接固定在槽钢内的角钢组成。

牵引装置由安装在滑模结构体上的电动卷扬机、钢丝绳及滑轮组构成，滑轮组由固定在前方的一个定滑轮和一个动滑轮组构成。

根据趾板的结构设计尺寸及止水位置设计趾板滑模面板的形状及尺寸，滑模系统由行走机构、牵引装置、滑模结构体三部分组成。轨道由铺在平整地面的槽钢和焊接固定在槽钢内的角钢组成，以限制滑模的钢轮在固定的线路上滑行；牵引装置由安装在滑模结构体上的电动卷扬机、钢丝绳及滑轮组构成，滑轮组由固定在前方的一个定滑轮和一个动滑轮组构成;滑模结构体由滑模钢面板及滑模台车组成,具体包括了受料斗、成型模板、施工平台等几个部分。

由于采用滑模施工,趾板仓面之间结构缝/施工缝中的填缝材料如止水、分隔板等可预先安装固定好,在同一直线段上的趾板仓面可以一次性连续完成混凝土浇筑。

本实用新型的有益效果是:使用趾板滑模施工,可以使趾板施工的模板安装、混凝土浇筑和混凝土表面修补工序一次性完成,大大提高趾板施工的进度和趾板混凝土施工外观质量。

具体实施方式如下。

滑模设计:滑模台车构件采用型钢,滑模面板采用 $\delta = 6$ mm 的钢板,背面采用角钢支撑,以保证钢板不变形。滑模面板在趾板与面板铜止水处断开,上部直接采用∠63 角钢固定在台车钢构上,下部采用∠63 角钢固定在台车钢构上并贴 20 mm 厚橡胶皮,为保证铜止水位置准确,在止水上部及下部分别采用橡胶轮定位铜止水。橡胶轮通过螺栓固定在上下支架上,利用上下橡胶轮固定铜止水,避免铜止水在混凝土浇筑期间偏移,同时用硬橡胶材料避免把铜止水划伤。

轨道安装及整平:轨道安装前,应严格按设计高程铺设砂浆垫层作为轨道基础,轨道型式如图 4 中的大样图;对轨道基础的平整度要求,平整度差不超过 10 mm,轴线误差控制在 20 mm 内,但不得有突变,应保证平滑过渡,轨道由铺在平整地面的槽钢和焊接固定在槽钢内的角钢组成。

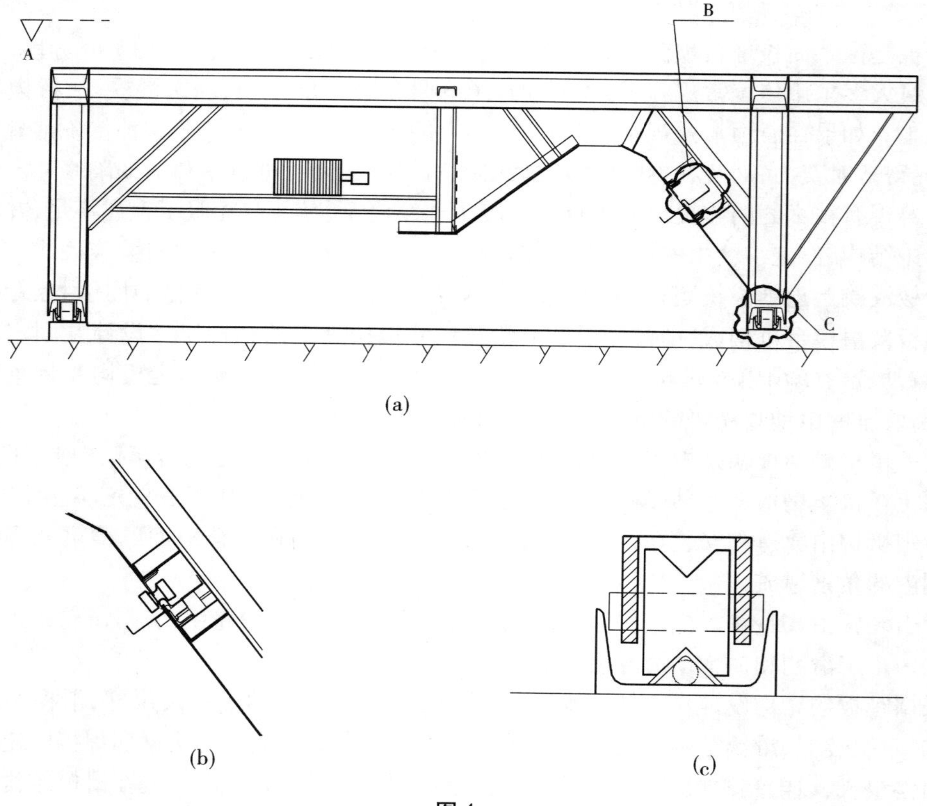

图 4

牵引装置:牵引装置采用电动卷扬机及滑轮组。由安装在滑模结构体上的电动卷扬机、钢丝绳及滑轮组构成,滑轮组由固定在前方的一个定滑轮和一个动滑轮组构成。

为保证滑轮组顺利滑动且不影响钢筋,在钢筋网上铺设木板,放置滑轮组。同样,在滑轮组前方放置铁板凳,将滑轮组架空搁置,以免钢丝绳摩擦封头模板。趾板滑模在电动卷扬机的带动下向前滑行,滑行速度为 2 ~3 m/h。

趾板混凝土浇筑:根据当时气温情况,混凝土塌落度控制在 3 ~7 cm,采用反铲挖装混凝土卸入料斗,滑模沿着固定的设计轨道线路行走;止水下部振捣较为困难,必须小心并加强止水附近混凝土振捣,以免出现空洞;滑模滑出后,如出现小的麻面,应及时用原浆抹面,以保证混凝土的外观质量;如出现较大的空洞,应及时用混凝土封堵,人工振捣,然后用木板护面。改进传统的施工工艺,根据趾板结构的设计特点,在苏丹麦洛维大坝工程中,经过反复实践和改进,自行设计制造了趾板混凝土连续浇筑设备,采用此滑模施工,立模、浇筑及混凝土表面修补一次性完成,滑模平均滑行速度 2 ~3 m/h,大大提高了趾板施工进度,而且混凝土外观质量优良。

3 防浪墙混凝土连续浇筑施工技术

为减少坝体填筑(浇筑)工程量,同时克服风浪爬高的不利影响,在大坝坝顶上游迎水面一侧设置一道高 1.5 ~4 m 的混凝土防浪墙成为水利水电大坝工程设计惯例。传统的防浪墙浇筑施工程序为采用普通组合钢木模板方式立模、支撑加固模板、模板校正、模板缝处理、混凝土浇筑、拆模。这种常规方法材料消耗大,备仓时间长,工作面占用多,模板加固质量差,模板接缝多刚度弱,混凝土质量无法保证,上游面处于坝坡上操作困难存在安全隐患。

一种自行式液压悬臂门式防浪墙混凝土浇筑装置,要解决的问题是提供一种一体自行式构造能充分满足混凝土跳仓浇筑各项要求,应用于水利水电工程坝顶防浪墙施工的混凝土浇筑装置。

自行式液压悬臂门式防浪墙混凝土浇筑装置,由台车、牵引装置、定型模板系统和支承系统组成,其中台车包括门字架、丝杆斜撑、操作平台、配重平台及行走机构,其特征在于:门字架下部一端与配重平台一端连接、门字架上部通过可调丝杆斜撑与配重平台另一端连接;配重平台设置行走机构;定型模板系统通过液压支承系统悬挂固定在门字架上。

定型模板系统中上游模板底脚靠近防浪墙基座处安设水平橡胶软管,橡胶软管有突出部,螺栓穿过突出部将橡胶软管固定在模板底脚防止漏浆。

定型模板系统中两端头模板有预焊角钢以形成浇筑体凹槽。

行走机构由轨道和安装在配重平台底部的导轮组成。

牵引装置由安装在配重平台下部的卷扬机、钢丝绳和滑轮组构成。

根据浇筑需要所述定型模板系统通过截面 6 根一组、共三组液压支撑杆悬挂固定在门字架上。

为更好固定门架所述门字架下部一端可通过液压支撑杆固定在地面。

为了更好固定模板所述定型模板系统下部可用螺栓对穿拉杆加固。

所述台车门架框内有绕过混凝土的爬梯,爬梯与操作平台连通构成施工通道,施工通道有效解决了迎水面难以架设模板支撑系统且没有工作面的难题。

液压支撑杆还可以用可调式丝杆代替。

一体自行式构造充分满足混凝土跳仓浇筑各项要求，通常应用于水利水电工程坝顶防浪墙施工中。因其具有操作简便、施工快捷、安全低耗、占用工作面少和成品混凝土质量好等优点，可广泛应用于各种线性混凝土工程如防浪墙、挡土墙、围墙等，局部改造后还可用于隧洞洞壁衬砌和公路隔离带施工。使用该一体移动式液压悬臂门式钢模台车，大大简化模板安装流程，该装置有效解决了迎水面难以架设模板支撑系统且没有工作面的难题，混凝土浆液流失大为减少，单循环备仓时间较常规方式缩短了2/3，施工安全高效，节约材料和费用，混凝土外观质量大幅提高。

准备工作：

工作面完成清理，放样，完成钢筋绑扎。将门式构件焊接成一整体钢模台车，并通过液压支撑杆与模板拼装。安装操作平台。现场钢模台车安装：

工作面架设爬梯和安装地锚。轨道铺好后，利用吊车先安装行走机构、配重平台和牵引装置，再安放配重混凝土块。用吊车吊起门式钢模台车，与配重平台铰接，并用可调法兰丝杆斜撑拉固。按放样结果对模板系统进行精确定位并用液压支撑杆加固撑紧。安装对穿拉杆。

一序防浪墙混凝土浇筑使用端头模板；浇筑二序混凝土块时将端头模板去掉。

防浪墙混凝土浇筑：根据当时气温情况，混凝土坍落度控制在10～15 cm，采用混凝土车式泵卸入料斗，按常规方法分层下料，分层振捣。控制混凝土上升速度不超过2 m/h。

采用此装置进行长线混凝土结构施工，安全高效、节约降耗，占用工作面少，大大减轻操作人员劳动强度，节省了可观的直线工期。由于其本身为定型钢模，接缝少，极少漏浆，浇筑成品光洁平顺，横平竖直，面观质量上乘，满足清水墙技术要求。该项技术成功应用于麦罗维大坝工程，效果良好。

4 结语

（1）混凝土水平布料器解决了混凝土仓面横向布料的难题，达到了溜槽供料均匀连续，移动方便，不用频繁拆除溜槽的目的。

（2）C型溜槽替代U形溜槽，使溜槽与混凝土间的黏滞力达到最小。

（3）趾板混凝土连续浇筑装置，替代传统的趾板分仓浇筑。在适宜的条件下实现了混凝土的连续浇筑，可加快进度，且提高混凝土的表面平整度。

（4）自行式液压悬臂门式防浪墙混凝土浇筑装置，替代传统的放浪墙立模分仓浇筑，可实现一次成型，并提高混凝土的表面平整度。

寒冷地区抽水蓄能电站蓄水库沥青混凝土衬砌防渗的关键问题

郝巨涛　夏世法　刘增宏　张福成　汪正兴

（中国水利水电科学研究院流域水循环模拟与调控国家重点实验室，北京　100038）

【摘要】 本文对国内已建和在建抽水蓄能电站蓄水库防渗衬砌形式进行了总结，比较了沥青混凝土面板和钢筋混凝土面板的优劣性。在此基础上，结合在建的呼蓄上水库工程，分析了寒冷地区沥青混凝土面板的关键技术，对寒冷地区沥青混凝土面板低温抗裂标准，改性沥青混凝土的低温抗裂能力，改性沥青混凝土面板的施工可行性问题进行了探讨，并提出了相关的工程建议，以资类似工程参考。

【关键词】 寒冷地区　呼蓄　抽水蓄能电站　沥青混凝土　防渗

我国抽水蓄能电站的发展水平距国内能源配置的合理要求还有相当差距[1]，目前在建和未来规划建设的抽水蓄能电站中有些位于北方寒冷地区[2]，这些电站蓄水库的防渗是工程的关键问题之一。目前，我国已建、在建的抽水蓄能电站蓄水库有37座，见表1，电站上水库防渗采用钢筋混凝土面板的占44.1%；采用混凝土坝的占20.5%；采用沥青混凝土面板的占14.7%，采用黏土的占14.7%。

表1中沥青混凝土防渗型式的虽然采用较少，但与目前的主流防渗型式钢筋混凝土面板相比，其突出优点正逐渐被人们认识。目前一般的认识是，沥青混凝土面板浑然一体不分缝，适应基础不均匀沉陷能力较强，且渗漏量极低。其在极端情况下的高温流淌和低温开裂问题，通过适当的工程措施是可以解决的。文献[3]通过工程实例分析指出：①抽水蓄能电站蓄水库采用沥青混凝土面板防渗的部位，实际的渗透系数远远小于1×10^{-8} cm/s，几乎"滴水不漏"。钢筋混凝土面板自身的渗透系数很小，但其防渗性能主要取决于接缝止水和面板裂缝，目前工程还很难避免混凝土面板发生裂缝；②全池防渗沥青混凝土面板的平均施工速度为2.4万~2.9万m^2/月，而相应的钢筋混凝土面板约为1.3万m^2/月。考虑到钢筋混凝土面板蓄水后，往往要放空水库一至二次，对面板裂缝及接缝止水进行大规模处理；而沥青混凝土面板蓄水后几乎不用处理，即使处理，施工也很方便、快捷，因此沥青混凝土面板的施工速度要快于钢筋混凝土面板；③经过宝泉、张河湾和西龙池的施工实践，我国的施工队伍已完全有能力承担沥青混凝土面板的施工；④通过实际工程比较可知，沥青混凝土面板的单位面积投资与钢筋混凝土面板基本相当。

目前，国内外已建的寒冷或严寒地区沥青混凝土衬砌面板防渗工程中，1979年建成的奥地利Oscheniksee沥青混凝土面板坝坝高81 m，位于海拔2 391 m的阿尔匹斯山地区，运行中曾经历−35 ℃的低温，导致面板出现了裂缝。国内山西西龙池抽水蓄能电站上水库极端最低气温−34.5 ℃，工程采用改性沥青混凝土面板防渗，并要求其冻断温度< −38 ℃，目前工程运行正常。

表 1　我国目前已建、在建抽水蓄能电站的挡水防渗型式

序号	名称	地址	类型	装机(MW)	完建年代	挡水建筑物及防渗型式(上库/下库)
已建						
1	岗南	河北平山	混合式	1×11	1968.5	岗南土石坝
2	密云	北京密云	混合式	2×11	1973.11	密云水库
3	潘家口	河北迁西	混合式	3×90	1991.9	混凝土低宽缝重力坝/碾压混凝土重力坝
4	寸塘口	四川彭溪	纯蓄能	2×1	1992.11	寸塘口水库/马子河水库
5	广州一期	广州从化	纯蓄能	4×300	1994.3	混凝土面板坝/碾压混凝土重力坝
6	十三陵	北京昌平	纯蓄能	4×200	1995.12	混凝土面板/土石坝
7	羊卓雍湖	西藏贡嘎	纯蓄能	4×22.5	1997.5	(羊卓雍湖)/(雅鲁藏布江)
8	溪口	浙江奉化	纯蓄能	2×40	1997.12	混凝土面板坝/混凝土面板坝
9	广州二期	广州从化	纯蓄能	4×300	1999.4	同广州一期
10	天荒坪	浙江安吉	纯蓄能	6×300	1998.9	沥青混凝土/混凝土面板坝
11	响洪甸	安徽金寨	混合式	2×40	2000.1	混凝土重力坝/混凝土重力坝
12	天堂	湖北罗田	纯蓄能	2×35	2000.12	天堂水库/天堂二级上库
13	沙河	江苏溧阳	纯蓄能	2×50	2002.6	混凝土面板坝/沙河均质土坝
14	回龙	河南南阳	纯蓄能	2×60	2005.9	碾压混凝土坝/碾压混凝土坝
15	白山	吉林桦甸	纯蓄能	2×150	2005.11	白山重力拱坝/红石重力坝
16	泰安	山东泰安	纯蓄能	4×250	2006.7	混凝土+土工膜/大河均质土坝
17	桐柏	浙江天台	纯蓄能	4×300	2005.12	均质土坝/混凝土面板坝
18	琅琊山	安徽滁州	纯蓄能	4×150	2006.9	混凝土面板坝+混凝土重力坝/城西水库
19	宜兴	江苏宜兴	纯蓄能	4×250	2008.12	混凝土面板/黏土心墙坝
20	西龙池	山西五台	纯蓄能	4×300	2008.12	沥青混凝土/沥青混凝土+混凝土
21	张河湾	河北井陉	纯蓄能	4×250	2008.12	沥青混凝土/浆砌石重力坝
22	惠州	广东惠州	纯蓄能	8×300	2009.5	碾压混凝土重力坝/碾压混凝土重力坝
23	宝泉	河南辉县	纯蓄能	4×300	2007.11	沥青混凝土+黏土/浆砌石重力坝
24	黑麋峰	湖南望城	纯蓄能	4×300	2009.8	混凝土面板坝+重力副坝/混凝土面板坝
25	白莲河	湖北罗田	纯蓄能	4×300	2011.1	混凝土面板坝+土石心墙副坝/土石心墙坝
26	响水涧	安徽芜湖	纯蓄能	4×250	2011.7	混凝土面板坝/均质土围堤
27	蒲石河	辽宁宽甸	纯蓄能	4×300	2012.1	混凝土面板坝/混凝土重力坝
在建						
28	佛磨	安徽霍山	混合式	2×80	在建	磨子潭混凝土坝/佛子岭混凝土坝
29	呼和浩特	内蒙古呼和浩特	纯蓄能	4×300	2013.6	沥青混凝土/碾压混凝土重力坝
30	仙游	福建仙游	纯蓄能	4×300	2013.4	混凝土面板坝+土石坝/混凝土面板坝
31	永泰白云	福建永泰	纯蓄能	4×300	2013.4	黏土心墙坝/混凝土面板坝
32	五岳	河南光山	纯蓄能	4×250	2015 年发电	-/五岳黏土心墙坝
33	河南天池	河南南阳	纯蓄能	4×300	2015 年发电	混凝土面板坝/混凝土面板坝
34	清远	广东清远	纯蓄能	4×320	2015 年发电	黏土心墙坝/黏土心墙坝
35	仙居	浙江仙居	纯蓄能	1500	2015 年发电	混凝土面板坝/混凝土拱坝
36	洪屏一期	江西靖安	纯蓄能	4×300	2016 年发电	重力坝+面板坝/碾压混凝土重力坝
37	溧阳	江苏溧阳	纯蓄能	6×250	2016.6	混凝土面板+库底土工膜/均质土坝

注：表中部分数据来自文献[2]。

在寒冷地区，沥青混凝土面板存在低温抗裂问题，混凝土面板也有冻融破坏和冰蚀问题。目前在建的呼和浩特抽水蓄能电站，上水库极端最低气温可低至 -41.8 ℃。该工程设计曾比较了沥青混凝土面板和混凝土面板两个方案。对于沥青混凝土面板方案，要求沥青混凝土的冻断温度≤ -43 ℃，平均值≤ -45 ℃；对于混凝土面板方案，要求库岸混凝土为C30W12F400，且在水位变化区面板表面涂刷一层防水防冰粘材料。经综合对比，最终采用了改性沥青混凝土面板方案。本文结合呼蓄实际情况，对寒冷地区沥青混凝土面板防渗工程的关键问题进行了探讨。

1　沥青混凝土面板的低温抗裂标准

抽水蓄能电站的蓄水库水位每昼夜一个涨落循环，这种运行条件是各类水工建筑物中最苛刻的。呼蓄上库气候条件严酷，冬季寒冷，极端最低气温可达到 -41.8 ℃，比西龙池上水库的 -34.5 ℃还低 7.3 ℃。在这一温度下修建抽水蓄能电站蓄水库的沥青混凝土衬砌，国内外均无先例。如何避免水库防渗面板的低温开裂，是确保水库正常运行的关键。从这一角度，呼蓄工程取得的经验，必将为我国北方寒冷地区抽水蓄能电站的建设所借鉴。如何评价面板的低温应力状态和发生开裂的可能性，是工程建设和运行管理中无法回避的关键问题。

对于沥青混凝土面板的低温抗裂指标，我国现行规范均采用低温冻断温度，诚如《土石坝沥青混凝土面板和心墙设计规范》(SL 501—2010)中指出的，“沥青混凝土的低温冻断试验是目前检验沥青混凝土低温抗裂性能的最直观最有效方法。”至于如何确定沥青混凝土冻断温度的标准值，电力规范《土石坝沥青混凝土面积和心墙设计规范》(DL/T 5411—2009)只提出“按当地最低气温确定”；水利规范《土石坝沥青混凝土面板和心墙设计规范》(SL 501—2010)则明确指出，标准值并不一定是“当地最低气温”；有的工程则是按当地极端最低气温并考虑一定安全裕度确定。表 2 给出的是国内一些抽水蓄能电站工程的低温情况和相应的沥青混凝土低温抗裂要求。如果将极端最低气温与冻断温度最高限值之差作为安全裕度，从表 2 中看出各工程的安全裕度并不一致。

表 2　国内部分抽水蓄能电站的低温情况及抗裂要求

工程名称		张河湾上库	西龙池上库	西龙池下库	宝泉上库	呼蓄上库
极端最低气温(℃)		—	-34.5	—	-18.3	-41.8
冻断温度(℃)	最高限值	-35	-38	-35	-30	-43
	平均值	(-39.0)*	(-40.3)*	(-37.0)*	(-33.4)*	-45
极端最低气温与冻断温度最高限值之差(℃)		—	3.5	—	11.7	1.2

注：* 表示根据质检实测结果估算。

我国目前已有沥青混凝土的低温冻断试验标准方法(参见《水工沥青混凝土试验规程》(DL/T 5362—2006)中的 9.24 节)，用置于低温箱中的沥青混凝土拉伸试验机进行。试验时用强力黏结剂将拉伸试件(200 mm × 40 mm × 40 mm)黏结在夹头中，并安装在试验机上，试件两侧安装有位移传感器，顶端安装有拉力传感器；从起始温度(一般为 5℃)开始，按照规定的降温速率(一般为 -30 ℃/h)降温，根据量测到的位移启动拉力机拉伸试件，使位移保持不变(即应变为零),同时记录施加的拉力,直至试件被拉伸破坏。

图1是某一沥青混凝土试件的冻断过程曲线图,从中看出,可以将拉应力过程线分为三段。在 *A* 点(温度约为 -15 ℃)以前为起始段,该段拉应力为零,可称为零应力段。由于这时沥青自身呈黏流变性质,在小应变速率下,沥青内不产生应力;随后的 *A* 点和 *B* 点(温度约为 -30 ℃)之间为应力缓慢上升段,该段的特点是沥青呈橡胶态,沥青混凝土内部应力松弛明显,拉应力随时间(或随温度降低)呈非线性递增,递增速率逐渐增大;第三阶段是 *B* 点和 *C* 点(温度为 -44.5 ℃)之间的应力线性上升段,该段的特点是沥青呈玻璃态,拉应力随时间(或随温度降低)近似呈线性递增,直至达到拉伸破坏的 *C* 点。

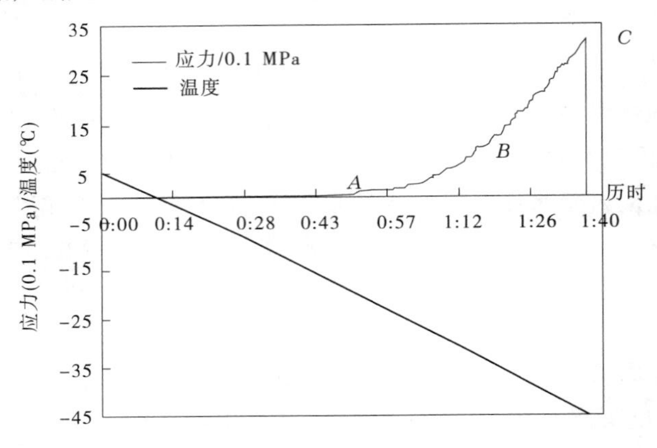

图1　冻断试验中的拉应力和温度变化过程

冻断试验的降温速率一般为 -30 ℃/h,试验是在很短的时间内完成的。由于试验过程中,沥青经历了从黏流态到橡胶态、最后到玻璃态的转变,应力与温变之间呈非线性关系,不同的降温过程和降温速率,将导致不同的拉伸应力,进而会得到不同的冻断温度。在该过程中,*AB* 段的应力松弛是主要影响,其影响结果主要反映在 *B* 点的拉应力 σ_B 上。应力松弛越充分,σ_B 就越低,最终的冻断温度就越低。对于抽水蓄能电站,水位以上、以下的沥青混凝土面板,经历的降温过程是不同的。在蓄水位以上,面板长期裸露,应力松弛得以充分发挥,导致 σ_B 较低,因此在寒潮到来时,就可以承受较低的温降。因此,对于水位以上的面板沥青混凝土,采用上述冻断试验的冻断温度设计,就有一定安全裕度,是偏于安全的。在蓄水位以下,面板温度较高处于黏流态,内部几乎没有应力。在寒潮来临时如果降低水位,面板将在很短的时间内经历很大的温降,应力松弛发挥较小,导致 σ_B 较高,因此其可承受的温降较小。因此,对于水位以下的面板,当寒潮来临且经历水位降低时,采用上述冻断试验的冻断温度设计,安全裕度就很低。因此,对于抽水蓄能电站的蓄水库,对于水位上下的面板应区别对待,如有必要,在寒潮温降时应蓄水保温,避免降低水位。

除上述从应力松弛角度分析降温速率的影响外,试验中试件的边界条件是另一个应注意的问题。目前在标准方法中是采用四棱柱体拉伸试件进行冻断试验,试验中试件从四周感受温降,并承受均匀拉应力。然而实际情况是,面板只是表面一侧感受温降,低温从表面向面板内部传导,面板在表面承受最大拉应力,拉应力向面板内部逐渐减小。当面板表面拉应力过大导致开裂时,裂缝从表面开始向内部扩展,直至某一稳定的深度。这与标准的拉伸试件冻断试验显然是有区别的。目前还没有研究成果能够说明这种区别的影响,因此规范 SL

501—2010 明确要求,“严寒地区沥青混凝土面板应进行低温抗裂试验及计算分析研究”。

日本北海道的 Kyogoku 抽水蓄能电站目前正在施工,预计 2014 年 10 月第一台机组发电[5]。电站总装机容量 600 MW,电站上水库采用沥青混凝土面板全池防渗。该面板位于厚 450 mm 的安山岩碎石垫层上,坡比 1∶2.5,总面积 17.8 万 m^2,并采用复式断面,自下而上分别为 150 mm 厚的泡沫沥青混凝土基层、50 mm 厚的密级配沥青混凝土防渗底层、80 mm 厚的开级配沥青混凝土中间排水层、80 mm 厚的密级配沥青混凝土防渗上层和 2 mm 厚的沥青玛蹄脂封闭层,面板总厚度 362 mm。面板泡沫沥青混凝土基层于 2005 年开始施工。Kyogoku 上水库最低气温 -25 ℃,根据室内试验和面板不稳定热传导分析,确定的面板各层设计温度见表 3。

表 3　Kyogoku 沥青混凝土面板各层设计温度[5]

类别	热传导分析最低温度(℃)	设计最低温度(℃)		设计最高温度(℃)
		外露部分	水下部分	
封闭层	-22.2	-25	0	60
防渗上层	-18.3	-20	0	60
中间排水层	-13.8	-15	0	60
防渗下层	-13.3	-15	0	60
基层	-11.9	-15	0	60

Kyogoku 工程进行防渗上层设计时,采用了殷钢环沥青混凝土冻断试验评价沥青混凝土面板的低温抗裂安全性[5]。试验中,将密级配沥青混凝土成形在内径 160 mm、厚 20 mm、长 40 mm 的铟钢环外周表面(见图 2),并将该环形试件置于低温箱中,低温箱自 10 ℃开始按 -10 ℃/h 的速率降温。试件上装有应变计和声发射传感器(AE),用量测的应变和单位时间(6 min)发声数(AE 数)检测试件出现微裂纹和开裂的情况。根据试验,当温度降至约 -24 ℃时,发声数突然增加(见图 3),将这时的温度定义为微裂纹温度;当温度降至约 -36 ℃时,发声数急剧减少,将这时的温度定义为开裂温度。由于试验的微裂纹温度为 -24 ℃,比防渗上层的设计最低温度(-20 ℃)还低大约 4 ℃,遂证实沥青混凝土防渗上层在设计最低温度时不会发生微裂纹,其低温抗裂安全性是有保证的。温度与应变的试验结果见图 4。

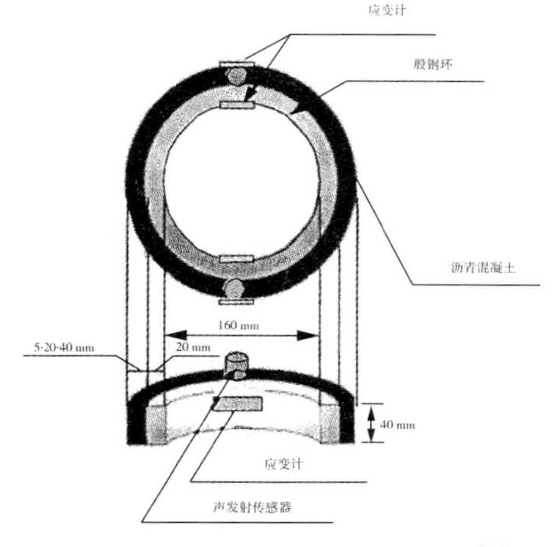

图 2　铟钢环沥青混凝土冻断试件[5]

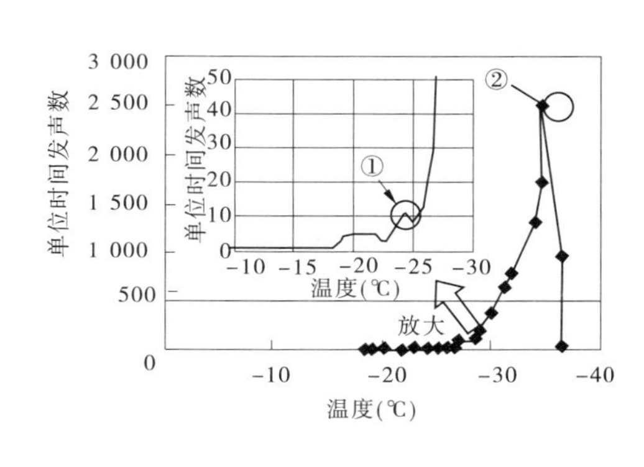

图 3　温度与发声数的试验结果[5]

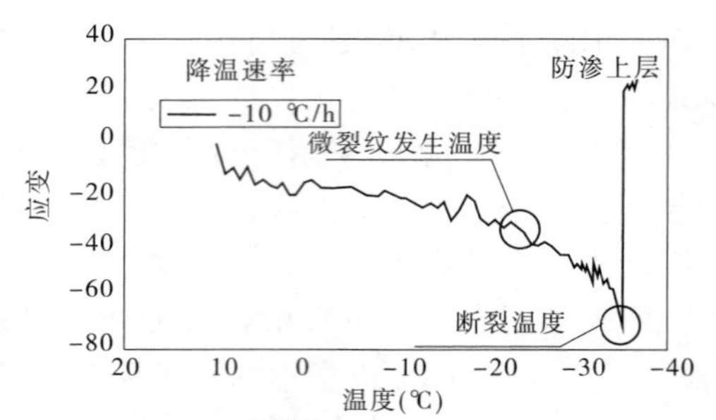

图4　温度与应变的试验结果[5]

由于日本 Kyogoku 工程采用的是微裂纹温度论证低温抗裂性,与我国的前述冻断温度方法(见表2)对比,该低温抗裂要求更加严格。

2　改性沥青混凝土的低温抗裂能力

在呼蓄工程进行方案比选时,能否找到改性沥青,使沥青混凝土的冻断温度满足极端最低气温 -41.8 ℃的要求,是沥青混凝土衬砌方案技术上能否成立的关键。当时反映国内低温抗裂水平的沥青就是用于西龙池上库的改性沥青,该沥青由北京路新大成景观建筑工程有限公司提供,在西龙池可满足冻断温度 < -38 ℃的要求,但无法满足呼蓄工程的要求。为此,先后对国内四家单位的13种改性沥青进行了试验,在平均冻断温度方面的进展从一开始盘锦中油辽河公司3#改性沥青的 -45.0 ℃,到中国水利水电科学研究院 SK-2 改性沥青的 -45.7 ℃,最终是中国水利水电科学研究院5#*改性沥青的 -47.5 ℃。在这一工作的支撑下,呼蓄上水库的沥青混凝土防渗方案得以推进,并最终提出了目前的防渗层沥青混凝土的冻断温度技术要求,见表2,反映了当前国内改性沥青在低温抗裂性能方面的技术水平。

此外,呼蓄的改性沥青与西龙池的改性沥青有很大差别。表4给出了西龙池和呼蓄不同改性沥青的对比。从中可以看出相关差异。造成这些差异的原因,还需进一步分析研究。如:由于西龙池改性沥青的冻断温度高于目前呼蓄改性沥青的冻断温度,而表4中西龙池改性沥青的脆点反而较低,说明脆点与冻断温度之间没有必然联系;一般老化后沥青的针入度会降低,并用针入度比反映。西龙池的针入度比为82.3%,5#和5#*反而大于100%,分别为109%和107%;一般老化后沥青的软化点会升高,并用软化点升高值反映。而表4中的改性沥青老化后均表现出软化点降低。西龙池的软化点降低值为3.7 ℃,5#和5#*的降低值分别为4.5 ℃和3.5 ℃;一般老化后沥青的延度会降低。西龙池改性沥青的老化后低温延度降低值为24.4 cm,5#改性沥青为15 cm;而5#*改性沥青不降反升,老化后低温延度增加了6 cm。

表4　不同工程改性沥青对比

序号	项目	单位	技术要求		西龙池测试值	呼蓄测试值	
			西龙池	呼蓄		5#	5#*
1	针入度(25 ℃,100 g,5 s)	1/10 mm	>80	>100	114	118	121
2	针入度指数 *PI*	—	—	≥ -1.2	—	3.9	2.1

续表 4

序号	项目		单位	技术要求		西龙池测试值	呼蓄测试值	
				西龙池	呼蓄		5#	5# *
3	低温延度		cm	≥40(4 ℃)	≥70(5 ℃)	92.9	80	74
4	延度(15 ℃,5 cm/min)		cm	—	≥100	105.8	85	79
5	软化点(环球法)		℃	≥50	≥45	73.1	65	66
6	运动黏度(135 ℃)		Pa·s	—	≤3	—	1.803	1.852
7	脆点		℃	≤ -20	≤ -22	-27.8	-25	-26
8	闪点(开口法)		℃	>230	≥230	250.3	282	280
9	密度(25 ℃)		g/cm^3	实测	实测	1.020	1.000	1.003
10	溶解度(三氯乙烯)		%	>99.0	99.0	99.4	99.8	99.8
11	弹性恢复(25 ℃)		%	—	55	—	99	99
12	离析,48 h 软化点差		℃	—	2.5	—	0.2	0.4
13	基质沥青含蜡量(裂解法)		%	<2.3	≤2	1.6	1.4	1.4
14	薄膜烘箱后	质量变化	%	≤1.0	≤1.0	-0.3	-0.5	-0.5
15		软化点升高	℃	<5	≤5	-3.7	-4.5	-3.5
16		针入度比(25 ℃)	%	≤55	≥50	82.3	109	107
17		脆点	℃	≤ -18	≤ -19	-29.0	-28	-28
18		低温延度(5 ℃)	cm	≥25(4 ℃)	≥30(5 ℃)	68.5	65	80
19		延度(15 ℃,5 cm/min)	cm	—	≥80	87.7	69	70

3 改性沥青混凝土面板的施工可行性问题

目前在建的呼和浩特抽水蓄能电站位于内蒙古自治区呼和浩特市东北部的大青山区,距离呼和浩特市中心约 20 km。电站总装机容量 1 200 MW,装机 4 台,单机容量 300 MW。电站枢纽主要由上水库、水道系统、地下厂房系统、下水库工程组成。上水库开挖筑坝成库,正常蓄水位 1 940.00 m,死水位 1 903.00 m,库顶高程为 1 943.00 m,水位最大降落速度 7.5 m/h。正常蓄水位以下库容为 679.72 万 m^3,其中调节库容 637.73 万 m^3,死库容 41.99 万 m^3。上水库顶宽 10.0 m,库顶轴线长 1 818.37 m,库底高程为 1 900.00 m。全库盆采用沥青混凝土面板防渗,面板坡度为 1:1.75,防渗总面积为 24.48 万 m^2,其中库底防渗面积为 10.11 万 m^2,库岸防渗面积为 14.37 万 m^2。上水库沥青混凝土面板防渗型式采用简式断面,下设 0.6 m 厚的碎石垫层排水。沥青混凝土面板由内至外的结构顺序为 8 cm 厚整平胶结层、10 cm 厚防渗层、2 mm 厚封闭层,面板总厚度 18.2 cm。在面板变形较大的位置,如库底与库坡交接反弧段、面板与防浪墙相接段、面板基础开挖回填等应变较大区域设置 5 cm 厚的防渗加厚层。防渗层和封闭层采用改性沥青,整平层采用普通沥青。

上水库库区所在流域属于中温带季风亚干旱气候区,具有冬长夏短、寒暑变化急剧的特征。冬季可长达五个月，漫长而严寒。上水库年平均气温 1.1 ℃；年平均最高气温 19.9 ℃；年平均最低气温 -21.0 ℃，极端最高气温 35.1 ℃，极端最低气温 -41.8 ℃；年平均相对湿度 55.4%，最小相对湿度 0；最大冻土深度达 284 cm，冻土期长达五个月。

评价一种改性沥青是否合适，除了依据上节所说的低温抗裂性能以外，其可施工性也是重要的评价依据。防渗层沥青混凝土的抗渗性和耐久性均与其孔隙率密切相关。经验表明，当孔隙率不大于 3% 时，就可以保证沥青混凝土的不透水性和耐久性。因此一种改性沥青是否具备可施工性，就是要通过现场配合比研究和摊铺试验，看是否能够针对该沥青建立可靠的施工工艺，以确保防渗层孔隙率不大于 3%。

与普通沥青相比，改性沥青的黏度较大，要求的施工温度较高，施工难度也较大。图 5 给出的是呼蓄工程不同沥青的黏温曲线，从呼蓄工程的场外斜坡摊铺试验看，防渗层压实的难度较大，摊铺试验孔隙率常接近上限值，接缝处孔隙率还有超出设计要求的现象。因此，必须在摊铺、碾压、接缝处理等施工工艺上进行深入研究，精心组织，以求确保防渗层的孔隙率满足不大于 3% 的核心要求。

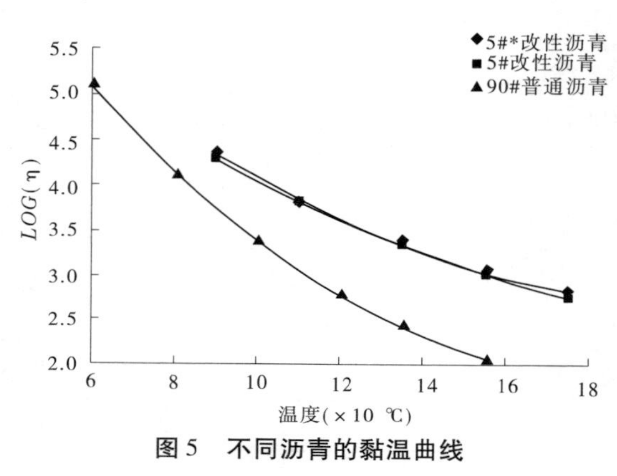

图 5　不同沥青的黏温曲线

4　结语

（1）目前国内已建及在建的抽水蓄能电站蓄上水库的防渗衬砌，采用钢筋混凝土面板的占 44.1%，采用沥青混凝土面板的占 14.7%，主流型式为钢筋混凝土面板。但沥青混凝土可以真正做到“滴水不漏”，且其综合单价与钢筋混凝土面板差别不大。在寒冷地区，钢筋混凝土面板极易出现裂缝，施工期为了防裂需要进行大面积的保温，且运行期维护的成本更高。寒冷地区每年的可施工期短，可充分发挥沥青混凝土的施工优势。因此，沥青混凝土面板在寒冷地区的应用具有广阔的前景。

（2）评价沥青混凝土面板的低温抗裂指标，我国现行规范均采用低温冻断温度。但采用规范规定的冻断温度试验方法，对于水位以上的沥青混凝土，得到的结果是偏于安全的；而对于水位以下的沥青混凝土，当寒潮来临且经历水位降低时，得到的冻断温度数值安全裕度低，是偏于不安全的。因此，对于沥青混凝土的冻断温度标准值，建议应在现行规范的基础上，结合实际工程的运行做进一步的研究。与我国相比，日本 Kyogoku 工程低温抗裂性论证方法的要求更高。

（3）改性沥青是影响沥青混凝土低温抗裂性能的关键因素。呼蓄上水库防渗层沥青混凝土采用的改性沥青，反映了当前国内改性沥青在低温抗裂性能方面的最高技术水平。但与普通沥青相比，改性沥青的一些性质，尤其是老化前后的性能，出现了与普通沥青相反的规律，如老化后其针入度反较老化前有所升高；老化后软化点反较老化前有所降低等，这些现象还需在后续工作中结合工程实践进行深入的研究。

（4）与普通沥青相比，改性沥青的黏度较大，要求的施工温度较高，施工难度较大。在摊铺、碾压、接缝处理等施工工艺上必须深入研究，精心组织，以求确保防渗层沥青混凝土的孔隙率满足不大于3%的核心要求。

参考文献

[1] 王荣.抽水蓄能"十二五"目标下调1 000万千瓦[EB/OL].中国证券报·中证网，[2012-06-27].

[2] 我国抽水蓄能电站建设现状与前景分析[EB/OL].北极星智能电网在线，[2012-6-26]. http://www.chinasmartgrid.com.cn/news/20120626/369042.shtml.

[3] 邱彬如.抽水蓄能电站上水库库盆防渗形式比选－对沥青混凝土面板防渗的再认识[C]//抽水蓄能电站工程建设论文集.北京：中国电力出版社，2009.

[4] DL/T 5362—2006 水工沥青混凝土试验规程[S].北京：中国电力出版社，2007.

[5] Shoichi ABE, Takehiko OKUDERA, Hiroyuki SETO. Rational design and construction of emban kment and asphalt facing on the upper reservoir at Kyogoku Project[M]. C.2, Twenty－fourth Congress on Large Dams, Kyoto, 2012.

基于分布式光纤的特高拱坝实际温度状态实时监测及反馈

汪志林[1]　周绍武[1]　周宜红[2]　黄耀英[2]　汪红宇[1]

（1. 中国长江三峡集团公司 溪洛渡工程建设部，云南　永善　443002；
2. 三峡大学水利与环境学院，湖北　宜昌　443002）

【摘要】 混凝土大坝在时间和空间上的温度梯度包含了影响大坝整体性的大尺度温度梯度，以及容易引起表面裂缝的小尺度温度梯度。为了全方位获得大坝混凝土实际温度状态，采用分布式光纤测温技术，结合建设中的溪洛渡特高拱坝，选取典型坝段实时在线监测温度历时过程线、垂直向温度分布等大尺度温度梯度，与此同时，实时在线监测高温季节浇筑仓表面温度梯度、低温入仓混凝土对下层混凝土冷击以及浇筑仓表面和横缝侧面养护等小尺度温度梯度。监测反馈分析表明，小尺度温度梯度是引起表面裂缝的重要原因，必须同时严格控制大尺度温度梯度和小尺度温度梯度才能避免大坝混凝土产生裂缝。

【关键词】 分布式光纤　特高拱坝　大尺度温度梯度　小尺度温度梯度　监测

1　引言

当前特高拱坝的温控面临三个新特点[1]：①底宽太宽，同等冷却区高度条件下，上下层约束较强；②高掺粉煤灰，在不进行中期冷却的条件下，二期冷却降温幅度大；③冷却速率快，冷却温度低，不利于发挥混凝土的徐变效应，易在水管周边产生微裂隙。针对这些问题，朱伯芳[1-2]提出了“小温差、早冷却、缓慢冷却”的温控设计思路，以控制冷却过程中在时间上和空间上的温度梯度。时间和空间上的温度梯度一般分为两大类：其一为影响大坝整体性的大尺度温度梯度，其二为容易引起表面裂缝的小尺度温度梯度。

大尺度温度梯度主要指各坝段的垂直向温度分布、各灌区的轴向温度分布以及顺河向温度分布等。例如，为了有效地控制以灌区为高度的垂直向温度分布，溪洛渡大坝沿高度方向分别设置了已灌区、待灌区、同冷区、过渡区、盖重区（浇筑区），以避免因冷却高度与坝块长度的比值过小，从而导致在后期冷却时产生较大的拉应力。当坝体温度降低至接缝灌浆温度时进行接缝灌浆，但在接缝灌浆时，同一灌区不同坝段的温度一般不一样，由于接缝灌浆时的温度场（或称封拱温度）是拱坝运行期承受的温度荷载的基准，导致如果同一灌区不同坝段的接缝灌浆温度的差异较大时，将影响拱坝运行期的温度荷载。顺河向温度分布在施工期反映大坝混凝土水管冷却的均匀性；在运行期取决于上游库水温度和下游气温，决定了运行期拱坝的特征温度场。目前，工程单位对大尺度温度梯度比较重视。

众所周知，混凝土浇筑仓表面受环境气温、太阳辐射、昼夜温差、气温骤变等影响很大，因大坝现场施工条件复杂，浇筑仓表面难以避免养护或保温不到位；而横缝侧面在拆除模板后，如果不能及时进行养护或粘贴保温板，将导致横缝侧面直接暴露在大气中，稍不小心，容易产生裂缝。另外，大量的试验表明，在高温季节已浇筑的混凝土表层受太阳辐射和环境气温的影响很大，如果浇筑仓表面养护不到位，实测温度达 30 ℃以上，此时，低温混凝土入仓对下层混凝土存在一个冷击作用，导致下层混凝土表面温度变化剧烈，对下层混凝土浇筑块的应力产生很大的影响，甚至可能产生裂缝。目前，这些小尺度温度梯度尚未引起工程单位的足够重视，以致大坝混凝土在施工期仍然难以避免表面裂缝的产生。显然，由于理想化的边界和初始条件难以合理反映实际的小尺度温度梯度，这也成为大坝混凝土施工期温度场仿真分析的一个瓶颈问题。

由于分布式光纤具有线监测和实时在线监测的优势，只要把分布式光纤埋设在混凝土浇筑仓内，即可快速、连续地监测光纤传感网络沿程的温度值，这样可以直观、方便地分析混凝土坝体内部温度变化的规律。为此，本文基于分布式光纤对建设中的溪洛渡特高拱坝实际温度状态进行实时监测及反馈，以及时指导现场温控。

2　分布式光纤测温原理[3]

分布式光纤测温系统（又称 DTS）由激光光源、传感光纤和检测单元组成。光纤测温原理如图 1 所示。光纤测温系统向光纤发射一束脉冲光，该脉冲光会以略低于真空中光速的速度向前传播，同时向四周发射散射光。光波的状态受到光纤散射点的温度影响而改变，将散射回来的光经波分复用、检测解调后，送入信号处理系统，便可将温度信号实时显示出来。

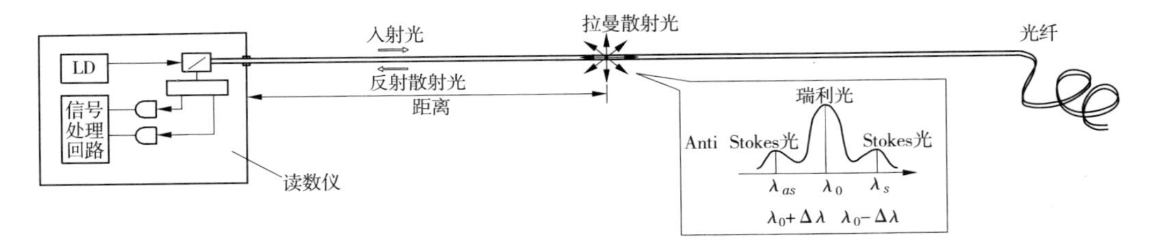

图 1　光纤测温原理示意图

测量入射端和反射光之间的时间差 T，散射光的发射点距入射端的距离 X 为

$$X = c\frac{T}{2} \tag{1}$$

式中：c 为光纤中的光速，$c = c_0/n$；c_0 为真空的光速；n 为光纤的折射率；

反射回入射端的光中，有一种称做 Raman 散射光，该 Raman 散射光含有两种成分：Stokes 光和 Anti－Stokes 光。其中 Stokes 光与温度无关，而 Anti－Stokes 光的强度则随温度的变化而变化。Anti－Stokes 光与 Stokes 光之比和温度之间关系为

$$\frac{l_{as}}{l_s} = \alpha e^{-\frac{hcv}{kt}} \tag{2}$$

式中：l_{as}为 Anti－Stokes 光；l_s 为 Stokes 光；α 为温度相关系数；h 为普朗克系数，J·s；c 为真空中的光速，m/s；v 为拉曼平移量，m^{-1}；k 为玻尔兹曼常数，J/k；t 为绝对温度值。

根据式(2)及实测 Stokes 光与 Anti－Stokes 光之比可计算出温度值为

$$t = \frac{hcv}{k\left[\ln\alpha - \ln\left(\frac{l_{as}}{l_s}\right)\right]} \tag{3}$$

3　基于分布式光纤的特高拱坝实际温度实时监测及反馈

特高拱坝的实际温度状态十分复杂，为此，本文结合建设中的溪洛渡特高拱坝，采用分布式光纤测温技术，实时在线监测大坝混凝土温度历时过程线、温度分布等时间、空间的实际大尺度温度梯度，以及表面温度分布等实际小尺度温度梯度，及时指导大坝现场混凝土的温控。现分述如下。

3.1　基于分布式光纤的大坝混凝土温度历时过程线监测及反馈

在溪洛渡大坝典型坝段5#、15#、16#、23#进行分布式光纤温度监测，其中分布式光纤典型温度测点历时过程线包括的温度信息有：混凝土浇筑温度、最高温度、一期目标温度、一期降温速率、二期降温速率及目标温度等。限于篇幅，以16# －10为例对混凝土典型温度测点历时过程线进行分析，如图2所示。

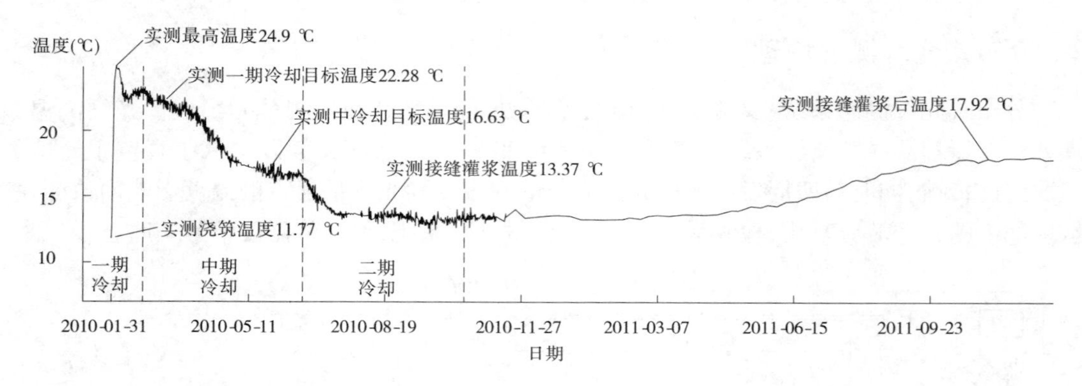

图2　典型坝段典型浇筑仓典型测点温度过程线

从温度历时过程线可见，溪洛渡大坝采取了“小温差、早冷却、缓慢冷却”的个性化通水原则，混凝土温度经历4个大的阶段：

（1）一期冷却。根据温度控制目的，一期冷却分为控温和降温两个阶段。在混凝土浇筑后，由于水泥水化热，混凝土温度逐渐升高，到达最高温度后，由于水管冷却作用，温度逐渐降低。光纤监测表明，最高温度为24.9 ℃，达到最高温度的龄期为5.25 d，实测一期冷却目标温度为22.28 ℃。

（2）中期冷却。中期冷却分为一次控温、中期冷却降温和二次控温三个阶段。一次控温阶段将混凝土温度维持在一期冷却目标温度附近；中期冷却降温阶段要求将混凝土温度降低至中期冷却目标温度，实测中期冷却目标温度为16.63 ℃；二次控温阶段要求将混凝土温度维持在中期冷却目标温度附近。

（3）二期冷却。根据温度控制目的分为二期冷却降温、一次控温、灌浆控温和二次控温4个阶段：二期冷却降温阶段要求将混凝土温度降低至设计封拱温度，实测接缝灌浆温度13.37 ℃；一次控温阶段要求将混凝土温度维持在设计封拱温度附近；灌浆控温阶段要求将混凝土温度维持在设计封拱温度附近，使混凝土温度满足接缝灌浆要求；二次控温阶段要求将混凝土温度维持在设计封拱温度附近，减少温度回升，为上部接缝灌浆创造较好的温度梯度条件。

（4）灌浆后温度回升。接缝灌浆后，此时冷却水管已经封堵，由于粉煤灰后期缓慢放热，混凝土温度仍然有缓慢回升。光纤监测表明，该浇筑仓温度回升达到4 ℃左右，为17.92 ℃。

3.2　基于分布式光纤的大坝混凝土温度分布监测及反馈

由于实际混凝土大坝一般采用跳仓浇筑，直接基于分布式光纤进行不同坝段同一高程的轴向温度监测存在较大困难，为此，参考同一灌区不同坝段的分布式光纤测温和常规温度计测温，反馈同一灌区的轴向温度分布。基于分布式光纤实测温度绘制的典型坝段垂直向温度分布如图 3 所示，待灌区典型浇筑仓顺河向温度分布如图 4 所示，待灌区和同冷区轴向温度分布如图 5 所示，低位浇筑坝段典型浇筑仓轴向温度分布如图 6 所示。为不影响现场施工，分布式光纤采用上下游半仓交错埋设，图 5 中待灌区浇筑仓 15# -48 的光纤埋设下游侧，15# -49 的光纤埋在上游侧，目前这两个浇筑仓都处于待灌区。

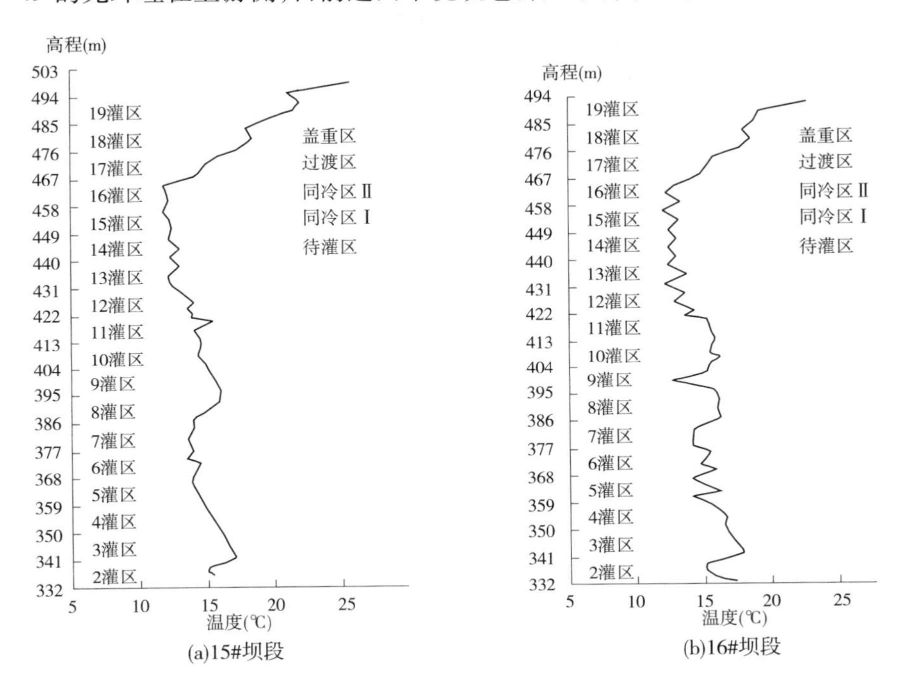

图 3　典型坝段各仓平均温度在 2011-12-28 日垂直分布

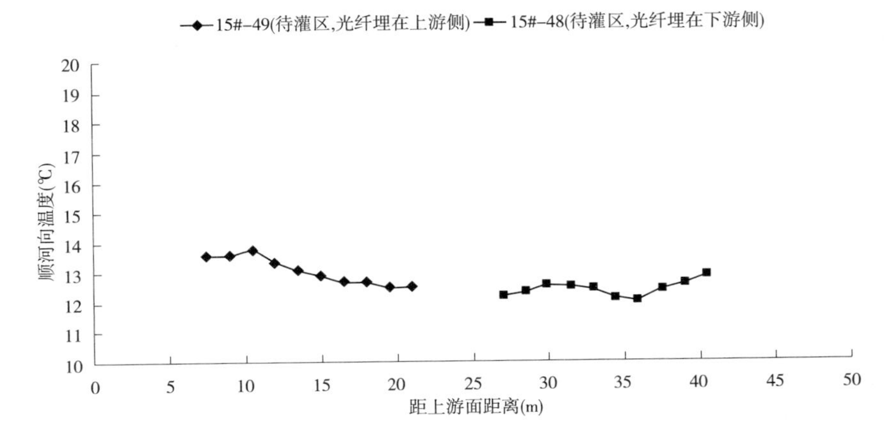

图 4　待灌区典型浇筑仓在 2012-01-07 顺河向温度分布

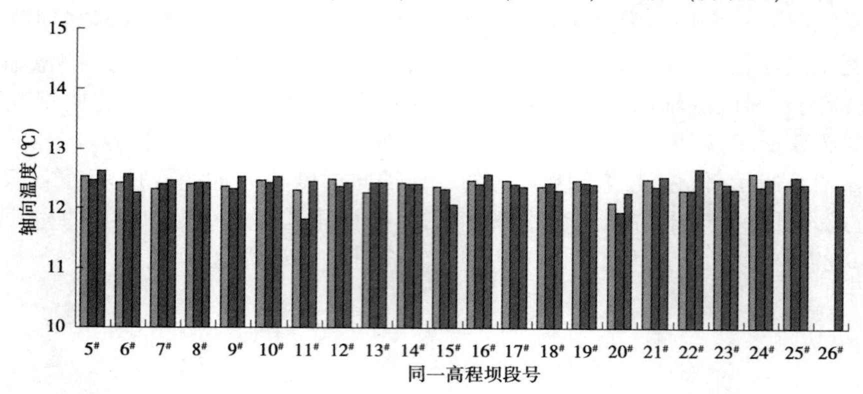

图5　待灌区和同冷区在2012-01-07轴向温度分布

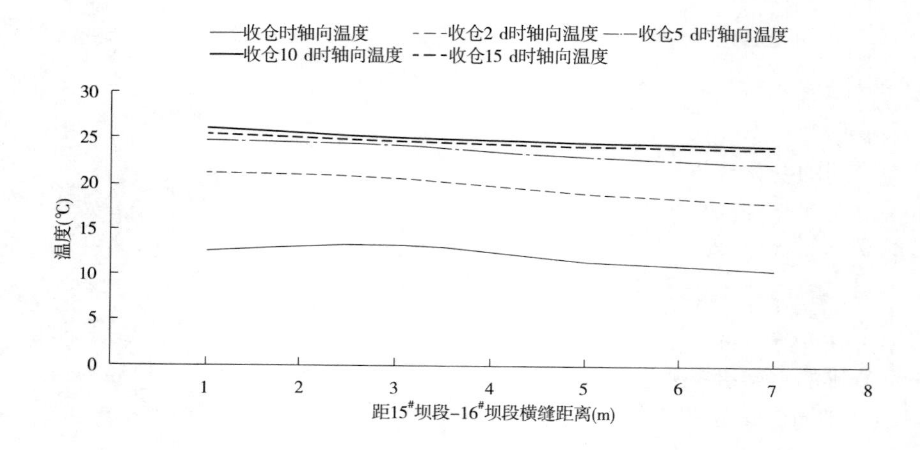

图6　低位浇筑坝段典型浇筑仓轴向温度分布

由图可见：

(1)由于溪洛渡大坝沿高度方向分别设置了已灌区、待灌区、同冷区、过渡区、盖重区(浇筑区)等，除在过渡区附近存在一定温度梯度外，其余部位的垂直向温度梯度较小。当前待灌区为14灌区，由于浇筑块顺河向较宽，设置了2个同冷区，过渡区为17灌区，15#坝段过渡区顶部和底部温度分别为13.28 ℃、16.65 ℃，温差为3.37 ℃，16#坝段过渡区顶部和底部温度分别为13.9 ℃、16.86 ℃，温差为2.96 ℃，满足设计要求。

(2)由图4可见，待灌区典型浇筑仓顺河向温度分布比较均匀，典型时刻最高温度和最低温度分别为13.78 ℃、12.02 ℃，温差为1.76 ℃，这说明水管二期冷却均匀性较好。

(3)当前待灌区为14灌区，两个同冷区为15灌区和16灌区，由这两个灌区的轴向温度分布来看，两者的温度接近，典型时刻最高温度和最低温度分别为12.667 ℃、11.825 ℃，温差为0.842 ℃，满足接缝灌浆的温度要求。

(4)由低位浇筑坝段典型浇筑仓轴向温度分布来看，同一浇筑仓轴向温度分布较均匀，收仓15 d后，轴向最高温度和最低温度的温差为1.66 ℃，这说明水管一期冷却均匀性较好。从图 6 还可见，由于选择的浇筑仓在低位浇筑坝段，受高位浇筑坝段混凝土的温度影响等，靠近横缝处的光纤测温略高于远离横缝面处的光纤测温，随着热量的传递和交换，轴向温度逐渐趋于一致。

3.3 基于分布式光纤的大坝混凝土表面温度梯度监测及反馈

大量工程实践表明，在低温季节和高温季节，混凝土坝都可能产生表面裂缝，而且在不利的荷载作用下，其中一部分可能发展为深层裂缝甚至贯穿裂缝，由此可见，表面保护是防止混凝土坝裂缝的重要措施。朱伯芳等[1]分析了表面保温效果，指出混凝土表面养护和保温 28 d 的时间太短，建议在坝体上下游表面采用聚苯乙烯泡沫塑料板长期保温，水平层面和坝块侧面用聚乙烯泡沫塑料板保温。目前，工程单位对低温季节大坝混凝土表面的保温比较重视。为此，本文采用分布式光纤测温技术重点研究在高温季节浇筑仓表面温度梯度，以及低温入仓混凝土对下层混凝土温度影响等小尺度温度梯度。

3.3.1 高温季节混凝土表面温度梯度监测及反馈[4-5]

（1）分布式光纤监测表面温度梯度试验方案。

由准稳定温度场的热传导方程的理论解析解可知[6]，混凝土表面温度变化剧烈，外界气温变化幅度为 A 时，当气温变化周期为 1 d 时，在距离混凝土表面 0.32 m 处的混凝土温度变化幅度仅为 0.10 A，在距离混凝土表面 0.44 m 处的混凝土温度变化幅度仅为 0.05 A。即以日为周期的变化环境气温对表层 50 cm 混凝土温度影响较大。

由于分布式光纤的温度测值本质上是沿一定区间范围的温度平均值，目前，分布式光纤测温一般是沿光纤线路 0.5 m 或 1 m 范围内的温度平均值。为监测环境气温、太阳辐射等对浇筑仓表面温度状态的影响，选取脱离基础约束区的 3 m 厚典型混凝土浇筑仓，在距离浇筑仓顶面 10 cm、20 cm、40 cm 和 60 cm 处布置 4 层光纤。为保证光纤与浇筑仓顶面平行，特制 4 行 7 排的钢架绑扎光纤，实时在线监测环境气温和太阳辐射等对表层混凝土温度的影响，如图 7 所示，分布式光纤测温系统采样频率设置为 2 h。试验期间，该浇筑仓表面仅采用洒水养护。

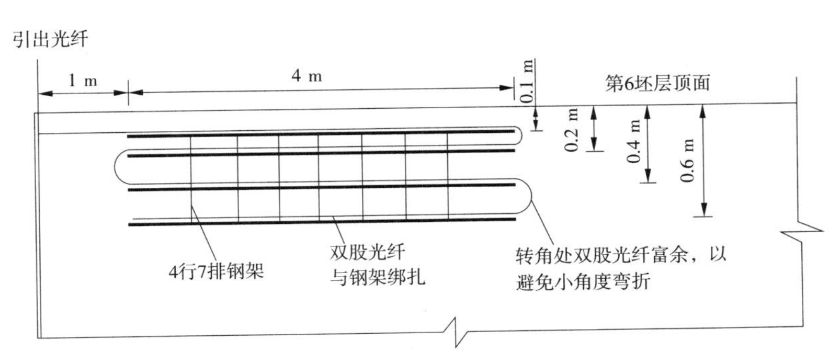

图 7 分布式试验方案

（2）光纤测温成果及分析。

距离浇筑仓顶面不同深度处光纤测温随时间变化过程线如图 8 所示，距表层不同深度测点温度最大日变幅统计见表 1，图 8 中实测最高或最低气温是指每日最高或最低气温随时间的过程线。

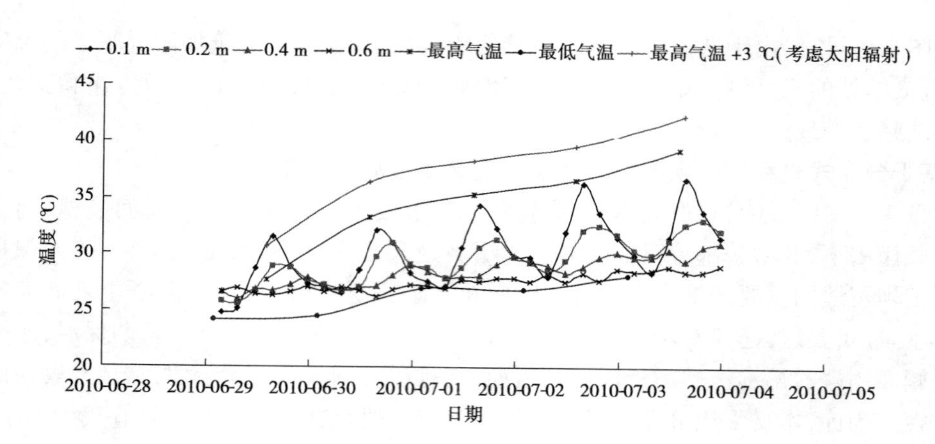

图 8　距离顶面不同深度处光纤测温过程线

表 1　距表层不同深度测点温度最大日变幅统计

最大日变幅(℃)	距表层 10 cm	距表层 20 cm	距表层 40 cm	距表层 60 cm
	8.25	3.61	1.76	0.99

由图 8 可见：

(1)由于试验期间，浇筑仓表面仅进行了洒水养护，环境气温和太阳辐射等对浇筑仓表层混凝土温度的影响十分明显，2010-06-29 至 2010-07-03 连续 5 d 日最高气温都在 32 ℃以上，距仓面 10 cm 处与距仓面 60 cm 处混凝土温度在这 5 d 里的最大差值分别为 5.25 ℃、5.88 ℃、6.67 ℃、7.86 ℃、8.248 ℃。由图 8 可见，距表面 10 cm 处的混凝土温度最高达到 36.67 ℃。

(2)由距表层不同深度处测点温度最大日变幅统计表 1 可知，同一点处混凝土温度日变化幅度规律，距离混凝土表面的深度越浅，温度的日变化幅度越大，如距离表面 0.1 m 深度处，该处的温度日变幅达到 8.25 ℃，但距离表面 0.6 m 深度处的温度日变幅受环境气温的影响已经较小，仅 0.99 ℃。显然，距离表面 10 cm 深度处 8.25 ℃的日变幅对早龄期混凝土防裂十分不利。

(3)在高温季节进行了同样的浇筑仓混凝土表面温度梯度试验，当仅采取洒水养护时，得到的规律类似。

3.3.2　高温季节低温混凝土入仓冷击监测及反馈

(1)分布式光纤监测低温入仓冷击试验方案。

高温季节低温混凝土入仓冷击监测试验，分布式光纤试验方案同 3.3.1，当该仓混凝土达到间歇期后，实时在线监测低温混凝土入仓浇筑对下层混凝土温度的影响。

(2)光纤测温成果及分析。

低温 9 ℃混凝土入仓后，距离下层混凝土顶面不同深度处光纤测温随时间变化过程线如图 9 所示；典型时刻温度特征值统计见表 2。

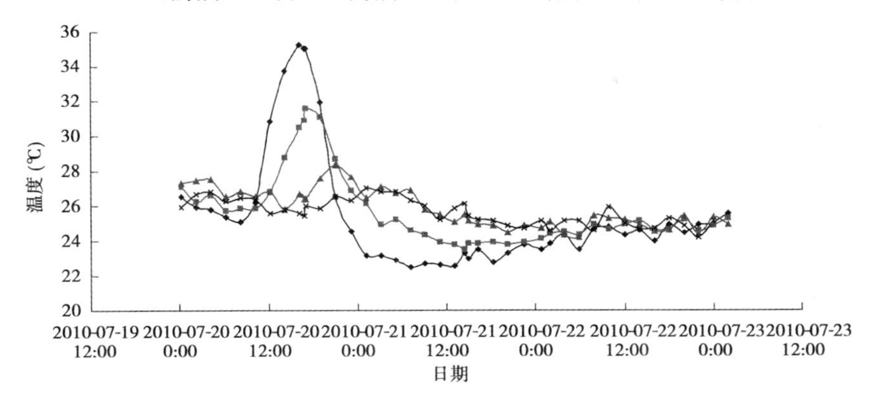

图 9　距离下层混凝土顶面不同深度处光纤测温历时曲线

表 2　距离下层混凝土顶面不同深度处光纤测点温度特征值统计

测点位置	新混凝土入仓(℃)	第一坯层浇筑完成(℃)	浇筑 14 h 后(℃)
距顶面 10 cm 处	35.05	24.52	22.47
距顶面 20 cm 处	31.6	26.93	23.94
距顶面 40 cm 处	27.52	26.83	25.08
距顶面 60 cm 处	25.99	26.03	25.27

(1)由图 9 可见,由于开仓时间在 2010-07-20 17:00,新混凝土入仓浇筑对下层混凝土冷击效应十分明显,第一坯层浇筑完成后,距表面 10 cm 处光纤测点温度由 35.05 ℃突降到 24.52 ℃,降幅 10.53 ℃;浇筑 14 h 后,距表面 10 cm 处光纤测点温度达最低值 22.47 ℃,随后温度开始回升。

(2)由表 2 可见,低温混凝土入仓对下层混凝土温度的影响,随距离下层混凝土顶面深度的加深,温度变化幅度越小。如新浇筑混凝土第 1 坯层浇筑完成时,距下层混凝土顶面 10 cm、20 cm、40 cm 和 60 cm 处的温度变幅分别为 10.53 ℃、4.67 ℃、0.69 ℃、-0.04 ℃。由此可见,新浇筑低温混凝土对下层混凝土表层 40 cm 范围内的温度影响很大。这个温度突变对下层混凝土表面的温度应力不利,容易产生裂缝。

3.3.3　高温季节浇筑仓表面养护监测及反馈

(1)分布式光纤监测浇筑仓表面养护试验方案。

待混凝土浇筑仓收仓时,将分布式光纤均匀地压入混凝土 5 cm 内,进行浇筑仓顶面养护试验。试验期间,浇筑仓表面采用旋喷水养护。

(2)光纤监测成果及分析。

典型浇筑仓距浇筑仓表面 5 cm 处各测点温度历时曲线如图 10 所示;距离浇筑仓表面 5 cm 处与环境气温特征温度统计见表 3。

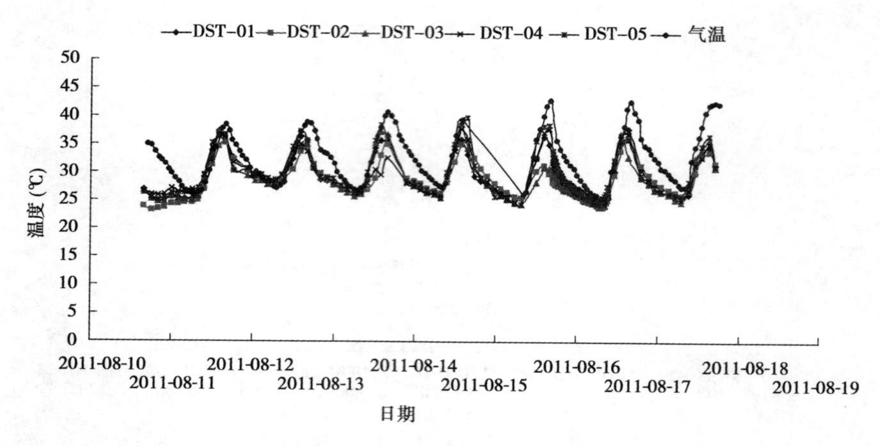

图 10　典型浇筑仓距浇筑仓表面 5 cm 处单个测点历时曲线
（图中 DST－01～DST－05 为光纤测点号）

表 3　表面温度与气温统计

温度(℃)	2011-08-11	2011-08-12	2011-08-13	2011-08-14	2011-08-15	2011-08-16	2011-08-17
距顶面 5 cm 处最高温度	36.22	35.51	34.9	37.37	35.01	35.961	35.278
距顶面 5 cm 处最低温度	25.673	28.18	26.088	25.727	25.078	24.566	25.344
环境最高气温	38.4	38.9	40.6	39.4	42.9	42.7	42
环境最低气温	25.9	27.2	26.9	27.5	26.5	25.2	27.4

由图 10、表 3 可见：

（1）试验期间，虽然该仓进行了旋喷水养护，但环境气温对浇筑仓表面 5 cm 处影响仍十分明显，两者变化规律基本相同，但浇筑仓表面每天的最高温度和最低温度均较气温低。光纤监测表明，白天外界气温在 40～42 ℃，而距表面 5 cm 处温度约在 35 ℃，温度消减 5～7 ℃；夜间浇筑仓表面温度基本维持在 25 ℃左右，与养护水温基本一致。

（2）光纤监测还表明，虽然浇筑仓顶面总体养护效果良好，但均匀性较差，不同区域测点相差达到 8.7 ℃，因此必须注意旋喷水养护的均匀性。尽管浇筑仓在间歇期间，采用旋喷水不间断养护，但浇筑仓表面最大昼夜温差仍然达到 12.57 ℃，这会使混凝土表面的主应力变化幅度较大。因此在高温季节，现场条件允许的情况下浇筑仓应尽量采用流水养护。

3.3.4　高温季节横缝侧面养护监测及反馈

（1）分布式光纤监测横缝侧面养护试验方案。

由于溪洛渡特高拱坝横缝侧面采用半球形键槽，这给横缝侧面的养护监测带来不便。为便于监测，特制作长 4 m、高≥2 m 的三层钢架。第一层钢架在下层混凝土顶面，固定在平行于钢模板且距模板 10 cm 处；第二层钢架固定在距下层老混凝土 1 m 处；第三层钢架固定在距下层混凝土 2 m 处。第二层和第三层钢架分别在平行模板且距模板 3 cm、10 cm 处设置了两根钢筋，钢架结点处采用支撑钢筋点焊在模板上，防止施工时钢筋发生偏移。浇筑仓开仓前，采用双股光纤和三层钢架的钢筋绑扎，开仓后指派专人盯仓以保证钢架与钢模板平行。浇筑仓横缝侧面养护试验方案如图 11 所示。横缝侧面养护试验钢架距离下游面 9 m。

试验期间,横缝侧面采用挂花管喷水养护。

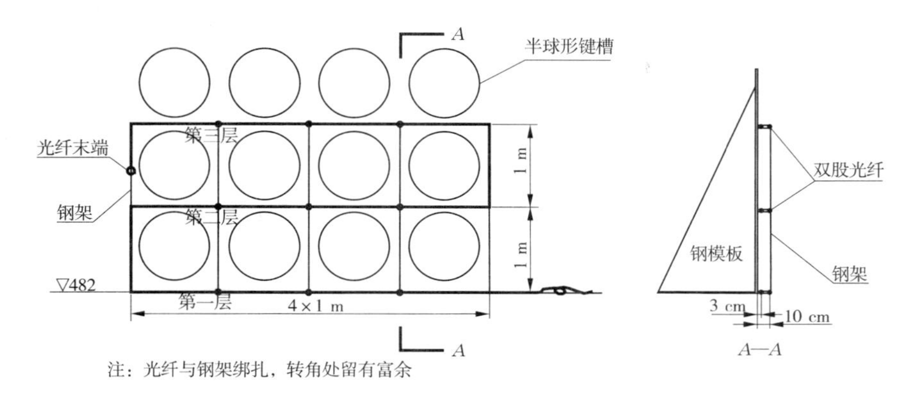

图 11　横缝侧面光纤布置

(2)光纤监测成果及分析。

距横缝面不同距离处温度历时过程线如图 12 所示。

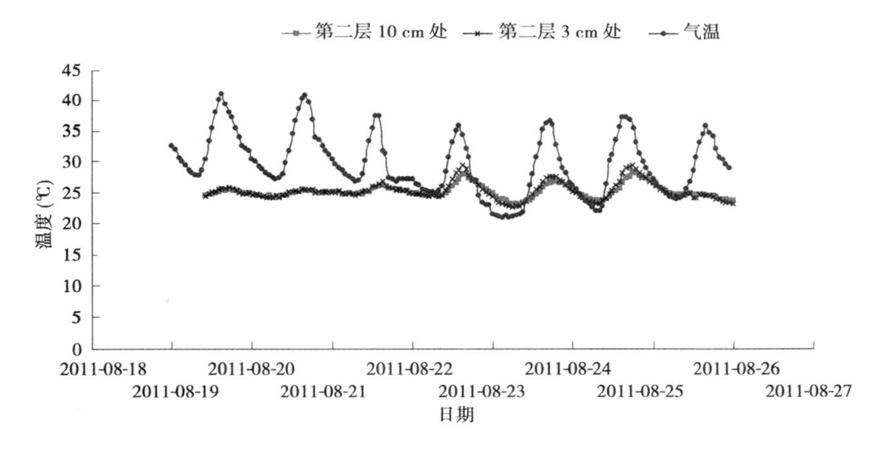

图 12　距横缝面不同距离处温度历时过程线

由图 12 可见:

(1)距横缝面 3 cm 处温度一般维持在 25 ℃左右,相对气温对浇筑仓表面温度的影响而言,气温对横缝侧面的影响要小,而同层光纤距横缝面 3 cm 处的温度较 10 cm 处温度约高 0.3 ~0.5 ℃,这一方面说明浇筑仓横缝面挂花管喷水养护效果好,降低了外界气温的影响,另一方面也说明浇筑仓内部通水冷却降温效果较好。

(2)由于相邻坝段开仓浇筑混凝土,试验坝段在 2011-08-23 ~2011-08-24 中断了花管喷水养护,光纤监测表明,中断花管喷水养护期间,浇筑仓横缝侧面的最高温度达到 29 ℃以上,相对横缝挂花管喷水养护时的温度,提高了近 4 ℃;2011-08-25 重新挂花管喷水养护,横缝侧面的平均温度又控制在 25 ℃左右。

4　结语

基于分布式光纤对建设中的溪洛渡特高拱坝实际大尺度和小尺度温度状态进行实时监

测及反馈,及时指导现场温控,得到如下结论:

(1)将分布式光纤测温技术应用于典型坝段温度历时过程线、垂直向温度分布等大尺度温度梯度的实时在线监测,光纤监测表明,采用"小温差、早冷却、缓慢冷却"的个性化通水原则既可以控制浇筑仓混凝土最高温度,又可以控制降温速率;光纤监测还表明,高掺粉煤灰混凝土在接缝灌浆、停止通水后,仍然缓慢放热,其引起的最大温度回升可达到3~4℃,这值得注意。

(2)光纤监测表明,由于溪洛渡大坝沿高度方向设置待灌区、同冷区、过渡区、盖重区等,除在过渡区附近存在一定的温度梯度外,其余部位的垂直向温度梯度较小,如典型坝段过渡区最大温差为2.43 ℃;分布式光纤监测还表明,目前溪洛渡大坝浇筑仓顺河向温度分布、同一灌区轴向温度以及典型浇筑仓的轴向温度分布均较均匀,如典型浇筑仓顺河向最大温差为1.76 ℃,当前待灌区和同冷区轴向最大温差为0.775 ℃,低位浇筑坝段典型浇筑仓收仓15 d后轴向最大温差为1.66 ℃。

(3)基于分布式光纤实时在线监测高温季节浇筑仓表面温度梯度表明,浇筑仓表面仅进行洒水养护,受环境气温、太阳辐射及昼夜温差等的影响,混凝土浇筑仓表层温度日变幅较大,表层0.1 m深度处混凝土温度最大日变幅可达8.25 ℃;而且距离表层0.1 m和0.6 m处的温度差异能达到8 ℃以上。

(4)基于分布式光纤实时在线监测高温季节低温混凝土入仓冷击试验表明,如果浇筑仓表面养护不到位,9 ℃预冷混凝土可使下层混凝土表层温度在短时间内降温幅度达到10℃以上,这对早龄期的混凝土防裂极为不利。建议在高温季节,天气晴朗时,宜将开仓时间安排在夜间,以及在开仓前必须进行喷雾以降低仓内的温度。

(5)基于分布式光纤实时在线监测高温季节浇筑仓表面和横缝侧面养护试验表明,浇筑仓表面采用旋喷水养护措施时,白天距浇筑仓顶面5 cm处温度比外界气温低5~7 ℃;夜间浇筑仓表面温度基本与养护水温一致。横缝面挂花管喷水养护效果较好,横缝面暂时中断喷水2 d期间横缝侧面的最高温度较正常喷水时横缝侧面的温度提高近4 ℃。建议在高温季节,宜采用流水养护或加大旋喷水的力度,同时应注意养护的均匀性。

(6)由大尺度温度梯度和小尺度温度梯度的分布式光纤实时在线监测可见,必须同时严格控制大尺度温度梯度和小尺度温度梯度才能避免大坝混凝土产生裂缝。

参考文献

[1] 朱伯芳,张超然. 高拱坝结构安全关键技术研究[M]. 北京:中国水利水电出版社,2010.
[2] 朱伯芳. 混凝土坝理论与技术新进展[M]. 北京:中国水利水电出版社,2009.
[3] 蔡德所. 光纤传感技术在大坝工程中的应用[M]. 北京:中国水利水电出版社,2002.
[4] 三峡大学. 金沙江溪洛渡水电站工程大坝混凝土光纤测温与温控预报2010年度总结[R]. 2010.
[5] 三峡大学. 金沙江溪洛渡水电站工程溪洛渡大坝2011年温控相关问题研究[R]. 2011.
[6] 朱伯芳. 大体积混凝土温度应力与温度控制[M]. 北京:中国电力出版社,1999.

高碾压混凝土坝施工关键技术及应用

戴志清

（葛洲坝集团股份有限公司三峡分公司，四川　成都　610000）

【摘要】 本文结合高碾压混凝土坝施工特点，介绍了入仓手段、模板、混凝土配置、温控防裂、坝体防渗、仓面碾压、单回路重复灌浆以及仓面质量检测等施工技术及应用，这些施工技术已在国际碾压混凝土坝施工中具有领先地位，值得推广应用。

【关键词】 高碾压混凝土坝　施工技术　应用

1　概述

碾压混凝土大坝以其施工速度快、工期短、投资省、质量安全可靠、机械化施工和现代化管理程度高、绿色环保等优点，在水电开发中占据了重要地位。近十年来，随着水电站大坝建设技术的日益进步，高碾压混凝土大坝建设得到了快速发展，在建和已建的高度超过100 m的高碾压混凝土坝约有30座，2007年建成的龙滩碾压混凝土重力坝高216.5 m，标志着我国高碾压混凝土坝的筑坝技术达到了新的水平，荣获“国际碾压混凝土坝里程牌工程奖”的八座碾压混凝土大坝之首。我国的碾压混凝土筑坝技术，在吸收国外先进技术的基础上，有所进步、有所发展、有所创新，形成了具有中国特色的碾压混凝土筑坝技术。

2　高碾压混凝土坝施工特点

高碾压混凝土坝施工除具有中低碾压混凝土坝施工特点外，还具有以下特点：

(1)一般位于狭窄山谷地带，施工道路、施工手段都难以布置。

(2)工程量大，工期较紧，施工速度要求快。

(3)体积大，温控防裂难度大。

(4)上游水位较高，坝体防渗性能要求更高。

(5)工程量大，筑坝材料需求较多。

(6)高碾压混凝土拱坝体坝体受力，接缝灌浆要求较高。

(7)施工质量控制要求更高。

3　高碾压混凝土坝关键施工技术及应用

为满足高碾压混凝土坝保质保量快速连续施工，针对其施工特点，在“九五”期间，国家组织了以龙滩大坝为依托的“200 m级高碾压混凝土重力坝筑坝关键技术”研究和以沙牌为依托的“100 m以上高碾压混凝土拱坝关键技术”研究[1]，这些研究成果在沙牌、龙滩工程以及其他多项工程中得到了成功应用，形成了一套高碾压混凝土坝施工技术，近年来这些技术又得到了快速发展。

3.1 高碾压混凝土坝施工入仓手段

中低碾压混凝土坝施工中,汽车直接入仓是快速施工最有效的方式。但高碾压混凝土坝修建在高山峡谷中,上坝道路高差大,除坝体底部可通过填筑道路,采用汽车直接入仓外,中上部入仓方式成为施工的重点难点。

结合已建在建工程,目前已经研发出适合高碾压混凝土坝入仓手段有多种,如负压溜槽输送系统、深槽高速皮带机与负压溜槽的联合输料系统、深槽高速皮带机和布料机联合输送系统、箱式满管垂直输送混凝土系统、大倾角波状挡边带式输送机以及供料线 + 塔带机(顶带机)等,上述每种入仓手段,都需要根据工程的实际情况进行选择。其中"供料线 + 塔带机(顶带机)"入仓手段是将混凝土水平运输和垂直运输合二为一,混凝土入仓速度很快,是大型工程高碾压混凝土坝入仓手段的首选。

龙滩大坝是目前世界上最高的碾压混凝土重力坝,碾压混凝土方量达 480 万 m^3。本工程施工主要采用了"供料线 + 塔带机(顶带机)"入仓手段[2],即:将混凝土料经三条高速皮带机供料线送料至 1#、2#塔带机和自卸汽车入仓,并进行仓内布料。使用的供料线 + 塔带机,设计人仓能力 250 m^3/h。与高速皮带机供料线配套使用的 2 台塔式布料机,塔机最大工作幅度 80 m,起重量 20 t;最小工作幅度≤7 m,质量 50 ~ 60 t;塔机布料机最大工作幅度 100 m。此手段施工布置相对较单一,设备效率高,为大坝优质快速上升创造了条件。本工程单仓最大日浇筑碾压混凝土 15 816 m^3,打破了水电行业大坝主体工程单仓单日混凝土浇筑强度 14 210 m^3 的世界纪录。

3.2 翻转模板施工技术及应用

为满足高碾压混凝土坝快速连续浇筑的需要,研发了一套可以连续翻转上升的模板,其不仅适用于坝体平面、斜面,而且能适用于曲率变化大的曲面坝体结构施工。三峡三期工程碾压混凝土围堰采用了翻转模板施工技术。

三峡碾压混凝土围堰所使用的翻转模板是根据工程施工要求,并结合已有大量多卡面板的实际情况而设计,翻转模板每块长 3 m,高 2.1 m,主要构件包括面板、支撑桁架、调节螺杆、操作平台、提升装置、锚固件和连接件等,每块模板布置一排锚筋 4 根。施工时以垂直叠放的三块模板为一组,在混凝土浇筑过程中交替上升,混凝土侧压力始终由最下层模板的锚筋承担,当混凝土浇至距最上层模板上口 30 ~ 60 cm 时,先将中间层模板的锚锥紧固,此时混凝土侧压力由该层模板锚筋承担,然后将最下层模板拆下吊装在最上层模板之上,如此反复,达到混凝土连续上升的目的。翻转模板安装拆卸方便,每 2 d 翻转一次,每次需 15 min 时间,可大大提高模板的安装效率,实际施工时,平均每 6 h 可以覆盖一层混凝土,平均每天可上升 1 m,能够满足碾压混凝土连续施工的要求。葛洲坝集团公司在三峡三期碾压混凝土围堰施工成功使用了翻转模板,加快了施工进度,月上升速度达 30 m。

3.3 碾压混凝土拌和物配置[3]

随着人们对粉煤灰作用认识的提高以及对碾压混凝土筑坝技术研究的深入,碾压混凝土中的粉煤灰掺量不断提高,外加剂的应用已经从普通缓凝减水剂向缓凝高效减水剂与引气剂复合的外加剂发展,拌和物 *VC* 值已经从开始的(20 ± 10)s 逐渐降低为目前的 5 ~ 12 s,碾压混凝土的应用已经从低坝向高坝,从重力坝向拱坝和薄拱坝发展。

据中国已建的 35 座碾压混凝土坝 75 个配合比设计资料统计分析,配合比参数一般取值范围为:水胶比 0.50 ~ 0.59,掺合料掺量 50% ~ 69%,浆砂比 0.30 ~ 0.39;砂率 30% ~

34%。中国碾压混凝土的绝热温升较低，一般在 12 ~ 18 ℃；由于掺用了高效减水剂并成功地使碾压混凝土的引气量达到 4% ~6%，具有较高的抗渗性和较优越的抗冻性能，可以满足 W8 以上抗渗和 F200 以上抗冻等级的技术性能要求。中国大坝用碾压混凝土配合比水泥用量少，胶凝材料用量适中，混凝土绝热温升低，掺合料掺量高，抗渗和抗冻性能好。与美国、日本、西班牙等几个拥有较高碾压混凝土坝施工技术的国家相比，中国的碾压混凝土配合比设计已经达到国际先进水平。

中国目前通过已建在建的大量高碾压混凝土坝工程证明，可利用本地现有的材料如粒化高炉矿渣、磷矿渣、火山灰、凝灰岩、石灰岩粉等作为碾压混凝土中掺合料，变废为宝；另外石粉也可作为碾压混凝土中的非活性掺合料，石粉含量为 18% 左右时，可明显的改善碾压混凝土性能。碾压混凝土中石粉含量的提高，简化了砂石骨料的生产工艺，降低了施工成本。碾压混凝土拌和物高掺料属地化的特点，是高碾压混凝土发展方向，有很好的发展空间。

3.4 高温施工温控防裂技术

高温条件下施工，为降低碾压混凝土浇筑温度常用的措施主要有优化配合比、减少水泥用量用量、降低水化热；避开开高温时段施工；通过控制水泥和粉煤灰入罐温度、预冷骨料、加冷水或加冰拌和等措施，来控制拌和楼出机口温度；通过采用加快运输、入仓、斜层碾压，仓面喷雾保湿、改善仓面小气候，及时覆盖养护来控制仓面温度回升。但在夏季施工仍存在浇筑温度较高，难以防止温度裂缝发生。为了解决高温施工防止裂缝发生，除上述采取的温控措施外，经国内外研究目前还采用了以下两种方式，一是国内在坝体内铺设冷却；二是国外采用长龄期（360 d 龄期）抗裂性能较好的二级配混凝土[4]。

龙滩高碾压混凝土坝施工中采用了坝体内埋设有冷却水管的方式。坝体内铺设高强度聚乙烯冷却水管，顺混凝土碾压条带铺筑，碾压机碾压时需注意水管上部混凝土铺设厚度及行车方向，冷水水管其他铺设及冷却方式同常态混凝土。经研究实用，碾压混凝土仓内铺设冷却水管可以极明显地改善坝体内温度场的分布，能很好地起到削峰和降低整体温度的作用，坝体能尽快消除高温区，对坝体混凝土防裂和限裂要求极为有利，本施工方法在国内碾压混凝土施工中已普遍使用。但对碾压混凝土快速施工还是有一定的影响。

缅甸耶涯水电站为碾压混凝土重力坝，最大坝高 137 m，混凝土总方量为 256 万 m^3。当地气候为大陆性气候，年平均气温 27.3 ℃，平均最高气温 38.7 ℃，日平均最低气温 13.7 ℃。坝体上、下游及周边部位、预制件、埋件周围及与已浇常态混凝土接合区，为二级配富浆碾压混凝土，其他部位为二级配长缓凝碾压混凝土 C36520。坝体施工未铺设冷却水管，利用了长龄期混凝土水化热温升较慢，缓凝时间长特点，满足了大坝施工温控防裂要求，实现了大仓面、高强度连续浇筑，加快是施工进度。本工程采用的混凝土，长缓凝时间一般在 20 ~30 h，最长达到 36 h。该长缓凝时间的二级配混凝土工作性能好，碾压泛浆较易。但由于缓凝时间长，碾压后泌水持续时间长、水量较大，在相对温度较低的情况下，表现较明显，对下层混凝土施工有一定的影响。

3.5 高碾压混凝土坝体防渗技术

高碾压混凝土坝，上游水位较高，坝体防渗技术要求更高。碾压混凝土浇筑层间的水平缝是大坝渗水的主要通道，必须采取相应的措施，增加上游面的不透水性和耐久性。世界上大多数碾压混凝土坝约占 57% 采用与碾压混凝土同步上升的常规混凝土做护面防渗；约有

10%的坝直接使用碾压混凝土防渗,这种防渗形式在西班牙比较普遍;还有少数约5%采用常规混凝土预制面板加PVC膜防渗。我国碾压混凝土坝防渗体系先后经历了"金包银"、钢筋混凝土面板防渗、沥青混合料防渗、碾压混凝土自身防渗、变态混凝土防渗等防渗结构型式。

目前我国高碾压混凝土坝防渗技术主要采用变态混凝土与二级配碾压混凝土共同形成的防渗体,是利用碾压混凝土自身防渗。在坝体迎水面使用二级配碾压混凝土作为坝体防渗层,与坝体三级配碾压混凝土同步填筑,同层碾压。在模板周边,止水、岸坡、廊道、孔洞、斜层碾压的坡脚,监测仪器预埋及设有钢筋的部位等部位的碾压混凝土中加入适量的灰浆(约为混凝土体积4%~6%),改变成坍落度为2~4 cm的变态混凝土,再用插入式振捣器振捣密实。有时也采用机拌变态混凝土代替现场加浆的变态混凝土。龙滩碾压混凝土大坝采用了此防渗技术,确保了坝体防渗质量,极大地简化了施工,加快了工程进度,缩短了工期,使碾压混凝土快速施工技术得到了充分发挥。

3.6 高碾压混凝土坝仓面碾压技术[1]

为加快施工进度.减少层面处理工作量.碾压混凝土施工采用大仓面薄层铺料、分层碾压、连续上升技术。在连续上升时每坯层的允许浇筑时间必须在混凝土的直接铺筑时间内完成。但有时由于施工条件限制,混凝土入仓强度不能满足要求,研究出了斜层碾压施工技术。目前,仓面碾压工艺主要有两种:一是平层法铺筑碾压,二是斜层法铺筑碾压法。龙滩碾压混凝土坝施工采用了这两种施工方法,具体方法如下:

(1)平层法铺筑碾压:适合于布料系统能高强度、快速运输混凝土,在常温季节优先选用的平层铺筑法。龙滩工程施工中,当采用两台塔式布料机入仓时最大仓面面积控制在约1万m^2以内;在高温季节只有单台塔式布料机入仓,仓面面积小于2 500 m^2时,都采用了平层法铺筑碾压施工。浇筑时铺层厚度34 cm,条带宽度8 m,平仓方向与坝轴线平行,卸料线则需与坝轴线垂直。碾压混凝土摊铺作业应避免造成骨料分离并做到使层面平整、厚度均匀,使碾压混凝土获得最佳压实效果。

(2)斜层法铺筑碾压:当混凝土入仓强度不能满足平仓法铺筑要求时,可以采用斜层法铺筑。斜层法推铺方向有两种:一种是垂直于坝轴线,即碾压层面倾向上游,混凝土浇筑从下游向上游推进;二是平行于坝轴线,即碾压层面从一岸到另一岸。大坝底宽较大处,第一种铺料方式有利于施工,同时施工层面倾向上游对坝体抗渗及层面抗剪更有利。斜层铺料坡度按1:15~1:20控制为宜,高度控制在1.5~3 m(夏季取小值)。施工过程中除防止碾压混凝土骨料分离外还需采取以下措施:①开仓段要求在混凝土入仓后,按规定方向摊铺,其要领在于减薄每个铺筑层在斜层前进方向上的厚度,并使上一层全部包容下一层,逐渐形成倾斜层面;②斜坡坡脚不允许延伸至二级配防渗区,二级配防渗区混凝土必须采用平层铺筑;③收仓段碾压混凝土施工,首先进行老混凝土面的清扫、冲洗、摊铺砂浆,然后采取折平线形施工,一般平段取8~12 m。

3.7 高碾压混凝土拱坝单回路重复灌浆施工技术

碾压混凝土拱坝在蓄水时一般尚没达到稳定温度,但为使拱坝成为整体受力,就需对横缝或诱导缝进行灌浆。但随着坝体温度的下降,坝体收缩有可能使已灌浆的缝面重新拉开,故需进行第二次(或 多次重复)灌浆。以沙牌碾压混凝土坝为依托研制使用了采用单回路重复灌浆系统技术。

单回路重复灌浆系统技术是采用穿孔管套阀重复出浆盒来实现。它由一根钢管,一个橡胶套和两个管接头组成。橡胶套包裹在穿孔管外面,靠自身收缩力密盖了管壁上的长椭圆形的出浆孔,只有当管内压力达到开阀压力(0.2 ~0.4 MPa)时,水或浆材才能顶开橡胶套从出浆孔流出,而无论何种外压力也不会使外面的水或浆材回流。沙牌大坝所采用的单回路重复灌浆系统具有构造简单,造价低,安装容易,可实现多次重复灌浆的特点,是碾压混凝土拱坝接缝灌浆技术的重大突破。该成果填补了国内空白,达到了国际领先水平。

3.8 碾压混凝土仓面质量控制检测技术

碾压混凝土常用的几种主要质量检测手段:在生产混凝土过程中,常用 VeBe 仪测定碾压混凝土的稠度,以控制配合比。在碾压过程中,使用核子密度仪测定碾压混凝土的湿容重和压实度,对碾压层的均匀性进行控制;最后通过钻孔取芯样校核其强度是否满足设计要求。

另外,现在已研制出了动势法传感器和电阻微分法传感器,用以现场快速测试碾压混凝土初凝时间,来控制碾压仓面的质量。

目前,正在研究碾压混凝土智能碾压技术[5],本技术可以连续地提供对整个碾压区域的压实效果评估,指导薄弱环节修补,有效避免超压,使碾压质量始终处于受控状态。可有效提高施工质量和提高施工效率,可为高碾压混凝土坝建设质量控制提供一条新的途径。本研究的部分成果已在雅著江官地碾压混凝土坝和金沙江龙开口碾压混凝土坝得到初步应用。

4 结语

目前,我国高碾压混凝土坝施工技术已占据世界领先地位。今后高碾压混凝土坝更好的发展方向是:开展重大装备自助研发,实现智能化施工;开展数字化研究,实现信息化管理;确保碾压施工质量,提高施工效率,实现碾压混凝土坝工程建设精细化管理。

参考文献

[1] 国家电力公司科技环保部. 碾压混凝土高坝筑坝技术研究[J]. 水力发电,2001(8).

[2] 石青春. 龙滩高碾压混凝土坝施工关键技术研究[J]. 红水河,2004(4).

[3] 方坤河. 中国碾压混凝土坝的混凝土配合比研究[J]. 水利发电,2003(11).

[4] 叶志江,等. 缅甸耶涯水电站长缓凝碾压混凝土大仓位薄层连续高强度施工技术[C]∥中国碾压混凝土筑坝技术2010. 北京:中国水利水电出版社,2010.

[5] 刘东海,等. 高碾压混凝土坝智能碾压理论研究[J]. 中国工程科学,2011(12).

藏木水电站掺石灰石粉混凝土的温控防裂研究与应用

刘　俊　李红叶　黄　玮　陈　强

（中国水电顾问集团成都勘测设计研究院，四川　成都　610072）

【摘要】 西藏地区石灰石资源丰富，易于加工，且加工、运输成本相对较低，能保障工程建设需要。但关于掺石灰石粉混凝土的温控防裂技术却并没有太多的类似工程经验和成熟规范标准，且雅鲁藏布江流域的广大中上游地区属高原温寒温带气候，冬季气温低，昼夜温差大等，诸多因素使得掺石灰石粉混凝土结构工程的温控防裂研究显得尤为重要。结合藏木水电站工程实际，实时动态仿真对比分析研究掺石灰石粉混凝土和掺粉煤灰混凝土的温度场与徐变应力场，研究掺石灰石粉混凝土施工期的温控防裂措施及应用方案。

【关键词】 高寒地区　掺石灰石粉　温控防裂

1　引言

粉煤灰用做混凝土掺合料，因其在降低混凝土内部水化热、减少混凝土温差裂缝、改善混凝土的耐久性等方面的积极作用，被广泛运用于混凝土工程。近年来，高掺粉煤灰（碾压混凝土粉煤灰掺料达50% ~60%）作为一种发展趋势逐渐为工程界所接受[1]。但随着我国工程建设规模不断扩大，粉煤灰供应市场日趋紧张，供应保证率也在逐渐降低，供应价格也逐渐提高。早期混凝土工程一般采用Ⅰ级粉煤灰，随着供应市场的紧张，目前Ⅱ级粉煤灰经过设计研究，也大量被运用到混凝土工程中。探索可替代粉煤灰的材料，在规避粉煤灰供应紧张及保证率低、确保工程建设顺利进行、降低工程费用等方面，均具有十分积极的意义。

藏木水电站混凝土总量约为300万 m^3，需要掺合料约20万t。而工程所处地区无火电厂，没有粉煤灰供应，需借助青藏铁路从甘肃长距离运输、转运，成本较高，且受地域、气候及运输条件限制而在混凝土浇筑高峰期得不到保障，进而影响工程工期。为此，掺合料供应、运输将成为制约藏木水电站建设的一个重要环节。

西藏地区石灰石资源丰富，易于加工，且加工、运输成本相对较低，也能保障工程建设需要。但关于掺石灰石粉混凝土的温控防裂技术却并没有太多的类似工程经验和成熟规范标准，且雅鲁藏布江流域的广大中上游地区属高原温带或寒温带气候，气候特征是冬寒夏凉，年温差小而日温差大，日照丰富而多大风[1]。诸多因素使得掺石灰石粉混凝土结构工程的温控防裂研究显得尤为重要。

结合藏木水电站工程实际，采用混凝土温度场和徐变应力场线弹性有限单元法的数值仿真计算方法[2]，实时动态仿真对比分析研究掺石灰石粉混凝土和掺粉煤灰混凝土的温度场与徐变应力场，研究掺石灰石粉混凝土施工期的温控防裂措施及应用方案。

2　计算原理

2.1　温度场计算原理

根据热量平衡原理，可导出固体热传导基本方程[3]：

$$\frac{\partial}{\partial x}\left(a_x\frac{\partial}{\partial x}\right)\frac{\partial}{\partial x}\left(a_y\frac{\partial T}{\partial y}\right)+\frac{\partial}{\partial z}\left(a_z\frac{\partial T}{\partial z}\right)+\frac{\omega}{c\rho}-\frac{\partial T}{\partial \tau}=0 \tag{1}$$

式中：$a_x=\frac{\lambda_x}{c\rho}, a_y=\frac{\lambda_y}{c\rho}, a_z=\frac{\lambda_z}{c\rho}$；$a_x$、$a_y$、$a_z$ 为导温系数，λ_x、λ_y、λ_z 为导热系数；c 为材料比热；ρ 为材料容重；τ 为时间；T 为温度。

根据变分原理，可导出满足热传导基本方程和边界条件的有限元支配方程[3]

$$[H]\{T\}+\{F\}=0 \tag{2}$$

式中，H_{ij} 为热传导矩阵，$H_{ij}=\sum h_{ij}^e$；F_i 为温度向量，$F_i=\sum F_i^e$。

2.2　温度应力计算基本原理

混凝土的应变由5部分组成，即单元应变、徐变应变、变温应变、自生体积应变和干缩应变[3]。其计算式为：

$$\varepsilon(t)=\varepsilon^e(t)+\varepsilon^C(t)+\varepsilon^T(t)+\varepsilon^0(t)+\varepsilon^S(t) \tag{3}$$

在 $\Delta\tau$ 内应变增量：

$$\Delta\varepsilon_n=\frac{\Delta\sigma_n}{E(\bar{\tau}_n)}+\eta_n+\Delta\sigma_n C(t_n,\bar{\tau}_n)+\Delta\varepsilon^T+\Delta\varepsilon^0+\Delta\varepsilon^S \tag{4}$$

整理后得一个计算时段 $\Delta\tau$ 内应力增量为：

$$\Delta\sigma_n=\bar{E}_n(\Delta\varepsilon_n-\eta_n-\Delta\varepsilon^T-\Delta\varepsilon^0-\Delta\varepsilon^S) \tag{5}$$

各时段应力计算平衡方程为：

$$[K]\{\Delta\delta\}=\{\Delta P_n\}^L+\{\Delta P_n\}^C+\{\Delta P_n\}^T+\{\Delta P_n\}^0+\{\Delta P_n\}^S \tag{6}$$

式中：$[K]$为刚度矩阵；$\{\Delta P_n\}^L$ 为外荷载引起的节点荷载增量；$\{\Delta P_n\}^C$ 为徐变引起的节点荷载增量；$\{\Delta P_n\}^T$ 为变温引起的节点荷载增量；$\{\Delta P_n\}^0$ 为混凝土自生体积变形引起的节点荷载增量；$\{\Delta P_n\}^S$ 为混凝土干缩引起的节点荷载增量，可暂不考虑。

单元应力等于各时段应力增量之和，即

$$\{\sigma_n\}=\{\Delta\sigma_1\}+\{\Delta\sigma_2\}+\{\Delta\sigma_3\}+\cdots+\{\Delta\sigma_n\}=\sum\{\Delta\sigma_n\} \tag{7}$$

各时段的应力增量为：

$$\{\Delta\sigma_n\}=[\bar{D}_n](\{\Delta\varepsilon_n\}-\{\eta_n\}-\{\Delta\varepsilon_n^T\}-\{\Delta\varepsilon_n^0\}-\{\Delta\varepsilon_n^S\}) \tag{8}$$

3　工程资料

该大坝为混凝土重力坝，整个坝体分为19个坝段，坝体在浇筑期间设1条纵缝，最大坝高为116 m，最大底宽为95.1 m，大坝混凝土以四级配、常态混凝土为主。工程所在地区属高原温带、寒温带气候，坝区多年平均气温为9.2 ℃，地基表面温度为9.2 ℃，极端最高、最低气温分别为32.0 ℃、-16.6 ℃，最高气温多发生在6、7月，昼夜温差较大。多年平均降水量为540.5 mm，多年平均相对湿度为51%，多年平均风速为1.6 m/s，最大风速为19 m/s。工程所在区分月多年平均水温、气温及日较差统计见表1、表2。

表 1　各月多年平均水温　　单位:(℃)

时间	1 月	2 月	3 月	4 月	5 月	6 月	7 月	8 月	9 月	10 月	11 月	12 月
平均	0.8	2.7	6.0	9.7	13.1	16.3	17.1	16.5	15.2	10.9	5.3	1.8

表 2　气温及日较差统计　　单位:(℃)

时间	1 月	2 月	3 月	4 月	5 月	6 月	7 月	8 月	9 月	10 月	11 月	12 月	全年
平均气温	0.0	2.7	6.4	9.6	13.2	16.3	16.4	15.9	14.3	10.4	4.7	0.6	9.2
平均日较差	22.7	20.4	16.0	15.7	14.7	13.0	13.2	14.3	13.2	15.9	17.2	20.0	15.1

混凝土和冷却水的热力学参数见表 3、表 4,混凝土的力学参数见表 5。

表 3　混凝土热学参数

掺合料	导温系数 (m^2/h)	导热系数 (kJ/(m・h・℃))	比热 (kJ/(kg・℃))	线膨胀系数 ($\times 10^{-6}$/℃)	放热系数 (kJ/(m・h・℃))	绝热温升 (℃)
30% 粉煤灰	0.002 7	6.5	0.97	7.4	0.003 2	23.8
30% 石粉	0.002 7	6.5	0.97	7.4	0.003 2	21

表 4　冷却水热学参数

密度(kg/m^3)	导热系数(kJ/(m・h・℃))	比热(kJ/(kg・℃))	流体黏度(Pa/s)
1 000	0.58	4.187	1.1

表 5　混凝土力学参数

掺合料	弹性模量(GPa)		极限拉伸($\times 10^{-4}$)		允许拉应力(MPa)	
	28 d	90 d	28 d	90 d	28 d	180 d
30% 粉煤灰	17.2	20.2	89	106	0.93	1.4
30% 石粉	17.7	18.6	89	101	0.95	1.22

注:允许水平拉应力按照极限拉伸 × 弹模/1.65 比较后取小值控制,180 d 相应值采用复合指数公式拟合。

绝热温升资料为推算资料,采用复合指数公式[3]拟合试验数据。

$$T = T_0(1 - e^{-a\tau^b}) \tag{9}$$

式中:T 为绝热温升,℃;T_0 为最终温升,℃;τ 为龄期,d;a、b 为试验参数。

参考朱伯芳编制的《大体积混凝土温度应力与温度控制》[3],混凝土徐变度计算公式采用指数函数式。根据徐变参数资料,拟合混凝土徐变公式:

$$C(t,\tau) = (0.066\,1 + 45.082\,7\tau^{-0.259\,3})[1 - e^{-0.993\,3(t-\tau)}] + (0.014\,8 + 91.54\tau^{-0.394\,7})[1 - e^{-0.687\,7(t-\tau)}] \tag{10}$$

4　数值仿真分析

结合藏木水电站工程特点实际和其他相关工程经验[4-5],选取溢流 8# 坝段作为计算模型，并拟定相应计算工况：

2012 年 1 月 1 日开始大坝浇筑，强基础约束区按实际浇筑层厚设置 1.5 m 一个浇筑层，共 6 个浇筑层，层间间歇期 10 d；其他区域按照 3 m 一层浇筑模拟，层间间歇期 15 d。

5～9 月强基础约束区浇筑温度为 14 ℃、弱基础约束区为 16 ℃、自由区为 16 ℃，11 月～次年 3 月上旬为 6 ℃，3 月中下旬、4 月、10 月按比气温高 2 ℃浇筑；初期通水 5～9 月通 12 ℃的冷却水，3 月中下旬、4 月、10 月通天然河水，流量均为 1.5 m^3/h，通水 30 d；其他月份不进行初期冷却；二期冷却按照接缝灌浆要求提前 40～60 天进行通水冷却，通水流量为 1.0 m^3/h，通水温度为 6 ℃；约束区水管布置为 1.5 m×1.5 m（水平×竖直）方式，自由区水管布置为 1.5 m×3.0 m（水平×竖直）方式；上下游表面全年保温。

溢流 8#坝段建基面高程为 3 210 m，宽 19.5 m，顺河向长度 86 m；溢流面堰顶高程为 3 291 m。离散中混凝土与基岩采用空间 8 节点等参实体单元，整个计算域共离散为 5 866 个节点 4 318 个单元，其中回填混凝土 5 458 个节点、4 024 个单元。其温度场及应力场三维计算网格立体图如图 1 所示。

根据大坝温度和应力包络图，结合浇筑时间和浇筑高程，在坝体内部选取以下特征点，各特征点具体位置见图 2，掺粉煤灰和掺石灰石粉最大温度包络图见图 3、图 4，最大应力包络图见图 5、图 6，掺粉煤灰混凝土内部特征点温度、应力历程曲线分别见图 7、图 8，掺石灰石粉混凝土内部特征点温度、应力历程曲线分别见图 9、图 10。

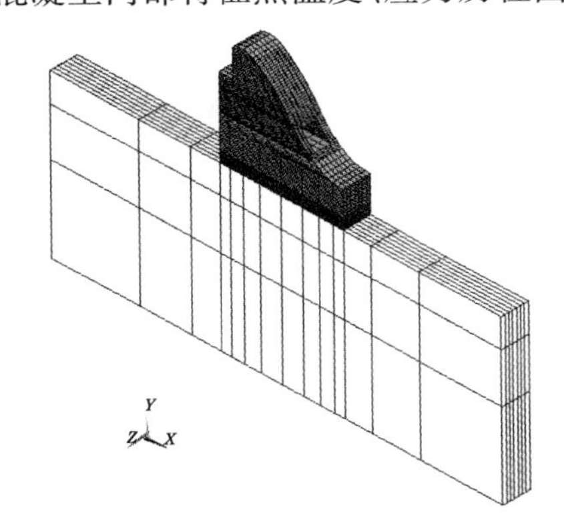

图 1　溢流坝段整体有限元网格

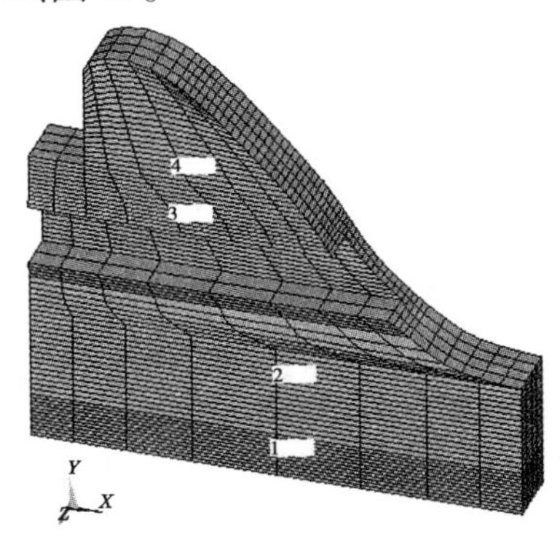

图 2　溢流坝段坝体纵剖面特征点具体布置

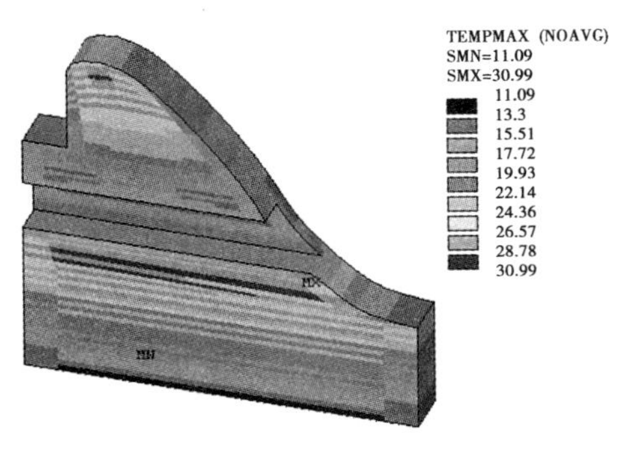

图 3　掺石灰石粉混凝土最高温度包络图

（单位：℃）

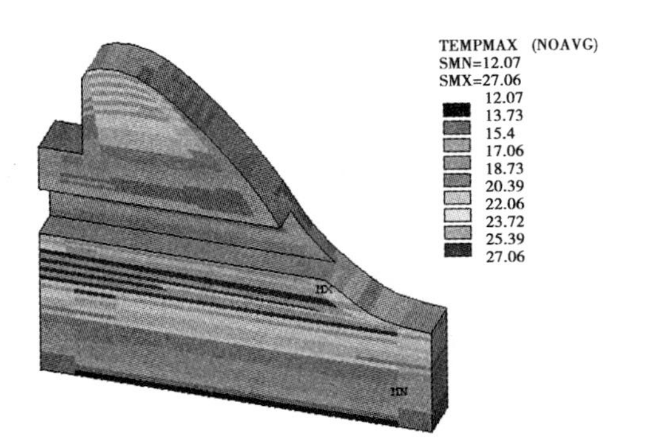

图 4　掺粉煤灰混凝土最高温度包络图

（单位：℃）

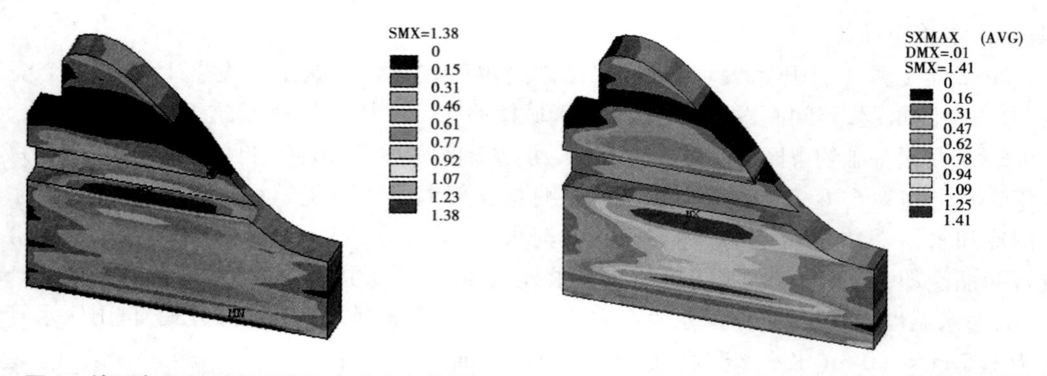

图5　掺石灰石粉混凝土顺河向应力包络图
（单位:MPa）

图6　掺粉煤灰混凝土顺河向应力包络图
（单位:MPa）

(1)由图3、图4可以看出,最高温度区域主要出现在夏季浇筑的混凝土部分,掺粉煤灰混凝土和掺石灰石粉混凝土内部最高温度分别为30.99 ℃、27.06 ℃;由图5、图6可以看出,最大顺河向水平拉应力发生在底孔孔口附近和强约束区部位,掺粉煤灰混凝土和掺石灰石粉混凝土内部顺河向最大拉应力分别为1.38 MPa、1.41 MPa。

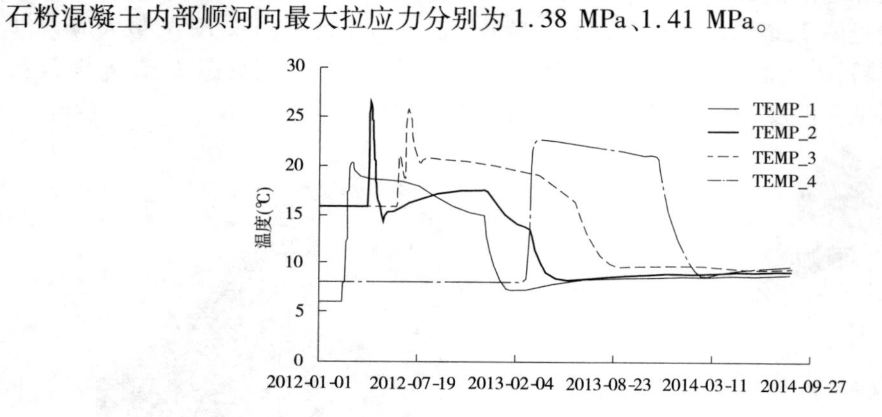

图7　掺粉煤灰混凝土内部特征点温度历程曲线

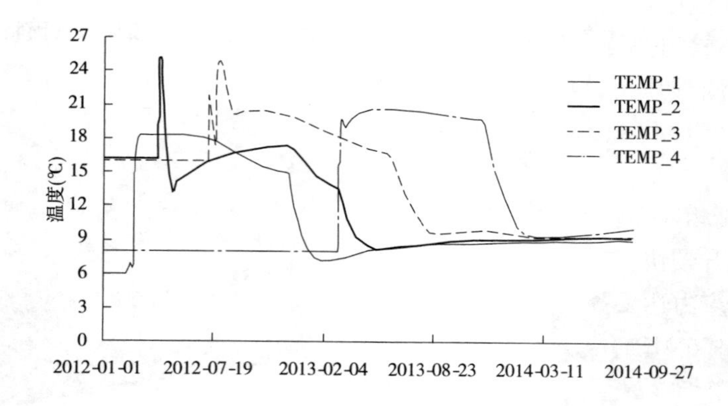

图8　掺石灰石粉混凝土内部特征点温度历程曲线

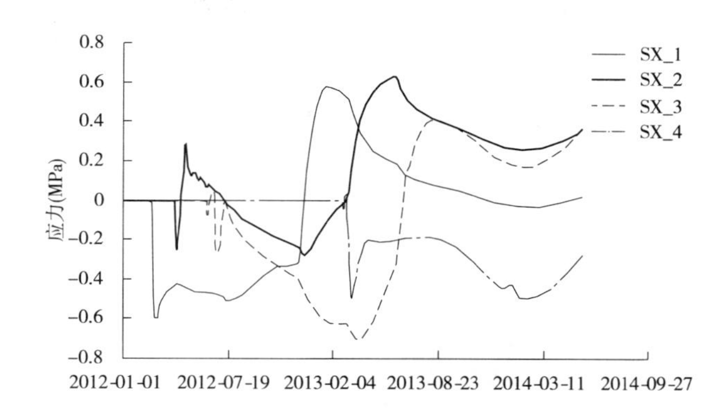

图 9　掺粉煤灰混凝土内部特征点顺河向应力历程曲线

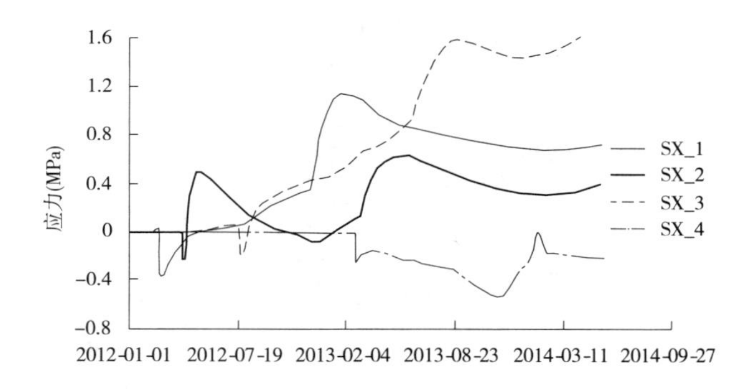

图 10　掺石灰石粉混凝土内部特征点顺河向应力历程曲线

(2)由图 7、图 8 可以看出:在初期通水 30 d 结束后,掺粉煤灰混凝土的内部温度基本稳定在 18 ~20 ℃,掺石灰石粉混凝土的内部温度基本稳定在 17 ~19 ℃;其中特征点 2 处于强基础约束区位置,水管布置为 1.5 m×1.5 m(水平×竖直),降温效果较好,初期冷却结束后,掺粉煤灰混凝土和掺石灰石粉混凝土的内部温度最低分别达到 14.5 ℃、13 ℃;二期通水通过 40 ~50 d 的通水结束后均降到 8 ~9 ℃,基本能够满足灌浆温度要求。

由此可见,在温度场方面掺石灰石粉混凝土与掺粉煤灰混凝土差别不大,由于石灰石粉属于惰性材料,不参与热化反应,掺石灰石粉混凝土的水化热比掺粉煤灰的略小,故温度峰值比掺粉煤灰的低,初期稳定温度也略低于掺粉煤灰的稳定温度。

(3)由图 9、图 10 可以看出:初期通水冷却结束后,混凝土拉应力达到第一次峰值,其中内部特征点 2 拉应力最大,掺粉煤灰混凝土和掺石灰石粉混凝土的分别约为 0.35 MPa、0.52 MPa,均小于相应 28 d 龄期允许值;二期通水冷却时由于此时混凝土弹模较大,因此混凝土的拉应力上升较快,二期通水结束时拉应力达到第二次峰值,掺粉煤灰混凝土内部特征点 2 拉应力最大应力达到 0.62 MPa,小于相应 180 d 龄期允许值,掺石灰石粉混凝土特征点 3 最大应力达到 1.6 MPa,大于相应 180 d 龄期允许值,特征点 1 最大应力达到 1.6 MPa,略小于相应 180 d 龄期允许值;究其原因,主要是因为特征点 1 处于基础强约束区、特征点 3 处于孔口附近,约束较强的缘故,因此强基础约束区和孔口约束区建议采用掺粉煤灰混凝土。

由此可见,在温度应力场方面掺石灰石粉混凝土与掺粉煤灰混凝土差别较大,石灰石粉属干缩性较强的材料，自生体积变形较大，且早期强度虽然略高于掺粉煤灰混凝土的强度，但其强度随时间的增幅较小，后期强度略低于掺粉煤灰混凝土。但在基础弱约束区和自由区内，掺石灰石粉混凝土基本上能够满足大坝的强度要求，在温控防裂设计中可以作为混凝土掺合料替代粉煤灰。

综上所述，结合其他专业分析计算，最后确定掺石灰石粉混凝土范围，详见图 11。在此范围下，拟定计算工况中的温控措施能够取得较好的温控防裂效果，提高大坝质量安全保证。

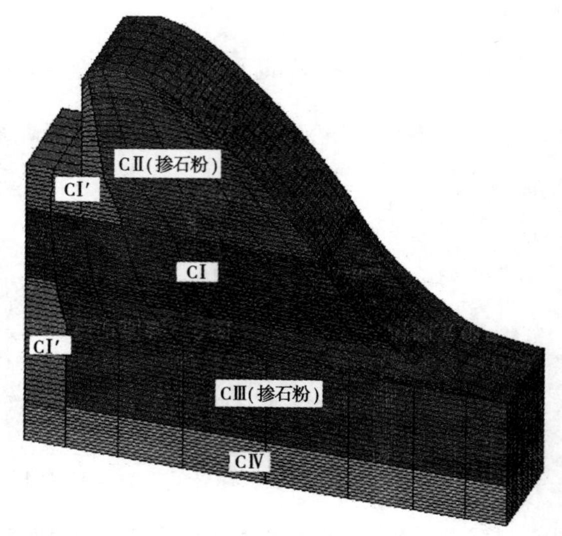

图 11　掺石灰石粉混凝土范围

5　结论

(1)从温控防裂设计的角度，掺石灰石粉混凝土用于藏木水电站混凝土在技术上是基本可行的，但应根据混凝土的使用范围、分区指标要求等，合理确定运用范围。推荐内部混凝土掺石灰石粉；对大坝防渗混凝土，抗冲磨混凝土，结构混凝土、大坝上游防渗层、基础垫层混凝土等对耐久性、长效性要求较高的部位，建议不采用掺石灰石粉混凝土。

(2)替代大坝内部 CⅡ和大部分 CⅢ混凝土(除下游坝面)，替代混凝土的工程量约为 68 万 m^3，比掺粉煤灰混凝土节约投资 763 万元，达到了规避粉煤灰供应紧张、降低工程费用的目的，确保了工程建设的顺利进行。

(3)通过对掺石灰石粉和掺粉煤灰的混凝土温控仿真计算分析可知，相同温控措施情况下，掺石灰石粉混凝土的内部拉应力显著增大，而允许拉应力却对应减小，安全系数普遍降低。究其原因，主要是因为掺石灰石粉后的混凝土力学性能降低，抗拉强度减小，而且石灰石粉干缩性较大，自生体积变形较之粉煤灰混凝土增大，故内部拉应力增加。

(4)雅鲁藏布江流域后续水电工程以及国内其他大型水电工程多在高山峡谷地区，运输条件较差，掺石灰石粉替代粉煤灰的相关研究工作为后续水电工程打开了工作思路，市场运用前景广阔，可充分利用当地材料特点，减少对外部粉煤灰市场的依赖。本工程对掺石灰石粉混凝土用于大坝混凝土的研究应用具有首创意义，其研究成果为雅鲁藏布江后续水电站建设提供了很好的借鉴。

参考文献

[1] 陈改新,姜荣梅. 大掺量粉煤灰碾压混凝土浆体体系的优化研究[J]. 水力发电,2007,33(4):65-68.
[2] 任美锷. 中国自然地理纲要[M].3 版. 北京:商务印书馆, 2004.
[3] 朱伯芳. 大体积混凝土温度应力与温度控制[M]. 北京:中国电力出版社,1999.
[4] 侍克斌,等. 高碾压混凝土坝在严寒干旱地区的温控探讨[J]. 水力发电,2007(1).
[5] 胡平,等. 拉西瓦水电站混凝土双曲拱坝温控防裂研究[J]. 水力发电,2007(11).

冲击弹性波技术在大体积混凝土无损检测中的应用

吕小彬[1,2,3]　鲁一晖[1,2,3]　王荣鲁[1,2,3]　岳跃真[1,2,3]

(1. 中国水利水电科学研究院结构材料所,北京　100038;
2. 流域水循环模拟与调控国家重点实验室,北京　100038;
3. 水利部水工程建设与安全重点实验室,北京　100038)

【摘要】 本文介绍了基于冲击弹性波的弹性波层析扫描(CT)技术及表面波的基本原理和在两个大体积混凝土结构内部质量无损检测中的实际应用情况。冲击弹性波一般由激振锤激发,能量大且集中,测试深度显著提高,现场操作简便,对工作面要求低,与传统的超声波方法相比具有明显的优越性;检测设备自身先进的接收、采集、滤波、分析手段使测试结果受介质内杂散波的影响很小,保证了检测的精度,大大缩短了检测、数据采集、分析、形成结果的时间;检测得出的弹性波(P波)波速能够与混凝土的力学性能(动弹性模量和强度)建立直接的物理相关关系。以上优点将会使本项技术在大体积混凝土结构无损检测领域得到更为广泛的应用。

【关键词】 冲击弹性波　大体积混凝土　无损检测　弹性波CT

水工混凝土和钢筋混凝土结构物(尤其是大体积混凝土结构)常常由于施工管理不善、后期运行维护不当及巨大的外部荷载冲击等多种因素影响,往往会导致混凝土内部形成蜂窝、不密实、离析、内部损伤及老化病害等问题,这些缺陷的存在将会严重影响混凝土结构的承载力和耐久性,给大型水电工程带来安全隐患,如何采取有效方法查明这些缺陷的性质、范围及尺寸,以便及时进行技术处理,乃是水电工程建设中的一个十分迫切需要解决的重要课题。尤其是近几年来,随着科学技术的发展和大型水电工程建设的需要,对大体积混凝土缺陷的检测越来越多,并要求达到高精度和高分辨率,以客观、精确的评价混凝土内部质量。

冲击弹性波技术应用于混凝土结构的缺陷检测在西方发达国家(如美国、日本等)开展的比较普遍[1],目前在我国建工行业应用相对较多,但在我国尤其是在水工大体积混凝土缺陷检测领域还处在一个比较初始的阶段。冲击弹性波一般由激振锤激发,能量大且集中,测试深度显著提高,现场操作简便,对工作面要求低,与传统的超声波方法相比具有明显的优越性;检测设备自身先进的接收、采集、滤波、分析手段使测试结果受介质内杂散波的影响很小,保证了检测的精度,大大缩短了检测、数据采集、分析、形成结果的时间;检测得出的弹性波(P波)波速能够与混凝土的力学性能(动弹性模量和强度)建立直接的物理相关关系。以上优点将会使本项技术在大体积混凝土结构无损检测领域得到更为广泛的应用。本文将扼要介绍基于冲击弹性波的两种检测技术,弹性波层析扫描(CT)技术及瞬态表面波技术的原理及在水工大体积混凝土结构内部质量无损检测中的2个典型工程应用实例。

1　基于冲击弹性波的两种无损检测技术

1.1　弹性波层析扫描(CT)技术基本原理

弹性波层析扫描(CT)是一种全面、直观评价混凝土内部质量,且结果的可靠性和准确性均比较好的无损检测方法。当混凝土结构具有两个对立的可测临空面时(如大坝坝体、闸墩、基础等),在一侧布置激振点(激振源),在结构相对的另一侧布置受信点(高灵敏度加速度传感器)。首先在第一个激振点上进行激振产生冲击弹性波,在另一侧的所有受信点上依次接收经由混凝土内部传播的弹性波信号,对余下所有激振点重复进行以上测试步骤,最终形成如图1所示的检测断面内弹性波测线的交叉布置型式。检测数据后处理中根据"走时成像原理"将速度函数信号作为投影数据,在有网格计算的数学模型下,利用同时迭代重建技术(SIRT)和约束最小二乘类算法(ILST)等反演算法求解方程求出检测断面上弹性波速度的分布,即实现CT断层扫描成像,通过断面上弹性波(P波)速度的分布来评价混凝土的质量和判断混凝土内部可能存在的缺陷。

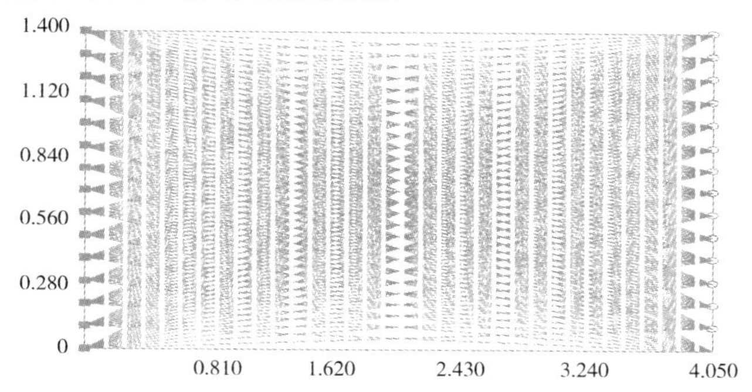

图1　弹性波CT检测断面内弹性波测线的交叉布置图

弹性波CT技术应用于混凝土结构的缺陷检测在西方国家开展的比较普遍,但在我国水工界仍处在一个起步的阶段。该方法在检测数据后处理方面基本上大同小异,采用的大多是上述基于弹性波走时反演的数值分析算法,但激振源有几种不同类型,目前常见的主要有电火花振源(sparker)[2]、电磁线圈振源(solenoid)[3]和敲击振源(hammer)[1]等,其中尤以敲击振源产生冲击弹性波的方式最为简便、快捷而且能量大且集中。

1.2　P波波速VP与混凝土强度之间的相关关系

假设混凝土为理想弹性体,那么P波波速与混凝土的动弹性模量之间存在直接的理论相关关系:

三维传播:
$$v_{P3}=\sqrt{\frac{E_d}{\rho}\frac{1-\mu}{(1+\mu)(1+2\mu)}}\tag{1}$$

二维传播:
$$v_{P2}=\sqrt{\frac{E_d}{\rho(1-\mu^2)}}\tag{2}$$

一维传播:
$$v_{P1}=\sqrt{\frac{E_d}{\rho}}\tag{3}$$

其中 v_P 为混凝土内P波波速(三维、二维和一维),E_d 为动弹性模量,ρ 为密度,μ 为泊松比。由于混凝土的动弹性模量与强度有很好的相关关系,因此P波波速与强度之间也有较好的相关关系。

由于P波波速与混凝土的强度和弹性模量有较强的相关关系，因此可以用来评价检测断面内部混凝土质量分布情况。目前工程界仍比较广泛地使用Leslie和Cheeseman于1949年提出的P波波速检测混凝土质量评定标准[4]，见表1。

表1 常用弹性波（P波）波速评定混凝土质量参考标准

P波波速	>4 500 m/s	3 600～4 500 m/s	3 000～3 600 m/s	2 100～3 000 m/s	<2 100 m/s
混凝土质量	优良	较好	一般 （可能有问题）	差	很差

1.3 表面波技术基本原理

表面波（R波）是指介质表面受到冲击时产生的沿介质表面传播的弹性波。在理想半无限弹性体表面点振源发振时，所产生的各成分弹性波的分配比率大概是P波（纵波）7%，S波（横波或剪切波）26%，R波（瑞利波）67%。可见R波能量最大，而且相比P波和S波，R波的衰减要小得多。因此，在混凝土表面进行测量时，R波信号最容易采集，能量也最大。R波能量绝大部分集中传播对象表面1倍波长深度范围内。因R波所产生的介质粒子的运动方向与R波的传播方向大体上垂直，所以R波的传播性能依赖于介质材料的剪切弹性模量。

在理想的半无限弹性体表面，R波波速v_R，S波波速v_S及P波波速v_P之间的关系可用以下简化方程来表示：

$\mu=0.15$ 时，$v_S=1.11v_R$，$v_P=1.73v_R$ (4)

$\mu=0.20$ 时，$v_S=1.10v_R$，$v_P=1.79v_R$ (5)

$\mu=0.30$ 时，$v_S=1.08v_R$，$v_P=2.01v_R$ (6)

由于混凝土强度与纵波波速v_P之间存在较好的相关关系，因此只要测定混凝土表面以下沿深度范围内v_R的分布，就可以推定v_S和v_P的变化情况，掌握混凝土内部强度和剪切弹性模量的变化规律，从而判断混凝土内部质量的优劣和潜在的缺陷。

R波的传播速度v_R与激振频率f之间的关系为$v_R=f\lambda_R$（λ_R为表面波的波长）。已知介质中，若改变激振频率即能改变表面波的波长。表面波的等效传播深度D为瑞利波（R波）的传播波长的一半，表面波进行检测的结果是不同等效传播深度范围内R波波速v_R的平均值$\bar{v}_R$。我们所采用的瞬态表面波方法是用不同类型冲击锤在混凝土表面进行激振，产生不同频率的R波信号以控制R波波长，从而获得不同深度范围内R波波速平均值$\bar{v}_R$。通过对$\bar{v}_R$数值大小和变化趋势的分析，来评价混凝土表面以下不同深度范围内的质量均匀性和判断内部可能存在的缺陷。

表面波检测主要是通过图2中的两个接收加速度传感器接收到的R波首波的传播时间差来计算R波波速，并通过分析两个传感器之间R波信号振幅、相位等来得出R波的波长。如前所述，计算出的R波波速反映的是一半波长深度范围内混凝土的平均质量。图3为表面波现场测试典型波形图及R波波长解析结果。

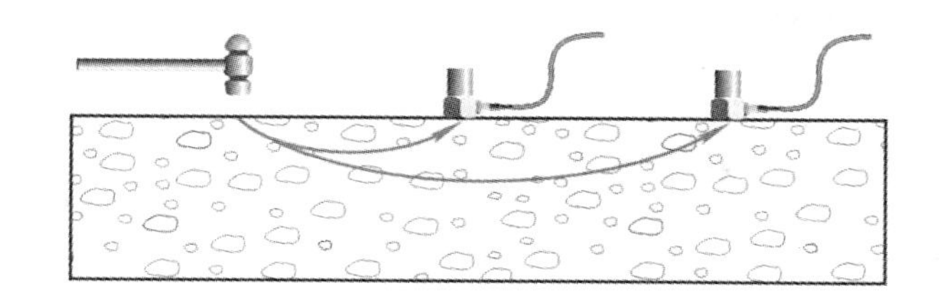

图 2　表面波(R 波)检测示意图

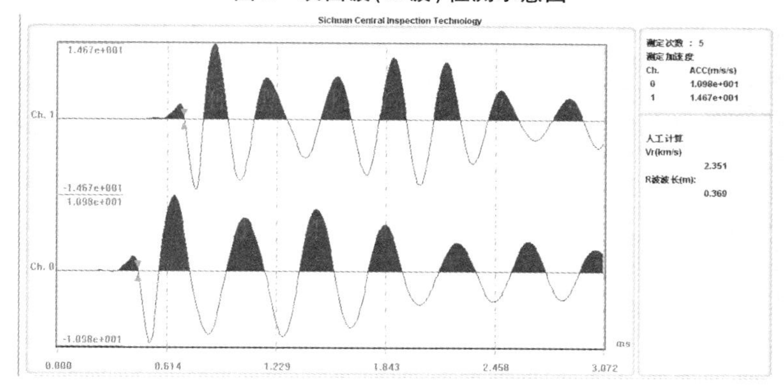

图 3　表面波测试典型波形图及 R 波波长解析结果
(上:远端传感器 P2 信号,下:近端传感器 P1 信号)

2　工程应用实例

2.1　弹性波 CT 技术在某抽水蓄能电站地下厂房机组基础混凝土结构无损检测中的应用

2.1.1　工程概况

我国北方某抽水蓄能电站地下厂房 1# 和 2# 机组基础混凝土结构在试运行时因机组甩负荷事故造成严重破坏,为尽快修复这两台机组,恢复正常并网发电,必须对其基础混凝土结构的实际损伤情况进行准确判断,为制定科学、有效地修复处理方案提供可靠依据,从而保证机组修复后电站的正常出力。因此,对两台机组基础混凝土结构的破坏状况进行检测和安全评估成为整个修复工作的前提和重点。

1#、2# 机组基础采用圆筒式混凝土结构,混凝土设计等级为 C25,二级配。底部固定在水轮机层蜗壳外包大体积混凝土上,上部与风罩连接,圆筒内径 6.8 m,外径 12.6 m,机墩壁厚 2.9 m,母线层处下机架牛腿处混凝土厚度达到 4.05 m,且圆筒内壁设有 1 cm 厚与混凝土浇筑在一起的钢衬。这样一个大体积混凝土结构若采用常规的超声波法或者常规的探地雷达来检测其内部潜在缺陷是非常困难的。首先,检测断面的最大宽度超过 4 m,且内部钢筋配置较密,超声波信号极易受到能量衰减快和外界杂散信号干扰的影响,严重影响检测结果的准确性;其次,圆筒式基础外侧混凝土面已涂抹粉刷层覆盖,内表面则设置有钢衬,如采用超声波法测点表面的处理将是一项非常繁重的工作,可能会对内钢衬造成不可恢复的损伤。

2.1.2　弹性波 CT 检测断面布置

本项目中采用了冲击弹性波 CT 检测技术对两台机组基础的 34 个检测断面(下机架牛腿 22 个,牛腿下机墩 12 个)进行了 CT 扫描,检测混凝土的最大厚度近 5 m。如此大范围的

CT 检测在国内外类似工程中是比较少见的。检测断面在下机架牛腿部位以机组风洞垂直中心线为圆心基本按 30°角布置(每个定子基础附近布置 2 个),在牛腿以下机墩部位基本按 60°角布置,见图 4、图 5。激振侧和接收侧各布置数量相同的 12 ~ 15 个测点,同侧相邻测点间距为 10 cm,检测断面布置以尽可能涵盖基础可能受损部位为原则,并在检测过程中实现了对机组基础主体混凝土结构和风洞内衬钢板的零损伤。

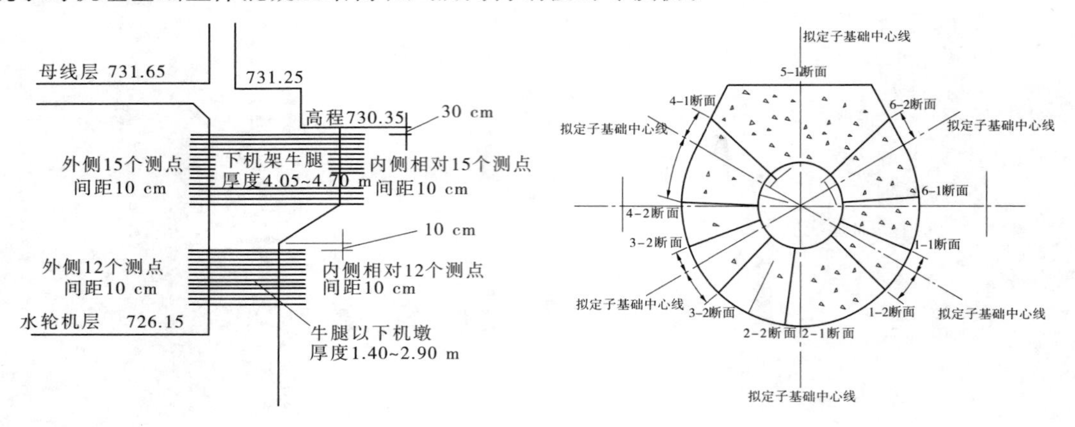

图 4　1#、2#机组基础弹性波 CT 断面立面布置　　图 5　母线层下机架牛腿 CT 断面平面布置

2.1.3　弹性波 CT 检测结果

1#、2#机组基础混凝土结构弹性波 CT 扫描的检测结果表明 2 个基础母线层下机架牛腿处所有 22 个检测断面的弹性波(P 波)波速基本都在 4 000 ~ 4 500 m/s 范围内。典型断面的 CT 扫描图像(波速等值线填充图)见图 6,图中横轴为断面扫描厚度 4.7 m,竖轴为断面扫描宽度度 1.4 m。机组基础内部钢筋配置与上述槽墩相仿,主配筋方向为环向和竖向,与弹性波测线方向垂直,因此钢筋对混凝土弹性波波速的影响较小。

在牛腿以下水轮机层机墩位置布置的 12 个检测断面中,有 4 个在接力器基础附近的断面的 CT 图像出现了局部 P 波波速较低(3 500 ~ 4 000 m/s)的现象,见图 7。从机组基础结构受力的角度分析,由于距离定子基础较远,机组甩负荷试验事故对这几个断面部位的混凝土影响不会很大,因此判断这几处断面的 P 波速度降低很可能是由于混凝土施工质量问题造成的。这一判断得到了施工监理的证实。

2.1.4　检测结论

根据冲击弹性波 CT 的检测结果,判断 1#、2#机组基础下机架牛腿和牛腿以下机墩结构的一期混凝土未受到机组甩负荷试验事故的影响,结构仍然比较完整。一期混凝土的破坏主要集中在母线层定子基础的高程范围内。

通过冲击弹性波 CT 技术快速、准确的确定了机组基础混凝土结构破坏的范围,为后续的基础修复设计和施工提供了科学根据,为该电站能够尽早并网发电作出了贡献。机组基础修复后到目前电站已安全运行 2 年有余,充分证明了检测结果的正确性。

2.2　表面波技术在水库溢洪道混凝土检测中的应用

2.2.1　工程概况

我国北方某大型水库的溢流坝 20 世纪 60 年代建成,大坝泄水建筑物由正常溢洪道和

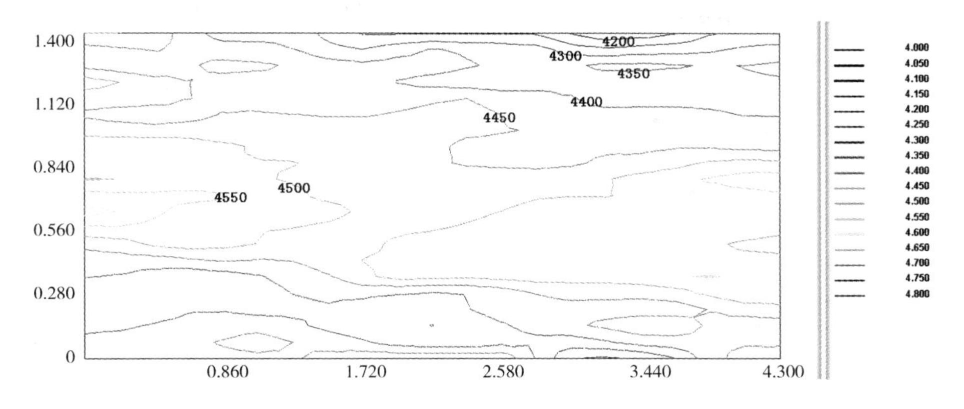

图6　1#机组基础母线层下机架牛腿4－1测试断面弹性波CT图(图中波速范围4.0～4.8 km/s)

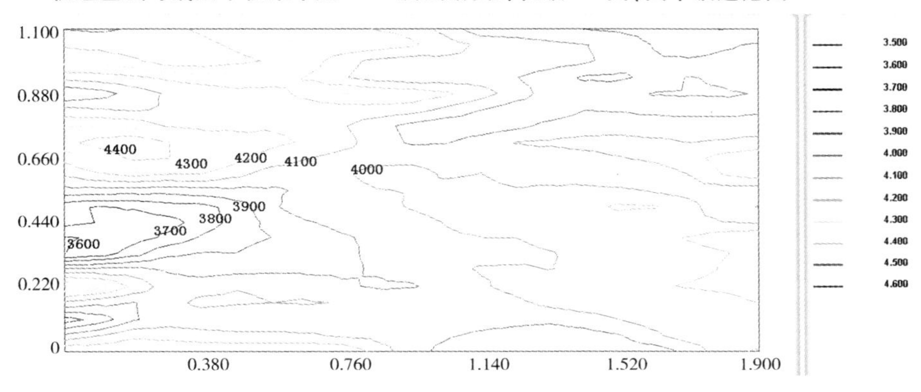

图7　1#机组基础水轮机层牛腿下机墩5－1测试断面弹性波CT图(图中波速范围3.5～4.6 km/s)

非常溢洪道组成。正常溢洪道为重力坝,最大坝高36 m,坝长315.2 m,采用溢流堰型式,堰顶高程108.5 m,上设5孔13 m×6 m拱形钢闸门,最大泄量为3 615 m^3/s。溢洪道混凝土厚度为1.2 m,强度等级为C25。在运行50年后需要对溢洪道混凝土的质量进行一次系统的检测评估,为制定合理的修补加固方案提供科学依据。

2.2.2　检测方案

本次检测中采用了ϕ17 mm、ϕ30 mm、ϕ50 mm球形锤和2 kg大铁锤等四种冲击锤激振源实现表面波激励,产生的R波波长λ_R范围基本集中在0.2～1.0 m,计算出的R波波速反映的是混凝土表面以下一半波长深度($\lambda_R/2$)的等效检测范围内混凝土的平均质量。在整个溢洪道结构表面典型位置共布置表面波测点12个,现场检测照片见图8,典型测点R波波速随波长的变化情况如图9、图10所示。

2.2.3　检测结论

根据检测结果,全部12个测点的R波波速随波长变化曲线从总体趋势上看均比较平缓,没有出现随波长(代表检测深度)的变化而出现R波波速突变的情况,R波波速基本上在2 300～2 500 m/s的范围内,相应的P波波速为4 120～4 480 m/s的范围内(取泊松比0.2)。根据本文表1中的标准判断溢洪道结构表面以下50 cm左右范围内混凝土强度较高且质量比较均匀。

图 8　表面波(R 波)现场检测

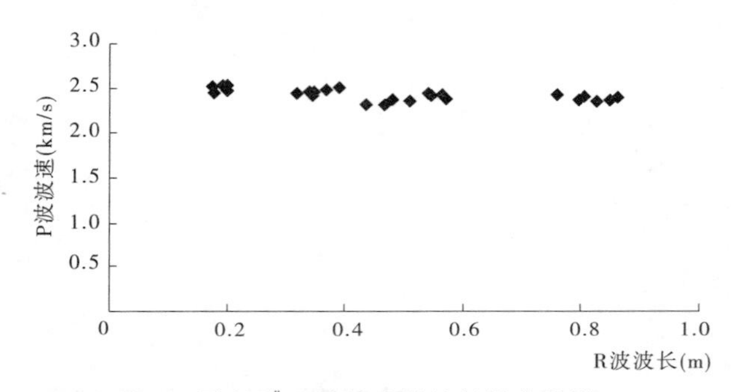

图 9　测点 3# R 波波速随波长的变化情况

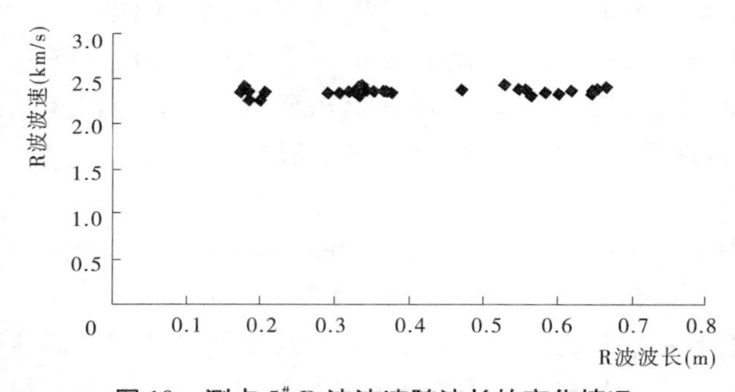

图 10　测点 5# R 波波速随波长的变化情况

3　结语

弹性波 CT 层析成像技术为大型水电工程大体积混凝土质量检测提供了一种行之有效的快速、无损测试手段。该方法不仅能够全面直观的再现混凝土质量的精细结构（如异常性质、范围和尺寸等），实现面积测量，而且通过合理优化设计观测系统和准确拾取弹性波走时，可达到高精度和高分辨率精细探测，具有单孔声波测试法、穿透辐射法、幅值对比法和冲击回波法无法比拟的优势。

目前常用的回弹法只能根据混凝土表面硬度来推定混凝土的强度，不能反映结构内部混凝土的质量分布状况。而瞬态表面波方法可以避免回弹法检测原理上的这一缺陷，非常适合于对只有一个可测临空面的水工混凝土结构（如混凝土坝的上游和下游面、隧洞衬砌、混凝土面板、渠道衬砌、箱涵、溢洪道等）进行无损质量检测。从而评价混凝土表面以下不同深度范围内的质量均匀性和判断内部可能存在的缺陷。

从目前的发展趋势看，冲击弹性波技术将会在我国水利工程领域替代超声波检测技术而得到广泛应用。冲击弹性波技术原理简单、操作方便、现场适用性强，激振能量大且集中，能够穿透数十米以上的混凝土；由于能量集中再加上先进的信号接收、采集、滤波、分析手段，测试结果受介质内杂散波的影响很小，保证了检测的精度；全部测试数据采集完成后可直接进入后处理程序，大大缩短了检测、数据采集、分析、形成结果的时间。以上这些是传统的超声波法所不能比拟的。

参考文献

[1] 吴佳晔，安雪晖，田北平．混凝土无损检测技术的现状和进展[J]．四川理工学院学报：自然科学版，2009，22(4)：4-7.

[2] 王五平，宋人心，傅翔，等．声波 CT 测试系统及其在大坝混凝土质量探测中的应用[J]．水利水电技术，2004，35(10)：56-57.

[3] Edward D Billington，Dennis A Sack，Larry D Olson. Sonic pulse velocity testing to assess condition of a concrete dam[C]. Symposium on the Application of Geophysics to Engineering and Environmental Problems. 2001，14(1).

[4] Leslie J R，W J Cheeseman. An ultrasonic method for studying deterioration and cracking in concrete structures[C]. Amer Concrete Inst Proceedings. 1949，46(1)：17-36.

大体积混凝土冷却通水数据自动化采集系统研制与应用

谭恺炎[1]　陈军琪[1]　马金刚[2]　鄢江平[2]

（1. 葛洲坝集团试验检测有限公司；
2. 葛洲坝集团第二工程有限公司）

【摘要】 研制混凝土冷却通水流量、温度传感器以及自动化采集系统，并应用于锦屏水电站混凝土大坝，实现了对混凝土冷却通水的流量和水温进行自动测试和数据传输，具有适应恶劣环境条件、测量精度高、省时省力、反馈迅速、节约成本、节水等特点，系统具有通水计划辅助设计功能，可为调整混凝土温控措施提供及时准确的依据，有效保证了混凝土工程质量和进度。该系统是水利水电工程施工信息化的重要组成部分，也是我国水利信息化的必要手段，将对我国水电工程建设和节水事业的发展产生深远的影响。

【关键词】 冷却通水　信息化　传感器　采集系统　通水计划

1　引言

为防止大体积混凝土产生温度裂缝，在混凝土施工中需要对其温度和温差进行控制与调节。混凝土温度控制措施一般有：①降低热源，缩小温差。如选用低热或中热水泥、搭盖骨料凉棚、加高成品料堆、从廊道取料、降低原材料温度、水冷或风冷骨料、加冰或加冷水拌和、缩短运输时间并加遮阳措施、仓面喷雾、用以防范外界高气温影响等。②进行表面防护。延期脱模或脱模后覆盖防护材料，以防因气温骤降造成冷击。③强迫冷却。可在坝块内部埋设冷却水管，通水冷却，削减温峰，迫使提前达到稳定温度。冷却通水作为大体积混凝土温控的重要措施，可以快速降低混凝土内部温度，调节混凝土温度在时空上的分布，有效控制混凝土裂缝，但同时也是一把双刃剑，如果控制不好，不但不能控制混凝土裂缝，反而会使混凝土受到冷击而损害混凝土结构。

随着混凝土施工质量要求越来越高，冷却通水技术得到不断发展。通过对混凝土浇筑的初期、中期和后期过程中混凝土不同龄期水化热的发展特点、不同季节内外温差的不同要求以及混凝土块体间接缝灌浆施工的温度需要，在通水冷却过程中，需根据坝体内混凝土温度变化情况，采取个性化通水方法，减小混凝土内的拉应力，达到防止混凝土出现裂缝的目的。个性化通水需要对流量和温度进行及时、准确的测试，以便达到最佳控制效果。同时，随着一批高坝大库的开工建设，工程施工条件越来越复杂，尤其在一些大型、特大型工程施工中，机械化、立体化施工环境中由人工开展冷却通水工作的风险加大，开展混凝土冷却通水数据自动化采集系统研究与应用将有利于提高效率、降低安全风险，也是水利水电工程施工信息化建设的需要。

2 系统设计

混凝土冷却通水参数一般包括流量、进水温度、出水温度、气温、混凝土温度，其中混凝土温度可采用水管闷温资料间接获得，也有采用埋入式温度计或测温管直接测试。现有技术对于流量测试一般采用超声波流量计、水表等仪表进行测试，或者直接采用容积法进行测试，也有利用供水系统总流量平均分配进行支管流量计算的；对于温度测试，则采用便携式温度计如玻璃温度计、电子温度计、非接触式测温仪（如红外激光测温仪）等进行测试，但上述方法和手段均存在测试误差大、效率低等缺点，对于个性化通水技术而言，很难做到及时准确地采集实测数据，也就不易做到实时的真正意义上的个性化通水。所以，设计一套混凝土冷却通水数据的自动化采集系统对于实现个性化通水具有重要的现实意义。

通过大量比选分析和试验研究，设计出了一套混凝土冷却通水数据自动化采集系统[1]，它包括安装在每组冷却水管进水管和出水管上的遥测温度计、安装在每组冷却水管上的遥测流量计以及智能数据采集仪，采集遥测温度计和遥测流量计的数据并存储和显示，并能将采集的数据通过 GPRS 或局域网上传至数据库服务器，可增加 2 个温度测试通道实现对气温和混凝土温度的同步采集。通过传感器内部的编码模块自动识别冷却水管的位置信息，实现了对混凝土冷却通水的流量和水温进行自动测试和数据传输，解决了人工测试记录需要耗费大量人工、信息反馈慢且精度不高的问题，省时省力、测量精度高且反馈迅速，能及时调整混凝土温控措施、避免混凝土裂缝，实现及时调整混凝土施工措施、保证工程质量和进度。几种常用的冷却通水数据采集测试系统对照情况详见表 1。

表 1　几种常用的冷却通水数据采集测试系统对照情况

测试参数	测试仪器	测试方法	特点
温度	玻璃温度计	打开水管插入温度计测试	易损、损失水量、读数麻烦、工效低
	电子温度计	打开水管插入温度计测试	损失水量、工效低
	红外激光测温仪	人工近距离扫描水管外壁	准确度受环境影响大
流量	超声波流量计	仪器与水管接触并耦合测试	双人操作、准确度低、工效低
	水表	打开水管连接水表放水测试	损失水量、工效低
	容积法测量	打开水管放水，用容量筒测试体积和时间计算流量	损失水量、工效低
	机组自身仪表	抄读冷水机组自身流量传感器数据，平均计算各支管流量	受管路损失影响差异大
温度、流量	混凝土冷却通水自动化采集系统	通过一次安装的仪器设备实现自动采集和数据无线传输，采样频率可调	精确度高、工效高、成本低、节水

3 系统组成

混凝土冷却通水自动化采集系统由流量传感装置、温度传感装置、智能采集仪、通水数据处理软件四部分组成。系统结构组成见图 1。

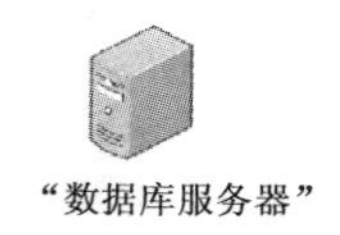

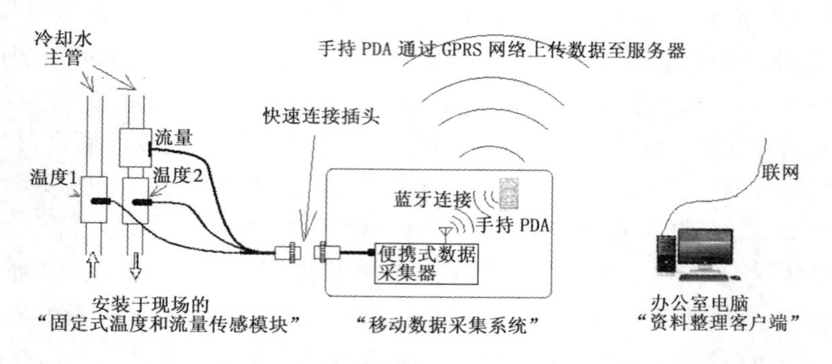

图1　混凝土冷却通水自动化采集系统结构示意图

其中,流量传感装置由定制的流量传感器、内置温度传感器和连接头组成,温度传感装置由温度计和连接头组成,智能采集仪由流量测量电路、温度测量电路、PDA 以及内置电源组成,通水数据处理软件由数据库、数据管理、报告生成、图表展示、辅助通水计划五部分组成。

3.1　温度传感器选型与装配

通常现场多采用便携式温度计直接测试水温,常用的有自显示电子温度计、红外激光测温仪、玻璃温度计等,其中只有红外激光测温仪是非接触测量,这种测温方法快捷方便,但由于激光扫描部位通常为水管外壁,与实际水温会有一些差距,尤其是在阳光直射比较强烈的位置,测温误差较大。其他温度计则需要打开水管,将温度计直接插入水管中进行测温,这种测温方法操作起来比较麻烦,需要打开水管,将温度计插入一定时间待其稳定方可读数,对于进水温度测温误差一般较小,对于出水温度,由于测试位置与被测试水管有一定距离,中间可能还会有其他出水影响,测温误差较大,有时达到 2 ~ 3 ℃,而且这种便携式温度计在现场使用时容易丢失和损坏,需要定期检定,也会给现场应用带来许多不便。需要寻找一种价格低廉、测温方便且精度满足要求的温度计,目前用于在线测温的温度计常用的有:电阻温度计,如铜电阻、铂电阻温度计;热敏电阻;热电偶;半导体温度计;集成电路测温模块等,电阻式温度计性能稳定但价格较高,而且测温受电路的影响较大。热电偶在水工建筑物中应用存在较多问题,如接线长度变化问题、低温测试精度问题等。半导体温度计则精度偏低,经过全面综合考虑,最后选用集成电路测温模块。为了准确测试冷却水管中水的温度,需要将测温模块进行封装并与水流接触,为此设计了几种测温装置进行对比研究。一是将温度模块直接绑缚在水管上,外包保温材料进行保温和保护;二是将测温模块封装在小螺钉中,然后将螺钉通过钻孔固定在金属水管上;三是将测温模块封装在小螺钉中,然后将螺钉通过钻孔固定在通用标准件三通的闷头上。第一种虽然安装方便,但测试的仍然是管壁温度,与水温会有一定的差异,而且这种安装也不牢固,易松脱。后两种基本一致,采用三通方式使温度计对管内水流的影响更小,属于通用器件,也便于获得和安装,所以最后选用三通型测温装置[2]。

3.2 流量传感器选型与研制

流量计的种类很多,按测量原理分有力学原理、热学原理、声学原理、电学原理、光学原理、原子物理学原理等。按照目前最流行、最广泛的分类法,即按流量计机构原理分有容积式流量计、叶轮式流量计、差压式流量计、变面积式流量计、动量式流量计、冲量式流量计、电磁流量计、超声波流量计、质量流量计、流体振荡式流量计等。如何选择一种价格便宜、环境适应性强、结构简单且稳定性好便于自动采集的传感器,对本项目研究至关重要,经过全面比较,确定选用叶轮式流量传感器,这种传感器结构简单,通过水流带动叶轮转动,叶轮转动产生电脉冲信号,通过记录一定时间内的脉冲数获得流量,其流量与该脉冲数的线性很好,所以测试的稳定性和长期性能比较好;通常采用塑料浇铸成型,由于结构简单,其费用比较便宜,但该型产品市场上一般都是小口径、小流量的,没有适合于水电工程冷却通水常用口径的产品,需要进行定制,且一般为单向测流型,在口径加大后对流量测试的准确性有较大影响。通过优化内部结构,使流道双向对称,保证叶轮的灵活性减少各种流量下的流态稳定[3],同时将测温模块加装在流量传感器中,使流量计同时具备测流量和测温功能,形成一款兼测温度的新型流量传感器[4]。

3.3 智能采集仪

混凝土冷却通水数据智能采集仪[5],它由带蓝牙通信模块的便携式数据采集器和掌上电脑组成,便携式数据采集器和掌上电脑之间通过蓝牙通信模块进行数据连接。能自动识别冷却水管的位置信息,实现了对混凝土冷却通水的流量和水温的信号进行采集和数据传输,解决了人工测试记录需要耗费大量人工、信息反馈慢的问题,省时省力且反馈迅速,能及时调整混凝土温控措施、避免混凝土裂缝,实现及时调整混凝土施工措施、保证工程质量和进度。

3.4 数据处理系统

大坝混凝土冷却通水数据处理系统[6]主要处理两种数据,一种是混凝土内部温度数据,另一种是冷却水数据。混凝土内部温度数据指的是在浇筑时预埋设在坝块内部的用于观测大坝混凝土内部温度的永久温度计按规定时间间隔所采集的数据,主要包括采集时间和温度值,这些数据可用于指导给坝块通水降温的流量控制。冷却水数据指的是按规定时间间隔采集的冷却水主管的通水数据,主要包括采集时间、进出水温度和水流量。软件中包含了冷却通水控制方法和数据分析功能,该模块可以为通水控制管理人员提供数据分析和辅助设计[7],减少通水管理人员的手工计算和抄写。

软件系统按 CS 模式设计,采用 VBA 和 SQL 语言编程,是基于 MS Office Access 和 MS SQL Server 的数据处理和分析软件,主要用于大型混凝土工程冷却通水数据的管理和分析,可以配合大坝混凝土冷却通水数据采集系统工作,也可以单独使用。软件具有界面简洁友好,操作方便快捷,数据存储可靠,报表采用灵活的 Excel 表格,可多用户并行操作,功能易扩展性等优点,同时设计有用户管理和权限管理模块,可以分配各个操作界面的访问权限,将各个模块的功能分配给指定的人员来录入和操作,有利于系统的管理。软件操作界面参见图 2。

4 现场试验

雅砻江锦屏一级大坝是目前世界第一高拱坝,混凝土双曲拱坝坝高 305 m,其冷却通水

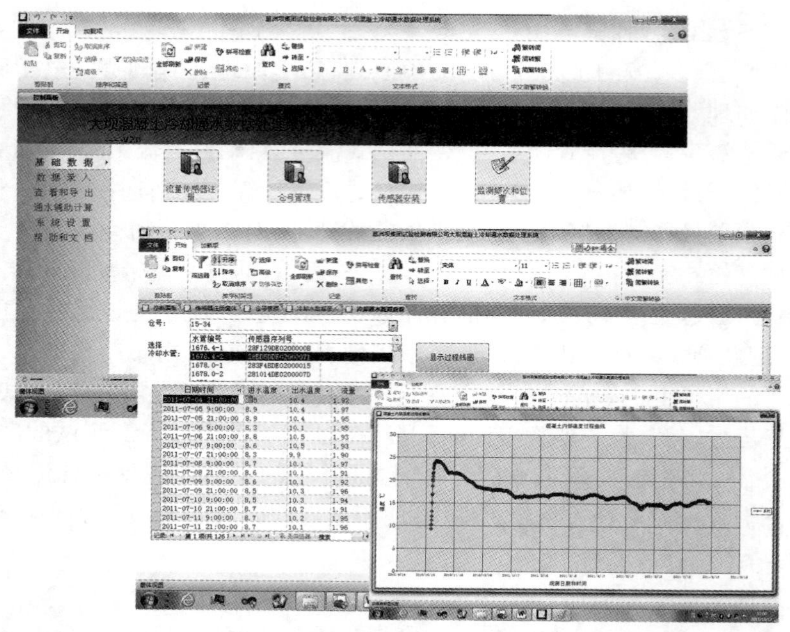

图 2　大坝混凝土冷却通水数据处理软件部分界面

系统的设计具有典型性和示范效应，本系统选择在锦屏一级右岸大坝进行现场试验，主要考核系统的准确性、适应性、可靠性。现场试验选择正在通水的管组进行试验，试验内容包括传感器的安装与拆卸、温度和流量测试的准确性对比试验、耐候性试验、稳定性试验、数据传输与数据整理试验等，现场采用标准容积桶容积法测试流量作为基准，应用本系统和常规测试方法进行平行比对试验。

现场试验表明，采用简约实用设计方案研制的流量传感器和温度传感器安装方便、成本低、经久耐用、适应现场恶劣环境条件。混凝土冷却通水自动化采集系统与现有人工测量相比，具有“一精、二快、三节约”的特点，即准确性高、测试效率高、成本低、节水。现场安装及测试情况见图 3。

图 3　混凝土冷却通水自动化采集系统在锦屏一级右岸大坝中的应用情况

与超声波流量计相比，其准确性有较大的提高，超声波流量计在较大流量时读数偏小很多，误差达到了10%以上，在小流量时则读数偏大，因此超声波流量计的读数线性较差，造成这种问题的原因可能是超声波流量计不适用于在施工现场这样的复杂条件下应用。其流量对比测试结果见表2。

表2 流量对比测试结果

项目	平均偏差	最大偏差
超声波流量计	12.3%	63.8%
本系统	2.6%	4.8%

注：表中偏差均指与容积法的偏差。

玻璃温度计和笔式电子温度计的准确度一般控制在±0.5 ℃，现场测温时需要打开水管进行测温，如果选择通水管组附近空闲管组来测温，测温误差主要来自部位偏差，误差可达2 ℃以上。手持式红外测温仪的分辨率和精确度分别为±0.1 ℃和±1 ℃，是通过测试水管外壁温度来代表水温的，这种非接触测温受管壁反射性能、环境条件如蒸汽、尘土、烟雾以及阳光照射的影响较大，测温失真较大，可达2 ℃以上。本测温装置采用高精度电子温度计，直接安装在水管中与冷却水直接接触，经过标定测温误差在±0.3 ℃以内。

在测试速度方面，采集仪的响应速度要远远好于超声波流量计，通常超声波流量计每点测试时间≥30 s，而采集仪每点测试时间≤8 s（采集仪的采样周期为4 s），且超声波流量计的读数受测试条件变化易波动，需要很长的稳定读数时间，而采集仪的读数非常稳定，读数波动在±0.03 m^3/h以内。同时节省了温度采集时间，本系统是进、出水温度和流量一并同步采集的，并可通过局域网或者GPRS网直接将数据上传服务器数据库或暂存在采集仪的PDA内，相比传统测试方法至少可以减少一半的人工，测试效率大大提高，如：采用笔式电子温度计和超声波流量计进行温度和流量测试，测试一组水管约需150 s，而采用本系统最多只需15 s，按100组水管计算则每次观测可节约3.75 h。如采用自动采集系统，则可完全取代人工巡检，经上位机设定自动巡检时间，由自动采集装置按设定时间自动采集数据并上传，其测试效率将更高。

综上所述，大体积混凝土冷却通水数据自动采集系统的设计思路是正确的，研制的采集系统适应于水电工程恶劣的环境条件，具有准确度高、工作效率高、节约用水等优点，为混凝土温控数据的快速准确收集提供了手段，也为大坝冷却通水智能控制和混凝土施工智能温控技术奠定了基础。

5 结语

冷却通水作为一项强制降温措施，对于大体积混凝土温控具有十分重要的意义，但若控制不好，也容易造成对混凝土的损伤而产生不利影响。研制通水数据自动化采集系统实现通水数据的实时、准确收集，是实施冷却通水控制管理的基础，也是实现个性化智能通水的先决条件，必将有力推动混凝土智能温控技术的快速发展。该成果研制的混凝土冷却通水数据自动化采集系统也可用于其他类似管道流量与温度的自动化采集，为水利信息化的基础数据自动采集提供了手段，必将对我国节水事业的发展产生深远的影响。

参考文献

[1] 陈军琪,等.混凝土冷却通水数据自动化采集系统:中国,ZL201020250558.2[P].2011-01-12.

[2] 谭恺炎,等.混凝土冷却通水测温装置:中国,ZL201020250543.6[P].2011-01-12.

[3] 陈军琪,等.大口径叶轮式脉冲信号流量传感器:中国,ZL201020287403.6[P].2011-03-16.

[4] 谭恺炎,等.测温型叶轮式脉冲信号流量传感器:中国,ZL201020262495.2[P].2011-01-19.

[5] 陈军琪,等.混凝土冷却通水数据智能采集仪:中国,ZL201020279715.2[P].2011-01-19.

[6] 葛洲坝集团试验检测有限公司.大坝混凝土冷却通水数据处理系统:中国,2011SR039709[P].2011-06-22.

[7] 周厚贵,等.一种大体积混凝土冷却通水流量控制方法:中国,201110318693.5[P].2011-10-19.

二滩水电站水电塘抗冲磨修补研究

万雄卫[1]　徐　盈[1]　肖　皓[1]　王锋辉[2]　闵四海[2]　卢邦荣[2]

（1. 武汉武大巨成加固实业有限公司，湖北　武汉　430077；
2. 二滩水力发电厂，四川　攀枝花　617000）

【摘要】　本文通过二滩水电站水垫塘底板和护坦多年的抗冲磨修补工程实践，对环氧砂浆修补材料的抗冲击磨蚀性能和施工工艺等进行了持续改进，研制出了一种低放热、低热变形温度、耐冲击、抗磨蚀的JME改性环氧砂浆抗冲磨修补材料，有效地解决了二滩水垫塘高温环境对施工的要求和高水头、高流速环境下水垫塘底板、护坦的薄层破损修补问题，对维护电站的安全运营有重要的影响。

【关键词】　改性环氧砂浆　高水头　高流速　抗冲磨强度　抗冲击强度

1　引言

二滩水电站位于四川省西部攀枝花，在雅砻江下游河段上，电站装机容量为330万KW，水库容量为61.7亿 m^3，为双曲拱坝结构。其重要的泄洪消能结构水垫塘横断面为复式梯形、钢筋混凝土衬护结构，两侧顶高程为1 032.0 m，底板顶高程为980.0 m；底板宽为40 m，长为300 m。底板厚度在桩号0+82.0 m上游大于5 m，桩号0+82.0～0+131.0 m为5 m，桩号0+131.0 m下游为3 m。水垫塘底板表层40 cm为硅粉混凝土、强度等级为三级配 $R_{28}600$，以下均采用强度等级为 $R_{90}300$ 的三级配混凝土。2000年电站建成投入生产运行以来，平均每年汛期泄洪一次，其中中孔泄洪流量为6 270 m^3/s，表孔泄洪流量6 300 m^3/s [1]。2003年汛后，在水垫塘抽水检查中发现水垫塘的底板护坦磨损比较严重，表现为混凝土面层剥落、表面细骨料淘尽、大骨料裸露、露出凹凸不平的坑洼。水垫塘底板和护坦的冲击和磨蚀破坏，对电站的安全运营有重要的影响，需要进行修补。

2　修补方案的提出

本次修补方案由成都勘测设计院提出，修补方案中采用改性环氧砂浆对水垫塘底板和护坦破损处进行修补。2004年首次施工，首次修补区域主要集中在中、表孔跌水区，桩号为0+152～0+242，此部分混凝土底板厚度为3 m，修补面积约为3 000 m^2。此后，每隔2～3年抽干水垫塘，检查修补区域并对其他严重磨损区域进行修补。截至2012年，修补的面积近1万 m^2，涵盖了水垫塘整个落水区。

攀枝花是著名的阳光城，夏季以晴天为主，平均气温为30 ℃左右，水垫塘位于二滩水电站坝体下游洼底，由于凹面效应使得水垫塘白天的温度最高达65 ℃，昼夜温差近50 ℃。汛期泄洪时，表孔水的落差超过200 m，泄洪流量为6 300 m^3/s，水头高、流量大是水垫塘汛期泄洪的特点。施工环境温度高、温差大导致水垫塘底板混凝土的伸缩变形大。高水头、高流速的运行环境以及水中推移质对底板、护坦的冲击磨蚀破坏对抗冲磨修补材料提出了更高的要求。

3　抗冲磨修补材料的改进研究

从2004年第1次修补到2012年第4次修补，我们针对二滩水垫塘的环境对修补材料JME抗冲磨改性环氧砂浆进行了持续改进，并且在分阶段的工程实际中取得了明显的效果。持续的研究表明：解决抗冲磨问题不能一味追求高强度，而应提高材料的韧性，提高其抵抗温度、湿度变化的能力，提高其对基层混凝土的黏结力等，使其成为混凝土表面抗高速水流冲磨破坏的保护层[2]。

3.1　树脂体系的改进

早期的修补我们选用的是普通的双酚A环氧树脂，施工后发现其固化物较脆，易开裂，配制的砂浆与混凝土的线胀系数相差较大，在昼夜环境温度变化大时易出现界面脱开、鼓包、边缘翘起等现象。

为避免上述材料缺陷，2006年修补时，我们选用了新工艺合成的低黏度的柔韧性改性环氧树脂，它的最大特点是制备环氧树脂时对聚合物分子结构中的硬段和软段进行了合理的裁减，从而使固化物不仅具有良好的黏结性能、耐化学介质性能，还具有高韧性和高延伸率，从而使材料的断裂韧性增大，提高了材料的抗冲磨性能[3]。

3.2　固化体系的改进

2006年检查修补区域时发现：修补材料在高温环境下总会由于材料的内应力大和胀缩效应而开裂。为了解决这一施工缺陷，我们刻意调整环氧砂浆固化体系的Tg在60 ℃左右，使固化后的修补砂浆在温度较高时变软接近塑性，温度降低时恢复成热固性树脂的性能 。同时，为尽量的避免高温环境对施工的影响，我们配制了一种低黏度、固化反应缓慢的改性脂环胺固化体系来满足环氧树脂砂浆在高温环境中施工的要求。经过工程时间的检验，改进后的材料在高温环境下施工后没出现内应力大而开裂、鼓泡和边缘翘起等施工缺陷。

3.3　骨料的选择与级配

早期我们更多的考虑的是一种磨蚀破坏，即材料在高速水流的环境下被一层一层均匀地磨蚀掉，因此为方便施工，在骨料选择上我们基本选用的是单一小粒径的骨料。2006年检查发现，修补区域除出现大致均匀的磨蚀外，还在环氧砂浆表面有均匀的冲击坑。显然，材料的抗冲击性能需要进一步的改进。

2006年以后，我们对材料进行了进一步的改进，主要研究：材料在抗冲磨性能不降低的情况下，如何大幅度提高环氧砂浆的抗冲击强度。为此，我们研究了不同粒径、不同级配关系骨料的对修补环氧砂浆的抗冲磨强度和抗冲击强度的影响，试验设备为为葛洲坝股份有限公司试验中心生产的QSXMJ－13旋转式水工混凝土水砂磨耗机和落锤法抗冲击试验机。其中QSXMJ－13旋转式水工混凝土水砂磨耗机的冲磨剂的含砂量为7.5%，冲磨水流流速为40 m/s，单块试件的累计冲磨时间为0.75 h。

抗冲磨试验机和环氧砂浆抗冲磨试件如图1、图2所示，不同粒径级配的环氧砂浆7 d龄期抗含砂水流冲刷性能的比较见表1。

图 1　抗冲磨试验机

图 2　冲磨后的环氧砂浆抗冲磨试件

表 1　不同粒径级配的环氧砂浆 7 d 龄期抗含砂水流冲刷性能的比较

编号		磨损量(g)			抗冲磨强度($h/(g/cm^2)$)			
1	单一粒径细骨料	1	2	3	1	2	3	平均值
		38.4	29.7	44.5	1.95	2.53	1.69	2.06
2	不同粒径、级配骨料	1	2	3	1	2	3	平均值
		29.6	22.2	27.5	2.53	3.38	2.73	2.88

由表 1 可以看出,单一粒径细骨料配方的环氧砂浆的抗冲磨强度的平均值为 2.06 $h/(g/cm^2)$,而选用带有大粒径、一定级配的骨料配制成的环氧砂浆的抗冲磨强度的平均值为 2.88 $h/(g/cm^2)$。从数据上看,选用带有大粒径、一定级配的骨料配制成的环氧砂浆比均一粒径的小骨料的环氧砂浆的抗磨强度有显著的提高。

环氧砂浆抗冲击试件和抗冲击试验机如图 3、图 4 所示,不同粒径级配的环氧砂浆 7 d 龄期抗冲击性能的比较见表 2。

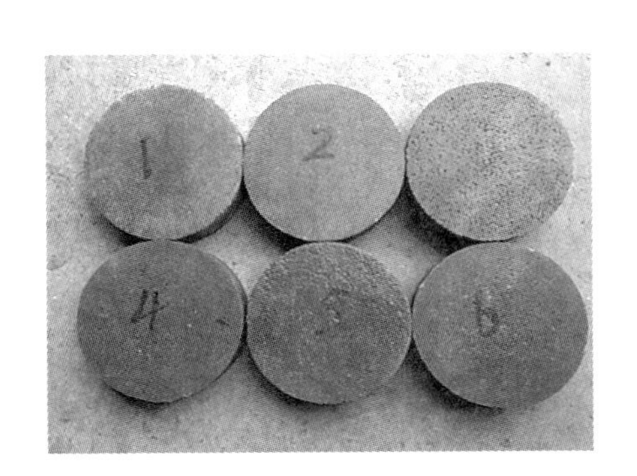

图 3　环氧砂浆抗冲磨试件

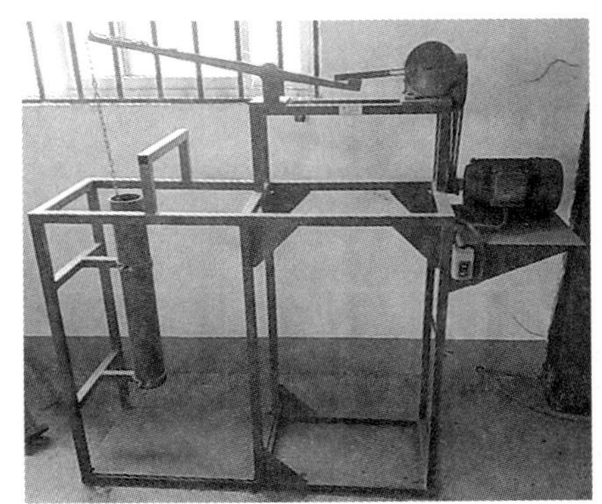

图 4　抗冲击试验机

由表 2 可以看出,单一粒径细骨料配方的环氧砂浆的抗冲击强度的平均值为 16.05 MPa,而选用带有大粒径、一定级配的骨料配制成的环氧砂浆的抗冲击强度的平均值为 29.18 MPa。从数据上看,选用带有大粒径、一定级配的骨料配制成的环氧砂浆比均一粒径的小骨料的环氧砂浆的抗击强度有显著的提高。

因此,为保证最佳的修补效果,2012 年工程修补的环氧砂浆将选用带有大粒径、级配骨料和特殊固化体系的环氧砂浆配方。同时,为保证防空蚀的效果,将尽量在施工过程中整平和收光表面，避免由于表面不平整和表面颗粒脱落造成的空蚀破坏，将能更好地保证施工质量和抗冲耐磨的效果。

表2　不同粒径级配的环氧砂浆7 d龄期抗冲击性能的比较

编号		抗冲击强度(MPa)			
1	单一粒径细骨料	1	2	3	平均值
		17.13	15.70	15.32	16.05
2	带有大粒径、级配骨料	1	2	3	平均值
		24.58	34.31	28.65	29.18

4　施工工艺的研究

4.1　工艺流程

施工工艺流程见图5。

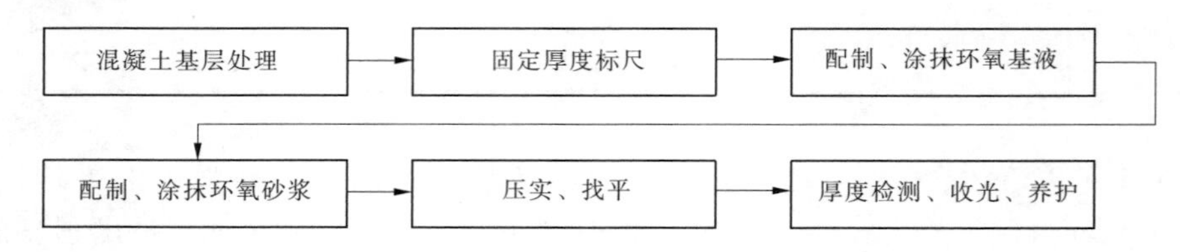

图5　施工工艺流程

4.2　解决施工的分块和应力开裂的问题

施工期间，白天运行环境温度最高达65 ℃，昼夜温差近50 ℃，为尽可能降低环境温度对修补材料的影响，修补厚度超过20 mm的环氧砂浆抗冲磨材料施工时，我们采取了分块和分层施工的施工工艺，分块以修补长度不超过5 m，单块修补面积不超过25 m^2；分层施工以大面积修补每层的修补厚度不超过10 mm，待第一层砂浆完全失去塑性、不变形时再进行下一道涂抹施工。同时，为保证铺设环氧砂浆材料的密实效果，在施工机具上增加了平板震动工序和机械磨平收光工序，有效地保证了修补材料的密实性和表面的收浆效果。

4.3　施工冷缝的处理

考虑到修补环氧砂浆面平均厚度只有20 mm，而混凝土底板平均厚度为3～5 m，我们认为结构的胀缩性能以混凝土为主。因此，现场施工将以混凝土的施工冷缝为基准分块施工，且在施工块的交接面上不涂刷基液，使施工块间形成弱界面连接。

5　施工效果

从2004年第1次修补到2012年第4次修补，累计的环氧砂浆抗冲磨修补面积近1万 m^2，涵盖了水垫塘整个落水区。

2006年抽水检查时清理出大量的被磨蚀的木头和杂物，对修补区域检查发现：在大坝中、表孔直接冲击落水区和水垫塘底板与侧墙连接面的抗冲磨修补区域的环氧砂浆有磨蚀现象，呈水平H形，平均磨蚀厚度为3 mm，有两个直接受水冲击的施工块约70 m^2磨蚀比较严重，出现小面积环氧砂浆剥落，局部露出基层混凝土面，但混凝土完好。

2009 年抽水检查时，发现修补的环氧砂浆表面出现 1～2 mm 的轻微磨蚀，但表面出现均匀的冲击坑，平均深度为 1～3 mm，无严重磨蚀区域，局部出现不超过 1 m^2 的剥落，但混凝土完好。

2012 年抽水检查发现，修补区域的环氧砂浆表面完好，基本无磨蚀，也无冲击坑，环氧砂浆面与混凝土面黏结完好，无修补砂浆与基层混凝土剥落现象。

6 结论

（1）多年的工程实践表明：通过选用了新工艺合成的低黏度的柔韧性改性环氧树脂、低黏度放热缓慢的固化体系、级配骨料制备的 JME 改性环氧树脂砂浆抗冲磨修补材料，具有更好的抗冲磨强度和抗冲击强度等综合性能，能抵抗二滩水电站高水头、高流速的泄洪时的冲击和磨蚀破坏。

（2）通过降低固化体系的热变形温度和施工工艺的改进，有效地解决了 JME 改性环氧砂浆抗冲磨修补材料在高温环境（65 ℃）修补时材料出现的开裂、鼓包、边缘翘起等问题。

（3）从 2012 年抽干水垫塘检查的结果来看：JME 改性环氧砂浆抗冲磨修补材料很好地解决了高温环境下的二滩水垫塘底板、护坦混凝土破损后的薄层修补问题，为其他水电站高水头、高流速泄洪造成的混凝土破损修补提供了一个有益的参考。

参考文献

[1] 闵四海，万雄卫，卢邦荣. 二滩水电站环氧砂浆抗冲磨修补、粘接[J]. 2006,27(4).
[2] 买淑芳，方文时，李敬玮. "海岛结构"环氧"合金"抗冲磨防护材料的开发应用[J]. 施工技术，第 34 卷，第 4 期.
[3] 万雄卫，李北星，闵四海，等. JME 改性环氧砂浆抗冲磨修补材料的研究与应用[J]. 施工技术，第 36 卷，第 5 期.

磷渣粉在沙沱水电站大坝碾压混凝土中的研究及应用

林育强[1]　郭定明[2]　郭少臣[2]　杨华全[1]

（1. 长江科学院，水利部水工程安全与病害防治工程技术研究中心，湖北　武汉　430010；
2. 沙沱电站建设公司，贵州　沿河　565300）

【摘要】 对磷渣粉的化学成分、微观性能及磷渣粉作为掺合料对沙沱水电站大坝碾压混凝土的力学、热学、变形、耐久性能的影响进行了试验研究。结果表明，与掺粉煤灰的混凝土相比，掺磷渣粉的混凝土的早期强度相当或略低，后期强度增长率高，极限拉伸值略高，干缩率、自生体积变形略高；磷渣粉对混凝土的抗渗、抗冻性能无不利影响；复掺粉煤灰和磷渣粉的混凝土性能优于单掺磷渣粉的混凝土。本文研究成果在沙沱水电站大坝得到成功应用。

【关键词】 水工材料　磷渣粉　碾压混凝土　绝热温升　抗压强度　沙沱水电站

沙沱水电站位于贵州省沿河县城上游约 7 km 处，距乌江口 250.5 km，坝址以上控制流域面积为 54 508 km^2，占整个乌江流域的 62%，是乌江干流开发选定方案中的第九级水电站，属“西电东送”第二批开工项目的“四水工程”之一。枢纽由碾压混凝土重力坝、坝顶溢流表孔、左岸坝后式厂房及右岸通航建筑物等组成。沙沱水电站主体建筑物混凝土方量为 295 万 m^3，其中碾压混凝土方量为 130 万 m^3。

沙沱水电站工程附近粉煤灰资源供应相对不足，磷渣资源又非常丰富。本文对磷渣粉的性能及磷渣粉和粉煤灰作为掺合料的大坝碾压混凝土力学、热学、变形和耐久性能试验进行全面的试验研究和分析，并与单掺粉煤灰碾压混凝土性能进行对比，探讨磷渣粉部分替代粉煤灰作为该电站碾压混凝土掺合料的可行性，为实际施工应用提供技术依据。

1　磷渣的性能

1.1　磷渣的产生

磷渣是用磷矿石制取黄磷后电炉法制取黄磷时排出的工业副产物[1]。在密闭式电弧炉中，用焦炭和硅石分别作为还原剂和助熔剂，在超过 1 000 ℃的高温下磷矿石发生熔融、分解、还原反应，磷矿石中分解的 CaO 和硅石中的 SiO_2 结合，形成熔融炉渣从电炉排出，在炉前经高压水淬冷形成粒化电炉磷渣，简称磷渣。以粒化电炉磷渣磨细加工制成的粉末即磷渣粉。通常每生产 1 t 黄磷大约产生 8 ~ 10 t 磷渣。

我国是世界第一大黄磷生产和出口国，据不完全统计，2006 年我国黄磷生产总量约为 83.07 万 t，产渣量为 660 ~ 830 万 t，而我国年处理黄磷渣仅占全年产渣量的 10% 左右，除少部分被用于建筑材料（如水泥和混凝土）以及农业中外，大部分都作为废渣露天堆放，不仅占用大量的土地，而且污染地下水和土壤，危及径流地区人畜安全，也造成了大量废渣资源的浪费。

1.2 磷渣的化学成分

我国主要黄磷生产厂家的磷渣化学成分统计见表1[2]。磷渣的主要化学成分为CaO、SiO_2、Al_2O_3等化合物，此外还有少量的Fe_2O_3、P_2O_5、MgO、F、K_2O、Na_2O等，其中CaO和SiO_2总量一般在85%以上，且CaO的含量大于SiO_2。磷渣中Al_2O_3含量大多小于5%。受黄磷生产工艺的影响，我国磷渣中的P_2O_5含量一般小于3.5%，但很难小于1%。不同产地的磷渣化学组成不同，这主要取决于生产黄磷时所用磷矿石、硅石、焦炭的化学组成和配比关系。

表1 我国23个黄磷厂磷渣化学成分统计 (%)

项目	CaO	SiO_2	Al_2O_3	Fe_2O_3	MgO	P_2O_5	F
平均值	45.84	39.95	4.03	1.00	2.82	2.41	2.38
均方值	2.41	3.15	1.95	0.85	1.51	1.37	0.21
波动范围	41.15~51.17	35.45~43.05	0.83~9.07	0.23~3.54	0.76~6.00	1.37~2.41	1.92~2.75

1.3 磷渣的矿物组成

磷渣的矿物组成与其产出状态密切相关。粒状电炉磷渣以玻璃态为主，玻璃体含量达85%~90%，潜在矿物相为硅灰石和枪晶石，此外还有部分结晶相，如石英、假硅灰石、方解石及氟化钙等[3]。粒状磷渣的玻璃体结构使其具有较高的潜在活性。

1.4 磷渣粉的微观结构及形貌

1.4.1 热分析(TG-DSC)

磷渣粉的TG-DSC分析曲线如图1所示。从分析曲线来看，在714.1 ℃处有微弱的吸热谷，在818.2 ℃处有微弱的放热峰，特别是在932.5 ℃处有一比较尖锐的放热峰与硅酸一钙玻璃的热谱相符。

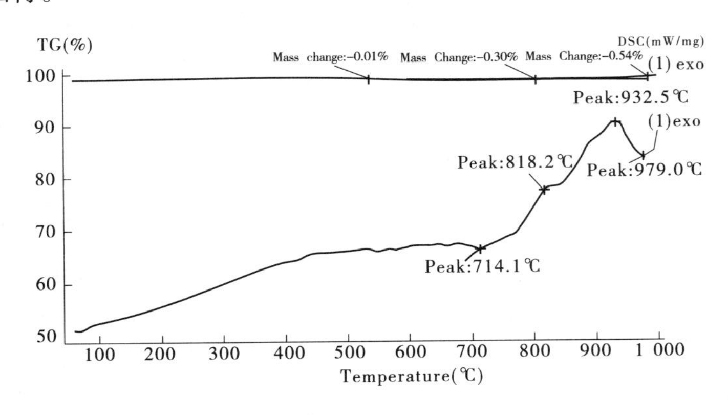

图1 磷渣粉TG-DSC关系

1.4.2 X射线衍射分析(XRD)

磷渣粉的XRD分析图谱如图2所示。从图2中可以看到，磷渣粉的XRD图谱中没有尖锐的晶体矿物峰，但在$2\theta=25°\sim35°$处有一较平缓的隆起，这是长程无序的玻璃态特征表现。

1.4.3　扫描电镜分析(SEM)

磷渣粉颗粒的 SEM 分析照片如图 3 所示。可以看到,磨细后的磷渣粉颗粒大小不均,粒径在 n μm ~ $n\times10$ μm,颗粒表面光滑,呈棱角分明的多面体形状,少量呈片状,基本不含杂质。

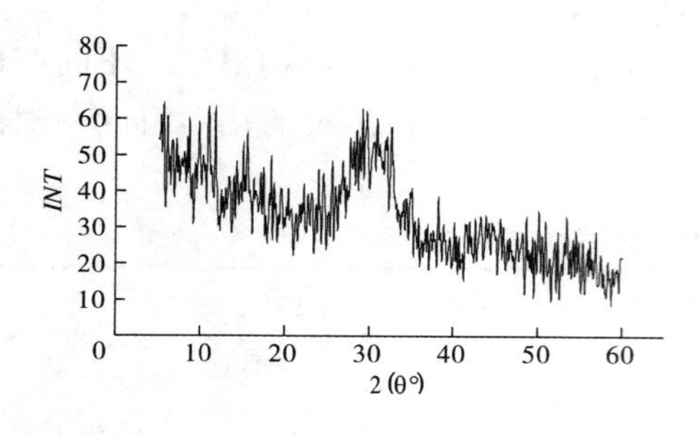

图 2　磷渣粉的 XRD 分析图谱

图 3　磷渣粉颗粒 SEM 照片(×2 000 倍)

2　掺磷渣粉碾压混凝土的性能

2.1　原材料性能及混凝土配合比

采用彭水茂田水泥厂生产的 42.5 普通硅酸盐水泥、贵州大龙电厂的粉煤灰、瓮福黄磷厂的磷渣粉、南京瑞迪高新技术公司生产的 HLC－NAF 缓凝高效减水剂、山西桑穆斯建材化工有限公司生产的 AE 引气剂和沙沱水电站料场的灰岩人工骨料。试验所用原材料主要性能均满足相关规范技术要求,但试验所用水泥强度较高,28 d 胶砂抗压强度达到 55.3 MPa。

试验分别研究了在相同水胶比下,单掺粉煤灰、单掺磷渣粉、复掺粉煤灰和磷渣粉时碾压混凝土的力学、变形、热学及耐久性能,以及掺合料掺量对混凝土性能影响。试验采用三级配碾压混凝土,水胶比为 0.50,掺合料总掺量分别为 45%、55% 和 65%。试验采用的混凝土配合比及拌和物性能列于表 2。减水剂掺量均为 0.7%,引气剂掺量均为 0.1%。

表 2　碾压混凝土配合比及拌和物性能

编号	水胶比	粉煤灰掺量(%)	磷渣粉掺量(%)	砂率(%)	材料用量(kg/m³)						VC 值(s)	含气量(%)
					水	水泥	粉煤灰	磷渣粉	砂	石		
S1	0.50	45	0	34	81	89	73	0	751	1 479	5.0	4.0
S2	0.50	0	45	34	80	88	0	72	758	1 494	6.0	5.0
S3	0.50	22.5	22.5	34	80	88	36	36	755	1 488	7.0	4.4
S4	0.50	55	0	34	80	72	88	0	751	1 479	6.0	3.8
S5	0.50	0	55	34	79	71	0	87	759	1 496	6.5	4.5
S6	0.50	27.5	27.5	34	79	71	43.5	43.5	756	1 489	5.5	4.1
S7	0.50	65	0	34	79	55.5	102.5	0	751	1 479	6.0	4.6
S8	0.50	0	65	34	78	54.5	0	101.5	761	1 498	5.2	5.0
S9	0.50	32.5	32.5	34	78	54.5	50.5	50.5	756	1 490	4.5	4.2

2.2 力学性能

混凝土的力学性能试验结果见表3。

表3 碾压混凝土力学性能试验结果

编号	水胶比	抗压强度(MPa)				轴拉强度(MPa)				轴拉强度/抗压强度			
		7 d	28 d	90 d	180 d	7 d	28 d	90 d	180 d	7 d	28 d	90 d	180 d
S1	0.50	15.5	25.5	35.9	41.0	1.87	2.84	3.56	3.85	0.12	0.11	0.10	0.09
S2	0.50	14.1	26.3	37.5	43.5	1.83	2.79	4.06	4.18	0.13	0.11	0.11	0.10
S3	0.50	14.5	26.6	38.6	43.7	1.84	2.96	4.21	4.29	0.13	0.11	0.11	0.10
S4	0.50	13.9	22.4	32.8	37.3	1.48	2.59	3.16	3.31	0.11	0.12	0.10	0.09
S5	0.50	10.0	23.5	34.1	39.0	1.18	2.6	3.68	3.87	0.12	0.11	0.11	0.10
S6	0.50	12.1	23.7	34.2	39.4	1.28	3.23	3.74	3.97	0.11	0.14	0.11	0.10
S7	0.50	9.8	19.6	28.5	34.4	1.26	2.33	3	3.24	0.13	0.12	0.11	0.09
S8	0.50	8.0	19.2	30.4	36.6	1.02	2.4	3.54	3.64	0.13	0.13	0.12	0.10
S9	0.50	9.2	21.7	31.3	37.1	1.09	2.64	3.34	3.59	0.12	0.12	0.11	0.10

由表3可知,单掺磷渣粉的碾压混凝土早期强度与单掺粉煤灰相当或略低,但掺磷渣粉混凝土的后期强度增长率高,到28 d龄期以后掺磷渣粉混凝土抗压强度高于掺粉煤灰碾压混凝土。说明磷渣水化较粉煤灰慢以至早期水化不完全,混凝土强度较低,随着龄期增长,磷渣在$Ca(OH)_2$等碱性激发剂的作用下逐渐水化,强度增加;同时,由于早期水化慢,磷渣混凝土水化更为均匀,有利于其后期强度的增长。

复掺粉煤灰和磷渣粉的碾压混凝土强度发展趋势与单掺磷渣粉混凝土相同,但强度值高于单掺磷渣粉混凝土和单掺粉煤灰混凝土。说明复掺粉煤灰和磷渣粉可以在一定程度上激发磷渣粉活性,提高混凝土性能。

总体来看,掺磷渣混凝土与掺粉煤灰混凝土的拉压比相当或略高,说明其脆性略低于掺粉煤灰混凝土,这对提高混凝土抗裂性能是有利的。

2.3 变形性能

混凝土的变形性能对其抗裂性有重要意义。碾压混凝土的极限拉伸值、抗压弹性模量见表4,自生体积变形、干缩试验结果分别见图3和图4。从试验结果可知:

表4 碾压混凝土变形性能试验结果

编号	水胶比	级配	粉煤灰掺量(%)	磷渣粉掺量(%)	极限拉伸值($\times10^{-6}$)				弹性模量(GPa)			
					7 d	28 d	90 d	180 d	7 d	28 d	90 d	180 d
S1	0.50	三	45	—	73	86	94	102	26.1	34.1	39.4	43.3
S2	0.50	三	—	45	76	107	110	111	26.5	36.6	37.9	43.5
S3	0.50	三	22.5	22.5	77	120	108	114	25.1	35.0	39.4	44.7
S4	0.50	三	55	—	70	80	90	98	26.9	36.3	38.8	42.2

表 4 碾压混凝土变形性能试验结果

编号	水胶比	级配	粉煤灰掺量(%)	磷渣粉掺量(%)	极限拉伸值(×10⁻⁶)				弹性模量(GPa)			
					7 d	28 d	90 d	180 d	7 d	28 d	90 d	180 d
S5	0.50	三	—	55	69	92	94	109	21.6	35.9	38.2	42.0
S6	0.50	三	27.5	27.5	75	124	126	125	23.4	35.0	38.4	44.0
S7	0.50	三	65	—	66	77	95	102	26.1	34.8	39.3	41.3
S8	0.50	三	—	65	72	86	117	119	23.4	33.4	40.4	42.5
S9	0.50	三	32.5	32.5	75	102	105	114	22.4	34.4	38.9	43.2

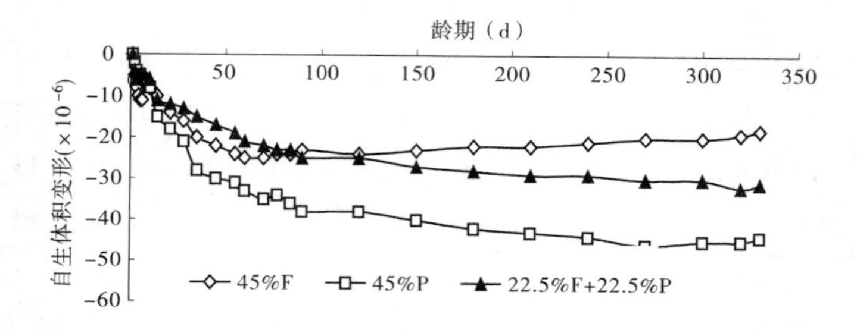

图 3 碾压混凝土自生体积变形曲线

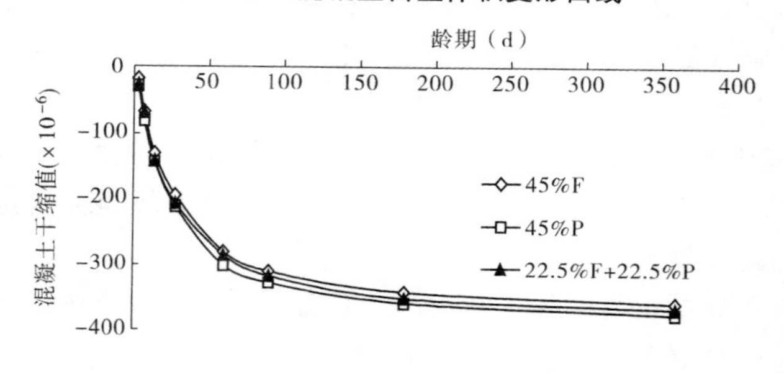

图 4 碾压混凝土干缩变形曲线

(1)极限拉伸值和弹性模量随着龄期的增加而增大,都是在早期增长快,后期较慢;极限拉伸值和弹性模量随着掺和料掺量的增加而减小。等掺量下,复掺磷渣和粉煤灰碾压混凝土的极限拉伸值和弹性模量最高,单掺磷渣粉混凝土次之,单掺粉煤灰混凝土最低。

(2)碾压混凝土自生体积变形呈收缩状态,掺磷渣粉时混凝土的早期自生体积变形收缩值略小,后期自生体积收缩变形略大。单掺磷渣粉碾压混凝土的后期自生体积变形收缩值最大。

(3)单掺粉煤灰时碾压混凝土的干缩性能略优于单掺磷渣粉,但两者差值并未随龄期增长而增大。复掺磷渣粉和粉煤灰时碾压混凝土的干缩值早期与单掺粉煤灰相当,后期介于单掺粉煤灰和单掺磷渣粉碾压混凝土之间。

2.4 热学性能

混凝土绝热温升试验结果见表 5。试验结果表明,单掺粉煤灰的混凝土水化热温升比单掺磷渣粉的混凝土发展快，单掺粉煤灰混凝土，3 d 龄期水化热温升比单掺磷渣粉混凝土高 1.0 ℃，7 d 龄期水化热温升高 0.7 ℃，且 28 d 龄期的绝热温升也要高 0.4 ℃。复掺粉煤灰和磷渣粉的混凝土绝热温升略低于单掺粉煤灰的混凝土，但高于单掺磷渣粉的混凝土。磷渣粉对混凝土早期水化温升的降低效果优于粉煤灰，这是由于掺入磷渣粉的胶凝材料水化过程中，可溶性磷与 Ca^{2+}、OH^- 生成了氟羟基磷灰石和磷酸钙，覆盖在 C_3A 的表面，从而抑制了其水化，同时可溶性磷与石膏的复合作用延缓了 C_3A 的水化过程，导致一定程度的缓凝现象。

表 5　碾压混凝土绝热温升试验结果

编号	粉煤灰掺量（%）	磷渣粉掺量（%）	入仓温度（℃）	各龄期绝热温升（℃）																
				1 d	2 d	3 d	4 d	5 d	6 d	7 d	8 d	10 d	12 d	14 d	16 d	18 d	20 d	22 d	25 d	28 d
S7	65	0	13.0	2.8	5.8	7.9	9.5	10.8	12.0	12.8	13.3	14.1	14.5	14.7	14.8	14.9	15.0	15.1	15.2	15.3
S8	0	65	13.0	1.1	4.1	6.9	9.2	10.5	11.4	12.1	12.7	13.4	13.8	14.1	14.4	14.5	14.6	14.7	14.8	14.9
S9	32.5	32.5	13.0	2.5	5.3	7.6	9.5	10.7	11.7	12.5	13.0	13.7	14.2	14.5	14.7	14.8	14.9	15.0	15.1	15.2

2.5　耐久性能

碾压混凝土抗渗、抗冻性能试验结果显示，掺磷渣粉混凝土 90 d 龄期抗渗、抗冻性能与掺粉煤灰混凝土相当，说明磷渣粉的掺入对混凝土的长期耐久性能无不利影响。这是由于磷渣粉后期活性较高、混凝土内部孔结构得到优化、孔隙率有效降低，从而使混凝土长期耐久性能得到有效改善。

3　磷渣粉在沙沱水电站混凝土的应用

前期室内试验成果表明，磷渣粉对碾压混凝土力学、变形、热学、耐久性能无明显不利影响，且磷渣粉掺入混凝土的缓凝特性有利于大体积碾压混凝土施工。2009 年 8 月 14 日，在沙沱电站工程 12# 坝段 EL312 ~ 315 m 高程开始采用复掺磷渣粉与粉煤灰三级配碾压混凝土，截至目前已浇筑近 100 万 m^3 掺磷渣粉三级配、四级配碾压混凝土。现场施工及检测表明，复掺粉煤灰和磷渣粉的碾压混凝土，拌和物性能、施工性能满足施工要求，各项力学、热学及耐久性能指标完全满足设计要求，工程进度及质量得到有效保证。磷渣粉在沙沱水电站的成功应用为磷渣粉作为掺合料在水工大体积混凝土中的推广提供了经验，促进了磷渣的资源化规模化利用。

4　结语

（1）磷渣粉作为水工碾压混凝土掺合料，具有一定的缓凝作用，同时可降低混凝土的早期温升，有利于大体积混凝土的施工、温控，提高抗裂性能；与单掺粉煤灰相比，掺磷渣粉混凝土的强度相当或略高，极限拉伸值略高，对混凝土的抗冻、抗渗性能无不利影响；干缩和自生体积变形略高。综合考虑，磷渣粉可作为优质的掺合料应用在水工碾压混凝土中，全部或部分替代粉煤灰，其中粉煤灰和磷渣粉复掺的混凝土性能较高。

（2）由于磷渣粉在产地、生产工艺、储存时间和方式的不同，导致其成分、结构存在差异,因此有必要对不同品质的磷渣粉混凝土性能进行比较试验和统计分析,从而对磷渣粉的品质检验和质量控制提出有效、可靠的操作方法和分级标准。此外,目前对磷渣粉掺入水泥、混凝土后水化产物、水化机理目前还没有统一的认识,有待深入研究。

总之,沙沱水电站在国内首次大规模将磷渣粉作为碾压混凝土掺合料应用于工程建设中,达到了改善和提高混凝土性能、降低工程造价的目的。磷渣粉作为水工大体积混凝土掺合料的广泛应用,符合国家建设资源节约型和环境友好型社会的产业政策,具有十分重要的经济效益、社会效益和技术效益。

参考文献

[1] 王迎春,苏英,周世华. 水泥混合材和混凝土掺合料[M]. 北京:化学工业出版社,2011.
[2] 刘冬梅,方坤河,吴凤燕. 磷渣开发利用的研究[J]. 矿业快报,2005, 429(03):21-25.
[3] 林育强,李家正,杨华全. 磷渣粉替代粉煤灰在水工混凝土中的应用研究[J]. 长江科学院,2009,(12):93-97.

沙沱水电站5号坝段抗滑体高精度爆破施工分析

郑　寰　祝熙男

（贵州乌江水电开发有限责任公司沙沱电站建设公司，贵州　沿河　565300）

【摘要】 沙沱水电站5号坝段抗滑体开挖采用高精度导爆管毫秒长延期非电雷管进行爆破，结合爆破施工特点进行了爆破试验，施工过程中进行过程监测并动态优化爆破参数和网络，有效控制了爆破振动速度对周边建筑物及水电站机电设备的振动影响，且加快了施工进度。抗滑体高精度控制爆破施工方法可对类似工程爆破开挖施工提供重要的参考。

【关键词】 沙沱水电站　抗滑体　高精度控制爆破

1　工程概述

沙沱水电站位于贵州省沿河县城上游约7 km处，是乌江干流梯级的第九级。总装机容量为1 120 MW（4×280 MW），多年平均发电量45.52亿kWh；枢纽由碾压混凝土重力坝、坝身溢流表孔、左岸引水坝段、坝后厂房及右岸垂直升船机等建筑物组成。

5号坝段位于大坝左岸，根据前期开挖揭露情况及物探补充检测成果，该坝段基础主要发育有J_4、J_5、J_6夹层及f_{x5}等断层，还存在一条缓倾角断层（f_{x1}）和随机小夹层（J_{r1}、J_{r3}、j_{r5}、J_{r7}和j_{r9}等），同时在EL.274～EL.277 m多处存在0.2～0.4 m溶蚀孔洞，基础溶蚀较为发育。

5号坝段下游抗滑体处理工程位于大坝建基面以下的EL.249～EL.278 m高程范围内。抗滑体施工时，施工区域大坝和厂房相邻部位混凝土仍在继续浇筑，灌浆工程也正在施工，发电机组已开始安装，爆破施工环境十分复杂，爆破施工过程中必须控制振动影响，确保建筑物的安全。

2　抗滑体施工技术特点

2.1　抗滑体位置

抗滑体布置在5号坝段下游坝纵0+065.00～0+092.90、坝横0+174.43～0+184.43、高程为249～278 m。抗滑体长27.9 m，宽10 m，深29 m。抗滑体位于1号压力钢管槽下平段底部，施工时大坝已升至340 m高程以上，压力钢管两边边墙及顶部暗梁混凝土已施工完成。抗滑体相对位置详见图1。

2.2　抗滑体施工影响

沙沱水电站5号坝段抗滑体施工临近大坝、厂房、帷幕灌浆、发电机组安装区域，混凝土浇筑、灌浆施工和机电安装对振动速度都有一定的要求，尤其是灌浆施工对振动速度的要求更高。因此，抗滑体在爆破施工时必须将爆破振动控制在一定范围内。

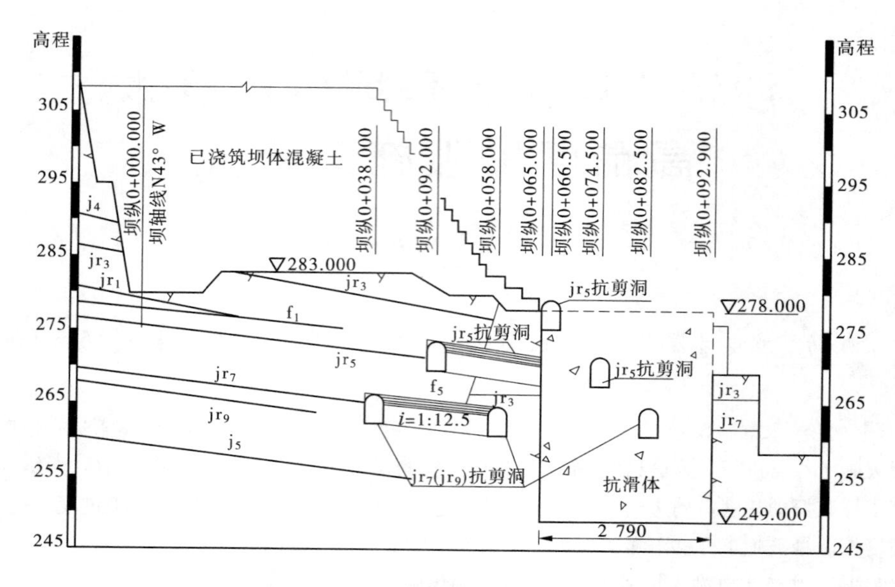

图 1　沙沱水电站 5 号坝段抗滑体相对位置　（单位：m）

2.3　工期

抗滑体溜渣井于 2010 年 11 月 8 日开始施工。由于施工支洞洞口开挖高程为 280 m，2011 年沙沱水电站下游防洪水位为高程 315 m，为保证 2011 年工程防洪度汛安全，防止洪水经施工支洞流入抗滑体，冲入厂房基坑，造成水淹厂房的危险，抗滑体开挖、基础灌浆、混凝土回填等施工必须在 2011 年汛前完成，实际开挖的时间只有 50 d 左右，再加上不良地质条件、涌水等不可预见性因素的影响和制约，抗滑体施工工期十分有限。

3　爆破控制技术

3.1　常规爆破开挖

根据《5 号坝段抗滑体及抗剪洞施工技术要求》，对混凝土、灌浆、预应力锚索及电站机电设备等的允许质点振动速度如表 1 所示。

表 1　允许爆破质点振动速度　（单位：cm/s）

项目	振动速度		
	初凝至 3 d	3～7 d	7～28 d
混凝土	1	2	6
灌浆	0	1	2
预应力锚索	1	1.5	5
电站机电设备(含仪表、主变压器)	0.9(运行中)2.5(停机)		

根据中国水电顾问集团贵阳勘测设计研究院工程物探测试分院沙沱项目部对 5 号、10 号坝段爆破开挖时进行爆破振动监测的数据，求得坝址区 K 值为 57.3，α 值为 1.3。从而得出爆破振动安全距离计算公式为：$R = \left(\frac{57.3}{v}\right)^{\frac{1}{1.3}} Q^{\frac{1}{3}}$，依据该公式和乌江沙沱水电站 5 号坝

段抗滑体及抗剪洞施工技术要求以及水电水利工程爆破施工技术规范 DLT 5135—2001 得出 5 号抗滑体及抗剪洞安全距离，见表 2。

表 2　不同距离不同振速的允许药量计算　（单位：kg）

v (cm/s)	不同距离(m)													
	1.0	2.0	3.0	4.5	6.0	7.5	9.0	10.5	12.0	13.5	15.0	20.0	25.0	30.0
6.0	0.01	0.04	0.15	0.50	1.18	2.31	3.99	6.34	9.46	13.47	18.48	43.81	45	45
2.0	0.00	0.00	0.01	0.04	0.09	0.18	0.32	0.50	0.75	1.07	1.46	3.47	6.78	11.72
0.9	0.00	0.00	0.00	0.01	0.01	0.03	0.05	0.08	0.12	0.17	0.23	0.55	1.07	1.86

注：1. 混凝土龄期，为 7 ~ 28 d。

2. 表中采用的经验公式：$Q = R^3\left(\frac{v}{57.3}\right)^{\frac{3}{1.3}}$，式中：$R$ 为爆心至被保护对象的距离，m；Q 为最大段起爆药量，kg；v 为质点振动速度，cm/s。

为保护上下游已经浇筑混凝土安全，在开挖爆破时采用预留 1 m 厚的保护层和双排减震孔，孔距为 15 cm，排距为 40 cm，梅花型布置。再距 60 cm 布置预裂孔，孔距为 50 cm。通过控制单响药量，设置减振孔，预裂爆破等措施，以达到不破坏周边建（构）筑物和机电设备。爆破参数详见表 3。为控制单响药量，采用小区域，小药量进行爆破。爆破采用乳化炸药，药卷直径 $\phi32$，长度为 20 cm，普通导爆管非电雷管、孔外微差延时起爆，爆破网络图见图 2。

表 3　爆破参数

参数名称	台阶高度(m)	孔距(m)	排距(m)	孔深(m)	抵抗线(m)	堵塞长度(m)	主爆孔装药量(kg)	预裂孔距离(m)	预裂孔装药量(kg)
参数值	1.5	1.2	1.0	1.7	1.0	1.0	0.56 ~ 0.76	0.5	3.0

2010 年 12 月 28 日至 2011 年 1 月 13 日，抗滑体开挖高程为 EL. 278 ~ EL. 274 m，开挖了约 4 m 高，平均为 0.24 m/d。通过监测结果来看，爆破振动速度分布规律性不强，幅值较大，没有有效控制爆破振动和开挖进度。

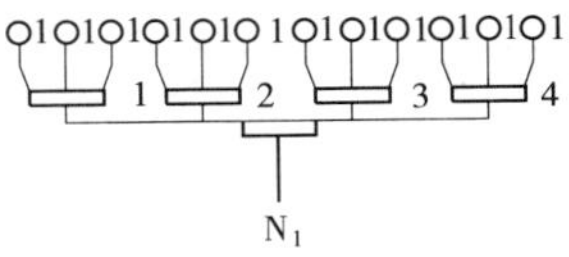

图 2　爆破网络图

3.2　控制性爆破开挖试验

采用常规的开挖爆破施工已无法满足施工进度及已形成的水工建筑物、机电设备安装的安全需要。因此，应考虑采取控制性爆破措施，对爆破参数进行修正，在减小爆破的同时加快施工进度，采用高精度导爆管毫秒长延期非电雷管进行爆破。为适应抗滑体开挖钻孔效率、爆破开挖进度以及振动控制要求，根据现场开挖实际情况和岩石特性，进行了 5 次爆破试验。爆破试验方法见表 4。

4　爆破振动数值分析及监测结果

4.1　爆破振动监测分析

4.1.1　爆破振动监测仪器

爆破振动测试系统由测振传感器及数据采集与分析系统组成。采用 EXP3850 爆破振动仪、GZ 系列速度传感器。通过振动信号自记仪采集水平向和垂直向质点振动速度。

表 4　爆破试验方法

次数	试验地点	试验采用方法
1	EL. 274 下游区靠溜渣井右侧	14 个 2.0 m 深垂直孔,单孔双响(前 5 个孔装 1 ~ 10 段位雷管,每个孔两个段位,孔内上段装药 0.33 kg,下段装药 0.47 kg)和单孔单响毫秒微差起爆(后 9 个孔装 11 ~ 19 段位雷管,每孔一个段位,连续装药)
2	EL. 272 下游区靠溜渣井右侧	20 个 2.0 m 深垂直孔,单孔单响毫秒微差起爆(1 ~ 7 段雷管每孔装药 1.2 kg,8、10、12、14、16、18、20 段雷管每孔装药 1 kg,9、11、13、15、17、19 段雷管每孔装药 1.2 kg)
3	EL. 272 上、下游区靠溜渣井左侧	41 个 2.0 m 深垂直孔,单孔单响毫秒微差起爆(上游区:1 ~ 6 段雷管每孔装药 1.2 kg,8 段雷管孔装药 0.8 kg,7、9 ~ 20 段雷管每孔装药 1 kg。下游区:1 ~ 4 段雷管每孔装药 1.2 kg,5 ~ 20 段雷管每孔装药 1 kg)
4	EL. 273 上游区靠溜渣井右侧	9 个 2.3 m 深水平孔,单孔单响毫秒微差起爆(采用 12 个段位雷管,共 9 个炮孔,单孔最大装药量 1.4 kg,总药量 11.4 kg)
5	EL. 269 上游区靠溜渣井左侧	12 个 4.5 m 深水平孔,单孔单响毫秒微差起爆(采用 12 个段位雷管,共 12 个炮孔,单孔最大装药量 2.8 kg,总药量 28.2 kg)

4.1.2　测点布置

在抗滑体上部大坝内的纵向、下游排水廊道布置 9 个监测点(QZYbj－1 ~ QZYbj－6、QZYbj－8 ~ QZYbj－9),在抗滑体下游侧厂房渗漏排水廊道内布置 1 个爆破监测点(QZYbj－7),在大坝上游 1 号引水发电洞轴线左侧布置 1 个监测点(QZYbj－11)。每个测点分别监测垂直、水平径向和水平切向的爆破质点振动速度,现场测点布置示意见图 3。

4.1.3　现场爆破试验及监测数据分析

(1)第一次爆破试验。在抗滑体下游区右侧布置 14 个炮孔,炮孔平均深度 2.0 m,孔距 0.8 ~ 0.9 m,排距 0.8 ~ 0.9 m。此次试验共布置 5 个监测点(QZYbj－7 ~ QZYbj－11),仅 QZYbj－7 被触发。结合爆破参数和实测数据分析可知,单响药量为 0.47 kg 时,振动速度最小,两种装药方式都把爆破振速控制在允许标准内,但单孔单段连续装药节约成本。此次爆破试验只装药 14 个孔,下一步试验应考虑增大孔网参数,增加一次起爆药量,加大爆破量,结合监测数据进一步优化爆破参数。

(2)第二次爆破试验。在抗滑体下游区右侧布置 20 个炮孔,炮孔平均深度 2.0 m,孔距 1 m,排距 1 m,布置 3 排,每排 6 ~ 7 个孔。由于网络连线问题,分为了两次起爆,第一次起爆前 11 个孔,第二次起爆后 9 个孔。本次试验共布置 5 个监测点(QZYbj－7 ~ QZYbj－11),5 个监测点都触发。监测最大振速 0.62 cm/s 发生在 QZYbj－7 测点,从 QZYbj－8 ~ QZYbj－11 测点监测数据来看,无论是单向最大振速还是合成振速均小于 0.26 cm/s,远小

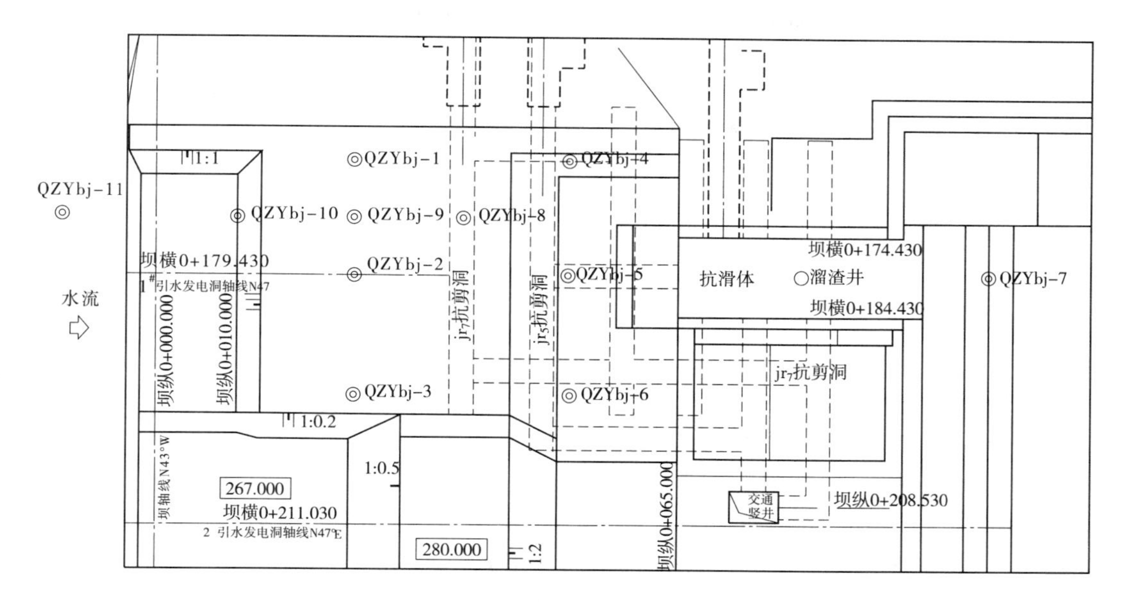

图 3　抗滑体爆破监测测点布置图

于设计要求。分析 QZYbj－7 测点 1～20 段位中只有一个段位的炮孔爆破产生的合成振动速度为 1.75 cm/s，其余 19 个段位产生的合成振动速度均小于 1.0 cm/s，该监测结果明显小于第一次爆破试验的最大振速。此次试验结果表明，段药量在 1 kg 和 1.2 kg 时监测大多数段位的振动速度均小于 1.0 cm/s，20 个炮孔进行“单孔单段高精度长延时非电雷管逐孔起爆”，可以将爆破振动波形时间间隔拉开，波形叠加消除，降振效果明显。在将爆破孔数加大到 20 个，增加单段药量和总药量的情况下，爆破振动速度得到控制，一次性爆破岩石量在 36 m^3 左右，下一步试验应进一步验证增大炮孔间排距，增加爆破孔数，加大总装药量的情况下，监测爆破振动速度，提高抗滑体开挖进度。

（3）第三次爆破试验。在抗滑体上游区和下游区靠溜渣井左侧都布置炮孔，上游区布置 20 个炮孔，下游区布置 21 个炮孔。炮孔平均深度 2.0 m，孔距 1.2 m，排距 1.2 m，上下游各布置 3 排，每排 6～7 个孔。由于电网路用并联连接而出现问题，上游 20 个炮孔先起爆，下游 21 个炮孔经处理后起爆。本次试验共布置 5 个监测点（QZYbj－7～QZYbj－11），5 个监测点都触发。第一、二次起爆时，监测到最大振动速度发生在 QZYbj－7，分别为 0.98 cm/s 和 0.93 cm/s，其余各测点无论是单向最大振速还是合成振速均小于 0.81 cm/s，小于设计要求。分析第一、二次起爆时 QZYbj－7 测点 1～20 段位中每个段位炮孔爆破产生的合成振动速度均小于 1.0 cm/s。此次试验表明，段药量为 1.2 kg 时监测一次起爆、多段微差的合成振动速度均小于 1.0 cm/s，41 个炮孔进行“单孔单段高精度长延时非电雷管逐孔起爆”，可以在每个炮孔爆破时多形成一个孔间的侧向自由面，有利于降振。

三次爆破试验表明，采用垂直钻孔，炮孔间排距为 1.2 m，主爆孔装药量在 1.0～1.2 kg，利用单孔单段高精度长延时非电雷管逐孔起爆方式爆破抗滑体时，不但能把振动速度控制在设计允许内，还能把每次爆破量提高到 100 m^3 以上，达到了满足施工进度和保证周围建筑物和机电设备安全的要求。

（4）第四次爆破试验。当抗滑体开挖至岩层水平解理裂隙发育或有泥质夹层时，垂直钻孔卡钻严重、装药困难，使得施工爆破施工工序效率降低，影响施工进度。经过现场钻孔试验，当采用水平钻取炮孔时，可解决卡钻问题。根据现场施工需要，进行水平浅炮孔爆破试验。

在抗滑体上游区靠溜渣井右侧布置9个水平炮孔。炮孔平均深度2.2 m，孔距1.2 m，排距1.0 m。本次试验共布置5个监测点（QZYbj－7～QZYbj－11），5个监测点都触发。监测最大振速为QZYbj－9的切向振动速度及合成速度均为1.74 cm/s，其余各测点的单向振速及合成振速均小于1.0 cm/s，远小于抗滑体下游机电安装允许振速小于2.5 cm/s的规定。水平浅炮孔的爆破试验表明段药量在1.4 kg时，爆破振动速度满足设计要求，可以在此基础上增大孔深、孔数、孔间排距、加大单段药量和总药量来提高每次爆破开挖量，加快抗滑体开挖进度。

（5）第五次爆破试验。在抗滑体下游区靠溜渣井左侧布置12个水平深炮孔。炮孔平均深度4.5 m，孔距1.2 m，排距1.2 m。本次试验共布置5个监测点（QZYbj－7～QZYbj－11），除QZYbj－11测点因振动速度小于触发阈值未记录数据外，其余4个测点均触发。监测到的最大振动速度为QZYbj－8测点的0.73 cm/s。

抗滑体水平孔爆破试验表明，2.0～4.5 m孔深范围内，采用“单孔单段延时非电雷管孔内逐孔起爆技术”，能够满足控制振动速度最小、爆破量大的振动控制和开挖进度要求。

4.2 爆破方案优化

抗滑体开挖爆破方案如下：

（1）垂直孔爆破方案。抗滑体垂直炮孔爆破方案为：将抗滑体开挖平面分为拉槽区、下游爆破A区、下游爆破B区、上游爆破C区和上游爆破D区，共5个区，炮孔全部为垂直炮孔，炮孔布置总计为190个。拉槽区布置20个炮孔；A区、B区、C区和D区每区布置42～43个炮孔，共布置170个炮孔。拉槽区使用长延期非电雷管1～20段“一次钻孔、一次装药、一次联线起爆”；A区、B区、C区和D区，每个区每次用1～20段位长延期非电雷管爆破42个或43个炮孔，这些炮孔“一次钻孔、一次装药、两次联线起爆”。垂直炮孔爆破参数详见表5。

表5 垂直炮孔爆破参数

参数名称	台阶高度（m）	孔距（m）	排距（m）	孔深（m）	抵抗线（m）	堵塞长度（m）	主爆孔装药量（kg）	光爆孔距离（m）	光爆孔装药量（kg）
参数值	2.0	1.2	1.2	2.1	1.0～1.2	0.8～1.0	1.0～1.2	0.5	0.2～0.4

爆破开挖顺序为：以溜渣井为中心从左岸到右岸拉槽全部完成后（拉槽深度2.0 m），上下游A区或C区各布置42～43个炮孔（不含预裂孔），以拉槽区为自由面进行爆破；下游B区或D区最后爆破。

该方案优点为：减少了钻孔、爆破、出渣和相关辅助工序的循环次数，成倍增加了单次钻孔数量、单次装药量和爆破开挖量。钻孔和出渣可在相邻区同时作业，便于管理，提高了抗滑体开挖生产效率和进度。

（2）水平孔爆破方案。抗滑体水平炮孔爆破方案为：将抗滑体开挖平面分为拉槽区、上游爆破Ⅰ～Ⅴ区、下游爆破Ⅰ～Ⅴ区，共11个区，炮孔布置总计为112个，其中垂直孔54

个,水平孔 88 个。拉槽区布置 20 个垂直炮孔,以形成自由面;上、下游Ⅰ区各布置 17 个垂直炮孔,炮孔数共 17 × 2 =34(个),以形成上、下游Ⅱ区水平炮孔作业平台;上、下游Ⅱ ~ Ⅳ区布置水平炮孔,每区炮孔为 9 个,Ⅴ区水平炮孔数共 17 个。拉槽区使用长延期非电雷管 1 ~20 段"一次钻孔、一次装药、一次联线起爆";上、下游Ⅰ区共 34 个炮孔,使用长延期非电雷管 1 ~17 段"一次钻孔、一次装药、一次联线起爆";上、下游Ⅱ ~ Ⅴ区布置水平炮孔使用长延期非电雷管"一次钻孔、一次装药、一次联线起爆"。水平炮孔爆破参数详见表 6。

表 6　水平炮孔爆破参数

参数名称	台阶高度(m)	孔距(m)	排距(m)	孔深(m)	抵抗线(m)	堵塞长度(m)	主爆孔装药量(kg)	光爆孔距离(m)	光爆孔装药量(kg)
参数值	2.0	1.2	1.0	3.5 ~4.2	1.0	0.8 ~1.0	2.0 ~2.6	0.5	0.2 ~0.4

爆破开挖顺序为:以溜渣井为中心从左岸到右岸拉槽全部完成后(拉槽深度 2.0 m),上、下游Ⅰ区以拉槽区为自由面进行爆破,形成Ⅱ区钻凿水平孔的工作平台;上、下游Ⅱ ~ Ⅳ区依次以前一区为工作平台钻水平孔,进行钻孔、装药、充填、联线、起爆和出渣工作。上、下游Ⅱ ~ Ⅴ区水平炮孔为水平分层爆破开挖,层高 2.0 m。水平炮孔分上、下两排布置。为增加每作业循环同时起爆的孔数,应尽量安排上下游区段的某两分区同时装药起爆。

水平孔爆破优点和适用条件:当抗滑体开挖至岩层的水平解理裂隙很发育或有泥质夹层的区段时,钻凿垂直孔卡钻严重、装药困难,可采用水平炮孔爆破。由于水平钻孔时,一次钻爆的范围受孔深限制,且出渣和钻孔不能在相邻区同时作业,因此采用水平孔爆破会影响抗滑体开挖进度。当岩层条件允许时,尽可能采用垂直孔爆破。

5　结语

(1)5 号坝段抗滑体开挖采用高精度爆破控制技术后,爆破振动速度小于 1cm/s 和 2cm/s 的情况大量增加,降低爆破振动效果显著。

(2)5 号坝段抗滑体开挖采用高精度导爆管毫秒长延期非电雷管进行爆破,包括爆破试验 44 d 内开挖工程量达 7 459 m^3(169.52 m^3/d),与爆破方案优化前的 17 天开挖工程量 1 103 m^3(64.88 m^3/d)相比,开挖进度大幅度加快,对抗滑体后续施工争取了宝贵的时间。

(3)沙沱水电站 5 号坝段抗滑体采用高精度导爆管毫秒长延期非电雷管进行爆破,结合爆破振动监测数据进行了 5 次爆破试验,不断修正了爆破参数,改善了爆破效果,控制了爆破振动,加快了工程进度。抗滑体高精度爆破及试验方法对指导类似工程开挖爆破施工和保证周围建筑物安全起到了重要作用。

参考文献

[1] 苏鹏,王晓峰,程淑芬. 乌江沙沱水电站 5 号坝段抗滑体及抗剪洞施工技术要求[R]. 贵阳:中国水电顾问集团贵阳勘测设计研究院,2010.

[2] 黄祥,陈杰,张黎波,等. 沙沱水电站 5 号坝段抗滑体施工技术研究与应用[J]. 贵州水力发电,2012.

四级配碾压混凝土的性能及施工质量控制

范雄安[1]　林育强[2]　李家正[2]　张发勇[1]

（1. 贵州乌江水电开发有限责任公司沙沱电站建设公司，贵州　沿河　565300；
2. 长江科学院水利部水工程安全与病害防治工程技术研究中心，湖北　武汉　430010）

【摘要】 对比分析了四级配碾压混凝土与三级配碾压混凝土在力学性能、变形性能、热学性能及耐久性的差异，分析了四级配碾压混凝土性能特点及其替代三级配碾压混凝土作为大坝内部混凝土的可行性，介绍了沙沱水电站四级配碾压混凝土应用情况，提出四级配碾压混凝土施工质量控制措施，展望了四级配碾压混凝土筑坝技术的应用前景。

【关键词】 水工材料　四级配　碾压混凝土　抗压强度　抗分离　质量控制　沙沱水电站

碾压混凝土筑坝技术是世界筑坝史上的一次重大技术创新。碾压混凝土筑坝技术以其施工速度快、工期短、投资省、质量安全可靠、机械化程度高、施工简单、适应性强、绿色环保等优势，建坝周期比同类的常态混凝土坝缩短工期1/3以上[1]，因此备受世界坝工界青睐。

传统碾压混凝土拌和物干硬，黏聚性较差，施工过程中粗骨料易发生分离，所以一般都限制碾压混凝土坝只采用二、三级配骨料，最大粒径为40～80 mm，且适当减少最大粒径及粗骨料所占的比例[2]。如采用四级配骨料，最大粒径达到120～150 mm，可显著减少胶凝材料用量、降低水化热、提高混凝土抗裂性能、增加混凝土浇筑层厚，从而进一步降低成本、简化温控、提高施工速度、减少层面，充分发挥碾压混凝土的技术经济优势。但目前四级配碾压混凝土的研究和应用技术资料几乎空白，工程界的主要担心为胶凝材料用量减少可能对混凝土耐久性造成不利影响、运输过程中骨料分离控制及碾压层厚增加带来的现有碾压机械适用性等问题[3]。

本文通过室内试验，对比分析了四级配、三级配碾压混凝土全级配及湿筛试件的力学、变形、热学及耐久性能[6-7]，分析了四级配碾压混凝土替代三级配碾压混凝土作为坝体内部混凝土的可行性，介绍了四级配碾压混凝土筑坝技术在沙沱水电站的应用情况并结合施工情况提出四级配碾压混凝土的施工质量控制措施。

1　原材料及配合比

采用彭水茂田42.5普通硅酸盐水泥，贵州大龙Ⅱ级粉煤灰，南京瑞迪HLC－NAF缓凝高效减水剂（掺量0.7%），山西桑穆斯AE引气剂（掺量0.05%）及沙沱水电站料场的灰岩人工骨料。三级配碾压混凝土粗骨料组合为30∶40∶30（大石∶中石∶小石）。

根据室内拌和物性能试验结果，四级配碾压混凝土用水量为71 kg/m^3，砂率为30%，粗骨料组合为20∶30∶30∶20（特大石∶大石∶中石∶小石）时，混凝土拌和物VC值为1～3 s时，混凝土拌和物黏稠、大骨料裹浆情况较好。设计优良的配合比可有效提高碾压混凝土拌和物的可碾性、抗分离性。碾压混凝土的配合比见表1。

表1　碾压混凝土配合比

编号	水胶比	粉煤灰掺量(%)	级配	砂率(%)	材料用量(kg/m^3)					VC值(s)	含气量(%)
					水	水泥	粉煤灰	砂	石		
ST1	0.50	60	四	30	71	57	85	686	1 607	1～3	3～4
ST2	0.50	60	三	34	80	64	96	755	1 477	3～5	3～4

2　硬化混凝土力学性能

2.1　力学性能

全级配及湿筛碾压混凝土的抗压强度、轴拉强度试验结果见表2。

表2　碾压混凝土力学性能试验结果

编号	级配	抗压强度(MPa)					全级配抗压强度/湿筛抗压强度(%)					轴拉强度(MPa)			全级配轴拉强度/湿筛轴拉强度(%)		
		7 d	28 d	28 d	90 d	180 d	7 d	28 d	90 d	180 d	360 d	28 d	90 d	180 d	28 d	90 d	180 d
ST1	四	10.2	18.1	28.3	35.5	41.2	123	105	109	114	116	1.70	2.05	2.22	78	68	61
	湿筛	8.3	17.2	26.0	31.1	35.4						2.20	3.02	3.62			
ST2	三	9.6	19.1	29.2	35.7	41.7	112	115	122	111	116	1.90	2.16	2.50	76	67	67
	湿筛	8.6	16.6	24.0	32.2	35.8						2.49	3.21	3.74			

从表2可知：

(1)不同龄期四级配碾压混凝土与三级配碾压混凝土全级配大试件抗压强度的比值在95%～106%，平均值99%，说明相同压实方法条件下，碾压混凝土骨料最大粒径由80 mm增至120 mm，碾压混凝土抗压强度没有明显变化。

(2)全级配大试件抗压强度与湿筛小试件抗压强度的比值较稳定，7 d龄期后基本稳定在110%～115%。长江科学院大量的试验结果表明，全级配碾压混凝土大试件的强度略高于湿筛小试件的强度，究其可能原因包括：①骨料最大粒径增加，大粒径骨料带来的内部缺陷增多，即骨料尺寸效应降低混凝土抗压强度；②骨料最大粒径增加，骨料总表面积下降减少了过渡层的存在，同时大骨料架构作用也可提高混凝土抗压强度；③全级配碾压混凝土用水量小，聚集于骨料表面的水分减少，界面过渡区晶体生长约束较大、晶粒尺寸减小，因而碾压混凝土的界面过渡区结构有一定的改善；④骨料最大粒径增加，大骨料含量增加，混凝土含气量下降，可提高混凝土抗压强度；⑤试件尺寸效应的影响，大尺寸试件比小尺寸试件抗压强度低。湿筛小试件与全级配大试件抗压强度关系受上述五种因素的综合影响。与以往相比，现代碾压混凝土中引气剂的大量使用是主要影响因素，计算表明湿筛小试件中碾压混凝土的含气量约比全级配大试件碾压混凝土中的含气量高1.5%左右，有资料表明，含气量每增加1%，常态混凝土强度下降3%～5%，对碾压混凝土的影响尚无数据，由于碾压混凝土胶凝材料用量少和需通过碾压才能密实的特点，可估计含气量对强度的影响更大，由此计算全级配大试件抗压强度比湿筛小试件抗压强度高约10%，这与试验结果相符合。另外，在早期(7d 龄期)时的比值高是由于早期砂浆强度低,过渡层的影响和大骨料的骨架作用对抗压强度影响较为明显的关系,随着龄期增长,砂浆强度提高,过渡层的影响、骨料骨架作用相对减少,比值趋于稳定。

(3)四级配碾压混凝土各龄期的轴拉强度均略低于三级配碾压混凝土。这是由于四级配碾压混凝土胶凝材料含量较低、粗骨料最大粒径增加,同时因泌水、振捣不实等产生的薄弱面也随之增加。全级配大试件与湿筛小试件轴拉强度的比值有随着龄期增长而降低的趋势。四级配大试件与湿筛小试件轴拉强度的比值和三级配大试件与湿筛小试件轴拉强度的比值相比没有根本差别。

2.2 变形性能

全级配及湿筛碾压混凝土的极限拉伸值、抗压弹模、自生体积变形、干缩试验结果分别见表 3、图 1 和图 2。

表 3 混凝土轴拉强度试验结果

编号	级配	极限拉伸值($\times10^{-6}$)			全级配极限拉伸值/湿筛极限拉伸值(%)			抗压弹模(GPa)		
		28 d	90 d	180 d	28 d	90 d	180 d	28 d	90 d	180 d
ST1	四 湿筛	38 76	45 83	51 102	50	62	50	39.6 36.9	42.1 38.7	43.8 40.8
ST2	三 湿筛	42 82	54 96	70 106	76	67	67	38.2 36.2	40.2 38.7	43.5 41.0

从试验结果可知:

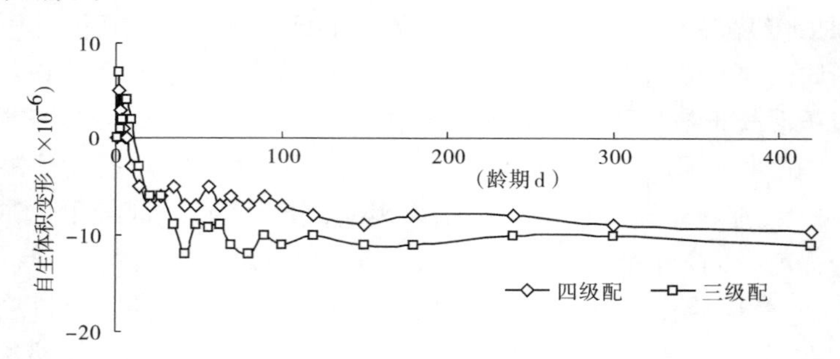

图 1 混凝土自生体积变形曲线

(1)各龄期四级配碾压混凝土极限拉伸值均略低于三级配碾压混凝土,且两者的比值随着龄期增长而降低,四级配与三级配碾压混凝土全级配试件极限拉伸值的比值平均值在 73% ~90% ,平均值为 82% 。四级配与三级配碾压混凝土湿筛试件极限拉伸值较接近,比值在 90% ~101% ,平均值为 95% 。混凝土极限拉伸值主要受胶凝材料用量的影响,四级配碾压混凝土骨料用量较多、胶凝材料用量较少,所以其极限拉伸值略低。

(2)湿筛混凝土小试件的极限拉伸值并不能代表全级配混凝土的极限拉伸值。湿筛试件灰浆率高于全级配试件,其极限拉伸值也显著大于全级配试件。值得注意的是,28 d、90 d龄期全级配大试件与湿筛小试件极限拉伸值的比值基本相当,180 d 龄期四级配大试件

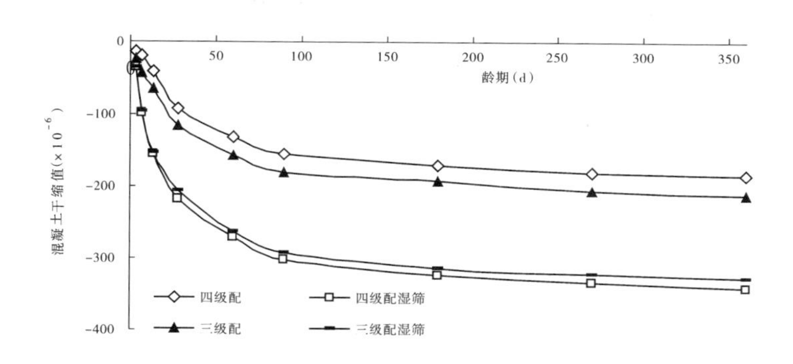

图 2　混凝土干缩变形曲线

与湿筛小试件极限拉伸值的比值较低，三级配大试件与湿筛小试件极限拉伸值的比值较高。因此，四级配大试件与湿筛小试件极限拉伸值的比值和三级配大试件与湿筛小试件轴拉强度的比值差别主要表现在后期。

(3)四级配碾压混凝土的抗压弹模略高于三级配碾压混凝土，这是由于其大骨料含量较高的原因。

(4)同水胶比、等粉煤灰掺量条件下，四级配碾压混凝土自生体积变形值略小于三级配碾压混凝土，说明大骨料对混凝土自生体积变形的限制和约束作用明显，体积稳定性更好。

(5)四级配碾压混凝土全级配大试件的干缩率低于三级配碾压混凝土全级配试件 15% ~ 25%，这是因为四级配碾压混凝土胶凝材料用量较低的关系。由于四级配碾压混凝土湿筛后的浆骨比大于三级配碾压混凝土湿筛后的浆骨比，四级配碾压混凝土湿筛试件的干缩率略大于三级配碾压混凝土湿筛试件。

2.3　热学性能

全级配混凝土绝热温升试验结果见图 3。试验结果表明，四级配碾压混凝土 28 d 龄期的最终绝热温升值比三级配碾压混凝土低 2.2 ℃，这是由于四级配碾压混凝土胶材用量低于三级配碾压混凝土中胶材用量。较低的绝热温升对温控防裂和加快施工速度是有利的。

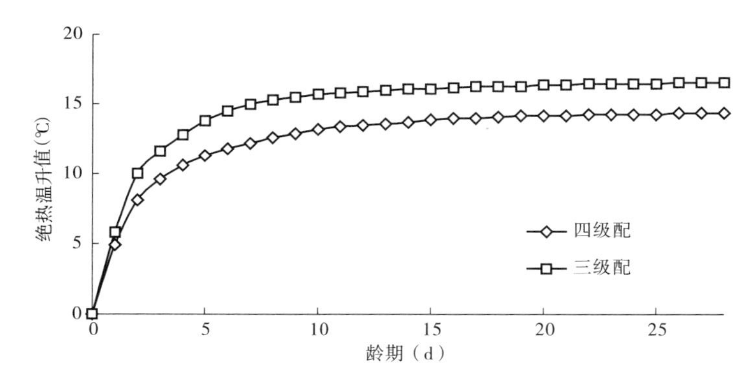

图 3　混凝土绝热温升过程线

2.4　耐久性能

抗渗、抗冻性能试验结果显示，四级配混凝土 90 d 龄期抗渗、抗冻性能均满足设计要求。

3　四级配碾压混凝土施工质量控制关键措施

沙沱水电站在国内首次系统地开展四级配碾压混凝土配合比、性能及施工工艺试验研究。2011 年 3 月 23 ~28 日,沙沱水电站左岸挡水坝段进行了第 1 仓四级配碾压混凝土浇筑,拟在大坝左岸挡水坝段、右岸挡水坝段浇筑四级配碾压混凝土约 20 万 m^3。从现场施工情况来看,施工组织管理有序,拌和物性能基本满足施工要求,集中大骨料得到及时分散,碾压操作规范,压实度满足技术要求。根据四级配碾压混凝土拌和物性能特点和现场施工经验,施工质量控制主要从以下几方面入手:

(1)混凝土拌和物 *VC* 值控制。对于低温、阴天、小雨气候,*VC* 值控制在 3 ~5 s,尽量趋近 3 s;高温、大风时,*VC* 值控制在 1 ~3 s,并及时喷雾保湿。*VC* 值不宜过小,否则易造成骨料包裹性差、分离严重、砂浆损失等问题。

(2)入仓方式。自卸车自拌和楼接料后直接入仓是最佳的入仓方式,其次可采用满管配合皮带机入仓。

(3)骨料分离改善措施。在 *VC* 值控制不佳、汽车接料时位置较偏时,骨料分离严重,人工很难充分分散集中的大骨料。可从以下几个角度着手:①汽车接料时缓慢行走 2 ~3 遍,可降低料堆高度、减少大骨料滚落数目;②卸料后,利用挖机分散料堆两侧集中的大骨料;③平仓机从接近料堆底部推料并行走一定距离,可从立面、平面充分分散集中骨料,避免大骨料集中引起的骨料架空现象;④人工配合分散挖机及平仓机的盲区。

(4)施工组织管理。与三级配碾压混凝土相比,在高温环境下四级配碾压混凝土 *VC* 值损失较快,施工过程中应根据环境条件进行 *VC* 值动态控制、骨料分离控制,并保证振动碾行走速度及碾压遍数、确保碾压质量。

综上所述,通过原材料质量控制、*VC* 值动态控制、骨料分离综合处理、浇筑仓面面积动态控制等措施,可确保四级配碾压混凝土拌和物性能和碾压质量。

4　结论与展望

(1)四级配碾压混凝土用水量为 71 kg/m^3,*VC* 值为 1 ~3 s 时,拌和物大骨料表面砂浆包裹充分,拌和物具有较好的抗分离性,表面液化泛浆情况好,可碾性好。

(2)四级配碾压混凝土的力学、变形性能均满足沙沱水电站大坝混凝土设计要求。且与三级配碾压混凝土相比,四级配碾压混凝土干缩值、自生体积变形值均有所降低,水化温升显著降低,有利于大体积混凝土的温控防裂。

(3)通过原材料及拌和物性能动态控制,辅以适当的抗分离措施,可确保四级配碾压混凝土的施工质量,从而有效增加碾压混凝土浇筑层厚,提高施工速度、减少层面,充分发挥碾压混凝土连续浇筑、快速上升的技术经济优势。

总之,四级配碾压混凝土应用于大坝,可节约胶凝材料、简化温控措施,从而减少直接工程投资。同时,随着浇筑层厚增加、施工速度和工程建设进度加快,使大坝早日竣工、提前发电,创造巨大的间接经济效益。此外,在节约水泥用量、减少骨料生产带来粉尘等方面,将产生显著的生态环境效益,具有广阔的应用前景和推广价值。

参考文献

[1] 田育功. 碾压混凝土快速筑坝技术[M]. 北京:中国水利水电出版社,2010.

[2] Cheng Cao, Wei Sun, Honggen Qin. The analysis on strength and fly ash effect of roller-compacted concrete with high volume fly ash[J]. Cement and Concrete Research, 2000, 30(1): 71-75.

[3] Lin Yuqiang, Shi Yan, Guo Dingming. Study on Site Construction Technology of Four-graded RCC[C]. Advanced Materials Research Vols. 250-253(2011): 2927-2930.

[4] 吴元东. 沙沱水电站四级配碾压混凝土拌合物性能试验研究[J]. 贵州水力发电,2008,22(06):56-58.

[5] 石妍,李家正,杨华全,等. 四级配碾压混凝土的探索性试验研究[C]//全国特种混凝土技术及工程应用学术交流会暨2008年混凝土质量专业委员会年会. 西安:2008.

[6] 李家正,林育强,杨华全,等. 乌江沙沱水电站四级配碾压混凝土材料、组成与性能试验研究报告[R]. 武汉:长江水利委员会长江科学院,2009.

[7] 林育强,李家正,杨华全,等. 乌江沙沱水电站四级配碾压混凝土工艺性试验研究报告[R]. 武汉:长江水利委员会长江科学院,2011.

拉拉山水电站混凝土表面气泡产生的原因分析及处理方法探索

贾高峰　李朋雨　张廷红

（中国水利水电第三工程局有限公司，陕西　西安　710016）

【摘要】 本文对四川巴楚河拉拉山引水式水电站坝基及其下游混凝土施工过程中出现的表面气泡排除过程进行了分析研究和总结，并对气泡产生原因分析查找过程和消除处理方法进行了详细阐述，为类似工程混凝土施工的技术选择提供了参考依据。

【关键词】 混凝土表面　气泡　原因分析　处理方法

1　工程概况

拉拉山水电站位于甘孜州巴塘县境内，为金沙江左岸支流巴楚河干流“一库五级”开发的第三级电站，采用引水式开发。工程由首部枢纽、引水系统、厂区枢纽组成，工程规模等级为三等工程。笔者参建的首部枢纽工程主要施工项目为混凝土闸坝，坝长为156 m，最大坝高为23.5 m，坝顶高程为3 005.50 m。闸坝从左向右布置有左岸非溢流坝、段闸坝和右岸非溢流坝段，闸坝由3孔泄洪闸、1孔排污闸、1孔冲砂闸组成。取水口布置在坝前左岸。坝基采用水平铺盖和钢筋混凝土防渗墙联合防渗，混凝土防渗墙厚度为80 cm，最大深度为40 m左右。

2012年2月，本工程在下游挡墙、护坦、海漫施工中，混凝土表面出现较多的残留气泡和局部麻面，且部分气泡存在内部相互贯通现象，对外观质量和工程形象均造成了一定程度的影响。

2　气泡产生的原因分析

针对以上现象，笔者参与并进行了本项目气泡产生的原因分析及专项试验和研究。研究期间，试验人员主要针对当前采用的C20W6F150和C25W6F150，级配分别为二级配和三级配两种配合比展开分析。根据配合比设计，混凝土浇筑使用的水泥为云南迪庆华新P. O42.5普硅水泥，粗、细骨料均采用坝址下游河床和河漫滩上经过筛洗的天然砂砾料，外加剂为JM－IIC型减水剂和GYQ型引气剂。

经对混凝土的外观质量认真检查后发现：混凝土表面存在的气泡直径为1～16 mm、深度为1～12 mm不等，部分气泡有相互贯通现象，且分布面积较广。对此，研究人员首先对拉拉山电站其他施工项目的施工质量状况进行了广泛的现场调查，结果发现其他施工项目混凝土表面均无2 mm以上直径气泡的存在，其分布面积也较小。结合考察结果，并参考以往类似工程研究经验，试验人员认为本工程混凝土表面气泡的产生可能是以下原因所致：

(1)级配不合理,或水泥用量相对较少;

(2)骨料大小不当,针片状颗粒含量过多;

(3)用水量较大,水灰比较高;

(4)与某些外掺剂以及水泥自身的化学成分有关,而直径在 2 ~3 mm 以下的气泡多数是混凝土掺配引气剂后所生成的微小气泡部分积聚在模板表面形成;

(5)与刷涂的脱模材料有关;

(6)与混凝土浇筑中振捣不充分、不均匀有关,直径 2 ~3 mm 以上的气泡则主要是由于混凝土拌和物内未排出的空气积聚在模板表面所致。

3 确定研究目标

针对以上原因分析,我们对现场采取了严格落实浇筑施工工艺、调换模板涂刷材料、采用(间隔)复振的方式加强振捣等方案,以求达到消除和减少混凝土表面气泡的目的。但最后发现经过以上努力,混凝土表面气泡产生数量及大小无明显改观,因此我们排除了脱模材料、浇筑工艺对气泡产生的影响。

最终我们将研究方向重点确定在混凝土骨料质量、水泥用量及外加剂掺配比例对气泡产生的影响程度上,并确定了以消除直径 2 ~3 mm 以上气泡为主要目标的试验方案和计划。

4 研究工作开展情况

按照研究方向及目标,我们对当前混凝土施工中所用水泥、粗细骨料、减水剂、引气剂等原材料的各项技术性能指标进行了全面的检测,检测结果表明:混凝土所用水泥和外加剂的各项指标均符合规范要求,主要存在的问题为:细骨料的细度模数偏大,颗粒级配组成严重不良,细颗粒含量少,粗骨料中小石级颗粒形状和级配不良,超径含量超标。

根据前项试验检测结果和骨料存在的主要问题,我们以原 C25W6F150(二级配)配合比为基础进行了七项试拌调整对比试验和一项骨料选择最佳掺配比例试验,具体试验情况及结果为:

(1)根据粗、细骨料超逊径情况对骨料砂率和级配调整前后进行试拌及分组振捣对比试验:级配调整前后的砂率分别为 34% 和 36%;中、小石比分别为 60%:40% 和 52%:48%。经过上述调整后,混凝土拌和物的和易性有所改善:坍落度分别为 40 mm 和 45 mm,棍度和黏聚性有好转,而泌水及含砂情况无明显可见变化。试件分别成型时均采取一组振捣 30 s,另一组振捣 60 s。拆模后对比分析,四组试件表面都存在麻面现象,表面气泡情况无明显改善。

(2)水灰比不变,用水量为 135 kg/m^3,砂率调整为 37%,其他参数不变进行试拌对比:调整后混凝土和易性良好,坍落度为 105 mm,棍度上,含砂多,无析水。成型时分别为一组振捣 30 s,另一组振捣 60 s,调整后的成型试件振 60 s 略显过振,表面有富浆。拆模后对比分析,两组试件表面均仍然都存在有麻面,表面气泡现象无改观。

(3)水灰比不变,用水量为 130 kg/m^3,砂率调整为 36%,引气剂掺量降低为 0.6/万,其他参数不变进行拌和对比:混凝土和易性良好,坍落度:65 mm,棍度中,含砂中,无析水。成型时一组振捣 30 s,另一组振捣 60 s,拆模对比分析,两组试件表面都存在麻面现象,表面气泡现象无明显改善。

(4)水灰比不变，用水量为130 kg/m³，砂率调整为36%，不掺引气剂，其他参数不变进行拌和对比：混凝土和易性良好，坍落度为50 mm，棍度中，含砂中，无析水。成型时一组振捣30 s，另一组振捣60 s，拆模对比分析，两组试件表面依然都存在麻面现象，表面气泡直径2 mm以下有所减少，直径2～3 mm以上气泡无明显减少。

(5)砂率调整为36%，中小石比例为52%：48%，其他参数不变，采用不同的外加剂进行拌和对比：混凝土和易性均较好，坍落度相差不到10 mm，总体和易性相当。成型时分别成型，一组振捣30 s，另一组振捣60 s，拆模对比分析，四组试件表面依然都存在麻面现象，表面气泡数量和直径大体相当。

(6)水泥砂浆试拌采用原C25W6F150(二级配)配合比去掉粗骨料后的纯砂浆比例(水泥:砂=1:2.55，同比例掺外加剂)进行试拌对比：人工振捣成型的水泥砂浆试件表面明显存在有较大直径气泡；振动台振捣成型的试件表面光洁平整，无肉眼可见气泡产生。

(7)采用本流域下游段电站厂房标所用砂石骨料，砂率调整为33%(其细度模数为2.55)，其他参数不变进行试拌对比：混凝土拌和物和易性良好，坍落度为80 mm(较本标所用骨料增加30 mm)，棍度中，含砂中，无析水。成型时一组振捣30 s，另一组振捣60 s，拆模对比分析，两组试件表面直径2～3 mm以上气泡明显大幅减少，直径2～3 mm以下气泡无特别明显变化。

(8)根据骨料级配调整前后混凝土拌和物的和易性差异判断和经现场了解，目前施工中使用骨料与本配合比做标准试验时所用骨料实际情况发生了一定程度的变化，导致原配合比的粗细骨料最佳比例(60%：40%)现在已经不再适用。为此，我们对现有骨料的最佳掺配比例按照最大容重法进行了选择试验，试验参数及结果详见表4-1。

表4-1　骨料最佳级配选择试验参数及结果

项次	掺配比例(小石:中石)	试筒容积(L)	振捣方式	骨料质量(kg)	振实密度(kg/m³)
1	40%:60%	20	振动台振实	37.94	1 897
2	45%:55%			38.56	1 928
3	50%:50%			39.74	1 987
4	55%:45%			39.06	1 953
结论	选择最佳比例级配为50%:50%				

5　结论

通过以上室内试拌调整试验结果相互对比，我们认为：目前工地混凝土表面所出现的较大直径气泡，主要是由于混凝土所用粗、细骨料级配和颗粒形状不佳等造成的。具体情况为：本项目所使用的巴楚河流域河砂经过筛洗以后，0.315 mm以下粒级含量为10.0%，细颗粒料含量明显偏低，河砂细度模数偏大，且各级筛余量均不同程度的超出规范标准。小石5～10 mm颗粒含量高，10～20 mm颗粒含量低，20 mm以上部分超径含量为17.2%，级配明显不良；粗骨料颗粒形状不佳，其中以小石(5～20 mm)最为突出，大部分颗粒以片状为主，而呈近球形或立方体形颗粒很少。由于骨料颗粒形状和级配不佳,细粒类料不足以填充粗集料之间的空隙,导混凝土拌和物内自然状态下的空气含量较大,增加了混凝土振捣时的排除难度,使得部分残余气体积聚在模板表面而形成气泡或麻面。

6 处理方案

根据拉拉山项目在施工中混凝土表面气泡过多的现状,结合我们对项目施工现场状况检测分析结果,在施工中提出了按照以下措施进行调整和施工:

(1)在砂料中掺配适量的机制砂,以增加细粒级(0.315 mm 以下)颗粒含量,改善混凝土拌和物的保水性和黏聚性。

(2)将不同料源筛分后的粗骨料分别堆放,进行有针对性地调整配合比使用。尽量优先采用巴楚河河床料源骨料,因为河漫滩料源骨料片状颗粒含量很大,且软弱颗粒含量较多。

(3)控制砂子和中小石超径含量,并根据骨料实际粒径超逊径情况及时调整施工配合比的中小石掺配比例,以改善级配状况,采用中小石比例为50%∶50%进行拌和。

(4)增加部分胶凝材料(水泥或粉煤灰)用量(初步按照20 kg/m^3 增加),以改善混凝土和易性。

(5)混凝土拌和计量系统按规定频率要求检定和校核,严格按照施工配合比计量拌和,并适时由试验人员根据根据实际情况调整施工配合比。

(6)严格落实混凝土浇筑施工工艺,加强振捣和模板监控。

7 结语

按照以上处理及控制方案,我们在拉拉山电站首部枢纽护坦左右边墙0+30~0+100段,高程2 982~2 987 m 范围的C20W6F150二级配混凝土浇筑施工拆模后发现:表面直径2~3 mm 以上气泡已明显减少,深度均控制在了2 mm 以内,外观质量光洁平整,达到目标控制要求。结果表明,在拉拉山首部枢纽工程中消除混凝土表面过多气泡的试验研究思路是正确的,气泡处理方法可以在类似条件下应用和借鉴。

浅谈枕头坝一级水电站深覆盖层防渗墙施工技术探索

徐晓峰　鲁　顺　王涛旭

（中国水利水电第三工程局四川分局，四川　乐山　614700）

【摘要】 大渡河流域覆盖层深厚，存在大量粒径孤漂石、架空现象普遍，且局部夹杂粉细砂层。针对覆盖层深厚、地质条件复杂的河道上修建深且厚的防渗墙工程的困难，探索了适用于深覆盖层河道防渗墙的造孔孔斜控制技术、夹杂粉细砂层泥浆固壁施工技术、水下孤漂石处理技术及清孔换浆工艺技术。通过上述几方面技术的研究和探索，防渗墙施工质量取得了较好的效果，其成果已成功应用于枕头坝一级水电站二期围堰防渗墙工程，为确保施工安全、加快施工进度提供了重要的技术支持。

【关键词】 深覆盖层　粉细砂层　塑性混凝土　防渗墙　施工技术

1　引言

近几年，随着中国水电市场的不断发展，一些水电站工程对于深覆盖层、地质条件复杂的塑性混凝土防渗墙施工技术进行了摸索和探讨。大渡河流域河道砂卵砾石覆盖层深厚，存在大量大粒径孤漂石，架空现象普遍，孤石分布和架空现象在空间上规律性不强，给防渗墙施工造成非常大的难度。

枕头坝一级水电站坝址河道最大覆盖层厚度达60 m以上，墙厚为1.0 m，防渗墙施工完成后，防渗墙最大深度为62.9 m，防渗面积为16 460 m^2。针对本工程二期围堰塑性混凝土防渗墙施工存在的难点和特点，并结合工期要求，从施工技术上进行了探索与研究，很好地保证了施工进度和质量。

2　工程概况

枕头坝一级水电站为大渡河干流水电梯级规划的第十九个梯级，位于四川省乐山市金口河区。坝址位于大沙坝—月儿坝河段，距成都市约260 km，省道“金口河—乌斯河”S306公路从库、坝区左岸通过，成昆铁路沿水库区左岸通过，对外交通方便。

坝址处控制流域面积为73 057 km^2，多年平均流量为1 360 m^3/s。电站采用堤坝式开发，为河床式厂房，正常蓄水位为624 m，最大坝高为86.5 m，电站装机容量720 MW，多年平均发电量为32.90亿kW·h，正常蓄水位以下库容为0.435亿m^3，水库总库容为0.469亿m^3。开发任务为发电，兼顾下游用水。

根据《防洪标准》（GB 50201—94）、《水电枢纽工程等级划分及设计安全标准》（DL 5180—2003）及《水工混凝土结构设计规范》（DL 5057—1996）的有关规定，本工程等别为二等，工程规模为大（2）型工程，挡水建筑物、泄水建筑物、发电厂房建筑物等主要建筑物为2

级建筑物,相应水工建筑物结构安全级别为Ⅱ级;次要建筑物为3级建筑物,相应水工建筑物结构安全级别为Ⅱ级。

枕头坝一级水电站二期上游围堰长为172.22 m,下游围堰长为230.15 m。考虑到覆盖层厚度、围堰长度、设备性能等不同因素,将上游围堰划分了26个槽段,分两序施工,Ⅰ序槽长为5.8 m,Ⅱ序槽长为8.2 m;下游围堰划分了36个槽段,同样采取分两序施工,Ⅰ序槽长为6.8 m,Ⅱ序槽长为7.0 m。通过上述槽长的划分,也很好地提高了设备利用率。

3 造孔成槽设备

考虑上述地层条件的特殊性和复杂性,结合国内类似地层条件的施工经验,采取"钻劈法"造孔更适合本地层条件,"钻劈法"即主孔钻凿、副孔劈打。本工程全部采用了国内近几年生产的CZ-6型冲击钻,该钻机功率大(75 kW),提升力强,钻具配备钻头质量为4~5.5 t,破碎力强等优点。每台钻机配备了1个实心平底钻和2个长筒管钻,该钻机施工1.0 m厚的防渗墙能达100.0 m左右,比较适合深度60.0 m以上的防渗墙造孔施工,平均工效为3.0~4.0 m^2/d。实践证明,该设备在使用工效和性能上都比较理想,既保证了施工质量和工期,又节约了成本。

根据该种型号钻机的工效与设备性能,并结合本工程的进度要求,二期上、下游围堰防渗墙共配置了62台CZ-6大型冲击钻,98 d就完成16 460 m^2的防渗墙造孔施工,施工效率较高,提前11 d完成了节点工期目标。

4 造孔工艺

4.1 深槽造孔孔斜控制工艺

对于本工程最深槽段深度达60 m以上深覆盖层防渗墙造孔施工,造孔的孔斜率是很难控制的一项技术指标,尤其槽孔越深,造孔孔斜控制难度越大。若造孔过程中孔斜控制不好,相邻槽段孔斜过大或方向相反,将会导致我们常形容的"裤衩"型,致使墙体不连续,防渗墙质量将得不到保证,形成渗水通道。

在防渗墙造孔过程中,控制孔斜采取了如下措施:①本工程采用功率大的冲击钻,重钻头可将一些粒径不是很大的孤漂石直接击碎,对控制孔斜也起到了一定作用。②造孔机械底座置于稳定、牢固、平整的工作平台上,平台上铺设枕木和轨道,确保钻机基础稳固;对正孔位,在整个槽孔钻进过程中不产生有害的沉陷和变形。③依据《水电水利工程混凝土防渗墙施工规范》(DL/T 5199—2004)要求,遇含孤石地层及基岩陡峭等特殊情况,孔斜率控制在6‰以内,最大孔深为62.9 m,即最大偏移量为37.74 cm。本工程采取悬垂法测量孔斜变化情况,利用三角法计算偏移量,一般情况下每进尺2.0 m测量一下孔斜,但刚钻孔进尺的前10.0 m孔斜控制尤为重要,应加强检测次数。④钻手的责任心和经验也非常关键。在施工过程中需严格控制,以确保钻孔质量孔斜控制在规范允许的范围内。

4.2 清孔换浆工艺

一般情况下,60.0 m深左右的槽段,从清孔开始到具备浇筑条件,需10 h左右。因此,对清孔要求很高,应确保孔底淤渣不大于10 cm。

本工程上、下游围堰采取了两种不同的清孔换浆方法,上游围堰采用常规的抽筒换浆法;下游围堰采用气举反循环法,该种方法在防渗墙施工应用中还比较少。对于防渗墙槽深在50 m以上的清孔换浆施工,需要的时间较长。目前,在许多水电站深槽防渗墙施工中,清孔换浆施工工艺进行了探索,比较成熟和适用的方法主要有两种:反循环泵吸法和抽筒换浆法。

上游围堰防渗墙最深槽段为62.9 m,下游围堰防渗墙最深槽段为58.7 m。通过两种清孔换浆方法的对比,气举反循环法施工,再用泥浆净化机净化,对防渗墙的清孔质量有很大的保证,且清孔效率也非常高。

5　特殊情况处理

5.1　孤、漂石处理

依据合同文件提供的地质资料,围堰地基由河床含漂砂砾石层组成,一般厚度为35～50 m。漂石块径为20～70 cm,表层靠岸坡一带有大孤石分布,最大块径达5.0 m以上,成分复杂,以白云岩、砂岩、玄武岩及灰岩为主,磨圆度中等—较差,呈次圆状。

由抽水试验及室内渗透试验测得坝址河床砂卵砾石层的渗透系数 $K=2.28\times10^{-2}\sim7.5\times10^{-2}$ cm/s,属强透水层,经现场承载力试验,抗剪试验及触探试验并结合工程类比,建议允许承载力为0.5～0.55 MPa,压缩模量为42～60 MPa,内摩擦角 $\varphi=29°\sim32°$。

由于覆盖层深厚,所含孤、漂石较多,且卵石粒径较大,因此在防渗墙施工造孔过程中,大孤、漂石的处理是非常困难的问题。一方面,因孤石硬度高,粒径大,难以破碎,损坏钻具,造成孔偏,影响质量,导致工期拖延;另一方面,若采取爆破法处理大孤、漂石,往往容易造成塌孔、漏浆,甚至塌槽等重大孔内事故。对于本工程大孤、漂石多,且粒径大而坚硬等特点,结合以往类似地层结构条件,采取了如下处理措施,取得了很好的效果。

5.1.1　重锤冲凿

在钻进过程中,如果发现孤、漂石埋藏较浅、不适宜爆破,首选方法为将重锤吊起,然后自由放落,以靠重锤冲凿、砸碎大块孤、漂石进行钻进。另外,还可以选用岩芯钻,先在巨石上钻出很多密集的孔洞(即梅花孔),破坏岩石的完整性,然后使用重锤击碎,达到加快钻进速度的目的。

5.1.2　槽内爆破

在防渗墙造孔过程中当遇到直径较大的单个块球体或探头石时,可采用水下爆破方法处理,包括水下钻孔爆破和水下聚能爆破。

(1)水下钻孔爆破:当冲击钻钻至巨型孤、漂石或探头石时,将钻头提出槽孔外,先下套管到达大石表面,然后在套管下口周围用黏土进行封堵,之后选用岩芯钻配金刚石钻头在块石内钻爆破孔,孔径 ϕ75 mm,爆破筒径取60 mm,炸药装入爆破筒内,每筒长200 mm。爆破筒根据钻孔长度由一个或几个小筒组成,其总长度小于钻孔深度200～300 mm。每个小筒内安放两个雷管,小筒支线与导线采取并联形式,爆破筒底部配加沉重装置。采用2#岩石炸药,8#电雷管,利用220 V/380 V的电源起爆,炸药量按每米钻孔2 kg控制。水下钻孔爆破装置见图1。

(2)水下聚能爆破:对于槽深超过30.0 m的大孤石或探头石,采取聚能爆破更适合些,将炸药装入事先做好的聚能筒内。爆破筒为内、外双层筒结构,两筒之间用黏土填实。爆破筒外层选用1.5～2.0 mm厚铁皮焊制而成。水下聚能爆破筒结构见图2。

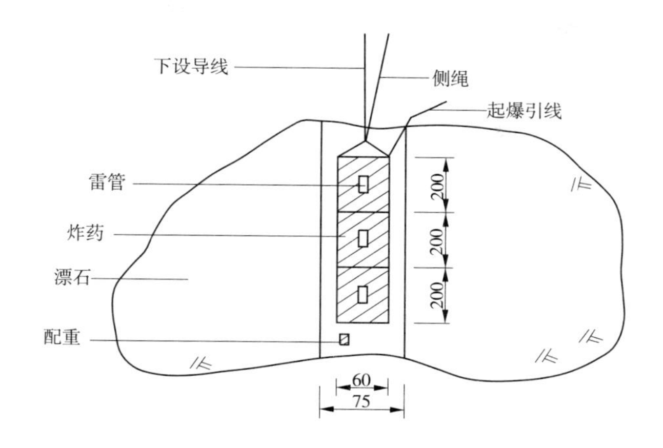

图 1　水下钻孔爆破装置示意图

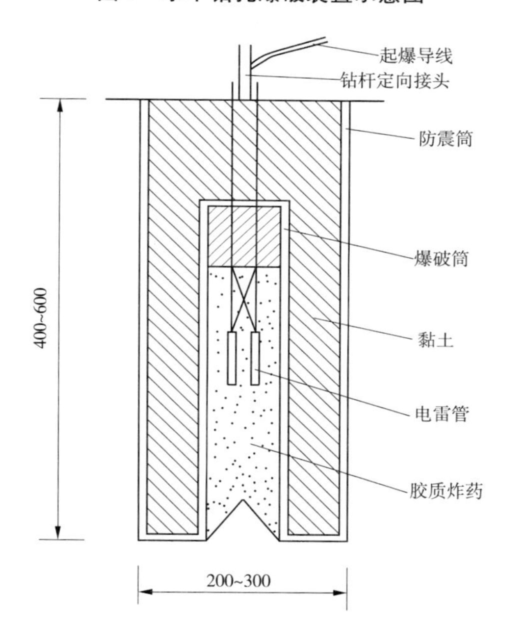

图 2　水下聚能爆破装置示意图

5.2　粉细砂层处理

遇到有粉细砂层的部位,往往在粉细砂层处易产生塌槽现象,若不及时采取处理措施,将导致造孔速度降低,严重时会发生埋钻现象,影响施工进度,造成成本加大。

在施工过程中,若减少粉细砂层部位塌槽的发生,采取的措施主要为控制固壁泥浆的密度或直接向槽内添加黏土,然后利用钻机冲凿;必要时可采用膨润土和黏土的混合式泥浆,以提高泥浆固壁效果。经验上固壁泥浆浆液配比为:水 1 000 kg、膨润土 30 ~ 40 kg、黏土 200 ~ 240 kg、碱 4 ~ 5 kg。制成的新制泥浆含砂率小于 5%、黏度为 20 ~ 25 s(700 mL/500 mL 漏斗)、胶体率、稳定性符合规范要求。上述参数配置的固壁泥浆,对于粉细砂层固壁效果较明显。

5.3　坍塌孔处理

对于地质条件复杂的深覆盖层防渗墙造孔施工,尤其是槽深在 60 m 左右一期成槽要在

1 个月左右,坍塌是不可避免的。要想保证顺利成槽,对于施工过程中的塌孔、漏浆问题,要及时采取处理措施。最常用的方法是,在槽内直接添加黏土,钻机冲凿,在坍塌或漏浆的部位用黏土填充或堵漏。若采取槽内添加黏土冲凿不能起到较好的效果,采取在槽内添加黏土和砂卵石料的混合料,再重新钻进,可基本解决槽内坍塌或漏浆问题。

6 嵌入基岩及墙体质量检测控制

6.1 嵌入基岩控制

枕头坝一级水电站二期围堰防渗墙位于主河道处,依据地勘资料,两岸地势陡峭,基岩地层起伏很大。为确保每个槽段真正嵌入基岩,在工期如此紧张的情况下,按设计要求,在一期槽段布置复勘孔,复勘孔暂定间距为 20.0 m,遇基岩起伏变化大的部位,增加复勘孔数量。当防渗墙主孔钻至距设计基岩底高程 3 m 左右时,将防渗墙冲击钻头取出,利用 XY－2 地质钻机取样,当见到基岩后再钻进 3 m 左右,以准确确定基岩面高程。

为了保证防渗墙的施工时间,在布置复勘孔施工时,未采取在防渗墙施工前未钻复勘孔,而是在防渗墙钻孔到基岩后下设套管钻取基岩。施工过程证明,这样既能保证防渗墙的施工时间,又能确定该槽段的防渗墙确实“坐”入基岩中,保证了防渗墙的施工质量。

在进行基岩鉴定时,在复勘孔取芯的基础上,再结合冲击钻渣进行判断,保证了每个槽孔有效嵌入基岩。实践证明,在基坑开挖过程中,防渗效果较好。

6.2 墙体质量检测

枕头坝一级水电站二期上下游围堰共划分了 62 个槽段,依据设计及规范要求,布置 7 个检查孔即可。由于地质条件复杂,为更好及较全面地检测防渗墙施工质量,依据设计要求,增加了防渗墙检查孔,共布置了 19 个检查孔,其中 8 个取芯孔直径为 150 mm,11 个单孔声波、孔内摄像、声波 CT 检测孔直径为 75 mm。

目前,防渗墙施工质量检测手段较多,本工程围堰堰基防渗墙墙体质量检测采取钻孔取芯、单孔声波、孔内摄像、声波 CT 等综合检测方法。孔内摄像主要针对骑缝孔和破坏性压水部位进行,检测结果表明,孔内摄像与相应混凝土芯样对比,能准确、直观地反映孔壁周边表面质量情况。

7 结论

枕头坝一级水电站二期围堰防渗墙施工进度在国内类似地质和工程量的条件下,也是首屈一指的。借鉴其他类似深覆盖层、地质条件复杂的防渗墙施工工艺和方法,采用前述工艺措施,加快了施工进度,确保了防渗墙的施工质量,达到了预期目标,可为今后类似施工条件下的防渗墙工程提供指导和借鉴。

苏只电站厂房工程施工中承重支承的运用

赵付鹏　李海龙　刘　博

（中国水利水电第三工程局有限公司，陕西　西安　710016）

【摘要】 苏只电站厂房施工中，尾水管大空腔和板梁柱结构广泛地应用到钢管架支承；高部位的悬臂结构应用到钢三角架外承。这些轻型钢材承重支承形式简单，周转利用率高，便于人工操作，为企业带来较好的经济效益。

【关键词】 钢管架　钢三角架　内拉式支承　钢筋花架　尾水管及扩散段顶板　进水口平台

1　引言

苏只电站厂房有3台机组，2个安装间，单台机组装机容量为75 MW，机组水流方向长为74 m，单机宽为30 m。分析机组横剖面结构，空腔体占取了大部分的体积，除厂房底部大体积混凝土外，多为薄壁结构。空腔顶部混凝土浇筑普遍地用到承重支承，如上、下游副厂房板梁柱框架结构，尾水管空腔结构，尾水平台悬臂结构，机组内廊道和孔洞等。这些大跨度、混凝土覆盖层较厚的空腔体结构，主要采用满堂红钢管架支承，高部位支承用到了钢三角架等形式。苏只工程所用支承形式由以前的单一形式向多重形式发展；过去采用的木结构和粗大的钢框架结构向轻型管材和钢材结构转变，其结构方式不断地完善。实际运行情况反映，轻型钢材在支承系统地广泛应用避免了木材支承造成的浪费，提高了材料的周转利用率，降低了混凝土变形的数值。

2　钢管承重支承的特点

左岸电站厂房上、下游副厂房多层框架结构及孔洞结构为钢管支承的使用提供了用武之地。支承钢管选择ϕ48的焊缝钢管，壁厚为3.5 mm，具有以下特点：

(1)截面对称，面积分布合理，回转半径较大，是优选的受压杆件；

(2)质量轻(例$\phi 48\times3.5$ mm钢管单重3.84 kg/m)，易于人工操作；

(3)连接方便，架管形式可随时调整；

(4)可按分层高度的不同作成装配式框架，顶部设可调节丝杠；

(5)周转率高。

2.1　钢管支承的理论设计

厂房中大空腔体和板梁柱结构为现浇混凝土，因长宽方向的跨度均较大，从结构力学角度分析，顶部混凝土可视为板结构，水电工地常采用满堂红架管支承，可是板面受力均匀且支承梁截面较小。为研究方便，取单个杆件考察钢管的受力情况，按材料的强度理论单个钢管可承受的压力为：

$$N = [\sigma_{允}]A = 170\times489 = 83\ 130(\text{N}) \approx 8.3\ \text{t}$$

式中：N 为钢管承受的允许压力，N/mm^2；$[\sigma_{允}]$ 为钢材允许应力，$[\sigma_{允}] = 170\ N/mm^2$；钢管为焊接钢管，$A_3$ 钢材；A 为钢管的截面面积，$\phi 48 \times 3.5$ mm 钢管 $A = 4.89\ cm^2$。

而实际在钢管未受到 8.3 t 的压力之前就发生了失稳，因此杆件支承计算为压杆稳定验算。立杆用扣件连接，认为有微变形，约束为自由端。按钢管的连接方式不同，实际计算分为对接扣件连接方式和回转扣件搭接方式。

2.1.1 对接扣件连接的钢管

立杆基本是中心受压，计算上考虑到立杆的弯曲程度、荷重的不均匀和对接扣件的准确性，所以按偏心受压来计算，偏心距为钢管直径的 1/3，即 $e = D/3$，偏心率 $\varepsilon = eA/w$，长细比 $\lambda = L/r$，其中 L 为计算长度，取横杆步距。根据 ε、λ 查《钢结构设计规范》(GB 50017—2003)得到不同横杆步距时的稳定系数 φ，按压杆稳定公式算出不同的容许荷载：

$$[N] = \varphi A[\sigma]$$

2.1.2 回转扣件搭接的钢管

荷载直接支承在横杆上，立杆偏心受压，偏心距取钢管的直径 $e = D$，按上式算出立杆的容许荷载 $[N]$。这种连接方式的支架受力性能较差，立杆的承载能力未充分利用；相反用对接扣件连接的钢管，支架受力合理，立杆的承载能力充分利用。

2.2 钢管支承系统的组成

承重的钢管架由钢管、扣件、底座和可调节丝杆等部分组成，长度分别为 2 m、4 m、5 m、6 m 几种。扣件按用途分直角扣件、回转扣件和对接扣件三种，按使用材质分为玛钢扣件和钢板扣件两种。扣件是构成架子的连接件和传力件，它通过与立杆之间形成的磨擦阻力将荷载传给立杆。底座安在立杆的下部，可调节丝杆套在顶部。为周转方便，钢管按几种常用的高度（如 1.5 m、1.0 m、0.6 m 等）作成装配式钢管架，使用对接扣件连接，前后左右用剪刀撑通过扣件连接。

钢管承重架适用于顶部混凝土分层高度小于 1.5 m 的现浇板梁结构，苏只电站厂房上、下游副厂房框架结构板梁厚度为 20 ~ 40 cm 和 80 ~ 100 cm，所以大量地使用钢管架承重。对于副厂房的楼板结构，混凝土施工时保证下层楼板现浇混凝土达到 28 d 龄期后底部的架管方允许拆除，若上层楼板浇混凝土，按板厚 60 ~ 80 cm 每两层周转一次架管，板厚 20 ~ 30 cm 每三层周转一次。

2.3 设置预拱度

为克服副厂房楼板浇后，因混凝土徐变而引起梁板跨中下沉，按水工施工规范要求，预先在跨中起 0.2% ~ 0.3% 的拱，以抵消混凝土徐变造成的跨中下沉。实际操作中，将位于跨中的可调节丝杆上调 2 ~ 3 cm，或在主次梁之间夹厚 2 ~ 3 cm 的木抄楔（传统方式）。夹木楔的好处体现在架管拆除时，因上部混凝土与钢管紧紧压在一起，施工人员可先打掉木楔，使钢管架松动，钢管帽上部结构易于拆除。

2.4 混凝土浇筑

尾水管扩散段顶板的混凝土层厚 1.5 m，采用薄层浇筑法，铺料厚度为 30 cm，铺料方向由下游向上游。吊罐的下料高度不超过 1.5 m，卸料过程应平缓、连续，避免集中堆料和吊罐对模板系统的碰撞，平仓和振捣应均匀、有序。仓内的工器具和材料堆放在两侧的边墩上，施工人员分散在仓内。整个施工过程设专人指挥，专职质检员监仓，安全员警戒。

3 三角钢架悬臂支承的应用

在厂房结构中，悬臂和牛腿结构较多，而且范围大、部位高，不利于采用底部支承。针对这一问题，施工中我们选择了三角钢架的悬挑支承，三角钢架取悬臂模板支腿，以节省资源投入，有效利用模板的三角架，给企业带来了较大的效益。

3.1 三角钢架结构和工作原理

三角架采用型钢制作，由主梁、支腿和斜承组成。主梁用槽钢[16 背靠背组合，支腿和斜杆为[10 口对口焊接组合而成，见图 1。所有的重量最终作用于 B7 螺栓，B7 螺栓传力于预埋锚筋。以 O 点为圆心取矩，建立平衡方程确定 F 力大小：$F \times OA = N \times AB$。

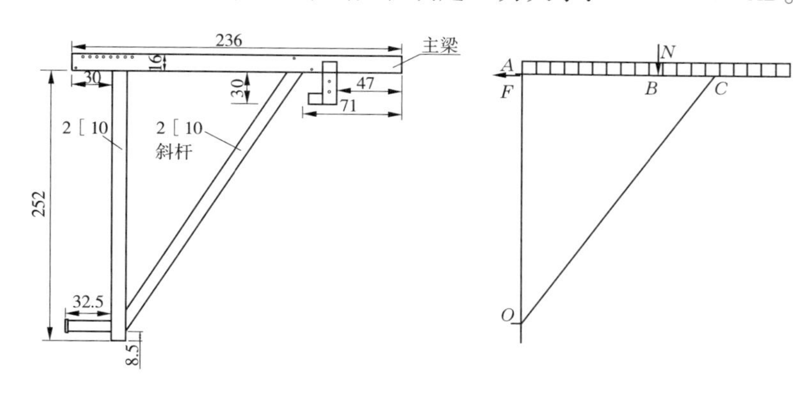

图 1

3.2 苏只厂房进水口交通桥 T 形梁底部“牛腿”施工

进水口▽ 1 899.0 m 高程平台下牛腿高、宽均为 3 m，坡比为 1∶1，牛腿距地面高约 37 m（至▽ 1 862.0 m 高程），经研究决定采用预埋定位锥外安 B7 镙栓的方案来进行处理，利用多卡模板的下三角支架（见图 2）。按该部位分层要求，经计算，预埋定位锥间距，也就是下三角支架的间距为 40 cm，上面安装加工好的牛腿木排架，并严格按安全要求搭设操作平台及护栏，在排架底口和收仓高程处采用内拉的方式按普通垂直模板的受力计算及加固方式进行处理。

4 内拉式支承应用（引用三峡水电站）

在三峡水电站左岸厂房 2#安装间牛腿的施工中，我们还采用了内拉式支承方案。此方法一般应用于坡比大于 1∶1的斜面施工，小于 1∶1的坡则采用外承方式。2#安装间牛腿位于尾水 82 m 平台，呈条带状，外伸 2.15 m，高 2 m。因其临空面较高，牛腿内侧为现浇混凝土实体，适合于作内拉支承。预先在上层混凝土面预埋型钢[12.6，待下层混凝土施工时，用Φ 20 mm 的拉杆内拉加固，拉杆直径通过受力计算确定。[12.6 的预埋位置按混凝土能承受的最小厚度取值，模板拉杆拉力和仓内拉杆拉力的合力作用于预埋型钢上。型钢的间距、拉杆的间距以及拉杆的角度由计算确定。混凝土浇筑由内向外，牛腿位置卸料缓慢，铺料 30 cm，控制上升速度不超过 30 cm/h，其余方法与上述同。

5 廊道承重结构方案的选定

在苏只厂房帷幕灌浆廊道和交通排水廊道的施工中，根据业主对该廊道外观质量要求，我们设计制作出直径为 3 m 的半圆定型钢模板，面板与加劲板的钢板厚分别为 5 mm、8 mm，模板下面用 Φ22 螺纹钢制成钢筋花架，见图 3。花架两侧焊接 10 mm 厚钢板。每两榀花架拼装成一个半圆拱，然后将作用力直接传递至下面的支承系统上（见图 4），经计算和实

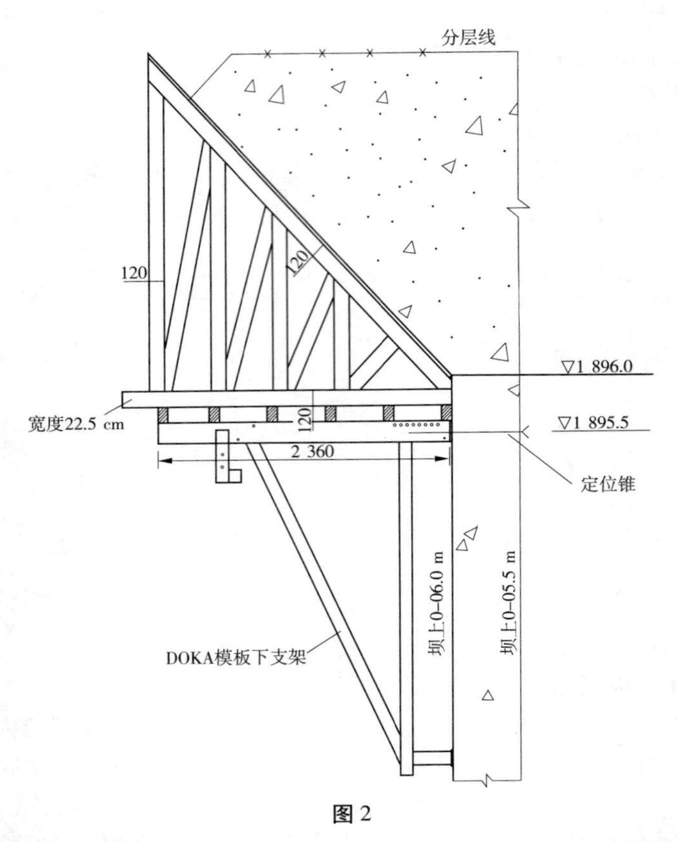

图 2

践观察,该钢筋拱架将作用力传递至两头,即拱肩部分,完全满足受力要求。此办法较好地解决了采用木排架加满堂支承的传统办法,既节约了大量的木材,减少了传统搭设承重架所用的时间,提高了劳动效率和周转次数,又在外观质量上取得非常好的效果。

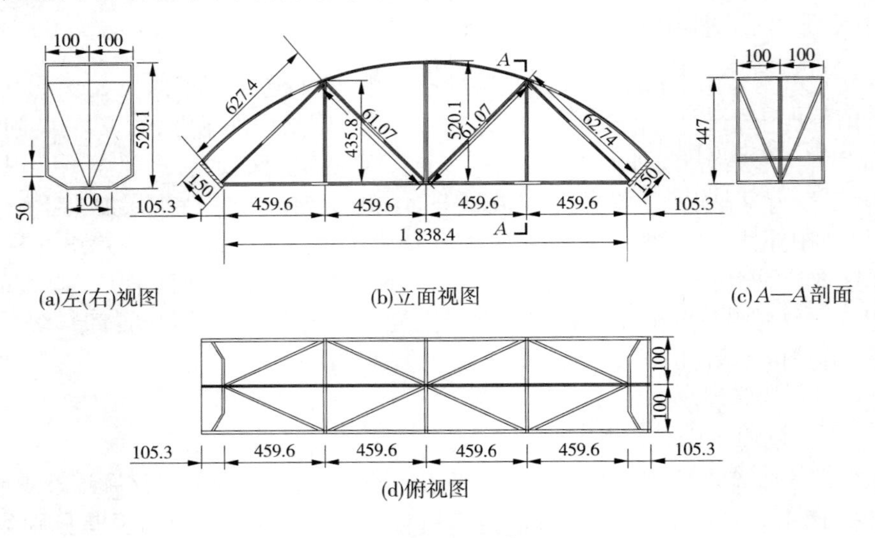

图 3　钢筋花架示意图

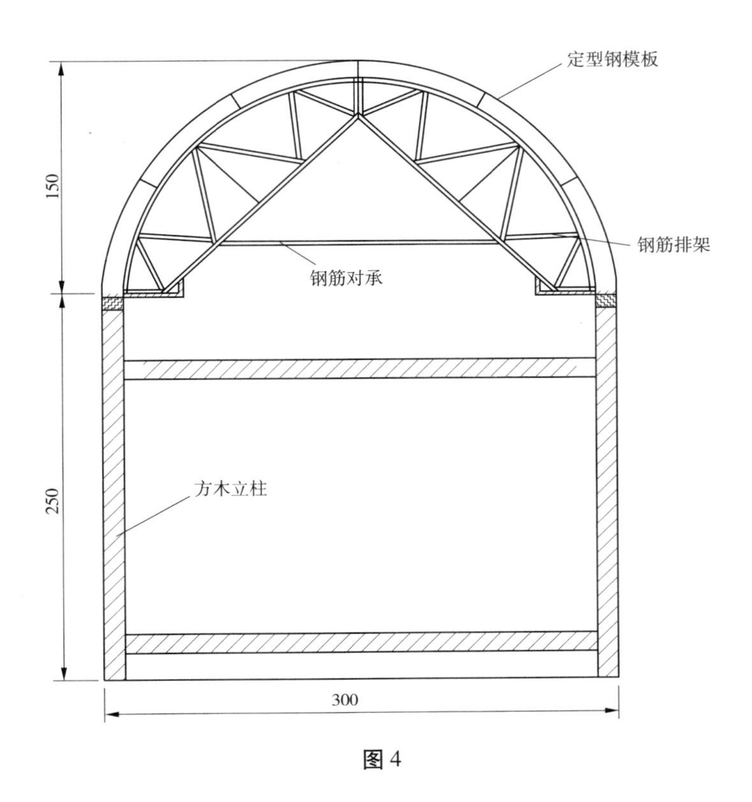

图 4

6 结语

(1)钢管架支承方法,多应用于板梁柱结构的部位,下部支承点多,结构受力均匀,跨中变形小。通常为避免混凝土入仓的瞬时荷载在水平方向产生的冲力,在钢管架中有规则的加剪刀承,以满足三角形的稳定性。从理论上分析,钢管满堂红架管结构实际是超静定结构,受力比较复杂,无法用数学公式准确计算每根杆件的受力大小,因此为研究方便期间,仅取单个杆件进行考虑,当单个结构满足受力要求后,则整体结构也满足受力要求。

(2)混凝土浇筑过程实际上是一个缓慢加力的过程。尽管有时对单个杆件的计算不能满足受力要求(超出范围5%),但整个体系在一层一层的铺料中,可抵消个别杆件不能承力的情况。随着浇筑时间的延长,底层混凝土在不断凝固而形成整体,其本身成了一个承载的构件,至少能起到使上部的荷载分配均匀的作用。

(3)对于牛腿等钢筋密集的结构,混凝土浇筑中钢筋对荷载起着抵消的作用,有效地阻止了混凝土对模板和支架的冲击。在跨中设置预拱度,可降低支承结构变形和混凝土徐变带来的跨中沉降。

(4)三角钢架受力点集中在 B7 螺栓上,该螺栓属于 40Cr 合金材料,理论上可承受 8 t 的纯剪力,而实际施工中,因 B7 螺栓与混凝土墙面之间不能完全贴紧,总有 2 ~ 3 cm 的空隙,造成 B7 螺栓受到一个力矩而大大地降低了 B7 螺栓的承载力(设计允许值 3.5 t)。

(5)对于内拉式支承,在混凝土浇筑上升方面,要严加控制。下料时也要避免直接冲击拉杆和模板。

单掺火山灰碾压混凝土配合比试验与研究

侯　彬

（中国水利水电第三工程局有限公司，云南　六盘水　553000）

【摘要】 依托中国水利水电第三工程局有限公司《碾压混凝土单掺火山灰试验研究及应用》科研项目，进行了单掺火山灰碾压混凝土配合比的试验与研究，经现场优化后确定了混凝土配合比，并取得了一系列试验成果。

【关键词】 单掺火山灰　碾压混凝土　配合比　试验研究

1　引言

弄另水电站工程位于云南省德宏州龙江—瑞丽江中段的干流上，电站以发电为主，兼顾防洪、灌溉，总装机容量为180 MW，属Ⅱ等大(2)型工程。水库总库容为2.32亿m^3。拦河坝为碾压混凝土重力坝，最大坝高为90.5 m。坝体常态混凝土约为5.3万m^3，坝体碾压混凝土为29.76万m^3。

由于当地无粉煤灰，电站可研阶段及招标设计阶段混凝土胶凝材料均为硅酸盐水泥+双掺料（50%凝灰岩灰、50%磷矿渣灰）。因磷矿渣需从昆明采购，运距远，供应不稳定，经测算较难保证高峰期施工强度的需要，而且施工现场无掺合料掺合设施，如果采用双掺料方案，拌和系统需增加储料、衡量等设施，难度大且费用高。

针对上述难题，项目部对周边的原材料产地进行了调研，腾冲县盛产火山石（凝灰岩）且储量丰富。根据中国水利水电第三工程局有限公司施工的本流域腊寨水电站常态混凝土单掺火山灰的成功经验，与河海大学共同对加工后的火山灰进行了深入研究，提出了碾压混凝土单掺火山灰的思路。

2　火山灰掺合料性能试验

本次配合比试验所用掺合料为云南省腾冲县华辉石材有限公司生产的火山灰。选取褐色的火山灰块石，经破碎机破碎后，由球磨机磨至所需粒径。掺合料的化学成分分析结果见表1。

表1　火山灰化学成分分析结果

样品名称	化学成分及含量(wt%)												
	SiO_2	Al_2O_3	Fe_2O_3	CaO	MgO	K_2O	Na_2O	TiO_2	P_2O_5	MnO	SO_3	F	烧失量
火山灰	56.95	19.4	6.26	5.6	2.31	3.49	3.43	1.13	0.50	0.11	0.03	—	0.54

2.1　火山灰品质检验结果及火山灰细度与强度比关系

火山灰品质检验结果及火山灰细度与强度比关系见表2。

表2　火山灰品质检验结果及火山灰细度与强度比关系

样品编号	生产厂家	需水量比(%)	细度(%)	密度(g/cm^3)	含水量(%)	强度比(%)			
						7 d		28 d	
						抗折	抗压	抗折	抗压
H－1	腾冲华辉石材	100	10.9	2.70	0.2	75.1	61.3	75.6	67.7
H－2	腾冲华辉石材	100	13.0	2.71	0.2	74.2	61.1	72.6	65.0
H－3	腾冲华辉石材	100	17.0	2.72	0.2	66.7	55.6	70.7	63.6

2.2　火山灰细度与强度比关系分析

从以上试验结果可以看出,该细度段不同细度的火山灰在短龄期(7 d)抗压和抗折强度比相差都不大,并且没有明显的规律性;而28 d抗压和抗折强度比相差较大,规律性也很好。这说明在短龄期内,由于水泥及火山灰水化不充分、不彻底,强度还没有完全被激发和提高。

2.3　火山灰细度与活性关系研究总结

经过对火山灰细度与活性关系试验结果的分析可以得出在该细度段的以下几个关系:

(1)该细度段的火山灰细度由大到小发生变化,其强度比具有由小到大的发展趋势。

(2)该细度段不同细度的火山灰随着龄期的增长,其强度比也随之增大。

(3)该细度段的火山灰细度越小,强度比越大,也就是说火山灰越细,它的活性也越高,而且随着龄期的增长,其强度也呈增长趋势。

3　单掺火山灰碾压混凝土配合比及性能试验

3.1　碾压混凝土设计技术指标

碾压混凝土设计技术指标见表3。

表3　碾压混凝土设计技术指标

设计指标		下部 RⅠ(碾压混凝土)	上部 RⅡ(碾压混凝土)	上游面 RⅢ(碾压混凝土)
设计强度等级		C15	C10	C20
180 d强度指标(MPa)(180 d、保证率80%)		15	10	20
抗渗等级(180 d)		W4	W4	W8
抗冻等级(180 d)		F50	F50	F100
极限拉伸值(ε_p)(180 d)		0.8×10^{-4}	0.75×10^{-4}	0.8×10^{-4}
V_c值(s)		5～7	5～7	5～7
最大水胶比		<0.5	<0.5	<0.45
层面原位抗剪断强度(180 d、保证率80%)	f'	1.0～1.1	1.0～1.1	1.0
	c'(MPa)	1.7～1.9	1.4～1.2	2.0
密度(kg/m^3)		≥2 400	≥2 400	≥2 400
相对压实度(%)		≥98.5	≥98.5	≥98.5

注:1. 90 d强度指标是指按标准方法制作养护的边长为150 mm的立方体试件,在90 d龄期用标准试验方法测得的具有80%保证率的抗压强度标准值。

2. 凡采用变态混凝土的部位,其90 d龄期的有关强度和技术指标应满足下列要求:原上部RⅡ的变态混凝土不低于表3中RⅢ的要求;原下部RⅠ的变态混凝土不低于表3中RⅡ的要求。

大坝碾压混凝土参考配合比见表4。

表4　大坝碾压混凝土参考配合比

项目	下部 RⅠ(碾压混凝土)	上部 RⅡ(碾压混凝土)	上游面 RⅢ(碾压混凝土)
设计强度等级	C15	C10	C20
水胶比	0.42	0.51	0.42
最大骨料粒径(mm)/级配	80/三	80/三	40/二
粉煤灰掺量(kg/m^3)	110	105	140
水泥用量(kg/m^3)	90	60	100
V_c 值(s)	5~7	5~7	5~7

注:变态混凝土现场掺入的水泥及掺合料浆液体积为该部位二级配碾压混凝土体积的5%~10%。

可参考表2的有关数据进行试验,通过试验择优选择配合比参数。

3.2　碾压混凝土配制强度

碾压混凝土配制强度见表5。

表5　碾压混凝土配制强度

强度等级	强度保证率 P(t)(%)	与要求保证率对应的概率度 t	标准平均偏差 σ_0	配制强度 $f_h=f_d+t\sigma_0$(MPa)
$C_{180}10$	80	0.84	3.5	12.9
$C_{180}15$	80	0.84	3.5	17.9
$C_{180}20$	80	0.84	4.0	23.4

3.3　碾压混凝土配合比试验

在进行碾压混凝土配合比参数选择时,必须根据实际工程和施工条件,以及设计要求的技术指标,选定混凝土拌和物稠度(即 V_c 值)的控制范围、骨料级配、混凝土的保证强度等基本配合条件,据此来确定混凝土的单位用水量、水胶比、砂率等参数。

(1)砂率与 V_c 值的关系。

碾压混凝土砂率与 V_c 值的关系见表6。

表6　碾压混凝土砂率与 V_c 值的关系

级配情况	砂率(%)	V_c 值(s)	说明
三级配	28.5	9.48	用水量为89 kg/m^3,火山灰掺合料比例为55%
	29.7	3.5	
	30.7	4.6	
二级配	36	21.6	
	34	16.6	
	32	12.3	
	30	29.1	

从表6 可以看出砂率对 V_c 值的影响，因此对于二级配碾压混凝土，砂率选用32%；对于三级配碾压混凝土，砂率选用30%。

（2）单位用水量与 V_c 值的关系。

影响碾压混凝土单位用水量的因素较多，如骨料品种、级配、吸水率、细骨料的细粉含量、掺合料的品种及细度等。碾压混凝土用水量与 V_c 值的关系见表7。

表7　碾压混凝土用水量与 V_c 值的关系

级配情况	用水量（kg/m³）	V_c 值（s）	说明
三级配	83	25.0	砂率为30.7%
	89	4.6	
	97	4.5	
二级配	86.5	21.6	砂率为32%，火山灰掺合料比例为55%
	89	12.3	
	99	4.8	

从表7 可以看出，三级配单位用水量为89 kg/m³ 时，V_c 值比较合适，因此确定碾压混凝土三级配单位用水量为89 kg/m³，二级配碾压混凝土单位用水量为99 kg/m³。

（3）V_c 值经时损失。

碾压混凝土拌和后停放时间与 V_c 值的关系见表8。

表8　碾压混凝土拌和后停放时间与 V_c 值经时损失

停放时间（h）	V_c 值（s）	说明
0	3	环境温度为18 ℃
0.5	5	
1	9	
2	15	
3	26	

另外，环境温度升高、阳光直射均会导致 V_c 值的增大。因此，施工现场应根据具体的施工条件，得出碾压混凝土 V_c 值经时损失规律，用以指导碾压混凝土的施工安排。阳光直射下混凝土失水可导致 V_c 值迅速增大，需要采取必要的措施，比如喷雾补水、保温覆盖等。

（4）三级配碾压混凝土（$C_{90}15W_{90}4F_{90}50$）。

三级配碾压混凝土（$C_{90}15W_{90}4F_{90}50$）试验配合比见表9。

表9　三级配碾压混凝土试验配合比

编号	水胶比	外加剂(%)	引气剂(%)	掺合料比例(%)	砂率(%)	单位材料用量(kg/m³)							
		HC-3	HC-9			水	水泥	火山灰	磷矿渣	砂	小石	中石	大石
$C_{90}15W_{90}4F_{90}50-1$	0.53	0.7	0.02	60	29.8	88	67	99	—	645	456	609	456
$C_{90}15W_{90}4F_{90}50-2$	0.53	0.7	0.02	55	29.8	88	75	91	—	645	456	609	456
$C_{90}15W_{90}4F_{90}50-8.7$	0.49	0.7	0.02	58	30	79	68	47	47	654	457	609	457
$C_{90}15W_{90}4F_{90}50-8.22$	0.49	0.7	0.02	58	30.7	79	68	96	—	669	452	604	452

混凝土拌和物及抗压、劈拉强度等性能测试结果见表10。

表10　三级配碾压混凝土($C_{90}15W_{90}4F_{90}50$)性能测试结果

强度等级及性能要求	V_c值(s)	抗压强度(MPa)				劈拉强度(MPa)				抗渗等级	抗冻等级
		7 d	28 d	60 d	90 d	7 d	28 d	60 d	90 d	90 d	90 d
$C_{90}15W_{90}4F_{90}50-1$	5.9	9.5	14.1	—	19.1	0.66	1.02	—	1.26	W4	F50
$C_{90}15W_{90}4F_{90}50-2$	5.5	10.7	15.5	—	21.5	0.84	1.23	—	1.39	W4	F50
$C_{90}15W_{90}4F_{90}50-8.7$	6.5	11.6	17.1	22.5	26.7	0.72	1.18	1.29	1.80	W4	F50
$C_{90}15W_{90}4F_{90}50-8.22$	7.0	—	14.9	18.7	22.2	—	0.85	1.12	1.40	W4	F50

(5)二级配碾压混凝土($C_{90}20W_{90}8F_{90}100$)。

二级配碾压混凝土($C_{90}20W_{90}8F_{90}100$)试验配合比见表11。

表11　二级配碾压混凝土试验配合比

编号	水胶比	外加剂(%)	引气剂(%)	掺合料比例(%)	砂率(%)	单位材料用量(kg/m³)							
		HC-3	HC-9			水	水泥	火山灰	磷矿渣	砂	小石	中石	大石
$C_{90}20W_{90}8F_{90}100-1$	0.5	0.7	0.03	57	32	94	82	107	—	678	685	756	—
$C_{90}20W_{90}8F_{90}100-2$	0.5	0.7	0.03	57	32	94	82	53	53	678	685	756	—
$C_{90}20W_{90}8F_{90}100-8.8$	0.48	0.7	0.03	60	34	80	68	74	25	733	676	746	—
$C_{90}20W_{90}8F_{90}100-8.23$	0.45	0.7	0.03	58	34	98	91	126	—	710	654	723	—

混凝土拌和物及抗压、劈拉强度等性能测试结果见表12。

表 12　二级配碾压混凝土($C_{90}20W_{90}8F_{90}100$)性能测试结果

强度等级及性能要求	V_c 值(s)	抗压强度(MPa)				劈拉强度(MPa)				抗渗等级	抗冻等级
		7 d	28 d	60 d	90 d	7 d	28 d	60 d	90 d	90 d	90 d
$C_{90}20W_{90}8F_{90}100-1$	6.2	11.2	17.3	—	22.9	0.56	1.29	—	1.63	W8	F100
$C_{90}20W_{90}8F_{90}100-2$	6.0	13.3	19.5	—	26.8	0.82	1.52	—	1.91	W8	F100
$C_{90}20W_{90}8F_{90}100-8.8$	5.7	—	18.2	22.5	—	—	1.35	1.76	—	W8	F100
$C_{90}20W_{90}8F_{90}100-8.23$	3.9	—	16.7	22.4	—	—	1.30	1.82	—	W8	F100

(6)混凝土极限拉伸与轴拉强度。

混凝土极限拉伸采用 100 mm × 100 mm × 515 mm 试件进行试验,变形用电测千分表测得,试验结果见表 13。

表 13　混凝土极限拉伸与轴拉强度试验结果

编号	配合比情况	极限拉伸($\times10^{-4}$)	轴拉强度(MPa)
		28 d	28 d
$C_{90}15W_{90}4F_{90}50-1$	Rcc15　T60%	0.79	1.27
$C_{90}15W_{90}4F_{90}50-2$	Rcc15　T55%	0.78	1.42
$C_{90}20W_{90}8F_{90}100-1$	Rcc20　T57%	0.74	1.49

(7)混凝土干缩。

混凝土干缩采用 100 mm × 100 mm × 515 mm 棱柱体试件进行试验,试验结果见表 14。

表 14　混凝土干缩试验结果

试验编号	配合比情况	不同龄期干缩率($\times10^{-6}$)							
		1 d	2 d	3 d	5 d	7 d	14 d	19 d	21 d
$C_{90}15W_{90}4F_{90}50-2$	Rcc15　T55%	32.26	60.22	81.72	126.88	146.24	197.85	236.56	268.82
$C_{90}15W_{90}4F_{90}50-1$	Rcc15　T60%	38.71	55.91	55.91	141.94	148.39	247.31	258.06	270.97
试验编号	配合比情况	不同龄期干缩率($\times10^{-6}$)							
		24 d	27 d	28 d	41 d				
$C_{90}15W_{90}4F_{90}50-2$	Rcc15　T55%	266.67	292.47	320.43	341.94				
$C_{90}15W_{90}4F_{90}50-1$	Rcc15　T60%	292.47	309.68	341.94	376.34				
试验编号	配合比情况	不同龄期干缩率($\times10^{-6}$)							
		1 d	3 d	5 d	7 d	14 d	18 d	21 d	28 d
$C_{90}20W_{90}8F_{90}100-1$	Rcc20　T56.6%	47.31	68.46	113.98	144.09	245.16	260.22	339.78	348.39
$C_{90}20W_{90}8F_{90}100-2$	Rcc20　T28.3% + P28.3%	40.86	64.46	113.98	150.54	238.71	292.47	307.53	311.83

续表 14

试验编号	配合比情况	不同龄期干缩率($\times 10^{-6}$)						
		35 d						
$C_{90}20W_{90}8F_{90}100-1$	Rcc20 T56.6%	359.14						
$C_{90}20W_{90}8F_{90}100-2$	Rcc20 T28.3% +P28.3%	346.24						

注：混凝土干缩龄期以试件成型后 2 d 为基准。

由表 14 的试验结果可见，混凝土 7 d 的干缩率为 $144.09\times10^{-6}\sim150.54\times10^{-6}$，28 d 的干缩率为 $311.83\times10^{-6}\sim348.39\times10^{-6}$。双掺磷矿渣和火山灰碾压混凝土干缩与单掺火山灰碾压混凝土的干缩未见明显差别。可见，单掺火山灰没有明显加大碾压混凝土的干缩。

(8)混凝土的热学性能。

①混凝土导温系数的测定结果见表 15。

表 15 混凝土导温系数的测定结果

编号	配合比情况	导温系数(m^2/h)
$C_{90}15W_{90}4F_{90}50-1$	Rcc15 T60%	0.003 565
$C_{90}20W_{90}8F_{100}-1$	Rcc20 T56.6%	0.003 532

②比热试验结果见表 16。

表 16 比热测定结果

编 号	配合比情况	平均比热(kJ/(kg·℃))
$C_{90}15W_{90}4F_{90}50-1$	Rcc15 T60%	0.951 7
$C_{90}20W_{90}8F_{90}100-1$	Rcc20 T56.6%	0.976 1

②导热系数。通过试验测得混凝土导温系数、比热和容重后，可通过以下公式计算导热系数：

$$\alpha = \frac{K}{\rho C}$$

式中：α 为混凝土导温系数，m^2/h；K 为混凝土导热系数，kJ/(m·h·℃)；ρ 为混凝土容重，kg/m^3；C 为混凝土比热，kJ/(kg·℃)。

各项结果见表 17。

表 17 导热系数计算结果

编 号	配合比情况	导温系数 (m^2/h)	比热 (kJ/(kg·℃))	密度 (kg/m^3)	导热系数 (kJ/(m·h·℃))
$C_{90}15W_{90}4F_{90}50-1$	Rcc15 T60%	0.003 565	0.951 7	2 420	8.21
$C_{90}20W_{90}8F_{90}100-1$	Rcc20 T56.6%	0.003 532	0.976 1	2 402	8.28

④绝热温升。$C_{90}15W_{90}4F_{90}50-1$ 与 $C_{90}15W_{90}4F_{90}50-2$ 相比，$C_{90}15W_{90}4F_{90}50-2$ 水泥

用量稍大，故对 $C_{90}15W_{90}4F_{90}50-2$ 进行绝热温升试验，其结果见图 1 及图 2。

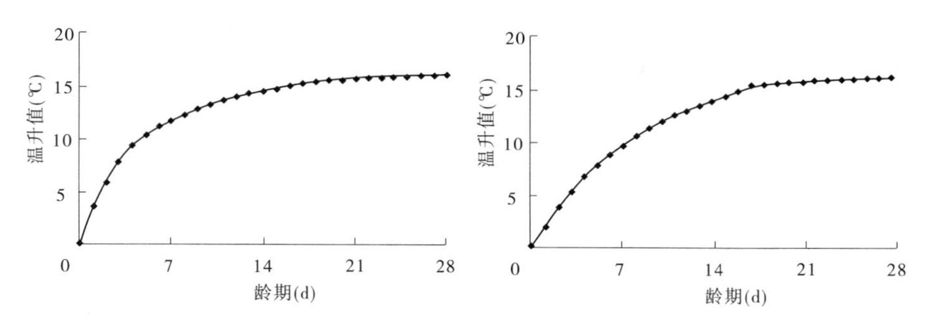

图 1　$C_{90}15W_{90}4F_{90}50-2$ 绝热温升随龄期变化曲线

图 2　$C_{90}20W_{90}8F_{90}100-1$ 绝热温升随龄期变化曲线

从图 1、图 2 可以看出，C15 碾压混凝土绝热温升在 14 d 龄期后趋于平缓，C20 碾压混凝土绝热温升在 20 d 龄期后趋于平缓，其 28 d 绝热温升值均在 20 ℃以内。

在前期混凝土配合比工作的基础上，水泥调整为奥环 P. O. 42. 5 水泥，对碾压混凝土配合比进行了复核，结合现场碾压情况，对部分配合比进行了适当调整及优化，推荐用于现场施工（见表 18）。

表 18　单掺火山灰碾压混凝土配合比

强度等级及性能要求	水胶比	砂率（%）	掺合料比例（%）	单位材料用量（kg/m^3）									
				外加剂（%）		水	水泥	火山灰	火山灰代砂	砂	小石	中石	大石
				HC－3	HC－9								
$C_{180}10W4F50$	0. 55	30	65	0. 8	0. 02	87	55	103	10	638	458	612	458
$C_{180}15W4F50$	0. 49	30	55	0. 8	0. 02	79	73	88	30	624	458	610	458
$C_{180}20W8F100$	0. 45	32	50	0. 8	0. 03	98	109	109	—	668	674	745	—

注：1. 砂为中砂，细度模数为 2. 9；小石：中石 ＝47. 5：52. 5。现场应根据原材料级配情况做适当调整。砂细度模数变化 ±0. 2，混凝土砂率按 ±（1% ～2%）调整。

2. 减水剂 HC－3 的掺量可视 V_c 值要求在胶凝材料用量的 0. 7% ～1. 2% 范围内适当调整；引气剂 HC－9 的掺量根据现场混凝土含气量变化适当调整。

3. 4　碾压混凝土性能试验结果

混凝土拌和物及抗压、劈拉等性能试验结果见表 19。

表 19　碾压混凝土性能测试结果

强度等级及性能要求	V_c 值（s）	抗压强度（MPa）			劈拉强度（MPa）			抗渗等级	抗冻强度	极限拉伸（$\times10^{-4}$）
		28 d	90 d	180 d	28 d	90 d	180 d	90 d	90 d	90 d
$C_{180}10W4F50$	5. 5	7. 8	10. 2	—	0. 59	0. 85	—	W4	F50	0. 79
$C_{180}15W4F50$	4. 2	11. 7	16. 1	22. 6	1. 02	1. 31	1. 87	W4	F50	0. 90
$C_{180}20W8F100$	5. 3	14. 4	20. 1	26. 6	0. 88	1. 47	1. 91	W8	F100	0. 93

4 现场单掺火山灰碾压混凝土配合比优化

根据现场原材料以及现场施工情况对原碾压混凝土配合比进行了复核试验，并在此基础上对配合比中的掺合料掺量和砂率做了相应的调整。从已有的试验结果可以看出，调整后的配合比能够满足设计要求。具体试验结果见表20。

表20 单掺火山灰碾压混凝土现场优化配合比及试验结果

强度等级	水胶比	减水剂HC－3（%）	引气剂HC－9（%）	火山灰掺量（%）	水泥掺量（kg）	砂率（%）	水（kg）	V_c值（s）	抗压强度（MPa）			
									7 d	28 d	90 d	180 d
C_{180}10W4F50	0.55	0.8	0.03	70	43	32	80	5.5	—	7.0	10.6	—
C_{180}15W4F50	0.50	0.8	0.03	60	64	32	80	8.6	—	13.0	17.4	—

从上述试验结果可以看出，单掺火山灰碾压混凝土配合比仍然有一定的优化空间，在以后的碾压混凝土施工仍需作进一步的试验研究工作，为以后的推广应用提供依据。

在混凝土配合比优化试验中还进行了砂率与V_c值的关系、单位用水量与V_c值的关系、V_c值经时损失、混凝土极限拉伸与轴拉强度、混凝土干缩及混凝土的热学性能等试验研究。通过试验均满足设计要求。目前，优化后的混凝土配合比已成功应用于弄另电站的碾压混凝土施工中。

5 结语

单掺火山灰碾压混凝土配合比在弄另水电站大坝工程中成功浇筑碾压混凝土29.76万m^3。从室内配合比试验以及现场取样检测结果来看，单掺火山灰碾压混凝土各项性能指标均能够满足设计及现场施工要求。现场碾压效果良好，能够达到“有泛浆、有弹性、有光泽”，压实度合格率达到了100%。碾压混凝土大坝内部最高温度为32.2 ℃，对应的自然温度为29.0 ℃；趋于稳定的温度为25.6 ℃；设计单位提供的坝内极限温度≤34 ℃；经检查目前大坝碾压混凝土未发现裂缝。

单火山灰碾压混凝土配合比试验的成功，可简化碾压混凝土拌和生产工艺、减小拌和系统的建厂投入、降低碾压混凝土原材料成本，特别是对滇西南的中、小水电站和怒江流域的水电站建设，可以提供新的掺合料选择。弄另电站的上一级电站等壳水电站已采用单掺火山灰碾压混凝土进行施工。因腾冲县火山灰矿产资源丰富，可就地取材、充分利用现有资源，对拉动当地经济建设起到了积极作用，社会效益显著。

严寒地区克孜加尔水利枢纽沥青混凝土心墙施工期工作性态分析与研究

周富强　田　伟　孟　波　李光雄

（新疆水利水电科学研究院，新疆　乌鲁木齐　830049）

【摘要】 本文结合克孜加尔沥青混凝土心墙坝的设计、施工及监测成果，对施工期沥青混凝土心墙的变形及应力应变的安全监测资料进行了详细的分析，重点讨论了斜坡陡坎及基坑部位沥青混凝土心墙及过渡料的施工对沥青心墙应力应变的影响，提出了对斜坡陡坎及基坑部位在设计、施工中应注意的问题，指出了斜坡陡坎及基坑部位心墙变形过大的问题是可以避免的。

【关键词】 沥青混凝土心墙　沉降　变形　应变　温度

1　工程概况

克孜加尔水利枢纽工程是新疆维吾尔自治区富民兴牧、牧区草原生态建设的重点水利工程，谷底宽 60～110 m，谷坡 30°～70°，左右两岸不对称，左岸较右岸陡。工程等级为Ⅱ等大(2)型工程，大坝、溢洪道、泄洪兼导流洞、发电引水洞进口、灌溉引水洞进口为 2 级建筑物，发电引水系统、厂房、灌溉引水隧洞、倒虹吸、引水渠道、分(退)水闸等为 4 级建筑物。水库总库容为 1.76 亿 m^3，最大坝高为 64.4 m，水库正常蓄水位为 650 m，死水位为 646.5 m；工程建成后可实现灌溉面积 26 万亩，电站装机容量为 5 MW。

坝址区位于欧亚大陆腹地，属大陆性北温及寒温带气候，冬季寒冷而持续时间长，夏季短而炎热，气温年较差大，降水少，气候干燥。坝址区多年平均气温为 4.4 ℃，极端最高气温为 37.6 ℃，极端最低气温为 -43.5 ℃，多年平均风速为 2.4 m/s，历年最大积雪深度为 76 cm，历年最大冻土深度为 146 cm。工程区地震基本烈度为Ⅵ度。

沥青混凝土心墙底部通过 2 m 高的渐变段与混凝土基座连接，心墙厚度由下部的 0.8 m 渐变至顶部的 0.5 m，沥青混凝土的油石比为 6.9%，密度为 2.426 g/cm^3，孔隙率为 0.74%，渗透系数为 2.792×10^{-9}，最大抗拉强度为 1.3 MPa，最大抗拉强度时的应变为 2.12%；最大抗压强度为 3.02 MPa，最大抗压强度时的应变为 6.28%。大坝 2010 年 8 月初开始填筑，2011 年 8 月初大坝填筑到顶，高程为 655.5 m，2012 年 5 月上游混凝土护坡修建完毕。

2　变形监测项目布置

依据本工程地形、地质情况及研究沥青混凝土心墙的工作性态，在 0+075、0+150、0+170、0+243 断面心墙下游过渡料内、尽可能靠近心墙的部位各布置了 1 根测斜沉降管，沉降磁环布置间距为 10 m，测斜观测间距为 0.5 m，以便间接监测坝体沥青混凝土心墙的变形情况；在心墙下游面从坝底沿高度方向每隔 20 m 对应布置竖向位错计及应变计，位错计及应变计均由大量程的位移计改装而成,监测心墙与过渡料之间竖直方向的相对变形及沥青心墙的应变,共计13组;同时,为监测沥青混凝土心墙温度的变化、控制碾压温度,在4个断面共埋设了34支高温温度计。典型坝体内部变形及应力应变监测项目如图1所示。

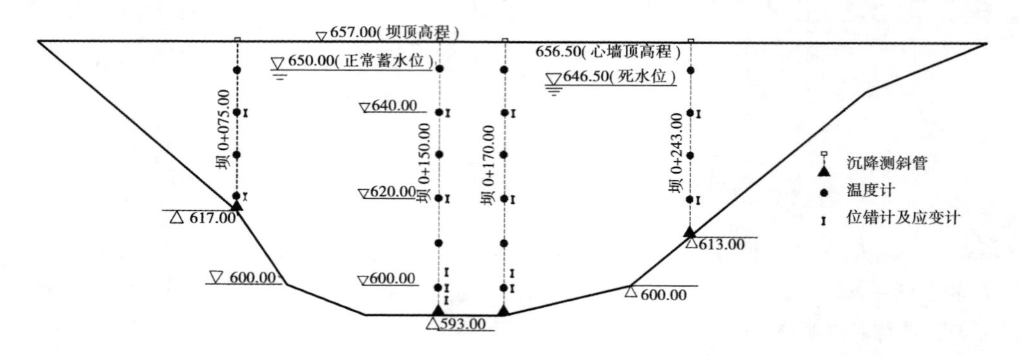

图1　沥青混凝土心墙监测仪器布置示意图

3　沥青心墙温度监测

3.1　沥青心墙温度

沥青混凝土心墙摊铺碾压进度一般为每天2层,每层厚25 cm,每连续施工10 m冷却4~5 d,进行取芯渗透试验,以利于碾压混凝土的冷却和稳定,确保连续碾压层的压实度。实测沥青混凝土心墙碾压温度在118.95~162.6 ℃,平均碾压温度为144.9 ℃,1日、3日、5日、10日平均温降分别为78.2 ℃、93.1 ℃、103.5 ℃、108.9 ℃,非线性降温幅度较大,之后因沥青混凝土为热的不良导体,温度降幅较为缓慢,且历时较长,截至目前心墙温度呈"w"形分布,底部、越冬层及顶部附近的沥青心墙温度较低。目前,典型沥青混凝土心墙温度分布见图2。

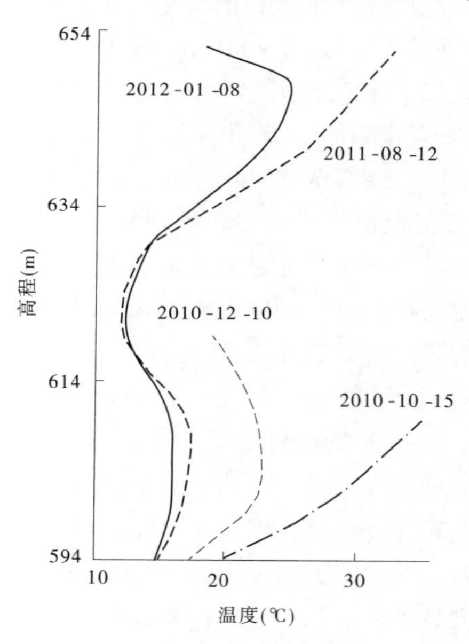

图2　0+170断面心墙温度分布

由于该工程所处严寒地区,在初春及深秋低温季节施工时,通过红外线加热沥青混凝土表面,使之满足沥青混凝土的温控要求。监测表明:混凝土表面温度回升幅度约为20 ℃,但仅局限于表层部分,由于坝址所处严寒地区,风速较大,表层温度下降很快,对沥青混凝土层间结合面的升温意义并不是很大。

3.2　越冬层温度

2010年11月14日冬季停工,为了防止严寒地区沥青混凝土低温状态下防渗心墙的收缩,产生较大的拉应力而开裂,产生上下游贯穿裂缝,同时,为控制越冬层面新老沥青混凝土面的处理提供技术数据,经仿真计算分析,采取的保温措施为:在心墙越冬层面覆盖一层塑料薄膜，上盖 10 层棉被（厚度≥25 cm），顶部盖一层三防布，对沥青心墙进行保温防冻工作；为监测越冬期间沥青心墙表面温度及评价保温效果，在距沥青心墙表面 2 cm、5 cm 及 10 cm 处埋设 7 支温度计。

监测数据表明，整个越冬期间沥青心墙表面平均最低温度在 0 ℃以上，满足设计的保温指标。2011 年 4 月 2 日春季开工，揭开被子之前，沥青心墙越冬层面以下 5 ~ 10 cm 处沥青混凝土表面平均温度为 1.5 ℃，摊铺碾压之前平均温度为 15.7 ℃，摊铺碾压平均温升为 41.4 ℃；沥青心墙越冬层面以下 2 cm 处沥青混凝土表面，摊铺碾压之前平均温度为 24.75 ℃，摊铺碾压之后平均温升为 44.6 ℃，满足设计要求的新老沥青混凝土接合面的温控要求。

4 坝体变形监测

4.1 坝体沉降监测

施工期坝体 0 + 075、0 + 150、0 + 170 和 0 + 243 断面的累计沉降量分别为 182 mm、193 mm、202 mm、119 mm，累计沉降量分别为坝体填筑高度的 0.52%、0.31%、0.33%、0.28%，相对于坝体填筑高度而言，左岸斜坡部位的累计沉降量相对较大。大坝填筑到顶后，由坝体自重荷载引起的各断面累计沉降量并无明显的增加趋势，坝体的碾压密实度较好。同时，坝体填筑期累计沉降量与坝体填筑高程具有较好的正相关性，随坝体填筑高度的增加，累计沉降量也在增加，停工期间，尤其是冬季停工，坝体沉降量较小，连续两个越冬期间，坝体累计沉降量分别增加了 6 ~ 8 mm，沉降量变化并不大。这可能与坝壳料粒径细，施工期间易于碾压密实有关。

随坝体填筑高度的增加，各断面内部沉降量呈增加趋势，但最大沉降量发生的部位变化不大，0 + 150、0 + 170 断面坝体内部最大沉降量在 600 ~ 610 m 高程附近，沉降量分别为 134 mm 和 128 mm，主河床部位坝体的内部沉降较为均匀；0 + 075、0 + 243 断面坝体内部最大沉降量分别在 630 m、620 m 高程附近，沉降量分别为 179 mm 和 101 mm；坝体内部最大沉降量也发生在左岸斜坡部位。施工期间坝体沉降量较大，停工期间坝体内部沉降量较小。典型坝体沉降过程线见图 3。

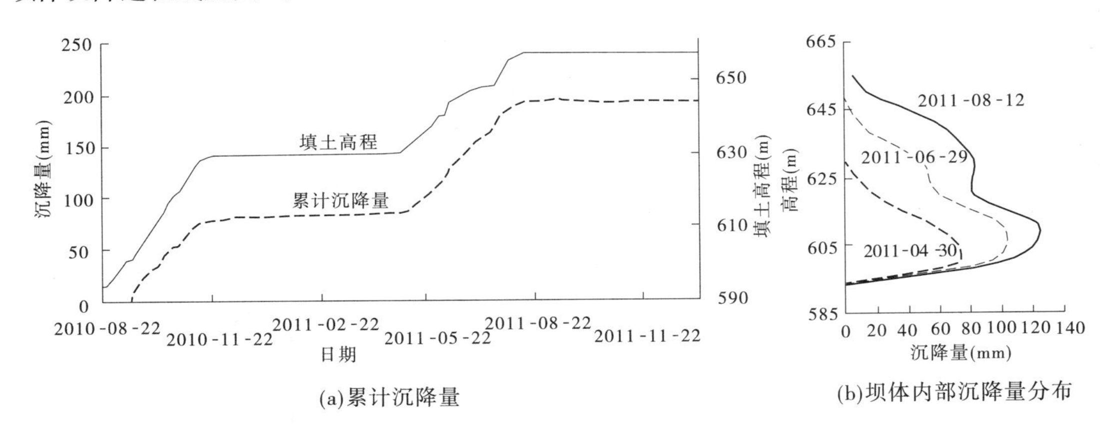

图 3　0 + 150 断面坝体累计沉降量及沉降量分布

一般土石坝的最大沉降量发生在坝体填筑高度的 1/3 ~ 1/2 部位处，且随着坝体填筑高度的增加，最大沉降量发生的部位也在逐步升高，从坝体的填筑过程线可看出，2010 年 8 月

锯齿状咬合,提高了相互之间的约束能力;后期由于沥青混凝土具有良好的柔性,沥青心墙在连续摊铺碾压时,内部的温度仍然较高,深层已碾压完毕的沥青心墙进一步发生压缩变形,因此心墙变形前期主要为压缩变形,后期主要为沉降变形。同时说明在基坑部位,适当放缓浇筑进度,使沥青心墙有充分的散热时间,降低心墙温度,对减少基坑趾板附近心墙的变形是有利的。

斜坡陡坎部位的沥青心墙应变量与其倾角的变化有较大关系,由于该部位过渡料的沉降较大,在过渡料大的约束下,该部位心墙竖直应变相应也大。由于沥青心墙是坝体主要的防渗体,应采取相应的工程措施,减少过渡料的沉降量,降低斜坡陡坎部位心墙应变。

沥青混凝土心墙、过渡料及坝壳料的变形模量各不相同,尽管施工期同时摊铺碾压填筑,在各自自重荷载的作用下,通过摩擦剪切把部分荷载传递给相邻的坝料,实现不同坝料之间应力应变的相互约束和调整,并进而产生不同的沉降速度和变形量。由于心墙结构单薄而柔软,夹于过渡料之间,其稳定性主要取决于与过渡料之间的咬合,监测数据表明,2/5坝高处心墙与过渡料的竖向位错变形是最大的,从而也说明该部位沥青心墙与坝料之间的相互作用力是最大的。

6 结语

通过对施工期沥青混凝土心墙的变形、应力应变及温度监测资料的详细分析,重点讨论了斜坡陡坎及基坑部位沥青心墙及过渡料的施工对沥青心墙应力应变的影响,提出对于斜坡陡坎坝段及基坑部位在设计、施工中应注意的一些问题,斜坡陡坎及基坑部位心墙变形过大的问题是可以避免的。

目前,应力应变及变形监测仪器大都为土石坝及混凝土系列的监测仪器,由于沥青混凝土心墙的弹性模量较大、碾压或浇筑温度较高,墙体较薄,相比较而言,该类监测仪器弹模及温度范围均较小,体积较大;该类监测仪器现场安装时必须经过一定的改装,监测数据只能间接反应其变形及应变形态,因此开发相应的适用于沥青混凝土心墙的专用监测仪器是十分必要的。

参考文献

[1] 徐岩彬,王德库,王科峰,等. 土石坝沥青混凝土防渗心墙安全监测设计研究[J]. 水利规划与设计,2007(6).

[2] 周良景,余胜祥,陈超敏. 茅坪溪防护土石坝沥青混凝土心墙力学性状及其安全性分析[C]//中国大坝技术发展水平与工程实例. 北京:中国水利水电出版社.

[3] 汪洵波,郑培溪. 冶勒大坝沥青混凝土心墙工作性态研究[C]//现代堆石坝技术进展. 北京:中国水利水电出版社.

低稠度环氧灌浆技术在漫湾水电站机组尾水肘管钢衬空鼓处理中的运用

郭　俊　赵盛杰

（华能澜沧江水电有限公司漫湾水电厂，云南　云县　675805）

【摘要】 漫湾水电站尾水肘管在每年机组检修中，均发现不同程度的尾水肘管钢衬脱空或损坏现象，针对以上缺陷，漫湾电厂一直采用水泥灌浆进行修补，但该缺陷多年以来一直未能得到彻底的解决。2010年以来，针对以上问题，漫湾电厂进行了技术攻关，结合肘管灌浆的实际条件，对材料的性能、配比及施工工艺进行了多次优化，成功配制出黏结性能强、力学性能优、耐腐蚀、可灌性好、方便现场施工的双组份环氧树脂灌浆材料，并进行了施工工艺的优化。低稠度环氧灌浆技术于2011年机组停机检修成功地运用于机组尾水肘管钢衬灌浆，并取得了较为理想的效果，类似工程经验可供参考。

【关键词】 尾水肘管　化学灌浆　环氧树脂

1　工程概况

漫湾水电站位于云南省云县和景东县交界的澜沧江中游河段上，为澜沧江中游河段第一个开发的大型水电站，总装机容量167万kW，分二期开发，一期工程装机125万kW。水库设计总库容9.2亿m^3，调节库容2.57亿m^3，库容系数0.66%，洪水位为994 m，校核洪水位为999.4 m，正常蓄水位为994 m。厂房为坝后式厂房，厂前挑流，厂房结构为全封闭式。电站设计引用流量为1 896 m^3/s（含一期及二期），电站最大水头为100 m，初期最小水头为69.3 m，机组设计水头89 m，吸出高度 -4.8 m，采用单机单管引水，压力钢管内径7.5 m，单管长97.5 m，单管最大流量321 m^3/s，最大设计流速7.4 m/s。

多年以来，在每年机组检修中，尾水肘管部位钢衬均发现不同程度的脱空或损坏现象，针对以上缺陷，漫湾电厂一直采用纯水泥灌浆进行修补，但该缺陷一直未能得到彻底的解决，其中以2006年6#机组尾水肘管损坏事件和2011年2#机组尾水肘管损坏最为严重，部分钢衬被撕裂冲走，并伴随着尾水进人门部位的严重渗水，引起了电厂管理人员的高度重视。

2　钢衬损坏机理分析

该部位的钢衬容易出现空鼓损坏与其特殊的运行方式有关，尾水肘管位于尾水系统的咽喉部位，直接连接水轮机过流部件和尾水系统，引导水流从垂直方向转变到水平方向并通过尾水管扩散段将水流导向下游。在机组运行、特别是空载工况下，尾水肘管部位容易发生较大震动和低频振荡，并产生局部负压和气蚀，由于钢衬处于良好的弹性状态，若与周围混凝土接触不良，在强震动及高速水流作用下，容易造成钢衬的空鼓，形成钢衬结构的薄弱部位，若得不到及时的处理，在震动及负压作用下，空鼓面会不断发展，并进一步造成钢衬的拉裂损坏等严重后果。

4.3 设备选择及现场材料配置

灌浆机容许工作压力应大于最大灌浆压力的1.5倍(最大灌浆压力一般控制在0.3~0.5 MPa),一般采用普通的化学灌浆机即可,灌浆管路应保证浆液流动畅通,并应能承受1.5倍的最大灌浆压力,搅拌设备采用手持式电动搅拌器即可。

准备工作完成后即可开始进行灌浆材料的配置,浆液要求按照设计比例调制。将两组浆液按规定的比例(质量比)进行少量匀速加入调制,保证均匀、连续地拌制浆液,搅拌时间为3 min,搅拌过程人员正确佩戴口罩、护目眼镜及生化手套,并做好防止浆液飞溅伤人的安全措施。

4.4 环氧浆液灌注

灌浆应自低处孔开始注入,并在灌浆过程中敲击钢衬,待各高处孔分别排出浓浆后,依次将其孔口阀门关闭,同时应记录各孔排出的浆量和浓度,并对周边钢衬焊接部位进行检查,防止跑浆。灌浆压力必须以控制钢衬变形不超过设计规定值为准,可根据钢衬的壁厚、脱空面积的大小以及脱空的程度等实际情况确定,压力一般不宜大于0.3~0.5 MPa。在规定的压力下,灌浆孔停止吸浆,延续灌注时间3 min即可结束。

4.5 灌浆效果检查及补灌

灌浆结束12 h后采用锤击法进行灌浆质量检查,脱空范围和程度应满足设计要求,通过灌浆效果检查,适时安排补灌。灌浆完成后割除灌浆管及排气管,用焊补法封孔,焊后用砂轮磨平,以恢复过流面的平整度。

5 结语

从2011年初机组检修开始,先后对漫湾电厂的各机组尾水肘管钢衬进行了灌浆,从运行一年后的检查结果看,各机组的尾水肘管钢衬运行情况良好,与周边混凝土接触面的脱空现象得到了根本的遏制,证明该类灌浆技术在尾水肘管空鼓缺陷处理中取得了较大的成功。我们将对该部位在以后的运行状况进行进一步的跟踪检查,针对出现的问题,进一步对材料配比和施工工艺进行相应的优化。

水电站大坝混凝土面板脱空检测技术

付　军　张亚军　王　阳

（葛洲坝电力投资有限公司，四川　成都　610000）

【摘要】 解决水电站大坝可能存在的面板脱空问题，消除电站运行中的安全隐患，能大大提高发电厂安全运行的可靠性。本文介绍了鱼跳水电站的基本情况，详细分析了面板脱空可能存在的原因，探讨了当前面板质量脱空检测方法中常用的热红外法、地质雷达法、声波反射法的原理及现场检测注意事项。并提出了笔者在面板脱空检测中对于检测方法的一些反思。

【关键词】 水电站　大坝检查　面板脱空　原因分析　检测技术

1　引言

混凝土面板坝由于具有安全性好、施工方便、工期短、导流简单及造价低等优点，近年来得到飞速发展，设计与施工技术水平也取得了巨大进展。但到目前为止，因多种原因还不能完全控制面板出现裂缝、脱空等病害的产生，早期修建的大坝更是由于当时设计与施工水平等多方面原因，面板普遍出现了不同程度的裂缝、空洞、沉降等方面的病害。在采取了工程补救措施后，有些面板病害仍反复出现，极大危及大坝安全，而有些病害因部位隐蔽等原因难以及时发现和诊断，给大坝的运行带来极大风险。目前混凝土面板坝面板病害诊断技术尚停留在单一化、片面化上，很难满足目前面板坝的病害诊断及加固技术的要求。因此，如何准确、全面认识混凝土面板坝面板病害形式及其诊断评价方法，建立起各种混凝土面板缺陷对大坝危害的分析评价方法与体系，并在此基础上提高面板坝面板加固技术，已成为混凝土面板坝发展的关键问题之一。通过对混凝土面板主要病害，如裂缝、空洞、不密实、面板沉降等病害特征、成因机理分析，应用先进的检测、监测手段和方法来确定病害的范围，同时通过钻芯来验证各类检测方法的准确性及可靠性，力图研制出一套快速、准确的面板综合检测技术，并建立起各种混凝土面板缺陷对大坝危害的分析评价方法与体系，以便准确地评价各病害存在与坝体危害程度之间的关系，提出一套完整的混凝土面板补强加固技术，为混凝土面板的病害维修、加固和处理提供决策依据。

2　国内外脱空检测技术的发展

对于已建大坝安全性评价必须依赖于安全监测资料的分析和病害状况的检测，先进的监测与检测技术对已建大坝工程安全评价具有重要意义，只有依据可信的监测与检测成果，才能恰当地进行工程安全性评价。因此，安全监测与检测技术与大坝安全鉴定或定期检查是一个相互依存的大坝安全诊断体系。

在混凝土面板安全检测、监测和控制方面，意大利、法国、奥地利、美国以及日本等国家开展研究较早。目前，混凝土面板的安全监测、病害诊断分析和评判已由一维单测点向三维

查面板质量脱空情况。

4.1.2 红外热成像技术用于面板脱空普查

红外热成像普查线距 3 m,点距 0.25 m。

对于红外热成像普查有异常的区域,分两种情况进行检测:

(1)面板内没有钢筋或配筋较少时采用地质雷达详查,用点测方式,测点距 0.2 m,测线长度为异常长度的 1 倍。

(2)面板内钢筋较多时采用声波(反射)法,用点测方式,测点距 0.2 m,测线长度为异常长度的 1 倍。

4.2 地质雷达检测

4.2.1 地质雷达检测原理

地质雷达法(Ground Penetrating Radar Method)是利用地质雷达发射天线向目标体发射高频脉冲电磁波,由接收天线接收目标体的反射电磁波,探测目标体空间位置和分布的一种地球物理探测方法。其实际是利用目标体及周围介质的电磁波的反射特性,对目标体内部的构造和缺陷(或其他不均匀体)进行探测。

地质雷达是近年来一种新兴的地下探测与混凝土建筑物无损检测的新技术,它是利用宽频带高频电磁波信号探测介质结构位置和分布的非破坏性的探测仪器,是目前国内外用于测量混凝土内部缺陷最先进、最便捷的仪器之一,天线屏蔽抗干扰性强,探测范围广,分辨率高,具有实时数据处理和信号增强功能,可进行连续透视扫描,现场实时显示二维黑白或彩色图像。由于地质雷达以上各种特性,能有效分辨出面板下不密实、脱空及空洞。在混凝土面板堆石坝混凝土面板质量检测中已经得到广泛运用。同时也由于其高灵敏度的存在,使得面板内的钢筋数量大大影响其工作效率。

4.2.2 地质雷达用于面板检测

面板检测宜布置测线网,线距宜为 1 ~ 5 m,点距宜为 0.2 ~ 0.5 m。在检测过程中,当发现有脱空或缺陷时,应加密测线和测点。

4.3 声波反射法

在无限大介质中,声波传播规律满足公式:

$$\frac{\partial^2 \Phi}{\partial x^2} = \frac{1}{v_p^2}\frac{\partial^2 \Phi}{\partial t^2} \tag{1}$$

式中,Φ 为波传播函数;x 为波传播位移;v_p 为波速;t 为波传播时间。

波在传播过程中,遇波阻抗界面时会产生反射纵波和透射纵波,反射系数为:

$$R = \frac{\rho_2 v_2 - \rho_1 v_1}{\rho_2 v_2 + \rho_1 v_1} \tag{2}$$

式中,R 为反射系数;ρ_1、ρ_2 为两介质密度;v_1、v_2 为两介质纵波波速。

由(2)式可见:

(1)只要 $\rho_2 v_2 \neq \rho_1 v_1$,$R \neq 0$,一定存在反射波;

(2)当 $\rho_2 v_2 > \rho_1 v_1$ 时,$R > 0$,反射波与入射波的相位一致;

(3)当 $\rho_1 v_1 > \rho_2 v_2$ 时,$R < 0$,反射波与入射波相位相反,存在半波损失。

根据斯奈尔定律:

$$\frac{\sin\theta_1}{v_1} = \frac{\sin\theta_2}{v_2} = p \tag{3}$$

式中，θ_1、θ_2 为入射角和反射角；v_1、v_2 为两介质速度；p 为射线参量。

当声波沿法线方向入射时，反射波也沿法线方向返回，且只有反射纵波和透射纵波，由于发射和接收偏移距约为零，避免了因波形发生转换而导致的分析困难，且由于只要存在一定深度和规模的缺陷，就会产生反射波，对缺陷判断的准确性大大提高。

在实际工作中，测出混凝土的纵波波速 v_p 后，可用公式(4)计算出混凝土的顶界面埋深。

$$H = v_p \times \frac{t}{2} \tag{4}$$

式中，H 为混凝土缺陷埋深；v_p 为纵波波速；t 为波双程传播时间。

5 结语

面板脱空检测是一项系统工程，通过对混凝土面板主要病害，如裂缝、空洞、不密实、面板沉降等病害特征、成因机理分析，综合运用地质雷达、红外检测技术、声波反射透射衍射检测技术、弹性波检测、面波检测技术等先进的检测、监测手段和方法来确定病害的范围，同时通过钻芯来验证各类检测方法的准确性及可靠性，力图提出一套准确可行的面板综合检测技术；然后根据不同缺陷条件下坝体的运行情况，用数值分析的方法，分析研究各种缺陷条件下坝体的危害情况，建立缺陷与坝体危害程度的数据模型库，同时运用系统论和结构设计理论对面板病害进行分类、分级处理，最后提出一整套科学准确、实用、快捷的面板病害诊断技术方法，为混凝土面板的病害维修、加固和处理提供决策依据，同时也为混凝土面板安全综合评价分析、计算机自动化系统的研究提供基础。

图 1　原位取样测试岩性

图 2　饱水分析试验照片

图 3　岩性理化分析电镜照片

法，对浆液多种配方的介质亲和力、浸润性、胶砂固结性能以及浆液在饱水状态下固结反应性状进行检测试验。以确定与应用工程部位的岩性适应性较好的浆材配方。

1.4　浆材配方设计与优化

化灌施工对浆材的工况适应性要求是化灌工程的根本诉求。化学灌浆或水泥 - 化学复合灌浆已成为解决地下基础补强的常用方法。化学灌浆的主要目的是解决软弱基础加固与防渗问题；当工程需要选择以化学灌浆的方法处理工程中存在地质缺陷，对化灌浆液的物理学性能指标的设计和制定应从多角度考虑。针对地下软弱基础岩层采用化学灌浆的方法进行改性加固，首先应根据工程需要制定化学灌浆材料的各项物理学性能指标，接着需要对其应用操作性、工况适应性进行指标量化要求，这样才能确保所用浆材性能具有工程工况针对性。而化灌材料适应性的试验内容应当是科学的和全面的，包括检测化灌材料的各项性能指标是否满足材料基本要求同时，在工程应用中是否能满足受用工程应用部位的特殊要求

图 4　无压浸泡试验记录照片

和环境适应性等，都是化学灌浆材料选择时的研究课题。

因此，我们是根据岩性分析成果以及浸泡试验确定浆材的特征，结合断层及挤压错动带的地质地貌，岩泥渗透系数，配制出具有针对此类岩性的化学灌浆材料。浆材除满足工程设计提出的常规性能指标要求外，还充分考虑到施工工况。为满足施工的需要，我们应在室内进行模拟压力灌注试验。

1.5　室内模拟压力灌注试验

安全可靠的基础处理化学灌浆材料应具有在与干、湿基面以及在有压流动水被灌岩体裂隙中，都应有好的黏接力和优异的介质胶结重组性。抗挤压，抗变形强度高，抗渗及耐久性能好的浆材，才能适用于断层破碎带加固和防渗工程。为选出适合工程地质条件和工艺匹配性好的化学浆材，以最大限度模拟（断层深处的岩、泥致密状态及钻孔施工）等工况，在

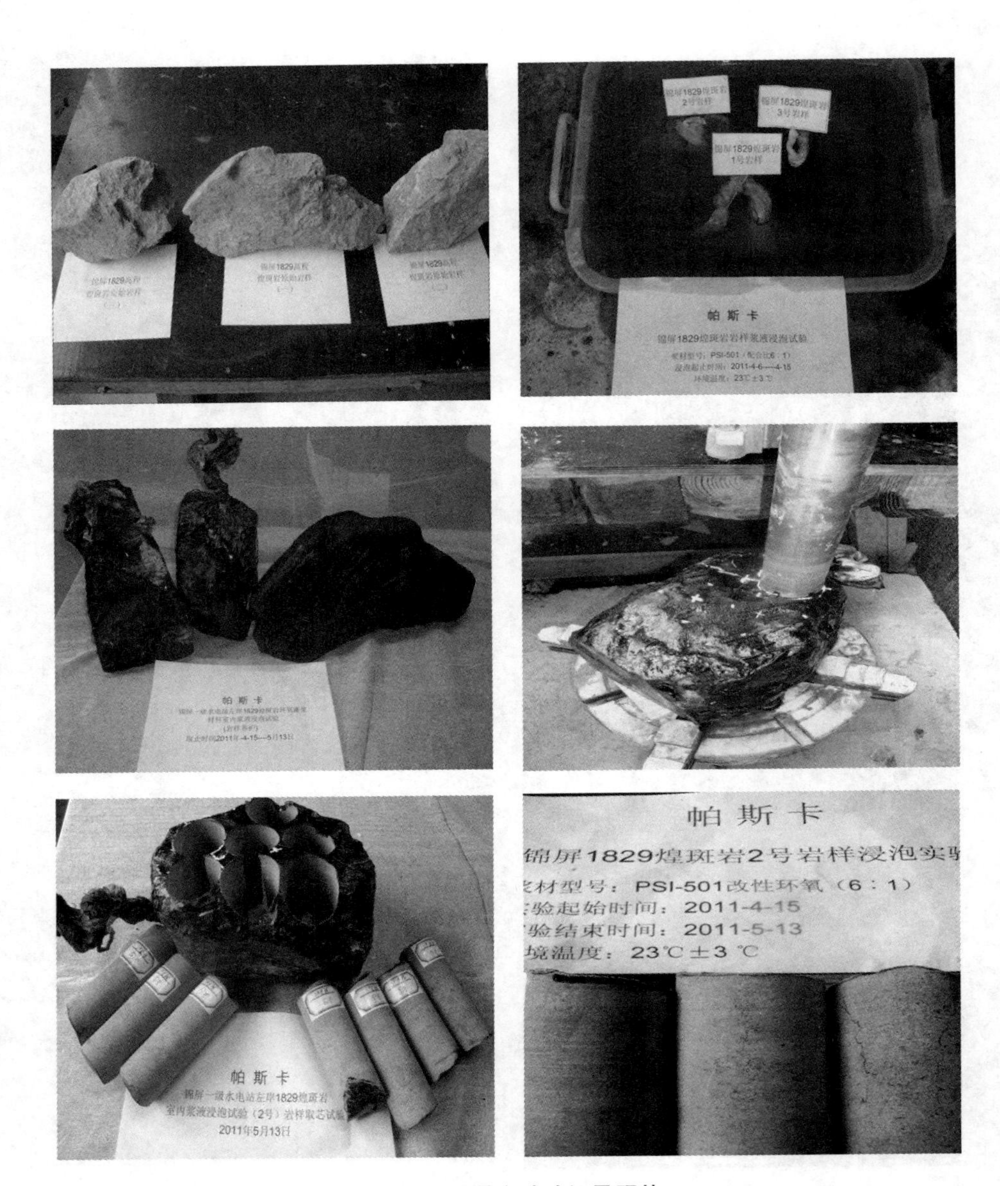

图 5 无压浸泡试验记录照片

室内实施有压模拟灌注试验是很有必要的。

在模拟灌注过程中,我们能有效的了解浆液在高压环境下的黏度变化及浆液的可灌性、扩散距离、以及浆液灌注施工可操作的时间等,通过有压灌注试验也可以掌握浆材对受灌介质的浸润、渗透性及在水饱和状态下浆液的分散性状、浆液在有压状态下与岩体切面黏结性及与疏松介质的胶砂固结性能。以此检验化灌浆材在特定工况下的综合适应性,并为生产性施工试验和其后在大规模的应用时提供相关的工艺技术参数,同时也可以为设计优化施工措施提供有力的技术支撑。

1.6 现场生产性试验

任何一种材料和工程设备以及施工工艺都有一定的应用边界条件,并不能通用于所有的工程。化学灌浆都应充分考虑浆材在具备工程所需的力学性能的同时,还须具有较好的

图6 模拟压灌注试验记录照片

施工可操作性、工艺匹配性、岩层地质适应性等关键要素。化灌，一定要化灌浆材是在受控的状态下，经过灌浆设备泵入灌浆管孔后；有效合理的分布到有限的区域（断层裂隙）内；借助环氧浆液滞后性聚合反应的特点，在原位与岩、泥胶凝重组并形成具有强度的胶砂固结物，从而实现改变软弱疏松的地质缺陷，达到提高基础岩体受力能力及局部岩体的稳定性。

而一般化学灌浆施工工艺都需要经过“灌、排、屏、闭、待”多重工艺配合来完成。为保证化灌工程的质量，在处理不同工况的缺陷时，对所选浆材的常规性能指标和其针对受灌工程部位的工况适应性，应同时加以鉴别。要区别出常规材料与具有特殊针对性材料。从实际应用情况来看，一些满足常规性能的材料，在和产性试验现场实施灌浆应用时，不时会出现浆材“爆聚”、固化不充分、与岩层介质黏接不实、可灌性差、无法进入细微裂隙、凝胶时间过快、对特殊性状岩体出现选择性排斥等现象。

图7所示为锦屏一级电站（f_2断层）经室内模拟试验后再进行生产性试验灌后取芯照片。

由此可见，化学浆材与工程工况的适应性问题是化灌工程成败的关键问题。鉴别化学浆材与工况适应与否，应依据工程设计要求，立足于规范的试验方法和程序，对特定工况条

图 7

件下所要求的材料性能进行量化，才能优选出可靠的，满足综合性能要求的化灌浆材。经室内压力模拟灌注后确定的浆材，应当再结合现场生产性试验，从而可以大大减少盲目进行现场生产的风险，为工程节省了大量成本开支，工期上也节省了时间。

2 研究成果应用案例

近年来，我们基于"浆材与工况适应性是化灌工程成败的首要因素"这一理念，在水电工程领域，就化学灌浆应用于大体积混凝土加固、地质缺陷加固处理、坝基帷幕绕渗治理等方面进行了广泛探讨。依据浆材与工况适应性的试验步骤和方法，在大量模拟试验和现场生产性试验的基础上，赢得了帕斯卡化灌材料技术上的进步，研究出适应不同工况条件下的系列材料体系，并在一些有代表性的化灌工程中获得成功应用。如在锦屏一级电站（f_2、f_{18}断层）加固、防渗处理，黑麋峰电站（f_{15}断层）补强加固等化灌工程中，始终秉承浆材性能应服从工况条件、服务于工艺的原则。在室内模拟灌注试验、现场生产性试验、规模化施工三个不同阶段都是围绕着工况条件决定材料性能特征。从灌后实际效果来看，这些工程的取芯率，受灌体灌后力学性能指标，声波检测、抗渗等性能指标均达到或超过设计要求。

工程应用结果证实了帕斯卡®浆材适应性试验方法中的室内模拟灌注试验成果，分别与后续的现场生产性试验成果以及大规模化灌后的取芯成果相互呼应，目标与结果吻合度高，证明模拟试验对后期规模化生产的导向作用明显，最终化灌工程质量是可以预期的。尽管在大规模化灌施工中存在一些材料性能微调的需要，但不会对工程总体质量产生大的影响。

工程应用结果进一步表明了，浆材与工况适应性研究的必要性；也显示出帕斯卡®浆材适应性试验方法的科学先进性。通过帕斯卡试验方法，经过常规性能符合性试验——岩性分析—浸泡试验—配方设计—模拟压力灌注等五个环节多个循环试验后，所得到的浆材正是化灌工程诉求的浆材。帕斯卡浆材适应性试验方法的最大意义在于：把化灌工程灌后效果的不可预见性转变为化灌工程质量的可预期性。

应用工程取芯照片如图 8、图 9 所示。

3 结论

化学灌浆，特别是地质缺陷基础加固处理等大规模化灌工程，浆材不仅要满足常规性能指标，更需具备适应工况条件的特殊性能。科学系统的试验方法可以有效鉴别浆材与工况适应与否。对浆材与工况适应性的研究和试验，在大型化灌工程中尤为重要，不仅可以为化

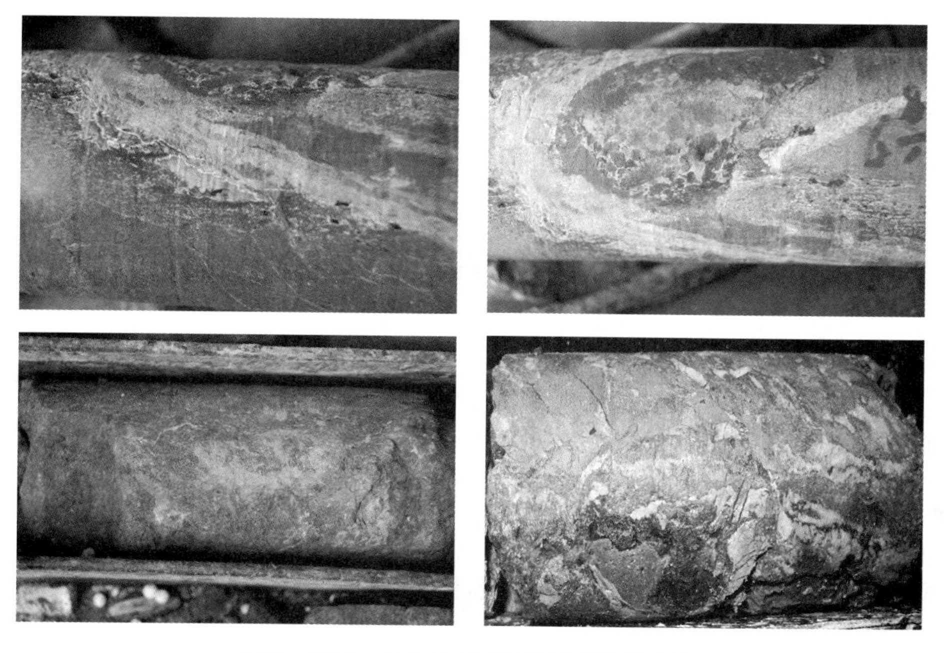

图 8　锦屏一级电站(f_2 断层)灌后取芯照片

图 9　f_{lc13}断层破碎带岩夹泥层裂隙灌后取芯照片

灌工程的科学选用浆材提供保障,还可以为工程设计优化施工工艺参数的制定提供技术依据;工况适应性的研究和试验,可减少化灌施工中的不确定因素带来的负面影响,从而减少工程经济损失和工期延误。帕斯卡所采用浆材适应性试验方法,可以有效甄别工程所需的浆材性能,并将化学灌浆工程质量从难以预估提升至可以预期。大规模地质缺陷化灌处理工程中,解决化灌材料的工况适应性问题也是决定化灌工程成败的首要问题。

ZigBee和WLAN混合异构网络在锦屏大坝温控试验线的应用研究

华　涛　蓝　彦　李桂平　刘远国　刘先泉

（国网电力科学研究院，江苏　南京　211106）

【摘要】 混凝土浇筑过程的温度控制关系到大坝的质量，在施工期对混凝土温度进行实施监控有重要的意义。本文综合分析了锦屏大坝施工期温度控制试验线的应用需求，结合工程现状，设计了一种基于ZigBee和WLAN的混合异构网络，并成功应用于锦屏大坝温度试验线，取得了良好的工程示范效应。

【关键词】 混凝土　温度控制　异构网络　ZigBee　WLAN

在大体积混凝土浇筑中，温度控制是施工的关键问题。由于大体积混凝土体积大，水泥水化热不易散发，这样在外界环境或混凝土内力的约束下，极易产生温度收缩裂缝，给工程带来不同程度的危害甚至会造成经济上的巨大损失[1]。一般的混凝土温度控制方式主要有以下几种[2-3]：①优化混凝土配合比；②控制浇筑温度与间歇时间；③混凝土内部温度监测，如埋设电阻式温度传感器监测浇筑后混凝土内部的温度变化过程。除第一种方式外，其他两种方式均需要温度监测数据来支持施工决策和进度安排。因此，在大坝等大型工程项目混凝土浇筑过程中，构建温度监控网络，实施实时的温度监控，有十分重要的意义。

1　温度控制试验线的工程背景和应用需求

1.1　工程背景

锦屏水电站，包括锦屏一级、二级水电站，总装机容量为840万kW。锦屏一级水电站位于四川省凉山州盐源县与木里县交界处，混凝土双曲拱坝坝高305 m，为世界同类坝型中第一高坝。锦屏一级水电站于2005年开工，计划于2012年第一台机组发电，2014年完工。

锦屏一级水电站大坝为四级配混凝土，强度等级分别为$C_{180}30$、$C_{180}35$、$C_{180}40$，混凝土总量超过500万m^3。锦屏一级水电站坝址区气候变化较大，早晚温差较大，对大坝混凝土温控影响较大。故需研究合理的浇筑方式、冷却方式、混凝土养护及保护方式，从而保证大坝混凝土的施工质量，而且也为混凝土浇筑安排提供了有力保障[4]。

在锦屏一级水电站大坝的温控试验线的目的，即根据浇筑施工期的温度测量成果，综合考虑混凝土分区、水管密度、通水流量、环境温度等因素，及时总结合适的降温通水流量、通水温度和通水时间，指导后期的施工。

1.2　应用需求

由于锦屏一级水电站设计有完整的安全监测方案，因此在各坝段的混凝土施工中，均埋设有电阻式温度传感器，且在施工期进行了人工监测，为实施自动化温度控制系统提供了基础条件。为了进一步提高温控数据的准确性和时效性，强化建设期的工程质量管理，增强项目综合管控力度，且为后期的安全监测网络建设积累经验，业主方启动了温控试验线的建设。锦屏一级水电站温控试验线有以下特殊的应用需求。

1.2.1 要求利用现有的 WLAN 网络

因工程现场的特殊的地理情况，项目未建设有线通信网络。但是业主方在建设初期，即建设了完备的无线局域网（WLAN）网络，用做办公系统，以及安防、大坝安全监测系统的接入。在大坝左右岸的数个关键位置点，建有无线接入点（AP），基本做到了对大坝建设区域的全覆盖。由于办公及大坝安全监测系统依靠 WLAN 网络进行数据通信，业主方要求温控试验线接入 WLAN 网络中，并在大坝安全监测系统中集中显示。

1.2.2 要求设备仅用蓄电池供电

在大坝浇筑期间，虽然施工有外接电源，但由于施工单位在各坝段轮流作业，施工电源改变、迁移较多。作为各坝段的温度测量设备，若采用施工用电源，一方面稳定性得不到保障，另一方面存在安全隐患。因此，业主方要求温度测量设备采用蓄电池供电，且要满足整套系统稳定工作一个月的要求。此外，随着混凝土的浇筑，各坝段在不断增高，测量设备须随之升高位置，要求整套系统便于移动，因此蓄电池体积不宜过大。

1.3 需求分析

为了满足应用需求 1.2.1，最有效的办法就是采用 WLAN 终端设备（WLAN 网络卡）和温度测量设备相连，实现测量设备接入 WLAN 网络。但目前，工程上应用的 WLAN 终端设备功耗大多在 500 mA 左右，再加上测量设备的功耗，无法保证蓄电池能支持系统稳定工作一个月，从而满足不了应用需求 1.2.2。

为了满足上述两种需求，一种较为常见的方案为：利用电源或其他控制模块的定时控制功能，定时开启电源对 WLAN 终端设备和测量设备的供电，在测量和数据传输完成后，立即切断设备的电源供应，从而通过间歇性、周期性的工作方式以节省系统功耗，延长蓄电池维持系统正常工作的时间。若定时周期太短，达不到降功耗的目的；若周期太长，失去温度监控的实时性。在实际工程应用中，一般选择定时周期为 1 h。

通过上述的分析可知，在工程应用较多的常见的方案设计中，温度监控的实时性较差。当管理人员想了解某个测点的温度时，可能要等一个测量周期的时间，导致达不到实时测量的目的。因此，必须探索一种低功耗的，能够替代 WLAN 终端设备的近距离无线通信方式，从而满足锦屏大坝温控试验线的具体要求。

2 WLAN 和 ZigBee 等近距离无线通信技术的比较

2.1 WLAN 技术

WLAN 是 20 世纪 90 年代计算机与无线通信技术相结合的产物，它利用射频技术，通过无线信道接入网络，可以取代旧式的双绞线构成局域网络，已成为宽带接入的有效手段[5]。WLAN 属于短距离无线通信技术的一种，WLAN 的主要标准为 IEEE802.11 技术标准系列，包括：802.11\802.11b\802.11a\802.11g\802.11n。其传输速率一般为 11 Mbps 或 54 Mbps，其中 802.11n 可将通信速率提高到 300 Mbps 甚至 600 Mbps。其传输距离室内 1 ~ 100 m，室外通过桥接可达数千米。WLAN 的优点是传输速率大，可方便地接入互联网；但其终端设备功耗较大，现有产品功耗多在数百毫安。

2.2 ZigBee 技术

ZigBee 是一种新兴的基于 IEEE802.15.4 无线标准研制开发的、有关组网、安全和应用软件方面的技术。它采用直接序列扩频技术，具有扩频技术抗干扰性强、误码率低安全性高等优点[6]。ZigBee 技术还具有以下特点：①低功耗：由于 ZigBee 的传输速率低，发射功率仅为 1 mW，而且采用了休眠模式，功耗低，因此 ZigBee 设备非常省电；相比较而言，蓝牙、WiFi 通信速率虽高，但功耗更大。②成本低：由于 ZigBee 协议免专利费，终端设备价格一般较便宜。③网络工作频段免费：ZigBee 工作在免费的不必许可证的工业科学医疗（ISM）频段（美国为 915 MHz，欧洲地区为 868 MHz，全球其他地区为 2.4 GHz），因此不用进行复杂的频段使用申请，也无需交纳频段使用费用，这也是 ZigBee 得到广泛应用的突出优点之一。④网络容量大，组网便捷，扩展性好。ZigBee 技术可采用星形、网状形、簇状形 3 种网络拓扑结构。此外，通过各种路由功能节点，可形成最大容量为 65 535 的超大个域网络。其个域网络可与现有的移动通信网络、互联网等连接，具有良好的扩展性。⑤通信速率低，但满足工程监测的需要。ZigBee 模块工作在 20 ~ 250 kbps 的较低速率，针对不同的工作频段，分别提供 250 kbps（2.4 GHz）、40 kbps（915 MHz）和 20 kbps（868 MHz）的原始数据吞吐率，满足低速率传输数据的应用需求。⑥传输距离近，室内传输距离在 10 ~ 100 m，室外可视环境下通信距离在 500 m 以上，但可通过路由等功能节点进行组网来扩展通信距离。

2.3 其他无线通信技术

与 WLAN、ZigBee 同属于近距离无线通信的还有蓝牙（BlueTooth），射频识别（RFID）以及超宽带技术（UWB）等，其关键性能和特点如表 1 所示。

表 1 常见近距离无线通信技术性能对比

	ZigBee	WLAN	BlueTooth	RFID	UWB
标准制定	IEEE802.15.4	802.11.a/b/g/n	802.15.1	未统一	IEEE802.15.3a
通信距离	室内 100 m，室外 500 m 以上	100 m	1 ~ 10 m	10 cm ~ 10 m	10 m
传输速率	20 ~ 250 kbps	11 Mbps、54 Mbps、300 Mbps	1 Mbps	几 kbps ~ 几 Mbps	≥480 Mbps
电源功耗	低	大	大	终端无源	低
传输介质	2.4 GHz/868 M/915M 射频	2.4 GHz 射频	2.4 GHz 射频	50 kHz ~ 5.8 GHz 射频	3.1 ~ 10.6 GHz 射频
典型应用	无线传感网，数据，语音	数据，语音，视频	数据，语音，视频	门禁，物流，电子钱包	数据，语音，视频

2.4 无线通信技术比较结论

通过对上述近距离无线通信技术的比较分析，可看出与其他通信技术相比，ZigBee 技术作为一种短距离、低功耗、低数据速率、低成本、自组织的无线网络通信技术，对 WLAN 具有一定的替代性，较好的满足了工程监测网络的需要；且 ZigBee 技术的低功耗特性，也为满足锦屏大坝温控试验线的具体要求提供了可能。

3 混合异构网络的温度控制自动监测系统设计

3.1 系统设计要点

3.1.1 ZigBee 个域网 PAN 设计

ZigBee 个域网由无线通信管理器(协调器)、路由节点和终端设备组成。根据 ZigBee 的协议规定,一个 PAN 只有一个协调器,负责网络节点的管理;路由节点承担路由功能,为终端设备提供数据传输中继。其中,协调器和路由节点不节电,终端设备可工作在节电状态。设计中,主要使 ZigBee 终端通信设备的功耗尽量低,而协调器和路由器则要充分利用已有的外接电源,选择合适的位置进行部署。

3.1.2 ZigBee 个域网与 WLAN 的异构网络融合

设计中通过采用 485 串口设备无线联网模块,将 WLAN 网络 IP 地址映射为相应的串口。ZigBee 的个域网对外接口设计为串口,对用户而言,使整个 ZigBee 网络对外呈现为透明传输状态。虽然 ZigBee 网络和 WLAN 网络工作在相同的工作频段,但由于采用不同的通信标准,彼此之间不会造成干扰。从而通过常用的 485 串口设备无线联网模块,将两种不同的无线网络便捷的融合起来。

3.1.3 低功耗设计

由于协调器和路由器均不节电,而现有的 WLAN 的无线接入点 AP 都有外接电源供应,故协调器和路由均部署在现有 AP 点处。ZigBee 透明传输终端与测量设备均设计为低功耗工作模式。测量设备大部分处于休眠时间,只有 ZigBee 透明终端收到数据时,才唤醒测量设备进行正常测量。测量及发送数据完毕后,测量设备自动进入低功耗状态。

3.2 系统总体设计

基于上述的设计要点,锦屏温控试验线的系统总体设计见图 1。

如图 1 所示,ZigBee 通信网络选择了南京南瑞集团公司研制的 ZigBee 无线通信 NDA1770,ZigBee 透明传输模块 NDA3320 和 ZigBee 路由模块,测量模块则选择 NDA1104 型智能化数据采集模块。蓄电池、串口无线网卡模块等为市场采购,其中蓄电池容量为 65AH。

3.3 系统运行情况

锦屏一级水电站温控试验线于 2011 年 6 月在工程中投入运行。系统中 ZigBee 透明传输模块 NDA3320 的空闲状态功耗约为 6 mA,智能数据采集模块 NDA1104 休眠状态功耗约为 8 mA;NDA3320 处于数据发送状态,功耗约为 350 mA,NDA1104 处于工作状态约为 120 mA。因测点箱内模块大部分时间处于非工作状态,绝大多数时间整体功耗约为 15 mA。蓄电池容量为 65 AH,足够支持测量系统工作数月,满足温控试验线的应用需求。在测量实时性方面,经实测验证,试验线系统至多在 1 min 内唤醒模块并获取测量数据。

温控试验线投入运行后,业主、施工单位和相关巡检人员,只要能够接入锦屏一级水电站的 WLAN 网络,均可根据已有帐号登陆大坝信息安全管理系统软件,进行试验线测点的实时测量及数据操作,极大提高了施工过程中温度监测的自动化水平,为锦屏大坝的浇筑施工提供了大量基础温度数据,有效支持了大坝施工质量管理和工程进度决策。

4 结语

ZigBee 和 WLAN 组成的混合异构网络,结合了两种近距离无线通信技术的优点,在大

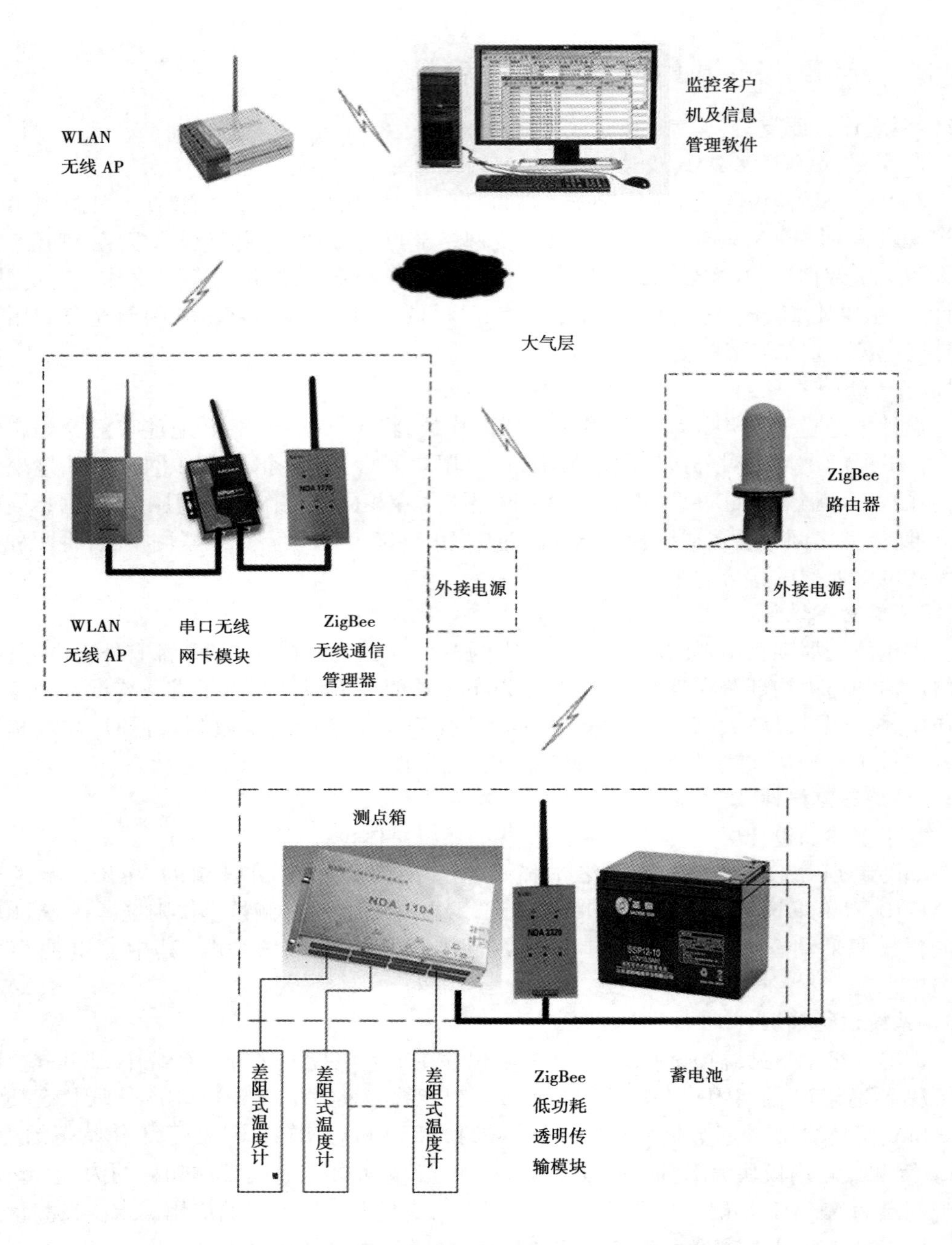

图1　锦屏一级水电站温控试验线总体设计示意图

坝及工程安全监测领域有着良好的应用前景。ZigBee 和 WLAN 混合异构网络在锦屏温控试验线的成功运行,提升了锦屏大坝混凝土浇筑过程中的温度测量的实时性和准确性,为大坝施工质量管理和工程进度决策提供了支持。同时,也为 ZigBee 技术在利用工程现有网络(WLAN 或有线通信)构建低功耗的局域无线传感网积累了充分的经验、提供了良好的工程示范效应。

附　录

我国与世界水库大坝统计

贾金生　袁玉兰　赵　春　马忠丽

中国大坝协会

我国水库大坝的建设有着悠久的历史，如建于公元前598～前591年间的安徽省寿县的安丰塘，坝高6.5 m，库容达9 070×10^4 m^3，水面面积达34 km^2，经历史上多次修复和更新改建等，至今已运行2 600多年。我国建水库大坝的历史虽久，但前期发展较慢，根据1950年国际大坝委员会统计资料，全球5 268座水库大坝中，我国仅有21座（含台湾省），包括丰满重力坝等，数量极其有限，以水库总的库容和水电总的发电量与国际比较，都处于非常落后的阶段。1950年之后，特别是改革开放近30年来，我国的水库大坝建设和坝工技术有了突飞猛进的发展，防洪、灌溉、供水和能源安全有了重要的保障。

我国的大坝建设中，1990年前大多为中低坝，坝高90 m以上的只有3座。截至2009年年底，我国已建、在建30 m以上大坝为5 443座，其中300 m以上大坝有1座，坝高200～300 m间的大坝有11座，坝高在150～200 m间的大坝有31座，坝高在100～150 m间的大坝有124座，坝高在60～100 m间的大坝有509座，60 m以下的大坝有4 767座。已建、在建坝中，拱坝有862座（含40座碾压混凝土拱坝），重力坝有635座（含89座碾压混凝土重力坝），堆石坝有536座（含240座混凝土面板堆石坝），土石坝有3 065座，其他坝型345座。三峡、二滩、小浪底等工程的投产运行，标志着我国大坝建设实现了质的突破，由追赶世界水平到很多方面居于国际先进和领先，不少水库大坝经过了“98”大洪水、汶川大地震等的严峻考验。这一阶段水库大坝有四个特点为世界同行称道，即：设计质量高、建设速度快、施工质量好并取得了良好的综合效益。

经过近60年发展，我国在大坝建设方面虽然已经取得了巨大成就，但面向未来和国家发展需要，仍有一系列的技术问题需要关注。基于各方的需求，本文收集了国内外按坝高、库容、装机等参数排在前列的大坝工程，供领导和专家参考使用，限于时间和水平，难免有不当和遗漏之处，请给予指正。

附表1～附表13中所用数据主要来自于中国大坝协会秘书处2011年的中国大坝统计数据库和国际大坝委员会2003年大坝统计数据库，并参阅了水利部大坝安全管理中心、国家电力监管委员会大坝安全中心的水库大坝基本资料信息。统计表中其他国家的坝名除标注英文外，还给出了中文译名。中文译名参照了有关文献。

表中坝型的代码均引用国际大坝委员会的代码，标识如下：PG为重力坝，VA为拱坝，ER为堆石坝，TE为土坝，RCCPG为碾压混凝土重力坝，RCCVA为碾压混凝土拱坝，CFRD为面板堆石坝，MV为连拱坝，CB为混合坝。

附表1　我国库容前100位大坝统计

序号	坝名	流域	省（市、区）	坝类型	坝高（m）	总库容（$\times 10^8 m^3$）	装机容量（MW）	起止年限
1	三峡	长江	湖北	PG	181	450.5	22 500	1994～2009
2	丹江口	汉江	湖北	PG	117	339.1	900	1958～1974（第一次建设），2005至今（加高）
3	龙滩	红水河	广西	RCCPG	一期192/二期216.5	一期188/二期299.2	一期4 900/二期6 300	一期2001～2009/二期未建设
4	龙羊峡	黄河	青海	VA	178	274	1 280	1977～1989
5	糯扎渡	澜沧江	云南	ER	261.5	237.03	5 850	2006～2015
6	新安江	新安江	浙江	PG	105	216.26	850	1957～1960
7	小湾	澜沧江	云南	VA	294.5	150	4 200	2002～2012
8	水丰	鸭绿江	辽宁	PG	106.4	146.66	900	1937～1943
9	新丰江	新丰江	广东	PG	105	138.96	355	1958～1977
10	小浪底	黄河干流	河南	ER	160	126.5	1 800	1994～2001
11	丰满	松花江	吉林	PG	91.7	109.88	1 002.5	1937～1953
12	天生桥一级	南盘江干流	贵州/广西	CFRD	178	102.57	1 200	1991～2000
13	三门峡	黄河	河南/山西	PG	106	96	410	1957～1961
14	溪洛渡	金沙江	四川	VA	285.5	92.7	13 860	2004～2015
15	尼尔基	嫩江干流	黑龙江/内蒙古	TE	40.55	86.1	250	2001～2005
16	锦屏一级	雅砻江	四川	VA	305	79.88	3 600	2005～2014
17	柘林	北修河	江西	ER	63.5	79.2	420	1970～1985
18	构皮滩	乌江	贵州	VA	232.5	64.54	3 000	2003～2009
19	刘家峡	黄河	甘肃	PG	147	64	1 350	1958～1974
20	二滩	雅砻江	四川	VA	240	61	3 300	1991～2000
21	东江	湘支耒水	湖南	VA	157	59.21	1 800	1978～1992
22	百色	右江	广西	RCCPG	130	56.6	540	2001～2006
23	白山	第二松花江	吉林	VA	149.5	56	1 800	1975～1986
24	瀑布沟	大渡河	四川	ER	186	53.37	3 600	2004～2011
25	向家坝	金沙江	云南/四川	PG	162	51.63	6 400	2006～2015
26	洪家渡	乌江干流	贵州	CFRD	179.5	49.47	600	2000～2005
27	水布垭	清江	湖北	CFRD	233.2	45.8	1 840	2002～2009

续附表 1

序号	坝名	流域	省（市、区）	坝类型	坝高（m）	总库容（$\times10^8m^3$）	装机容量（MW）	起止年限
28	密云水库（潮河主坝）	潮白河	北京	TE	66.4	43.75	91.5	1958～1960
29	五强溪	沅水	湖南	PG	85.83	42.9	1 200	1986～1998
30	长洲	浔江	广西	PG	49.8	42.9	630	2003～2009
31	滩坑	瓯江	浙江	CFRD	162	41.9	604	2000～2009
32	官厅	永定河	北京	TE	52	41.6	30	1951～1954
33	三板溪	沅水干流	贵州	CFRD	185.5	40.94	1 000	2002～2006
34	亭子口	嘉陵江	四川	RCCPG	116	40.67	1 100	2009～2014
35	云峰	鸭绿江	吉林	PG	113.75	38.95	400	1959～1967
36	柘溪	资水	湖南	CB	104	35.7	947.5	1958～1966
37	桓仁	浑江	辽宁	CB	75	34.62	246.5	1958～1972
38	岩滩	红水河	广西	RCCPG	110	33.8	1 210	1985～1995
39	松涛（南丰）	南渡江	海南	TE	80.1	33.45	24.9	1959～1970
40	光照	北盘江	贵州	RCCPG	200.5	32.45	1 040	2003～2009
41	安康	汉江	陕西	PG	128	32.03	800	1978～1995
42	西津	郁江	广西	PG	41	30	242.2	1958～1964
43	潘家口	滦河	河北	PG	107.5	29.3	420	1975～1984
44	毕拉河	毕拉河	内蒙古	PG/ER	83.3	28.76	255	
45	隔河岩	清江	湖北	VA	151	27.06	180	1987～1995
46	陈村	青弋江	安徽	VA	76.3	27.06	180	1958～1971
47	响洪甸	西淠河	安徽	VA	87.5	26.32	80	1956～1961
48	水口	闽江	福建	PG	101	26	1 400	1987～1996
49	红山	西辽河	内蒙古	TE	31.4	25.6	8.72	1958～1965
50	吉林台一级	喀什河	新疆	CFRD	157	25.3	500	2001～2006
51	喀腊塑克	额尔齐斯	新疆	RCCPG	121.5	24.19	140	2007～
52	花凉亭	长河	安徽	ER	58	23.66	40	1958～1976
53	潘口	堵河干流	湖北	CFRD	114	23.38	500	2007～
54	乌江渡	乌江支流	贵州	VA	165	23	1 250	1970～1982
55	大伙房	辽河流域	辽宁	ER	49.8	22.68	40	1953～1958
56	宝珠寺	白龙江	四川	MV	132	22.63	40	1984～2000
57	梅山	史河	安徽	PG	68.51	22.63	53.3	1954～1956

续附表 1

序号	坝名	流域	省（市、区）	坝类型	坝高（m）	总库容（$\times 10^8 m^3$）	装机容量（MW）	起止年限
58	阿尔塔什	叶尔羌河	新疆	CFRD	164.8	22.51	730	2011～2017
59	草街	嘉陵江	重庆	PG	83	22.12	500	2004～2010
60	观音阁	太子河	辽宁	RCCPG	82	21.68	20.75	1990～1995
61	漳河	沮漳河	湖北	TE	66.5	21.13	9.22	1958～1964
62	湖南镇	钱塘江	浙江	CB	129	20.67	320	1958～1983
63	棉花滩	汀江	福建	RCCPG	113	20.35	600	1998～2002
64	枫树坝	东江	广东	PG	95.3	19.32	200	1970～1975
65	飞来峡	北江	广东	PG/TE	52.3	19.04	140	1994～1999
66	街面	尤溪	福建	CFRD	126	18.24	300	2003～2007
67	珊溪	飞云江	浙江	CFRD	132.8	18.24	200	1997～2001
68	镜泊湖	牡丹江	黑龙江	PG	10.9	18.2	96	1938～1978
69	二龙山	东辽河	吉林	TE	32.16	17.92	8.36	1943～1963
70	恰甫其海	特克斯河	新疆	ER	105	17.7	320	2002～2005
71	李家峡	黄河流	青海	VA	155	17.5	1 600	1988～1997
72	凤滩	沅支酉水	湖南	VA	112.5	17.5	1 600	1970～1979
73	江垭	澧支	湖南	RCCPG	131	17.4	300	1995～1999
74	黄花寨	格凸河	贵州	RCCVA	110	17.4	815	2006～2008
75	鲁地拉	金沙江	云南	RCCPG	140	17.18	2 160	2007～
76	大广坝	昌化江	海南	RCCPG	55	17.1	240	1989～1995
77	岗南上库	海河	河北	TE	64.5	17.04	4.1	1958～1968
78	富水	富河	湖北	TE	46.8	16.65	40	1958～1963
79	宿鸭湖	汝河	河南	TE	16.2	16.56		1958
80	白石	大凌河	辽宁	RCCPG	49.3	16.45	9.6	1995～2000
81	南湾	淮河流域	河南	TE	38.3	16.3	5.92	1952～1955
82	思林	乌江	贵州	RCCPG	117	15.93	1 050	2006～2009
83	于桥	蓟运河	天津市	TE	24	15.59	5	1959～1965
84	涔天河(扩)	潇水支流	湖南	CFRD	113	15.1	200	1966～1970
85	彭水	乌江	重庆	RCCPG	113.5	14.65	1 750	2003～2007
86	皂市	澧水支流渫水	湖南	RCCPG	88	14.39	120	2004～2008
87	峡山	黄河	山东	TE	21	14.05	4.125	1958～1960
88	王快	海河	河北	TE	62.5	13.89	23.5	1958～1960

续附表 1

序号	坝名	流域	省（市、区）	坝类型	坝高（m）	总库容（$\times 10^8 m^3$）	装机容量（MW）	起止年限
89	紧水滩	瓯江	浙江	RCCPG	102	13.84	300	1981～1988
90	托口	沅水	湖南	RCCPG	110	13.84	830	2009～2011
91	江坪河	溇水	湖北	CFRD	219	13.66	450	2007～
92	鸭河口	长江汉江	河南	TE	34.6	13.39	12.8	1958～1960
93	陆浑	黄河流域	河南	TE	55	13.2	10.45	1959～1965
94	白莲河下库	浠水河	湖北	ER	69	13.2	1 200	2005～2009
95	岳城	漳河	河北	TE	55.5	13	17	1959～1970
96	察尔森	洮儿河	内蒙古	TE	39.7	12.53	12.8	1973～1995
97	升钟	长江—嘉陵江—西河	四川	ER	79	12.39	8.4	1977～1987
98	龙江	龙江	云南	VA	110	12.17	240	2006～2010
99	故县	黄河	河南	PG	125	11.75	60	1978～1994
100	景洪	澜沧江	云南	RCCPG	108	11.39	1 750	2003～2008

附表 2　我国坝高前 100 位大坝统计

序号	坝名	流域	省（市、区）	坝类型	坝高（m）	总库容（$\times 10^8 m^3$）	装机容量（MW）	起止年限
1	锦屏一级	雅砻江	四川	VA	305	79.88	3 600	2005～2014
2	小湾	澜沧江	云南	VA	294.5	150	4 200	2002～2012
3	溪洛渡	金沙江	四川	VA	285.5	92.7	13 860	2004～2015
4	糯扎渡	澜沧江	云南	ER	261.5	237.03	5 850	2006～2015
5	拉西瓦	黄河	青海	VA	250	7.77	4 200	2004～2010
6	二滩	雅砻江	四川	VA	240	61	3 300	1991～2000
7	长河坝	大渡河干流	四川	ER	240	10.75	2 600	2005～2013
8	水布垭	清江	湖北	CFRD	233.2	45.8	1 840	2002～2009
9	构皮滩	乌江	贵州	VA	232.5	64.54	3 000	2003～2009
10	猴子岩	大渡河	四川	CFRD	223.5	7.06	1 700	2011～2017
11	江坪河	溇水	湖北	CFRD	219	13.66	450	2007～
12	龙滩	红水河	广西	RCCPG	一期 192/二期 216.5	一期 188/二期 299.2	一期 4 900/二期 6 300	一期 2001～2009/二期未建设
13	大岗山	大渡河	四川	VA	210	7.33	2 600	2010～2015
14	光照	北盘江	贵州	RCCPG	200.5	32.45	1 040	2003～2009

续附表 2

序号	坝名	流域	省（市、区）	坝类型	坝高（m）	总库容（$\times 10^8 m^3$）	装机容量（MW）	起止年限
15	瀑布沟	大渡河	四川	ER	186	53.37	3 600	2004～2011
16	三板溪	沅水干流	贵州	CFRD	185.5	40.94	1 000	2002～2006
17	三峡	长江	湖北	PG	181	450.5	22 500	1994～2009
18	德基	大甲溪	台湾	VA	181	2.32	234	1969～1974
19	洪家渡	乌江干流	贵州	CFRD	179.5	49.47	600	2000～2005
20	龙羊峡	黄河	青海	VA	178	274	1 280	1977～1989
21	天生桥一级	南盘江干流	贵州/广西	CFRD	178	102.57	1 200	1991～2000
22	卡基娃	木里河	四川	CFRD	171	3.745	440	2008～2014
23	官地	雅砻江	四川	RCCPG	168	7.597	2 400	2010～2012
24	乌江渡	乌江支流	贵州	VA	165	23	1 250	1970～1982
25	阿尔塔什	叶尔羌河	新疆	CFRD	164.8	22.51	730	2011～2017
26	平寨	三岔河	贵州	CFRD	162.7	10.89	140.2	2010～
27	向家坝	金沙江	云南/四川	PG	162	51.63	6 400	2006～2015
28	滩坑	瓯江	浙江	CFRD	162	41.9	604	2004～2009
29	东风	乌江	贵州	VA	162	10.25	695	1984～1995
30	溧阳抽水蓄能电站上库	中田舍河	江苏	CFRD	161.5	0.14	1 500	2008～2009
31	万家口子	革香河	云南	RCCVA	160.5	2.793	180	2008～
32	小浪底	黄河干流	河南	ER	160	126.5	1 800	1994～2001
33	金安桥	金沙江	云南	RCCPG	160	9.13	2 400	2003～2011
34	盖下坝	长滩河	重庆	VA	160	3.54	132	2008～2012
35	托巴	澜沧江	云南	RCCPG	158	10.394	1 250	2010～2016
36	东江	湘支耒水	湖南	VA	157	59.21	1 800	1978～1992
37	吉林台一级	喀什河	新疆	CFRD	157	25.3	500	2001～2006
38	紫坪铺	岷江	四川	CFRD	156	11.12	760	2001～2006
39	李家峡	黄河干流	青海	VA	155	17.5	1 600	1988～1997
40	梨园	金沙江	云南	CFRD	155	8.05	2 400	2008～2014
41	巴山	任河	重庆	CFRD	155	3.154	181	2005～2009
42	马鹿塘二期	盘龙河	云南	CFRD	154	5.46	239	2005～2009
43	隔河岩	清江	湖北	VA	151	27.06	180	1987～1995
44	董箐	北盘江	贵州	CFRD	150	9.55	880	2005～2010

续附表 2

序号	坝名	流域	省（市、区）	坝类型	坝高（m）	总库容（$\times 10^8 m^3$）	装机容量（MW）	起止年限
45	白山	第二松花江	吉林	VA	149.5	56	1 800	1975～1986
46	刘家峡	黄河	甘肃	PG	147	64	1 350	1958～1974
47	毛尔盖	黑水河	四川	ER	147	5.35	420	2008～2011
48	吉勒布拉克	额尔齐斯河	新疆	CFRD	147	2.32	160	2009～2013
49	龙首二级	黑河干流	甘肃	CFRD	146.5	0.862	157	2001～2005
50	狮子关	洪家河	湖北	PG	145	1.41	10	1999～2004
51	溪古	九龙河	四川	CFRD	144	0.998 6	249	2009～2013
52	德泽	牛栏江	云南	CFRD	142	4.48	30	2008～2011
53	鲁地拉	金沙江	云南	RCCPG	140	17.18	2 160	2007～
54	江口	乌江支流	重庆	VA	140	5.05	300	1999～2004
55	青龙	马尾沟	湖北	RCCVA	139.7	0.283	40	2009～2011
56	瓦屋山	周公河	四川	CFRD	138.76	5.843	240	2003～2007
57	狮子坪	杂谷脑河	四川	ER	136	1.35	195	2003～
58	布西	鸭嘴河	四川	CFRD	135.8	2.52	20	2007～2011
59	龙马	李仙江—把边江	云南	CFRD	135	5.904	240	2003～2008
60	洞坪	清江	湖北	VA	135	3.49	110	2003～2006
61	云龙河三级	云龙河	湖北	RCCVA	135	0.44	40	2006～2008
62	吉音	克里雅河	新疆	CFRD	134.7	0.83	240	2008～2013
63	大花水	乌江支流	贵州	RCCVA	134.5	2.765	200	2005～2007
64	苏家河口	槟榔江	云南	CFRD	133.75	2.25	315	2005～2010
65	石门	大汉溪	台湾	TE	133.1	3.091 2	90	1956～1964
66	九甸峡	洮河	甘肃	CFRD	133	9.43	300	2005～2009
67	曾文	曾文溪	台湾	TE	133	7.127	50	1967～1973
68	三里坪	南河	湖北	RCCVA	133	4.6	70	2008～2011
69	乌鲁瓦提	喀拉喀什河	新疆	CFRD	133	3.47	60	1995～2002
70	珊溪	飞云江	浙江	CFRD	132.8	18.24	200	1997～2001
71	公伯峡	黄河干流	青海	CFRD	132.2	6.2	1 500	2001～2006
72	宝珠寺	白龙江	四川	MV	132	22.63	40	1984～2000
73	漫湾	澜沧江	云南	PG	132	10.06	1 670	1986～1995
74	阿海	金沙江	云南	RCCPG	132	8.85	2 000	2008～2013

续附表 2

序号	坝名	流域	省（市、区）	坝类型	坝高（m）	总库容（$\times10^8m^3$）	装机容量（MW）	起止年限
75	沙牌	草坡河	四川	RCCVA	132	0.18	36	1997 ~ 2004
76	江垭	澧支	湖南	RCCPG	131	17.4	300	1995 ~ 1999
77	百色	右江	广西	RCCPG	130	56.6	540	2001 ~ 2006
78	洪口	霍童溪干流	福建	RCCPG	130	4.497	200	2005 ~ 2010
79	金盆	渭河支流	陕西	ER	130	2	20	1996 ~ 2002
80	引子渡	长江—乌江—三岔河	贵州	CFRD	129.5	5.31	360	2000 ~ 2004
81	肯斯瓦特	玛纳斯河	新疆	CFRD	129.4	1.88	100	2009 ~ 2013
82	湖南镇	钱塘江	浙江	CB	129	20.67	320	1958 ~ 1983
83	安康	汉江	陕西	PG	128	32.03	800	1978 ~ 1995
84	红旗岗	钱塘江	浙江	TE	128	0.037 8	0.4	1966 ~ 1970
85	山口岩	袁河	江西	RCCVA	126.71	1.05	12	2007 ~
86	街面	尤溪	福建	CFRD	126	18.24	300	2003 ~ 2007
87	鄂坪	堵河—汇湾	湖北	CFRD	125.6	3.027	114	2002 ~ 2010
88	硗碛	青衣江	四川	ER	125.5	2.12	240	2002 ~ 2008
89	故县	黄河	河南	PG	125	11.75	60	1978 ~ 1994
90	冶勒	大渡河	四川	ER	124.5	2.98	240	2000 ~ 2005
91	白溪	白溪干流	浙江	CFRD	124.4	1.684	18	1996 ~ 2001
92	石门坎	李仙江流域	云南	VA	124	1.97	130	2008 ~ 2012
93	藤子沟	龙河	重庆	VA	124	1.87	345	2002 ~ 2006
94	格里桥	清水河	贵州	RCCPG	124	0.774	150	2007 ~ 2010
95	黑泉	湟水河	青海	CFRD	123.5	1.82	12	1996 ~ 2006
96	锦潭	黄洞河	广东	VA	123.3	2.49	47	2007 ~
97	石头峡	大通河	青海	CFRD	123.1	9.85	90	2011 ~
98	翡翠	北势溪	台湾	VA	122.5	3.9	70	1981 ~ 1987
99	河口村		河南	CFRD	122.5	3.17	11.6	2011 ~ 2015
100	喀腊塑克	额尔齐斯	新疆	RCCPG	121.5	24.19	140	2007 ~

附表3　我国装机前100位大坝统计

序号	坝名	流域	省（市、区）	坝类型	坝高（m）	总库容（$\times10^8m^3$）	装机容量（MW）	起止年限
1	三峡	长江	湖北	PG	181	450.5	22 500	1994～2009
2	溪洛渡	金沙江	四川	VA	285.5	92.7	13 860	2004～2015
3	向家坝	金沙江	云南/四川	PG	162	51.63	6 400	2006～2015
4	龙滩	红水河	广西	RCCPG	一期192/二期216.5	一期188/二期299.2	一期4 900/二期6 300	一期2001～2009/二期未建设
5	糯扎渡	澜沧江	云南	ER	261.5	237.03	5 850	2006～2015
6	锦屏二级	雅砻江	四川	BM	34	0.192	4 800	2007～2015
7	小湾	澜沧江	云南	VA	294.5	150	4 200	2002～2012
8	拉西瓦	黄河	青海	VA	250	7.77	4 200	2004～2010
9	锦屏一级	雅砻江	四川	VA	305	79.88	3 600	2005～2014
10	瀑布沟	大渡河	四川	ER	186	53.37	3 600	2004～2011
11	二滩	雅砻江	四川	VA	240	61	3 300	1991～2000
12	构皮滩	乌江	贵州	VA	232.5	64.54	3 000	2003～2009
13	葛洲坝	长江	湖北	PG	53.8	7.11	2 715	1970～1988
14	长河坝	大渡河干流	四川	ER	240	10.75	2 600	2005～2013
15	大岗山	大渡河	四川	VA	210	7.33	2 600	2010～2015
16	官地	雅砻江	四川	RCCPG	168	7.597	2 400	2010～2012
17	金安桥	金沙江	云南	RCCPG	160	9.13	2 400	2003～2011
18	梨园	金沙江	云南	CFRD	155	8.05	2 400	2008～2014
19	广州抽水蓄能电站上库	召大水	广东	CFRD	68	0.26	2 400	1988～1994
20	惠州抽水蓄能电站上库	小金河	广东	RCCPG	56.7	0.317	2 400	2003～2011
21	鲁地拉	金沙江	云南	RCCPG	140	17.18	2 160	2007～
22	阿海	金沙江	云南	RCCPG	132	8.85	2 000	2008～2013
23	水布垭	清江	湖北	CFRD	233.2	45.8	1 840	2002～2009
24	小浪底	黄河干流	河南	ER	160	126.5	1 800	1994～2001
25	东江	湘支耒水	湖南	VA	157	59.21	1 800	1978～1992
26	白山	第二松花江	吉林	VA	149.5	56	1 800	1975～1986
27	龙开口	金沙江	云南	RCCPG	116	5.58	1 800	2007～2013
28	天荒坪蓄能电站上库	山河港	浙江	ER	70	0.088 5	1 800	1993～1997

续附表3

序号	坝名	流域	省（市、区）	坝类型	坝高（m）	总库容（$\times10^8 m^3$）	装机容量（MW）	起止年限
29	彭水	乌江	重庆	RCCPG	113.5	14.65	1 750	2003～2007
30	景洪	澜沧江	云南	RCCPG	108	11.39	1 750	2003～2008
31	猴子岩	大渡河	四川	CFRD	223.5	7.06	1 700	2011～2017
32	漫湾	澜沧江	云南	PG	132	10.06	1 670	1986～1995
33	李家峡	黄河干流	青海	VA	155	17.5	1 600	1988～1997
34	凤滩	沅支酉水	湖南	VA	112.5	17.5	1 600	1970～1979
35	明潭抽水蓄能电站	水里溪	台湾	RCCPG	61.5	0.14	1 600	1987～1995
36	溧阳抽水蓄能电站上库	中田舍河	江苏	CFRD	161.5	0.14	1 500	2008～2009
37	公伯峡	黄河干流	青海	CFRD	132.2	6.2	1 500	2001～2006
38	水口	闽江	福建	PG	101	26	1 400	1987～1996
39	刘家峡	黄河	甘肃	PG	147	64	1 350	1958～1974
40	大朝山	澜沧江	云南	RCCPG	111	9.4	1 350	1997～2003
41	天生桥二级	南盘江	广西	RCCPG	60.7	1.156 9	1 320	1984～1992
42	龙羊峡	黄河	青海	VA	178	274	1 280	1977～1989
43	清远抽水蓄能电站		广东	ER	54	0.12	1 280	2010～2015
44	乌江渡	乌江支流	贵州	VA	165	23	1 250	1970～1982
45	托巴	澜沧江	云南	RCCPG	158	10.394	1 250	2010～2016
46	岩滩	红水河	广西	RCCPG	110	33.8	1 210	1985～1995
47	天生桥一级	南盘江干流	贵州/广西	CFRD	178	102.57	1 200	1991～2000
48	西龙池抽水蓄能电站下库	龙池沟	山西	CFRD	97	0.049 4	1 200	2002～2007
49	天池抽水蓄能电站上库	黄鸭河	河南	CFRD	95.4	0.088 1	1 200	2010～2015
50	宝泉抽水蓄能电站上库	峪河	河南	ACFRD	92.5	0.079 84	1 200	2002～2007
51	五强溪	沅水	湖南	PG	85.83	42.9	1 200	1986～1998
52	蒲石河抽水蓄能电站上库	蒲石河干流	辽宁	PG	78.5	0.135 1	1 200	2007～2010
53	仙游抽水蓄能电站上库	木兰溪	福建	CFRD	72.6	0.173 5	1 200	2009～2014

续附表 3

序号	坝名	流域	省（市、区）	坝类型	坝高（m）	总库容（$\times10^8m^3$）	装机容量（MW）	起止年限
54	桐柏抽水蓄能电站下库	百丈溪	浙江	CFRD	71.4	0.13	1 200	2002～2006
55	黑麋峰抽水蓄能电站上库	湘江	湖南	CFRD	69.5	0.103 5	1 200	2005～2010
56	白莲河下库	浠水河	湖北	ER	69	13.2	1 200	2005～2009
57	呼和浩特抽水蓄能电站	大青山水系	内蒙古	CFRD	62.5	0.066	1 200	2007～2012
58	莲花抽水蓄能电站上库	牡丹江干流	黑龙江	CFRD	49	0.095 4	1 200	1992～1998
59	沙沱	乌江	贵州	RCCPG	101	9.1	1 120	2009～2012
60	亭子口	嘉陵江	四川	RCCPG	116	40.67	1 100	2009～2014
61	万家寨	黄河	山西	PG	105	8.96	1 080	1994～1998
62	思林	乌江	贵州	RCCPG	117	15.93	1 050	2006～2009
63	光照	北盘江	贵州	RCCPG	200.5	32.45	1 040	2003～2009
64	积石峡	黄河	青海	CFRD	111	2.94	1 020	2005～2010
65	丰满	松花江	吉林	PG	91.7	109.88	1 002.5	1937～1953
66	三板溪	沅水干流	贵州	CFRD	185.5	40.94	1 000	2002～2006
67	泰安抽水蓄能电站上库	樱桃园沟	山东	CFRD	99.8	0.109 7	1 000	2001～2005
68	响水涧抽水蓄能电站	长江	安徽	CFRD	87	0.174 8	1000	2006～2011
69	宜兴抽水蓄能电站上库	太湖荆溪	江苏	CFRD	75	0.053	1 000	2001～2006
70	板桥峪抽水蓄能电站下库	白河	北京	VA	70		1 000	2002～2009
71	松塔	松塔河	山西	X	62.6	0.974	1 000	2009～2011
72	明湖抽水蓄能电站	水里溪	台湾	PG	57.5	0.097	1000	1981～1985
73	张河湾上库	甘陶河	河北	ACFRD	57	0.078 5	1 000	2002～2008
74	柘溪	资水	湖南	CB	104	35.7	947.5	1958～1966

续附表 3

序号	坝名	流域	省（市、区）	坝类型	坝高（m）	总库容（$\times10^8m^3$）	装机容量（MW）	起止年限
75	丹江口	汉江	湖北	PG	117 加高工程	339.1	900	1958～1974(第一次建设),2005至今(加高)
76	水丰	鸭绿江	辽宁	PG	106.4	146.66	900	1937～1943
77	功果桥	澜沧江	云南	RCCPG	105	3.49	900	2007～2011
78	董箐	北盘江	贵州	CFRD	150	9.55	880	2005～2010
79	新安江	新安江	浙江	PG	105	216.26	850	1957～1960
80	托口	沅水	湖南	RCCPG	110	13.84	830	2009～2011
81	黄花寨	格凸河	贵州	RCCVA	110	17.4	815	2006～2008
82	安康	汉江	陕西	PG	128	32.03	800	1978～1995
83	十三陵抽水蓄能电站	上寺沟	北京	CFRD	75	0.044 5	800	1992～1997
84	紫坪铺	岷江	四川	CFRD	156	11.12	760	2001～2006
85	阿尔塔什	叶尔羌河	新疆	CFRD	164.8	22.51	730	2011～2017
86	巴底	大渡河	四川	X	112	4.65	700	2009～2014
87	龚嘴	大渡河	四川	PG	85	3.73	700	1966～1978
88	龙头石	大渡河	四川	ER	58.5		700	2005～2009
89	东风	乌江	贵州	VA	162	10.25	695	1984～1995
90	深溪沟	大渡河	四川	PG	49.5	0.33	660	2007～2012
91	长洲	浔江	广西	PG	49.8	42.9	630	2003～2009
92	滩坑	瓯江	浙江	CFRD	162	41.9	604	2004～2009
93	洪家渡	乌江干流	贵州	CFRD	179.5	49.47	600	2000～2005
94	索风营	乌江支流	贵州	RCCPG	115.8	2.012	600	2002～2006
95	棉花滩	汀江	福建	RCCPG	113	20.35	600	1998～2002
96	鲁布革	黄泥河	云南	ER	103.8	1.224	600	1982～1992
97	乐滩	红水河	广西	PG	82	9.5	600	2001～2006
98	铜街子	大渡河	四川	PG	82	2.6	600	1985～1994
99	桐子林		四川	PG	71.3	0.912	600	2010～2016
100	琅琊山抽水蓄能电站上库	荒山沟	安徽	CFRD	64	0.18	600	2001～2005

附表4　我国坝高前30位土石坝统计

序号	坝名	流域	省（市、区）	坝类型	坝高（m）	总库容（$\times 10^8 m^3$）	装机容量（MW）	起止年限
1	糯扎渡	澜沧江	云南	ER	261.5	237.03	5 850	2006～2015
2	长河坝	大渡河干流	四川	ER	240	10.75	2 600	2005～2013
3	水布垭	清江	湖北	CFRD	233.2	45.8	1 840	2002～2009
4	猴子岩	大渡河	四川	CFRD	223.5	7.06	1 700	2011～2017
5	江坪河	溇水	湖北	CFRD	219	13.66	450	2007～
6	瀑布沟	大渡河	四川	ER	186	53.37	3 600	2004～2011
7	三板溪	沅水干流	贵州	CFRD	185.5	40.94	1 000	2002～2006
8	洪家渡	乌江干流	贵州	CFRD	179.5	49.47	600	2000～2005
9	天生桥一级	南盘江干流	贵州/广西	CFRD	178	102.57	1 200	1991～2000
10	卡基娃	木里河	四川	CFRD	171	3.745	440	2008～2014
11	阿尔塔什	叶尔羌河	新疆	CFRD	164.8	22.51	730	2011～2017
12	平寨	三岔河	贵州	CFRD	162.7	10.89	140.2	2010～
13	滩坑	瓯江	浙江	CFRD	162	41.9	604	2004～2009
14	溧阳抽水蓄能电站上库	中田舍河	江苏	CFRD	161.5	0.14	1 500	2008～2009
15	小浪底	黄河干流	河南	ER	160	126.5	1 800	1994～2001
16	吉林台一级	喀什河	新疆	CFRD	157	25.3	500	2001～2006
17	紫坪铺	岷江	四川	CFRD	156	11.12	760	2001～2006
18	梨园	金沙江	云南	CFRD	155	8.05	2 400	2008～2014
19	巴山	任河	重庆	CFRD	155	3.154	181	2005～2009
20	马鹿塘二期	盘龙河	云南	CFRD	154	5.46	239	2005～2009
21	董箐	北盘江	贵州	CFRD	150	9.55	880	2005～2010
22	吉勒布拉克	额尔齐斯河	新疆	CFRD	147	2.32	160	2009～2013
23	毛尔盖	黑水河	四川	ER	147	5.35	420	2008～2011
24	龙首二级	黑河干流	甘肃	CFRD	146.5	0.862	157	2001～2005
25	溪古	九龙河	四川	CFRD	144	0.998 6	249	2009～2013
26	德泽	牛栏江	云南	CFRD	142	4.48	30	2008～2011
27	瓦屋山	周公河	四川	CFRD	138.76	5.843	240	2003～2007
28	狮子坪	杂谷脑河	四川	ER	136	1.35	195	2003～
29	布西	鸭嘴河	四川	CFRD	135.8	2.52	20	2007～2011
30	龙马	李仙江—把边江	云南	CFRD	135	5.904	240	2003～2008

附表 5　我国坝高前 30 位拱坝统计

序号	坝名	流域	省（市、区）	坝类型	坝高（m）	总库容（$\times 10^8 m^3$）	装机容量（MW）	起止年限
1	锦屏一级	雅砻江	四川	VA	305	79.88	3 600	2005～2014
2	小湾	澜沧江	云南	VA	294.5	150	4 200	2002～2012
3	溪洛渡	金沙江	四川	VA	285.5	92.7	13 860	2004～2015
4	拉西瓦	黄河	青海	VA	250	7.77	4 200	2004～2010
5	二滩	雅砻江	四川	VA	240	61	3 300	1991～2000
6	构皮滩	乌江	贵州	VA	232.5	64.54	3 000	2003～2009
7	大岗山	大渡河	四川	VA	210	7.33	2 600	2010～2015
8	德基	大甲溪	台湾	VA	181	2.32	234	1969～1974
9	龙羊峡	黄河	青海	VA	178	274	1 280	1977～1989
10	乌江渡	乌江支流	贵州	VA	165	23	1 250	1970～1982
11	东风	乌江	贵州	VA	162	10.25	695	1984～1995
12	万家口子	革香河	云南	RCCVA	160.5	2.793	180	2008～
13	盖下坝	长滩河	重庆	VA	160	3.54	132	2008～2012
14	东江	湘支耒水	湖南	VA	157	59.21	1 800	1978～1992
15	李家峡	黄河干流	青海	VA	155	17.5	1 600	1988～1997
16	隔河岩	清江	湖北	VA	151	27.06	180	1987～1995
17	白山	第二松花江	吉林	VA	149.5	56	1 800	1975～1986
18	江口	乌江支流	重庆	VA	140	5.05	300	1999～2004
19	青龙	马尾沟	湖北	RCCVA	139.7	0.283	40	2009～2011
20	云龙河三级	云龙河	湖北	RCCVA	135	0.44	40	2006～2008
21	洞坪	清江	湖北	VA	135	3.49	110	2003～2006
22	大花水	乌江支流	贵州	RCCVA	134.5	2.765	200	2005～2007
23	三里坪	南河	湖北	RCCVA	133	4.6	70	2008～2011
24	沙牌	草坡河	四川	RCCVA	132	0.18	36	1997～2004
25	山口岩	袁河	江西	RCCVA	126.71	1.05	12	2007～
26	藤子沟	龙河	重庆	VA	124	1.87	345	2002～2006
27	石门坎	李仙江流域	云南	VA	124	1.97	130	2008～2012
28	锦潭	黄洞河	广东	VA	123.3	2.49	47	～2007
29	翡翠	北势溪	台湾	VA	122.5	3.9	70	1981～1987
30	善泥坡	北盘江	贵州	RCCVA	119.4		185.5	2009～

附表6　我国坝高前30位重力坝统计

序号	坝名	流域	省（市、区）	坝类型	坝高（m）	总库容（$\times 10^8 m^3$）	装机容量（MW）	起止年限
1	龙滩	红水河	广西	RCCPG	一期 192/二期 216.5	一期 188/二期 299.2	一期 4 900/二期 6 300	一期 2001～2009/二期未建设
2	光照	北盘江	贵州	RCCPG	200.5	32.45	1 040	2003～2009
3	三峡	长江	湖北	PG	181	450.5	22 500	1994～2009
4	官地	雅砻江	四川	RCCPG	168	7.597	2 400	2010～2012
5	向家坝	金沙江	云南/四川	PG	162	51.63	6 400	2006～2015
6	金安桥	金沙江	云南	RCCPG	160	9.13	2 400	2003～2011
7	托巴	澜沧江	云南	RCCPG	158	10.394	1 250	2010～2016
8	刘家峡	黄河	甘肃	PG	147	64	1 350	1958～1974
9	狮子关	洪家河	湖北	PG	145	1.41	10	1999～2004
10	鲁地拉	金沙江	云南	RCCPG	140	17.18	2 160	2007～
11	漫湾	澜沧江	云南	PG	132	10.06	1 670	1986～1995
12	阿海	金沙江	云南	RCCPG	132	8.85	2 000	2008～2013
13	江垭	澧支	湖南	RCCPG	131	17.4	300	1995～1999
14	百色	右江	广西	RCCPG	130	56.6	540	2001～2006
15	洪口	霍童溪干流	福建	RCCPG	130	4.497	200	2005～2010
16	安康	汉江	陕西	PG	128	32.03	800	1978～1995
17	故县	黄河	河南	PG	125	11.75	60	1978～1994
18	格里桥	清水河	贵州	RCCPG	124	0.774	150	2007～2010
19	喀腊塑克	额尔齐斯	新疆	RCCPG	121.5	24.19	140	2007～
20	武都	涪江	四川	RCCPG	119.14	5.72	150	2006～2008
21	思林	乌江	贵州	RCCPG	117	15.93	1 050	2006～2009
22	丹江口	汉江	湖北	PG	117 加高工程	339.1	900	1958～1974（第一次建设），2005至今（加高）
23	藏木	雅鲁藏布江	西藏	PG	116	0.886	510	2010～
24	龙开口	金沙江	云南	RCCPG	116	5.58	1 800	2007～2013
25	亭子口	嘉陵江	四川	RCCPG	116	40.67	1 100	2009～2014
26	索风营	乌江支流	贵州	RCCPG	115.8	2.012	600	2002～2006
27	云峰	鸭绿江	吉林	PG	113.75	38.95	400	1959～1967
28	彭水	乌江	重庆	RCCPG	113.5	14.65	1 750	2003～2007
29	棉花滩	汀江	福建	RCCPG	113	20.35	600	1998～2002
30	戈兰滩	李仙江	云南	RCCPG	113	4.09	450	2003～2009

附表7　我国坝高前30位面板堆石坝统计

序号	坝名	流域	省（市、区）	坝类型	坝高（m）	总库容（$\times 10^8 m^3$）	装机容量（MW）	起止年限
1	水布垭	清江	湖北	CFRD	233.2	45.8	1 840	2002～2009
2	猴子岩	大渡河	四川	CFRD	223.5	7.06	1 700	2011～2017
3	江坪河	溇水	湖北	CFRD	219	13.66	450	2007～
4	三板溪	沅水干流	贵州	CFRD	185.5	40.94	1 000	2002～2006
5	洪家渡	乌江干流	贵州	CFRD	179.5	49.47	600	2000～2005
6	天生桥一级	南盘江干流	贵州/广西	CFRD	178	102.57	1 200	1991～2000
7	卡基娃	木里河	四川	CFRD	171	3.745	440	2008～2014
8	阿尔塔什	叶尔羌河	新疆	CFRD	164.8	22.51	730	2011～2017
9	平寨	三岔河	贵州	CFRD	162.7	10.89	140.2	2010～
10	滩坑	瓯江	浙江	CFRD	162	41.9	604	2004～2009
11	溧阳抽水蓄能电站上库	中田舍河	江苏	CFRD	161.5	0.14	1 500	2008～2009
12	吉林台一级	喀什河	新疆	CFRD	157	25.3	500	2001～2006
13	紫坪铺	岷江	四川	CFRD	156	11.12	760	2001～2006
14	梨园	金沙江	云南	CFRD	155	8.05	2 400	2008～2014
15	巴山	任河	重庆	CFRD	155	3.154	181	2005～2009
16	马鹿塘二期	盘龙河	云南	CFRD	154	5.46	239	2005～2009
17	董箐	北盘江	贵州	CFRD	150	9.55	880	2005～2010
18	吉勒布拉克	额尔齐斯河	新疆	CFRD	147	2.32	160	2009～2013
19	龙首二级	黑河干流	甘肃	CFRD	146.5	0.862	157	2001～2005
20	溪古	九龙河	四川	CFRD	144	0.998 6	249	2009～2013
21	德泽	牛栏江	云南	CFRD	142	4.48	30	2008～2011
22	瓦屋山	周公河	四川	CFRD	138.76	5.843	240	2003～2007
23	布西	鸭嘴河	四川	CFRD	135.8	2.52	20	2007～2011
24	龙马	李仙江—把边江	云南	CFRD	135	5.904	240	2003～2008
25	吉音	克里雅河	新疆	CFRD	134.7	0.83	240	2008～2013
26	苏家河口	槟榔江	云南	CFRD	133.75	2.25	315	2005～2010
27	九甸峡	洮河	甘肃	CFRD	133	9.43	300	2005～2009
28	乌鲁瓦提	喀拉喀什河	新疆	CFRD	133	3.47	60	1995～2002
29	珊溪	飞云江	浙江	CFRD	132.8	18.24	200	1997～2001
30	公伯峡	黄河干流	青海	CFRD	132.2	6.2	1 500	2001～2006

附表 8　我国坝高前 30 位碾压混凝土坝统计

序号	坝名	流域	省（市、区）	坝类型	坝高（m）	总库容（$\times 10^8 m^3$）	装机容量（MW）	起止年限
1	龙滩	红水河	广西	RCCPG	一期 192/二期 216.5	一期 188/二期 299.2	一期 4 900/二期 6 300	一期 2001～2009/二期未建设
2	光照	北盘江	贵州	RCCPG	200.5	32.45	1 040	2003～2009
3	官地	雅砻江	四川	RCCPG	168	7.597	2 400	2010～2012
4	万家口子	革香河	云南	RCCVA	160.5	2.793	180	2008～
5	金安桥	金沙江	云南	RCCPG	160	9.13	2 400	2003～2011
6	托巴	澜沧江	云南	RCCPG	158	10.394	1 250	2010～2016
7	鲁地拉	金沙江	云南	RCCPG	140	17.18	2 160	2007～
8	青龙	马尾沟	湖北	RCCVA	139.7	0.283	40	2009～2011
9	云龙河三级	云龙河	湖北	RCCVA	135	0.44	40	2006～2008
10	大花水	乌江支流	贵州	RCCVA	134.5	2.765	200	2005～2007
11	三里坪	南河	湖北	RCCVA	133	4.6	70	2008～2011
12	阿海	金沙江	云南	RCCPG	132	8.85	2 000	2008～2013
13	沙牌	草坡河	四川	RCCVA	132	0.18	36	1997～2004
14	江垭	澧支	湖南	RCCPG	131	17.4	300	1995～1999
15	百色	右江	广西	RCCPG	130	56.6	540	2001～2006
16	洪口	霍童溪干流	福建	RCCPG	130	4.497	200	2005～2010
17	山口岩	袁河	江西	RCCVA	126.71	1.05	12	2007～
18	格里桥	清水河	贵州	RCCPG	124	0.774	150	2007～2010
19	喀腊塑克	额尔齐斯	新疆	RCCPG	121.5	24.19	140	2007～
20	善泥坡	北盘江	贵州	RCCVA	119.4		185.5	2009～
21	武都	涪江	四川	RCCPG	119.14	5.72	150	2006～2008
22	思林	乌江	贵州	RCCPG	117	15.93	1 050	2006～2009
23	龙开口	金沙江	云南	RCCPG	116	5.58	1 800	2007～2013
24	亭子口	嘉陵江	四川	RCCPG	116	40.67	1 100	2009～2014
25	索风营	乌江支流	贵州	RCCPG	115.8	2.012	600	2002～2006
26	罗波坝	冷水河	湖北	RCCVA	114		30	2007～2010
27	彭水	乌江	重庆	RCCPG	113.5	14.65	1 750	2003～2007
28	棉花滩	汀江	福建	RCCPG	113	20.35	600	1998～2002
29	戈兰滩	李仙江	云南	RCCPG	113	4.09	450	2003～2009
30	天花板	牛栏江	云南	RCCVA	113	0.657	180	2006～2010

附表 9　世界库容前 100 位大坝统计

序号	坝名	所在国家	坝型	总库容（$\times 10^8$ m^3）	坝高（m）	装机容量（MW）	完工年
1	欧文瀑布水库 OWEN FALLS RESERVOIR	乌干达	PG	2 048	31	180	1954
2	卡里巴 KARIBA	赞比亚/津巴布韦	VA	1 806	128	1 500	1976
3	布拉茨克 BRATSK	俄罗斯	PG	1 690	125	4 500	1964
4	阿斯旺高坝 HASWANHIGH DAM	埃及	ER	1 620	111	2 100	1970
5	阿科松博坝 AKOSOMBO DAM	加纳	ER	1 500	134	1 020	1965
6	丹尼尔·约翰逊坝 DANIEL JOHNSON DAM	加拿大	VA	1 418.5	214	2 656	1968
7	古里 GURI	委内瑞拉	PG	1 350	162	10 235	1986
8	本尼特 W. A. C. BENNETT	加拿大	TE	743	183	2 730	1967
9	克拉斯诺雅尔斯克 KRASNOYARSK	俄罗斯	PG	733	124	6 000	1972
10	结雅坝 ZEYA DAM	俄罗斯	PG	684	115	1 330	1978
11	拉格郎德Ⅱ级 LA GRANDE Ⅱ	加拿大	ER	617.2	168	7 722	1992
12	拉格郎德Ⅲ级 LA GRANDE Ⅲ	加拿大	ER	600.2	93	2 418	1984
13	乌斯季伊利姆 UST-ILIM	俄罗斯	PG	593	102	3 840	1979
14	博古昌 BOGUCHANY	俄罗斯	TE	582	87	4 000	2010
15	古比雪夫 KUIBYSHEV	俄罗斯	PG	580	45	2 320	1957
16	塞拉达梅萨 SERRA DA MESA	巴西	TE	544	154	1 275	1998
17	卡尼亚皮斯科 CANIAPISCAU	加拿大	ER	537.9	54	712	1981
18	卡博拉巴萨 CAHORA BASSA	莫桑比克	VA	520	171	4 150	1987
19	上韦恩根格 UPPER WAINGANGA	印度	TE	507	43	600	1998
20	布赫塔尔马 BUKHTARMA	哈萨克斯坦	PG	498	90	675	1966
21	阿塔图尔克 ATATURK	土耳其	ER	487	169	2 400	1991
22	伊尔库茨克 IRKUTSK	俄罗斯	TE	481	44	660	1958
23	图库鲁伊 TUCURUI	巴西	PG	455.4	98	8 370	2002
24	三峡	中国	PG	450.5	181	22 500	2009
25	巴昆 BAKUN	马来西亚	CFRD	438	205	2 400	2003
26	塞罗斯科罗拉多斯 CERROS COLORADOS	阿根廷	TE	430	35	450	1978
27	胡佛坝 HOOVER DAM	美国	VA	373	221.4	2 080	1936
28	维柳依水库 VIL YUI RESERVOIR	俄罗斯	ER	359	75	650	1976

续附表 9

序号	坝名	所在国家	坝型	总库容（$\times10^8$ m^3）	坝高（m）	装机容量（MW）	完工年
29	奎卢坝 KOUILOU DAM	刚果	VA	350	137		1992
30	索布拉廷诺 SOBRADINHO	巴西	TE	341	41	1 050	1979
31	丹江口	中国	PG	339.1	117	900	1968 年完工，2005 年加高
32	格伦峡坝 GLEN CANYON DAM	美国	VA	333	216	1 021	1966
33	丘吉尔瀑布 CHURCHILL FALLS	加拿大	TE	323.2	32	5 428	1974
34	斯金斯湖Ⅰ号 SKINS LAKE Ⅰ	加拿大	TE	322	25	4 600	1953
35	詹帕格/基斯基托 JENPEG/KISKITTO	加拿大	TE	317.9	15	135	1979
36	伏尔加格勒 VOLGOGRAD	俄罗斯	TE	315	47	2 563	1962
37	萨扬舒申斯克 SAYANO-SHUSHENSKAYA	俄罗斯	VA	313	245	6 400	1989
38	凯班坝 KEBAN	土耳其	PG	310	210	1 330	1975
39	加里森坝 GARRISON DAM	美国	TE	302.2	64	583.3	1953
40	易洛魁水电站 IROQUOIS	加拿大	PG	299.6	20	1 880	1958
41	龙滩	中国	RCCPG	一期 188/二期 299.2	一期 192/二期 216.5	一期 4 900/二期 6 300	一期 2009/二期未建设
42	奥阿希坝 OAHE DAM	美国	TE	291.1	74.7	595	1962
43	伊泰普 ITAIPU	巴西/巴拉圭	PG	290	196	14 000	1991
44	密西瀑布 MISSIFALLS	加拿大	TE	283.7	18		1976
45	卡普恰盖 KAPCHAGAY	哈萨克斯坦	TE	281	56	432	1972
46	科索 KOSSOU	科特迪瓦	TE	276.8	58	175.5	1973
47	龙羊峡	中国	VA	274	178	1 280	1989
48	雷宾斯克水库 RYBINSK RESERVOIR	俄罗斯	TE	254	33	346	1945
49	麦卡 MICA	加拿大	TE	250	243	1 740	1973
50	布罗科蓬多水库 BROKOPONDO	苏里南	PG/ER	240	66	120	1965
51	齐姆良斯克 TSIMLIANSK	俄罗斯	PG/TE	240	41	160	1952
52	肯尼坝 KENNEY DAM	加拿大	ER	238	104	1 670	1954
53	糯扎渡	中国	ER	237.03	261.5	5 850	2015
54	佩克堡 FORT PECK	美国	TE	235.6	78	185	1940
55	乌斯季汉泰 UST-KHANTAIKA	俄罗斯	ER	235	65	441	1972

续附表 9

序号	坝名	所在国家	坝型	总库容（$\times10^8$ m^3）	坝高（m）	装机容量（MW）	完工年
56	富尔纳斯 FURNAS	巴西	ER	229.5	127	1 216	1963
57	拉杰加特坝 RAJGHAT DAM	印度	PG/TE	217.2	44	45	2006
58	新安江	中国	PG	216.26	105	850	1960
59	索尔泰拉岛 ILHA SOLTEIRA	巴西	PG	211.7	74	3 444	1978
60	特雷斯玛丽亚斯 TRES MARIAS	巴西	TE	210	75	387.6	1969
61	亚西雷塔 YACYRETA	阿根廷/巴拉圭	PG	210	43	3 100	2010
62	布列依坝 BUREYA DAM	俄罗斯	PG	209	139	2 010	1998
63	埃尔乔孔坝 EL CHOCON DAM	阿根廷	TE	202	86	1 200	1972
64	波尔图普里马韦拉 PORTO PRIMAVERA	巴西	TE	199	38	1 540	1999
65	拉格朗德Ⅳ级水电站 LA GRANDE Ⅳ	加拿大	ER	195.3	128	2 779	1985
66	托克托古尔 TOKTOGUL	吉尔吉斯斯坦	PG	195	215	1 200	1978
67	卡霍夫 KAKHOV	乌克兰	PG	181.8	37	351	1958
68	恩博尔卡索 EMBORCASAO	巴西	ERPG	175.9	158	1 192	1982
69	巴尔比纳水库 BALBINA RESERVOIR	巴西	PG	175.4	33	250	1987
70	上斯维尔 VERKHNE-SVIRSKAYA	俄罗斯	PG	175	32	160	1952
71	伊通比亚拉 ITUMBIARA	巴西	PG	170	106	2 082	1981
72	明盖恰乌尔 MINGECHAUR	阿塞拜疆	TE	160	80	370	1953
73	小湾	中国	VA	150	294.5	4 200	2012
74	戈登坝 GORDON DAM	澳大利亚	VA	150	140	750	1974
75	卡因吉 KAINJI	尼日利亚	PG	150	80	960	1968
76	博鲁卡 BORUCA	哥斯达黎加	TE	149.6	267	1 400	1990
77	伦迪尔水库 REINDEER	加拿大	PG	148.6	12		1942
78	水丰	中国/朝鲜	PG	146.66	106.4	900	1943
79	塔布瓜 TABQA	叙利亚	TE	140	60	824	1976
80	奇比 Gibe Ⅲ	埃塞俄比亚	RCC	140	243	1 870	在建
81	帕缪斯卡邱 1 号 PAMOUSCACHIOU 1	加拿大	PG	139	20		1955
82	新丰江	中国	PG	138.96	105	355	1977

续附表 9

序号	坝名	所在国家	坝型	总库容 ($\times 10^8$ m^3)	坝高 (m)	装机容量 (MW)	完工年
83	下卡马 NIZHNE-KAMSK	俄罗斯	PG	138	36	1 248	1979
84	塔贝拉坝 TARBELA DAM	巴基斯坦	TE	136.9	143	3 478	1976
85	肯依尔 KENYIR	马来西亚	ER	136	155	400	1985
86	克列缅丘格 KREMENCHUG	乌克兰	TE	135.2	33	625	1960
87	普密蓬 BHUMIBOL	泰国	VA	134.6	154	535	1964
88	特雷斯伊尔毛斯 TRES IRMAOS	巴西	PG	134.5	90	1 292	1991
89	萨拉托夫 SARATOV	俄罗斯	TE	129	40	1 360	1971
90	新蓬蒂坝 NOVA PONTE DAM	巴西	ER	128	142	519	1994
91	切博克萨雷 CHEBOKSARY	俄罗斯	PG	128	45	1 404	1986
92	小浪底	中国	ER	126.5	160	1 800	2001
93	圣玛格丽特 3 SAINT MARGUERITE-3	加拿大	CFRD	126.34	171	882	2003
94	圣西芒 SAO SIMAO	巴西	ER	125.4	127	1 710	1978
95	摩苏尔坝 MOSUL DAM	伊拉克	TE	125	131	750	1984
96	彼德拉德阿吉拉 PIEDRA DEL AGUILA	阿根廷	PG	124	170	1 400	1992
97	卡马 KAMA	俄罗斯	TE	122	37	504	1958
98	大古力 Grand Coulee	美国	PG	118	168	6 494	1980
99	纳格尔久讷萨格尔 Nagarjuna Sagar	印度	PG/TE	125	115.6	815.6	1974
100	上图洛姆 VERKHNE-TULOM	俄罗斯	PG/TE	115.2	46.5	268	1966

附表 10　世界坝高前 100 位大坝统计

序号	坝名	所在国家	坝型	坝高 (m)	总库容 ($\times 10^8$ m^3)	装机容量 (MW)	完工年
1	锦屏一级	中国	VA	305	79.88	3 600	2014
2	努列克 NUREK	塔吉克斯坦	TE	300	105	2 700	1980
3	小湾	中国	VA	294.5	150	4 200	2012
4	溪洛渡	中国	VA	285.5	92.7	13 860	2015
5	大狄克逊 GRANDE DIXENCE	瑞士	PG	285	4	2 069	1962
6	卡姆巴拉金Ⅰ号 KAMBARAZIN-Ⅰ	吉尔吉斯斯坦	TE	275	36	1 900	1996
7	英古里 INGURI	格鲁吉亚	VA	271.5	11	1 320	1980

续附表 10

序号	坝名	所在国家	坝型	坝高（m）	总库容（$\times 10^8$ m^3）	装机容量（MW）	完工年
8	博鲁卡坝 BORUCA DAM	哥斯达黎加	TE	267	149.6	1 400	1990
9	瓦依昂 VAJONT	意大利	VA	262	1.69		1961
10	糯扎渡	中国	ER	261.5	237.03	5 850	2015
11	奇柯阿森坝 CHICOASEN	墨西哥	TE	261	16.8	2 430	1981
12	特里 TEHRI	印度	TE	261	35.4	1 000	1990
13	阿尔瓦罗·欧博雷冈 AL VARO OBREGON	墨西哥	PG	260	4	86.4	1952
14	莫瓦桑 MAUVOISIN	瑞士	VA	250.5	2.12	114	1991 加高
15	拉西瓦	中国	VA	250	7.77	4 200	2010
16	瓜维奥 GUARIO	哥伦比亚	TE	247	9	1 600	1992
17	德里内尔 DERINER	土耳其	VA	247	19.7	670	2004
18	阿尔伯托·里拉斯 ALBERTO LLERAS C	哥伦比亚	ER	243	9.7	1 150	1989
19	麦卡 MICA	加拿大	TE	243	250	2 104	1972
20	奇比 Gibe Ⅲ	埃塞俄比亚	RCC	243	140	1870	在建
21	萨扬-舒申斯克 SAYANO-SHUSHENSKAYA	俄罗斯	VA/PG	242	313	6 800	1989
22	长河坝	中国	ER	240	10.75	2 600	2013
23	二滩	中国	VA	240	61	3 300	2000
24	奇沃尔水电站 LAESMERALDA(CHIVOR)	哥伦比亚	ER	237	8.2	1 000	1975
25	吉申 KISHAU	印度	PG	236	18.1	600	1995
26	奥罗维尔坝 OROVILLE	美国	TE/ER	235	43.67	762	1967
27	埃尔卡洪坝 EL CAJON	洪都拉斯	VA	234	70.85	300	1985
28	奇尔克伊水电站 CHIRKEY	格鲁吉亚	VA	233	27.8	1 000	1977
29	水布垭	中国	CFRD	233.2	45.8	1 840	2009
30	构皮滩	中国	VA	232.5	64.54	3 000	2009
31	卡伦Ⅳ KARUN-Ⅳ	伊朗	VA	230	21.9	1 000	2010
32	康特拉 CONTRA	瑞士	VA	230	1.05	105	1965
33	贝克赫姆 BEKHME	伊拉克	TE	230	170	1 560	在建
34	塔桑 Tasang	缅甸	RCCPG	227.5			在建
35	巴克拉 BHAKRA DAM	印度	PG	226	96.2	1 325	1963
36	卢佐内坝 LUZZONE DAM	瑞士	VA	225	1.1	418	1963

续附表 10

序号	坝名	所在国家	坝型	坝高（m）	总库容（$\times10^8$ m^3）	装机容量（MW）	完工年
37	猴子岩	中国	CFRD	223.5	7.06	1 700	2017
38	伊尔普拉塔那尔 EL PLATANAL	秘鲁	CFRD	221			在建
39	胡佛坝 HOOVERDAM	美国	VA	221.4	373	2 080	1936
40	南俄Ⅲ号水电站 NAMNGUM Ⅲ	老挝	CFRD	220	13.2	440	2002
41	孔特拉坝 CONTRADAM	瑞士	VA	220	1.1	105	1965
42	姆拉丁其 MRATINJE	南斯拉夫	VA	220	8.9	86	1976
43	江坪河	中国	CFRD	219	13.66	450	在建
44	德沃夏克 DWORSHAK	美国	PG	219	42.8	400	1973
45	龙滩	中国	RCCPG	一期 192/二期 216.5	一期 188/二期 299.2	一期 4 900/二期 6 300	一期 2009/二期未建设
46	格伦峡坝 GLEN CANYON	美国	VA	216	333	900	1966
47	托克托古尔 TOKTOGUL	吉尔吉斯斯坦	PG	215	195	1 200	1978
48	丹尼尔·约翰逊 DANIEL JOHNSON	加拿大	VA	214	1 418.5	2 656	1968
49	凯班坝 KEBAN	土耳其	PG	210	310	1 330	1975
50	埃尔梅内克工程 ERMENEK	土耳其	VA	210	45.8	300	2007
51	大岗山	中国	VA	210	7.33	2 600	2015
52	拉耶斯卡 LA YESCA	墨西哥	CFRD	210			在建
53	坡突古斯 PORTUGUES	波多黎各	RCCVA	210			在建
54	奥本 AUBURN	美国	VA	209	31	750	1975
55	伊拉佩坝 IRAPE DAM	巴西	ER	208	59.6	360	2006
56	锡马潘 ZIMAPAN	墨西哥	VA	207	9.96	400	1994
57	巴昆 BAKUN	马来西亚	CFRD	205	438	2 400	2003
58	卡伦Ⅲ水电站 KARUN Ⅲ	伊朗	VA	205	29.7	2 280	2005
59	拉克瓦 LAKHWAR	印度	PG	204	5.8	300	1996
60	罗斯 ROSS	美国	VA	204	17.4	400	1949
61	迪兹 DEZ	伊朗	VA	203	33.4	520	1962
62	阿尔门德拉 ALMENDRA	西班牙	VA	202	26.5	828	1970
63	坎普斯诺沃斯 CAMPOS NOVOS	巴西	CFRD	202	16.5	880	2006
64	伯克坝 BERKE	土耳其	VA	201	4.3	512	1996
65	胡顿 KHUDONI	格鲁吉亚	VA	201	3.7	2 100	1991
66	光照	中国	RCCPG	200.5	32.45	1 040	2009
67	卡伦Ⅰ级 KARUN 1	伊朗	VA	200	31.4	2 000	1976

续附表 10

序号	坝名	所在国家	坝型	坝高（m）	总库容（$\times 10^8$ m^3）	装机容量（MW）	完工年
68	圣罗克 SAN ROQUE	菲律宾	TE	200	8.4	345	2003
69	柯恩布赖茵 KOELNBREIN	奥地利	VA	200	2	881	1977
70	卡比尔 KABIR	伊朗	VA	200	29	1 000	1977
71	卡拉恩琼卡 KARAHNJUKAR	冰岛	CFRD	198	21	690	2008
72	新布拉兹巴 NEW BULLARDS BAR	美国	VA	197	11.9	284.4	1969
73	伊泰普 ITAIPU	巴西/巴拉圭	PG	196	290	14 000	1991
74	阿尔廷卡亚 ALTINKAYA	土耳其	ER	195	57.6	700	1988
75	博亚巴特 BOYABAT	土耳其	PG	195	35.57	513	2014
76	七橡树	美国	TE	193	1.79		1999
77	新梅浓 NEW MELONES	美国	ER	191	35.4	300	1979
78	索嘎摩梭 Sogamoso	哥伦比亚	CFRD	190			2005
79	米尔Ⅰ MIEL Ⅰ	哥伦比亚	RCCPG	188	5.7	375	2002
80	阿瓜米尔帕坝 AGUAMILPA	墨西哥	CFRD	187	69.5	960	1994
81	埃尔卡洪 EL CAJON DAM	墨西哥	CFRD	187	50	750	2007
82	瀑布沟	中国	ER	186	53.37	3 600	2011
83	黑部第四 KUROBE 4	日本	VA	186	2	335	1963
84	齐勒尔格林德尔 ZILLERGRUNDL	奥地利	VA	186	0.9	360	1986
85	三板溪	中国	CFRD	185.5	40.94	1 000	2006
86	巴拉格兰德 BARRA GRANDE	巴西	CFRD	185	50	708	2005
87	莫西罗克 MOSSYROCK	美国	VA	185	20.8	300	1968
88	卡齐 KATSE	莱索托	VA	185	19.5		1996
89	欧马皮纳尔 OYMAPINAR	土耳其	VA	185	3	540	1984
90	阿瑞奇托斯 ARACHTOS	希腊	PG	185			在建
91	本尼特 W. A. C. BENNETT	加拿大	TE	183	743	2 730	1967
92	沙斯塔 SHASTA	美国	VA	183	56.2	676	1945
93	三峡	中国	PG	181	450.5	22 500	2009
94	德基	中国	VA	181	2.32	234	1974
95	NAMNGUM ~2 南俄 2 号	老挝	CFRD	181		615	2010
96	达特茅斯 DARTMOUTH	澳大利亚	TE	180	40	150	1979
97	卡拉季 KARAJ	伊朗	VA	180	2.5	120	1961
98	蒂涅坝 TIGNES	法国	VA	180	2.4	93	1952
99	埃莫松 EMOSSON	瑞士	VA	180	2.3	357	1974
100	洪家渡	中国	CFRD	179.5	49.47	600	2005

附表 11　世界坝高前 30 位土石坝统计

序号	坝名	坝高(m)	国家	完工年
1	努列克 NUREK	300	塔吉克斯坦	1980
2	卡姆巴拉金Ⅰ号 KAMBARAZIN-Ⅰ	275	吉尔吉斯斯坦	1996
3	博鲁卡坝 Boruca Dam	267	哥斯达黎加	1990
4	糯扎渡	261.5	中国	2015
5	奇柯阿森坝 MANUEL M. TORRES	261	墨西哥	1981
6	特里 TEHRI	261	印度	1990
7	瓜维奥 GUAVIO	247	哥伦比亚	1992
8	阿尔伯特里拉斯 ALBERTO LLERASC	243	哥伦比亚	1989
9	麦卡 MICA	243	加拿大	1972
10	长河坝	240	中国	2013
11	奇沃尔 LA ESMERALDA(CHIVOR)	237	哥伦比亚	1975
12	奥罗维尔 OROVILLE	235	美国	1967
13	水布垭	233	中国	2009
14	贝克赫姆 BEKHME	230	伊拉克	在建
15	猴子岩	223.5	中国	2017
16	伊尔普拉塔那尔 EL PLATANAL	221	秘鲁	在建
17	南俄Ⅲ号 NAMNGUM Ⅲ	220	老挝	2002
18	江坪河	219	中国	在建
19	拉耶斯卡 LA YESCA	210	墨西哥	在建
20	圣罗克 SAN ROQUE	210	菲律宾	2003
21	伊拉佩 IRAPE	208	巴西	2006
22	巴昆 BAKUN	205	马来西亚	2003
23	坎普斯诺沃斯 CAMPOS NOVOS	202	巴西	2006
24	卡拉恩琼卡 KARAHNJUKAR	198	冰岛	2008
25	阿尔廷卡亚 ALTINKAYA	195	土耳其	1988
26	七橡树 SEVEN OAKS	193	美国	1999
27	新梅浓 NEW MELONES	191	美国	1979
28	索嘎摩梭 Sogamoso	190	哥伦比亚	2005
29	阿瓜米尔帕 AGUAMILPA	187	墨西哥	1994
30	埃尔卡洪 EL CAJON	187	墨西哥	2007

附表 12　世界坝高前 30 位拱坝统计

序号	坝名	坝高(m)	国家	完工年
1	锦屏一级	305	中国	2014
2	小湾	294.5	中国	2012
3	溪洛渡	285.5	中国	2015
4	英古里 INGURI	271.5	格鲁吉亚	1980
5	瓦依昂 VAJONT	262	意大利	1961
6	莫瓦桑 MAUVOISIN	250	瑞士	1958 建成,1991(加高)
7	拉西瓦	250	中国	2010
8	德里内尔 DERINER	247	土耳其	2004
9	萨扬舒申斯克 SAYANO-SHUSHENSKAYA	242	俄罗斯	1989
10	二滩	240	中国	2000
11	埃尔卡洪 EL CAJON	234	洪都拉斯	1985
12	奇尔克伊 CHIRKEY	233	格鲁吉亚	1977
13	构皮滩	232.5	中国	2009
14	卡伦Ⅳ级 KARUN 4	230	伊朗	2010
15	康特拉 CONTRA	230	瑞士	1965
16	卢佐内坝 LUZZONE	225	瑞士	1963
17	胡佛 HOOVER	223	美国	1936
18	孔特拉 CONTRA	220	瑞士	1965
19	姆拉丁其 MRATINJE	220	南斯拉夫	1976
20	格伦峡 GLEN CANYON	216	美国	1966
21	丹尼尔·约翰逊 DANIEL JOHNSON	214	加拿大	1968
22	大岗山	210	中国	2015
23	埃尔梅内克 ERMENEK	210	土耳其	2007
24	坡突古斯 PORTUGUES	210	波多黎各	在建
25	奥本(AUBURN)	209	美国	1975
26	锡马潘 ZIMAPAN	207	墨西哥	1994
27	卡伦Ⅲ KARUN-3	205	伊朗	1980
28	迪兹 DEZ	203	伊朗	1962
29	阿尔门德拉 ALMENDRA	202	西班牙	1970
30	伯克坝 BERK	201	土耳其	1996

附表 13　世界坝高前 30 位重力坝统计

序号	坝名	坝高(m)	国家	完成年限
1	大狄克逊 GRANDE DIXENCE	285	瑞士	1962
2	阿尔瓦罗·欧博雷冈 ALVARO OBREGON	260	墨西哥	1952
3	吉申 KISHAU	236	印度	1995
4	塔桑 TaSang	227.5	缅甸	在建
5	巴克拉 BHAKRA	226	印度	1963
6	德沃夏克 DWORSHAK	219	美国	1973
7	龙滩	一期 192/ 二期 216.5	中国	一期 2009/ 二期未建设
8	托克托古尔 TOKTOGUL	215	吉尔吉斯斯坦	1978
9	凯班 KEBAN	210	土耳其	1975
10	拉克瓦 LAKHWAR	204	印度	1996
11	光照	200.5	中国	2009
12	伊泰普 ITAIPU	196	巴西	1991
13	博亚巴特 BOYABAT	195	土耳其	
14	米尔Ⅰ坝 MIEL 1	188	哥伦比亚	1999
15	阿瑞奇托斯 ARACHTOS	185	希腊	
16	三峡	181	中国	2009
17	雷维尔斯托克 REVELSTOKE	175	加拿大	1984
18	阿尔卑惹拉 ALPE GERA	174	意大利	
19	彼德拉德阿吉拉 PIEDRA DEL AGUILA	170	阿根廷	1992
20	官地	168	中国	2012
21	大古力 GRAND COULEE	168	美国	1934～1951,1967～ 1980(扩建)
22	英格帕特 INGAPATA	166	厄瓜多尔	
23	乌江渡	165	中国	1982
24	古里 GURI	162	委内瑞拉	1986
25	向家坝	162	中国	2015
26	松原 SONGWON	160	朝鲜	1995
27	金安桥	160	中国	2011
28	沙发鲁德 SHAFARUD	159	伊朗	在建
29	托巴	158	中国	2016
30	奥只见 OKUGADAMI	157	日本	1961

参考文献

[1] 赵纯厚,朱振宏,周端庄. 世界江河与大坝[M]. 北京:中国水利水电出版社,2000.
[2] 能源部水利部西北勘测设计研究院. 高拱坝技术译文集.
[3] 水利电力部第三工程局. 国内外拱坝概况汇编.